GUILLAUME CANNAT

LE GUIDE DU CIEL

de juin **2022** à juin **2023**

amds ○ édition

Création éditoriale

amds ○ édition
www.amds-edition.com

21, chemin des Oliviers
34730 Prades-le-Lez | France
<contact@amds-edition.com>

Direction éditoriale
amds

Relectures et corrections
Atelier Dazibao
<spizzo@free.fr>

Maquette, montage PAO et couverture
A.M.G. sarl
<michelganne@wanadoo.fr>

Textes, cartes et schémas
Guillaume Cannat
<gc@leguideduciel.net>

Erratum

Malgré toute notre vigilance, il arrive parfois qu'une coquille, une inversion, un oubli ou une erreur s'invite dans le Guide du Ciel *; vous trouverez en page 347 les corrigenda de l'édition 2021-2022 et vous pourrez consulter l'erratum de la présente édition sur le site www.leguideduciel.net/guide/erratum.htm.*

Le site du* Guide du Ciel *vous propose tout au long de l'année des informations complémentaires :
www.leguideduciel.net

Pour découvrir les dernières nouvelles de l'Univers et suivre l'actualité de l'observation du ciel, lisez *Autour du Ciel*, le blog de Guillaume Cannat sur le site lemonde.fr, et suivez-le sur les réseaux sociaux.

www.lemonde.fr/blog/autourduciel/

L'actualité du ciel
@GuillaumeCannat

Vingt-huitième année de parution
ISSN 2261-902X

ISBN : 979-10-90238-36-7

Les spectacles du ciel

« Je sentais la terre étayer mes reins, me soutenir,
me soulever, me transporter dans l'espace nocturne.
Je me découvrais appliqué à l'astre, par une pesée semblable
à cette pesée des virages qui vous appliquent au char,
je goûtais cet épaulement admirable, cette solidité, cette sécurité,
et je devinais, sous mon corps, ce pont courbe de mon navire. »

Antoine de Saint-Exupéry, *Terre des hommes* (Éditions Gallimard, 1939)

Le *Guide du Ciel* rythme mes années et je le concocte de l'automne au printemps afin qu'il vous tienne compagnie durant toute une année. Si vous le découvrez, je vous suggère de lire attentivement les pages d'explications en tête d'ouvrage : elles donnent les clés d'une utilisation efficace. Et le mois de juin doit également retenir particulièrement votre attention, car tous les graphiques et les schémas récurrents y sont expliqués en détail.

Je conçois le *Guide du Ciel* comme une caisse à outils pour les astronomes, quel que soit leur niveau de connaissances et de pratique. Il y a des outils que vous utilisez très régulièrement – les phases lunaires, les grandes conjonctions, les positions des planètes –, d'autres dont l'usage est plus occasionnel – les éclipses ou le passage d'une belle comète – et certains que vous n'avez encore jamais utilisés, mais que vous êtes heureux de posséder au cas où, comme ces possibles occultations d'étoiles par des astéroïdes ou, plus extraordinaire encore, les heures précises des transits de quelques exoplanètes devant leur étoile !

Le *Guide du Ciel* propose ainsi chaque année plusieurs centaines de rendez-vous astronomiques et vous aide à préparer au mieux vos observations. Il est parfois rédigé dans un langage concis pour donner un maximum d'informations dans un minimum de place, mais vous disposez, grâce au lexique placé en fin d'ouvrage, du vocabulaire de base pour l'apprécier.

Merci encore de votre fidélité, bonne lecture et belles observations !

Guillaume Cannat

Table des matières

Le croissant lunaire et Vénus se reflètent à l'aube dans l'étang de l'Or, près de Montpellier.

Tour d'horizon

Bon à voir, bon à savoir !

Des objets célestes et des formations lunaires à voir

Renseignements pratiques

Quelques explications pour bien profiter du *Guide du Ciel*

Les cartes mensuelles

Du ciel aux cartes

Comme leurs confrères géographes, les astronomes sont confrontés au problème de la représentation sur un plan (feuille de papier ou écran d'ordinateur) des éléments caractéristiques de la surface d'une sphère. Si l'on reproduit des petites zones, le résultat est parfait. En revanche, dès que l'on souhaite cartographier l'ensemble de l'hémisphère céleste visible d'un point de la Terre à un moment donné, il n'existe aucune solution entièrement satisfaisante.

La technique utilisée pour la réalisation des cartes circulaires de ce guide est la projection stéréographique. Cette méthode engendre une légère compression des éléments situés au centre de la carte et une dilatation de ceux proches de la périphérie, mais elle permet de reproduire au mieux les proportions respectives des constellations et donc l'aspect réel du ciel.

Latitude et longitude

Sauf indications contraire, toutes les cartes ont été tracées pour la latitude 45° nord et la longitude 0, celle du méridien origine, qui passe par Greenwich, en Angleterre, mais aussi par Le Havre, Poitiers et Tarbes en France. Si vous habitez plus au sud, vous verrez les astres du côté sud plus haut dans le ciel et ceux du côté nord plus bas (et inversement si vous habitez plus au nord).

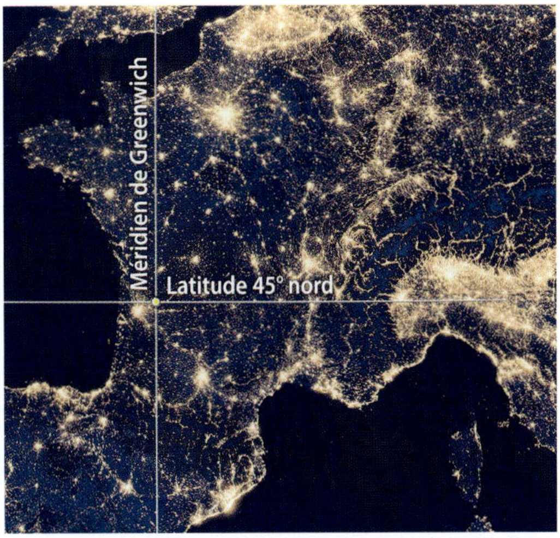

Le méridien de Greenwich

Ces cartes restent relativement précises dans une bande de latitude allant de 38° à 52° nord tout autour de la Terre, c'est-à-dire incluant tous les pays d'Europe, une grande partie de la Russie d'Asie, le Canada et le nord du Japon et des États-Unis. Vous pouvez les utiliser sans aucun changement quelle que soit votre longitude.

Des cartes pour toute la nuit

Les cartes circulaires représentent le ciel visible chaque mois à 22 h en temps universel pendant la première quinzaine et à 21 h pendant la seconde, et à l'orée de l'aube. Il s'agit bien sûr d'une heure indicative : si vous contemplez le ciel le 8 à 21 h 45 m, il sera pratiquement identique à celui de la carte ! N'oubliez pas d'ajouter ou d'enlever une ou plusieurs heures selon la saison et le pays pour faire coïncider l'heure TU avec celle de votre montre (heure légale).

En raison de la rotation de la Terre autour du Soleil, l'aspect du ciel à une date donnée est le même que le mois précédent deux heures plus tard ou que le mois suivant deux heures plus tôt. Exemple : l'aspect du ciel le 30 octobre à 22 h est identique à celui du 30 septembre à 0 h ou à celui du 30 novembre à 20 h. Ainsi, vous pouvez connaître en réalité l'aspect du ciel à n'importe quelle heure de la nuit (ou du jour) en utilisant les cartes des autres mois : les équivalences des heures de la nuit et des mois sont indiquées en haut de chaque carte ; mais vous pouvez aussi consulter le tableau de la page 10 pour déterminer rapidement la carte qui vous intéresse selon l'heure et le mois auxquels vous souhaitez observer.
Ces changements de cartes ne sont bien sûr valables que pour les étoiles. Les positions des planètes sont, quant à elles, indiquées pour un jour précis.

Bien orienter les cartes

Le principe consiste à toujours tenir la carte devant vous, de sorte que le nom de la direction dans laquelle vous observez soit écrit à l'endroit. Les constellations et les étoiles que vous pouvez retrouver dans le ciel qui est face à vous sont toutes celles dont le nom est lisible ; si vous devez pencher fortement la tête pour déchiffrer un nom, c'est que l'astre ou la figure en question n'est pas exactement en face de vous.

Si vous prenez par exemple la carte du mois d'avril et que vous vous placez le 10 à 22 h face à l'ouest, vous devrez faire tourner votre guide d'un quart de tour et vous pourrez lire les noms du Petit Chien, de Procyon, des Gémeaux, du Lynx, de Bételgeuse et du Cocher sans aucun problème. Pour le Lion et Céphée, en revanche, vous devrez incliner la tête à droite ou à gauche, car ces deux constellations se trouvent pour la première plus vers le sud et pour la seconde plus vers le nord.

En règle générale, afin d'éviter toute fatigue inutile, ne tenez pas la carte au-dessus de votre tête pour comparer les astres que vous voyez avec ceux qui sont imprimés sur le papier. Seule la région zénithale oblige à de telles acrobaties ; pour le reste du ciel, placez simplement la carte devant vous.

Le centre de chaque carte représentant le zénith, vous pouvez retrouver les différentes figures du ciel en réalisant des alignements par rapport à lui. Par exemple, si vous vous tenez face à l'horizon est en milieu de soirée au mois d'avril, vous repérerez aisément, à un peu plus du tiers d'une ligne imaginaire allant de l'horizon au zénith, une étoile particulièrement brillante : Arcturus, l'astre principal de la constellation du Bouvier.

Enfin, gardez présent à l'esprit que les constellations vous sembleront toujours beaucoup plus étendues sur le ciel que sur une carte. Si vous avez l'impression d'embrasser toute la voûte céleste en regardant la carte, vous constaterez vite que votre champ visuel sur le « ciel réel » est beaucoup plus réduit. Essayez ainsi, au début du mois de juin, de voir simultanément Régulus du Lion et Altaïr de l'Aigle…

Taille des étoiles et magnitudes

Les astres sont classés selon leur éclat sur une échelle dite de magnitude. Cette échelle a la particularité suivante : plus l'objet est brillant, plus sa magnitude est petite, voire négative, et il y a un rapport d'environ 2,5 entre chaque magnitude. Ainsi, une étoile de magnitude 0 sera 2,5 fois plus brillante qu'une étoile de magnitude 1 et 2,5 fois moins brillante qu'une autre étoile de magnitude - 1. À l'œil nu et dans un site excellent, il est possible de distinguer les étoiles jusqu'à la magnitude 6,5.

Afin de ne pas surcharger les cartes mensuelles, seules les étoiles visibles à l'œil nu dans des conditions moyennes d'observation, c'est-à-dire à proximité d'une ville, ont été reproduites (magnitude 4,5 environ). Quelques astres plus faibles, nécessaires pour compléter le dessin de certaines constellations (Petite Ourse, par exemple), ont cependant été ajoutés.

Le diamètre des étoiles est indicatif de leur éclat ; cependant, celui des plus brillantes a été accentué afin de les mettre en valeur, car c'est par elles que s'ouvrent les portes du ciel.

Combien voyez-vous d'étoiles ?

Les catalogues stellaires recensent environ 7 700 étoiles jusqu'à la magnitude 6,5. Il s'agit là de l'ensemble des astres potentiellement visibles à l'œil nu depuis les deux hémisphères. Vous devez donc, en première approximation, diviser ce nombre par deux, soit 3 850 étoiles visibles par hémisphère. En fait, deux facteurs se combinent pour réduire ce nombre : l'absorption atmosphérique et la pollution lumineuse.

À l'horizon, la lumière d'un astre doit traverser une « épaisseur » d'atmosphère presque 8 fois supérieure à celle qui nous surplombe au zénith. L'absorption qui en résulte fait disparaître toutes les étoiles plus faibles que la magnitude 3.

Hauteur du Soleil	Minutes*	Astres visibles à l'œil nu
+ 5°	- 30	Vénus, Jupiter, Mars à l'opposition, lorsqu'on sait exactement où les trouver
0	0	Sirius et les étoiles de magnitude 0 (Véga, Capella, Arcturus), lorsqu'on sait exactement où les trouver
- 1°	5	Vénus, Jupiter, Mars à l'opposition, sans difficulté
- 3°	15	Mercure, Saturne, étoiles de magnitude 1 (Rigel, Procyon, Bételgeuse, Altaïr, Aldébaran, Antarès, Spica)
- 4°	20	Mars, étoiles de magnitude 2 (Deneb, Régulus, Bellatrix, Saiph, Polaire, étoiles du Chariot dans la Grande Ourse)
- 5°	30	Étoiles de magnitude 3
- 6°	35	Fin du crépuscule civil
- 7°	40	La clarté n'est plus suffisante pour lire ce livre dehors sans allumer une lampe
- 8°	45	Étoiles de magnitude 4
- 11°	65	Étoiles de magnitude 5
- 12°	70	Fin du crépuscule nautique
- 16°	95	Fin de l'illumination des nuages noctiluques. Étoiles de magnitude 5,5 à 6
- 18°	110	Fin du crépuscule astronomique. Magnitude maximale visible à l'œil nu au zénith dans un ciel parfait : 6,5 à 7,5

* Valeurs moyennes pour 45° de latitude nord en hiver. En été, le crépuscule astronomique se termine environ 150 minutes après le coucher du Soleil.

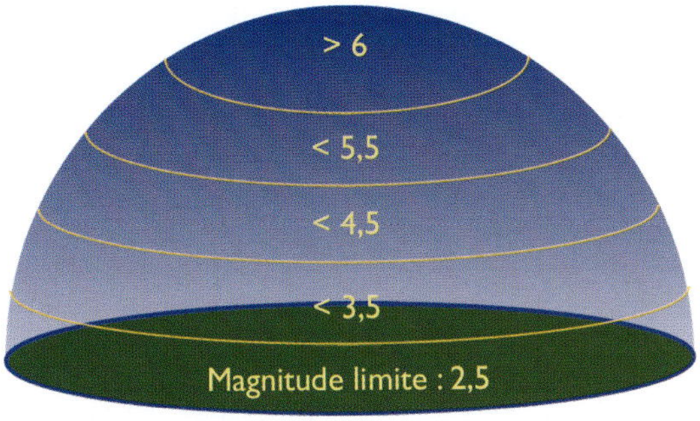

Absorption de l'atmosphère

Il est possible ensuite de délimiter une série de bandes d'absorption décroissante jusqu'à la région du zénith, où vous pourrez distinguer les astres les plus faibles. En intégrant ces différentes absorptions, on voit fondre comme une peau de chagrin le nombre total d'étoiles visibles annuellement à l'œil nu dans un site excellent : il culmine dans le meilleur des cas à 1 800.

Mais ce n'est malheureusement pas encore la réalité. Vous verrez ces 1 800 étoiles en une année si vous observez depuis une région préservée de toute pollution lumineuse. Si vous habitez dans ou à proximité d'une grande ville, la perte sera radicale : votre ciel ne contiendra qu'une centaine d'étoiles au mieux, et votre magnitude visuelle limite au zénith sera de l'ordre de 3,5. Quant à la bande d'une vingtaine de degrés qui fait le tour de l'horizon, même les astres les plus brillants comme Véga, Arcturus, Capella ou Antarès auront du mal à s'y faire une petite place.

Les cartes circulaires mensuelles de ce guide intègrent de 200 à 300 étoiles.

Méridien, écliptique, équateur céleste

Le méridien est une ligne imaginaire qui joint le nord au sud en passant par le zénith. Quand une étoile se trouve au niveau du méridien, on parle de passage au méridien. Elle est alors au point le plus haut de sa trajectoire apparente dans le ciel – on dit aussi que l'étoile culmine –, c'est donc le meilleur moment pour l'observer. Cette règle ne vaut naturellement que pour les étoiles qui coupent la portion de méridien qui va du pôle Nord céleste à l'horizon sud.

L'écliptique est une ligne très intéressante, car les planètes, la Lune et le Soleil le suivent tout au long de l'année. Pourquoi ? Simplement parce que les corps du Système solaire tournent tous autour de leur étoile à peu près dans le même plan, un peu comme des billes roulant sur une table, et que la ligne écliptique est la projection de ce plan sur la voûte céleste. Les astronomes lui ont donné ce nom car, lorsque la Terre, la Lune et le Soleil se retrouvent alignés dans ce plan, il se produit une éclipse.

L'équateur céleste est la projection sur la sphère céleste de l'équateur terrestre. L'axe de rotation de notre planète étant incliné par rapport au plan de l'écliptique, l'équateur céleste et l'écliptique ne sont pas confondus et présentent deux points d'intersection. Le premier se situe dans la constellation des Poissons : il est appelé point vernal ou point gamma. Le passage du Soleil en ce point, lors de sa course apparente annuelle tout au long de l'écliptique, marque l'équinoxe de mars. Diamétralement opposé, le point équinoxial de septembre se trouve dans la constellation de la Vierge. Le point vernal est fondamental en astronomie, car il sert de référence dans les systèmes de coordonnées stellaires (voir un peu plus loin dans ce chapitre).

Le cercle centré sur l'étoile Polaire représenté sur les cartes mensuelles a un rayon de 45°. Il coupe donc le méridien à l'horizon nord et au zénith.

Horizon vrai et horizon personnel

Pour leur donner un aspect plus réaliste, les cartes mensuelles circulaires ont été dessinées avec un horizon naturel. En effet, seuls les marins ou quelques rares nomades des vastes étendues des régions désertiques peuvent prétendre voir le ciel dans son entier.

En réalité, il y a toujours une maison, un arbre, une colline… qui cache tout ou partie de l'horizon. Vous pouvez éventuellement reproduire votre horizon personnel à l'échelle sur un transparent, ce qui vous permettra d'avoir des cartes tout à fait adaptées à vos conditions d'observation.

Région antisolaire, *gegenschein*

Le petit cercle en pointillés gris indique la région du ciel située exactement à l'opposé du Soleil par rapport à la Terre, la région antisolaire, le 15 du mois ; il se déplace de près de 1° par jour vers l'est de l'écliptique. C'est la direction vers laquelle pointe le cône d'ombre de la Terre, la Pleine Lune se situe donc là lors de ses éclipses. C'est également la région où apparaît le *gegenschein*, une zone très faiblement lumineuse particulièrement délicate à repérer à l'œil nu, qui provient de la diffusion de la lumière solaire par les particules microscopiques présentes dans l'anneau zodiacal. Dans les meilleurs sites, suffisamment protégés de la pollution lumineuse, son diamètre apparent peut atteindre quelques degrés et il faut utiliser la vision décalée pour le distinguer. Avec une pose photographique, le *gegenschein* peut s'étendre sur plusieurs dizaines de degrés le long de l'écliptique.

Choix d'une carte mensuelle

Les heures de ce tableau (page suivante) sont données en temps universel ; pensez à ajouter ou à enlever une ou plusieurs heures pour obtenir l'heure légale en cours dans votre pays.

Les mois marqués en italique n'ont qu'une valeur indicative, puisque le Soleil, encore présent dans le ciel ou tout juste couché, empêche de voir les étoiles dans les tranches horaires correspondantes.

Mois	17 h / 18 h	19 h / 20 h	21 h / 22 h	23 h / 0 h	1 h / 2 h	3 h / 4 h	5 h / 6 h
Janvier	Novembre	Décembre	Janvier	Février	Mars	Avril	Mai
Février	Décembre	Janvier	Février	Mars	Avril	Mai	Juin
Mars	Janvier	Février	Mars	Avril	Mai	Juin	Juillet
Avril	Février	Mars	Avril	Mai	Juin	Juillet	Août
Mai	Mars	Avril	Mai	Juin	Juillet	Août	Septembre
Juin	Avril	Mai	Juin	Juillet	Août	Septembre	Octobre
Juillet	Mai	Juin	Juillet	Août	Septembre	Octobre	Novembre
Août	Juin	Juillet	Août	Septembre	Octobre	Novembre	Décembre
Septembre	Juillet	Août	Septembre	Octobre	Novembre	Décembre	Janvier
Octobre	Août	Septembre	Octobre	Novembre	Décembre	Janvier	Février
Novembre	Septembre	Octobre	Novembre	Décembre	Janvier	Février	Mars
Décembre	Octobre	Novembre	Décembre	Janvier	Février	Mars	Avril

Les constellations zodiacales

Les constellations zodiacales ont été arbitrairement dessinées dans le passé à partir des étoiles qui se situent dans une bande de 17° de large centrée sur l'écliptique. Cette bande contient les trajectoires apparentes de tous les astres mobiles connus par les astronomes des temps anciens : Soleil, Lune, Mercure, Vénus, Mars, Jupiter et Saturne.

Vous noterez qu'il y a treize constellations zodiacales, et non douze comme le prétendent les tenants de l'astrologie : la treizième est la grande constellation d'Ophiuchus, qui s'intercale entre le Scorpion et le Sagittaire. Les douze signes zodiacaux astrologiques se répartissent, eux, sur l'écliptique tous les 30°, à partir du point vernal et dans le sens direct (inverse des aiguilles d'une montre).

La précession des équinoxes décale inexorablement les limites réelles des constellations zodiacales par rapport aux limites antiques dont usent encore les astrologues. Ainsi, à raison de 1° toutes les 71,6 années, on peut montrer que, il y a un peu plus de 2 150 ans, la limite entre le Taureau et les Gémeaux se trouvait à la longitude 60°, alors qu'elle se trouve aujourd'hui proche de 90°.

Le décalage entre la position réelle du Soleil ou d'une planète et sa position astrologique est en moyenne d'une constellation, mais elle peut atteindre deux constellations à certains moments de l'année.

Les limites de certaines constellations non zodiacales passent parfois tellement près de l'écliptique qu'une planète peut très bien y faire une petite incursion. En plus des treize constellations zodiacales, les cinq planètes visibles à l'œil nu et la Lune peuvent ainsi fréquenter les constellations suivantes : Baleine,

Signes astrologiques du zodiaque

	En 2022-2023, le Soleil est dans ce signe	Longitude sur l'écliptique
Gémeaux	du 21 mai à 1 h au 21 juin à 9 h	60°-90°
Cancer	du 21 juin à 9 h au 22 juillet à 20 h	90°-120°
Lion	du 22 juillet à 20 h au 23 août à 3 h	120°-150°
Vierge	du 23 août à 3 h au 23 septembre à 1 h	150°-180°
Balance	du 23 septembre à 1 h au 23 octobre à 10 h	180°-210°
Scorpion	du 23 octobre à 10 h au 22 novembre à 8 h	210°-240°
Sagittaire	du 22 novembre à 8 h au 21 décembre à 21 h	240°-270°
Capricorne	du 22 décembre à 21 h au 20 janvier à 8 h	270°-300°
Verseau	du 20 janvier à 8 h au 18 février à 22 h	300°-330°
Poissons	du 18 février à 22 h au 20 mars à 21 h	330°-0°
Bélier	du 20 mars à 21 h au 20 avril à 8 h	0°-30°
Taureau	du 20 avril à 8 h au 21 mai à 7 h	30°-60°
Gémeaux	du 21 mai à 7 h au 21 juin à 14 h	60°-90

Constellations du zodiaque

	En 2022-2023, le Soleil est dans cette constellation	Longitude sur l'écliptique
Taureau	du 14 mai à 12 h au 21 juin à 20 h	53,7°-90,4°
Gémeaux	du 21 juin à 20 h au 21 juillet à 1 h	90,4°-118,3°
Cancer	du 21 juillet à 1 h au 11 août à 0 h	118,3°-138,3°
Lion	du 11 août à 0 h au 17 septembre à 1 h	138,3°-174,2°
Vierge	du 17 septembre à 1 h au 31 octobre à 12 h	174,2°-218,1°
Balance	du 31 octobre à 12 h au 23 novembre à 16 h	218,1°-241,4°
Scorpion	du 23 novembre à 16 h au 30 novembre à 4 h	241,4°-247,9°
Ophiuchus	du 30 novembre à 4 h au 18 décembre à 12 h	247,9°-266,5°
Sagittaire	du 18 décembre à 12 h au 20 janvier à 7 h	266,5°-300°
Capricorne	du 20 janvier à 7 h au 16 février à 18 h	300°-327,8°
Verseau	du 16 février à 18 h au 12 mars à 19 h	327,8°-352°
Poissons	du 12 mars à 19 h au 19 avril à 7 h	352°-29°
Bélier	du 19 avril à 7 h au 14 mai à 19 h	29°-53,7°
Taureau	du 14 mai à 19 h au 22 juin à 2 h	53,7°-90,5°

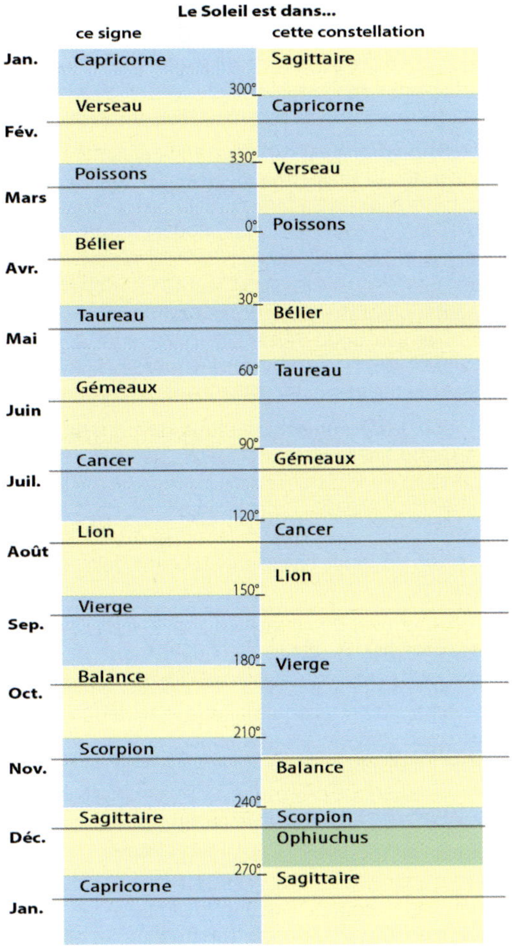

Cocher, Corbeau, Coupe, Écu, Hydre, Orion, Pégase, Petit Chien, Serpent, Sextant.

Les satellites galiléens et la grande tache rouge de Jupiter

La ronde des quatre principaux satellites de Jupiter est très facile à observer avec de bonnes jumelles ou un instrument de diamètre modeste, et celle des principaux satellites de Saturne est également observable dans la majorité des instruments d'amateur.

Les courbes reproduites mensuellement dans ce guide montrent en continu les mouvements de ces satellites. Les traits horizontaux correspondent à 0 h en temps universel pour chaque date. Les élongations des satellites sont à la même échelle que le diamètre apparent du disque de la planète, représenté par le trait épais vertical. Toutes les courbes sont orientées avec l'est à droite et le nord en bas, ce qui correspond à ce que l'on peut voir dans une lunette astronomique qui inverse les images. Dans le sens ouest-est (gauche-droite), les satellites passent derrière la planète.

Vous pouvez sans difficulté déterminer les positions relatives de ces satellites à n'importe quelle date ou heure. Il suffit de placer une règle à l'heure de votre observation et de relever les points occupés par chaque satellite à cet instant donné.

La tache rouge de Jupiter est l'une des plus belles formations à observer sur le disque jovien. Un instrument d'au moins 100 mm de diamètre est indispensable pour l'admirer, mais son aspect et son contraste peuvent varier grandement d'un mois à l'autre.

Jupiter tournant sur elle-même en 9 heures 56 minutes à la latitude de la tache rouge, il est possible de calculer les heures de ses passages successifs au méridien central, la ligne imaginaire qui joint les deux pôles en passant par le point central du disque apparent de Jupiter.

Les horaires indiqués (toujours en temps universel) sont fondés sur la position estimée pour chaque mois du centre de la tache rouge (système jovien II). Il peut arriver que cette longitude change légèrement au cours de l'année : chaque degré en plus retarde le passage au méridien central de 1,7 minute ; chaque degré en moins l'avance de la même valeur. La tache rouge étant bien placée pour l'observation pendant environ une heure avant et après ce passage, ce décalage éventuel de quelques minutes n'a pas une grande incidence.

Les phénomènes astronomiques au jour le jour

Il se passe toujours quelque chose dans le ciel et il n'est pas possible de tout recenser. Vous découvrirez chaque mois un certain nombre de phénomènes remarquables tant pour leur intérêt d'observation (conjonctions, éclipses, occultations, étoiles filantes) que pour leur importance astronomique (solstices, équinoxes, aphélies ou périhélies).

L'emploi de quelques termes spécialisés était inévitable ; ils sont tous définis au fil des mois ou dans le lexique disponible en fin d'ouvrage.

Tous les horaires sont indiqués en temps universel. Vous devez donc penser à ajouter ou à enlever une ou plusieurs heures selon le mois ou le pays pour obtenir votre heure légale.

L'heure donnée en début de ligne correspond à celle durant laquelle le phénomène va se produire ; seule l'indication « 00 » signale dans la plupart des cas que le phénomène se déroulera dans les vingt-quatre heures qui suivent.

En règle générale, et si aucune précision supplémentaire n'est apportée dans le texte, vous pouvez toujours observer quelques heures avant ou après. Une conjonction a lieu à un moment précis (en plein jour, par exemple), mais les astres concernés restent proches les uns des autres pendant de longues heures avant et après cet instant. En revanche, une éclipse ou une occultation doivent impérativement être regardées à l'heure précisée.

Attention ! Si vous utilisez ce guide hors d'Europe, au Québec par exemple, certains phénomènes peuvent ne pas être observables ou, s'ils le sont, leurs horaires peuvent être très différents ; c'est le cas notamment des occultations d'étoiles et de planètes.

Éphémérides du Soleil et des planètes

Tableau Soleil-planètes

Les informations des sept premières colonnes pour le Soleil et des huit premières pour les planètes ont été calculées à 0 h en temps universel pour chaque date et sont valables quel que soit votre site d'observation sur Terre.

Les données sur le lever, le passage au méridien et le coucher sont exactes à 45° de latitude nord et 0° de longitude.

Avec les indications contenues dans les tableaux de corrections horaires que vous trouverez dans la dernière partie de ce guide, vous adapterez facilement les heures de passage au méridien des planètes en fonction de votre longitude, et les heures de lever, de passage au méridien et de coucher du Soleil en fonction de la date, de la latitude et de la longitude de votre lieu d'observation (dans la limite de 40° à 52° de latitude nord).

Ascension droite et déclinaison

Repérer un astre sur la sphère céleste n'est malheureusement pas aussi simple que sur la Terre. Sur cette dernière, la latitude et la longitude d'un point quelconque suffisent à le positionner rigoureusement. Mais le ciel tourne ! Les astronomes ne peuvent donc pas se contenter de projeter sur le ciel le système de coordonnées terrestres ; ils sont contraints d'utiliser un système de repérage original, dans lequel chaque étoile possède des coordonnées invariables. Le plan fondamental de ce système est le plan de l'équateur céleste, que l'on obtient en prolongeant vers les étoiles le plan de l'équateur terrestre. Comme l'axe de rotation de notre planète est incliné par rapport à l'écliptique – le plan de son orbite autour du Soleil –, le plan de l'équateur céleste est lui-même incliné sur l'écliptique de 23° 26'.

L'orbite de la Terre coupe donc le plan de l'équateur céleste deux fois par an : à l'équinoxe de mars – c'est le passage au point vernal – et à l'équinoxe de septembre. C'est le point vernal qui sert d'origine dans le système de coordonnées astronomiques équatoriales.

Dans ce système, les astres sont repérés par leur ascension droite et leur déclinaison. L'ascension droite est comparable à la longitude, mais elle ne peut avoir pour origine le méridien de Greenwich comme cette dernière, car celui-ci est sans cesse en mouvement par rapport aux étoiles. Le point d'origine de l'ascension droite est donc un point fixe sur la sphère céleste : le point vernal (point où se trouve le Soleil à l'équinoxe de mars).

L'ascension droite est exprimée en heures, minutes et secondes, ce qui permet de ne pas la confondre avec la déclinaison. La Terre faisant une rotation sur elle-même (360°) en 24 heures d'ascension droite, on en déduit facilement que 1 heure d'ascension droite représente 360° divisés par 24, soit 15°. Il en découle que 1 minute d'ascension droite vaut 60 fois moins, soit 15', et 1 seconde d'ascension droite équivaut à 15". L'ascension droite est souvent désignée par la lettre grecque alpha (α) ou par AD.

La notion de ***déclinaison*** est plus simple puisqu'elle correspond à celle de la latitude terrestre : la déclinaison est la distance angulaire qui sépare l'astre de l'équateur. Elle est comptée en degrés, de 0° à + 90° vers le nord, de 0° à - 90° vers le sud. La déclinaison est parfois désignée par la lettre grecque delta (δ) ou par D.

Les coordonnées équatoriales du point vernal sont donc : α = 0 h 00 m 00 s et δ = 0° 00' 00".

Comme tant alpha que delta sont indépendantes du mouvement de rotation de la Terre, les coordonnées équatoriales des étoiles ne changent pas ; en fait, elles se modifient extrêmement lentement du fait du mouvement de précession, qui décale le point vernal de 0,013 965° ou 50,27" par an.

En revanche, les planètes, la Lune et le Soleil, qui sont animés de mouvements propres apparents importants, changent d'ascension droite et de déclinaison en permanence, d'où l'intérêt des tableaux d'éphémérides, qui précisent pour chaque date la position du corps. Il s'agit ici de la position apparente géocentrique, c'est-à-dire de la position qu'aurait l'astre sur la sphère céleste si on le voyait du centre de la Terre.

Constellation

Il s'agit de la constellation dans laquelle se trouve l'astre en question à la date donnée à 0 h.

Magnitude

Voir plus haut dans ce chapitre la définition de la magnitude stellaire, qui s'applique aussi aux planètes, à la Lune et au Soleil. Le Soleil a un éclat stable qui correspond à une magnitude de - 26,74, c'est-à-dire qu'il est environ 1 500 millions de fois plus lumineux que la planète Vénus, par exemple.

Diamètre apparent

Le diamètre apparent d'une planète, de la Lune ou du Soleil est l'angle qu'il sous-tend vu de la Terre. Plus cet angle est grand, plus il sera facile de voir des détails de petite taille sur son disque. Cependant, pour les planètes intérieures Mercure et Vénus, plus le diamètre apparent est grand, plus ces deux astres se présentent sous l'aspect de croissants difficilement observables. Comparez le diamètre apparent de ces deux corps avec leur fraction éclairée : celle-ci diminue lorsque le diamètre apparent croît, et inversement.

Élongation

L'élongation est la distance apparente qui sépare un astre du Soleil sur la voûte céleste.
Elle est comptée de 0° à 180° vers l'est ou vers l'ouest du Soleil. Lorsqu'un astre a une élongation de 180°, il passe à l'opposition, c'est-à-dire que le Soleil, la Terre et lui sont alignés. Pendant la période où il passe à l'opposition, l'astre se lève au moment du coucher du Soleil, et vous pouvez l'observer toute la nuit.

Au contraire, quand l'élongation tend vers 0, la faible distance apparente entre l'astre et le Soleil condamne toute observation. Cela se passe très régulièrement pour Mercure et Vénus, car ces planètes sont plus proches du Soleil que la Terre. L'élongation maximale de Mercure est de 28°, celle de Vénus atteint 48°.

On peut estimer que, lorsque l'élongation d'un astre est inférieure à 40° vers l'est, il est observable le soir au crépuscule ; si elle est inférieure à 40° vers l'ouest, il est visible le matin à l'aube. Si son élongation est supérieure à ces deux valeurs, l'astre est visible en pleine nuit.

Équation du temps

Pour le Soleil, la colonne « élongation » est remplacée par l'indication de la valeur de l'équation du temps vrai à 0 h TU, qui est la différence entre le temps solaire moyen et le temps solaire vrai. Elle peut vous servir à corriger l'heure lue sur un cadran solaire.

L'équation du temps varie lentement d'un jour à l'autre et se répète presque à l'identique d'une année à l'autre. Elle résulte essentiellement de deux causes différentes : d'une part, la vitesse orbitale de la Terre autour du Soleil est variable en raison de l'excentricité de son orbite ; d'autre part, l'axe de rotation de notre planète est incliné par rapport à l'écliptique, ce qui induit une trajectoire apparente du Soleil qui n'est pas confondue avec l'équateur céleste.

Les valeurs extrêmes des variations engendrées par l'excentricité de l'orbite terrestre peuvent atteindre + ou - 7,66 minutes. Quant à celles dues à l'obliquité de l'axe de rotation, elles atteignent + ou - 9,87 minutes. C'est l'addition de ces deux causes qui donne la courbe annuelle de l'équation du temps vrai (voir page 19).

L'équation du temps est égale à 0 quatre fois par an. Elle connaît deux maxima, environ + 14 m 15 s vers la mi-février et + 6 m 30 s à la fin de juillet, et deux minima, environ - 3 m 40 s à la mi-mai et - 16 m 25 s début novembre (d'après Denis Savoie et Jean Meeus, *L'Astronomie*, juin 1995).

Distance

Les distances indiquées correspondent à l'éloignement entre la Terre et l'astre en question ; elles sont données en unités astronomiques. 1 ua = 149 597 871 km

Distance lumière

La distance qui nous sépare du Soleil est indiquée à la seconde près à 0 h TU. La lumière se déplace à 299 792,458 km/s dans le vide. 1 ua = 8 m 19 s

Fraction éclairée

Il s'agit du rapport de la surface éclairée à la surface totale. Un rapport de 50 % indique un Premier ou un Dernier Quartier, 100 % correspondent à un disque plein, et une valeur inférieure à 10 % représente un croissant extrêmement fin, difficile voire impossible à observer dans de bonnes conditions.

Lever, méridien, hauteur, coucher

Ces données sont calculées en temps universel pour 45° de latitude nord et 0° de longitude.

Les heures de lever et de coucher correspondent à l'apparition et à la disparition du bord supérieur du corps, en tenant compte d'une réfraction horizontale moyenne de 34'.

Notez que l'heure de lever ou de coucher observée peut varier jusqu'à une minute en fonction des conditions atmosphériques et géographiques propres à votre situation.

La hauteur est indiquée pour le centre de l'astre lorsque celui-ci passe au méridien sud.

Éphémérides de la Lune

Les informations des colonnes « Ascension droite » à « Distance » ont été calculées à 0 h en temps universel pour chaque date et sont valables quel que soit votre site d'observation sur Terre.

Les données sur le lever, le passage au méridien, la hauteur au méridien et le coucher sont exactes à 45° de latitude nord et 0° de longitude. Le jour de la semaine ainsi que le numéro du jour dans l'année sont indiqués pour chaque date.

Diamètre apparent de la Lune

L'orbite du satellite naturel de la Terre étant une ellipse, la distance et donc le diamètre apparent de notre voisine varient énormément en une révolution sidérale (27,32 jours) :

distance minimale = 356 410 km

distance moyenne = 384 400 km

distance maximale = 406 740 km

Parallaxe horizontale

La Lune étant très proche de la Terre, les coordonnées géocentriques apparentes indiquées d'une manière générale dans les éphémérides peuvent différer

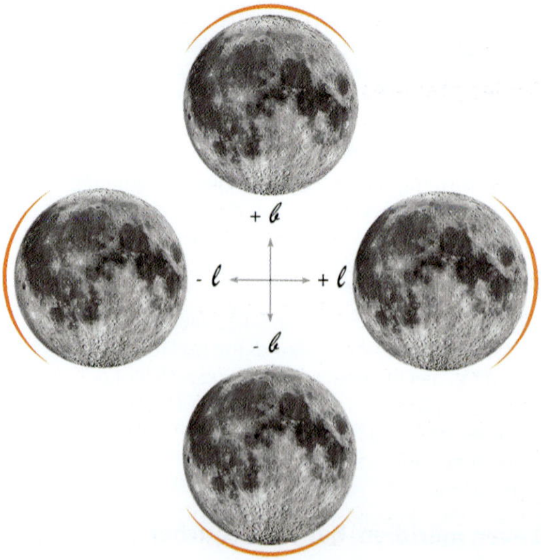

Zones de librations

des coordonnées topocentriques, c'est-à-dire correspondant à un lieu précis sur la surface du globe.

Si vous avez besoin de connaître très précisément la position de notre satellite dans le ciel de votre site d'observation, la valeur de la parallaxe horizontale vous permet d'obtenir les coordonnées topocentriques de la Lune à partir des coordonnées géocentriques apparentes et de votre latitude/longitude. Les détails de ce calcul sont un peu longs pour être exposés ici, mais les amateurs intéressés les retrouveront dans les livres spécialisés (voir les remerciements et les sources à la fin de ce guide).

À noter : la plupart des logiciels de cartographie céleste vous permettent de choisir d'afficher la position de la Lune en coordonnées géocentriques ou topocentriques.

Fraction éclairée

Il s'agit du rapport de la surface éclairée à la surface totale. Un rapport de 0 % indique une Nouvelle Lune, 50 % correspondent à un Premier ou à un Dernier Quartier, 100 % à la Pleine Lune. Dans les meilleures conditions d'observation, il est parfois possible de repérer à l'œil nu des croissants lunaires montrant une fraction éclairée à peine supérieure à 1 %.

Libration et angle de position

Un petit tableau mensuel donne la libration en longitude (l) et en latitude (b), et les angles de position de l'extrémité nord de l'axe de rotation de la Lune (axe) et du milieu de la partie éclairée du limbe lunaire (phase), comptés positivement vers l'est à partir du point nord du disque lunaire, le tout pour un observateur imaginaire situé au centre de la Terre, chaque jour à 0 h.
Voir également les information sur les zones de librations en page 34.

Utiliser le *Guide du Ciel* avec des élèves ou du public

Loin de moi l'idée de mettre le *Guide du Ciel* entre les mains de chaque élève, même si cela me permettrait certainement de m'offrir de belles vacances ! En revanche, je suis persuadé que toutes les personnes qui sont régulièrement en contact avec les enfants ou avec le public – professeurs, animateurs, médiateurs scientifiques, etc. – peuvent trouver dans ces pages de quoi alimenter leur discours.

Nous vivons en effet à une époque où les connaissances scientifiques, qui façonnent pourtant nos sociétés et nos modes de vie, sont trop souvent négligées, voire franchement rejetées, par les jeunes et le grand public.

Des notions de base telles que la compréhension des saisons, des phases de la Lune, des distances entre les corps du Système solaire sont dans la plupart des cas ignorées ou, pire, comprises de travers par nombre de nos concitoyens. Et je ne parle évidemment que de notions astronomiques, mais il serait possible de faire le même constat pour tous les autres domaines scientifiques.

Le moins que l'on puisse dire est que cette méconnaissance ne favorise pas la compréhension et la juste interprétation des grands débats scientifiques qui se développent aujourd'hui et qui auront des conséquences majeures sur la façon dont nous pourrons vivre demain sur notre planète. Sans pouvoir ni vouloir régler tous les problèmes à lui seul, ce livre tente néanmoins de vous apporter quelques éléments fiables qui devraient vous aider à mieux faire comprendre et aimer notre environnement cosmique.

L'essentiel du *Guide du Ciel* est consacré à l'annonce et à l'observation des phénomènes astronomiques à venir, mais voici un rapide tour d'horizon des pages où vous trouverez les informations de base qui vous seront très utiles lors de vos activités avec des scolaires ou lors d'animations publiques.

Sur le Soleil

Même s'il convient de prendre toutes les précautions adéquates, il s'agit de l'astre le plus facile à observer avec des élèves car cela peut se faire durant les horaires scolaires et il n'est donc pas forcément nécessaire d'obtenir des autorisations administratives pour des sorties ou des activités hors du temps scolaire. Les pages 18 à 23 de ce guide synthétisent les informations utiles pour pratiquer l'observation du Soleil en toute sécurité. Elles vous apportent également les bases nécessaires à la compréhension du fonctionnement de notre étoile et vous informent sur l'évolution de son activité. C'est également là que vous trouverez des renseignements sur les différents crépuscules (civil, nautique, astronomique) et sur leur importance en fonction de votre latitude.

Notez que vous trouverez dans mon livre *Les Instruments & le Guide de l'astronomie de loisir* (même éditeur) un bilan complet des instruments utilisables pour observer le Soleil en toute sécurité.

Les aurores polaires, l'une des conséquences directes d'une activité solaire plus intense, bénéficient d'une double page de présentation (pages 24-25) avec des conseils pour leur observation. Enfin, les principaux météores atmosphériques engendrés par l'interaction des rayons solaires et des gouttelettes d'eau ou des cristaux de glace en suspension dans l'atmosphère (arcs-en-ciel, halos, couronnes, gloires) sont présentés en pages 26 et 27.

Sur la Terre

Depuis quelques années, j'ai décidé de consacrer trois pages à la Terre (pages 28 à 30), à ses mouvements et à l'origine des saisons, un point trop souvent mal compris. Un schéma, suggéré par Marc Buonomo, que je remercie au passage, vient compléter cette section.

Sur la Lune

L'astre le plus facile à observer, celui qui vient immédiatement à l'esprit des enfants lorsqu'on leur parle du ciel. La section consacrée à la Lune (pages 31 à 35) contient toutes les informations pour apprendre à retrouver notre satellite dans le ciel, de jour comme de nuit, en fonction de sa phase et de la période de l'année. C'est également là que vous trouverez des éléments chiffrés, des graphiques et des explications sur l'observation de ses plus fins croissants. Enfin, si vous avez la possibilité d'utiliser un instrument (jumelles, lunette ou télescope), une grande carte extrêmement détaillée (pages 36 à 39) vous permet d'identifier plus de 400 formations lunaires (mers, cratères, montagnes, vallées, lacs).

Sur les planètes

Outre les innombrables informations sur l'observation des planètes distillées au fil des jours et des mois tout au long de ce guide, vous trouverez des données de base actualisées sur chaque planète et sur les principales planètes naines et certains astéroïdes dans la partie « Tour d'horizon » (pages 40 à 57).

Sur les comètes et les étoiles filantes

Les éléments orbitaux des principales comètes devant passer au plus près du Soleil durant la période couverte par cette édition du *Guide du Ciel* sont récapitulés dans un tableau page 59. Ils sont accompagnés de commentaires sur l'observation et la recherche des comètes. Si vous pensez avoir découvert une comète, reportez-vous à la page 17 pour connaître la procédure permettant de la signaler aux astronomes du monde entier.

Les essaims d'étoiles filantes sont toujours présentés dans les phénomènes au jour le jour avec des indications sur leur découverte, des prévisions sur leur activité et des conseils pour leur observation. Ils sont à présent également rassemblés dans un schéma et un tableau (pages 60 et 61) qui permettent d'avoir une vision synthétique de l'activité annuelle.

Sur les étoiles

Qu'elles soient simples, doubles, variables, colorées, les étoiles sont les compagnes nocturnes des observateurs. Les cartes circulaires mensuelles vous permettent de repérer les constellations. Un tableau (pages 338-339) liste les 88 figures célestes avec leur nom latin, leur abréviation, leur meilleure période de visibilité, leur superficie et leur origine.

Données de base

SYMBOLES ET ABRÉVIATIONS

Dans cet ouvrage, l'abréviation de « minute » quand il s'agit d'une durée, qui devrait en toute rigueur être « min », est généralement réduite à la simple lettre « m », sauf lorsqu'il peut y avoir une ambiguïté avec l'unité de longueur.

L'ascension droite des astres est indiquée en heure (h), minute (m), seconde (s). 1 heure d'ascension droite représente un arc de 15 degrés (15°) sur la sphère céleste ; 1 minute d'ascension droite vaut 15 minutes d'arc (15′) ; 1 seconde d'ascension droite vaut 15 secondes d'arc (15″).

La déclinaison des astres est indiquée en degré (°), minute d'arc (′) et seconde d'arc (″).

Tous les termes astronomiques utilisés sont définis et expliqués dans la première partie (pages 7 à 15) et dans le lexique (pages 348 à 351).

DES CHIFFRES ET DES LETTRES

Vitesse de la lumière dans le vide

C = 299 792,458 km/s = 1 079 252 849 km/h

Unité astronomique (ua)

Distance moyenne de la Terre au Soleil.
1 ua = 149 597 871 km
1 ua = 499,005 secondes-lumière, soit environ 8 minutes et 19 secondes

Année-lumière (al)

Distance parcourue par la lumière en une année grégorienne moyenne, soit en 365,242 5 jours.
1 année-lumière = 9 460 536 millions de kilomètres = 63 239,8 ua
1 jour-lumière = 25 902 068 371 km = 173,14 ua
1 heure-lumière = 1 079 252 849 km = 7,21 ua
1 minute-lumière = 17 987 547 km = 0,12 ua

Parsec (pc)

Distance d'un astre dont la parallaxe annuelle serait de 1″ exactement.
1 pc = 3,261 631 al
1 pc = 206 264,8 ua
1 pc = 30 856 775 millions de kilomètres

Distance Terre-Lune

Distance minimale = 356 410 km (diamètre apparent de 33,5′)

Distance moyenne = 384 400 km (diamètre apparent de 31,08′)

Distance maximale = 406 740 km (diamètre apparent de 29,3′)

Unités de temps

1 seconde = 9 192 631 770 périodes de la radiation correspondant à la transition entre les deux niveaux hyperfins de l'état fondamental de l'atome de césium 133 au niveau de la mer.
1 jour = 86 400 s
1 jour sidéral moyen = 86 164,1 s
1 année grégorienne moyenne = 365,242 5 jours
1 année julienne moyenne = 365,25 jours

Terre

Masse = 5,972 x 10^{24} kg

Âge ≈ 4,6 milliards d'années

Température centrale : entre 5 000 K et 6 000 K

Rayon équatorial = 6 378,14 km

Rayon polaire = 6 356,75 km

Parallaxe du Soleil = 8,794 143″

Distance de l'horizon en mer pour une hauteur h en mètres au-dessus du niveau de la mer = 3,9 x $h^{1/2}$ km environ pour h < 2 000 m

Valeur moyenne de la réfraction atmosphérique (pression de 1 atm ; température de 10 °C) = 90° : 0′ ; 44° : 1′ ; 26° : 2′ ; 18° : 3′ ; 11° : 5′ ; 6° : 8′ ; 4° : 12′ ; 2° : 18′ ; 0° : 34′

Vitesse du son dans l'atmosphère = 331 m/s environ

Pôles magnétiques (2022) = 86,3° N et 151,9° E ; 64° S et 135,6° E

Déclinaison magnétique à 45° N et 0° E = 56′ E (mars 2022) ; décalage annuel : 10′ vers l'est

Vitesse orbitale moyenne = 29,786 km/s

Soleil

Masse = 1,9891 x 10^{30} kg

Rayon = 696 265 km

Période de rotation à l'équateur = 25,38 jours sidéraux

Vitesse moyenne du vent solaire au niveau de la Terre = 450 km/s

Vitesse du Soleil en direction de l'apex (18,07 h ; 30°) = 19,4 km/s

Position dans la Galaxie : 27 000 années-lumière du centre ; 50 années-lumière au nord du plan galactique ; bordure intérieure du bras d'Orion

Galaxie

Diamètre ≈ 300 000 années-lumière

Masse ≈ 10^{12} masses solaires

Vitesse de rotation au niveau du Soleil ≈ 230 km/s (200 millions d'années pour un tour environ)

Position du centre (2000.0) = 17 h 45,7 m ; - 29° 00′

Pôle Nord galactique (2000.0) = 12 h 51 m ; 27° 08′

Inclinaison du plan de l'écliptique sur le plan galactique ≈ 60°

Déplacement à près de 400 km/s vers 14 h/- 30°

Domaine de longueur d'onde de la lumière visible par l'œil humain

Vision de pleine lumière ≈ 400 à 750 nanomètres (nm)

Vision adaptée à l'obscurité ≈ 400 à 620 nm

Maximum de sensibilité (vision diurne) ≈ 555 nm

Maximum de sensibilité (vision nocturne) ≈ 507 nm

Longueur d'onde caractéristique des couleurs

Violet : 420 nm ; bleu : 470 nm ; vert : 530 nm ; jaune : 580 nm ; orange : 610 nm ; rouge : 660 nm

Quelques longueurs d'onde utiles

H Lyman alpha : 121,6 nm ; Ca (K solaire) : 393,4 nm ; Ca (H solaire) : 396,8 nm ; Hg violet : 404,7 nm ;
H delta (h solaire) : 410,2 nm ; H gamma (g solaire) : 434,0 nm ; Hg bleu foncé : 435,8 nm ; N2 bleu : 465,2 nm ; H bêta (F solaire) : 486,1 nm ; O++ vert : 495,9 nm et 500,7 nm ; Hg vert : 546,1 nm ; O jaune-vert : 557,7 nm ; Hg jaune : 577,0 nm et 579,1 nm ;
Na (D2 solaire) : 589,0 nm ; Na (D1 solaire) : 589,6 nm ; O rouge : 630,0 nm ; He-Ne laser : 632,8 nm ; O rouge : 636,4 nm ; H alpha (C solaire) : 656,3 nm

TSMG (temps sidéral moyen de Greenwich)

Le TSMG à 0 h TU est donné le jour 0 du mois, c'est-à-dire le dernier jour du mois précédent, en heures décimales.

Juin 2022 = 16,5651	Jan. 2023 = 6,6270
Juil. 2022 = 18,5364	Fév. 2023 = 8,6640
Août 2022 = 20,5734	Mars 2023 = 10,5039
Sep. 2022 = 22,6104	Avr. 2023 = 12,5409
Oct. 2022 = 0,5817	Mai 2023 = 14,5122
Nov. 2022 = 2,6187	Juin 2023 = 16,5492
Déc. 2022 = 4,5900	Juil. 2023 = 18,5205

Le TSMG pour n'importe quel moment d'un mois est donné par la relation :
TSMG à 0 h TU le jour 0 du mois + 0,06571 j + 1,002738 h avec j = jour ; h = heure décimale.
Le temps sidéral moyen local d'un site d'observation est donné par la relation :
TSML = TSMG - longitude ouest (ou + longitude est), en comptant 4 minutes par degré de longitude.
L'heure à laquelle un astre passe au méridien sud dans un site donné est approximativement égale à l'ascension droite de cet astre moins le temps sidéral moyen local du site pour le lendemain à 0 h TU.

SIGNALER UNE DÉCOUVERTE

Si vous êtes convaincu d'avoir découvert quelque chose dans le ciel, vous avez plusieurs solutions pour avertir la communauté astronomique. Mais attention, si vous n'avez pas encore fait vos preuves en tant que « découvreur expérimenté », il est fortement recommandé de soumettre vos observations à des astronomes amateurs ou professionnels capables de les vérifier. En France, vous pouvez par exemple demander une confirmation par l'intermédiaire d'une liste électronique réunissant des observateurs chevronnés comme Aude-L ; vous pouvez également communiquer vos résultats à l'Institut de mécanique céleste et de calcul des éphémérides (77, avenue Denfert-Rochereau, 75014 Paris, www.imcce.fr).

S'il se confirme que vous avez toutes les chances d'avoir réellement découvert une comète, un astéroïde ou encore une supernova, le moyen le plus rapide pour l'annoncer officiellement est d'adresser un courrier électronique à l'Union astronomique internationale (UAI, cbatiau@eps.harvard.edu).

Si vos observations concernent plutôt les étoiles filantes ou un bolide (magnitude au moins égale à celle de Vénus), vous pouvez contacter le Réseau français d'observation de météores (www.reforme-meteor.net) ou l'International Meteor Organization (idac@imo.net).

Dans tous les cas, un rapport de découverte ne peut être pris au sérieux s'il ne contient au minimum les indications suivantes : le nom de l'observateur, le moyen de le contacter rapidement (courriel, téléphone), la méthode d'observation (œil nu, CCD), le type d'instrument utilisé (diamètre, focale, grossissement), la technique de prise de vue, les lieux, dates et heures décimales (TU) des observations, la position ou les positions successives en ascension droite et en déclinaison de l'objet (en précisant l'équinoxe), le mouvement propre en ascension droite et en déclinaison le cas échéant, la magnitude estimée, une description physique.

S'il s'agit d'une découverte CCD, une seconde image de contrôle, au moins, doit être réalisée pour s'assurer qu'il ne s'agit pas d'un artefact. Il faut en outre indiquer la nature de l'appareil ou de la caméra CCD, le temps de pose, la taille du champ et la magnitude limite.

Si vous n'avez jamais envoyé de compte rendu d'observation, vous devez également présenter votre expérience en quelques lignes et indiquer par quels moyens (logiciels, web, atlas) vous avez tenté de confirmer votre découverte avant d'en informer l'UAI.

Dans tous les cas, vous devez adresser votre message électronique en format texte, sans aucun caractère accentué ni code html, sans quoi il sera détruit immédiatement par le logiciel antivirus de l'UAI.

Consultez le site de l'UAI (www.cbat.eps.harvard.edu) pour connaître les procédures d'annonce d'une découverte spécifique pour chaque type d'objet.

Le Soleil

UN 25e CYCLE BIEN PLUS DYNAMIQUE

Le 25e cycle solaire semble vouloir donner tort aux spécialistes qui annonçaient fin 2019 que son intensité serait probablement comparable à celle du 24e. Depuis plus d'un an, le nombre de taches solaires observées dépasse chaque mois les prévisions et, en mars 2022, il a même été plus de deux fois plus élevé que prévu, atteignant un niveau que notre étoile n'avait plus connu depuis septembre 2015. Cela semble annoncer un 25e cycle bien plus dynamique, qui pourrait culminer en juillet 2025 à un niveau d'activité comparable à celui du 23e cycle, donc largement supérieur à celui du 24e. L'année 2021 a connu seulement 64 jours sans aucune tache observable, contre 208 jours en 2020 et 281 jours en 2019, et, lors du premier trimestre 2022, une à plusieurs taches ont été observables chaque jour. La dernière période de minimum a été l'une des plus basses depuis plus d'un siècle, avec près de 870 jours sans tache, et elle faisait suite à un double maximum (2003, 2005) peu intense. Lors du minimum précédent (2008-2009), notre étoile avait accumulé 817 jours sans tache contre seulement 309 pour celui d'avant (1996). Nombre de taches observées : 30 en 2008 et en 2009, 100 en 2010, 250 en 2011, 258 en 2012, 300 en 2013, 311 en 2014, 220 en 2015, 148 en 2016, 71 en 2017, 38 en 2018, 24 en 2019, 41 en 2020 et 125 en 2021. Les premières taches du 25e cycle, qui présentent une polarité inversée par rapport à celles du 24e cycle, sont apparues fin 2019 et début 2020. Vous pouvez suivre l'évolution mensuelle de ce cycle sur le site www.swpc.noaa.gov/products/solar-cycle-progression.

L'activité solaire est essentiellement liée à des phénomènes magnétiques engendrés par les mouvements de convection et de rotation différentielle qui brassent la matière surchauffée de notre étoile. Toutes les manifestations visibles en surface ou sur le limbe avec les instruments qui sont à la disposition des observateurs – taches solaires, éruptions, facules, grains de riz, protubérances – sont des conséquences des perturbations locales plus ou moins intenses du champ magnétique. Le nombre de taches visibles est un bon reflet de l'évolution des perturbations magnétiques qui agitent la photosphère solaire. Même si Galilée et certains de ses contemporains ont observé et dessiné des taches solaires au début du XVIIe siècle, et si des écrits bien plus anciens rapportent des observations faites à l'œil nu de taches sur le Soleil lors de son lever/coucher ou derrière un voile nuageux, les premiers relevés systématiques remontent au milieu du XVIIIe siècle (1749) et l'on numérote les cycles solaires depuis lors (voir ci-contre).

Il s'écoule en moyenne 11 années entre deux pics de l'activité solaire, mais on a déjà observé un cycle de moins de 7 ans et un autre de 17 ans ! Le minimum s'étire en général sur 1 à 2 ans, puis l'activité reprend à un rythme plus ou moins soutenu pendant les années suivantes, jusqu'au pic du maximum, qui intervient en moyenne 4 à 5 ans après le minimum.

Activité solaire au quotidien

Nombre de sites web permettent de suivre l'activité quotidienne et l'aspect de notre étoile dans toutes les longueurs d'onde. Solar Influences Data Center et SpaceWeather sont deux excellents points de départ pour vos recherches dans ce domaine : sidc.be/silso et www.spaceweather.com.

Pour voir des images de notre étoile et de son environnement immédiat, consultez les sites des observatoires solaires spatiaux *SOHO* et *SDO* : sohowww.nascom.nasa.gov et sdo.gsfc.nasa.gov.

Moyenne mensuelle du nombre de taches solaires (version 2.0)

	2009	2010	2011	2012	2013	2014	2015	2016	2017	2018	2019	2020	2021	2022
Janvier	1,3	19,5	27,3	94,4	96,1	117	93	57	26,1	6,8	7,7	6,2	10,4	54,0
Février	1,2	28,5	48,3	47,8	60,9	146,1	66,7	56,4	26,4	10,7	0,8	0,2	8,2	59,7
Mars	0,6	24	78,6	86,6	78,3	128,7	54,5	54,1	17,7	2,5	9,4	1,5	17,2	78,5
Avril	1,2	10,4	76,1	85,9	107,3	112,5	75,3	37,9	32,3	8,9	9,1	5,2	24,5	
Mai	2,9	13,9	58,2	96,5	120,2	112,5	88,8	51,5	18,9	13,1	9,9	0,2	21,2	
Juin	6,3	18,8	56,1	92	76,7	102,9	66,5	20,5	19,2	15,6	1,2	5,8	25,0	
Juillet	5,5	25,2	64,5	100,1	86,2	100,2	65,8	32,4	17,8	1,6	0,9	6,1	34,3	
Août	0	29,6	65,8	94,8	91,8	106,9	64,4	50,2	32,6	8,7	0,5	7,5	22,0	
Septembre	7,1	36,4	120,1	93,7	54,5	130	78,6	44,6	43,7	3,3	1,1	0,6	51,3	
Octobre	7,7	33,6	125,7	76,5	114,4	90	63,6	33,4	13,2	4,9	0,4	14,6	38,1	
Novembre	6,9	34,4	139,1	87,6	113,9	103,6	62,2	21,4	5,7	4,9	0,5	34,5	35,0	
Décembre	16,3	24,5	109,3	56,8	124,2	112,9	58	18,5	8,2	3,1	1,5	23,1	67,6	

Source : WDC-SILSO, Royal Observatory of Belgium, Brussels.

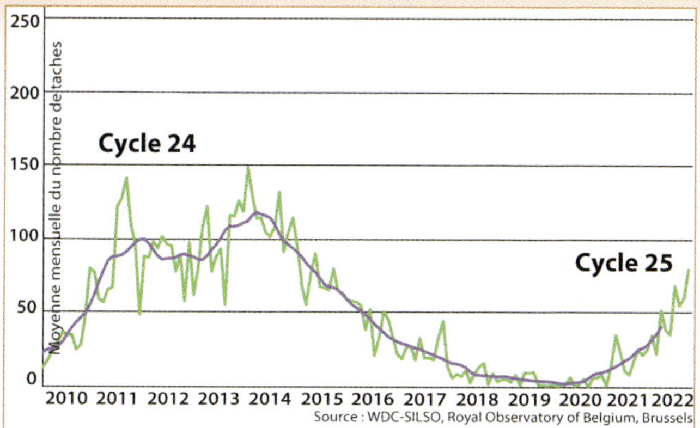

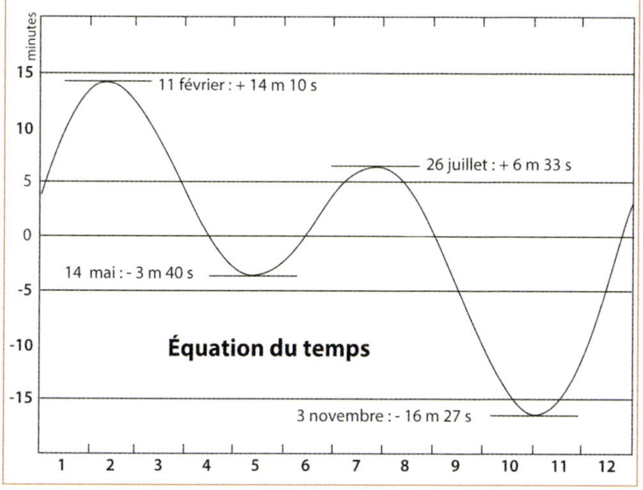

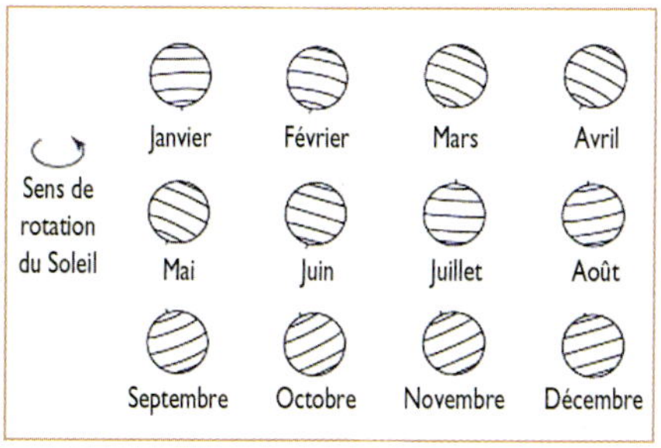

Le pôle Nord du Soleil atteint son inclinaison maximale vers la Terre (7,25°) au début du mois de septembre ; l'inclinaison maximale du pôle Sud se produit, elle, au début du mois de mars.

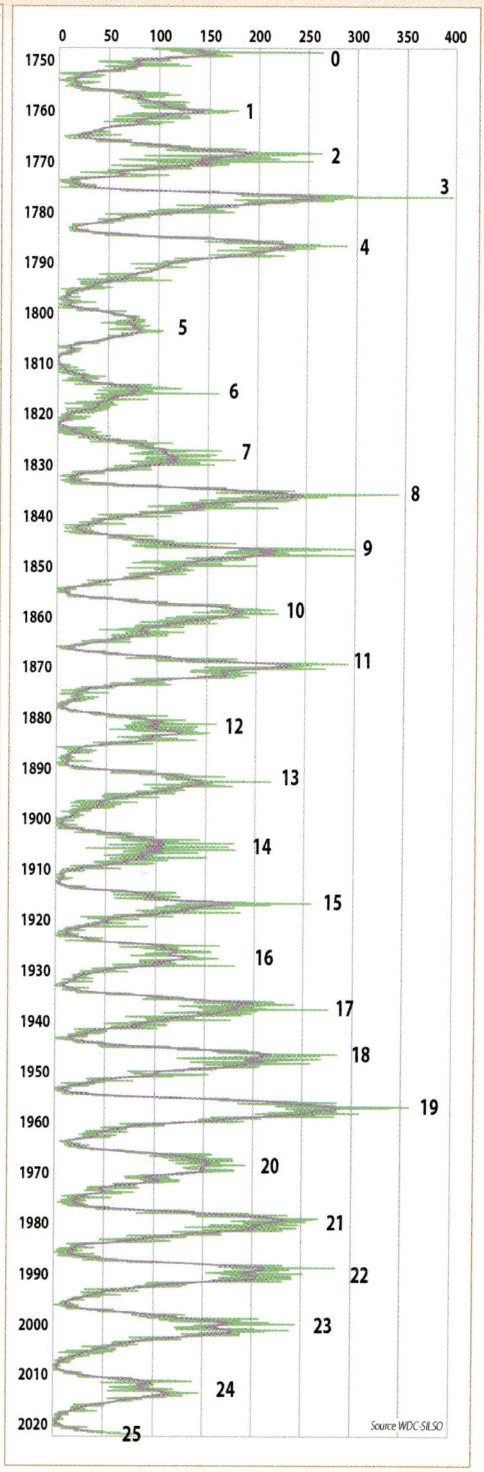

Le Soleil

LES CRÉPUSCULES

Le crépuscule est la période intermédiaire entre le jour et la nuit durant laquelle la luminosité décroît au fur et à mesure de l'enfoncement du disque solaire sous l'horizon ; le processus est inversé le matin. On peut parler de crépuscule du soir et du matin, mais, dans cet ouvrage, je préfère employer les termes « crépuscule » pour le soir et « aube » pour le matin, afin qu'il n'y ait pas d'ambiguïté quant à la période d'observation des phénomènes évoqués.

On distingue habituellement trois étapes crépusculaires. **Le crépuscule civil**, qui s'étend du coucher du Soleil à l'instant où le centre du disque de notre étoile se situe à 6° sous l'horizon ; seules les planètes les plus brillantes et les étoiles de première magnitude sont alors visibles. **Le crépuscule nautique**, qui se prolonge jusqu'à ce que le centre du disque solaire arrive à 12° sous l'horizon ; les étoiles de deuxième magnitude apparaissent et la ligne d'horizon est encore visible, ce qui permet de réaliser des mesures de positions au sextant. **Le crépuscule astronomique**, qui s'achève lorsque le centre du disque solaire atteint 18° sous l'horizon ; les astres les moins lumineux perceptibles à l'œil nu deviennent accessibles.

La durée du crépuscule change en fonction de la position géographique et de la saison. Lorsque la somme de la latitude du lieu et de la déclinaison du Soleil est supérieure ou égale à 72° en valeur absolue, l'astre du jour ne s'abaisse pas en dessous de 18° sous l'horizon et il ne fait pas totalement nuit. C'est le cas dans le nord de la France métropolitaine et en Belgique autour du solstice d'été.

Heure de début (le matin) et de fin (le soir) du crépuscule astronomique

		20° S		0°		20° N		40° N		45° N		50° N		55° N		60° N	
		Matin	Soir	Matin	Soir	Matin	Soir	Matin	Soir	Matin	Soir	Matin	Soir	Matin	Soir	Matin	Soir
2022																	
Juin	6	5 h 11	18 h 46	4 h 40	19 h 17	3 h 57	20 h 01	2 h 31	21 h 27	1 h 47	22 h 12	-	-	-	-	-	-
Juin	16	5 h 14	18 h 47	4 h 42	19 h 19	3 h 57	20 h 05	2 h 28	21 h 34	1 h 40	22 h 22	-	-	-	-	-	-
Juin	26	5 h 16	18 h 49	4 h 44	19 h 22	3 h 59	20 h 07	2 h 30	21 h 36	1 h 42	22 h 23	-	-	-	-	-	-
Juillet	6	5 h 18	18 h 52	4 h 47	19 h 23	4 h 02	20 h 07	2 h 37	21 h 32	1 h 52	22 h 16	-	-	-	-	-	-
Juillet	16	5 h 17	18 h 55	4 h 49	19 h 24	4 h 07	20 h 05	2 h 48	21 h 24	2 h 08	22 h 02	0 h 48	23 h 19	-	-	-	-
Juillet	26	5 h 16	18 h 58	4 h 50	19 h 23	4 h 13	20 h 00	3 h 01	21 h 11	2 h 28	21 h 44	1 h 32	22 h 38	-	-	-	-
Août	5	5 h 12	19 h 00	4 h 51	19 h 21	4 h 18	19 h 54	3 h 15	20 h 56	2 h 47	21 h 23	2 h 06	22 h 04	-	23 h 38	-	-
Août	15	5 h 07	19 h 02	4 h 50	19 h 19	4 h 23	19 h 46	3 h 30	20 h 38	3 h 06	21 h 01	2 h 34	21 h 33	1 h 40	22 h 24	-	-
Août	25	5 h 01	19 h 04	4 h 49	19 h 15	4 h 27	19 h 37	3 h 43	20 h 20	3 h 24	20 h 38	2 h 59	21 h 03	2 h 22	21 h 40	1 h 07	22 h 49
Septembre	4	4 h 53	19 h 06	4 h 47	19 h 12	4 h 30	19 h 27	3 h 56	20 h 01	3 h 41	20 h 16	3 h 21	20 h 35	2 h 54	21 h 02	2 h 09	21 h 45
Septembre	14	4 h 44	19 h 07	4 h 44	19 h 08	4 h 33	19 h 17	4 h 08	19 h 43	3 h 56	19 h 54	3 h 41	20 h 08	3 h 21	20 h 28	2 h 50	20 h 58
Septembre	24	4 h 35	19 h 10	4 h 40	19 h 04	4 h 36	19 h 08	4 h 19	19 h 25	4 h 10	19 h 33	4 h 00	19 h 43	3 h 45	19 h 58	3 h 23	20 h 18
Octobre	4	4 h 25	19 h 13	4 h 37	19 h 01	4 h 38	18 h 59	4 h 29	19 h 08	4 h 24	19 h 13	4 h 17	19 h 20	4 h 06	19 h 30	3 h 52	19 h 44
Octobre	14	4 h 16	19 h 17	4 h 33	18 h 59	4 h 41	18 h 51	4 h 39	18 h 52	4 h 37	18 h 55	4 h 33	18 h 58	4 h 26	19 h 04	4 h 17	19 h 13
Octobre	24	4 h 07	19 h 22	4 h 31	18 h 58	4 h 44	18 h 44	4 h 49	18 h 39	4 h 49	18 h 39	4 h 48	18 h 40	4 h 46	18 h 42	4 h 41	18 h 46
Novembre	3	4 h 00	19 h 28	4 h 29	18 h 58	4 h 47	18 h 40	4 h 59	18 h 27	5 h 01	18 h 25	5 h 03	18 h 24	5 h 04	18 h 23	5 h 03	18 h 22
Novembre	13	3 h 54	19 h 35	4 h 28	19 h 00	4 h 52	18 h 37	5 h 09	18 h 19	5 h 13	18 h 15	5 h 17	18 h 11	5 h 20	18 h 07	5 h 24	18 h 04
Novembre	23	3 h 50	19 h 43	4 h 29	19 h 03	4 h 56	18 h 36	5 h 19	18 h 13	5 h 24	18 h 08	5 h 30	18 h 02	5 h 36	17 h 56	5 h 42	17 h 50
Décembre	3	3 h 49	19 h 51	4 h 32	19 h 08	5 h 02	18 h 38	5 h 28	18 h 11	5 h 35	18 h 05	5 h 42	17 h 58	5 h 49	17 h 50	5 h 58	17 h 41
Décembre	13	3 h 51	19 h 58	4 h 35	19 h 13	5 h 07	18 h 41	5 h 36	18 h 12	5 h 43	18 h 05	5 h 51	17 h 57	6 h 00	17 h 48	6 h 10	17 h 38
Décembre	23	3 h 55	20 h 03	4 h 40	19 h 18	5 h 13	18 h 45	5 h 41	18 h 17	5 h 49	18 h 09	5 h 57	18 h 01	6 h 06	17 h 52	6 h 17	17 h 42
2023																	
Janvier	2	4 h 01	20 h 07	4 h 45	19 h 22	5 h 17	18 h 51	5 h 45	18 h 23	5 h 52	18 h 16	6 h 00	18 h 08	6 h 08	18 h 00	6 h 18	17 h 50
Janvier	12	4 h 08	20 h 08	4 h 50	19 h 26	5 h 20	18 h 57	5 h 45	18 h 32	5 h 51	18 h 25	5 h 58	18 h 19	6 h 05	18 h 11	6 h 13	18 h 03
Janvier	22	4 h 17	20 h 06	4 h 55	19 h 28	5 h 21	19 h 02	5 h 42	18 h 41	5 h 47	18 h 36	5 h 52	18 h 31	5 h 58	18 h 26	6 h 03	18 h 20
Février	1	4 h 25	20 h 02	4 h 58	19 h 29	5 h 20	19 h 07	5 h 36	18 h 52	5 h 39	18 h 48	5 h 42	18 h 45	5 h 45	18 h 43	5 h 48	18 h 40
Février	11	4 h 32	19 h 56	5 h 00	19 h 28	5 h 17	19 h 12	5 h 27	19 h 02	5 h 28	19 h 01	5 h 29	19 h 00	5 h 29	19 h 01	5 h 28	19 h 02
Février	21	4 h 39	19 h 48	5 h 00	19 h 27	5 h 12	19 h 16	5 h 15	19 h 13	5 h 14	19 h 14	5 h 12	19 h 16	5 h 09	19 h 20	5 h 03	19 h 26
Mars	3	4 h 44	19 h 40	4 h 59	19 h 24	5 h 05	19 h 19	5 h 01	19 h 24	4 h 58	19 h 27	4 h 53	19 h 32	4 h 45	19 h 40	4 h 35	19 h 51
Mars	13	4 h 48	19 h 31	4 h 57	19 h 22	4 h 57	19 h 22	4 h 45	19 h 35	4 h 39	19 h 41	4 h 31	19 h 50	4 h 19	20 h 01	4 h 03	20 h 19
Mars	23	4 h 51	19 h 22	4 h 55	19 h 19	4 h 49	19 h 25	4 h 28	19 h 46	4 h 19	19 h 55	4 h 07	20 h 08	3 h 50	20 h 25	3 h 26	20 h 50
Avril	2	4 h 54	19 h 13	4 h 51	19 h 16	4 h 39	19 h 29	4 h 10	19 h 58	3 h 58	20 h 11	3 h 41	20 h 28	3 h 18	20 h 51	2 h 44	21 h 27
Avril	12	4 h 56	19 h 05	4 h 48	19 h 14	4 h 30	19 h 32	3 h 52	20 h 11	3 h 36	20 h 27	3 h 14	20 h 49	2 h 43	21 h 21	1 h 52	22 h 15
Avril	22	4 h 59	18 h 58	4 h 45	19 h 12	4 h 21	19 h 37	3 h 33	20 h 25	3 h 13	20 h 46	2 h 46	21 h 14	2 h 03	21 h 58	-	-
Mai	2	5 h 01	18 h 53	4 h 42	19 h 12	4 h 13	19 h 42	3 h 16	20 h 40	2 h 51	21 h 05	2 h 15	21 h 41	1 h 12	22 h 48	-	-
Mai	12	5 h 04	18 h 49	4 h 41	19 h 12	4 h 06	19 h 47	2 h 59	20 h 54	2 h 29	21 h 25	1 h 43	22 h 12	-	-	-	-
Mai	22	5 h 07	18 h 46	4 h 40	19 h 14	4 h 00	19 h 53	2 h 46	21 h 09	2 h 10	21 h 45	1 h 07	22 h 50	-	-	-	-
Juin	1	5 h 10	18 h 46	4 h 40	19 h 16	3 h 57	19 h 59	2 h 35	21 h 22	1 h 53	22 h 03	0 h 04	-	-	-	-	-
Juin	11	5 h 13	18 h 46	4 h 41	19 h 18	3 h 56	20 h 03	2 h 29	21 h 31	1 h 43	22 h 17	-	-	-	-	-	-
Juin	21	5 h 15	18 h 48	4 h 43	19 h 21	3 h 57	20 h 06	2 h 28	21 h 36	1 h 40	22 h 24	-	-	-	-	-	-
Juillet	1	5 h 17	18 h 51	4 h 45	19 h 22	4 h 00	20 h 07	2 h 32	21 h 35	1 h 46	22 h 21	-	-	-	-	-	-
Juillet	11	5 h 18	18 h 53	4 h 48	19 h 23	4 h 05	20 h 06	2 h 42	21 h 29	1 h 59	22 h 10	-	-	-	-	-	-
Juillet	21	5 h 17	18 h 56	4 h 49	19 h 23	4 h 10	20 h 03	2 h 54	21 h 18	2 h 17	21 h 54	1 h 11	22 h 58	-	-	-	-
Juillet	31	5 h 14	18 h 59	4 h 50	19 h 22	4 h 15	19 h 57	3 h 08	21 h 04	2 h 37	21 h 34	1 h 49	22 h 21	-	-	-	-

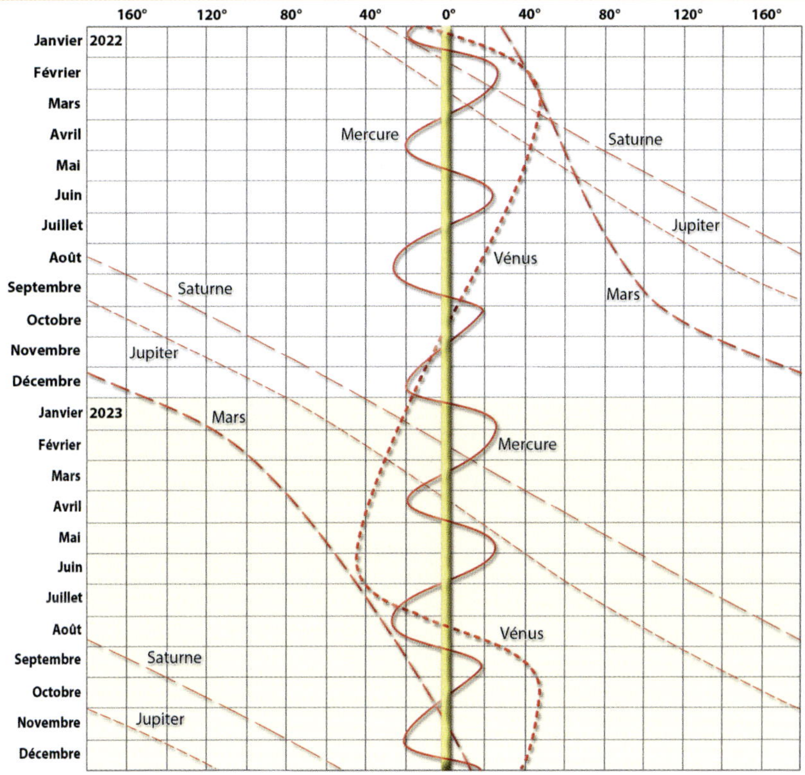

Élongation solaire des planètes visibles à l'œil nu de janvier 2022 à décembre 2023 (en haut).

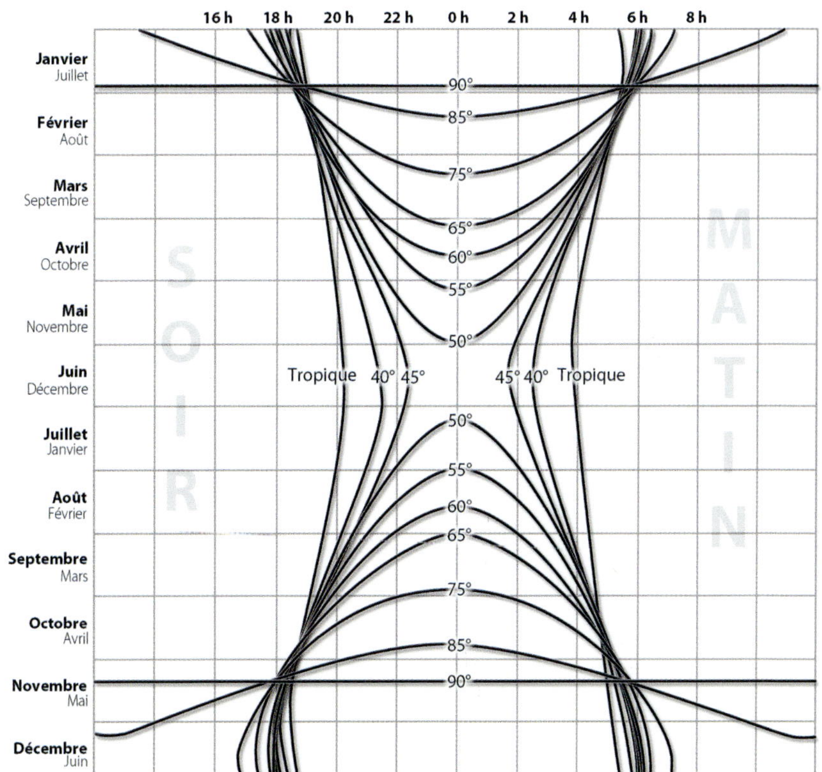

Ce graphique vous permet de déterminer l'heure de début et de fin du crépuscule astronomique tout au long de l'année pour différentes latitudes du tropique au pôle. Les mois sont indiqués en gras pour l'hémisphère Nord et en maigre pour l'hémisphère Sud.

Le Soleil

L'OBSERVATION DU SOLEIL

Vous trouverez dans l'édition 2011-2012, pages 56 à 63, un dossier complet sur l'observation du Soleil en toute sécurité, écrit par Patrick Pelletier, spécialiste de l'observation et de la photographie solaires. Voici un bref rappel des points essentiels.

Le Soleil est le seul astre dont l'observation peut s'avérer dangereuse si l'on ne respecte pas certaines règles de sécurité.

L'un des moyens les plus simples pour surveiller sereinement l'activité du Soleil est de projeter son image sur un écran, par exemple avec un Solarscope. Cet instrument peu onéreux, qui ressemble à une maquette en carton, permet de pointer le tube objectif vers le Soleil pour projeter son image sur l'écran intégré et voir les taches sombres sur la projection du disque solaire.

Pour détailler les taches solaires, vous pouvez placer un filtre solaire à l'entrée du tube d'une lunette ou d'un télescope : on parle alors de filtre à pleine ouverture. Cela permet d'éliminer la chaleur et la luminosité excessives avant que les rayons ne pénètrent dans l'instrument. Pour des observations visuelles, le taux de transmission de ce filtre solaire doit être de 1/100 000e (filtre de densité 5), ce qui signifie que seulement 1/100 000e de la lumière du Soleil atteint la rétine de l'observateur. Avec un taux de transmission aussi bas, les séances d'observation peuvent durer plusieurs heures sans aucune élévation de température dans le tube de l'instrument et dans le flux lumineux émergent, que l'on peut ainsi étudier longuement avec différents accessoires. Tous les filtres solaires à pleine ouverture offrent une excellente protection contre le rayonnement ultraviolet et infrarouge. Ils peuvent aussi être utilisés pour réaliser des images du disque du Soleil avec des vitesses de l'ordre de 1/125e pour une sensibilité de 100 ISO et un instrument ouvert à F/D : 10. Pour des applications photographiques plus spécialisées, il faut choisir un filtre à pleine ouverture spécial imagerie solaire avec une transmission de 1/10 000e, ce qui permet d'utiliser des vitesses d'obturation beaucoup plus rapides. Attention : un filtre solaire photographique ne doit surtout pas être utilisé pour l'observation visuelle. Il existe des filtres solaires de qualité en verre, en polymère, en Mylar ou en Astrosolar.

Il est également possible d'observer le Soleil dans le domaine du visible à l'aide d'un hélioscope de Herschel, un accessoire avec lequel il n'est pas nécessaire d'avoir un filtre pleine ouverture à l'entrée de l'instrument.

Pour observer la chromosphère et les protubérances, et guetter les éruptions autour des taches, il faut utiliser un filtre spécial qui isole la raie H-Alpha. Autrefois réservés à une élite, les filtres et les instruments « H-Alpha » se sont démocratisés depuis quelques années et plusieurs fabricants en proposent désormais à des prix de plus en plus attractifs (Coronado, Lunt, Solar Spectrum Baader, DayStar).

Certains fabricants d'instruments solaires ont également développé des filtres qui isolent les raies H (396,9 nm) et K (393,4 nm) du calcium. Elles sont proches de l'ultraviolet et l'œil décèle très difficilement les images produites par ces instruments, qui sont donc essentiellement utilisés pour photographier les zones profondes de la chromosphère solaire.

Vous trouverez dans mon livre *Les Instruments & le Guide de l'astronomie de loisir* (même éditeur) un panorama des instruments utilisables pour observer le Soleil en toute sécurité.

CLASSIFICATION DES ÉRUPTIONS SOLAIRES

Les éruptions solaires se produisent lorsque l'énergie piégée dans les champs magnétiques associés aux taches solaires est brutalement libérée. Les éruptions engendrent des émissions électromagnétiques dans toutes les longueurs d'onde, des ondes radio aux rayons X et gamma, et propulsent des particules à haute énergie dans l'espace, lesquelles peuvent mettre de 2 à 4 jours pour parvenir au niveau de l'orbite de la Terre. Le nombre d'éruptions de forte intensité augmente en période de maximum solaire, il est donc actuellement en pleine recrudescence.

Les astronomes classent les éruptions solaires en fonction de leur intensité en watts par mètre carré dans le domaine des rayons X compris entre 0,1 et 0,8 nm. Il existe cinq catégories, affublées des lettres A, B, C, M et X. Chaque catégorie correspond à une éruption d'une intensité 10 fois plus forte que la précédente : une éruption de catégorie X est 10 fois plus puissante qu'une de catégorie M et 100 fois plus qu'une de catégorie C. Chaque catégorie est subdivisée en neuf degrés.

Les éruptions des catégories A, B et C sont de trop faible intensité pour affecter notre environnement planétaire ; en fait, les éruptions de catégorie A se confondent pratiquement avec le bruit de fond de l'activité solaire. Les éruptions de la catégorie M peuvent provoquer des perturbations du champ magnétique terrestre qui se traduisent par des coupures de certaines communications radio dans les régions polaires, et elles émettent des particules dont l'arrivée à proximité de la Terre ne met pas en danger les astronautes. Les éruptions les plus puissantes appartiennent à la catégorie X et peuvent avoir des impacts très importants sur le champ magnétique terrestre, interrompre les communications radio, perturber les satellites (en décembre 2006, la précision du réseau GPS a été altérée durant plusieurs heures par une éruption solaire), provoquer des défaillances des réseaux de transport d'électricité et émettre des particules hautement énergétiques pouvant nuire à la santé des astronautes, voire des passagers des vols en haute altitude.

Il faut préciser que la catégorie X est ouverte. Ainsi, même s'il n'existe pas de lettres pour caractériser des éruptions 10, 100 ou 1 000 fois plus puissantes, de telles éruptions ont déjà été enregistrées : elles portent alors des numéros pouvant aller bien au-delà de X9. La plus puissante éruption enregistrée à ce jour a saturé les capteurs au-delà de X28 (en avril 2003), soit plusieurs catégories au-dessus de X. Elle a vraisemblablement été bien plus intense, même si elle n'a pas surpassé par ses effets l'éruption historique d'août 1859, observée par l'astronome anglais Richard Carrington, qui a engendré des aurores polaires exceptionnelles visibles sur l'ensemble du globe et provoqué des pannes et des destructions importantes dans les quelques réseaux électriques et télégraphiques de l'époque ! On peine à imaginer les conséquences d'une éruption d'une telle puissance sur une société mondialisée comme la nôtre, tellement dépendante des réseaux électriques et des connexions informatiques.

Quelle que soit l'intensité de l'éruption, son impact sur la Terre dépend de la position de la zone éruptive par rapport à notre planète ou, plus précisément, de la position de la Terre par rapport à la zone de son orbite qui sera concernée par l'arrivée des particules éjectées par le Soleil. Une éruption de classe X1 sur la face opposée du Soleil aura ainsi bien moins d'effet sur notre planète qu'une éruption de classe M8 la frappant de plein fouet.

En tenant compte de la catégorie d'une éruption solaire et de sa position, les scientifiques peuvent à présent prévoir avec une relative précision quel sera son impact et ils émettent alors des bulletins de prévisions du niveau de perturbation du champ magnétique terrestre et des émissions radio, ainsi que des risques liés au rayonnement solaire en haute altitude et dans l'espace. Vous pouvez consulter les échelles utilisées pour ces prévisions sur le site de la NOAA (www.swpc.noaa.gov/noaa-scales-explanation), et les bulletins sont diffusés au gré des éruptions sur le site SpaceWeather de la Nasa (www.spaceweather.com).

Longitudes héliocentriques et géocentriques du Soleil et des planètes

		Soleil géo	Mercure hélio	Mercure géo	Vénus hélio	Vénus géo	Terre hélio	Mars hélio	Mars géo	Jupiter hélio	Jupiter géo	Saturne hélio	Saturne géo	Uranus hélio	Uranus géo	Neptune hélio	Neptune géo	Pluton hélio	Pluton géo	Cérès hélio	Cérès géo
2022		°	°	°	°	°	°	°	°	°	°	°	°	°	°	°	°	°	°	°	°
Juin	1	70,5	268,6	56,3	337,5	34,0	250,2	323,2	5,2	352,6	3,7	319,3	325,2	44,8	46,3	353,1	355,2	296,8	298,4	106,6	96,9
Juin	10	79,1	294,6	57,7	351,7	44,6	258,8	328,9	11,9	353,4	5,1	319,5	325,2	44,9	46,8	353,1	355,4	296,8	298,2	108,8	100,8
Juin	20	88,7	328,7	66,0	7,7	56,4	268,4	335,2	19,1	354,3	6,4	319,8	325,1	45,0	47,3	353,2	355,4	296,9	298,0	111,2	105,1
Juillet	1	99,2	18,5	82,1	25,2	69,5	278,9	342,2	27,0	355,4	7,5	320,2	324,7	45,1	47,7	353,2	355,4	296,9	297,8	113,8	109,9
Juillet	10	107,8	71,6	99,6	39,6	80,3	287,4	347,9	33,3	356,2	8,1	320,5	324,3	45,2	48,1	353,3	355,4	297,0	297,6	116,0	113,9
Juillet	20	117,3	132,3	121,0	55,6	92,3	297,0	354,2	40,1	357,1	8,6	320,8	323,7	45,3	48,4	353,4	355,3	297,0	297,4	118,5	118,3
Août	1	128,8	187,3	144,3	74,9	106,9	308,5	1,8	48,1	358,2	8,7	321,2	322,9	45,5	48,7	353,4	355,1	297,1	297,1	121,4	123,7
Août	10	137,4	217,8	159,2	89,4	117,8	317,1	7,4	53,8	359,0	8,5	321,4	322,3	45,6	48,8	353,5	355,0	297,1	296,9	123,6	127,7
Août	20	147,0	246,6	173,1	105,6	130,1	326,7	13,5	59,8	359,9	7,9	321,7	321,5	45,7	48,9	353,5	354,8	297,2	296,7	126,1	132,2
Sep.	1	158,6	279,9	185,3	125,1	144,8	338,3	20,8	66,6	1,0	6,9	322,1	320,6	45,8	48,9	353,6	354,5	297,2	296,4	129,1	137,5
Sep.	10	167,3	307,5	188,9	139,7	156,0	347,0	26,2	71,2	1,8	5,9	322,4	320,0	45,9	48,8	353,7	354,2	297,3	296,3	131,3	141,5
Sep.	20	177,0	345,1	183,7	156,0	168,4	356,7	32,1	75,8	2,8	4,6	322,7	319,5	46,0	48,6	353,7	353,9	297,3	296,2	133,8	145,9
Oct.	1	187,8	41,1	174,4	173,8	182,1	7,5	38,6	80,1	3,8	3,1	323,1	319,0	46,2	48,4	353,8	353,6	297,4	296,1	136,6	150,7
Oct.	10	196,7	97,0	178,8	188,4	193,3	16,4	43,7	82,8	4,6	2,0	323,3	318,7	46,3	48,1	353,8	353,4	297,4	296,1	138,8	154,5
Oct.	20	206,6	153,1	193,5	204,5	205,8	26,3	49,4	84,8	5,5	0,8	323,7	318,6	46,4	47,7	353,9	353,2	297,5	296,1	141,4	158,7
Nov.	1	218,5	201,7	213,7	223,8	220,9	38,2	56,0	85,6	6,6	359,7	324,0	318,7	46,5	47,3	354,0	352,9	297,5	296,2	144,4	163,6
Nov.	10	227,6	229,8	228,3	238,1	232,2	47,3	60,9	84,8	7,4	359,1	324,3	318,9	46,6	46,9	354,0	352,8	297,6	296,4	146,7	167,0
Nov.	20	237,6	257,7	244,1	254,0	244,7	57,3	66,3	82,6	8,3	358,8	324,6	319,2	46,7	46,5	354,1	352,7	297,6	296,5	149,2	170,8
Déc.	1	248,8	288,8	261,1	271,5	258,5	68,4	72,0	78,9	9,3	358,9	325,0	319,9	46,8	46,0	354,2	352,6	297,7	296,8	152,0	174,6
Déc.	10	257,9	317,9	274,6	285,7	269,8	77,6	76,7	75,4	10,2	359,2	325,3	320,5	46,9	45,7	354,2	352,7	297,7	297,0	154,3	177,4
Déc.	20	268,1	358,7	288,0	301,5	282,3	87,7	81,8	71,9	11,1	359,9	325,6	321,3	47,0	45,4	354,3	352,7	297,8	297,3	156,9	180,3
2023																					
Janvier	1	280,3	65,7	293,7	320,5	297,4	100,0	87,8	69,1	12,2	1,2	326,0	322,4	47,2	45,1	354,4	352,9	297,8	297,7	159,9	183,2
Janvier	10	289,5	121,3	283,7	334,8	308,6	109,1	92,2	68,2	13,0	2,4	326,2	323,4	47,3	45,0	354,4	353,0	297,9	297,9	162,2	184,9
Janvier	20	299,6	171,5	278,3	350,6	321,1	119,3	97,0	68,4	13,9	3,9	326,6	324,5	47,4	44,9	354,5	353,3	297,9	298,3	164,8	186,2
Février	1	311,8	214,9	287,0	9,7	336,1	131,5	102,8	70,3	15,0	6,1	326,9	325,9	47,5	45,0	354,5	353,6	298,0	298,7	167,9	186,9
Février	10	321,0	241,2	298,0	24,1	347,2	140,6	107,0	72,5	15,9	7,8	327,2	326,9	47,6	45,1	354,6	353,9	298,0	298,9	170,1	186,8
Février	20	331,1	268,8	312,4	40,1	359,6	150,8	111,7	75,7	16,8	9,9	327,5	328,1	47,7	45,3	354,7	354,2	298,1	299,2	172,7	186,0
Mars	1	340,1	294,9	326,7	54,5	10,6	159,8	115,8	79,1	17,6	11,9	327,8	329,2	47,8	45,5	354,7	354,6	298,1	299,5	175,0	184,7
Mars	10	349,1	325,3	342,4	69,0	21,6	168,8	119,9	82,9	18,4	13,9	328,1	330,3	47,9	45,8	354,8	354,9	298,2	299,7	177,2	183,0
Mars	20	359,1	8,6	1,6	85,1	33,7	178,8	124,4	87,4	19,3	16,3	328,4	331,4	48,1	46,2	354,8	355,3	298,2	299,9	179,8	180,7
Avril	1	11,0	78,5	25,3	104,5	48,0	190,7	129,8	93,2	20,4	19,1	328,8	332,7	48,2	46,8	354,9	355,7	298,3	300,1	182,8	178,0
Avril	10	19,9	132,8	39,0	119,1	58,6	199,6	133,8	97,8	21,3	21,3	329,1	333,6	48,3	47,3	355,0	356,0	298,3	300,3	185,0	176,3
Avril	20	29,7	179,9	45,5	135,3	70,2	209,3	138,2	103,0	22,2	23,7	329,4	334,5	48,4	47,8	355,0	356,4	298,4	300,3	187,5	174,8
Mai	1	40,4	218,0	42,0	153,2	82,7	220,1	143,1	109,0	23,2	26,3	329,7	335,4	48,5	48,4	355,1	356,7	298,4	300,4	190,3	173,9
Mai	10	49,1	244,1	36,8	167,8	92,6	228,8	147,0	114,0	24,0	28,4	330,0	336,0	48,6	48,9	355,1	357,0	298,4	300,3	192,5	173,9
Mai	20	58,8	271,7	36,8	184,0	103,3	238,4	151,4	119,6	24,9	30,7	330,3	336,5	48,7	49,5	355,2	357,2	298,5	300,3	195,0	174,4
Juin	1	70,3	307,8	45,8	203,4	115,6	250,0	156,6	126,5	26,0	33,4	330,7	337,0	48,9	50,2	355,3	357,4	298,6	300,2	197,9	175,9
Juin	10	78,9	341,2	57,7	217,8	124,1	258,6	160,6	131,8	26,8	35,3	331,0	337,2	49,0	50,7	355,3	357,6	298,6	300,0	200,1	177,4
Juin	20	88,5	30,1	75,4	233,8	132,8	268,1	164,9	137,7	27,8	37,3	331,3	337,2	49,1	51,2	355,4	357,7	298,6	299,8	202,5	179,6

Les aurores polaires

DU SOLEIL À LA TERRE

Qu'il soit en période d'activité minimale ou maximale, le Soleil émet en permanence un puissant flux de particules chargées électriquement (essentiellement des électrons et des protons) qui mettent jusqu'à quatre jours pour atteindre l'orbite terrestre. Ce flux porte le nom poétique et évocateur de vent solaire et il s'éloigne du Soleil à la vitesse moyenne de 400 kilomètres-seconde pour baigner l'intégralité du Système solaire en suivant les lignes du champ magnétique de notre étoile. L'intensité et la vitesse du vent solaire fluctuent continuellement et les éruptions qui animent notre étoile peuvent lui procurer un surcroît d'énergie considérable.

La Terre est soumise aux fluctuations du vent solaire, qui engendrent des perturbations importantes de l'intensité et de la direction de son champ magnétique lors d'épisodes appelés orages magnétiques. Certaines communications radio peuvent alors être altérées ou interrompues à des échelles plus ou moins importantes autour des pôles magnétiques. De plus, piégés et canalisés par le champ magnétique terrestre, les électrons solaires et, dans une moindre mesure, les protons peuvent entrer en collision à plusieurs dizaines de milliers de kilomètres par seconde avec les constituants des hautes couches de l'atmosphère et donner naissance à des phénomènes lumineux, les aurores polaires ; on parle d'aurores boréales dans l'hémisphère Nord et d'aurores australes dans l'hémisphère Sud.

À plus de 100 km d'altitude, l'atmosphère de notre planète est principalement constituée de gaz neutres et d'atomes d'oxygène qui sont excités par l'énergie qu'ils récupèrent lors de ces collisions. Au bout d'un laps de temps variable, de quelques millièmes de seconde à plusieurs minutes, les atomes ou les molécules concernés restituent cette énergie en émettant une faible lueur dans une longueur d'onde caractéristique. Multipliées des milliards de fois, ces infimes émissions finissent par donner naissance aux lueurs aurorales. Ce processus est tout à fait comparable à celui qui se déroule dans les lampes qui éclairent la plupart des autoroutes : l'énergie électrique apportée à la vapeur de sodium enfermée dans le tube lui permet d'irradier de la lumière d'une couleur orange caractéristique.

Si l'énergie des électrons solaires est suffisante, ils peuvent atteindre des couches plus denses de l'atmosphère et exciter un plus grand nombre de molécules et d'atomes d'azote et d'oxygène. L'émission lumineuse sera alors beaucoup plus intense et colorée : du bleu et du pourpre pour l'azote moléculaire ; du bleu et du rouge pour l'atome d'azote ; du rouge vif pour l'oxygène moléculaire ; du vert pour l'atome d'oxygène. Il faut toutefois rappeler que la vision nocturne humaine est peu sensible aux couleurs, si bien que, la plupart du temps, les aurores polaires apparaissent grises ou blanches à l'œil nu. Néanmoins, lorsque l'intensité de l'aurore est suffisante, les couleurs mises en évidence photographiquement commencent à être perçues visuellement, avec un net avantage pour le vert, auquel la vision nocturne est bien plus sensible.

En temps normal, on a beaucoup plus de chances de voir des aurores boréales aux abords des pôles que sous les tropiques. En fait, les manifestations aurorales se concentrent dans deux anneaux qui entourent les pôles magnétiques Nord et Sud, de 65° à 75° de latitude. Dans l'hémisphère boréal, l'anneau auroral recouvre donc toute l'année une partie de l'Alaska, du Canada, du Groenland, de l'Islande, de la Norvège, de la Finlande et la frange septentrionale de la Russie. Dans l'hémisphère austral, seul l'immense Antarctique est habituellement concerné par les aurores. En période de maximum solaire, il n'est pas rare de constater un étalement considérable des anneaux auroraux, qui peuvent alors toucher les latitudes moyennes. En mars 1989, l'anneau auroral boréal s'est développé jusqu'aux Caraïbes et en mars 2015, lors du 24e cycle solaire, des aurores boréales ont pu être observées et photographiées en France.

Si l'activité solaire en période de minimum est suffisante pour que des aurores polaires se développent, la recrudescence d'éruptions dans la phase ascendante du cycle de notre étoile favorise le développement d'aurores de plus en plus lumineuses et nombreuses, et il n'est alors pas rare d'assister à plusieurs « bouffées » d'aurores chaque nuit. Plus les nuits sont longues et noires, plus les chances de voir une aurore augmentent, mais les aurores les plus intenses seront également bien visibles en ville ou dans un ciel illuminé par l'éclat lunaire.

Les observateurs d'aurores bénéficient de la surveillance constante de notre étoile mise en place pour prévenir les risques technologiques et biologiques liés aux très fortes éruptions solaires. Une véritable flottille de satellites scrute notre étoile et son environnement en continu et de nombreux sites web diffusent à présent des bulletins de prévision de « météo solaire » avec des fourchettes de plus en plus précises pour l'apparition probable des aurores. Le site www.spaceweather.com est l'un de ceux-là. Il relaie, pratiquement en temps réel, les informations collectées par les satellites et les observatoires terrestres et vous permet ainsi de connaître en un clin d'œil la vitesse et la densité du vent solaire, le nombre et la position des taches solaires, le niveau des dernières éruptions, la forme de l'anneau auroral et les prévisions d'orages magnétiques pour les 48 heures à venir. C'est également là que vous pourrez lire les comptes rendus d'observations des amateurs du monde entier, admirer les plus belles images des phénomènes en cours et, pourquoi pas, déposer les vôtres !

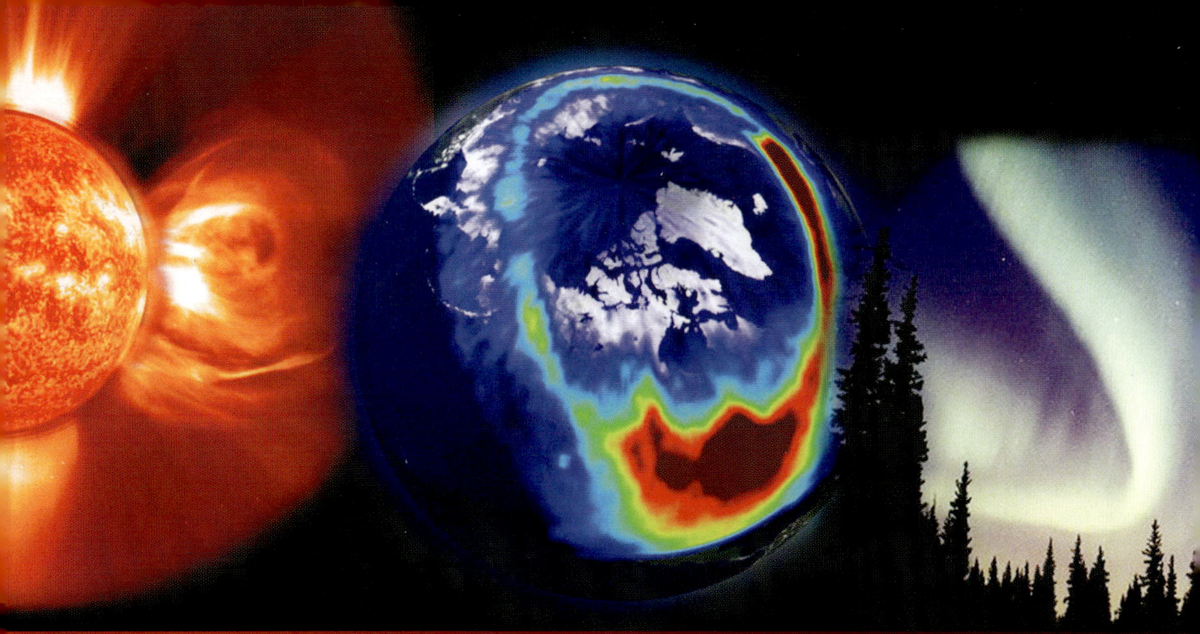

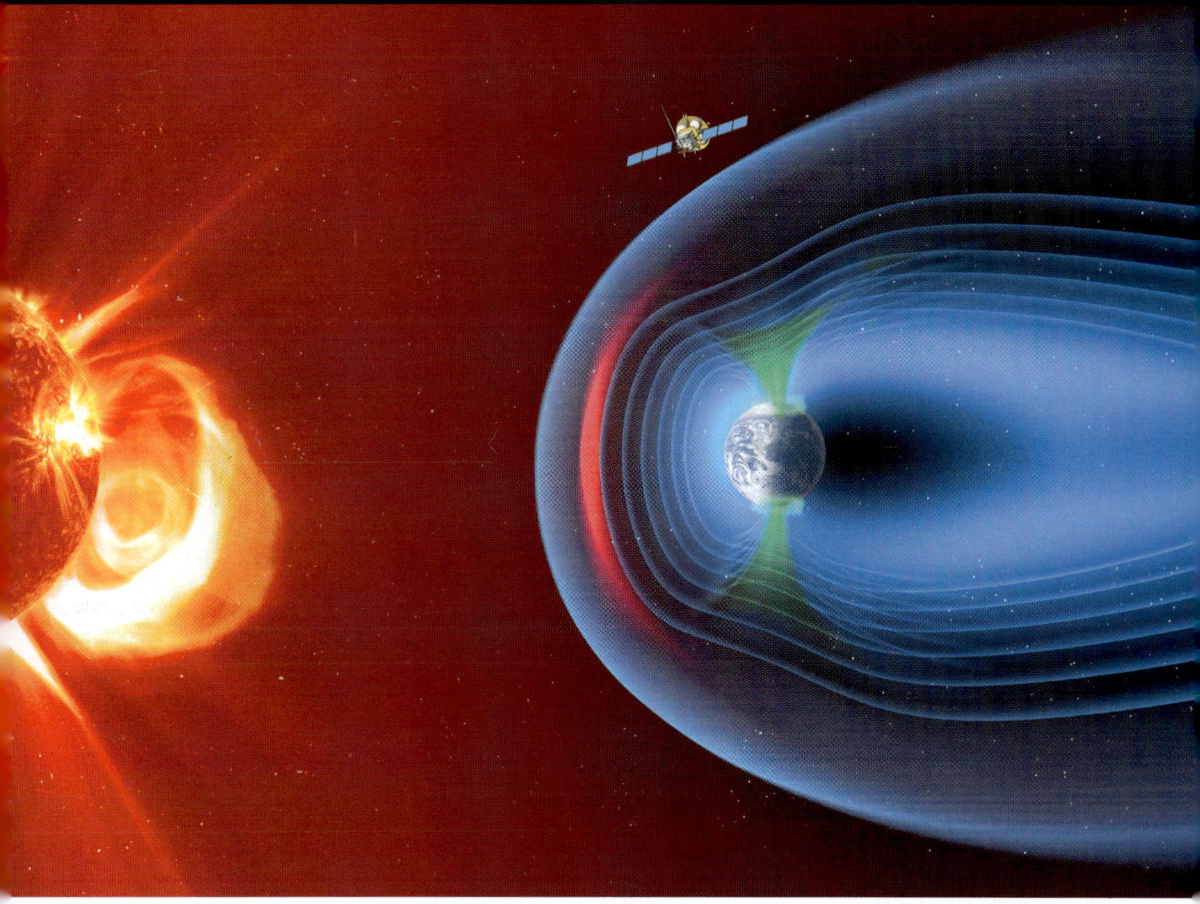

La distance Soleil-Terre n'est pas respectée et la Terre n'est pas à l'échelle, mais cette illustration permet de synthétiser l'action du vent solaire sur le champ magnétique terrestre. Celui-ci est aplati dans la direction qui fait face au Soleil et il s'étire comme une immense queue de cheval à l'opposé. Les électrons et les protons solaires happés par les lignes de force du champ magnétique terrestre peuvent entrer en collision avec les atomes et les molécules de la haute atmosphère et donner naissance à des aurores polaires plus ou moins intenses.

Jeux de lumières

ARCS-EN-CIEL

Lumière solaire, gouttes d'eau et cristaux de glace, tels sont les composants nécessaires à la formation de météores atmosphériques somptueux. L'arc-en-ciel est évidemment le plus connu d'entre eux. Il apparaît toujours à l'opposé du Soleil et se développe autour de l'ombre de la tête de l'observateur. Pour le voir apparaître, il faut donc tourner le dos au Soleil et avoir une averse devant soi. Plus les gouttes en seront grosses – pluie d'orage par exemple –, plus les couleurs seront vives. Un arc-en-ciel se dessine parfois grâce à une pluie fine ou à un banc de brouillard, mais il est alors très pâle, voire uniformément blanc.

Le rayon du cercle tracé par les couleurs de cette arche est d'environ 42° ; il n'est donc pas possible d'observer un arc-en-ciel tant que le Soleil est à plus de 42° de hauteur dans le ciel – à moins d'être en avion, au sommet d'une montagne ou au-dessus d'une chute d'eau. L'épaisseur d'un arc-en-ciel ne dépasse pas 1,5°, soit 3 fois environ le diamètre apparent de la Pleine Lune. Les couleurs se répartissent du violet à l'intérieur de l'arc au rouge à l'extérieur, et le nombre de teintes perçues entre ces extrêmes dépend largement du spectateur lui-même : un peintre décrira des dizaines de nuances, tandis qu'un observateur à l'acuité visuelle moindre en relèvera cinq ou six tout au plus. Lorsque les conditions atmosphériques s'y prêtent, un second arc-en-ciel apparaît parfois – on l'appelle le second ordre –, sur un cercle de 51° de rayon environ. Plus pâle, il diffère également du premier par une inversion de la répartition des couleurs – rouge à l'intérieur et violet à l'extérieur – et une épaisseur jusqu'à 2 fois plus importante. Lorsque les circonstances s'y prêtent, l'éclat de la Pleine Lune est suffisant pour donner naissance à un arc-en-ciel. Celui-ci apparaît généralement uniformément blanc à l'œil nu. Photographiquement, en revanche, il est possible de mettre des couleurs en évidence.

HALOS ET PARHÉLIES

Si l'arc-en-ciel est engendré par des gouttes d'eau, les halos et les parhélies ont besoin de cristaux de glace pour naître. Les nuages qui abritent ces cristaux en abondance sont de la famille des cirrus. Ils se forment entre 6 000 et 9 000 m d'altitude et s'étalent comme de longs filaments ou des voiles. Lorsque leur densité est forte, le ciel devient laiteux et les chances de bénéficier de ces phénomènes augmentent singulièrement. Le plus commun – le petit halo – ressemble à un arc-en-ciel circulaire centré sur le Soleil. Son rayon est de 22°, soit environ la distance qui sépare le bout du pouce de l'auriculaire lorsque, bras tendu devant vous, vous écartez les doigts au maximum. Lorsque le halo est bien contrasté, il se colore en rouge sur sa bordure intérieure

et en bleu à l'extérieur. Selon la taille et la répartition des cristaux dans la couche nuageuse, et en fonction aussi de l'extension de cette dernière, le halo sera plus ou moins intense et complet. On assiste également parfois, mais plus rarement, au développement d'un grand halo de 51° de rayon.

Les plus beaux halos sont créés par des cristaux en forme de petites colonnes de section hexagonale, comme une section d'un crayon à papier.

Les halos lunaires sont souvent plus faciles à voir que les halos solaires car ils apparaissent sur un fond de ciel sombre et offrent donc un contraste bien plus important. Comme pour le Soleil, la dimension du halo est telle qu'il faut que la Lune soit suffisamment loin de l'horizon pour qu'on puisse le contempler intégralement.

Lorsque les cristaux présents dans la couche nuageuse sont pratiquement plats, on peut observer, avec ou sans la présence d'un halo, la formation de parhélies. Il s'agit de deux taches lumineuses situées à 22° de chaque côté du Soleil ou de la Lune et à la même hauteur ; un seul parhélie apparaît parfois, en fonction de la densité de la couverture nuageuse. Chaque tache a la forme d'un losange, rouge vers l'astre, bleu et souvent étiré en pointe à l'opposé. L'éclat des parhélies solaires peut être aussi intense que celui du Soleil, ce qui leur a valu le surnom de « faux soleils ». La luminosité des parhélies lunaires ou parasélènes est, au contraire, plus faible que celle de la Lune, ce qui ne facilite pas leur repérage à l'œil nu ; une photographie posée quelques secondes permet cependant de confirmer ou d'infirmer leur présence lorsque l'on a un doute.

COURONNES

Tout comme le Soleil, la Lune joue avec les gouttes d'eau et les cristaux de glace des nuages et des brumes pour nous offrir des météores réjouissants. Surtout visibles en période de Pleine Lune, quand l'éclat solaire réfléchi par notre satellite est maximal, les couronnes et les halos lunaires apparaissent aussi parfois autour d'un quartier ou d'un gros croissant pour peu que les conditions atmosphériques s'y prêtent. Lorsque la Lune, par exemple, se glisse derrière l'écran d'un altocumulus rempli de gouttelettes d'eau, elle arbore une couronne plus ou moins intense. Si l'on perçoit bien ses couleurs, on peut noter qu'elles vont, à partir du centre, du blanc pur au rouge sombre en passant par le bleu, le vert et le jaune. La couronne est toujours collée au bord lunaire et peut s'étendre sur plusieurs degrés, avant de prendre une teinte orangée ou rouille plus ou moins profonde. Des couronnes peuvent naturellement se développer autour du Soleil, mais leur observation est bien plus périlleuse et il faut prendre soin d'occulter le disque solaire cruellement éblouissant avant de chercher à les voir. Ces couronnes solaires n'ont rien à voir avec la couronne solaire visible uniquement durant la phase totale des éclipses de Soleil.

Les couronnes naissent de la diffraction de la lumière par les gouttes d'eau ou les cristaux de glace, mais elles peuvent aussi être engendrées par des grains de pollen en suspension ou par de fines particules d'origine volcanique ; dans ce dernier cas, les couronnes peuvent être beaucoup plus étendues, jusqu'à une trentaine de degrés de rayon, et on les appelle des anneaux de Bishop – du nom du révérend Sereno Bishop, qui a le premier noté leur apparition dans le ciel d'Honolulu peu après l'explosion du Krakatoa en 1883.

Les plus belles couronnes lunaires ou solaires, celles où les couleurs sont franches et bien séparées, se produisent lorsque les gouttes, les cristaux ou les grains de pollen ou de poussière ont pratiquement tous le même diamètre. Lorsqu'ils sont de tailles différentes, une couronne apparaît, mais ses teintes sont diluées, brouillées. Les couronnes pouvant être très étendues, il est fréquent de n'en voir que des fragments si les conditions ne sont pas homogènes sur l'ensemble du ciel. Notez enfin qu'il est également possible de voir des couronnes autour des planètes très brillantes comme Vénus et Jupiter. Il faut pour cela utiliser des jumelles ou un instrument plus puissant, ou réaliser des poses photographiques de quelques secondes qui les mettront bien en évidence.

GLOIRE ET SPECTRE DU BROCKEN

La gloire est un phénomène comparable aux couronnes, mais il se produit autour du point antisolaire. Tout comme les couronnes, la dimension angulaire de la gloire est liée à la taille des gouttes, mais elle reste limitée à quelques degrés. Il est assez courant de voir une gloire sur une couche nuageuse lorsqu'on la survole ou qu'on la traverse en avion. Si l'on est assez près, on peut alors distinguer l'ombre de l'appareil au centre du petit anneau plus ou moins coloré de la gloire. Une telle observation est également possible en montagne lorsque l'on regarde une couche nuageuse en contrebas avec le Soleil dans le dos. La gloire se développe alors autour de l'ombre étirée de l'observateur, que l'on appelle le spectre du Brocken, en référence à une montagne du nord de l'Allemagne où les conditions météorologiques font que ce phénomène est régulièrement visible ; on parle aussi d'arc du Brocken pour qualifier ce type de gloire. Dans certains cas, il est possible de voir une gloire juste en face de soi lorsque l'on traverse un banc de brouillard et qu'une source lumineuse puissante, le Soleil, un lampadaire ou des phares, se situe dans notre dos.

Images : Guillaume Cannat

La Terre

LA TERRE DANS L'ESPACE

Notre planète effectue une révolution autour du Soleil en une année à la distance d'une unité astronomique. Le plan de son orbite est appelé plan de l'écliptique et la projection de ce plan sur la sphère céleste est appelée écliptique. Voilà pour une première approximation. En fait, l'unité astronomique – 149 597 871 km – est la distance moyenne entre la Terre et le Soleil car l'orbite terrestre n'est pas un cercle parfait : c'est une ellipse dont l'excentricité est de 0,016 706. Au début du mois de janvier, lorsque la Terre passe au plus près du Soleil – périhélie –, elle est plus proche de près de 5 millions de kilomètres que lorsqu'elle passe à l'aphélie, au début du mois de juillet. La Terre se situe à exactement une unité astronomique du Soleil au début des mois d'avril et d'octobre.

La Terre tourne sur elle-même en une journée. Son axe de rotation est incliné de 23,4° par rapport à la perpendiculaire au plan de l'écliptique. Autrement dit, son plan équatorial est incliné de 23,4° par rapport au plan de l'écliptique. Cette fois encore, il convient de préciser cette information : l'angle entre ces deux plans oscille entre 22,1° et 24,5° sur une période de 42 000 années environ. Actuellement, il diminue de 0,013° par siècle et sa valeur est proche de 23° 26′ 21″.

Cette valeur définit différentes lignes sur le globe terrestre : les tropiques du Cancer et du Capricorne, les cercles polaires arctique et antarctique. Les tropiques sont des cercles parallèles à l'équateur et distants de 23,4° en latitude, vers le nord pour le tropique du Cancer et vers le sud pour le tropique du Capricorne ; ils délimitent les régions dans lesquelles le Soleil peut passer au zénith au cours de l'année. Les cercles polaires sont centrés sur les pôles géographiques et ils ont un rayon de 23,4° ; ils passent donc par les latitudes 66,6° nord et sud, et délimitent les régions dans lesquelles le Soleil peut ne pas se lever ou ne pas se coucher aux solstices. Naturellement, l'inclinaison variant avec le temps, les positions rigoureuses de ces lignes varient de la même manière.

LES SAISONS

On pourrait penser que ce sont les changements de distance entre notre planète et le Soleil qui engendrent les changements saisonniers, mais cette hypothèse ne résiste pas à la confrontation avec la réalité, notamment avec le fait que l'hiver se produit dans l'hémisphère Nord lorsque la Terre est au plus près du feu solaire, et inversement pour l'été. Le moteur des saisons est l'angle selon lequel les rayons solaires frappent le sol terrestre. Plus cet angle est important, plus la quantité d'énergie solaire reçue par unité de surface est grande. L'atmosphère accentue l'importance de l'angle d'incidence des rayons solaires en les filtrant d'autant plus que le Soleil est proche de l'horizon. Ainsi, plus le Soleil monte haut dans le ciel d'un lieu donné, plus l'énergie reçue par le sol et la végétation est grande et peut stimuler les processus saisonniers.

Ce qui commande la variation de hauteur de l'astre du jour est l'inclinaison de l'axe de rotation de la Terre. L'axe terrestre pointe en effet toujours dans la même direction durant l'année – l'évolution de son inclinaison se produit sur des millénaires – et l'angle d'arrivée de la manne solaire sur les différentes portions du globe terrestre évolue en fonction de la position de notre planète sur son orbite.

NASA/NOAA/DSCOVR/EPIC

La Terre vue de la direction du Soleil

Solstice de juin

21 juin 2022 à 9 h 13 m
21 juin 2023 à 14 h 57 m

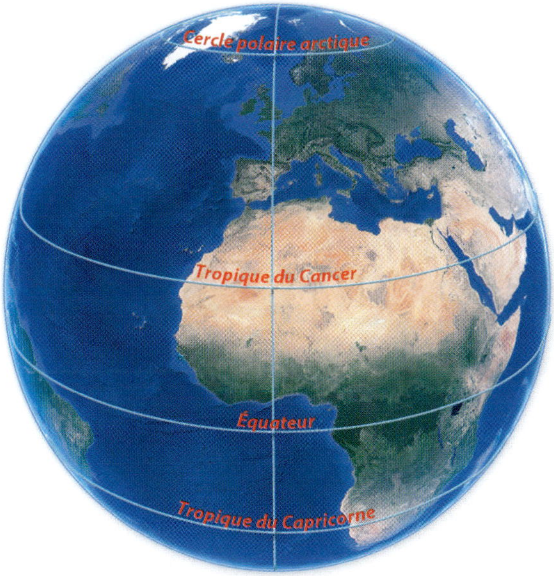

Équinoxe de septembre

23 septembre 2022 à 1 h 03 m
23 septembre 2023 à 6 h 49 m

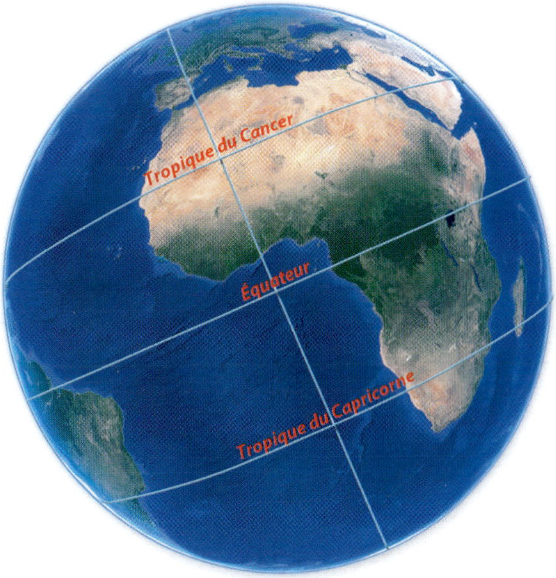

Solstice de décembre

21 décembre 2022 à 21 h 48 m
22 décembre 2023 à 2 h 27 m

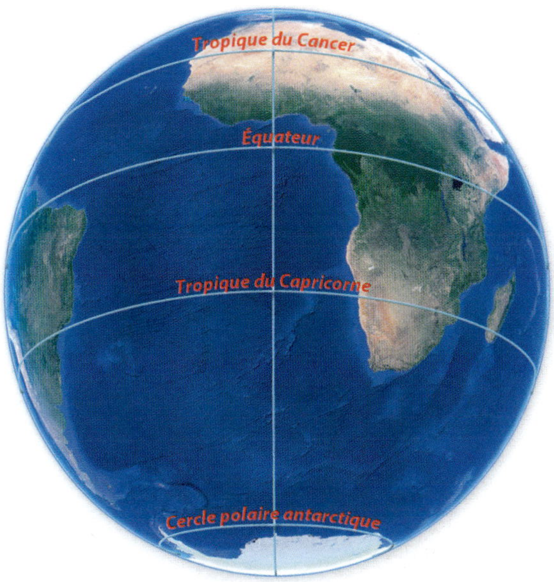

Équinoxe de mars

20 mars 2023 à 21 h 24 m
20 mars 2024 à 3 h 06 m

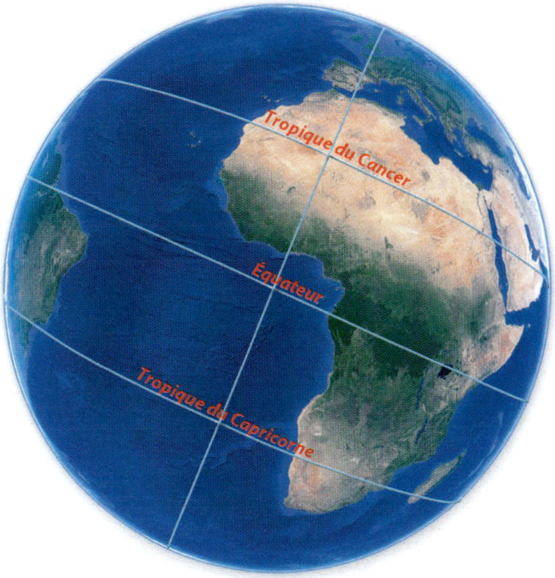

La Terre

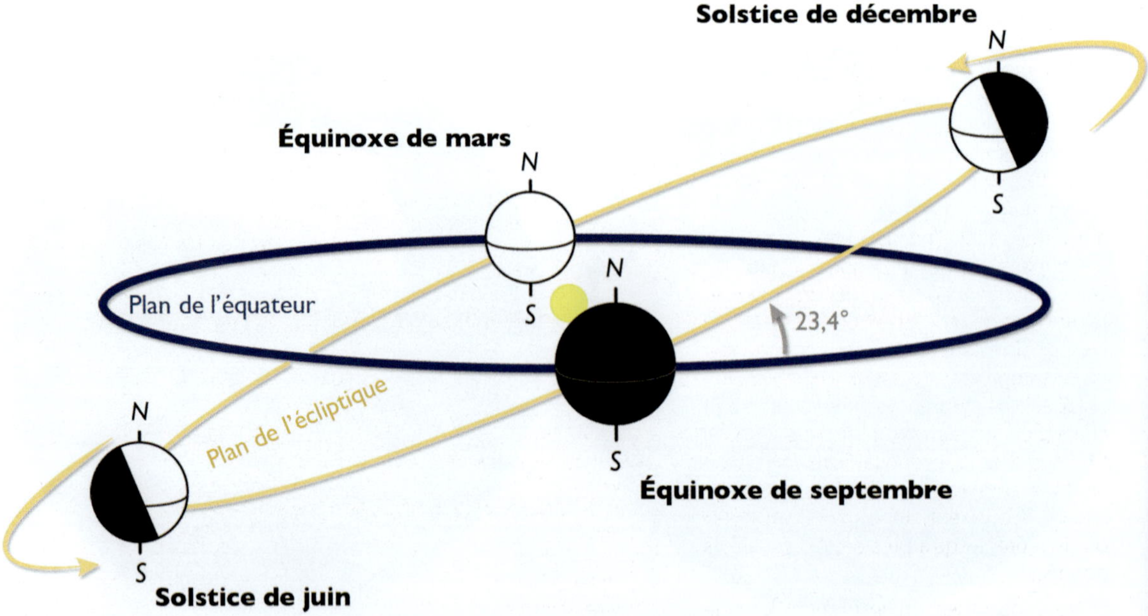

Au solstice de juin – début de l'été pour l'hémisphère Nord et de l'hiver pour l'hémisphère Sud –, les régions polaires arctiques et l'hémisphère boréal sont penchés vers le Soleil et les rayons solaires frappent la surface sous un angle bien plus important que dans l'hémisphère Sud. Un observateur placé près du Soleil verrait alors la calotte polaire Nord alors que l'Antarctique resterait caché dans la nuit. La situation est inversée lors du solstice de décembre. Aux équinoxes de mars et de septembre, notre planète se présente parfaitement de profil au rayonnement solaire et notre observateur pourrait contempler toute la géographie de notre belle planète bleue. Naturellement, les changements de saisons sont graduels, ils n'interviennent pas brusquement aux dates des solstices et des équinoxes, même si celles-ci correspondent à des instants bien précis de la course annuelle de la Terre. Les équinoxes sont les points d'intersection – en astronomie, on parle des nœuds – du plan de l'écliptique et du plan de l'équateur ; les solstices sont les dates d'éloignement maximum entre ces deux plans. En 2022-2023, ces quatre instants se produisent le 21 juin 2022 à 9 h 13 m (en temps universel), le 23 septembre à 1 h 03 m, le 21 décembre à 21 h 48 m et le 20 mars 2023 à 21 h 24 m.

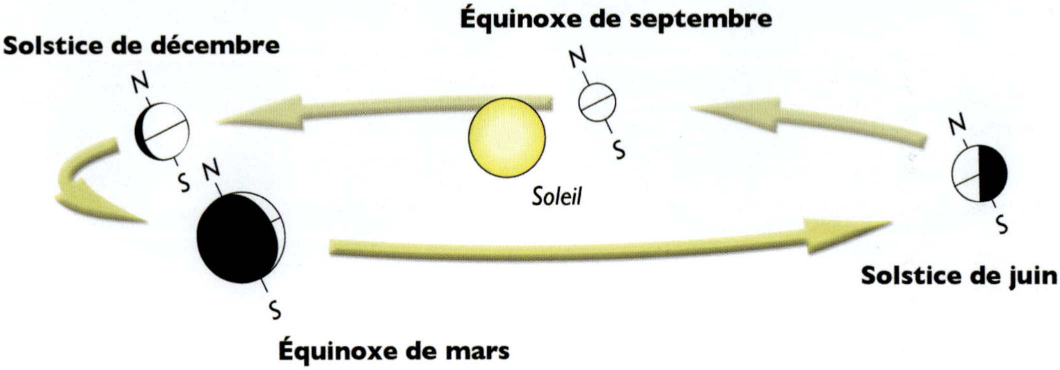

La Lune

OÙ ET QUAND OBSERVER LA LUNE ?

Exception faite des quelques jours qui entourent la Nouvelle Lune, notre voisine est toujours visible à un moment ou à un autre de la journée ou de la nuit. Le tableau ci-dessous vous indique où la chercher en fonction de sa phase. Il est utilisable quel que soit votre lieu d'observation sur la Terre, mais, dans l'hémisphère boréal, Séléné franchit le méridien au-dessus de l'horizon sud, alors que dans l'hémisphère austral elle le coupe au-dessus de l'horizon nord. En outre, selon votre position géographique et le moment de l'année, la Lune sera plus ou moins haute dans le ciel. Notre satellite suit en effet approximativement la trajectoire du Soleil et la hauteur de ses différentes phases change en fonction de la saison, comme je l'indique dans le second tableau. Celui-ci ne tient pas compte de l'inclinaison de l'orbite lunaire, il convient donc parfois d'ajouter ou de retirer jusqu'à près de 5° aux valeurs données.

Si vous possédez un instrument et que vous souhaitez observer la Lune, il est évident que les meilleures périodes changent selon la phase. Plus notre satellite se situe haut dans le ciel, moins l'épaisseur de l'atmosphère est importante et plus les images ont une chance d'être stables et de bonne qualité. En simplifiant, on peut dire que, aux latitudes européennes, la fin de l'hiver et le début du printemps sont favorables à l'observation du Premier Quartier, et que le Dernier Quartier est mieux placé de la fin de l'été au début de l'automne. Mais que ces indications ne vous empêchent pas d'observer la Lune, quelle que soit sa hauteur, lorsqu'une belle nuit se présente !

Quelques chiffres lunaires

Diamètre équatorial	3 476 km (0,27 diamètre terrestre) 10 930 km de circonférence
Diamètre apparent moyen	31'05" (0,518 1°)
Masse	7,35 x 10^{22} kg (1/81,301e de la masse terrestre)
Densité moyenne	3,34 (3/5e de la densité terrestre). Eau = 1
Pesanteur à l'équateur	1,62 m/s² (1/6e de la Terre)
Vitesse de libération	2,38 km/s (Terre : 11,2 km/s)
Distance moyenne de la Terre à la Lune	384 400 km ou 60,27 rayons terrestres ou 0,002 570 ua
Position moyenne du barycentre du système Terre-Lune	4 728 km du centre de la Terre (1 650 km sous la surface terrestre)
Vitesse orbitale	1,02 km/s (Terre : 29,786 km/s en moyenne)
Augmentation moyenne de la distance Terre-Lune	environ 3,8 cm par an
Inclinaison moyenne de l'orbite sur l'écliptique	5° 08'43" (oscillation de + ou – 9' tous les 173 jours)
Hauteur maximale au-dessus ou en dessous de l'écliptique	37 000 km (11 diamètres lunaires)
Inclinaison de l'équateur lunaire par rapport à l'écliptique	1° 32'33"
Inclinaison de l'équateur lunaire sur l'orbite	6° 41'
Déplacement apparent moyen dans le ciel	33' par heure
Période de rotation dans le ciel	27,321 662 jours ou 27 jours 7 heures 43 minutes 11,5 secondes
Révolution synodique (entre 2 Nouvelles Lunes)	29,530 589 jours ou 29 jours 12 heures 44 minutes 2,8 secondes
Révolution anomalistique (entre 2 périgées ou 2 apogées)	27,554 550 jours ou 27 jours 13 heures 18 minutes 33,2 secondes
Révolution draconitique (entre 2 nœuds identiques)	27,212 221 jours ou 27 jours 5 heures 5 minutes 35,8 secondes
Révolution tropicale (entre 2 entrées dans le Bélier)	27,321 582 jours ou 27 jours 7 heures 43 minutes 4,7 secondes
Régression de la ligne des nœuds	19,538° par an
Albédo	De 0,05 à 0,24 (Terre : 0,3)

Hauteur moyenne des phases lunaires au-dessus de l'horizon sud en France

	Février-Mars-Avril	Mai-Juin-Juillet	Août-Septembre-Octobre	Novembre-Décembre-Janvier
Premier Quartier	70°	45°	22°	45°
Pleine Lune	45°	22°	45°	70°
Dernier Quartier	22°	45°	70°	45°

Phase de la Lune	Elle se lève	Elle est dans la partie est du ciel	Elle est au plus haut de sa trajectoire	Elle est dans la partie ouest du ciel	Elle se couche
Croissants du soir	juste après le lever du Soleil	le matin	juste après midi	l'après-midi	juste après le coucher du Soleil
Premier Quartier	à midi	l'après-midi	au coucher du Soleil	au début de la nuit	en milieu de nuit
Gibbeuse croissante	l'après-midi	au coucher du Soleil	au début de la nuit	en milieu de nuit	en fin de nuit
Pleine Lune	au coucher du Soleil	au début de la nuit	en milieu de nuit	en fin de nuit	au lever du Soleil
Gibbeuse décroissante	au début de la nuit	en milieu de nuit	en fin de nuit	au lever du Soleil	le matin
Dernier Quartier	en milieu de nuit	en fin de nuit	au lever du Soleil	le matin	à midi
Croissants du matin	juste avant le lever du Soleil	le matin	juste avant midi	l'après-midi	juste avant le coucher du Soleil

LA LUNE AU FIL DES MOIS

La Lune parcourant une orbite elliptique autour de la Terre, sa distance change en permanence. Ce graphique montre la variation de cette donnée sur douze mois par rapport à la distance moyenne Terre-Lune, qui est de 384 400 kilomètres (60,269 fois le rayon terrestre à l'équateur).

L'orbite de la Lune est légèrement inclinée par rapport au plan de l'écliptique ; cette inclinaison varie de 4,995° à 5,295° sur une période de six mois environ. Vue de la Terre, la Lune se situe donc toujours à proximité du plan de l'écliptique, qu'elle traverse deux fois par lunaison ; on dit qu'elle passe au nœud ascendant de son orbite (lettre Ω avec une flèche vers le haut sur le schéma voisin) lorsqu'elle franchit l'écliptique du sud vers le nord et au nœud descendant (Ω avec une flèche vers le bas) dans le cas contraire.

Les éclipses de Lune et de Soleil se déroulent respectivement lorsque la Pleine Lune ou la Nouvelle Lune se produisent à proximité d'un nœud. Le plan de l'orbite lunaire étant animé d'un lent mouvement de rotation par rapport au plan de l'écliptique – mouvement de précession –, la ligne qui joint les nœuds ascendants et descendants pivote de 19° environ par an, soit 360° en près de 18,61 années.

Pleine Lune (PL) et Nouvelle Lune (NL) sont représentées, mettant ainsi clairement en évidence la relation qui existe entre la révolution synodique de notre satellite naturel, c'est-à-dire le temps qui sépare deux phases identiques (29,53 jours), et sa révolution anomalistique, soit le temps qui sépare deux passages de cet astre au périgée (27,55 jours). Tous les six mois et demi, la Nouvelle Lune se produit au périgée et la Pleine Lune à l'apogée et, six mois et demi après, la situation s'est inversée.

Enfin, les plus grandes marées interviennent lorsque la Nouvelle Lune ou la Pleine Lune sont au plus près de la Terre (périgée) ; elles sont signalées au fil des « Phénomènes astronomiques au jour le jour ».

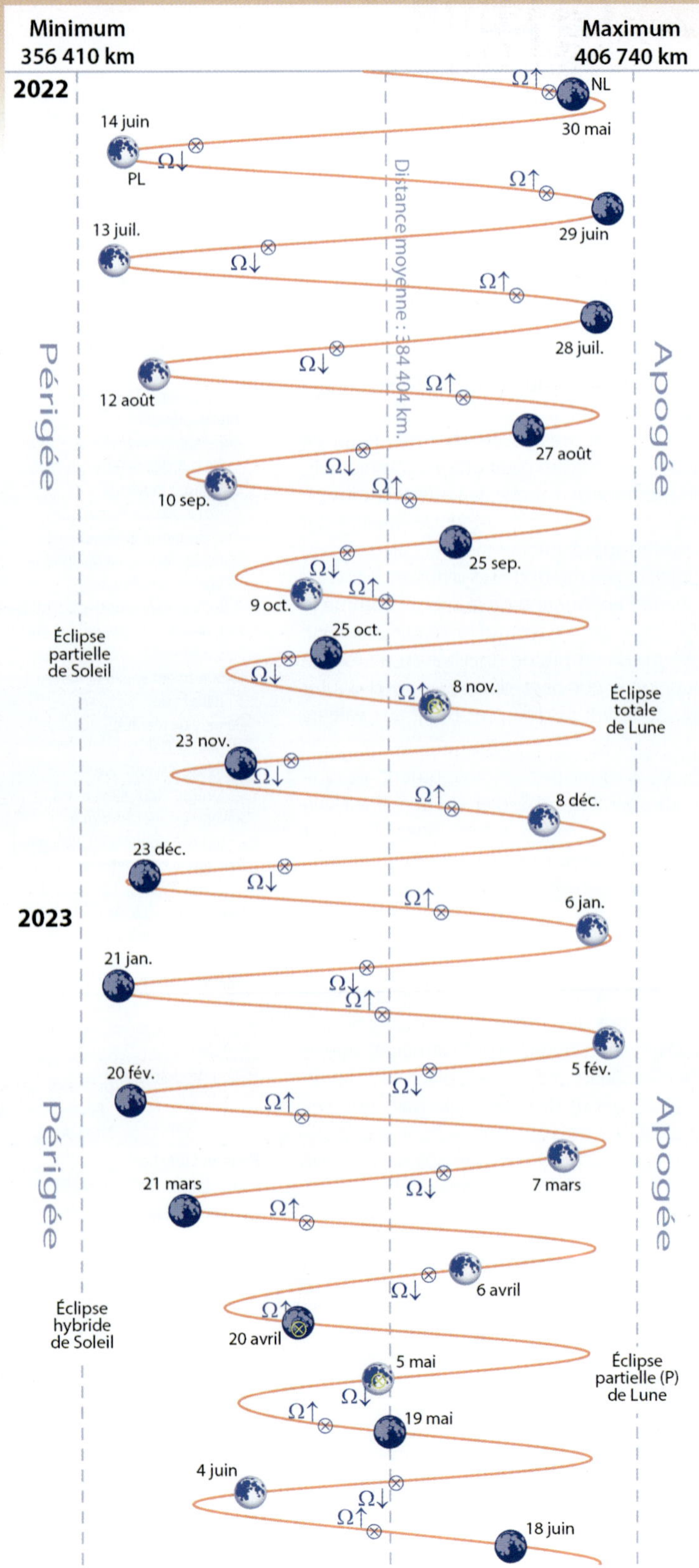

La Lune

LES FINS CROISSANTS

Tous les vingt-neuf jours et demi, la Lune est nouvelle, ce qui signifie qu'elle est en conjonction avec le Soleil, qu'elle a la même longitude écliptique géocentrique que lui. Nous ne pouvons pas la voir à l'œil nu parce qu'elle n'émet aucune lumière par elle-même et qu'elle est noyée dans l'éblouissement de l'éclat solaire ; en fait, l'unique moyen de voir la Nouvelle Lune sans instrument est d'observer une éclipse de Soleil. Juste avant ou juste après cette phase, notre satellite naturel se présente sous l'aspect d'un infime croissant visible dans le ciel de l'aube ou du crépuscule. Dans les années 1930, l'astronome français André Danjon a calculé qu'il était impossible d'apercevoir le fin croissant tant que la distance angulaire apparente entre la Lune et le Soleil était inférieure à 7°. En deçà, l'éclat du croissant est inférieur à l'éclat du fond de ciel. Selon les lunaisons, il faut entre dix et douze heures pour que notre satellite acquière cette séparation minimale et qu'il devienne envisageable de le rechercher. Mais de nombreux paramètres entrent en jeu pour rendre l'observation des très jeunes ou des très vieux croissants fort délicate, voire le plus souvent impossible.

L'un des éléments majeurs de la réussite est la hauteur du croissant sur l'horizon. Selon l'inclinaison de la ligne qui joint la Lune au Soleil par rapport à l'horizon, la hauteur de notre satellite sera plus ou moins grande pour une même séparation. En première approximation, on peut considérer que les meilleures périodes de l'année sont l'automne pour la Lune du matin et le printemps pour la Lune du soir. À ces périodes, l'écliptique, à proximité duquel se situe toujours la Lune, fait un angle maximal – jusqu'à 64° – avec l'horizon à la latitude de l'Europe. Il convient cependant de pondérer cette première approximation. L'inclinaison du plan de l'orbite lunaire peut en effet entraîner la Lune jusqu'à 5° environ au sud ou au nord de l'écliptique. On peut en conclure que l'observation des croissants du soir ou du matin, à 45° de latitude nord, est toujours facilitée lorsque la Lune se trouve au nord de l'écliptique.

Un autre élément peut jouer un rôle important dans cette quête : la distance qui nous sépare de notre satellite au moment de la Nouvelle Lune. L'orbite de la Lune étant une ellipse, sa distance, son diamètre apparent et sa vitesse varient en continu. Les meilleures conditions sont réunies lorsque la Nouvelle Lune a lieu au moment du périgée : son diamètre apparent est alors maximal, augmentant d'autant la surface du croissant, et son élongation lunaire décroît ou croît rapidement, dégageant le croissant des lueurs crépusculaires.

Lorsque tous les paramètres astronomiques sont réunis, le facteur décisif reste la transparence de l'atmosphère : un rien d'humidité, une trop forte pollution industrielle ou une légère brume à l'horizon et votre recherche sera presque à coup sûr infructueuse. Je précise, même si cela ressemble à une lapalissade, que les observateurs expérimentés ont beaucoup plus de chances de trouver un fin croissant dans des conditions atmosphériques médiocres que les débutants, car ils savent ce qu'ils cherchent !

Il faut dire qu'un très fin croissant n'a pas grand-chose à voir avec les beaux clairs de Lune que l'on peut admirer trente à quarante heures avant ou après la Nouvelle Lune. Tout le monde peut aisément distinguer une Lune d'un jour à une quinzaine de degrés du Soleil. Mais un croissant de 18 heures peut se situer à moins de 11° d'élongation et voguer sur un ciel très clair. Et découvrir à l'œil nu un croissant encore plus fin est un réel défi que bien peu d'observateurs ont relevé avec succès. L'aspect de notre satellite peut devenir déroutant puisque sa dimension se réduit à seulement quelques dizaines de degrés de l'arc lunaire. En outre, cette fraction d'arc semble souvent brisée, car certaines régions sélènes réfléchissent moins l'éclat solaire et se fondent dans le ciel.

La technique pour repérer ces infimes croissants consiste à balayer très lentement la zone indiquée dans les phénomènes au jour le jour avec des jumelles montées sur un pied photographique ; servez-vous d'une boussole pour pointer le bon azimut. Dans le cas d'un repérage réussi, tentez de faire de même à l'œil nu en regardant le champ alternativement avec et sans les jumelles. Naturellement, si vous possédez un instrument installé sur une monture automatisée, vous n'aurez pas de mal à pointer la zone où se situera le croissant, mais pensez à utiliser le grossissement le plus faible possible pour couvrir le plus grand champ et à faire la mise au point sur l'infini avant de chercher la Lune.

La Lune

LIBRATIONS

Comme la Lune fait une révolution autour de la Terre rigoureusement dans le même temps qu'elle effectue une rotation sur elle-même (27,32 jours), elle nous présente toujours la même face. Toutefois, trois éléments majeurs se conjuguent pour compliquer un peu ce mouvement apparemment parfait. D'une part, l'orbite lunaire est une ellipse que la Lune parcourt à vitesse variable ; d'autre part, cette ellipse est inclinée par rapport à l'écliptique (5° 08') ; enfin, l'axe de rotation de la Lune est lui aussi incliné par rapport à la perpendiculaire au plan de l'orbite (6° 41'). Il résulte de tout cela un phénomène que les astronomes appellent la libration en latitude ou en longitude, qui se traduit par la possibilité de voir théoriquement 59 % de la surface sélène. En fait, les zones de libration extrême sont presque impossibles à observer correctement, et la conséquence pratique d'une libration positive ou négative en longitude est de faciliter l'observation des formations sur le limbe est ou ouest ; de même, une libration positive ou négative en latitude facilite la vision du limbe septentrional ou austral. Dans les phénomènes mois par mois, j'indique systématiquement les périodes de libration maximale et, dans le calendrier lunaire mensuel, un point rouge signale les régions lunaires favorisées par l'action des librations en latitude et en longitude.

La mer des Crises est la figure dominante du bord lunaire est, visible durant toute la première partie de la lunaison. Le limbe nord est occupé par la mer du Froid. Attention : en 1961, l'Union astronomique internationale a adopté une orientation est-ouest de la surface lunaire inversée par rapport aux mêmes directions sur la sphère céleste. Cette nouvelle orientation correspondait à celle utilisée en astronautique, qui veut qu'un observateur posé sur une planète voie le Soleil se lever à l'est et se coucher à l'ouest. Les cartes les plus récentes de la Lune sont orientées de cette manière, c'est-à-dire que la mer des Crises indique la direction est lunaire et le bassin de Grimaldi la direction ouest lunaire.

LA CARTE DE LA LUNE

Durant deux semaines, au mois de décembre 2010, la sonde américaine *Lunar Reconnaissance Orbiter* a survolé l'ensemble de la Lune en passant au zénith de chaque formation avec un angle d'incidence des rayons solaires compris entre 69° et 82°. La caméra à grand angle (WAC) de cette sonde a réalisé près de 1 300 images avec une résolution proche de 150 m par pixel ; c'est-à-dire que le plus petit détail visible mesure 150 m environ. Ces images ont été assemblées avec précision pour créer une mosaïque globale de la face visible de notre satellite qui dépasse en résolution toutes les mosaïques précédentes. D'autres vues globales à haute résolution ont été réalisées dans les semaines suivantes et il est possible de les parcourir en ligne ou de les télécharger sur le site de la mission (lroc.sese.asu.edu).

Je me suis appuyé sur cette mosaïque pour vous proposer un mini-atlas de la Lune sur les quatre pages suivantes. L'orientation correspond à celle que l'on voit à l'œil nu, dans des jumelles ou dans une lunette équipée d'un redresseur terrestre aux latitudes moyennes de l'hémisphère Nord. Selon la position de la Lune dans le ciel, il faut parfois faire légèrement pivoter la carte pour que son orientation corresponde parfaitement à ce que vous observez.

Chaque carte montre un quart de notre satellite, plus une petite zone de recouvrement avec les trois autres quarts :
- la carte 1 montre le quart nord-est ;
- la carte 2 montre le quart sud-est ;
- la carte 3 montre le quart nord-ouest ;
- la carte 4 montre le quart sud-ouest.

J'ai repéré et numéroté plus de 400 formations visibles dans les instruments d'amateur et à l'œil nu. Sur chaque quart, la numérotation va du haut vers le bas et de gauche à droite. Les chiffres sont généralement placés en haut à droite de chaque formation, sauf pour les plus grandes, où ils sont placés au centre, et pour les régions un peu trop denses, où ils sont placés au mieux pour ne pas cacher les formations voisines intéressantes. J'ai aussi indiqué les sites d'alunissage des missions *Apollo*.

Le nom et la nature des formations de chaque quart sont listés sur la même page. La lettre capitale à droite du nom indique le type de formation :

Ca	pour cap	**M**	pour montagne ou chaîne de montagnes
C	pour cratère	**P**	pour marais
D	pour dôme	**R**	pour rainure
F	pour faille	**V**	pour vallée
L	pour lac		

Le chiffre indiqué à côté du type de formation est le diamètre en kilomètres pour les cratères, les dômes, les lacs et les marais ou la longueur en kilomètres pour les chaînes de montagnes, les failles, les rainures et les vallées ; pour les caps et les montagnes isolées, le chiffre indique la hauteur en kilomètres avec une décimale.

Exemples :

Chacornac C 51 est un cratère de 51 km de diamètre.

Pico, Mons M 2,4 est une montagne de 2 400 m d'altitude.

Tout au long du livre, les formations lunaires évoquées sont situées sur ces cartes avec un code qui reprend le numéro du quart et de la formation : 1-78 correspond ainsi au cratère Triesnecker visible sur le quart 1.

Liste des formations qui ne sont pas listées à côté des cartes

Lacus Excellentiae	Lac de la Perfection	(4)
Lacus Somniorum	Lac des Songes	(1)
Lacus Spei	Lac de l'Espérance	(1)
Mare Anguis	Mer du Serpent	(1)
Mare Australe	Mer Australe	(2)
Mare Cognitum	Mer de la Connaissance	(4)
Mare Crisium	Mer des Crises	(1)
Mare Fecunditatis	Mer de la Fécondité	(1)
Mare Frigoris	Mer du Froid	(1)
Mare Humboldtianum	Mer de Humboldt	(1)
Mare Humorum	Mer des Humeurs	(4)
Mare Imbrium	Mer des Pluies	(3)
Mare Insularum	Mer des Îles	(3)
Mare Marginis	Mer Marginale	(1)
Mare Nectaris	Mer du Nectar	(2)
Mare Nubium	Mer des Nuées	(4)
Mare Orientale	Mer Orientale	(4)
Mare Serenitatis	Mer de la Sérénité	(1)
Mare Smythii	Mer de Smyth	(1)
Mare Spumans	Mer Écumante	(1)
Mare Tranquillitatis	Mer de la Tranquillité	(1)
Mare Undarum	Mer des Ondes	(1)
Mare Vaporum	Mer des Vapeurs	(1)
Oceanus Procellarum	Océan des Tempêtes	(3)
Sinus Aestuum	Golfe Torride	(3)
Sinus Asperitatis	Golfe des Aspérités	(1)
Sinus Iridum	Golfe des Iris	(3)
Sinus Medii	Golfe Central	(1)
Sinus Roris	Golfe de la Rosée	(3)

ALTITUDES

Grâce aux mesures altimétriques réalisées par les instruments de la sonde *Lunar Reconnaissance Orbiter*, la NASA a mis en ligne sur le site quickmap.lroc.asu.edu une carte altimétrique à très haute résolution de la Lune. Elle vous donne une indication précise sur les différences d'altitude à la surface de notre satellite naturel, de 9 150 mètres en dessous du niveau de référence à 10 760 mètres au-dessus ; le niveau de référence est le rayon moyen de la Lune, soit 1 737,4 kilomètres. Ce site vous permet également d'obtenir des coupes altimétriques des formations ou des régions qui vous intéressent en utilisant l'outil « Path » et en cliquant sur la carte.

LONGITUDE DU TERMINATEUR

À la suite d'une discussion avec mon ex-collègue et néanmoins ami Serge Brunier, j'ai ajouté la valeur quotidienne à 0 h de la longitude du terminateur lunaire pour le Soleil levant ou couchant : retrouvez ces informations chaque mois à côté du calendrier lunaire graphique.

Le terminateur est la ligne qui sépare le jour de la nuit : le Soleil se lève sur les formations lunaires jusqu'à la Pleine Lune, puis il se couche jusqu'à la Nouvelle Lune. Les formations sont d'autant plus belles à observer que le terminateur est proche et que l'éclairage rasant fait naître des ombres immenses qui révèlent les moindres reliefs. Plus une formation est éloignée du terminateur, moins son ombre est développée car le Soleil est haut dans son ciel, le contraste visuel est donc bien plus faible. Selon la dimension de la formation et l'intérêt de son environnement immédiat, les conditions d'observation sont idéales jusqu'à deux jours avant et après le passage du terminateur.

La longitude du terminateur est comptée vers l'ouest à partir du méridien central, elle atteint la valeur 90° à la Pleine Lune, 180° au Dernier Quartier et 270° à la Nouvelle Lune. Lorsque le Soleil se lève sur la face visible de notre satellite, entre la Nouvelle Lune et la Pleine Lune, la longitude du terminateur progresse donc de 270° à 359° et de 0° à 90°. Une valeur comprise entre 90° et 270° indique que le Soleil se couche sur les formations balayées par le terminateur. La longitude du terminateur progresse de 12,2° par jour et de 0,51° par heure environ, ce qui vous permet d'évaluer la position du terminateur à l'heure de vos observations. Vous pouvez également calculer cette valeur pour un instant précis avec les logiciels Coelix Apex ou Atlas virtuel de la Lune.

Le tableau des pages 344 et 345 vous indique la longitude (levant/couchant) du centre de toutes les formations identifiées sur les cartes des pages suivantes. Vous pouvez télécharger cette liste dans l'ordre alphabétique des formations sur le site web du Guide.

Principe d'utilisation : soit vous choisissez une formation sur l'une des cartes, vous regardez à quelle longitude le terminateur passe dessus au lever ou au coucher du Soleil et vous cherchez dans les éphémérides du mois à quel jour cela correspond ; soit vous regardez la valeur de la longitude du terminateur pour un jour donné et vous utilisez la carte pour repérer sur quelles formations passe alors le terminateur.

Une version plastifiée et indéchirable de cette carte de la Lune (format A3) est disponible sur le site www.amds-edition.com.

© NASA/GSFC/LRO/WAC/DLR/Arizona State University

La carte de la Lune

1 Peary *C 74*
2 Main et Challis *C 46/56*
3 Scoresby *C 56*
4 Barrow *C 93*
5 Meton *C 122*
6 Baillaud *C 90*
7 W. Bond *C 158*
8 Nelson *C 53*
9 Arnold *C 95*
10 Thales *C 32*
11 Strabo *C 55*
12 de la Rue *C 136*
13 Archytas *C 31*
14 Protagoras *C 22*
15 C. Mayer *C 38*
16 Sheepshanks *C 25*
17 Kane *C 55*
18 Democrite *C 40*
19 Gärtner *C 103*
20 Archytas, Rima *R 90*
21 Alpes, Montes *M 280*
22 Alpes, Vallis *V 180*
23 Egede *C 37*
24 Aristoteles *C 88*
25 Galle *C 22*
26 Baily *C 27*
27 Keldysh *C 33*
28 Endymion *C 125*
29 Blanc, Mons *M 3,6*
30 Cassini *C 57*
31 Eudoxus *C 67*
32 Bürg *C 40*
33 Hercules *C 69*
34 Atlas *C 87*
35 Mercurius *C 68*
36 Aristillus *C 35*
37 Theaetetus *C 25*
38 Calippus *C 33*
39 Plana *C 44*
40 Mason *C 33*
41 Grove *C 28*
42 Cepheus *C 40*
43 Franklin *C 56*
44 Messala *C 124*
45 Gauss *C 177*
46 Autolycus *C 40*
47 Daniell *C 30*
48 Posidonius *C 95*
49 Chacornac *C 51*
50 Maury *C 18*
51 Berzelius *C 51*
52 Geminus *C 86*
53 Berosus *C 74*
54 Hahn *C 84*
55 Hadley, Mons *M*
56 Sulpicius Gallus *C 12*
57 Bessel *C 16*
58 Menelaus *C 27*
59 Plinius *C 43*
60 Dawes *C 18*
61 le Monnier *C 61*
62 Römer *C 40*
63 Newcomb *C 39*
64 Burckhardt *C 58*
65 Cleomedes *C 126*
66 Eimmart *C 46*
67 Conon *C 22*
68 Doloris, Lacus *L 110*
69 Manilius *C 27*
70 Ross *C 27*
71 Maraldi *C 40*
72 Macrobius *C 64*
73 Tisserand *C 37*
74 Peirce *C 18*
75 Alhazen *C 33*
76 Ukert *C 23*
77 Hyginus *C 11*
78 Triesnecker *C 26*
79 Tempel *C 48*
80 Godin *C 35*
81 Whewell et Cayley *C 14/14*
82 Julius Caesar *C 90*
83 Arago *C 26*
84 Ritter *C 31*
85 Sabine *C 30*
86 Maskelyne *C 24*
87 Cauchy *C 12*
88 Lick *C 31*
89 Condorcet *C 74*
90 Taruntius *C 56*
91 Firmicus *C 56*
92 Apollonius *C 53*
93 Rhaeticus *C 50*
94 Secchi *C 24*
95 Hipparchus *C 150*

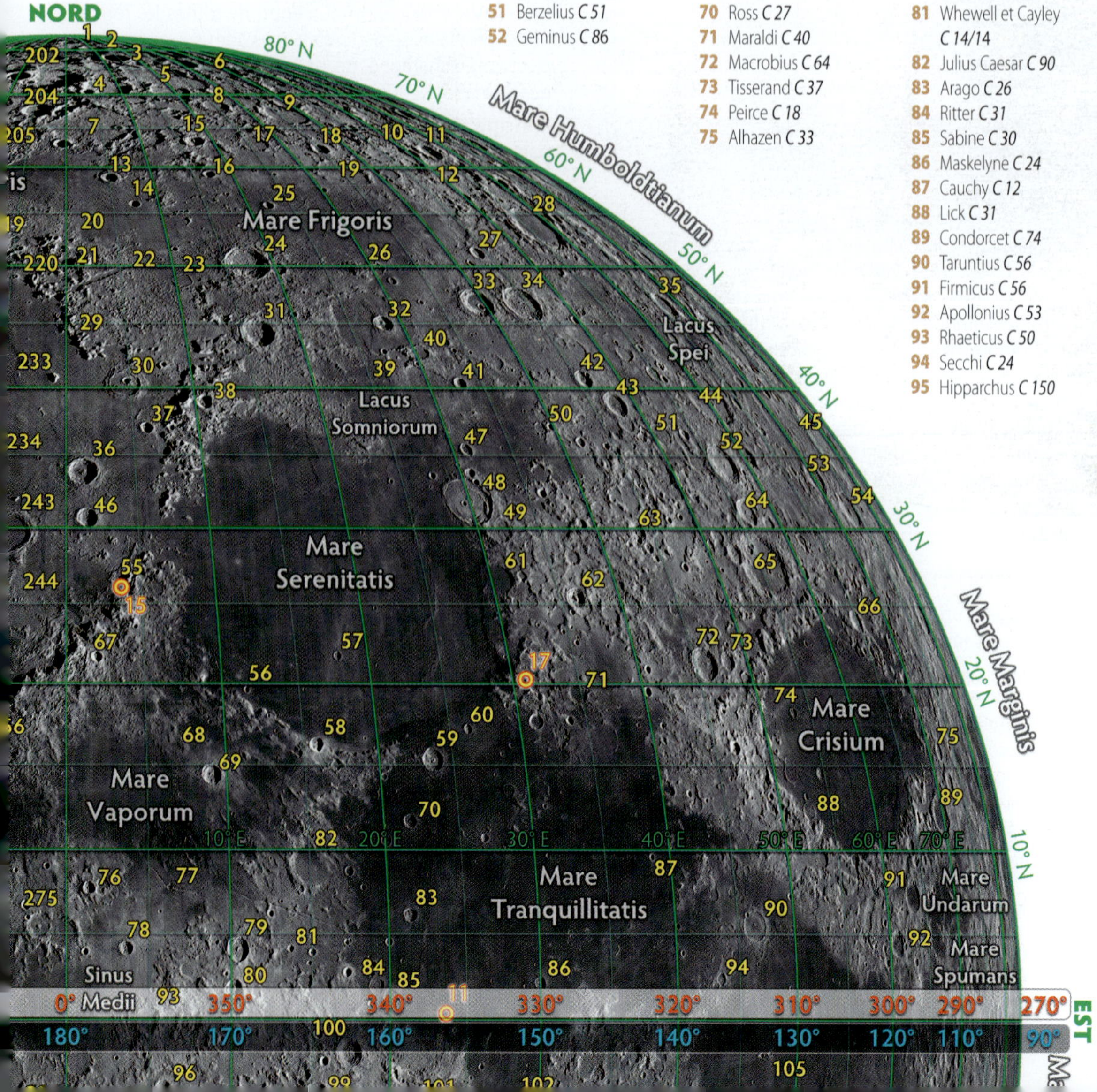

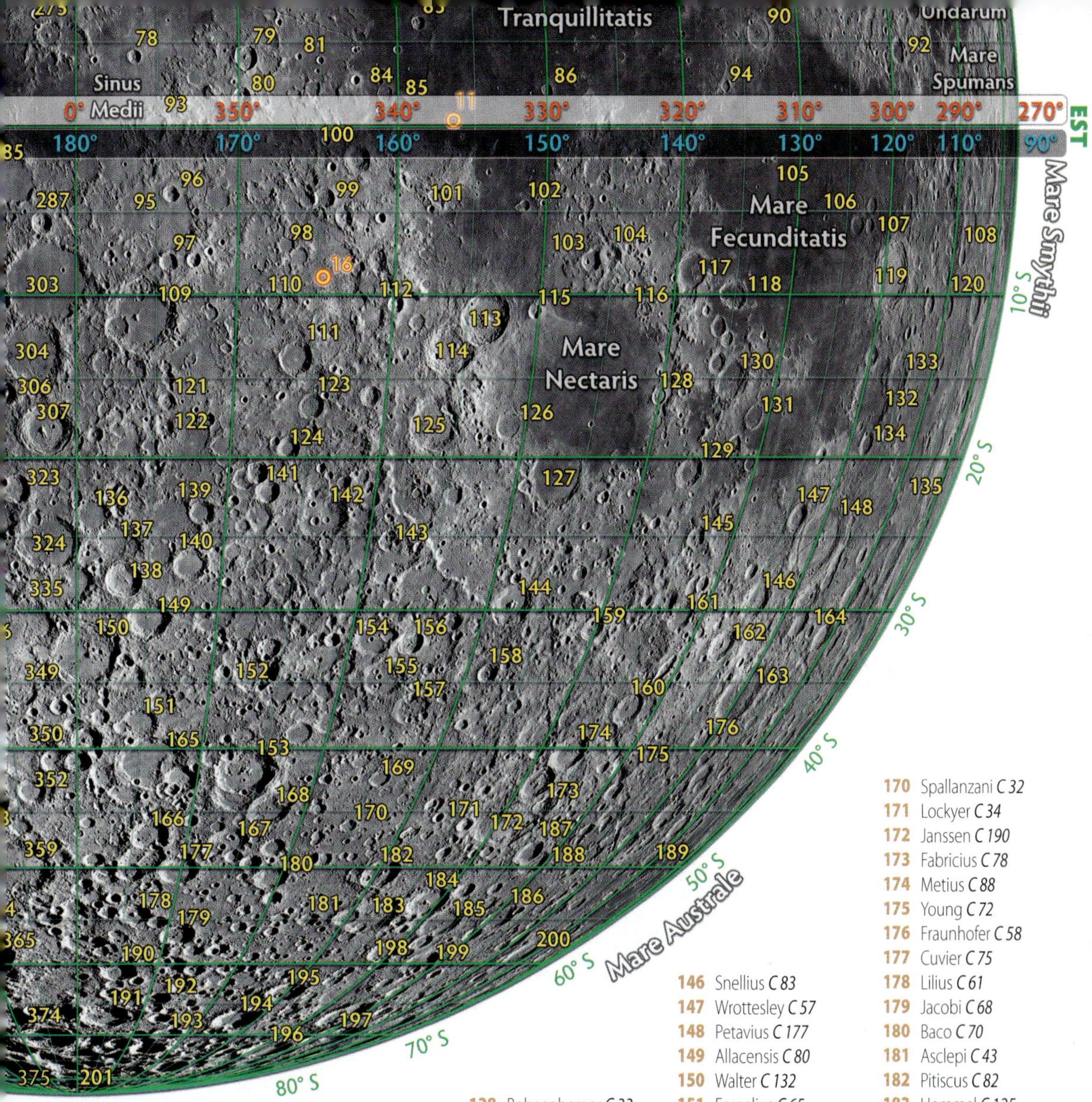

96 Horrocks *C 30*
97 Halley et Hind *C 36/29*
98 Lindsay *C 32*
99 Taylor *C 41*
100 Delambre *C 52*
101 Hypatia *C 41*
102 Torricelli *C 23*
103 Isidorus *C 42*
104 Capella *C 49*
105 Messier *C 9*
106 Lindbergh *C 13*
107 Bilharz et Atwood *C 43/29*
108 Kästner *C 105*
109 Albategnius *C 136*
110 Andel *C 35*
111 Abulfeda *C 62*
112 Kant *C 31*
113 Theophilus *C 101*
114 Cyrillus *C 98*
115 Mädler *C 28*
116 Gaudibert *C 33*
117 Gutenberg *C 74*
118 Goclenius *C 74*
119 Langrenus *C 132*
120 Kapteyn *C 49*
121 Argelander *C 34*
122 Airy *C 37*
123 Almanon *C 49*
124 Geber *C 45*
125 Catharina *C 100*
126 Beaumont *C 53*
127 Fracastorius *C 124*
128 Bohnenberger *C 33*
129 Santbech *C 65*
130 Colombo *C 76*
131 Cook *C 47*
132 Vendelinus *C 147*
133 Lamé *C 84*
134 Holden *C 47*
135 Hecataeus *C 127*
136 La Caille *C 68*
137 Blanchinus *C 68*
138 Werner *C 70*
139 Playfair *C 48*
140 Apianus *C 63*
141 Abenezra et Azophi *C 42/48*
142 Sacrobosco *C 98*
143 Pons *C 44*
144 Piccolomini *C 88*
145 Borda *C 44*
146 Snellius *C 83*
147 Wrottesley *C 57*
148 Petavius *C 177*
149 Allacensis *C 80*
150 Walter *C 132*
151 Fernelius *C 65*
152 Gemma Frisius *C 88*
153 Maurolycus *C 114*
154 Zagut *C 85*
155 Rabbi Levi *C 81*
156 Lindenau *C 53*
157 Riccius *C 71*
158 Stiborius *C 45*
159 Neander *C 50*
160 Rheita *C 70*
161 Reichenbach *C 71*
162 Stevinus *C 75*
163 Furnerius *C 126*
164 Adams *C 66*
165 Stöfler *C 126*
166 Licetus *C 75*
167 Clairaut *C 75*
168 Barocius *C 82*
169 Nicolai *C 42/48*
170 Spallanzani *C 32*
171 Lockyer *C 34*
172 Janssen *C 190*
173 Fabricius *C 78*
174 Metius *C 88*
175 Young *C 72*
176 Fraunhofer *C 58*
177 Cuvier *C 75*
178 Lilius *C 61*
179 Jacobi *C 68*
180 Baco *C 70*
181 Asclepi *C 43*
182 Pitiscus *C 82*
183 Hommel *C 125*
184 Vlacq *C 89*
185 Rosenberger *C 96*
186 Biela *C 76*
187 Steinheil *C 67*
188 Watt *C 66*
189 Lyot *C 141*
190 Zach *C 71*
191 Curtius *C 96*
192 Pentland *C 56*
193 Simpelius *C 70*
194 Manzinus *C 98*
195 Mutus *C 78*
196 Boguslawsky *C 97*
197 Boussingault *C 131*
198 Nearch *C 76*
199 Hageclus *C 76*
200 Pontécoulant *C 91*
201 Malapert *C 69*

La carte de la Lune

202 Goldschmidt *C 121*
203 Anaxagoras *C 51*
204 Epigenes *C 55*
205 Birmingham *C 93*
206 Philolaus *C 71*
207 Anaximenes *C 80*
208 Carpenter *C 60*
209 Pythagoras *C 129*
210 Anaximander *C 68*
211 J. Herschel *C 156*
212 Fontenelle *C 38*
213 Babbage *C 144*
214 Markov *C 41*
215 Harpalus *C 40*
216 Foucault *C 23*
217 Bouguer *C 23*
218 la Condamine *C 36*
219 Plato *C 101*
220 Plato, Rimae *R*
221 Harding *C 23*
222 Bunsen C 53
223 Rümker, Mons *D 70*
224 Sharp *C 40*
225 Mairan *C 40*
226 Heraclides, Pro *Ca 1,7*
227 Laplace, Pro *Ca 2,6*
228 Bianchini *C 38*
229 Helicon et le Verrier *C 25/20*
230 Recti, Montes *M 1,8*
231 Teneriffe, Montes *M 1,4*
232 Pico, Mons *M 2,4*
233 Piton, Mons *M 2,2*
234 Spitzbergen, Mons *M 1,4*
235 Lichtenberg *C 20*
236 Nielsen *C 10*
237 Gruithuisen *C 17*
238 Delisle *C 25/20*
239 C. Herschel *C 131*
240 La Hire, Mons *M 1,7*
241 Lambert *C 30*
242 Timocharis *C 35*
243 Archimedes *C 83*
244 Putredinis, Palus *Pa 180*
245 Briggs *C 36*
246 Eddington *C 134*
247 Seleucus *C 43*
248 Schiaparelli *C 25/20*
249 Herodotus *C 35*
250 Aristarchus *C 40*
251 Schröteri, Vallis *V 160*
252 Vinogradov, Mons *M*
253 Euler *C 28*
254 Pytheas *C 20*
255 Wallace *C 27*
256 Apenninus, Montes *M 600*
257 Krafft *C 51*
258 Cardanus *C 50*
259 Marius *C 41*
260 Tobias Mayer *C 33*
261 Draper *C 9*
262 Carpatus, Montes *M 280*
263 Eratosthenes *C 58*
264 Olbers *C 75*
265 Cavalerius *C 58*
266 Reiner Gamma *C 40*
267 Kepler *C 31*
268 Encke *C 30*
269 Hortensius *C 15*
270 Copernicus *C 93*
271 Reinhold *C 48*
272 Stadius *C 70*
273 Gambart *C 25*
274 Schröter *C 35*
275 Pallas *C 50*
276 Hevelius *C 106*

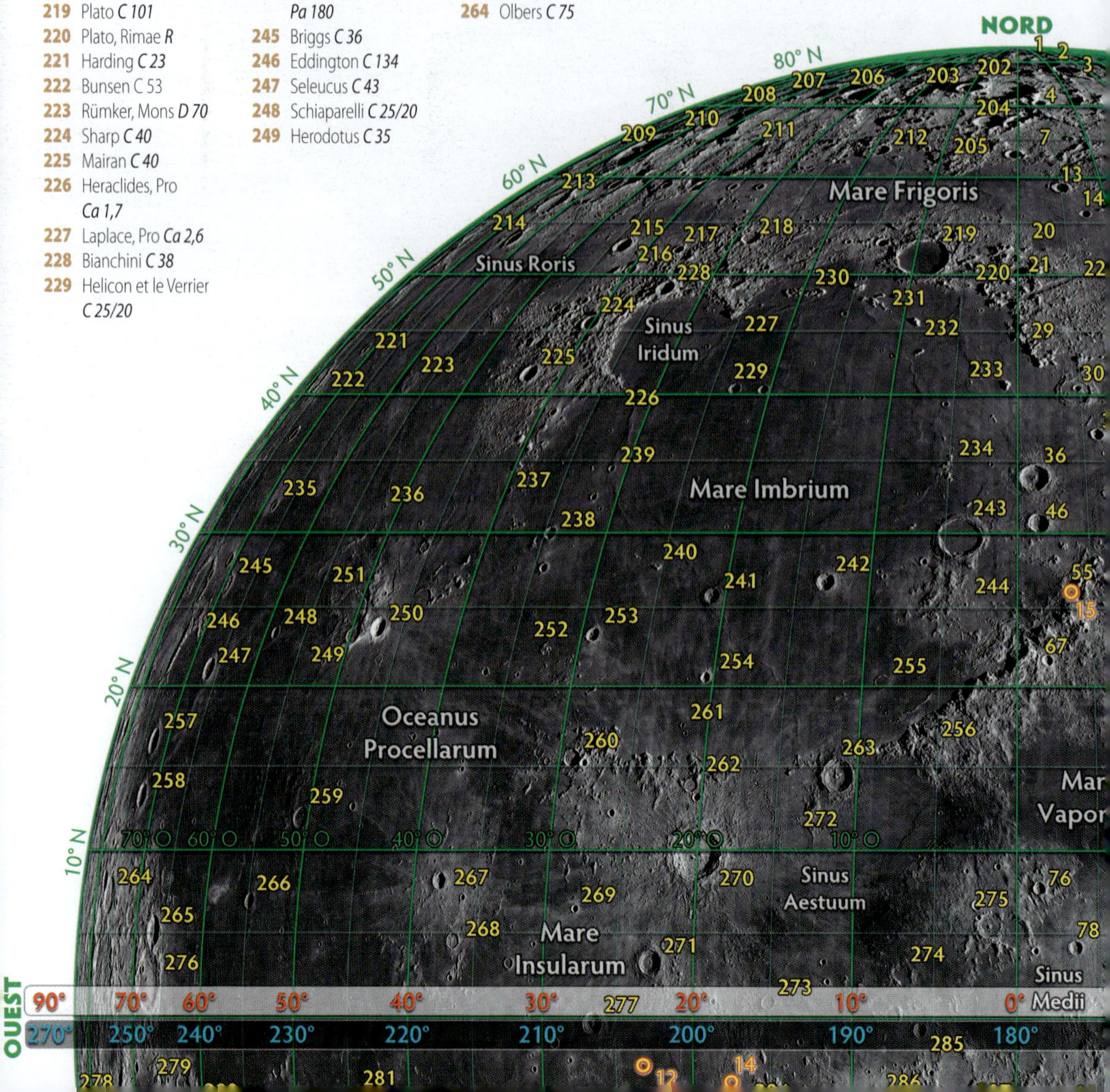

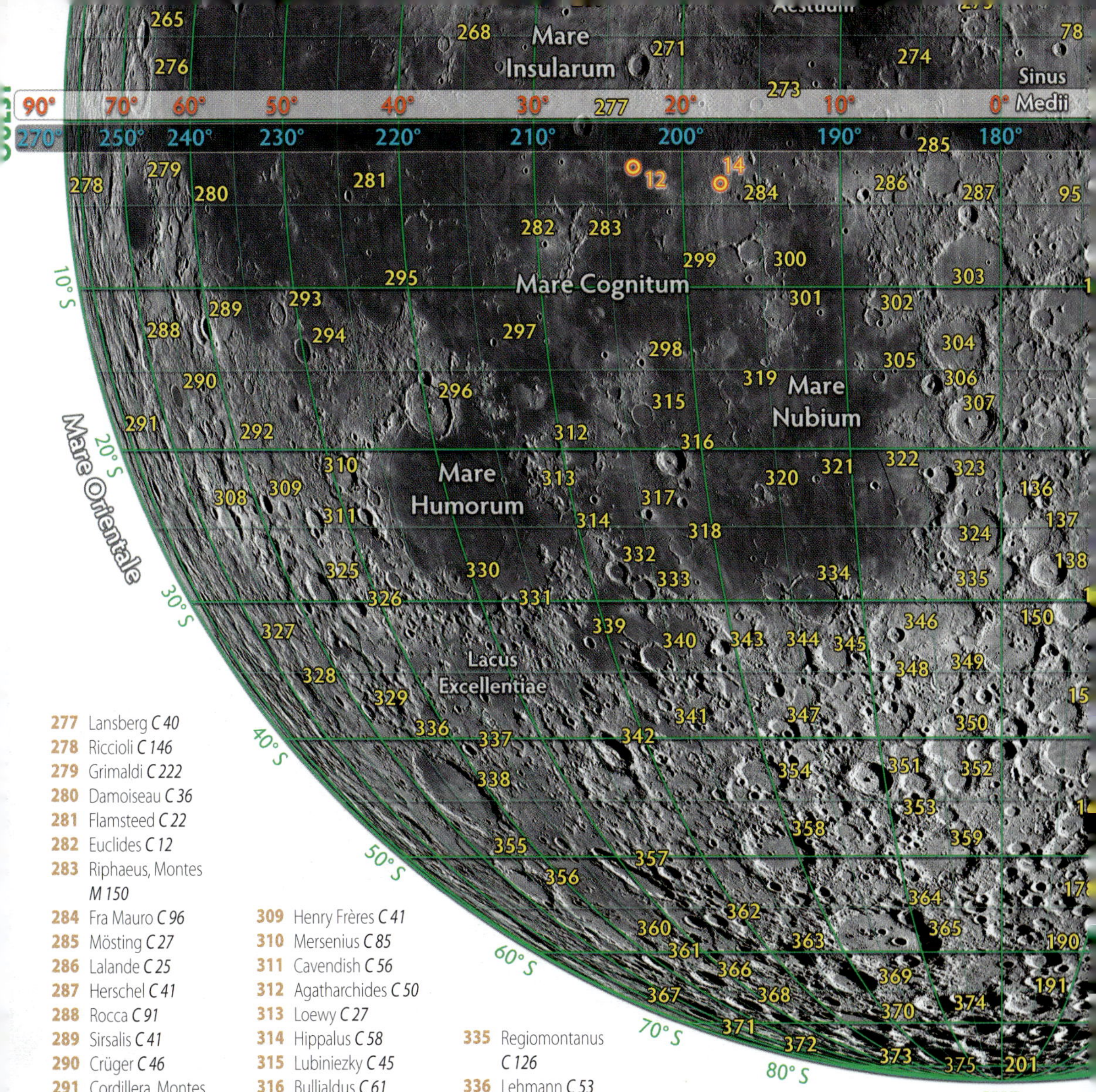

277 Lansberg *C 40*
278 Riccioli *C 146*
279 Grimaldi *C 222*
280 Damoiseau *C 36*
281 Flamsteed *C 22*
282 Euclides *C 12*
283 Riphaeus, Montes *M 150*
284 Fra Mauro *C 96*
285 Mösting *C 27*
286 Lalande *C 25*
287 Herschel *C 41*
288 Rocca *C 91*
289 Sirsalis *C 41*
290 Crüger *C 46*
291 Cordillera, Montes *M 900*
292 de Vico *C 20*
293 Hansteen *C 45*
294 Billy *C 46*
295 Letronne *C 119*
296 Gassendi *C 111*
297 Herigonius *C 15*
298 Darney *C 15*
299 Bonpland *C 60*
300 Parry *C 48*
301 Guericke *C 58*
302 Davy *C 35*
303 Ptolemaeus *C 154*
304 Alphonsus *C 118*
305 Lassell *C 23*
306 Alpetragius *C 40*
307 Arzachel *C 98*
308 Byrgius *C 88*
309 Henry Frères *C 41*
310 Mersenius *C 85*
311 Cavendish *C 56*
312 Agatharchides *C 50*
313 Loewy *C 27*
314 Hippalus *C 58*
315 Lubiniezky *C 45*
316 Bullialdus *C 61*
317 König *C 23*
318 Kies *C 45*
319 Opelt *C 50*
320 Wolf *C 25*
321 Nicollet *C 15*
322 Recta, Rupes *F 110*
323 Thebit *C 58*
324 Purbach *C 118*
325 Vieta *C 88*
326 Fourier *C 53*
327 Lagrange *C 161*
328 Piazzi *C 101*
329 Lacroix *C 38*
330 Doppelmayer *C 65*
331 Vitello *C 41*
332 Campanus *C 48*
333 Mercator *C 48*
334 Pitatus *C 98*
335 Regiomontanus *C 126*
336 Lehmann *C 53*
337 Drebbel *C 30*
338 Schickard *C 227*
339 Ramsden *C 25*
340 Capuanus *C 60*
341 Timoris, Lacus *L 131*
342 Hainzel *C 70*
343 Cichus *C 41*
344 Wurzelbauer *C 88*
345 Gauricus *C 80*
346 Hell *C 33*
347 Heinsius *C 65*
348 Ball *C 41*
349 Lexell *C 63*
350 Orontius *C 123*
351 Tycho *C 86*
352 Saussure *C 55*
353 Street *C 58*
354 Wilhelm *C 108*
355 Wargentin *C 85*
356 Phocylides *C 114*
357 Schiller *C 179*
358 Longomontanus *C 146*
359 Maginus *C 164*
360 Segner *C 68*
361 Zucchius *C 65*
362 Rost *C 50*
363 Scheiner *C 111*
364 Porter *C 53*
365 Clavius *C 225*
366 Bettinus *C 71*
367 Bailly *C 303*
368 Kircher *C 73*
369 Blancanus *C 106*
370 Klaproth *C 118*
371 le Gentil *C 113*
372 Drygalski *C 164*
373 Casatus *C 111*
374 Moretus *C 114*
375 Cabeus *C 98*

Les planètes

DIAMÈTRES APPARENTS DES PLANÈTES

Ce graphique représente les variations du diamètre apparent des planètes visibles à l'œil nu. Les graduations vont de 5 à 60". Pour Jupiter et Saturne, il s'agit du diamètre apparent équatorial ; le diamètre apparent polaire est plus petit étant donné l'aplatissement important de ces planètes géantes gazeuses. Dans le cas de Saturne, le diamètre apparent des anneaux est près de 2 fois supérieur à celui du disque.

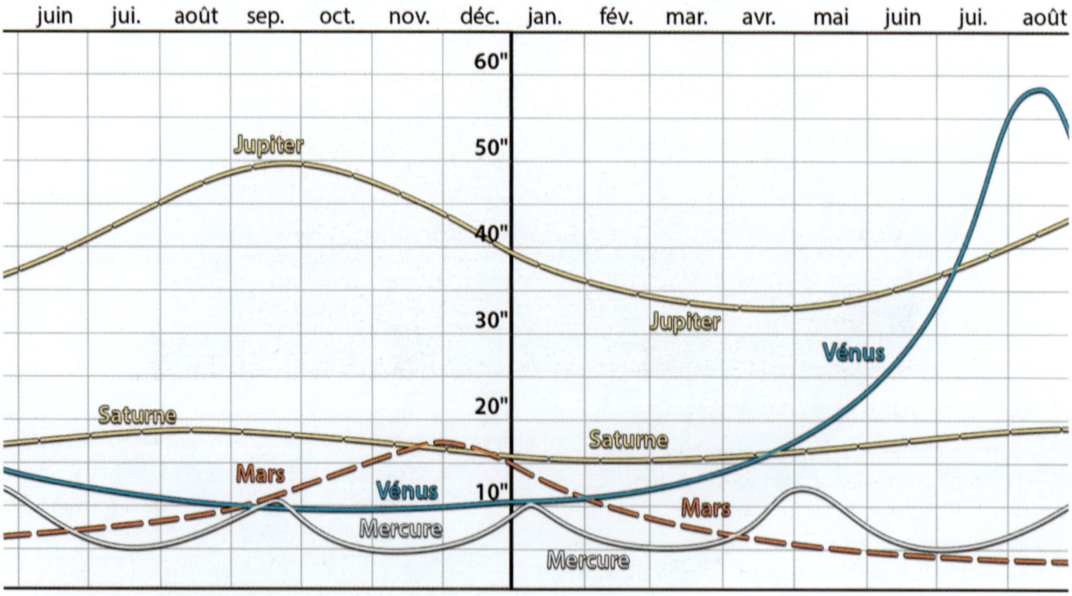

MAGNITUDES DES PLANÈTES

Ce graphique représente les variations de magnitude des planètes visibles à l'œil nu. Un changement d'une magnitude équivaut à une différence d'éclat de 2,5 fois. La magnitude de Vénus est maximale quelques semaines avant et après sa conjonction inférieure ; lors de celle-ci, son diamètre apparent est très grand, mais sa fraction éclairée est trop petite pour qu'elle maintienne sa luminosité.

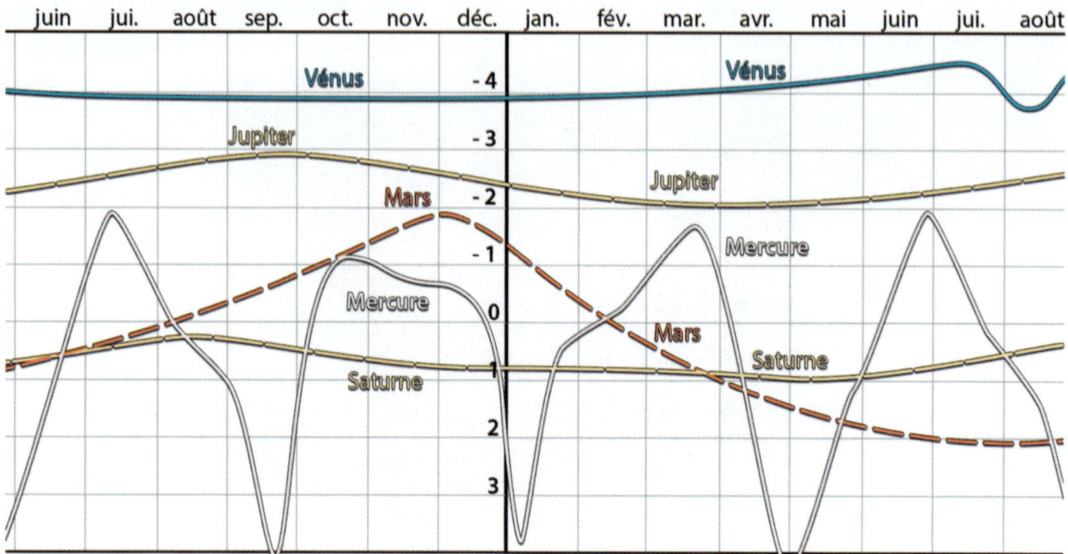

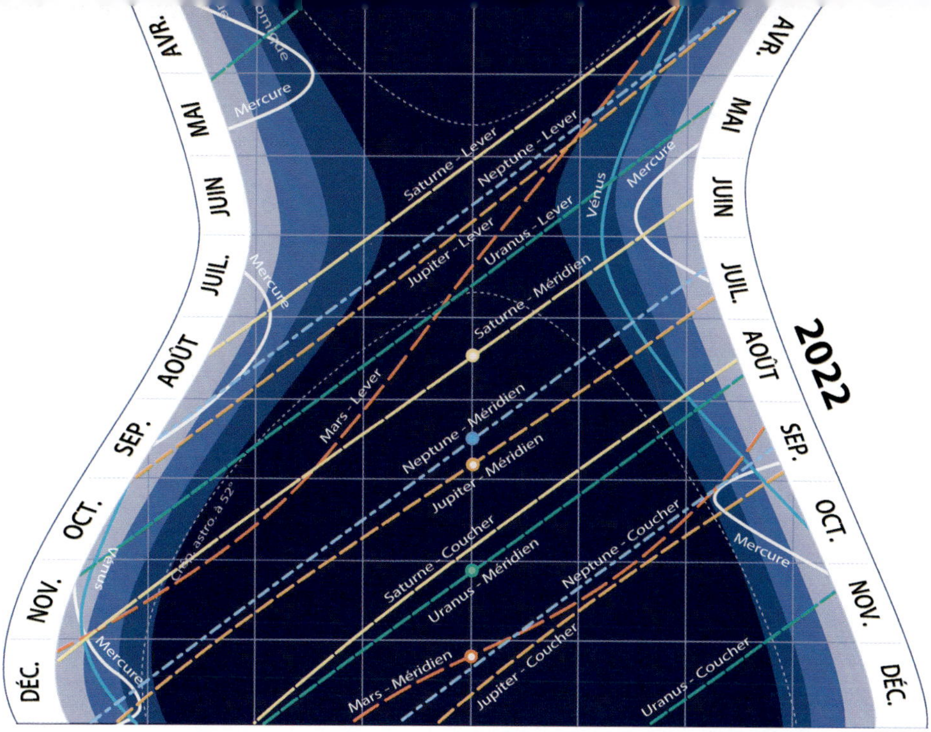

LEVERS ET COUCHERS DES PLANÈTES

Ces courbes permettent de juger d'un bref coup d'œil quelles seront les meilleures périodes de l'année pour observer telle ou telle planète à 45° de latitude nord et 0° de longitude ; elles diffèrent légèrement pour les autres longitudes et de façon bien plus significative pour d'autres latitudes. La zone sombre représente la nuit ; ses marges de plus en plus claires sont les crépuscules astronomique, nautique et civil. Une ligne pointillée bleue signale les limites du crépuscule astronomique pour la latitude 52° nord ; entre la fin mai et la fin juillet, à cette latitude, le Soleil ne s'abaisse à aucun moment de 18° sous l'horizon ; la nuit n'est donc jamais franchement noire pendant toute cette période.

Il suffit de tracer une ligne horizontale à une date donnée et de la parcourir de gauche à droite – du coucher au lever du Soleil – pour vérifier la visibilité d'une planète et savoir si elle sera sur le point de se lever, de passer au méridien ou de se coucher. Les points colorés sur les lignes de passage au méridien des planètes plus éloignées du Soleil que la Terre – les planètes externes – indiquent le moment de l'opposition, soit celui où la Terre et la planète ont la même longitude écliptique héliocentrique (alignement Soleil-Terre-planète). C'est à l'opposition que ces astres sont les mieux placés pour être observés puisqu'ils culminent dans le ciel en milieu de nuit. Lorsque les lignes de lever, de passage au méridien ou de coucher de deux planètes se coupent, ces deux corps apparaissent très proches l'un de l'autre dans le ciel.

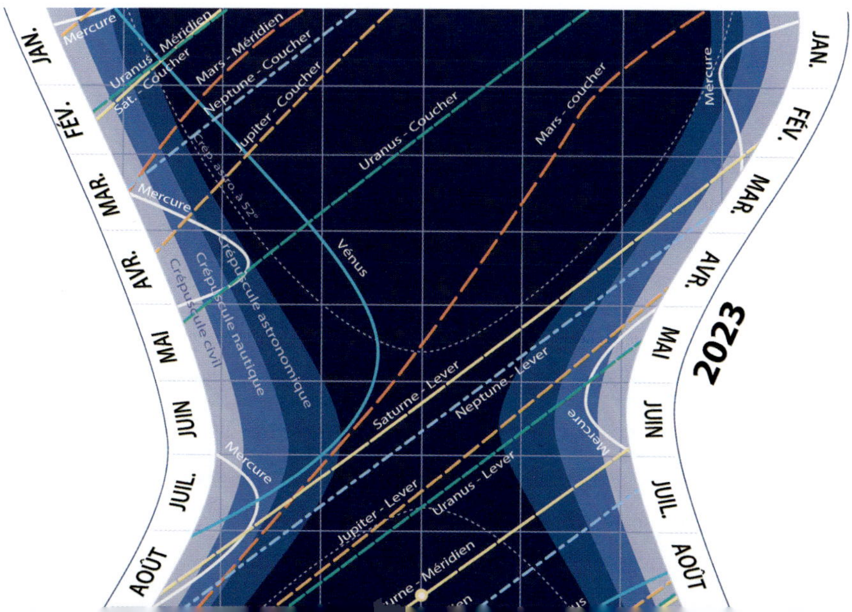

Mercure

OBSERVER MERCURE

Les schémas du bas de cette page et de la suivante présentent les positions quotidiennes de Mercure au moment du lever et du coucher du Soleil à 45° de latitude nord et 0° de longitude. Mercure ne peut être repérée à l'œil nu que lorsque le fond du ciel est suffisamment sombre ; ses positions ne sont donc indiquées en trait fort qu'à partir de 6° de hauteur environ. En plaçant mentalement l'horizon à cette hauteur, vous le reproduirez tel qu'il se présente trente à quarante minutes avant le lever du Soleil ou après son coucher. L'aspect de Mercure apparaît pour certaines dates mais, naturellement, il est fortement grossi : 1 mm pour 2". La longitude de votre site d'observation ne modifiera pas sensiblement la position apparente de Mercure. En revanche, un écart de latitude engendrera rapidement une différence notable. Si vous vous trouvez plus au nord que les 45° retenus pour ces représentations, vous devez imaginer que votre horizon pivote, c'est-à-dire que la hauteur de votre horizon sud est supérieure à celle de ces dessins ; si vous êtes plus au sud, imaginez que l'horizon pivote dans l'autre sens, votre horizon méridional est donc plus bas que sur les schémas et le nord plus haut. Le pivot de ce mouvement est le Soleil ; vous pouvez estimer la position de notre étoile juste sous la ligne d'horizon en fonction de l'orientation de Mercure, dont la partie éclairée fait toujours face à l'astre du jour.

Aux latitudes européennes, Mercure est toujours visible dans un ciel crépusculaire.
© Guillaume Cannat

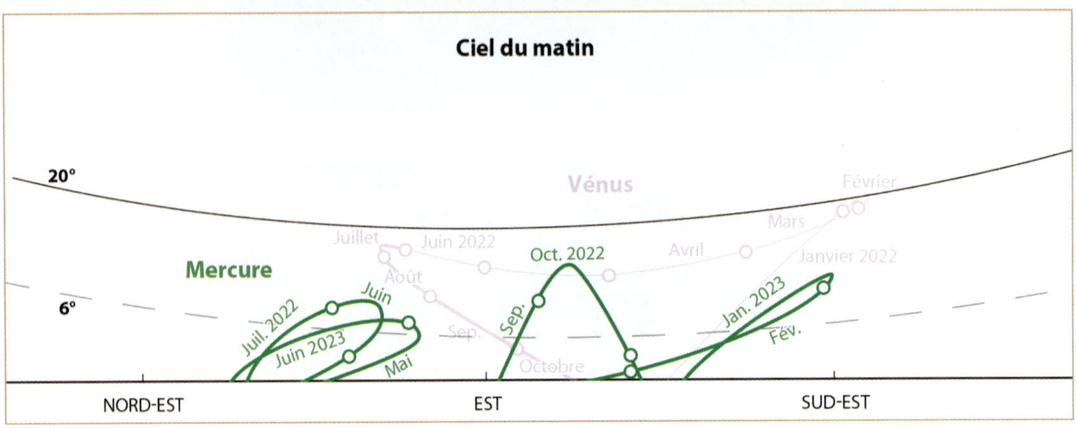

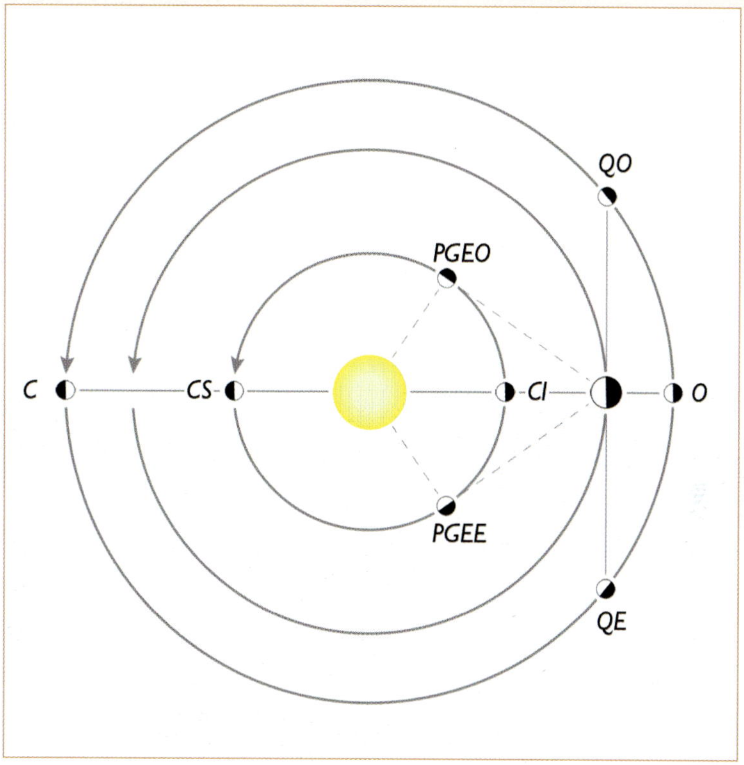

Cette représentation simplifiée du Système solaire permet de définir une série de configurations particulières fréquemment citées dans les pages de ce livre. Seules sont dessinées les orbites de la Terre, d'une planète interne – plus proche du Soleil – et d'une planète externe. Les positions significatives d'une planète interne – Mercure ou Vénus – sont : la plus grande élongation à l'est du Soleil (PGEE) ; la conjonction inférieure (CI) ; la plus grande élongation à l'ouest (PGEO) ; la conjonction supérieure (CS). Dans le cas d'une planète externe – Mars, Jupiter, Saturne, Uranus, Neptune –, les positions significatives sont : la quadrature à l'est du Soleil (QE) ; l'opposition (O) ; la quadrature à l'ouest (QO) ; la conjonction (C).

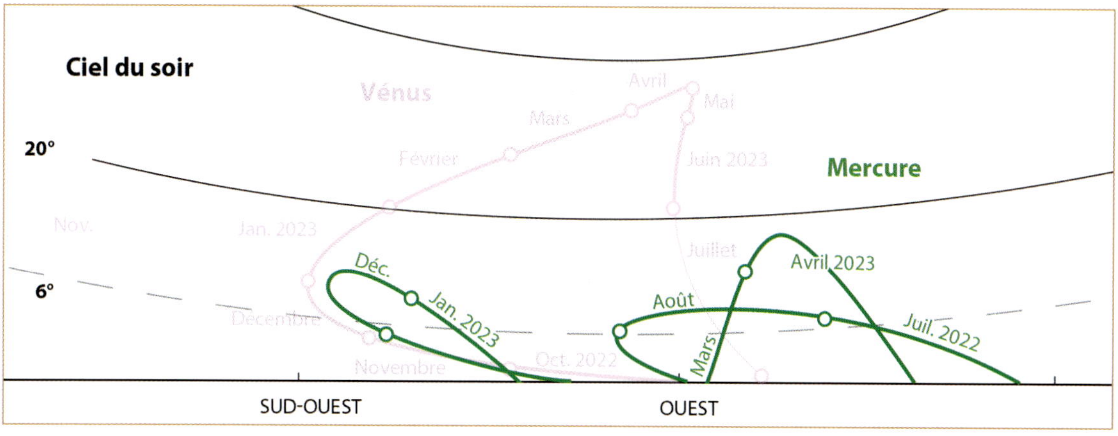

Vénus

OBSERVER VÉNUS

Les schémas du bas de cette page et de la suivante présentent les positions quotidiennes de Vénus au moment du lever et du coucher du Soleil à 45° de latitude nord et 0° de longitude. Vénus est si brillante qu'il est généralement possible de l'observer en plein jour. En plaçant mentalement l'horizon à 6° de hauteur, vous reproduirez l'horizon tel qu'il se présente trente à quarante minutes avant le lever du Soleil ou après son coucher. L'aspect de Vénus apparaît pour certaines dates mais, naturellement, il est fortement grossi : 1 mm pour 2". Une longitude différente de votre site d'observation ne modifiera pas sensiblement la position apparente de Vénus. En revanche, un écart de latitude engendrera rapidement une différence notable. Si vous vous trouvez plus au nord que les 45° retenus pour ces représentations, vous devez imaginer que votre horizon pivote, c'est-à-dire que la hauteur de votre horizon sud est supérieure à celle de ces dessins ; si vous êtes plus au sud, imaginez que l'horizon pivote dans l'autre sens, votre horizon méridional est donc plus bas que sur les schémas et le nord plus haut. Le pivot de ce mouvement est le Soleil ; vous pouvez estimer la position de notre étoile juste sous la ligne d'horizon en fonction de l'orientation de Vénus, dont la partie éclairée fait toujours face à l'astre du jour.

Avant et après sa conjonction inférieure, Vénus est visible sous la forme d'un croissant qui peut dépasser 1′ de diamètre apparent. Sur cette image, le croissant vénusien est 30 fois plus petit que le croissant lunaire.

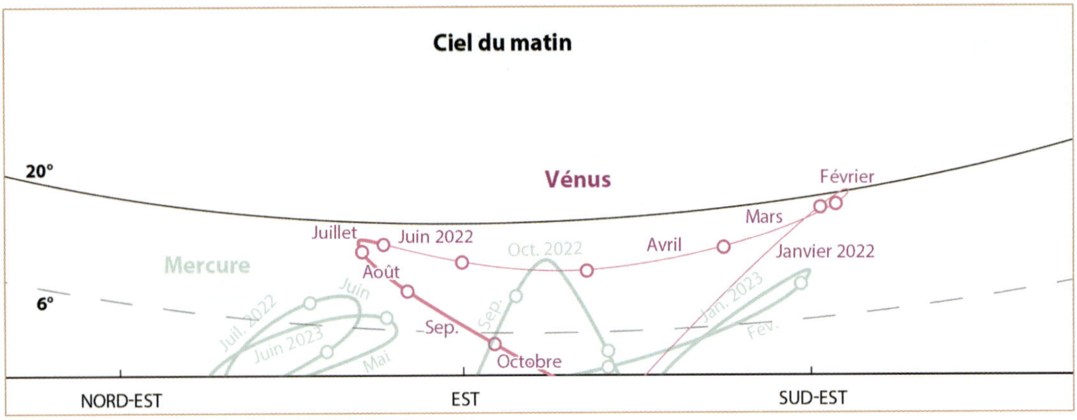

Vénus est la planète qui connaît la plus grande variation de diamètre apparent. Sa dimension peut varier de 9″ durant les semaines qui entourent sa conjonction supérieure à plus de 1′, ce qui correspond à peu près au trentième du diamètre apparent de la Pleine Lune, durant les deux semaines qui entourent sa conjonction inférieure. L'observation du petit disque de la Pleine Vénus ne présente pas beaucoup d'intérêt. Celle des plus fins croissants est très spectaculaire, même dans les plus petits instruments, voire sur l'écran d'un appareil photographique numérique fixé sur un pied en zoomant au maximum. La période la plus intéressante pour tenter de distinguer des nuances d'albédo dans l'atmosphère vénusienne est celle où notre voisine est en quartier ou légèrement gibbeuse. Un filtre violet (voir page 103) accroît significativement le contraste.

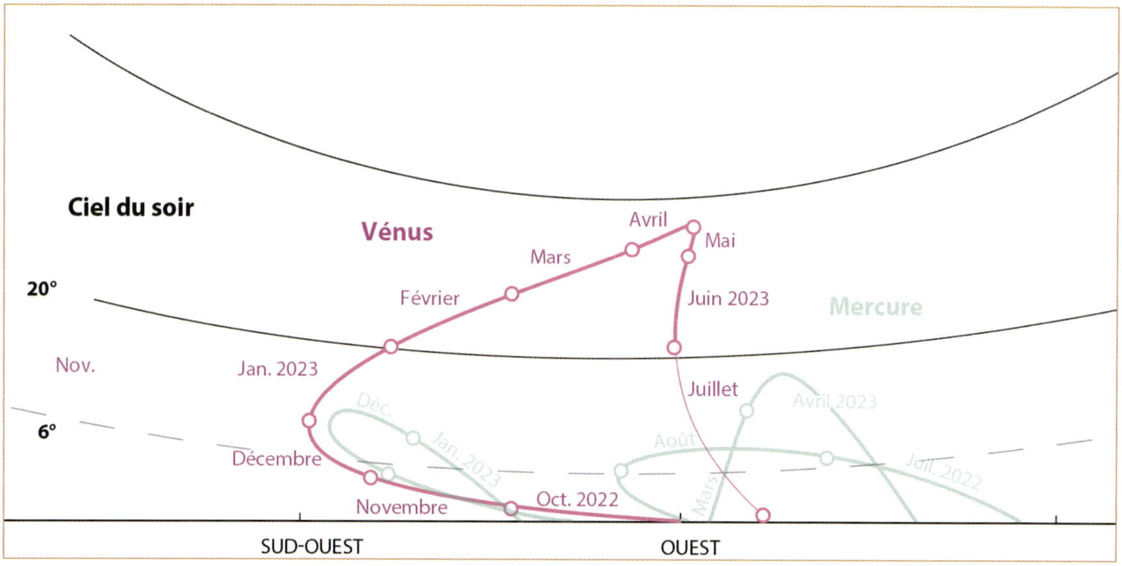

Vénus

LE CYCLE DE 8 ANS DE VÉNUS

Tous les 8 ans, Vénus revient pratiquement à la même place dans le ciel : ces phénomènes héliocentriques, comme le passage au périhélie ou aux nœuds de son orbite, se reproduisent un jour plus tôt environ, et ses phénomènes géocentriques, comme les élongations ou les conjonctions avec le Soleil, se reproduisent deux jours plus tôt environ. Cela vient du fait que Vénus décrit 13 orbites autour du Soleil en 8 années moins un peu moins d'un jour. Dans ce laps de temps, chaque événement héliocentrique se produit 13 fois et chaque événement géocentrique se produit 5 fois. Pour l'observateur du ciel, cela signifie que la trajectoire de Vénus se reproduit à l'identique tous les 8 ans et que l'on peut mettre en évidence 5 trajectoires types au-dessus de l'horizon ouest pour le soir et autant pour le matin au-dessus de l'horizon est. L'aspect de ces trajectoires dépend de la latitude de l'observateur, mais, pour une latitude donnée, Vénus revient sur ses traces pratiquement aux mêmes dates tous les 8 ans.

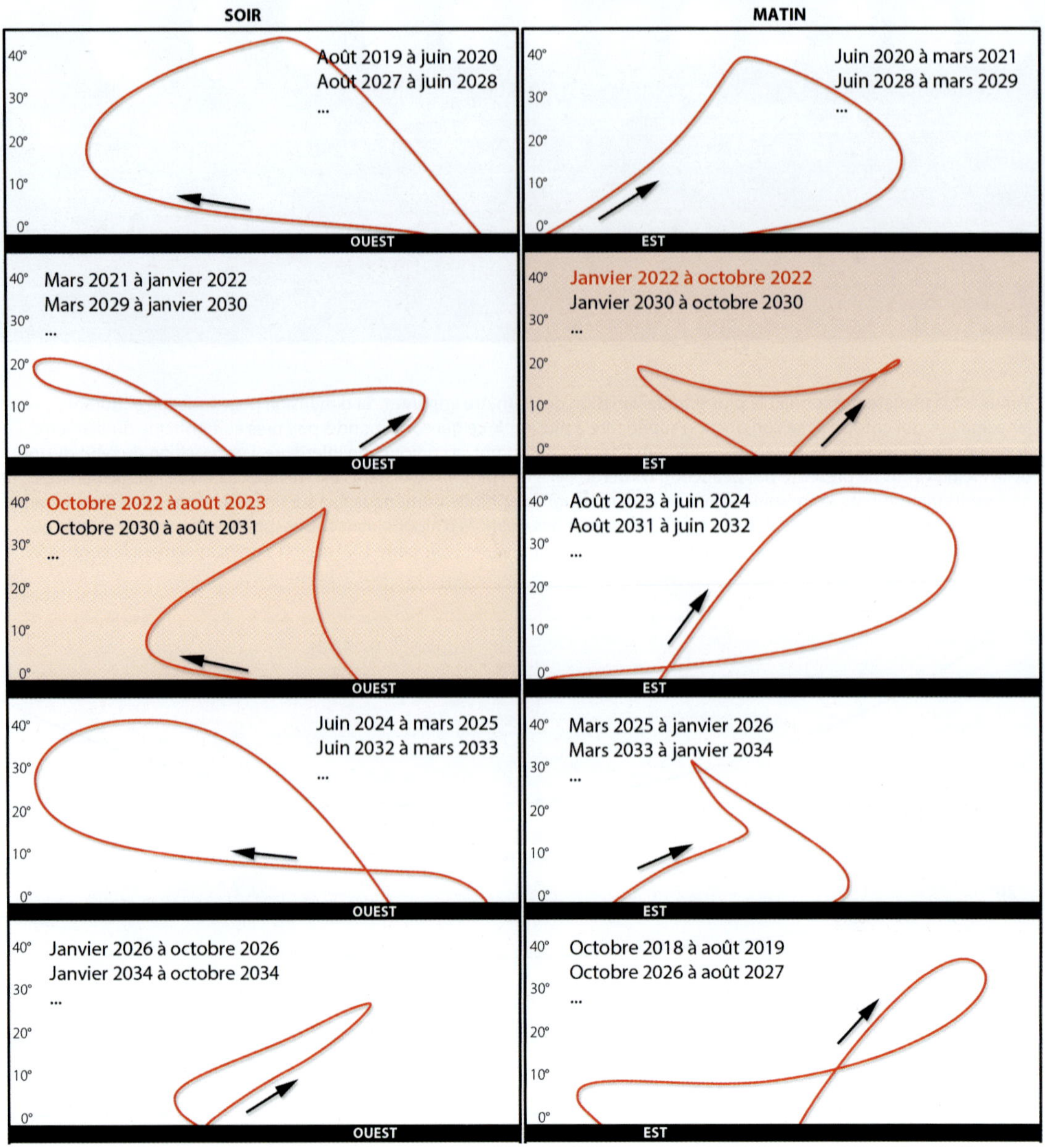

Mars

OBSERVER MARS

Située 1,5 fois plus loin du Soleil que la Terre, Mars met 1,88 fois plus de temps pour parcourir son orbite et il s'écoule 2,13 années entre deux oppositions ; les prochains alignements Soleil-Terre-Mars se produiront le 8 décembre 2022 et le 16 janvier 2025. Dans l'hémisphère Nord martien, le solstice d'hiver se produit le 21 juillet 2022, l'équinoxe de printemps le 26 décembre 2022 et le solstice d'été le 12 juillet 2023. La magnitude de Mars est proche de 0,7 en juin 2022, pour un diamètre apparent de 6,5″, mais elle progresse régulièrement, dépasse 0 pour 10″ avant la fin de l'été et atteint pratiquement - 1,9 pour 17,2″ début décembre, quelques jours avant l'opposition. Le 9 août 2022, Mars entre dans le Taureau, constellation dans laquelle elle effectue sa boucle de rétrogradation entre le 30 octobre 2022 et le 12 janvier 2023 ; elle reste dans le Taureau jusqu'au 26 mars 2023. Lors de son opposition, Mars franchit le méridien à près de 70° de hauteur.

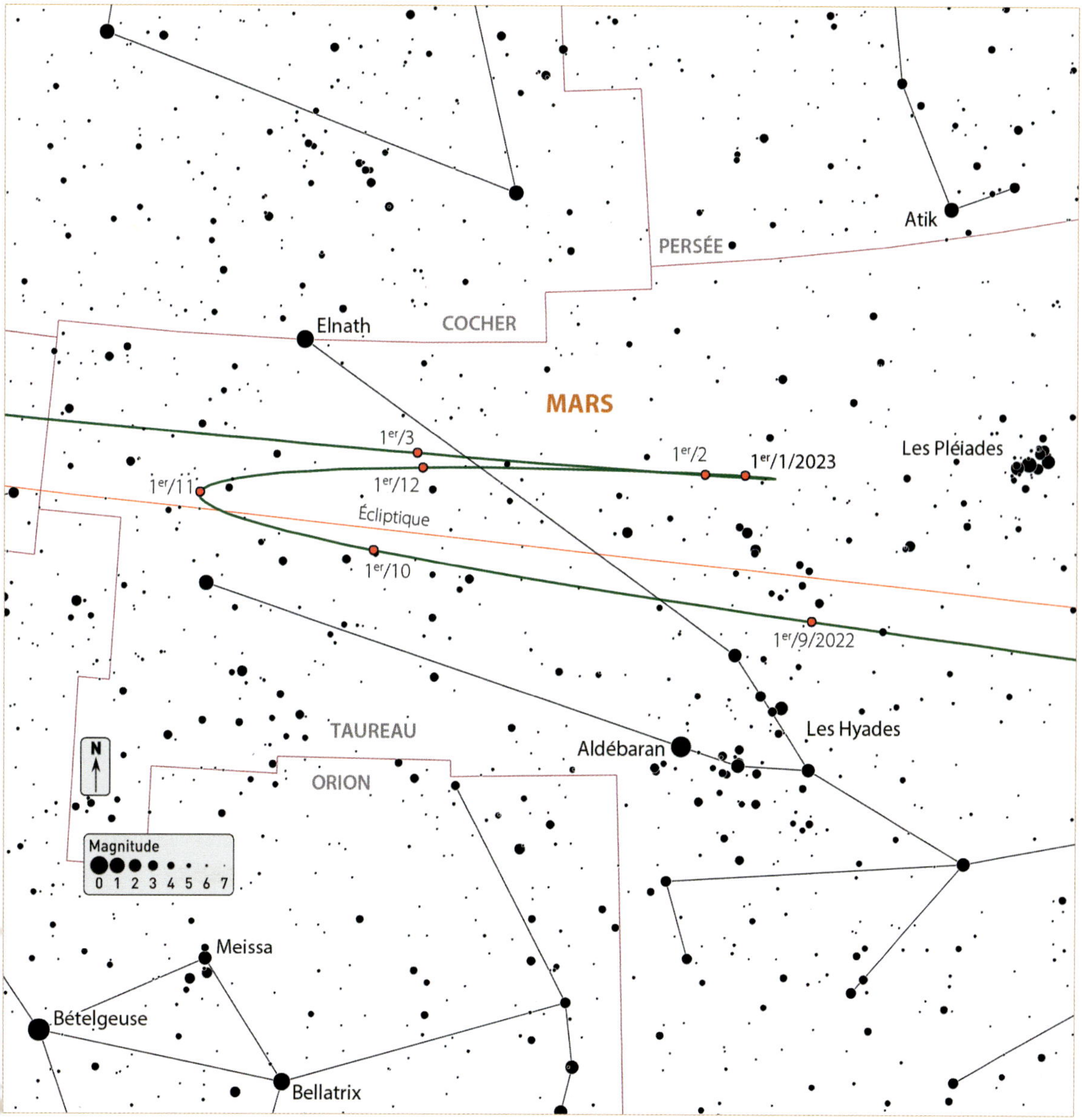

Jupiter

OBSERVER JUPITER

Dans les Poissons au début du mois de juin 2022, Jupiter profite de sa position au sud de l'écliptique et de la proximité de la Baleine pour séjourner dans cette constellation non zodiacale du 25 juin au 1er septembre 2022, puis du 5 au 19 février 2023. Elle passe alors quelques mois dans les Poissons avant d'entrer dans le Bélier, où elle se trouvera encore lors de son opposition de novembre 2023. En 2022, Jupiter rétrograde du 28 juillet au 23 novembre et passe à l'opposition le 26 septembre dans les Poissons ; elle franchit alors le méridien à près de 45° de hauteur. Cette géante est au périgée le 26 septembre 2022 à près de 591 millions de kilomètres de la Terre et à l'apogée le 13 avril 2023 à près de 891 millions de kilomètres. Passée au nœud descendant de son orbite le 26 février 2020, Jupiter sera à sa plus grande latitude héliocentrique sud le 12 décembre 2022 et franchira le nœud ascendant le 19 septembre 2025. Tournant en presque douze années autour du Soleil (11,86 années), cette planète se déplace en moyenne d'une constellation zodiacale par an, mais il ne s'agit pas d'une règle absolue, l'emprise sur l'écliptique des différentes constellations du zodiaque étant variable : 23° pour la Balance et près de 44° pour la Vierge. Jupiter peut parfois ainsi glisser sur deux figures lors d'un même millésime. En outre, selon sa position sur son orbite légèrement excentrique (e = 0,049), la géante se meut plus ou moins vite et décrit annuellement entre 27,6° et 33,5° de longitude héliocentrique ; elle parcourt 33,3° en 2022 et en 2023. Notre Terre, qui fait le tour du Soleil en douze mois, a donc besoin d'un mois supplémentaire environ pour rattraper Jupiter, et les oppositions joviennes se répètent en moyenne tous les treize mois. Il se produit ainsi régulièrement une année sans opposition, comme en 2013 ou en 2025.

Jupiter, la plus volumineuse planète du Système solaire, est aussi celle qui tourne le plus vite sur elle-même : 9 heures 50 dans les régions équatoriales et 9 heures 55 aux pôles. Cette rotation véloce déforme son atmosphère, qui présente un aplatissement polaire observable même dans les petits instruments. Les systèmes nuageux forment des ceintures de différentes teintes ; une lunette de 50 mm permet déjà de distinguer les deux bandes plus sombres qui marquent ses tropiques. Dans les instruments de diamètres supérieurs, ces bandes révèlent des détails et acquièrent une coloration brune ou saumonée de toute beauté.

La tache rouge de Jupiter est un tourbillon nuageux qui s'étale sur une vingtaine de degrés de longitude et dans lequel on pourrait loger deux fois la Terre. Il semble que son emprise en longitude régresse de 0,19° par an depuis quelques décennies. Aujourd'hui, il faut disposer au minimum d'une lunette de 90 à 100 mm pour distinguer visuellement cette formation.

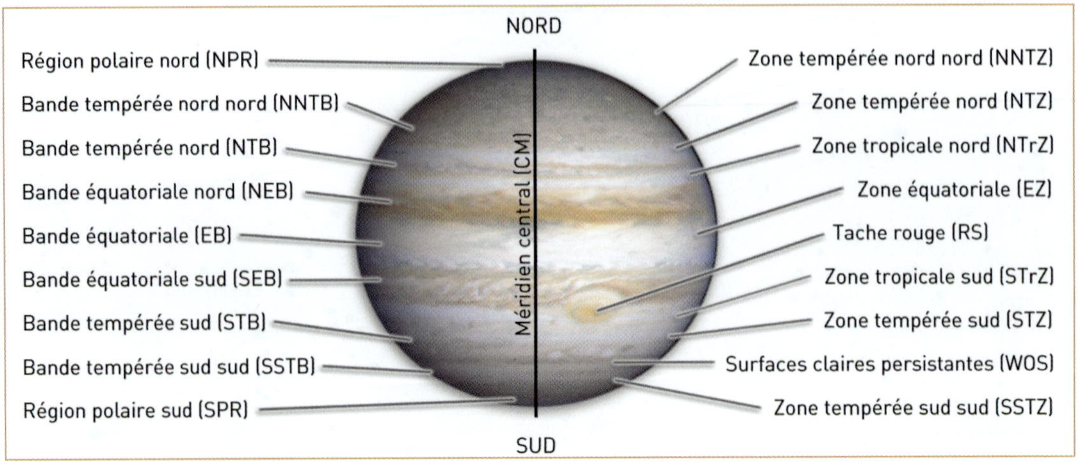

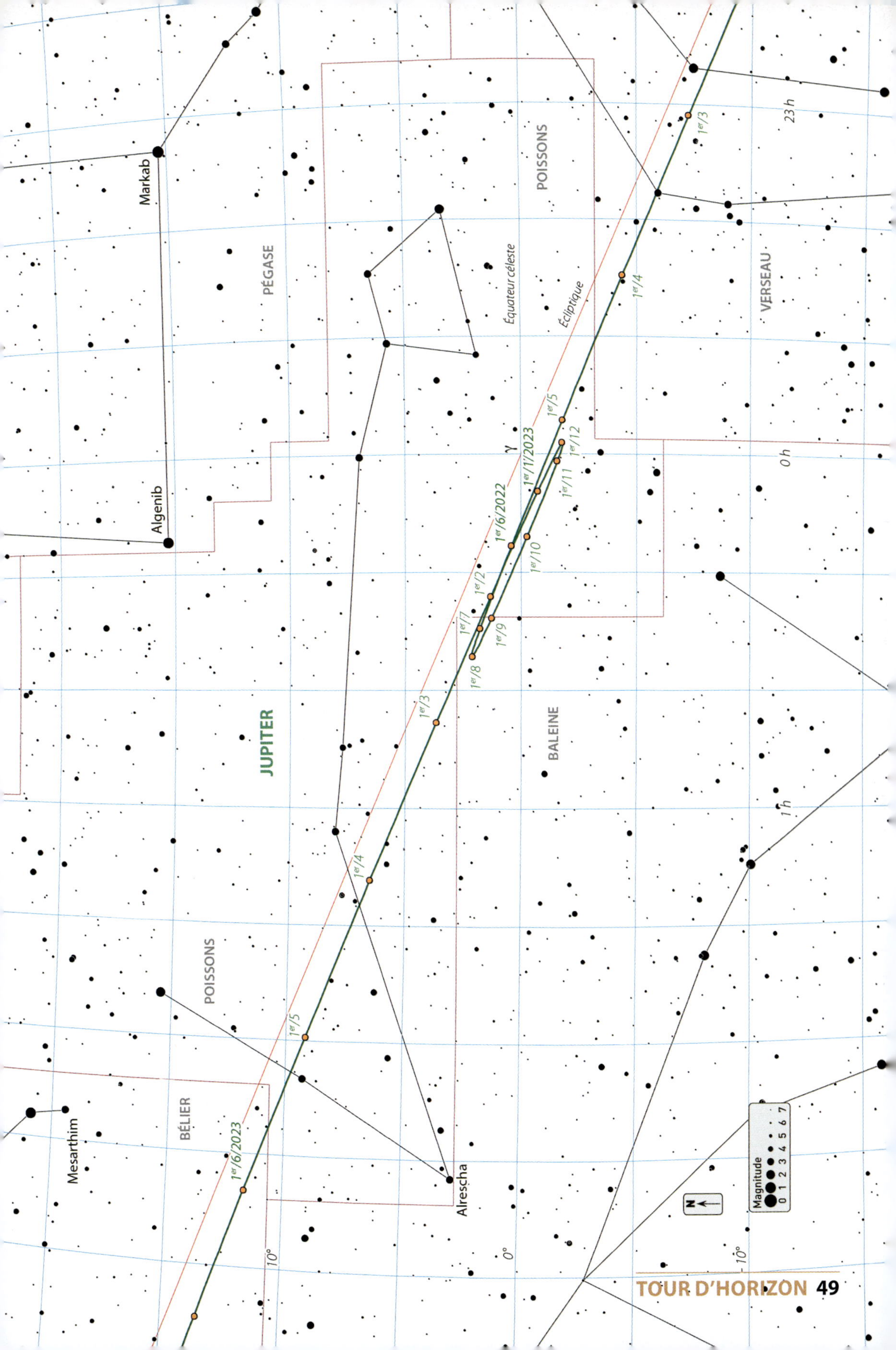

Markab
Algenib
PÉGASE
POISSONS
Équateur céleste
Écliptique
VERSEAU
23 h
0 h
1 h
1er/3
1er/4
1er/5
1er/12
1er/11/2023
1er/11
1er/6/2022
1er/10
1er/2
1er/7
1er/9
1er/8
γ
JUPITER
BALEINE
1er/3
1er/4
POISSONS
1er/5
BÉLIER
1er/6/2023
Mesarthim
Alrescha
10°
0°
-10°
N
Magnitude
0 1 2 3 4 5 6 7

Saturne

OBSERVER SATURNE

Le 14 août 2022, Saturne est à l'opposition dans le Capricorne, constellation dans laquelle elle rétrograde entre le 4 juin et le 23 octobre ; en 2023, elle pénètre dans le Verseau le 13 février et rétrograde dans cette constellation entre le 17 juin et le 4 novembre (opposition le 27 août 2023). La planète aux anneaux est au plus près de la Terre le 14 août 2022, à 8,86 ua, soit près de 1,325 milliard de kilomètres ; elle est en conjonction supérieure et à l'apogée le 16 février 2023, à 10,811 ua de la Terre, soit 1,617 milliard de kilomètres. Elle était à l'aphélie le 17 avril 2018 à 10,065 ua du Soleil et est passée au nœud descendant de son orbite le 13 février 2020. Saturne tourne en près de trente années autour du Soleil (29,47 ans) et reste en général deux ans et demi dans chaque constellation du zodiaque. La planète aux anneaux parcourt en moyenne une douzaine de degrés de longitude héliocentrique par an (11,4° en 2022), tant et si bien qu'il faut près de 12,4 mois à la Terre pour la rattraper et que ses oppositions se renouvellent avec un retard moyen de treize jours.

Saturne tourne sur elle-même en près de 10 heures 40. Dans les petits instruments, son atmosphère montre nettement moins de structures que celle de Jupiter, mais les gros télescopes d'amateur révèlent de nombreuses bandes d'une coloration ocre ou crémeuse. Les anneaux qui l'entourent affichent près de 275 000 km de diamètre et sont visibles dans une lunette de 50 mm avec un grossissement d'une trentaine de fois. Ils sont scindés en apparence par plusieurs divisions sombres ; celle de Cassini – la plus large – apparaît dans les petits instruments lorsque l'ouverture des anneaux est assez forte, ce qui est le cas actuellement. L'inclinaison du plan des anneaux par rapport à notre ligne de visée a culminé à 27° en mars et en avril 2003 ; elle était nulle le 4 septembre 2009 lorsque notre planète est passée dans ce plan et elle culmine à 27° en octobre 2017. La ligne ondulée rouge sur le schéma représente la variation de cette inclinaison par rapport à notre ligne de vision et la ligne régulière bleue illustre quant à elle l'inclinaison de Saturne par rapport au Soleil. Depuis le dernier passage de la Terre dans le plan des anneaux, le 4 septembre 2009, nous observons leur face nord, qui est également celle que le Soleil éclaire depuis le 10 août 2009. Le prochain passage de la Terre dans le plan des anneaux se produira le 23 mars 2025, juste avant le passage du Soleil du 6 mai 2025.

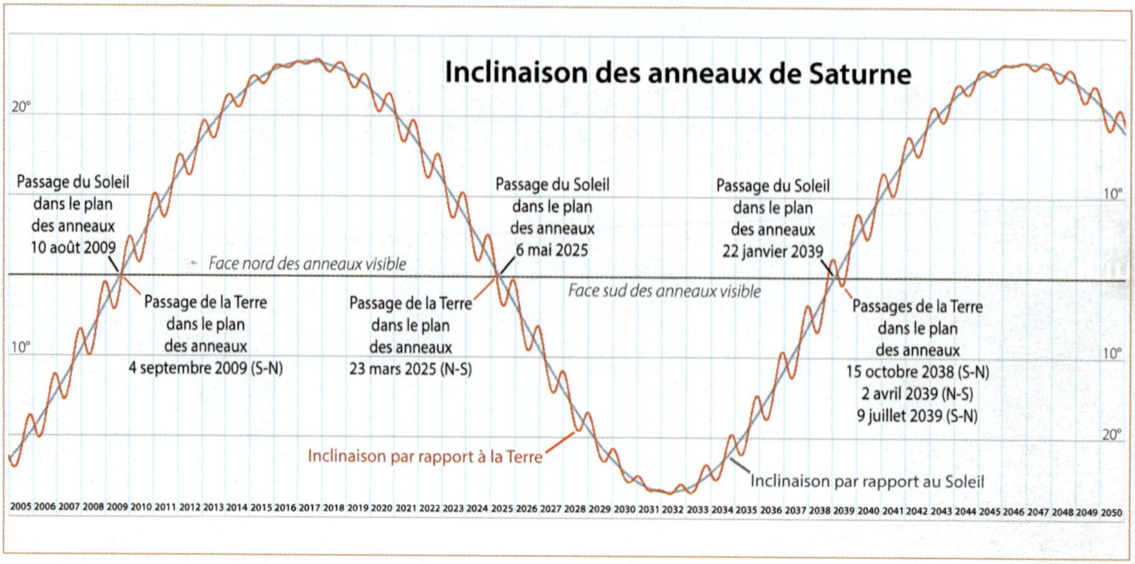

Depuis le dernier passage de la Terre dans le plan des anneaux, le 4 septembre 2009, nous observons leur face nord, qui est également celle que le Soleil éclaire depuis le 10 août 2009. Le prochain passage de la Terre dans le plan des anneaux se produira le 23 mars 2025, juste avant le passage du Soleil du 6 mai 2025. Durant la période couverte par cette édition, l'inclinaison apparente des anneaux de Saturne passe de plus de 12° à près de 7°.

Crédits : NASA/JPL/Space Science Institute

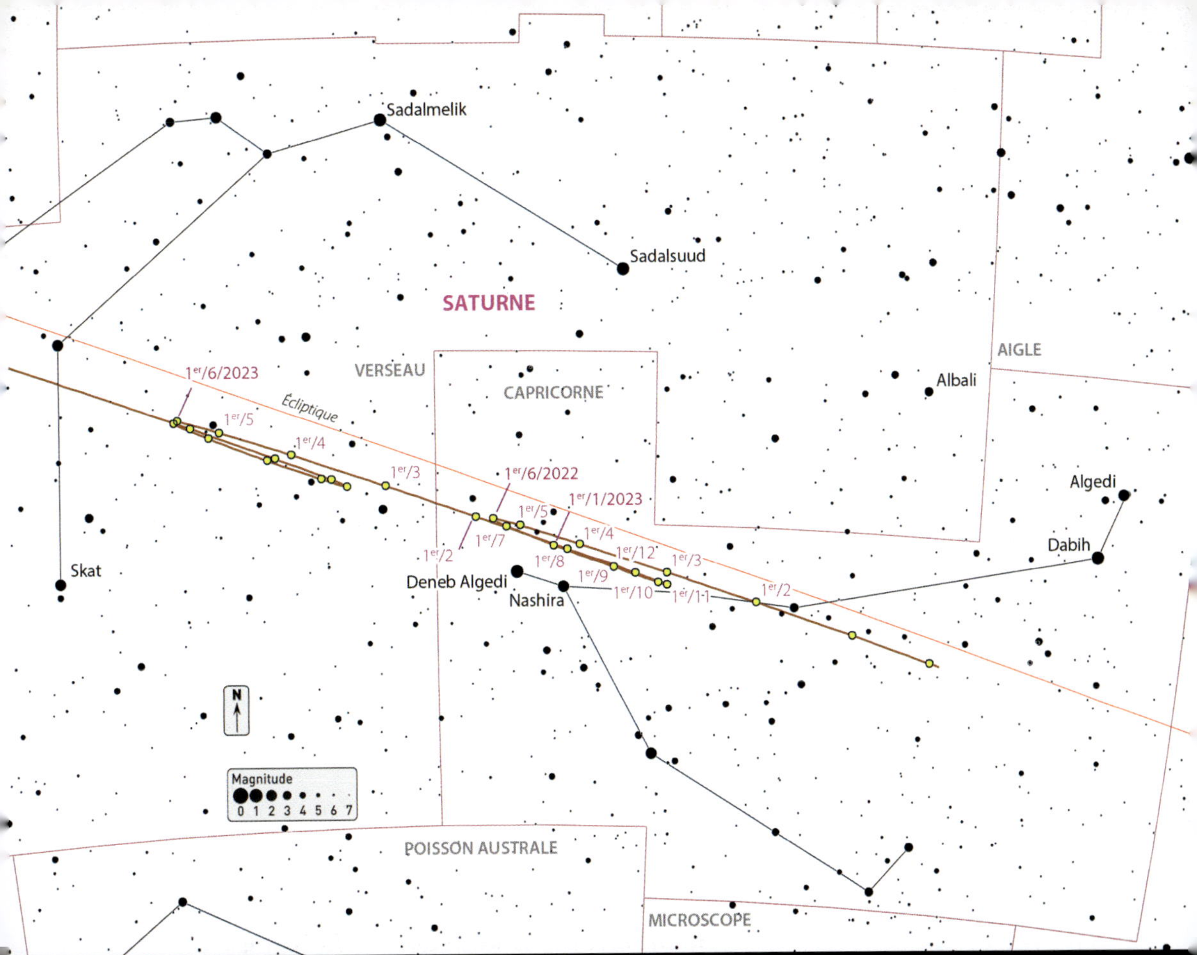
Sadalmelik
Sadalsuud
SATURNE
AIGLE
Albali
VERSEAU
CAPRICORNE
Écliptique
1er/6/2023
1er/5
1er/4
1er/3
1er/6/2022
1er/1/2023
1er/5
1er/7
1er/2
1er/4
1er/8
1er/12
1er/3
1er/9
1er/10
1er/1
1er/2
Algedi
Dabih
Skat
Deneb Algedi
Nashira
N
Magnitude
0 1 2 3 4 5 6 7
POISSON AUSTRALE
MICROSCOPE

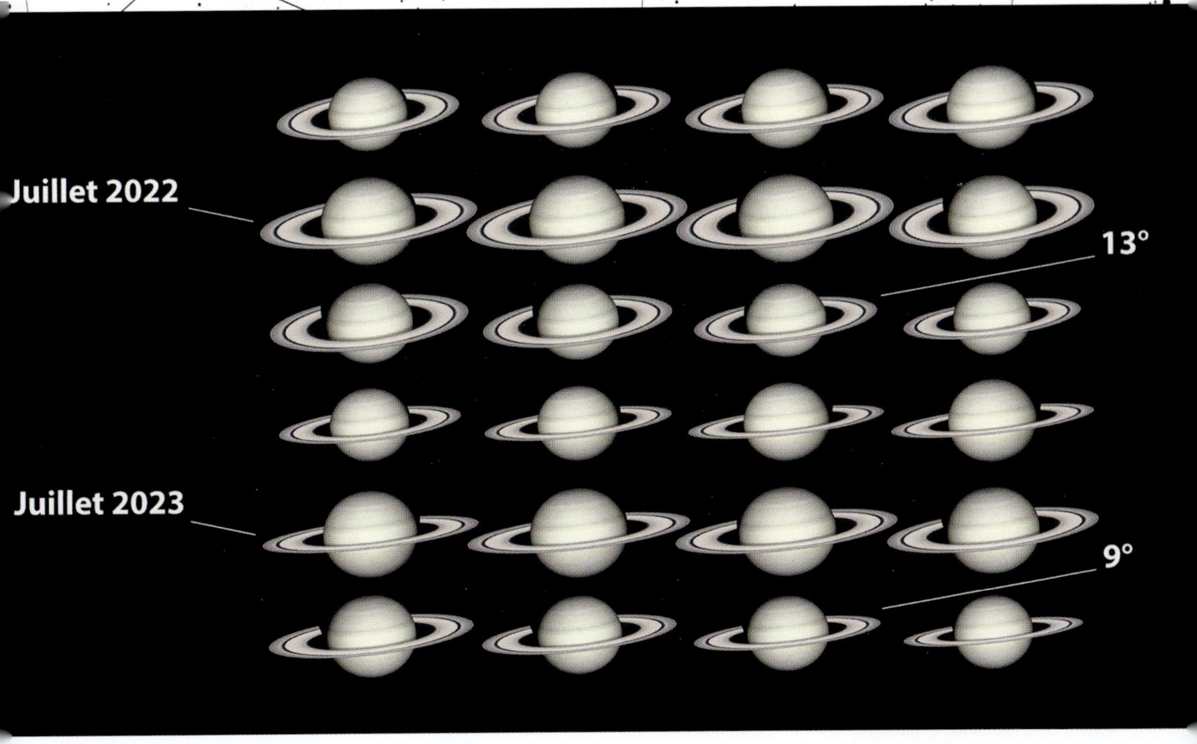
Juillet 2022
13°
Juillet 2023
9°

Uranus

OBSERVER URANUS

Uranus est dans la constellation du Bélier depuis le 6 février 2019 et elle y cheminera jusqu'au 23 mai 2024, le temps d'effectuer cinq boucles de rétrogradation avant d'entrer dans le Taureau. Elle est en conjonction supérieure le 5 mai 2022 et le 9 mai 2023. Uranus est à l'apogée le 5 mai 2022 et le 10 mai 2023, à plus de 20,66 ua, soit 3,1 milliards de kilomètres de la Terre. Le déplacement apparent annuel d'Uranus est seulement de 4°, si bien qu'il faut à peine plus de douze mois à la Terre pour la rattraper et que les oppositions de cette planète gazeuse se renouvellent avec un retard moyen de quatre à cinq jours : 4 novembre 2021, 9 novembre 2022, 13 novembre 2023, 17 novembre 2024, 21 novembre 2025… Depuis le 28 janvier 2012, Uranus est au nord de l'équateur céleste et elle restera dans l'hémisphère céleste boréal durant quarante-deux ans.

Uranus est une planète gazeuse qui mesure 51 120 km de diamètre équatorial et sa distance moyenne au Soleil est de 19,2 ua ; elle tourne autour de lui en 84,4 années. Elle a été découverte le 13 mars 1781 par Sir William Herschel à Bath, au Royaume-Uni, avec un télescope de 160 mm. Sa magnitude actuelle est proche de 5,7 à l'opposition, si bien que cette lointaine planète est visible à l'œil nu dans un ciel bien noir, exempt de pollution lumineuse. Dans un instrument optique, son disque infime – moins de 4″ – offre une coloration turquoise plus ou moins soutenue selon les observateurs. Uranus est passée à l'aphélie le 27 février 2009, mais, d'ici une quarantaine d'années – le 17 août 2050 –, elle atteindra son périhélie et sa magnitude pourrait atteindre 5,3 lors de ses oppositions. Uranus est inclinée de 82° par rapport à son orbite, laquelle est pratiquement confondue avec le plan de l'écliptique ; cette planète semble ainsi rouler sur son orbite. Nous sommes passés dans son plan équatorial, qui est également celui des orbites de ses principales lunes et de ses anneaux, en décembre 2007, et ce plan s'ouvrira par rapport à notre ligne de vision jusqu'en 2030.

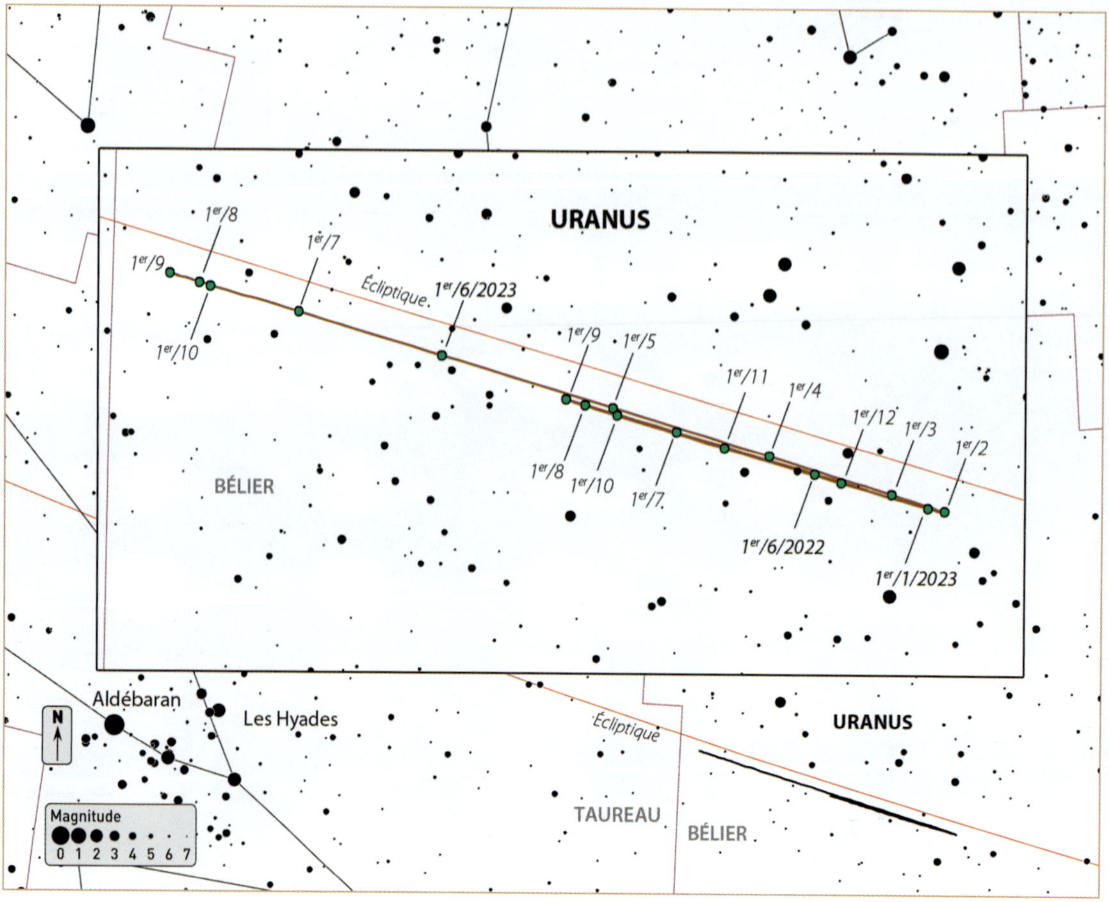

Neptune

OBSERVER NEPTUNE

Neptune quitte le Verseau pour les Poissons du 2 mai au 18 août 2022 et du 4 mars au 27 novembre 2023. En 2022, elle effectue sa boucle de rétrogradation en ascension droite entre le 28 juin et le 4 décembre et passe à l'opposition le 16 septembre. En 2023, elle est en conjonction supérieure le 15 mars, entame sa boucle de rétrogradation le 30 juin et l'achève le 6 décembre ; elle est en opposition le 19 septembre. Le déplacement apparent annuel de Neptune est proche de 2,2°, si bien qu'il faut à peine plus de douze mois à la Terre pour la rattraper et que ses oppositions se renouvellent avec un retard moyen d'à peine plus de deux jours : 14 septembre 2021, 16 septembre 2022, 19 septembre 2023, 21 septembre 2024…

Neptune est une planète gazeuse qui mesure 49 530 km de diamètre équatorial et sa distance moyenne au Soleil est de 30 ua ; elle tourne autour de lui en 165,8 années. Elle a été découverte le 23 septembre 1846 par l'astronome allemand Johann Galle grâce aux calculs du Français Urbain Le Verrier. Le 12 juillet 2011, Neptune atteint la longitude écliptique héliocentrique qui était la sienne le 23 septembre 1846 : 329,1°. Elle boucle ainsi sa première orbite depuis sa découverte. Vue de la Terre, Neptune est passée au plus près de sa position de découverte le 11 février 2011, juste à l'est de la limite entre le Verseau et le Capricorne. Neptune est passée au sud du plan de l'écliptique en 2003 et elle sera à sa position la plus australe par rapport à ce plan en 2045. Sa magnitude oscille entre 7,8 et 8 au fil des mois, elle est donc totalement invisible à l'œil nu, mais les instruments d'amateur, même de petit diamètre, peuvent révéler son petit point légèrement bleuté. Cette planète est passée à l'aphélie le 13 juillet 1959 et son prochain périhélie se produira le 5 septembre 2042 dans le Bélier ; sa magnitude atteindra alors 7,7. Neptune est inclinée de 28,3° sur le plan de son orbite, laquelle est pratiquement confondue avec le plan de l'écliptique. Triton, le plus gros satellite de cette planète, mesure 2 700 km de diamètre et sa magnitude est voisine de 14 lors des oppositions neptuniennes.

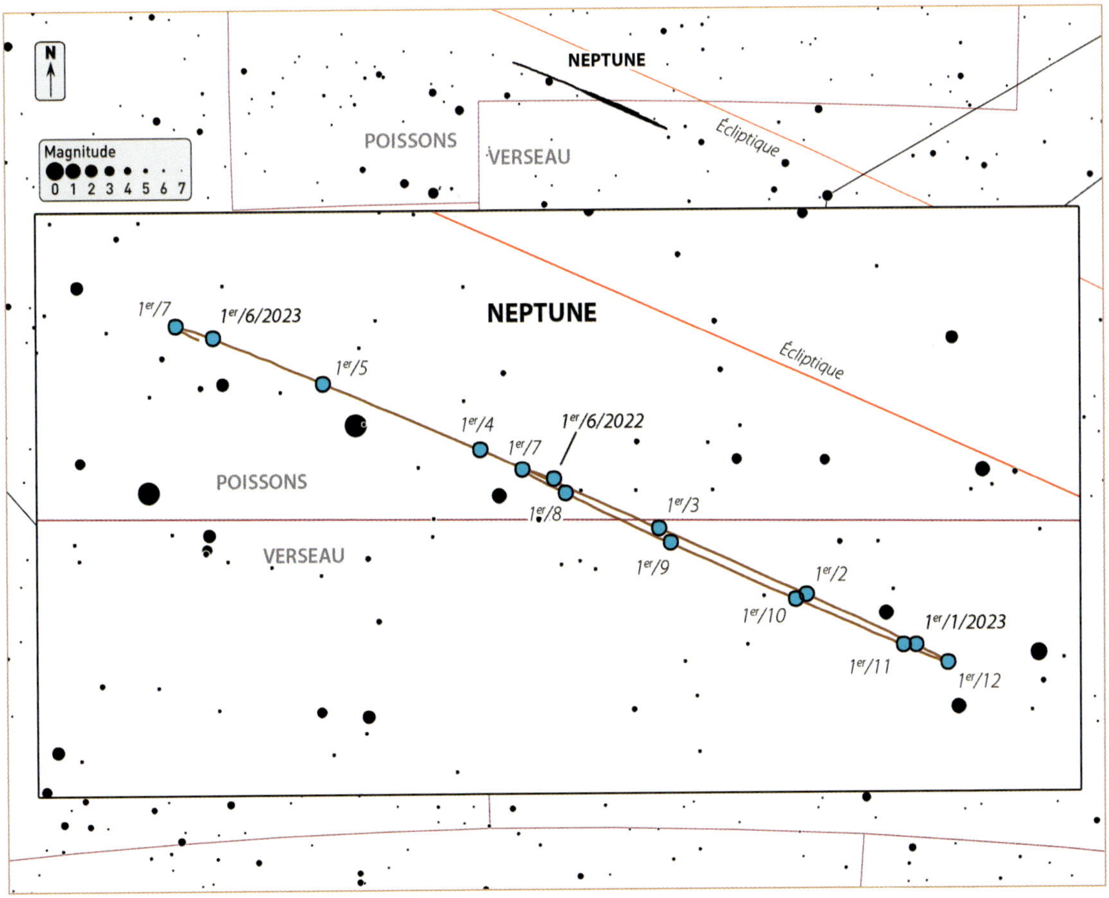

Cérès

OBSERVER CÉRÈS

Circulant dans la constellation des Gémeaux au début de la période couverte par cette édition, la planète naine Cérès entre dans le Cancer le 17 juillet 2022, dans le Lion le 29 août, dans la Vierge le 3 décembre et dans la Chevelure de Bérénice le 28 février 2023. Elle s'y trouve encore le 21 mars pour son opposition à 1,6 ua, magnitude 6,9. Sa boucle de rétrogradation empiète sur les constellations de la Vierge, de la Chevelure de Bérénice et du Lion, et semble entourer l'amas de galaxies de la Vierge. Sa prochaine opposition se produira le 5 juillet 2024 dans le Sagittaire. Cérès a été découverte le 1er janvier 1801 par l'astronome italien Giuseppe Piazzi à l'observatoire de Palerme. Son diamètre est proche de 975 kilomètres et les images envoyées de février 2015 à octobre 2018 par la sonde américaine *Dawn* nous ont révélé un petit monde d'aspect lunaire. Cérès parcourt son orbite en 4,6 années, c'est-à-dire que cinq de ses révolutions durent 23 ans ; ainsi, sa trajectoire dans le ciel de 2022-2023 reprend celle de la période 1999-2000 avec un décalage de seulement 1,5 jour et moins de 1,5°.

Date	Ascension droite h m s	Déclinaison ° ′ ″	Distance ua	Magnitude
2022				
15 nov.	11 33 27	12 30 45	2,824	8,9
15 déc.	12 13 05	10 12 19	2,453	8,7
2023				
15 janvier	12 41 24	9 44 20	2,064	8,2
15 février	12 48 55	11 44 52	1,744	7,7
15 mars	12 34 22	14 44 41	1,604	7,2
15 avril	12 09 05	16 13 58	1,678	7,5
15 mai	11 58 15	14 17 54	1,944	8,1
15 juin	12 10 55	9 59 09	2,322	8,6

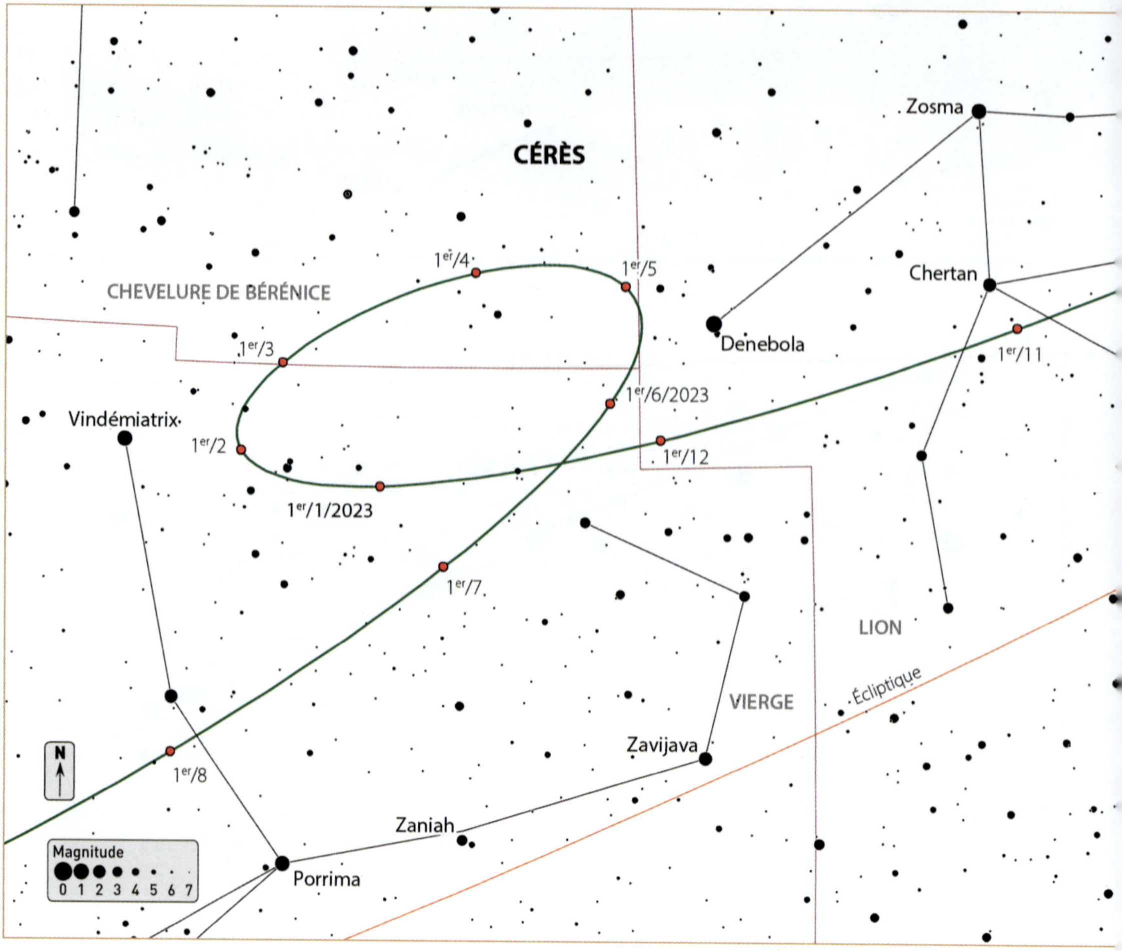

Pluton

OBSERVER PLUTON

Pluton est entrée dans le Sagittaire à la fin de l'année 2006 et elle y reste jusqu'en 2023, année où elle effectue une escapade dans le Capricorne du 1er mars au 8 juillet. En 2022, sa rétrogradation se produit du 29 avril au 8 octobre et cette planète naine est à l'opposition le 20 juillet. En 2023, elle est en conjonction supérieure le 18 janvier, rétrograde du 1er mai au 11 octobre et passe à l'opposition le 22 juillet. Pluton circule toujours dans une région très dense de la Voie lactée et son repérage est délicat. Elle ne mesure que 2 374 kilomètres de diamètre et se situe en moyenne à 39,4 ua du Soleil, autour duquel elle tourne en quelque 252 années. Elle est donc encore loin d'avoir effectué une révolution depuis sa découverte par l'astronome amateur américain Clyde Tombaugh le 18 février 1930. Sa magnitude moyenne est de 14, ce qui la place hors de portée de la plupart des instruments d'amateur. Elle possède cinq lunes ; Charon, la plus grosse – 1 212 kilomètres de diamètre –, tourne autour d'elle en 6,4 jours.

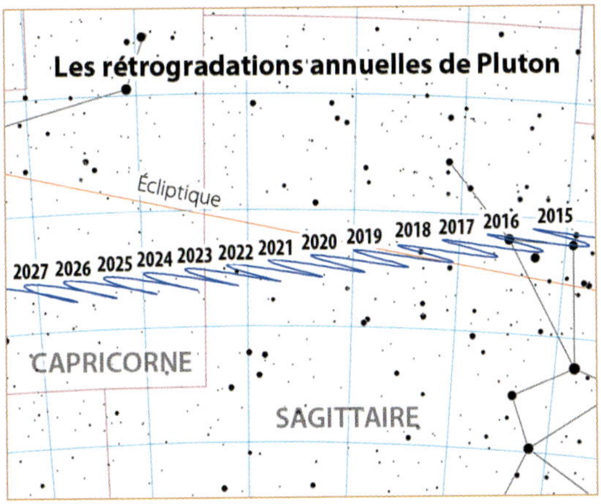

Date	Ascension droite h m s	Déclinaison ° ′ ″	Distance ua	Magnitude
2022				
15 mai	20 04 24	- 22 24 31	34,075	14,4
15 juin	20 02 43	- 22 33 42	33,700	14,3
15 juillet	19 59 59	- 22 44 53	33,552	14,3
15 août	19 56 58	- 22 55 45	33,668	14,3
15 sep.	19 54 49	- 23 03 07	34,032	14,4
2023				
15 mai	20 12 25	- 22 33 32	34,350	14,4
15 juin	20 10 52	- 22 43 01	33,965	14,4
15 juillet	20 08 12	- 22 54 41	33,800	14,3
15 août	20 05 11	- 23 06 02	33,898	14,3
15 sep.	20 02 58	- 23 13 42	34,248	14,4

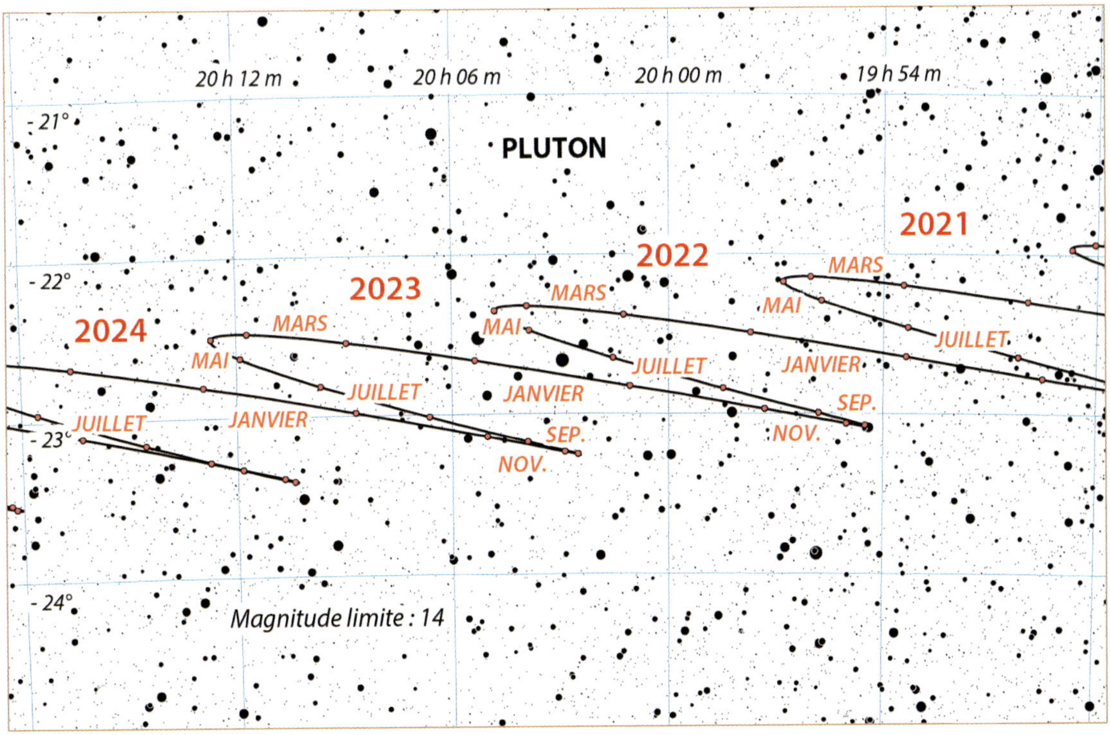

Petites planètes

OBSERVER LES PETITES PLANÈTES

4 Vesta passe à l'opposition le 22 août 2022 dans le Verseau à 1,28 ua de la Terre ; sa magnitude est alors proche de 5,8. Prochaine opposition le 21 décembre 2023.

Date	Ascension droite h m s	Déclinaison ° ′ ″	Distance ua	Magnitude	Constellation
2022					
15 juin	22 33 09	- 13 28 42	1,681	7,6	Aqr
15 juillet	22 43 36	- 15 01 19	1,413	6,7	Aqr
15 août	22 27 37	- 19 04 03	1,284	6,1	Aqr
15 sep.	22 01 22	- 22 14 03	1,380	6,5	Aqr
15 oct.	21 54 54	- 22 01 40	1,663	7,2	Cap

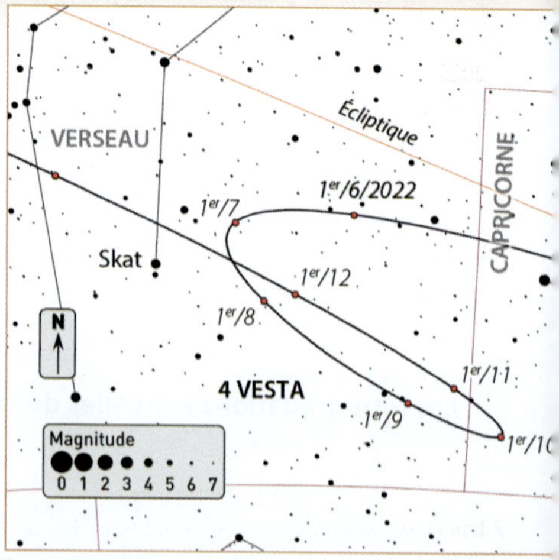

3 Junon passe à l'opposition le 7 septembre 2022 dans le Verseau à la frontière avec les Poissons à 1,3 ua de la Terre ; sa magnitude est alors proche de 7,9. Prochaine opposition le 3 mars 2024.

Date	Ascension droite h m s	Déclinaison ° ′ ″	Distance ua	Magnitude	Constellation
2022					
15 juillet	23 17 53	2 08 00	1,787	9,3	Psc
15 août	23 16 18	0 04 43	1,443	8,5	Psc
15 sep.	22 56 21	- 5 26 27	1,303	7,9	Aqr
15 oct.	22 41 55	- 10 34 00	1,394	8,5	Aqr
15 nov.	22 52 28	- 12 14 39	1,642	9,0	Aqr

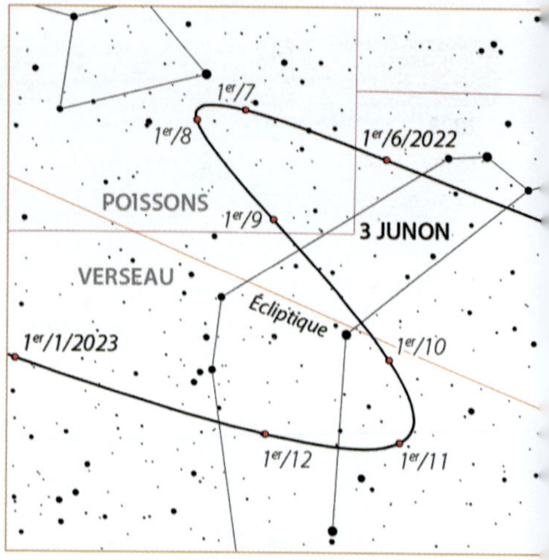

2 Pallas passe à l'opposition le 8 janvier 2023 dans le Grand Chien à 1,41 ua de la Terre ; sa magnitude est alors proche de 7,6. Prochaine opposition le 19 mai 2024.

Date	Ascension droite h m s	Déclinaison ° ′ ″	Distance ua	Magnitude	Constellation
2022					
15 nov.	7 14 06	- 26 13 07	1,708	8,4	CMa
15 déc.	7 09 14	- 31 40 40	1,515	8,0	CMa
2023					
15 jan.	6 44 38	- 30 18 55	1,417	7,7	CMa
15 fév.	6 32 05	- 20 54 18	1,461	7,9	CMa
15 mars	6 46 39	- 9 59 15	1,628	8,2	Mon

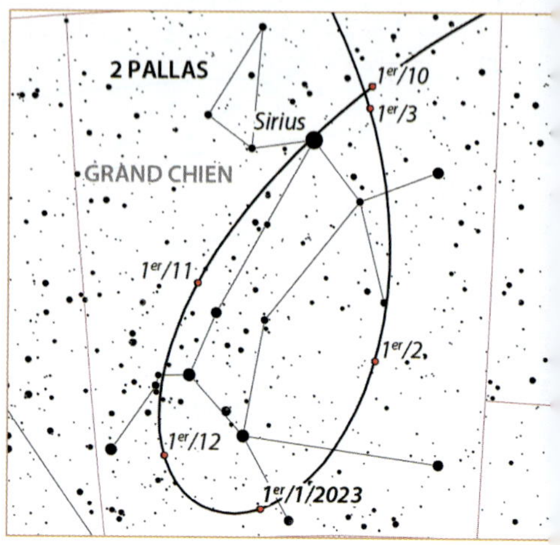

6 Hébé passe à l'opposition le 26 janvier 2023 dans le Cancer à 1,48 ua de la Terre ; sa magnitude est alors proche de 8,8. Prochaine opposition le 22 avril 2024.

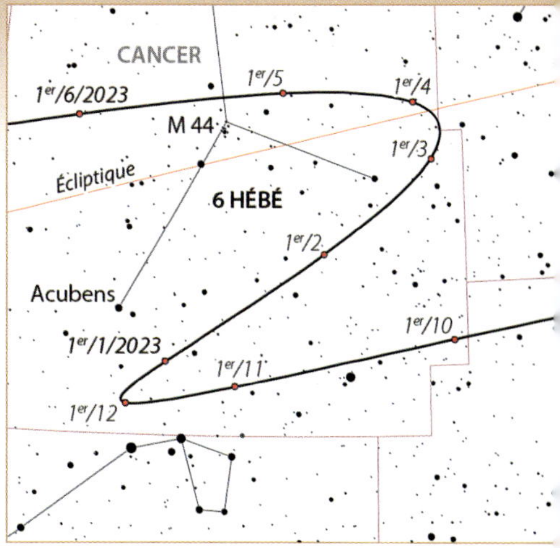

Date	Ascension droite h m s	Déclinaison ° ′ ″	Distance ua	Magnitude	Constellation
2022					
15 nov.	8 50 14	7 59 11	1,928	9,9	Cnc
15 déc.	8 58 20	8 10 35	1,645	9,5	CnC
2023					
15 jan.	8 39 39	11 31 07	1,488	8,9	Cnc
15 fév.	8 10 51	16 32 25	1,586	9,2	Cnc
15 mars	8 01 28	19 47 48	1,880	9,9	Gem

7 Iris passe à l'opposition le 30 avril 2023 dans la Balance à 1,9 ua de la Terre ; sa magnitude est alors proche de 9,5. Prochaine opposition le 6 août 2024.

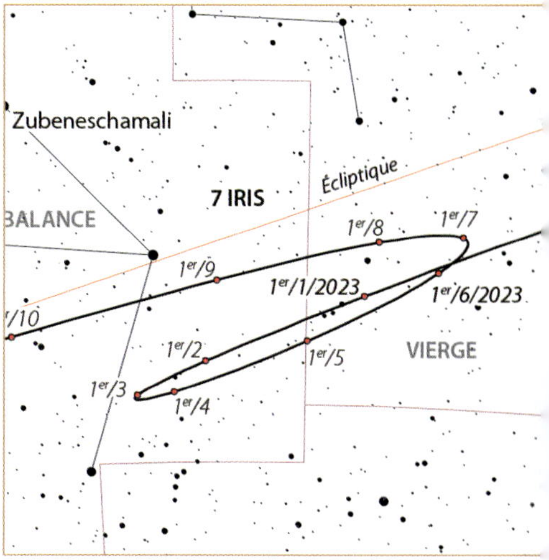

Date	Ascension droite h m s	Déclinaison ° ′ ″	Distance ua	Magnitude	Constellation
2023					
15 fév.	14 51 16	- 21 36 26	2,564	11	Lib
15 mars	14 55 46	- 22 22 19	2,215	10,5	Lib
15 avril	14 38 10	- 21 17 05	1,963	9,9	Lib
15 mai	14 10 18	- 18 28 51	1,956	9,9	Vir
15 juin	13 54 05	- 15 52 49	2,194	10,5	Vir

15 Eunomia passe à l'opposition le 7 juillet 2023 dans le Sagittaire à 1,7 ua de la Terre ; sa magnitude est alors proche de 8,7. Prochaine opposition le 14 décembre 2024.

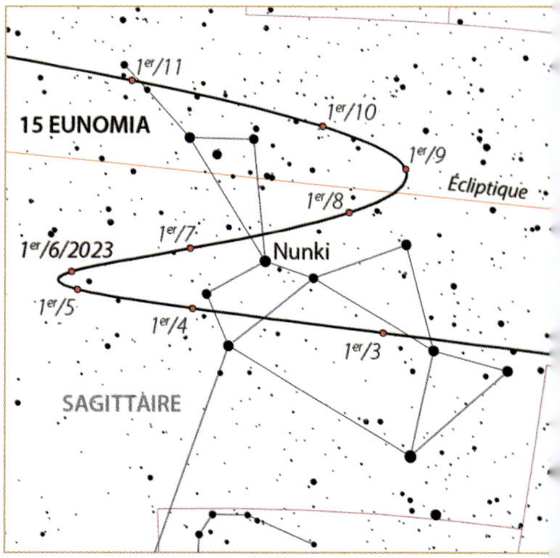

Date	Ascension droite h m s	Déclinaison ° ′ ″	Distance ua	Magnitude	Constellation
2023					
15 mai	19 40 30	- 26 32 35	2,132	10,1	Sgr
15 juin	19 30 11	- 25 49 41	1,793	9,4	Sgr
15 juillet	19 00 43	- 24 48 06	1,672	9	Sgr
15 août	18 36 10	- 23 00 51	1,792	9,5	Sgr
15 sep.	18 37 46	- 21 11 33	2,077	10	Sgr

Comètes

LES TYPES DE COMÈTES

Il existe deux grands groupes de comètes : les périodiques, qui parcourent une orbite elliptique plus ou moins allongée et reviennent se frotter au Soleil régulièrement, et les autres, qui ne s'approchent qu'une seule fois du Soleil, soit qu'elles s'écrasent dessus, soit qu'elles décrivent une orbite parabolique qui les éloigne à jamais de l'astre du jour, soit qu'elles possèdent une période tellement longue que les astronomes ne les ont observées qu'une seule fois. La comète périodique la plus connue est sans conteste 1P Halley (le P signifie « périodique » dans la nomenclature cométaire internationale ; voir en bas de la page voisine). D'une périodicité de 76 années environ, les retours de la comète de Halley ont ponctué l'histoire humaine depuis l'Antiquité : prochain rendez-vous en 2061.

Il existe bien sûr des comètes à la période beaucoup plus courte, comme 2P Encke, qui revient toutes les 3,3 années, ou 45P Honda-Mrkos-Pajdusakova, dont la période est d'environ 5,3 années. Toutes les comètes périodiques sont annoncées de longs mois à l'avance (voir le tableau de la page voisine) et, en règle générale, les astronomes les connaissent suffisamment bien pour prévoir leur éclat à quelques magnitudes près. Mais cela n'exclut pas les sursauts exceptionnels, comme celui connu par la comète 17P Holmes à l'automne 2007 : sa magnitude est passée de 16,8 à 2,5 en quelques jours, soit une augmentation d'éclat d'un facteur 500 000 ! Les comètes que l'on ne voit qu'une seule fois sont souvent les plus spectaculaires, surtout lorsque les lois de la mécanique céleste les placent à une faible distance de la Terre et à une bonne élongation solaire lors de leur maximum d'éclat. En juillet 2020, la comète C/2020 F3 NEOWISE a ainsi offert un spectacle fantastique dans le ciel de l'hémisphère Nord avec deux queues magnifiques et un éclat qui a permis des observations à l'œil nu durant plusieurs semaines.

L'OBSERVATION DES COMÈTES

Dans la mesure où l'éclat des comètes est généralement faible et qu'elles ressemblent à des nébuleuses diffuses ou à des galaxies, vous devez absolument trouver un site d'observation de bonne qualité pour en profiter pleinement. Il est illusoire de vouloir observer des comètes faibles visuellement en ville. Outre l'éclairage urbain, d'autres éléments nuisent à de bonnes observations cométaires : la brume à l'horizon, un voile de cirrus, le vent qui accroît la turbulence, et enfin la Lune.

En choisissant votre site, pensez à privilégier les lieux d'où les horizons est et ouest sont parfaitement dégagés, puisque les comètes sont généralement plus brillantes aux abords du Soleil et s'affichent donc souvent sur un fond crépusculaire.

Il n'y a pas de règle absolue pour le choix d'un instrument d'observation car il est évident qu'une comète de magnitude 12 ne sera pas observée de la même manière qu'une autre de magnitude 2. Il est délicat de déterminer une magnitude cométaire limite en fonction du diamètre de l'instrument car plus une comète est diffuse, plus elle est difficile à trouver, même si son éclat global est relativement important. Pratiquement, avec un télescope de 150 mm sous un ciel bien noir, il est possible de voir une comète de magnitude 9, avec un 200 mm, il faut tabler sur la magnitude 11, enfin, un 400 mm devrait vous permettre d'observer une comète de magnitude 14.

DÉCOUVRIR UNE COMÈTE

On ne s'improvise pas chasseur de comètes du jour au lendemain. Une connaissance parfaite du ciel, et surtout de l'aspect des nombreux objets célestes nébuleux susceptibles d'être confondus avec les astres chevelus, est indispensable. L'expérience montre que les comètes découvertes visuellement se situent entre 50° et 90° du Soleil. D'après l'astronome amateur David H. Levy, qui a découvert ou co-découvert plus de vingt comètes, les meilleures zones à prospecter sont la partie ouest du ciel une heure et demie après le coucher du Soleil durant la semaine qui suit la Pleine Lune, et la partie est du ciel jusqu'à une heure et demie avant le lever du Soleil en période de Nouvelle Lune. Une bonne méthode consiste à procéder à un balayage systématique. Choisissez un oculaire à grand champ très lumineux et explorez consciencieusement toute la zone crépusculaire parallèlement à l'horizon. Lorsque vous avez observé une bande, revenez à votre champ de départ, décalez-vous vers le haut d'un demi-champ et recommencez. Même si certains observateurs ont eu la chance de tomber sur leur première comète après quelques jours de recherches, la règle est plutôt dans l'observation régulière et patiente du ciel. David H. Levy confie avoir observé plus de 900 heures avant d'apercevoir sa première comète. Quant à Don Machholz, un autre grand découvreur de comètes américain, il a observé 1 700 heures pour chacune de ses deux premières découvertes !

Équinoxe moyen 2000.0. a = demi grand axe de l'orbite (distance moyenne au Soleil) ; q = distance comète-Soleil au périhélie en ua ; e = excentricité de l'orbite de la comète (pour un cercle, e = 0) ; P = période en années ; ω (petit oméga) = argument du périhélie, c'est-à-dire l'angle entre le nœud ascendant et le périhélie ; Ω (grand oméga) = longitude du nœud ascendant, c'est-à-dire l'angle entre le point vernal et le nœud ascendant de l'orbite de la comète ; i = inclinaison du plan de l'orbite de la comète par rapport au plan de l'écliptique. La valeur (Ω + ω) donne la longitude du périhélie.

Éléments de comètes connues devant passer au périhélie avant juillet 2023									
Comète	Date du périhélie	a ua	q ua	e	Période années	ω °	Ω °	i °	
2022									
C/2021 E3 ZTF	Juin	11,91		1,7774	1,0008		228,84	104,47	112,56
C/2020 Y2 ATLAS	Juin	17,67		3,1325	0,9973		266,10	26,51	101,30
117P Helin-Roman-Alu	Juil.	7,78	4,08	3,0396	0,2555	8,25	222,95	58,84	8,70
169P NEAT	Juil.	9,68	2,60	0,6028	0,7683	4,20	218,04	176,11	11,30
116P Wild	Juil.	16,84	3,49	2,1970	0,3705	6,52	173,29	20,98	3,60
C/2021 P4 ATLAS	Juil.	30,38		1,0805	0,9965		175,82	348,10	56,31
119P Parker-Hartley	Août	11,97	3,80	2,3276	0,3881	7,42	322,06	104,56	7,40
73P Schwassmann-Wachmann	Août	25,77	3,09	0,9730	0,6853	5,44	199,48	69,61	11,23
327P Van Ness	Sep.	2,41	3,56	1,5561	0,5633	6,73	185,03	173,99	36,25
255P Levy	Sep.	11,08	2,94	0,8476	0,7122	5,05	186,16	275,57	13,20
41P Tuttle-Giacobini-Kresak	Sep.	13,36	3,09	1,0501	0,6600	5,43	62,21	140,99	9,22
C/2020 R7 ATLAS	Sep.	16,25		2,9558	1,0001		347,84	268,28	114,89
224P LINEAR-NEAT	Sep.	29,97	3,44	2,0460	0,4059	6,39	16,67	40,04	13,31
408P Novichonok-Gerke	Oct.	5,29	4,74	3,4675	0,2691	10,33	226,46	189,44	19,36
61P Shajn-Schaldach	Oct.	23,81	3,69	2,1258	0,4241	7,09	221,65	162,97	6,00
P/2015 T3 PANSTARRS	Nov.	16,26	3,89	2,1894	0,4365	7,66	199,73	119,07	12,15
204P LINEAR-NEAT	Nov.	16,87	3,58	1,8344	0,4878	6,78	356,65	108,50	6,60
244P Scotti	Nov.	17,61	4,90	3,9205	0,1993	10,84	93,12	353,99	2,26
118P Shoemaker-Levy	Nov.	24,31	3,35	1,8290	0,4534	6,12	314,83	142,10	10,09
197P LINEAR	Déc.	7,73	2,87	1,0630	0,6294	4,86	188,75	66,36	25,53
80P Peters-Hartley	Déc.	8,86	4,02	1,6153	0,5986	8,07	339,25	259,80	29,92
81P Wild	Déc.	15,63	3,45	1,5984	0,5373	6,42	41,63	136,10	3,24
C/2017 K2 PANSTARRS	**Déc.**	**19,67**		**1,7970**	**1,0007**		**236,20**	**88,24**	**87,56**
2023									
C/2022 E3 ZTF	**Jan.**	**13,19**		**1,1143**	**0,9999**		**145,77**	**302,52**	**109,09**
71P Clark	Jan.	22,84	3,14	1,5889	0,4937	5,56	209,06	59,39	9,44
263P Gibbs	Jan.	30,58	3,04	1,2363	0,5936	5,31	35,04	105,51	11,52
96P Machholz	**Jan.**	**31,09**	**3,03**	**0,1164**	**0,9616**	**5,28**	**14,75**	**93,95**	**57,50**
C/2022 A2 PANSTARRS	Fév.	18,27		1,7350	1,0005		88,37	171,58	108,14
5D Brorsen	Mars	26,42	3,15	0,5248	0,8336	005P-2	21,22	94,46	18,70
77P Longmore	Avril	3,12	3,62	2,3488	0,3519	6,90	196,73	14,77	24,32
300P Catalina	Avril	11,17	2,70	0,8321	0,6917	4,43	222,95	95,62	5,67
5D Brorsen	Avril	17,87	3,16	0,5156	0,8367	005P-1	20,37	94,83	18,50
279P La Sagra	Avril	19,57	3,57	2,1481	0,3990	6,76	5,85	346,23	5,05
C/2021 Y1 ATLAS	Avril	30,74		2,0327	1,0006		245,81	244,77	77,19
C/2020 V2 ZTF	Mai	8,50		2,2282	1,0012		162,40	212,36	131,61
C/2020 K1 PANSTARRS	Mai	9,07		3,0737	0,9998		213,97	94,36	89,66
364P PANSTARRS	Mai	14,02	2,88	0,8013	0,7217	4,89	212,02	46,15	12,14
237P LINEAR	Mai	14,68	3,51	1,9870	0,4340	6,58	25,26	245,36	14,02

Une liste complète et mise à jour est disponible sur le site jcometobs.web.fc2.com.

Vous pouvez utiliser ces éléments pour calculer les éphémérides de ces comètes et tracer leur trajectoire avec un logiciel de cartographie. Vous pouvez également télécharger sur le site de l'UAI des fichiers de paramètres aux formats des principaux logiciels : minorplanetcenter.org/iau/Ephemerides/Comets/index.html.

Dans le nom d'une comète, le P indique une période inférieure à 200 ans ; le C indique une période supérieure à 200 ans, voire une orbite parabolique ; le D concerne les comètes périodiques qui n'ont pas été réobservées après un ou plusieurs passages. Les comètes périodiques connues et déjà repassées plusieurs fois près du Soleil sont numérotées 1P, 2P, etc. ; il y en avait 440 début 2022, la première étant 1P Halley. Les comètes sont classées en fonction de l'ordre chronologique des découvertes dans l'année. La première quinzaine de janvier porte la lettre A, la deuxième la lettre B et ainsi de suite jusqu'à la fin de l'année. La lettre I n'est pas utilisée pour qu'il n'y ait pas de confusion possible avec le chiffre romain I ; la première quinzaine de mai porte donc la lettre J et la dernière de décembre la lettre Y. Viennent ensuite un chiffre qui indique l'ordre de découverte dans la quinzaine, et le nom du ou des découvreurs (deux au maximum).

Étoiles filantes

OBSERVER LES ÉTOILES FILANTES

Le Système solaire grouille de petites particules de la taille d'un grain de sable ou d'un gravillon en orbite autour du Soleil. Dans sa course annuelle autour de notre étoile, la Terre heurte régulièrement de telles particules – on les appelle des météoroïdes lorsqu'elles sont dans l'espace – qui se vaporisent en s'échauffant par friction sur la haute atmosphère (entre 120 et 80 km d'altitude). Le phénomène lumineux provoqué par l'ionisation des molécules de la haute atmosphère par les atomes des météoroïdes vaporisés s'appelle un météore ou une étoile filante. Certains cailloux plus massifs résistent à leur traversée atmosphérique et parviennent jusqu'au sol, on parle alors de météorites, mais la plupart des restes d'étoiles filantes et des objets trop petits même pour engendrer des météores se déposent lentement sur Terre sous la forme de micrométéorites. Les estimations sont délicates à faire et les totaux proposés sont sujets à caution, mais on suppose que plusieurs centaines de millions de microparticules seraient balayées chaque jour par notre planète et que la masse annuelle totale qui se déposerait au sol serait comprise entre 50 000 et 100 000 tonnes. N'importe quel soir de l'année, un observateur placé sous un ciel noir exempt de pollution lumineuse peut espérer voir quelques étoiles filantes – entre 5 et 13 par heure ; on parle d'étoiles filantes sporadiques, qui peuvent apparaître dans n'importe quelle zone de la voûte céleste.

Les astronomes ont également identifié des périodes plus favorables durant lesquelles le nombre d'étoiles filantes visibles par heure croît significativement. Elles se produisent lorsque la Terre entre au contact des vastes courants de poussières laissés sur leur parcours par les noyaux cométaires lors de leur passage à proximité du Soleil. Comme elles sont regroupées dans le temps et semblent provenir sensiblement de la même région du ciel, on parle d'essaims d'étoiles filantes et on leur attribue un nom dérivé de celui de la constellation dans laquelle ils se manifestent : Léonides pour le Lion, Perséides pour Persée. Le point autour duquel les étoiles filantes semblent surgir comme les rayons d'une roue de vélo est appelé le radiant. En fait, les particules d'un essaim se déplacent parallèlement les unes aux autres. Seuls le mouvement de la Terre et la perspective font naître le phénomène visuel du radiant, exactement comme lorsque l'on traverse une averse de neige en voiture et que l'on a l'impression que les flocons se précipitent radialement vers le pare-brise.

Les principaux essaims connaissent un pic ou un maximum d'activité relativement bref que l'on peut dater avec une précision croissante à présent que l'on parvient à réaliser des simulations informatiques de l'évolution de la répartition des météoroïdes au sein des traînées de comètes. De nouvelles comètes peuvent donner naissance à de nouveaux essaims si leur orbite est suffisamment proche de celle de la Terre. L'observation visuelle des étoiles filantes par les astronomes amateurs permet de valider les hypothèses formulées pour réaliser ces simulations informatiques et donc d'accroître progressivement leur précision. C'est donc un domaine où les amateurs peuvent aider les professionnels.

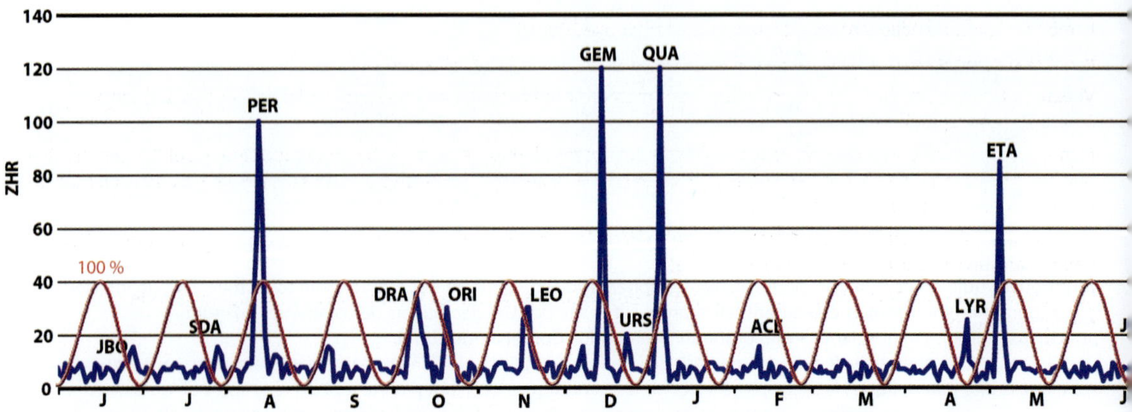

J'ai recalé ce schéma par rapport à la période couverte par cette édition et j'ai ajouté une courbe qui vous indique la fraction éclairée de la Lune, de 0 % pour la Nouvelle Lune à 100 % pour la Pleine Lune.

Les principaux essaims d'étoiles filantes de juin 2022 à juin 2023									
Nom de l'essaim	**Période**	**Maximum**	**Lambda**	**radiant α**	**δ**	**Vitesse km/s**	**r**	**ZHR**	**Lune j**
2022									
Bootides de juin (JBO)	22 juin au 2 juillet	27 juin	95,7°	14 h 56 m	48°	18	2,2	var	28
Piscis Austrinides (PAU)	15 juillet au 10 août	28 juil.	125°	22 h 44 m	- 30°	35	3,2	5	29
Alpha Capricornides (CAP)	3 juillet au 15 août	30 juil.	127°	20 h 28 m	- 10°	23	2,5	4	1
Delta Aquarides sud (SDA)	12 juillet au 19 août	30 juil.	127°	22 h 36 m	- 16°	41	3,2	16	1
Kappa Cygnides (KCG)	3 au 25 août	8 août	135°	19 h 04 m	59°	25	3	3	10
Perséides (PER)	17 juillet au 24 août	13 août	140°	3 h 12 m	58°	59	2,6	100	16
Alpha Aurigides (AUR)	28 août au 8 sep.	1 sep.	158,6°	5 h 36 m	39°	66	2,6	7	4
Epsilon Perséides sep. (SPE)	5 au 21 sep.	9 sep.	166,7°	4 h 00 m	40°	64	2,9	5	13
Draconides (DRA)	6 au 10 oct.	9 oct.	195,4°	17 h 28 m	54°	20	2,6	25	13
Taurides sud (STA)	10 sep. au 20 nov.	10 oct.	223°	3 h 28 m	15°	27	2,3	5	14
Epsilon Géminides (EGE)	14 au 27 octobre	18 oct.	206°	6 h 48 m	27°	70	3	2	22
Orionides (ORI)	2 octobre au 7 nov.	21 oct.	208°	6 h 20 m	16°	66	2,5	25	25
Leonis Minorides (LMI)	19 au 27 octobre	24 oct.	211°	10 h 44 m	38°	62	3	2	28
Taurides nord (NTA)	25 sep. au 25 nov.	12 nov.	230°	3 h 52 m	22°	29	2,3	5	18
Léonides (LEO)	10 au 23 novembre	17 nov.	235,27°	10 h 08 m	22°	71	2,5	20	23
Alpha Monocérotides (AMO)	15 au 25 novembre	21 nov.	239,32°	7 h 48 m	1°	65	2,4	var	27
Phœnicides (PHO)	28 nov. au 9 déc.	2 déc.	254,25°	1 h 12 m	- 53°	18	2,8	var	8
Puppid-Vélides (PUP)	1er au 15 déc.	7 déc.	255°	8 h 12 m	- 45°	40	2,9	10	13
Monocérotides (MON)	27 nov. au 17 déc.	9 déc.	257°	6 h 40 m	8°	42	3	2	15
Sigma Hydrides (HYD)	3 au 15 décembre	9 déc.	257°-260°	8 h 28 m	2°	58	3	3	18
Géminides (GEM)	7 au 17 décembre	14 déc.	262,2°	7 h 28 m	33°	35	2,6	120	20
Ursides (URS)	17 au 26 décembre	22 déc.	270,7°	14 h 28 m	76°	33	3	10	28
2023									
Quadrantides (QUA)	28 déc. au 12 janvier	4 jan.	283,16°	15 h 20 m	49°	41	2,1	120	12
Alpha Centaurides (ACE)	28 janvier au 21 fév.	8 fév.	319,2°	14 h 04 m	- 59°	56	2	5	17
Lyrides (LYR)	14 au 30 avril	23 avril	32,32°	18 h 04 m	34°	49	2,1	18	3
Pi Puppides (PPU)	15 au 28 avril	24 avril	33,5°	7 h 20 m	- 45°	18	2	var	4
Êta Aquarides (ETA)	19 avril au 28 mai	6 mai	45,5°	22 h 32 m	- 1°	66	2,4	85	16
Êta Lyrides (ELY)	3 au 14 mai	10 mai	48,4°	19 h 08 m	44°	44	3	3	20
Bootides de juin (JBO)	22 juin au 2 juillet	27 juin	95,7°	14 h 56 m	48°	18	2,2	var	9

Lambda : longitude héliocentrique du maximum (équinoxe 2000.0).

α, δ : coordonnées en ascension droite et en déclinaison du radiant lors du maximum.

Vitesse : vitesse de pénétration atmosphérique des météoroïdes en km/s. La vitesse peut varier de 11 km/s (très lent) à 72 km/s (très rapide).

r : indique la distribution moyenne de la magnitude des étoiles filantes de l'essaim. Si r est compris entre 2 et 2,5, cela signifie que l'essaim est riche en étoiles filantes plus brillantes que la moyenne ; si r est plus proche de 3, l'essaim est riche en étoiles filantes moins brillantes que la moyenne.

ZHR : taux horaire au zénith (*Zenithal Hourly Rate*). Indique le nombre maximum d'étoiles filantes qu'un observateur idéal verrait dans un ciel parfait avec le radiant au zénith.

Lune : indique le jour de la lunaison pour le moment du maximum. 0 pour la Nouvelle Lune et 15 pour la période de la Pleine Lune.

Occultations

Une occultation se produit lorsqu'un astre passe devant un autre et le cache partiellement ou totalement. Les occultations les plus connues sont celles du disque solaire par le disque lunaire, appelées habituellement des éclipses. La Lune, qui est le corps le plus imposant de notre environnement cosmique immédiat et qui est animée d'un mouvement propre important par rapport aux étoiles et aux planètes, est responsable d'une grande majorité des occultations observables. Précision importante : chaque occultation ne concerne qu'une région plus ou moins vaste de la surface terrestre et son minutage change en fonction de la position géographique de l'observateur.

OCCULTATIONS PAR LA LUNE

La Lune occulte des étoiles de faible magnitude chaque nuit, mais aussi des étoiles brillantes, des planètes. Dans un petit instrument d'amateur, il est relativement aisé d'observer des occultations d'étoiles jusqu'à la magnitude 9 par le limbe obscur de notre satellite, mais la luminosité du limbe éclairé ne permet généralement pas de voir les étoiles de magnitude supérieure à 3,5 lorsqu'elles le jouxtent.

Il existe quatre étoiles très brillantes – Aldébaran, Régulus, Spica et Antarès – susceptibles d'être occultées par Séléné. Elles se situent en effet à moins de 5,5° de l'écliptique, c'est-à-dire dans la bande que parcourt la Lune du fait de l'inclinaison de son orbite, et leurs occultations se produisent par séries. Une série d'occultations d'Antarès se produira entre le 25 août 2023 et le 27 août 2028 ; pour Spica ce sera entre le 16 juin 2024 et le 17 novembre 2025, pour Régulus entre le 26 juillet 2025 et le 27 décembre 2026, et pour Aldébaran entre le 18 août 2033 et le 23 février 2037.

Les occultations de planètes sont également assez rares. Les occultations d'étoiles brillantes et de planètes parmi les plus spectaculaires sont celles qui se déroulent au ras du limbe lunaire boréal ou austral ; on parle alors d'occultations rasantes. Elles permettent certaines fois d'admirer des occultations à répétition, lorsque l'astre est successivement caché par les sommets montagneux qui accidentent le pourtour sélène.

OCCULTATIONS PAR LES PETITES PLANÈTES

Les occultations d'étoiles par les petites planètes permettent de déterminer avec une très grande précision les dimensions de ces dernières. Les étoiles sont en effet tellement lointaines qu'elles ne montrent pas de diamètre apparent et disparaissent/réapparaissent instantanément, ce qui autorise un minutage rigoureux de l'observation d'un tel événement. Connaissant la vitesse de son déplacement, on peut aisément mesurer la dimension de la partie de la petite planète qui a occulté l'étoile pour un observateur donné. En multipliant le nombre d'observateurs sur une bande perpendiculaire au sens de l'occultation, il est possible d'obtenir une succession de dimensions avec lesquelles la forme de la petite planète peut être tracée avec une précision très élevée. Vous pouvez relire avec profit l'article qu'Éric Frappa a consacré à ce sujet dans le *Guide du Ciel 2009-2010*.

OCCULTATIONS PAR LES PLANÈTES

Si la planète ne possède pas d'atmosphère, ou une atmosphère très ténue, l'extinction de l'étoile est virtuellement instantanée, ce qui permet, là aussi, de déterminer sa dimension avec une extrême précision.

Les observateurs équipés d'un instrument de plus de 200 mm peuvent régulièrement observer le passage d'étoiles peu brillantes à proximité de Jupiter et de Saturne.

Encore plus rarement, une planète peut en occulter une autre. Cela s'est produit pour la dernière fois le 3 janvier 1818 lorsque Vénus a occulté Jupiter. Malheureusement, aucun phénomène de ce type ne se produira avant la seconde moitié du XXIe siècle. Le 22 novembre 2065, Vénus occultera Jupiter ; le 15 juillet 2067, Mercure occultera Neptune ; le 11 août 2079, Mercure occultera Mars ; le 27 octobre 2088 et le 7 avril 2094, Mercure occultera Jupiter.

Pour en savoir plus

Portail d'information sur les occultations d'étoiles par les petits corps du Système solaire, liens et résultats européens (Éric Frappa) :
www.euraster.net

Prédictions européennes (EAON) :
astrosurf.com/eaon

Prédictions mondiales de Steve Preston (les plus précises, à privilégier) :
www.asteroidoccultation.com

Logiciel gratuit OccultWatcher (Hristo Pavlov) pour planifier les observations d'occultations :
www.occultwatcher.net

Le logiciel gratuit Occult 4 par David Herald est disponible sur le site de l'International Occultation Timing Association (IOTA) :
www.lunar-occultations.com/iota

Étoiles variables

OBSERVER LES ÉTOILES VARIABLES

Il existe à l'heure actuelle près de 150 000 étoiles variables répertoriées. Les étoiles variables peuvent être réparties en deux principales classes : les variables intrinsèques, qui sont des étoiles dont les changements physiques internes engendrent les variations d'éclat, et les autres, pour lesquelles les variations d'éclat sont induites par les interactions entre plusieurs étoiles ou entre une étoile et des objets en orbite autour d'elle. Bien évidemment, les deux classes peuvent être mélangées dans un même système. Pour les professionnels qui cherchent les causes de la variabilité de certains astres, l'important est d'accumuler de manière continue le plus grand nombre d'éléments sur le plus d'objets possible. C'est la seule solution pour découvrir les changements d'éclat imprévus, dont l'analyse et la théorisation permettront d'affiner les modèles physiques de fonctionnement stellaire. Mais les professionnels ne disposent en général que de petites périodes d'observation séparées de plusieurs mois, d'où l'importance du rôle des observateurs amateurs, qui, pour peu qu'ils soient suffisamment nombreux et dispersés sur l'ensemble du globe, peuvent assurer une surveillance quasiment ininterrompue de centaines voire de milliers d'étoiles.

C'est ce que font depuis des décennies les membres de l'Association française des observateurs d'étoiles variables (AFOEV), de l'American Association of Variable Stars Observers (AAVSO), ou encore du Groupe européen d'observations stellaires (GEOS). Ces associations ont ainsi constitué des bases de données contenant des millions de comptes rendus auxquels professionnels et observateurs peuvent se référer. J'indique dans les pages consacrées aux phénomènes mois par mois les périodes de maximum ou de minimum d'éclat de plusieurs dizaines de variables. Si le domaine vous intéresse particulièrement, vous pourrez consulter avec profit les sites web des associations que je viens de citer, qui regorgent de listes d'étoiles à surveiller, de conseils pratiques et de cartes de champs. L'observation des étoiles variables peut être pratiquée sans problème dans un environnement périurbain offrant un ciel partiellement dégradé par la pollution lumineuse ; l'essentiel est de ne surtout pas avoir de source lumineuse directe qui pourrait altérer votre vision nocturne entre deux mesures. Il est essentiel de se sentir bien afin de pouvoir se concentrer exclusivement sur l'observation en cours.

Avec une paire de jumelles 7 x 50 ou 10 x 50 que l'on peut tenir dans ses mains, il faut s'installer dans une chaise longue ou sur une couverture avec des coussins judicieusement disposés pour soutenir la nuque et les coudes. Des jumelles 11 x 80 ou plus grosses seront obligatoirement fixées sur un pied, comme une lunette ou un télescope. Il faut alors prévoir un tabouret ou un escabeau avec une assise réglable en hauteur en fonction de la position des oculaires pendant les observations. Celles-ci se pratiqueront exclusivement avec des astres situés à plus de 30° de l'horizon, pour que l'absorption atmosphérique ne fausse pas trop vos mesures. L'utilisation d'une monture azimutale est parfaitement compatible avec l'observation des variables, puisqu'il faut avant tout privilégier la facilité et la rapidité de pointage des nombreuses régions où se trouvent des astres à surveiller. Une motorisation n'est pas indispensable pour un observateur averti, qui ne reste jamais longtemps sur la même zone.

Complétez votre équipement avec un carnet sur lequel vous noterez au fur et à mesure toutes vos observations et les éléments indispensables à l'exploitation future de votre travail : lieu, date, heure en TU, nom de la variable, type d'instrument utilisé avec son grossissement et son ouverture, comparaison, qualité du ciel (turbulence, vent, présence ou non de la Lune) et qualité de votre estimation (niveau de fatigue). Lors du dépouillement de vos observations, vous ajouterez la magnitude calculée à partir de vos comparaisons.

Estimer la magnitude d'une variable

La façon la plus fiable pour estimer l'éclat d'une étoile variable (V) à l'œil nu consiste à trouver deux étoiles non variables (A et B) à proximité dont l'éclat encadre celui de V. Ensuite, il faut appliquer la méthode mise au point par l'astronome allemand Argelander au XIXe siècle pour estimer le rapport d'éclat entre la variable et ses deux voisines :

– si, au premier coup d'œil, les étoiles A et V paraissent du même éclat, mais si, après plusieurs comparaisons successives, A semble tout de même très légèrement plus brillante que V, on dit que A est plus brillante que V d'un degré, et on note : A 1 V ;

– si A et V semblent du même éclat au premier coup d'œil, mais que tout de suite après A est manifestement plus brillante, il y a deux degrés de différence : A 2 V ;

– si une légère différence d'éclat en faveur de A est visible au premier regard, on estime que A est trois degrés plus brillante que V : A 3 V ;

– si une nette supériorité d'éclat de A sur V apparaît tout de suite, la différence est de quatre degrés : A 4 V ;

– si la différence d'éclat entre A et V est encore plus manifeste, il faut trouver une autre étoile A plus proche en magnitude de V, sinon le résultat risque d'être faussé.

Il faut ensuite procéder de même avec le couple V-B.

En fin de compte, vous obtenez une relation du type : A y V z B, y étant le degré qui sépare A de V et z celui qui sépare V de B.

Connaissant les magnitudes mA et mB des étoiles A et B, il est facile d'estimer la magnitude mV de la variable par la formule suivante : $mV = mA + [(y / (y + z)] \times (mB - mA)$.

JUIN 2022

1re quinzaine vers 22 h TU - 2e quinzaine vers 21 h TU

Pour	Utilisez la carte de
17-18 h	*avril*
19-20 h	*mai*
23-0 h	juillet
1-2 h	août
3-4 h	*septembre*
5-6 h	*octobre*

Vous pouvez également utiliser cette carte en :
juillet vers 19-20 h
août vers 17-18 h
février vers 5-6 h
mars vers 3-4 h
avril vers 1-2 h
mai vers 23-0 h
(valable uniquement pour les étoiles)

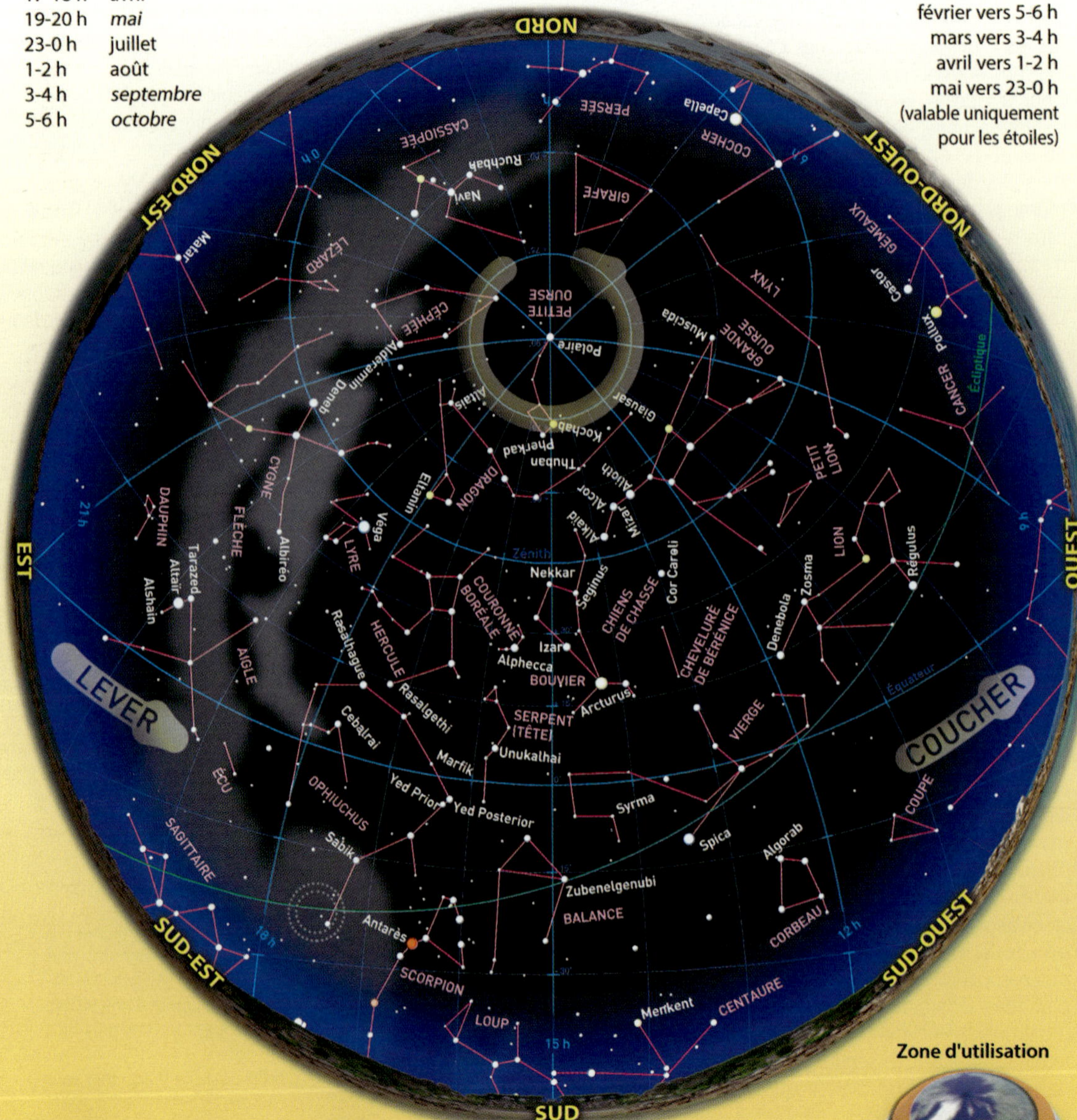

Zone d'utilisation

38° à 52° nord

7 juin	14 juin	21 juin	29 juin
Premier Quartier	**Pleine Lune**	**Dernier Quartier**	**Nouvelle Lune**
Lion	*Ophiuchus*	*Poissons*	*Gémeaux*

Magnitudes

-1 0 1 2 3 4 4,5 et +

À L'ORÉE DE L'AUBE EN JUIN 2022

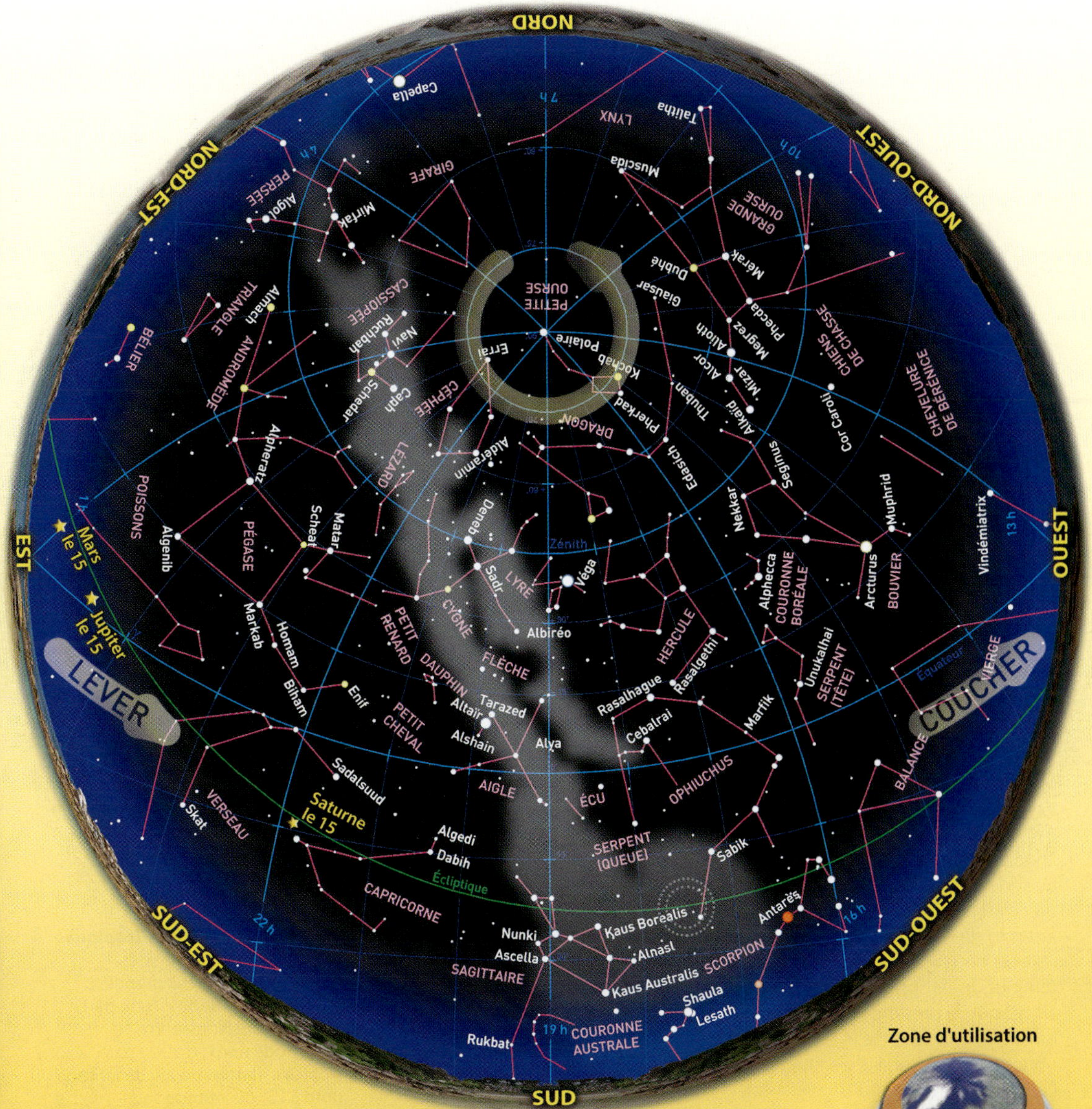

Vous trouverez des conseils pour l'utilisation de ces cartes en début d'ouvrage.

La Lune et les planètes

Mercure

Nord. Bien que présente à l'aube dès la fin du mois de mai, Mercure n'est pas visible avant la mi-juin parce que sa magnitude est modeste et qu'elle circule à plusieurs degrés au sud de l'écliptique. Le 16, lors de son élongation maximale à l'ouest (23,2°), elle apparaît à l'est-nord-est une heure avant le Soleil et il faut des jumelles pour la repérer au ras de l'horizon. À partir du 21, sa magnitude est proche de 0 puis négative et il devient envisageable de la distinguer durant l'aube. Il est alors possible d'observer toutes les planètes visibles à l'œil nu dans leur ordre d'éloignement du Soleil.
Tropiques. Mercure réapparaît plus tôt à l'aube.

Vénus

Nord. L'inclinaison de l'écliptique dans le ciel de l'aube empêche Vénus de tirer pleinement parti de son élongation de plus de 36° le 1er puisqu'elle ne se lève qu'une heure et demie avant le Soleil. Son éclat puissant (magnitude - 4) lui permet cependant d'être facile à repérer une heure avant le jour à 5° de hauteur au-dessus de l'horizon est-nord-est. Elle passe au sud des Pléiades fin juin et, grâce au redressement tant attendu de l'écliptique, elle se lève un peu plus tôt malgré la diminution de son élongation (30°). Notez que la présence du croissant lunaire juste à côté d'elle le 26 nous offre la possibilité de chercher cette planète à l'œil nu en plein jour.
Tropiques. L'orientation de l'écliptique est bien plus favorable et les conditions d'observation sont excellentes.

Mars

Nord. Elle est dans les Poissons en juin avec un bref passage dans la Baleine du 3 au 9. Six mois avant son opposition du 8 décembre prochain, la planète rouge est à 218 millions de kilomètres de la Terre et son diamètre apparent comme son éclat restent modestes : 6,5″ et magnitude 0,7. Elle n'est pas encore très brillante, mais cela suffit pour la repérer sans ambiguïté à l'aube car il n'y a pas d'étoiles aussi lumineuses qu'elle aux environs et son éclat orangé attire l'œil. Son élongation dépasse 65°, mais l'inclinaison de l'écliptique la retient contre l'horizon est à l'orée de l'aube. Le 21, Mars passe au périhélie à 1,38 ua du Soleil. Fin juin, elle se lève près de quatre heures avant le Soleil.
Tropiques. Mi-juin, Mars est déjà très loin de l'horizon à l'orée de l'aube : 40° sous le tropique du Cancer et près de 50° sous celui du Capricorne.

Jupiter

Nord. Elle brille à moins de 2° de Mars le 1er à l'aube : ces deux planètes sont à 5° de hauteur au-dessus de l'horizon est au début de l'aube. Son élongation solaire dépasse 66° le 1er et elle est en quadrature le 28. Elle entre le 25 dans la Baleine.
Tropiques. Les conditions d'observation sont excellentes.

Saturne

Nord. Elle est stationnaire à l'est du Capricorne le 4 et commence sa rétrogradation vers l'ouest de l'écliptique ; celle-ci va durer 140 jours (23 octobre 2022) et s'étendre sur près de 6° d'ascension droite. En début de mois, son élongation est proche de 108° et elle se situe à plus de 15° de hauteur au-dessus de l'horizon sud-est à l'orée de l'aube, il est donc possible de l'observer aux instruments même si la turbulence est souvent très forte en dessous de 20° de hauteur. Son éclat n'a rien d'exceptionnel (magnitude 0,7), mais il ne faut pas oublier que cette planète géante se situe à 1,42 milliard de kilomètres de la Terre. Le diamètre apparent équatorial de son disque est de 17,4″ et celui des anneaux est de 39,4″ ; ils sont inclinés d'une douzaine de degrés par rapport à notre ligne de vision.
Tropiques. Conditions d'observation excellentes.

Uranus (Bélier) était en conjonction avec le Soleil le 5 mai dernier et elle demeure inobservable à l'œil nu jusqu'au début de l'été en Europe ; sa conjonction serrée avec Vénus le 11 juin peut cependant être tentée photographiquement à l'aube. Le 16, Neptune (Poissons) est en quadrature à l'ouest du Soleil, mais l'inclinaison de l'écliptique la maintient au ras de l'horizon est-sud-est à l'orée de l'aube ; elle est stationnaire le 28 juin et entame sa rétrogradation annuelle.

Note : les mots **Nord** et **Tropiques** mis en gras dans ces textes font référence à deux grandes zones d'observation. D'une part, l'hémisphère Nord, entre 40° et 60° de latitude nord ; d'autre part, la zone tropicale élargie, de 25° de latitude nord à 25° de latitude sud.

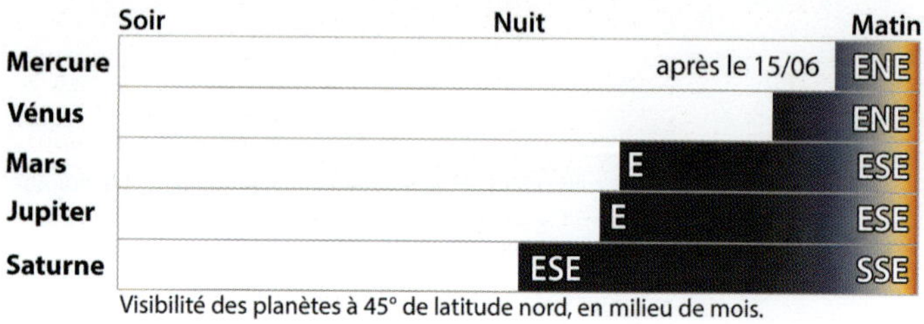

Visibilité des planètes à 45° de latitude nord, en milieu de mois.

Le schéma ci-dessus montre les diamètres apparents des planètes visibles à l'œil nu (Mercure, Vénus, Mars, Jupiter et Saturne) à la même échelle : 10 mm pour 10". Le rendu de la surface ou de l'atmosphère de ces différents astres n'est qu'indicatif ; en revanche, la phase – fraction éclairée – de chaque planète, l'inclinaison des anneaux de Saturne, la présence ou non de l'ombre de cette dernière sur ses anneaux, tous ces détails reflètent exactement ce que vous pourrez admirer dans un instrument. Le nord est en haut et l'est vers la gauche ; selon que vous utiliserez une lunette ou un télescope avec ou sans renvoi coudé, l'image que vous observerez sera inversée différemment. Si vous ne savez pas comment est inversée l'image dans votre instrument, procédez comme cela : pointez n'importe quelle étoile ou planète située au-dessus de l'horizon sud et, si votre monture est motorisée, coupez le moteur. Aussitôt, l'astre pointé va se mettre à défiler dans le champ de votre oculaire : le côté du champ par lequel il sort est l'ouest. De même, lorsque vous ne savez plus où est le nord à force de tourner et de retourner votre instrument, il vous suffit de lever les yeux et de retrouver l'étoile Polaire à l'œil nu. Décalez ensuite légèrement votre instrument dans sa direction en regardant par quel bord du champ entrent les étoiles : c'est le nord !

Début novembre 2021, Vénus est passée juste à côté du centre de la galaxie (voir p. 192 de l'édition précédente de cet ouvrage) et j'ai profité de belles conditions météo pour effectuer cette image à la fin du crépuscule. Technique : boîtier Sony A7III défiltré avec un objectif Sony GM de 85 mm diaphragmé à 2,5 : addition de 150 poses de 2 secondes sans entraînement.

Planétaire

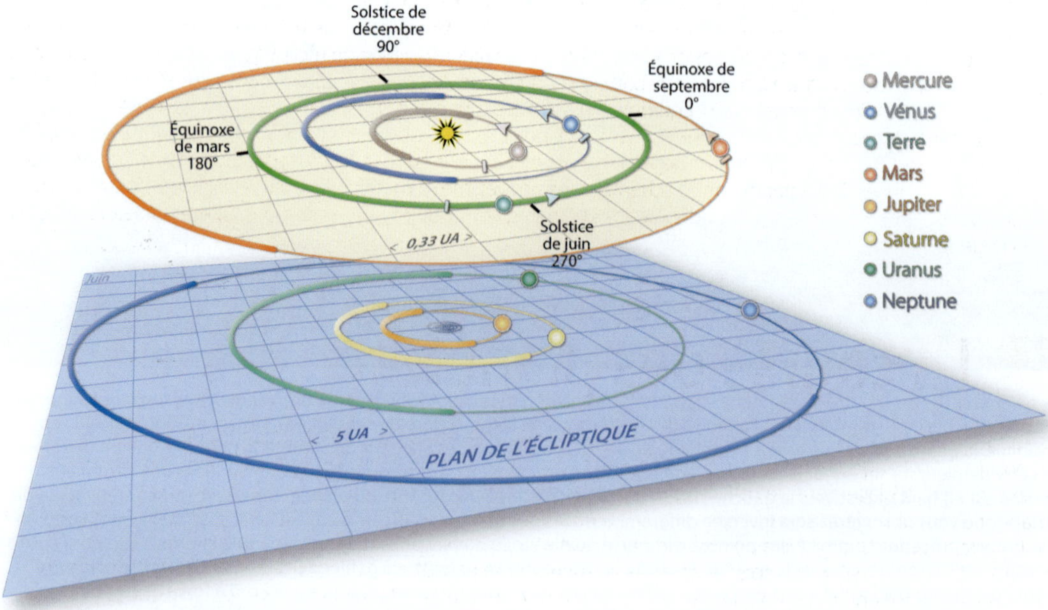
Solstice de décembre 90°
Équinoxe de septembre 0°
Équinoxe de mars 180°
Solstice de juin 270°
0,33 UA
Mercure
Vénus
Terre
Mars
Jupiter
Saturne
Uranus
Neptune
Juin
5 UA
PLAN DE L'ÉCLIPTIQUE

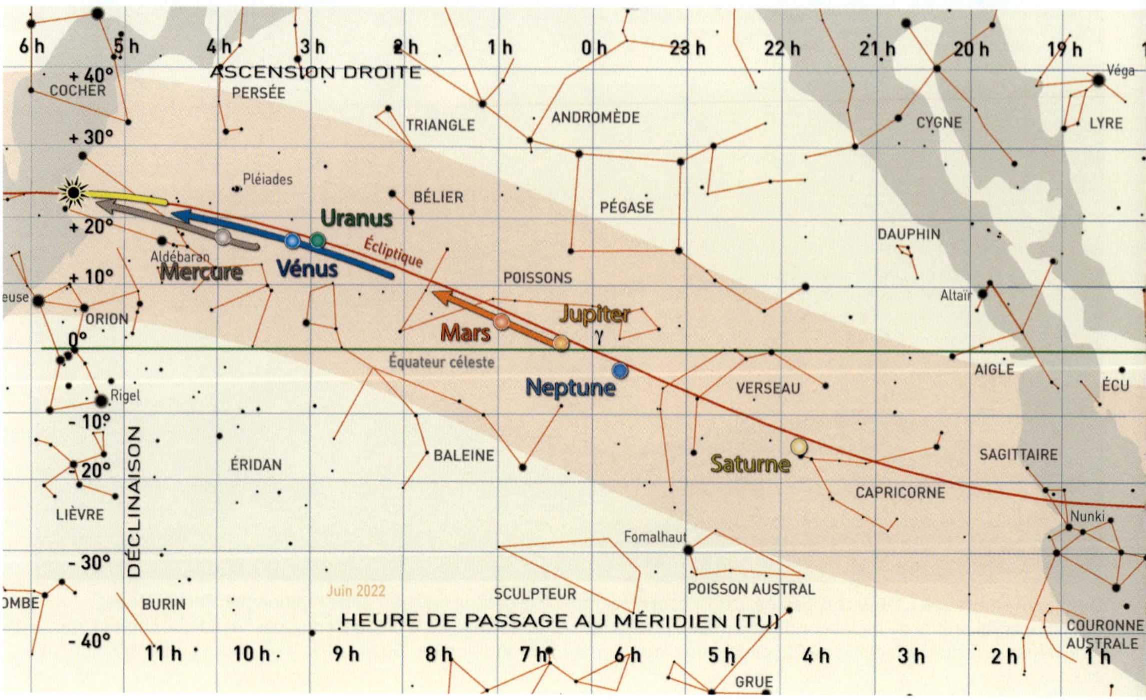
ASCENSION DROITE
6 h
5 h
4 h
3 h
2 h
1 h
0 h
23 h
22 h
21 h
20 h
19 h
+ 40°
+ 30°
+ 20°
+ 10°
0°
- 10°
- 20°
- 30°
- 40°
DÉCLINAISON
COCHER
PERSÉE
TRIANGLE
ANDROMÈDE
CYGNE
LYRE
Véga
Pléiades
BÉLIER
PÉGASE
DAUPHIN
Uranus
Écliptique
Aldébaran
Mercure
Vénus
POISSONS
ORION
Altaïr
Jupiter
Mars
γ
Équateur céleste
Neptune
AIGLE
ÉCU
Rigel
VERSEAU
ÉRIDAN
BALEINE
Saturne
SAGITTAIRE
CAPRICORNE
LIÈVRE
Nunki
Fomalhaut
Juin 2022
SCULPTEUR
POISSON AUSTRAL
BURIN
HEURE DE PASSAGE AU MÉRIDIEN (TU)
COURONNE AUSTRALE
11 h
10 h
9 h
8 h
7 h
6 h
5 h
4 h
3 h
2 h
1 h
GRUE

Le schéma du haut de la page de gauche est une projection héliocentrique du Système solaire ; le nord de l'écliptique est vers le haut. Dans la partie basse, les orbites de toutes les planètes sont représentées à la même échelle, ce qui ne permet pas de voir les planètes internes ou telluriques, c'est-à-dire Mercure, Vénus, la Terre et Mars. La partie supérieure est donc un agrandissement des orbites de ces planètes. Le maillage du plan de l'écliptique est de 5 ua par case en bas et de 0,33 ua par case en haut. Dans les deux parties, la portion de l'orbite de chaque planète située au nord du plan de l'écliptique est indiquée en trait gras. Équinoxes et solstices sont placés pour la Terre uniquement, avec la longitude écliptique héliocentrique correspondante. Toutes les planètes sont positionnées le 15 du mois ; pour les planètes telluriques, la longueur et le sens de leur déplacement mensuel sont donnés. Si vous souhaitez réaliser ou faire réaliser par des élèves une version agrandie de ce schéma, vous pouvez me demander par courriel le fichier des longitudes héliocentriques et géocentriques quotidiennes des planètes. Vous pouvez également consulter le tableau synthétique de la page 23.

La course des planètes

La longue carte ci-dessous montre le déplacement des planètes au cours du mois par rapport aux constellations. La position de chaque planète est indiquée pour le 15 et, le cas échéant, une flèche matérialise la longueur et le sens de son déplacement ; les planètes tournent toutes dans le même sens autour du Soleil, mais elles peuvent changer de sens de déplacement apparent par rapport aux étoiles lors de leurs périodes de rétrogradation. Au bas de la carte, l'heure de passage au méridien vous indique à quel instant une planète ou une étoile se situe à l'aplomb de l'horizon sud au milieu du mois ; le passage au méridien se produit une heure plus tard en début de mois et une heure plus tôt en fin de mois. Les astres présents sur la moitié gauche de cette carte sont observables le matin et à l'aube ; ceux qui se trouvent sur la moitié droite sont visibles le soir et au crépuscule. La partie la plus dense de la Voie lactée est représentée, ainsi que la bande des constellations zodiacales (lisez plus d'informations sur ces constellations en page 10).

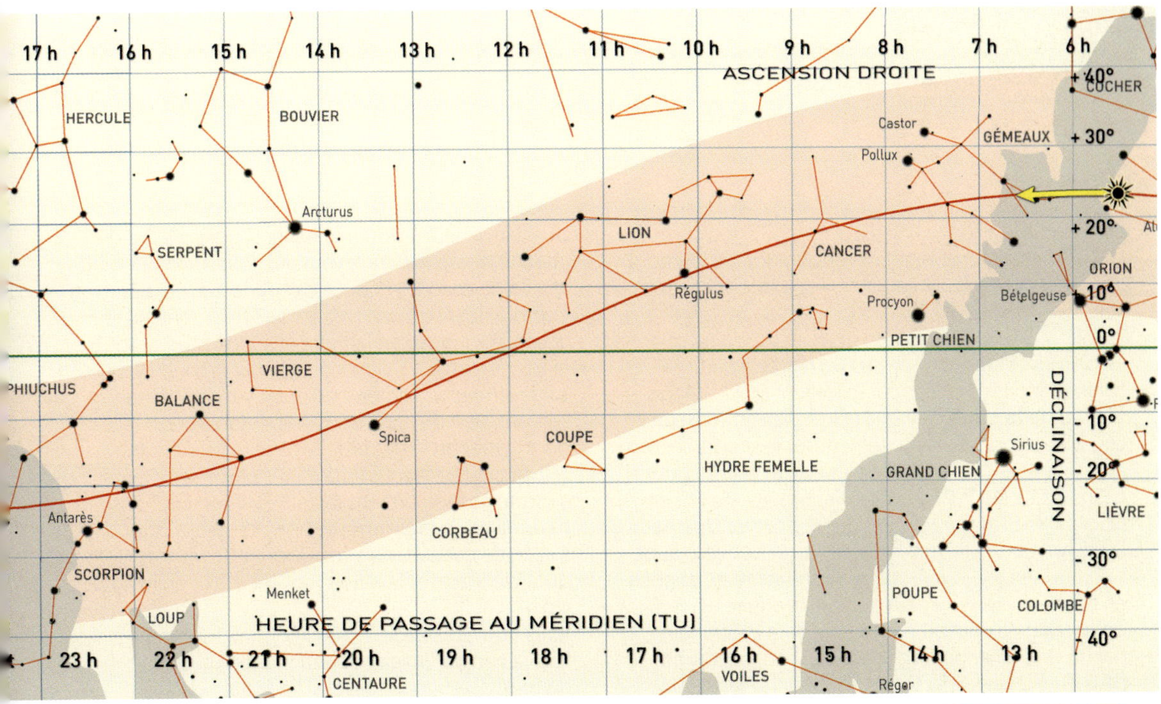

Le calendrier lunaire

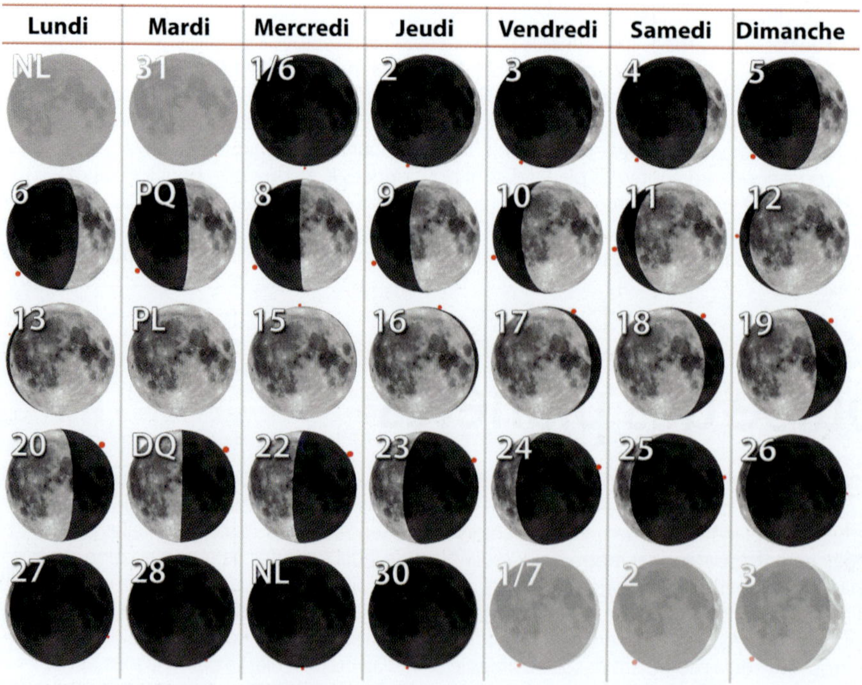

Longitude du terminateur	Soleil levant	Soleil couchant
1er/06	286°	
2	299°	
3	311°	
4	323°	
5	335°	
6	348°	
7	360°	
8	12°	
9	24°	
10	37°	
11	49°	
12	61°	
13	73°	
14	85°	
15		97°
16		110°
17		122°
18		134°
19		146°
20		158°
21		171°
22		183°
23		195°
24		207°
25		220°
26		232°
27		244°
28		256°
29		269°
30	281°	

Le 1er juin à 0 h TU, la Lune est âgée de 1,5 jour. La Lune atteint sa plus grande déclinaison vers le nord le 2 (27°) et le 29 (26,9°) et sa plus grande déclinaison vers le sud le 15 (- 26,7°).

Le calendrier lunaire ci-dessus est réalisé à partir d'informations calculées par l'excellent logiciel **Atlas virtuel de la Lune** de Patrick Chevalley et Christian Legrand, disponible gratuitement sur le site ap-i.net/avl/. Il indique l'aspect de notre satellite naturel pour chaque date à 0 h TU. Les abréviations PQ, PL, DQ et NL signalent respectivement que le Premier Quartier, la Pleine Lune, le Dernier Quartier ou la Nouvelle Lune se produisent ce jour-là ; cette information est donnée en temps universel, il peut donc se produire un décalage d'une journée avec la date indiquée par un calendrier ou un agenda qui tiendra compte de l'heure légale. Cela sera le cas pour la Pleine Lune du 6 janvier 2023. Pour connaître l'heure précise de chaque phase, reportez-vous aux tableaux disponibles à la fin de chaque mois. Ce calendrier lunaire tient compte des librations (voir page 34). La zone où leur action conjuguée en latitude et en longitude est la plus forte à 0 h TU est signalée par un point rouge sur le limbe ; le diamètre du point vous renseigne sur l'ampleur de cette double libration. Vous découvrirez au fil des phénomènes au jour le jour la liste des formations lunaires les plus intéressantes à scruter le long du terminateur lors des librations maximales ; le tableau « La Lune des spécialistes » à la fin de chaque mois vous indique les valeurs quotidiennes des librations en latitude et en longitude à 0 h.
Vous trouverez page 35 des informations pour l'utilisation du tableau donnant la longitude du terminateur pour le Soleil levant et couchant.

Hauteur mensuelle de la Lune

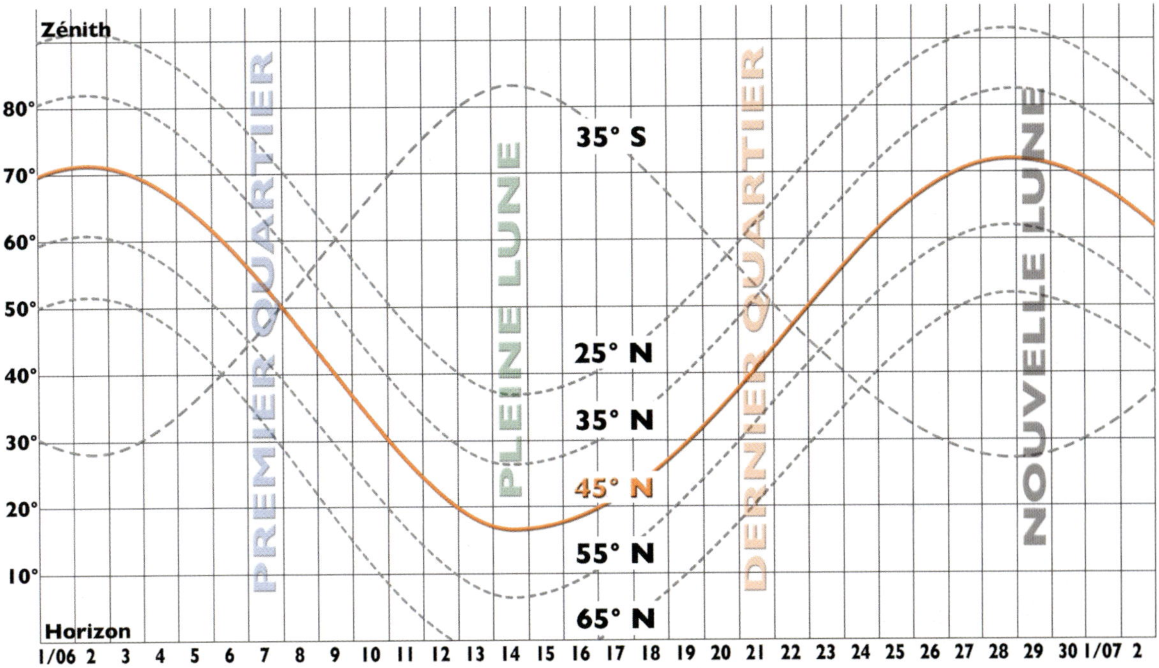

Ce schéma complète le calendrier lunaire en vous indiquant à quelle hauteur se situera la Lune lors de son passage au méridien tout au long du mois. Il s'agit d'un paramètre important pour savoir si vous pourrez l'observer de votre site habituel ou si un déplacement s'impose. La courbe orange correspond à la hauteur pour la latitude du *Guide du Ciel*, c'est-à-dire 45° nord. Les courbes en pointillé concernent cinq autres latitudes boréales et il y a une courbe pour l'hémisphère Sud. Pour des raisons de place et de lisibilité, l'aspect de notre satellite n'est pas indiqué au jour le jour, mais vous pouvez aisément le connaître grâce au calendrier lunaire voisin. Les lignes verticales marquent 0 h TU pour chaque jour.

Profitez de l'été pour participer aux rassemblements et aux soirées d'observation organisés dans toute la France.

JUIN 2022

Satellites de Jupiter

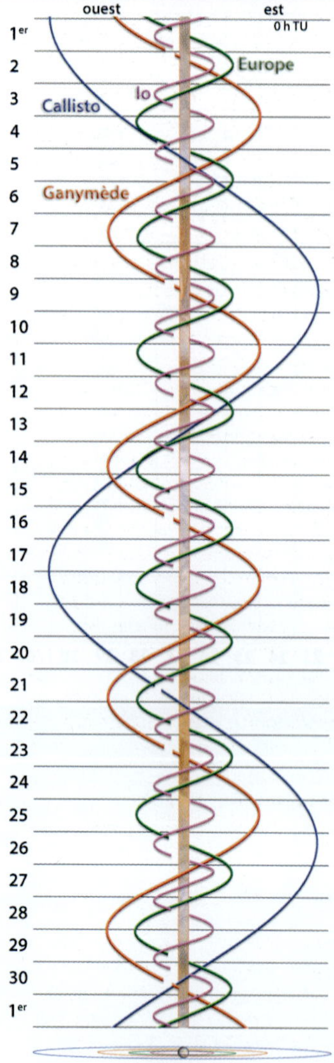

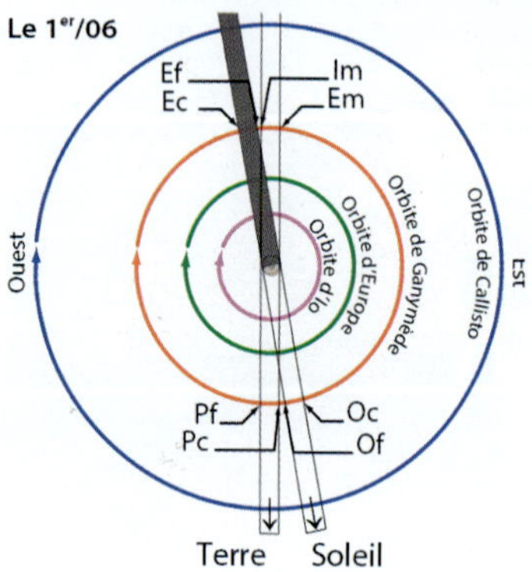

Passages de la tache rouge de Jupiter au méridien central

1er/06 : 3 h 21 ; 13 h 16 ; 23 h 12.
2 : 9 h 08 ; 19 h 03.
3 : 4 h 59 ; 14 h 55.
4 : 0 h 51 ; 10 h 46 ; 20 h 42.
5 : 6 h 38 ; 16 h 34.
6 : 2 h 29 ; 12 h 25 ; 22 h 21.
7 : 8 h 16 ; 18 h 12.
8 : 4 h 08 ; 14 h 04 ; 23 h 59.
9 : 9 h 55 ; 19 h 51.
10 : 5 h 47 ; 15 h 42.
11 : 1 h 38 ; 11 h 34 ; 21 h 29.
12 : 7 h 25 ; 17 h 21.
13 : 3 h 17 ; 13 h 12 ; 23 h 08.
14 : 9 h 04 ; 18 h 59.
15 : 4 h 55 ; 14 h 51.
16 : 0 h 47 ; 10 h 42 ; 20 h 38.
17 : 6 h 34 ; 16 h 29.
18 : 2 h 25 ; 12 h 21 ; 22 h 16.
19 : 8 h 12 ; 18 h 08.
20 : 4 h 04 ; 13 h 59 ; 23 h 55.
21 : 9 h 51 ; 19 h 46.
22 : 5 h 42 ; 15 h 38.
23 : 1 h 33 ; 11 h 29 ; 21 h 25.
24 : 7 h 21 ; 17 h 16.
25 : 3 h 12 ; 13 h 08 ; 23 h 03.
26 : 8 h 59 ; 18 h 55.
27 : 4 h 50 ; 14 h 46.
28 : 0 h 42 ; 10 h 37 ; 20 h 33.
29 : 6 h 29 ; 16 h 25.
30 : 2 h 20 ; 12 h 16 ; 22 h 12.

Longitude estimée du centre de la tache rouge en début de mois : 19,5°.

Phénomènes des satellites de Jupiter

	Heure	Sat.	Phé.
1er/06	0 h 58	Io	Oc
	2 h 14	Io	Pc**
	3 h 13	Io	Of**
	4 h 28	Io	Pf
	7 h 37	Eur.	Ec
	12 h 46	Eur.	Em
	21 h 46	Gan.	Ec
	22 h 17	Io	Ec
2	0 h 57	Gan.	Ef
	1 h 50	Io	Em
	3 h 03	Gan.	Im**
	6 h 01	Gan.	Em
	19 h 26	Io	Oc
	20 h 44	Io	Pc
	21 h 41	Io	Of
	22 h 58	Io	Pf
3	2 h 42	Eur.	Oc**
	5 h 22	Eur.	Pc
	7 h 57	Eur.	Pf
	16 h 46	Io	Ec
	20 h 19	Io	Em
4	13 h 55	Io	Oc
	15 h 13	Io	Pc
	16 h 10	Io	Of
	17 h 27	Io	Pf
	19 h 09	Cal.	Ec
	20 h 55	Eur.	Ec
	21 h 29	Cal.	Ef
	23 h 33	Eur.	Im
5	2 h 07	Eur.	Em**
	8 h 30	Cal.	Cs
	11 h 14	Io	Ec
	11 h 48	Gan.	Oc
	14 h 48	Io	Em
	14 h 59	Gan.	Of
	17 h 15	Gan.	Pc
	20 h 11	Gan.	Pf
6	8 h 23	Io	Oc
	9 h 42	Io	Pc
	10 h 38	Io	Of
	11 h 56	Io	Pf
	16 h 01	Eur.	Oc
	18 h 41	Eur.	Of
	18 h 44	Eur.	Pc
	21 h 18	Eur.	Pf
7	5 h 43	Io	Ec
	9 h 18	Io	Em
8	2 h 52	Io	Oc**
	4 h 12	Io	Pc
	5 h 06	Io	Of
	6 h 25	Io	Pf
	10 h 12	Eur.	Ec
	12 h 51	Eur.	Ef
	12 h 54	Eur.	Im
	15 h 28	Eur.	Em
9	0 h 12	Io	Ec
	1 h 46	Gan.	Ec**
	3 h 46	Io	Em
	4 h 56	Gan.	Ef
	7 h 17	Gan.	Im
	10 h 12	Gan.	Em
	21 h 20	Io	Oc
	22 h 40	Io	Pc
	23 h 35	Io	Of
10	0 h 54	Io	Pf
	5 h 19	Eur.	Oc
	7 h 59	Eur.	Of
	8 h 05	Eur.	Pc
	10 h 38	Eur.	Pf
	18 h 40	Io	Ec
	22 h 15	Io	Em
11	15 h 49	Io	Oc
	17 h 10	Io	Pc
	18 h 03	Io	Of
	19 h 23	Io	Pf
	23 h 30	Eur.	Ec
12	2 h 09	Eur.	Ef**
	2 h 14	Eur.	Im**
	4 h 48	Eur.	Em
	13 h 09	Io	Ec
	15 h 49	Gan.	Oc
	16 h 45	Io	Em
	18 h 59	Gan.	Of
	21 h 27	Gan.	Pc
13	0 h 19	Gan.	Pf
	3 h 54	Cal.	Oc
	6 h 00	Cal.	Of
	10 h 17	Io	Oc
	11 h 39	Io	Pc
	12 h 31	Io	Of
	13 h 52	Io	Pf
	17 h 58	Cal.	Ci
	18 h 37	Eur.	Oc
	21 h 17	Eur.	Of
	21 h 25	Eur.	Pc
	23 h 58	Eur.	Pf
14	7 h 38	Io	Ec
	11 h 14	Io	Em
15	4 h 46	Io	Oc
	6 h 08	Io	Pc
	7 h 00	Io	Of
	8 h 21	Io	Pf
	12 h 48	Eur.	Ec
	15 h 26	Eur.	Ef
	15 h 34	Eur.	Im
	18 h 07	Eur.	Em
16	2 h 06	Io	Ec**
	5 h 42	Io	Em
	5 h 48	Gan.	Ec
	8 h 57	Gan.	Ef
	11 h 29	Gan.	Im
	14 h 20	Gan.	Em
	23 h 14	Io	Oc
17	0 h 36	Io	Pc
	1 h 29	Io	Of**
	2 h 50	Io	Pf**
	7 h 56	Eur.	Oc
	10 h 35	Eur.	Of
	10 h 46	Eur.	Pc
	13 h 17	Eur.	Pf
	20 h 34	Io	Ec
18	0 h 11	Io	Em
	17 h 42	Io	Oc
	19 h 05	Io	Pc
	19 h 57	Io	Of
	21 h 19	Io	Pf
19	2 h 05	Eur.	Ec**
	4 h 43	Eur.	Ef
	4 h 53	Eur.	Im
	7 h 26	Eur.	Em
	15 h 03	Io	Ec
	18 h 40	Io	Em
	19 h 49	Gan.	Oc
	22 h 58	Gan.	Of
20	1 h 35	Gan.	Pc**
	4 h 25	Gan.	Pf
	12 h 10	Io	Oc
	13 h 34	Io	Pc
	14 h 26	Io	Of
	15 h 48	Io	Pf
	21 h 14	Eur.	Oc
	23 h 52	Eur.	Of
21	0 h 05	Eur.	Pc
	2 h 37	Eur.	Pf**
	9 h 31	Io	Ec
	13 h 09	Io	Em
	13 h 28	Cal.	Ec
	15 h 31	Cal.	Ef
22	3 h 25	Cal.	Cs**
	6 h 39	Io	Oc
	8 h 03	Io	Pc
	8 h 54	Io	Of
	10 h 16	Io	Pf
	15 h 23	Eur.	Ec
	18 h 01	Eur.	Ef
	18 h 13	Eur.	Im
	20 h 45	Eur.	Em
23	3 h 59	Io	Ec
	7 h 38	Io	Em
	9 h 49	Gan.	Ec
	12 h 57	Gan.	Ef
	15 h 35	Gan.	Im
	18 h 23	Gan.	Em
24	1 h 07	Io	Oc**
	2 h 32	Io	Pc**
	3 h 23	Io	Of**
	4 h 45	Io	Pf
	10 h 33	Eur.	Oc
	13 h 11	Eur.	Of
	13 h 24	Eur.	Pc
	15 h 55	Eur.	Pf
	22 h 28	Io	Ec
25	2 h 06	Io	Em**
	19 h 36	Io	Oc
	21 h 00	Io	Pc
	21 h 51	Io	Of
	23 h 14	Io	Pf
26	4 h 40	Eur.	Ec
	7 h 19	Eur.	Ef
	7 h 32	Eur.	Im
	10 h 03	Eur.	Em
	16 h 57	Io	Ec
	20 h 34	Io	Em
	23 h 50	Gan.	Oc
27	2 h 58	Gan.	Of**
	5 h 41	Gan.	Pc
	8 h 27	Gan.	Pf
	14 h 05	Io	Oc
	15 h 29	Io	Pc
	16 h 20	Io	Of
	17 h 42	Io	Pf
	23 h 50	Eur.	Oc
28	2 h 29	Eur.	Of**
	2 h 42	Eur.	Pc**
	5 h 13	Eur.	Pf
	11 h 25	Io	Ec
	15 h 03	Io	Em
29	8 h 33	Io	Oc
	9 h 57	Io	Pc
	10 h 48	Io	Of
	12 h 10	Io	Pf
	17 h 59	Eur.	Ec
	20 h 37	Eur.	Ef
	20 h 50	Eur.	Im
	22 h 17	Cal.	Oc
	23 h 21	Eur.	Em
30	0 h 03	Cal.	Of
	5 h 54	Io	Ec
	9 h 31	Io	Em
	12 h 33	Cal.	Ci
	13 h 50	Gan.	Ec
	16 h 56	Gan.	Ef
	19 h 38	Gan.	Im
	22 h 23	Gan.	Em

Tous les phénomènes des satellites galiléens sont listés ci-dessus ; vous devez tenir compte des heures de lever et de coucher de Jupiter pour votre site d'observation afin de déterminer ceux que vous pourrez observer.
Pc et Pf = commencement et fin du passage du satellite devant le disque de Jupiter.
Oc et Of = commencement et fin du passage de l'ombre du satellite sur le disque de Jupiter.
Ec et Ef = commencement et fin de l'éclipse du satellite par l'ombre de Jupiter. Im et Em = immersion (disparition) et émersion (réapparition) du satellite derrière le disque jovien.
* Visible à 45° nord et 0° de longitude.

Satellites de Saturne

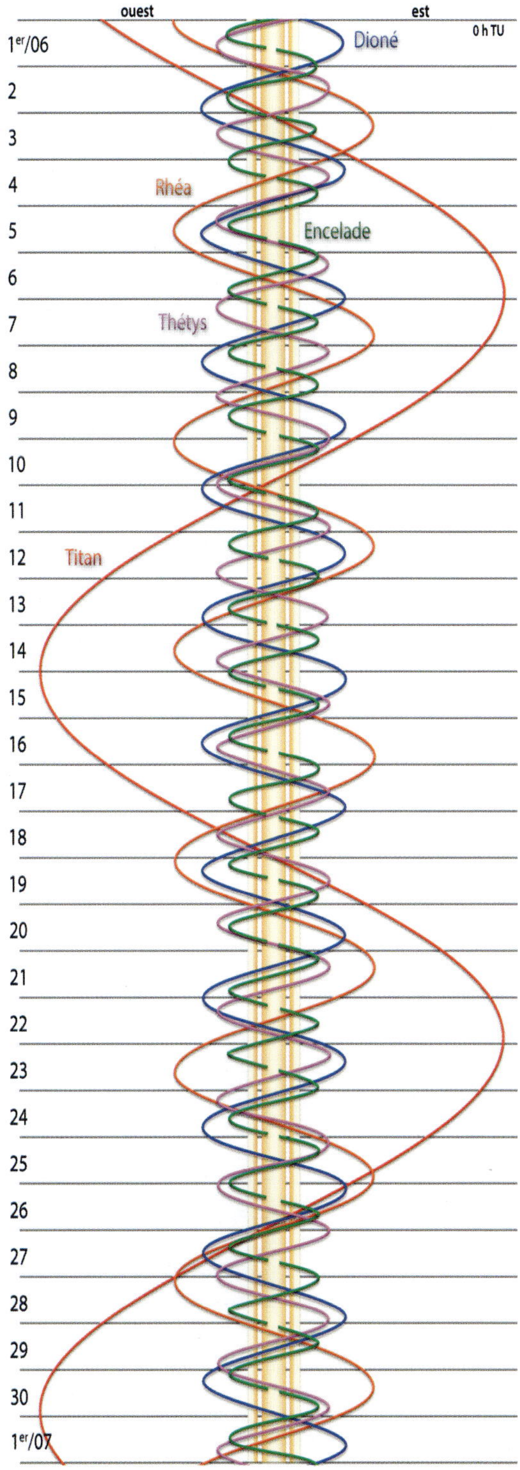

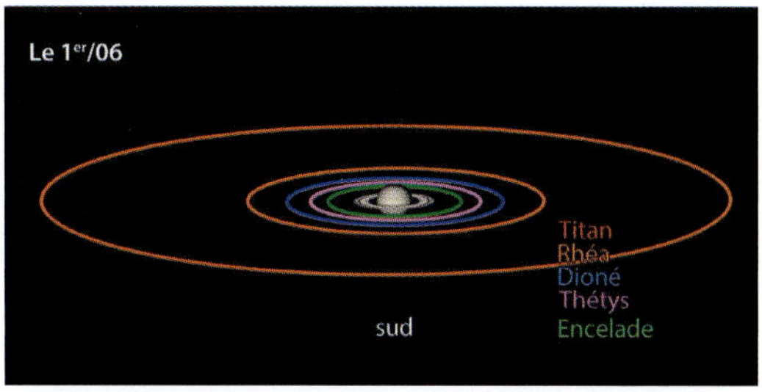

Les courbes ci-contre représentent les trajectoires apparentes des principales lunes de Saturne visibles dans les instruments d'amateur : Encelade est en vert, Téthys en cyan, Dioné en violet, Rhéa en orange et Titan en rouge. La triple bande centrale symbolise le disque et les anneaux de cette planète à la même échelle. La barre horizontale au-dessus de chaque date indique 0 h TU ce jour. Le nord est en haut, l'est à droite et l'ouest à gauche ; si vous ne savez plus comment est orienté le champ de votre instrument, lisez le petit texte d'explication de la page 67. Les satellites de Saturne tournent autour de leur planète dans le sens direct, c'est-à-dire dans le sens inverse des aiguilles d'une montre vu du nord. Ils passent donc entre la planète et nous dans le sens est-ouest et au-delà de la planète dans le sens ouest-est. Selon l'inclinaison du système de Saturne vu depuis la Terre (représentée ci-dessus), certaines des lunes peuvent alors être occultées ou éclipsées par le disque ou les anneaux de la planète. Le petit tableau ci-dessous donne la magnitude de ces lunes, plus Japet, dont l'orbite est trop grande pour être représentée (voir page 294).

Satellites de Saturne en juin 2022

	Mimas	Encelade	Téthys	Dioné	Rhéa	Titan	Japet
5	13,2	12,1	10,6	10,7	10	8,7	11,4
15	13,1	12,0	10,5	10,6	10	8,6	11,3
25	13,1	12,0	10,5	10,6	9,9	8,6	11,3

Titan est la plus grosse lune de Saturne ; avec 5 150 km de diamètre équatorial, il s'agit d'une lune plus volumineuse que Mercure. Titan tourne autour de Saturne en un peu moins de 16 jours et elle est visible dans les plus modestes instruments d'amateur. Ses élongations à l'est et à l'ouest de Saturne sont beaucoup plus lointaines que celles des autres lunes brillantes et il est donc facile de l'identifier à ces moments-là. Dans le tableau suivant, la séparation en secondes d'arc est donnée avec un signe négatif pour les élongations à l'ouest. L'écart apparent entre Titan et Saturne reste important durant les nuits qui encadrent le jour de l'élongation maximale.

Élongations de Titan en juin 2022

Date	Heure	Séparation en "
6	22 h 52	176
15	1 h 22	- 182
22	21 h 16	181
30	23 h 33	- 186

Diamètre apparent le 15 : 0,76

Les phénomènes astronomiques au jour le jour

À NE PAS MANQUER CE MOIS-CI !

Guettez les nuages noctiluques.
Le 18 et le 19, Saturne et la Lune.
À partir du 20, l'arche de la Voie lactée est visible le soir.
À partir du 21, Mercure, Vénus, Mars, Jupiter et Saturne à l'aube.
Le 21 et le 22, Jupiter et la Lune.
Le 23, Mars et la Lune.
Le 26, Vénus, la Lune et les Pléiades à l'aube.
Le 27, Mercure et le croissant à l'aube.

JJ TU

01 01 Mercredi (152-213). **Minimum d'éclat de l'étoile variable Algol de Persée** (Bêta Persei) à 0 h ; sa magnitude est proche de 3,3. Les autres minima du mois se produisent le 3 à 21 h, le 6 à 17 h, le 9 à 14 h, le 12 à 11 h, le 15 à 8 h, le 18 à 5 h, le 21 à 1 h, le 23 à 22 h, le 26 à 19 h et le 29 à 16 h. Voir également le 2 octobre 2022.

01 01 Heure de début et de fin du crépuscule astronomique à 45° de latitude nord et 0° de longitude : le 1er (1 h 53 m/22 h 04 m) ; le 15 (1 h 40 m/22 h 21 m). La durée du jour est de 15 heures et 22 minutes le 1er et de 15 heures et 34 minutes le 30 ; le dernier jour du mois, le Soleil se lève à la même heure et se couche 12 minutes plus tard que le premier. La durée du crépuscule astronomique passe de 145 à 151 minutes sur le mois. Un décalage de 1° en longitude équivaut pratiquement à un décalage de 4 minutes : en moins vers l'est, en plus vers l'ouest.

01 04 **Maximum d'éclat de l'étoile variable Êta Aquilae** (Aigle) à 4 h. Il s'agit d'une étoile de type céphéide dont la magnitude passe de 3,5 à 4,4 au cours d'un cycle de 7,177 jours. Les autres maxima du mois se produisent le 8 à 8 h, le 15 à 12 h, le 22 à 16 h et le 29 à 21 h. Voir également le 7 février 2023.

01 12 À midi, début du jour julien 2 459 732. **Le jour julien** est utilisé pour tous les calculs astronomiques car il permet d'effectuer des opérations aisément, les jours étant comptés sans interruption depuis le 1er janvier 4713 av. J.-C. à midi. Proposé en 1582 par l'Italien Joseph Scaliger, ce système de numérotation continue des jours a été nommé « julien » par celui-ci en hommage à son père ; cette appellation n'a donc rien à voir avec le calendrier julien introduit par Jules César en l'an 46 av. J.-C. Le calendrier julien a été remplacé par le calendrier grégorien en 1582, le lendemain du 4 octobre devenant le 15 octobre dans la plupart des pays catholiques ; il n'a été adopté qu'en 1752 au Royaume-Uni, en 1912 en

La lettre du Guide du Ciel

N° 177 | 1er juillet 2021 Archives Guillaume Cann

Le ruisseau du Lingas. Au cœur d'une nuit solsticiale, Antarès du Scorpion franchit le méridien et la Voie lactée se redres lentement. La teinte verdâtre d'un léger airglow colore le ciel au-dessus de la hêtraie printanière et l'écoulement du temp semble suspendu. Technique : boîtier Sony A7III défiltré avec un objectif Sony de 24 mm diaphragmé à 3,2, pose de 4 minutes (30 fois 8 secondes sans entraînement) à 800 ISO poussé à 5 000 ISO, assemblage avec Starry Landscape Stacke traitement avec Lightroom et Photoshop.
© Guillaume Cannat

REFLET D'UNE NUIT DE JUIN

Souple et féline
L'eau sourd tendrement
Devant la hêtraie
Et s'étale sans effort
Sur la lande amollie

Pure et translucide
Elle emporte l'éclat du ciel
Vers le lac endormi
Jouant avec son reflet
L'étirant et le fripant
Caressant la terre
L'imprégnant d'étoiles muettes

Les heures passent
Indifférentes
Comme ce temps liquide
Qui ensorcèle la nuit
L'essence de l'univers
Se transforme en songes incertains
En catalyseur d'existence

Troublée par le vent de l'aube
La nappe fluide
Absorbe son image et l'incorpore
Aux minéraux qu'elle charrie
Enrichissant le sol
D'un souvenir d'étoiles
Impalpable

LEVER DE LA VOIE LACTÉE AU-DESSUS DES GORGES DU TARN

Pour patienter jusqu'à votre prochaine nuit étoilée, je vous propose de regarder cette vidéo accélérée du lever de la Voie lactée et de son essor dans le ciel des Cévennes ; vous pouvez également lire mon nouveau billet sur Autour du Ciel. La scène se déroule au-dessus des gorges du Tarn et couvre la nuit entière, de l'apparition crépusculaire des premières étoiles la naissance du jour. La pollution lumineuse engendrée par l'éclairage excessif de deux villages proches et des villes plus lointaines éclaire les gorges et l'horizon sur ces images prises avec un appareil photographique extrêmement sensible, mais noirceur du ciel visible dans la Réserve internationale de ciel étoilé du parc national des Cévennes permet à la Voie lactée se déployer dans toute sa gloire au fil des heures. Remarquez les nuées d'avions et de satellites qui sillonnent inlassableme le ciel. Les plus attentifs trouveront le reflet de la Voie lactée et du ciel étoilé dans le Tarn ; indice : cherchez-le en bas à gauche !

Lever de la Voie lactée au-dessus des gorges d...
Regarder sur YouTube

Chaque mois, retrouvez mes nouvelles images et des conseils pour observer et photographier les astres dans la Lettre du Guide du Ciel.

Chine, en 1917 en Russie, en 1919 en Roumanie et en 1924 en Turquie.

01 12 Le **Soleil** franchit le méridien à 67° de hauteur.

01 22 L'étoile **Deneb** du Cygne domine l'horizon nord-est de 30° à la fin du crépuscule astronomique à 45° de latitude nord. Située au cœur de l'une des portions les plus brillantes de la Voie lactée, Deneb permet de se faire une idée de la visibilité et de la position de cette région céleste particulièrement attractive.

02 00 Jeudi (153-212). Formations lunaires proches du terminateur dans la journée : Langrenus et Petavius, Endymion, l'albatros (bordure ouest de la mer des Crises).

02 00 **L'inclinaison apparente des anneaux de Saturne** passe de + 12,3° à + 12,6° au cours du mois. Le signe positif indique que nous observons actuellement l'hémisphère boréal de la planète – depuis le 4 septembre 2009 –, qui est également celui qu'éclaire le Soleil depuis le 10 août 2009. La valeur de l'inclinaison a culminé fin 2017 et elle va décroître – avec de légères fluctuations annuelles – jusqu'au prochain passage de la Terre dans le plan des anneaux, le 23 mars 2025 ; le Soleil passera dans le plan des anneaux le 6 mai 2025.

En juin, l'inclinaison apparente des anneaux de Saturne reste proche de 12°.

02 00 **La Voie lactée** est un élément majeur du ciel nocturne, mais l'augmentation de la pollution lumineuse rend son observation de plus en plus délicate. À quelques kilomètres d'une grande cité, il est parfois possible de la distinguer l'été dans la région du Cygne lorsqu'elle côtoie le zénith, mais cette vague forme laiteuse n'a rien

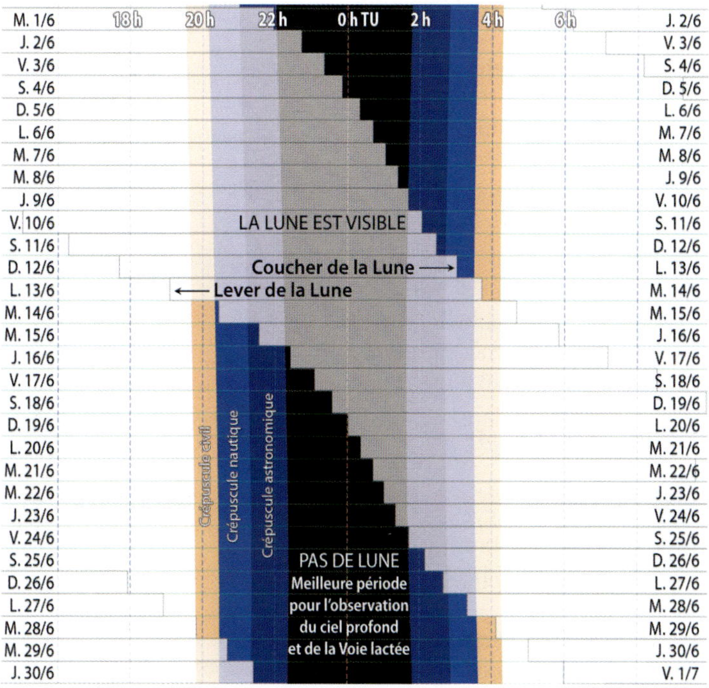

Chaque mois, le graphique des nuits noires vous permet d'apprécier d'un bref coup d'œil quelles seront les meilleures périodes pour l'observation du ciel profond. Pour aller vers les nébuleuses et les galaxies dans des conditions optimales, il convient en effet d'attendre la fin du crépuscule astronomique et de choisir une nuit ou une portion de nuit sans Lune, tout en se préservant évidemment des lumières parasites. Ce graphique est calculé pour 45° de latitude nord. En début de lunaison, les heures de nuit noire débutent après le coucher de la Lune, donc chaque jour un peu plus tard. En fin de lunaison, les heures de nuit noire concernent le début de la nuit jusqu'au lever lunaire. L'excellent logiciel Coelix Apex de Jean Vallières vous permet de calculer ce graphique pour votre site d'observation : www.ngc7000.com/fr/coelix/

JUIN 2022

Les phénomènes astronomiques au jour le jour

de comparable avec la Voie lactée magnifique que l'on peut admirer d'un bord à l'autre de la voûte céleste par une nuit sans Lune et dans un ciel bien sombre. Avec des phases crépusculaires très longues et des nuits très courtes, le mois de juin est une belle période pour réaliser des images panoramiques de l'arche galactique avec un paysage encore faiblement éclairé. Au début et à la fin du mois, vous pouvez même utiliser l'éclat du croissant lunaire pour donner du relief à votre environnement.

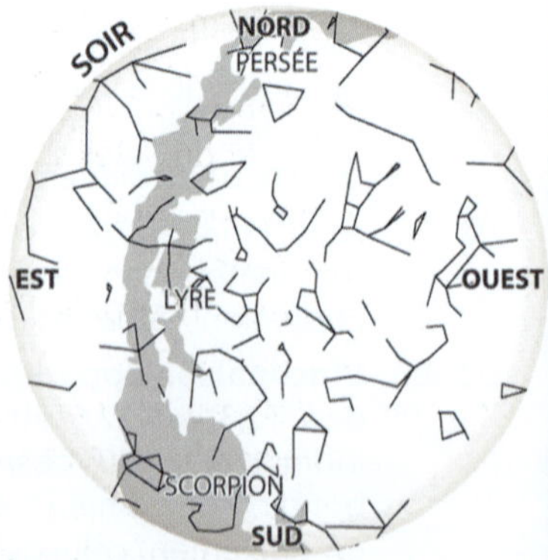

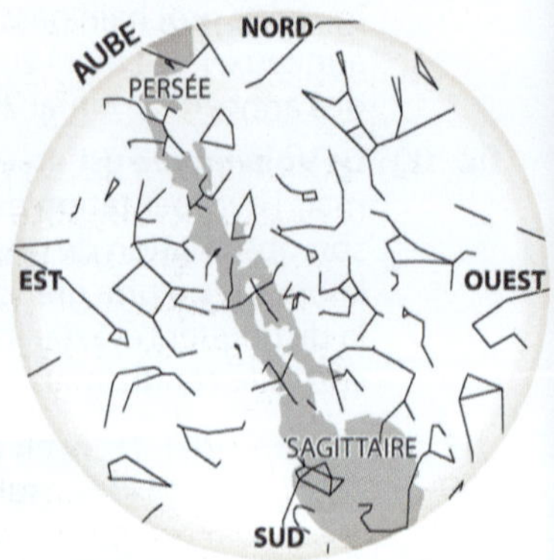

Orientation de la Voie lactée début juin à la fin du crépuscule astronomique et à l'orée de l'aube.

02 01 La Lune passe à l'apogée à 1 h 13 m. Distance : 406 192 km, soit 63,69 rayons terrestres.

02 22 **Nous entrons dans la bonne période pour guetter l'apparition des nuages noctiluques** à la fin du crépuscule et à l'orée de l'aube. Les nuages noctiluques apparaissent autour du solstice d'été, lors d'une période d'autant plus longue que vous vous trouvez au-delà de 50° de latitude nord, et jusqu'à 65° nord ; dans l'hémisphère Sud, la saison d'observation des noctiluques se produit entre mi-novembre et mi-février.

03 00 Vendredi (154-211). Période du maximum d'éclat de l'étoile variable S CrB (1517+31). S CrB est une variable de type Mira (variable à longue période) dont la magnitude oscille entre 5,8 et 14,1 ; sa période est de 360,26 jours.

03 01 **Mars** entre dans la constellation de la Baleine.

03 05 **Conjonction géocentrique en longitude entre la Lune (Gem) et Pollux** à 5 h 32 m (séparation : 2,1°). À la fin du crépuscule, le jeune croissant lunaire (17 %) rehaussé par une belle lumière cendrée brille à gauche des étoiles Castor et Pollux à une douzaine de degrés au-dessus de l'horizon ouest-nord-ouest.

03 08 **Mercure est stationnaire** en ascension droite et termine sa rétrogradation ; elle circulera vers l'est de l'écliptique durant 99 jours.

04 00 Samedi (155-210). Période du maximum d'éclat de l'étoile variable T UMa (1231+60). T UMa est une variable de type Mira (variable à longue période) dont la magnitude oscille entre 6,6 et 13,5 ; sa période est de 256,6 jours.

04 08 Formations lunaires proches du terminateur dans la journée : Fracastor, Piccolomini, Posidonius.

04 18 **Maximum d'éclat de l'étoile Delta Cephei** à 18 h. Sa magnitude varie de 3,5 à 4,4 au cours d'un cycle de 5,366 jours. Les autres maxima du mois se produisent le 10 à 3 h, le 15 à 12 h, le 20 à 21 h et le 26 à 6 h. Voir également le 2 novembre 2022.

04 22 **Saturne est stationnaire** en ascension droite dans le Capricorne, puis commence sa boucle de rétrogradation

annuelle, qui prendra fin le 23 octobre prochain (140 jours).

04 23 Le Soleil se lève sur la région de **Torricelli** (2-102) et, autour de 23 h 25 m, vous pouvez tenter d'observer avec un instrument une ou plusieurs raies lumineuses dans cette formation. Consultez le site www.lunar-occultations.com/rlo/rays/rays.htm pour plus de renseignements et d'autres prévisions de raies visibles au lever ou au coucher du Soleil sur les plus belles formations lunaires.

05 00 Dimanche. 156e jour de l'année.

05 01 Formations lunaires proches du terminateur dans la journée : Theophilus, Cyrillus et Catherina, Aristote et Eudoxe, Maurolycus.

05 08 Callisto est en conjonction supérieure à 8 h 30 m. Elle est observable à proximité apparente du pôle Nord jovien.

05 21 Le Soleil se lève sur la région de **Gemma Frisius** (2-152) et, autour de 21 h 01 m, vous pouvez tenter d'observer avec un instrument une ou plusieurs raies lumineuses dans cette formation. Observez ensuite la région de **Sacrobosco** (2-142) autour de 21 h 46 m.

23e SEMAINE

06 00 Lundi (157-208). Dès le milieu de la semaine, la Lune gibbeuse croissante est présente jusqu'à l'aube et son éclat gomme la Voie lactée. Constellation de la Lune chaque jour à 0 h pour 45° de latitude nord et 0° de longitude : L-Leo, M-Leo, M-Leo, J-Vir, V-Vir, S-Vir, D-Lib.

06 00 Temps sidéral moyen de Greenwich (TSMG) : 16 h 57 m 34 s. Consultez la p. 17 de cet ouvrage pour plus de renseignements sur l'utilisation de cette donnée.

06 00 Période de libration minimale en latitude pour la Lune (b = - 6,8°). Si vous souhaitez observer la Lune, je vous conseille de vous procurer l'Atlas virtuel de la Lune, un logiciel gratuit de Christian Legrand et Patrick Chevalley (www.ap-i.net/avl/fr/start), pour partir le plus souvent possible à la découverte des mers et des cratères sélènes. Vous pouvez également consulter le site Scientific Visualization Studio de la NASA (svs.gsfc.nasa.gov/4955) pour suivre l'évolution de l'aspect lunaire heure par heure en 2022.

06 00 La Terre passe dans le plan équatorial du Soleil.

06 01 **Jupiter frôle une étoile de magnitude 9** (PPM 143334) vers 1 h 40 m. Ce rapprochement très serré est visible en Europe avec un instrument juste au-dessus de l'horizon est à l'orée de l'aube.

06 06 **Conjonction géocentrique en longitude entre la Lune (Leo) et Régulus** à 6 h 38 m (séparation : 4,7°). Le 5 et le 6 au soir, le croissant et Régulus sont bien visibles au-dessus de l'horizon ouest.

De très beaux nuages noctiluques ont été observés et photographiés jusque dans le sud de la France en juillet 2020 lors de l'apparition de la somptueuse comète C/2020 F3 (NEOWISE). En pratique, il faut que le Soleil se situe entre 6 et 16° sous l'horizon ; l'atmosphère qui vous surplombe est alors plongée dans l'ombre de la Terre, mais, si vous observez vers l'horizon sous lequel roule le disque solaire, vous pouvez, s'il y en a, admirer des nuages noctiluques. Leur très grande altitude – 75 à 90 km – leur permet en effet de bénéficier alors de l'éclairage direct du Soleil ; ils ressemblent à de vastes ondulations plus claires que le fond du ciel et une photographie de quelques secondes souligne leur belle coloration bleutée. Les chercheurs pensent que les nuages noctiluques sont constitués de particules microscopiques – de l'ordre de 50 nanomètres, soit un vingtième de micromètre (l'épaisseur d'un cheveu est de 50 micromètres en moyenne). Ces particules proviendraient pour l'essentiel de la désagrégation des étoiles filantes qui se produit en majorité à cette altitude. La vapeur d'eau présente dans cette couche atmosphérique (la mésosphère) se condenserait à leur contact pour former progressivement des grains de glace capables de réfléchir l'éclat solaire. Lestés par leur charge croissante de glace, ces grains tomberaient alors lentement et leur visibilité deviendrait maximale vers 83 km d'altitude, soit la hauteur moyenne des nuages noctiluques observés dans l'hémisphère Nord. Depuis le 25 avril 2007, le satellite américain AIM (Aeronomy of Ice in the Mesosphere) traque les nuages noctiluques et les observations qu'il réalise sont disponibles quotidiennement sur le site Spaceweather.com.

Les phénomènes astronomiques au jour le jour

06 12 À midi, début du jour julien 2 459 737.

06 18 **Latitude sud maximale pour Vénus :** - 3,4° (longitude héliocentrique : 346,6°).

06 22 Le Soleil se lève sur la région de la **vallée des Alpes** (1-22) et, autour de 22 h 45 m, vous pouvez tenter d'observer avec un instrument une ou plusieurs raies lumineuses dans cette formation.

06 22 **Élongation maximale de Titan** à l'est de Saturne à 22 h 52 m (176"). Retrouvez les autres élongations de Titan en juin à la page consacrée aux satellites de Saturne en début de mois. Titan est visible sous l'aspect d'un point dans une lunette de 60 millimètres de diamètre. Dans un télescope bien réglé de plus de 400 millimètres de diamètre, ce point prend l'apparence d'un tout petit disque – moins de 1" de diamètre apparent – lorsque les conditions de turbulence sont excellentes.

07 00 Mardi (158-207). Aldébaran quitte le champ du coronographe LASCO C3 de la sonde *SOHO*.

07 01 Entre 1 h 54 m et 2 h 03 m, la petite planète **200 Dynamene** (diamètre 131 km ; magnitude 14,1) occulte une étoile de magnitude 11,3 (UCAC4 477-048319 ; ascension droite : 10 h 30 m 51 s ; déclinaison : 5° 12' 30") dans la constellation du Sextant. La diminution d'éclat devrait atteindre 2,8 magnitudes et durer près de 6 secondes au maximum sur la bande de centralité du phénomène, qui balaye les Antilles. Calculs d'Éric Frappa (www.euraster.net).

07 06 Formations lunaires proches du terminateur dans la journée : Ptolémée, Alphonse et Arzachel, Archimède, Maginus, Mur droit, Moretus, Platon, Ératosthène, Tycho.

07 14 **Premier Quartier de Lune à 14 h 48 m (Leo).** Distance : 391 290 km, soit 61,35 rayons terrestres.

07 16 **Maximum des Ariétides de juin** (171 ARI), l'un des essaims météoritiques diurnes les plus actifs – en moyenne 60 enregistrements par heure ; la période d'activité révisée s'étendrait du 14 mai au 24 juin.

07 23 Le Soleil se lève sur la région d'**Epigenes** (3-204) et, autour de 23 h 46 m, vous pouvez tenter d'observer avec un instrument une ou plusieurs raies lumineuses dans cette formation.

08 00 Mercredi (159-206). Dans la journée, **Japet**, l'un des satellites naturels de Saturne, est éclipsé par le cône d'ombre de la planète aux anneaux ; sa dernière éclipse s'était produite le 5 mai 2007. Les éclipses de Japet par l'ombre de Saturne sont rares à cause de l'inclinaison importante de son orbite par rapport au plan équatorial

Les jeux d'ombre et de lumière à la surface de la Lune donnent parfois naissance à des formations observables dans les instruments d'amateur. Ces effets lumineux ne se reproduisent pas systématiquement à chaque lunaison à cause de la variation de la libration et de l'angle d'incidence du Soleil par rapport aux reliefs locaux et ils ne durent jamais très longtemps, quelques heures tout au plus. L'une des formations les plus connues, baptisée le « X lunaire » ou le « X de Werner », est parfois visible au Premier Quartier. Le 6 juin, ce « X » apparaît sous le terminateur, au nord du cratère Werner, juste à la jonction des cratères La Caille, Blanchinus et Purbach, et, si vous pointez une lunette vers la Lune au crépuscule, vous avez la possibilité de le saisir juste avant sa disparition.

de la planète. Il ne s'en produira que trois en 2022 et il faudra attendre 2036 pour observer la prochaine série.

08 00 Période du maximum d'éclat de l'étoile variable RS Her (1717+23). RS Her est une variable de type Mira (variable à longue période) dont la magnitude oscille entre 7,5 et 13 ; sa période est de 218 jours.

08 07 Formations lunaires proches du terminateur dans la journée : Clavius, Copernic et la chaîne de montagnes des Carpathes, Longomontanus.

08 12 Le **Soleil** franchit le méridien à 68° de hauteur.

08 21 Le Soleil se lève sur la région de **Copernicus** (3-270) et, autour de 21 h 12 m, vous pouvez tenter d'observer avec un instrument une ou plusieurs raies lumineuses dans cette formation.

09 00 Jeudi (160-205). Période de libration minimale en longitude pour la Lune (l = - 7,5°).

09 03 **Maximum de l'essaim météoritique des Tau Herculides** (61 TAH), qui peut être actif du 19 mai au 19 juin. Longitude héliocentrique prévue pour le maximum (équinoxe 2000.0) : 78°. Vitesse de pénétration atmosphérique : 15 km/s. Taux horaire moyen au zénith : 5. Cet essaim est associé à la comète 73P Schwassmann-Wachmann 3 (période de 5,3 années ; prochain passage au périhélie le 25 août 2022). En 2022, le maximum se produit à l'orée de l'aube en Europe, juste après le coucher de la Lune gibbeuse croissante.

09 04 **Mars** entre dans la constellation des Poissons.

09 04 Du 7 au 21 juin, levers les plus matinaux de l'année pour le Soleil à 40° nord : 4 h 31 m (arrondi à la minute). À 45° nord, les levers les plus matinaux ont lieu du 9 au 21 juin à 4 h 13 m. À 50° nord, ils se produisent entre le 14 et le 19 à 3 h 50 m.

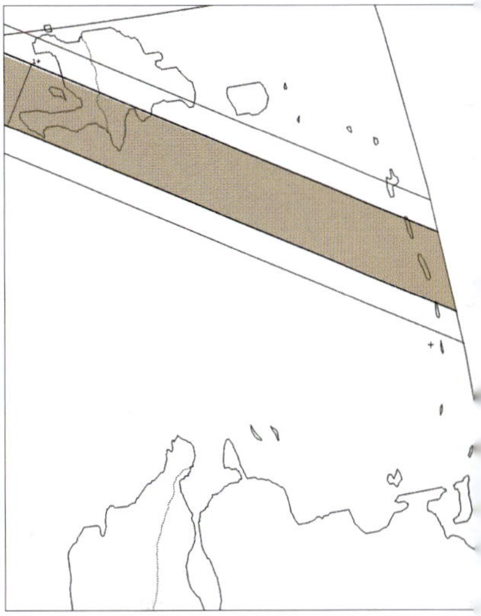

Durant la nuit du 6 au 7 juin, la petite planète 200 Dynamene occulte une étoile du Sextant pour les observateurs des Antilles.

09 18 **Maximum de l'essaim météoritique diurne des Dzêta Perséides** (172 ZPE), dont la période d'activité s'étend du 20 mai au 5 juillet. Longitude héliocentrique prévue pour ce maximum (équinoxe 2000.0) : 78,6°. Il a été découvert en 1947 avec le radiotélescope de Jodrell Bank, en Grande-Bretagne. Cet essaim peut être observé par des techniques radio ou par radar ; ces dernières années, des amateurs situés sous les tropiques et dans l'hémisphère Sud ont signalé quelques observations d'étoiles filantes nocturnes semblant appartenir à cet essaim.

09 20 Aux jumelles, remarquez le splendide arc lumineux du **golfe des Iris** visible au nord du terminateur lunaire.

09 21 Le Soleil se lève sur la région de **Scheiner** (4-363) et, autour de 21 h 07 m, vous pouvez tenter d'observer avec un instrument une ou plusieurs raies lumineuses dans cette formation.

10 04 Vendredi (161-204). Formations lunaires proches

Les phénomènes astronomiques au jour le jour

du terminateur dans la journée : Kepler, Gassendi, Schiller, Doppelmayer, Harpalus, Aristarque, Hérodote et la vallée de Schröter.

10 10 **Conjonction géocentrique en longitude entre la Lune (Vir) et Spica** à 10 h 35 m (séparation : 4,5°). Le 9 et le 10 au soir, Spica et la Lune gibbeuse croissante sont bien visibles au-dessus de l'horizon sud-ouest.

11 02 Samedi (162-203). Vénus et Jupiter sont en conjonction héliocentrique.

11 21 La comète **C/2021 E3 ZTF** passe au plus près du Soleil (périhélie) à 266 millions de kilomètres. Son éclat pourrait atteindre la magnitude 11. En utilisant les éléments orbitaux des comètes (voir le tableau de la p. 59) dans un logiciel de cartographie céleste, vous pouvez afficher la position des comètes en fonction de la date et de votre lieu d'observation. Le site aerith.net, tenu à jour par Seiichi Yoshida, signale les dernières découvertes cométaires et permet de les positionner sur la voûte céleste.

11 22 Conjonction géocentrique en longitude entre Vénus (Ari) et Uranus à 22 h 57 m (séparation : 1,5°). Un rapprochement plus facile à observer sous les tropiques qu'en Europe.

12 00 Dimanche. 163e jour de l'année.

12 10 La Lune passe au nœud descendant à 10 h 01 m (longitude moyenne : 232,3°). Distance : 363 478 km, soit 57 rayons terrestres.

Le 14 juin à l'orée de l'aube, utilisez un instrument pour observer cette belle configuration des lunes galiléennes.

24e SEMAINE

13 00 Lundi (164-201). Nous retrouvons la Voie lactée en fin de semaine, mais la nuit solsticiale est très courte, voire inexistante au nord de la France. Constellation de la Lune chaque jour à 0 h pour 45° de latitude nord et 0° de longitude : L-Sco, M-Oph, M-Sgr, J-Sgr, V-Cap, S-Cap, D-Aqr.

13 00 TSMG (voir p. 17) : 17 h 25 m 10 s.

13 12 À midi, début du jour julien 2 459 744.

13 12 L'équation du temps est nulle.

13 14 **Conjonction géocentrique en longitude entre la Lune (Oph) et Antarès** à 14 h 42 m (séparation : 3°). À la fin du crépuscule, l'éclat rougeoyant d'Antarès du Scorpion est l'un des seuls visibles à côté de la Lune pratiquement pleine (99 %).

13 17 **Callisto est en conjonction inférieure** à 17 h 58 m. Elle est observable à proximité apparente du pôle Sud jovien.

13 21 Conjonction géocentrique en longitude entre Mercure (Tau) et les Pléiades à 21 h 32 m (séparation : 7,9°). Inobservable en Europe.

13 22 **Minimum d'éclat de l'étoile variable Sheliak** (Bêta de la Lyre) à 22 h. Sa magnitude varie de 3,3 à 4,3 au cours d'un cycle de 12,941 jours. L'autre minimum du mois se produit le 26 à 21 h. Voir également le 3 novembre 2022.

14 00 Mardi (165-200). Période du maximum d'éclat de l'étoile variable V Boo (1425+39). V Boo est une variable semi-régulière dont la magnitude oscille entre 7 et 12 ; sa période est de 258,01 jours. Vous trouverez dans cette édition les dates de maximum d'une quarantaine d'étoiles variables. Je n'ai pas la place de mettre une carte de champ détaillée pour chacune, mais les observateurs intéressés pourront se rendre sur le site de l'AAVSO (American Association of Variable Star Observers, www.aavso.org) et, sous la rubrique « Stars Easy-To-Observe », ils trouveront toutes les informations utiles pour suivre les variations d'éclat de ces astres.

14 01 À l'orée de l'aube, toutes les lunes galiléennes sont à l'ouest de Jupiter : d'abord un petit groupe réunissant **Europe, Callisto et Io**, puis, plus loin, Ganymède. Dans les phénomènes au jour le jour, je signale quelques scènes particulièrement spectaculaires du ballet des lunes galiléennes, mais vous pouvez estimer leurs positions heure par heure grâce aux graphiques des courbes des satellites de Jupiter qui sont disponibles au début de chaque mois lorsque Jupiter est observable en Europe occidentale.

14 11 **Pleine Lune à 11 h 52 m (Oph).** Distance : 357 656 km, soit 56,08 rayons terrestres. Dans la vingt-quatrième édition de ce guide, j'ai proposé de baptiser « Pleine Lune des astéroïdes » la Pleine Lune qui se produit au mois de juin car le 30 juin est devenu depuis 2016 la Journée internationale des astéroïdes « afin de commémorer chaque année, au niveau international, l'anniversaire de l'explosion de Toungouska (Sibérie, Fédération de Russie) survenue le 30 juin 1908 et de sensibiliser la population aux risques d'impact d'astéroïdes ». Je rappelle cependant que cette Pleine Lune est aussi souvent surnommée Pleine Lune des fraises car, lorsque le temps est au chaud au moment du solstice d'été, il n'est pas rare que l'éclat lunaire soit filtré comme celui du Soleil au ras de l'horizon et que la face sélène se pare alors d'une coloration rouge ou orange du plus bel effet. La Pleine Lune du 13 juillet prochain présentera le plus gros diamètre apparent de l'année 2022 –(33,4'), mais celle de juin est à peine moins grosse et la différence n'est pas perceptible à l'œil nu, donc régalez-vous sans retenue du spectacle de son lever et de son coucher.

14 23 Durant la nuit du 14 au 15, la Pleine Lune franchit le méridien à un peu moins de 12° de l'horizon sud à Lille

Le 13 juin, notre satellite naturel est déjà présent à quelques degrés de hauteur au-dessus de l'horizon sud-est lorsque le Soleil se couche à l'opposé de la voûte céleste. Une vingtaine de minutes plus tard, dans un ciel assombri, l'éclat rouge-orangé d'Antarès du Scorpion est visible juste à sa droite. La Lune passe huit heures environ dans le ciel nocturne et se couche au sud-ouest le 14 à l'aube, une demi-heure avant le lever du Soleil. Le 14 au soir, il faut attendre une demi-heure après le départ du Soleil pour la voir émerger au sud-est dans la constellation du Sagittaire et, le 15 à l'aube, elle luit au-dessus de l'horizon sud-ouest quand le Soleil se réveille.

Les phénomènes astronomiques au jour le jour

et, à Perpignan, elle est à moins de 20° de hauteur dans le Sagittaire. Il s'agit de la Pleine Lune la plus basse de l'année. Les tableaux disponibles en p. 31 indiquent la position et la hauteur au méridien des différentes phases lunaires tout au long de l'année.

14 23 La Lune passe au périgée à 23 h 23 m. Distance : 357 432 km, soit 56,04 rayons terrestres.

15 01 Mercredi (166-199). Lorsque la planète Jupiter est observable aux latitudes européennes, vous pouvez trouver au début du mois les heures des passages de la **grande tache rouge** au méridien central, c'est-à-dire sous le méridien passant au centre du disque jovien visible depuis la Terre. Informations complémentaires le 15 juillet 2022.

15 12 Le **Soleil** franchit le méridien à 68° de hauteur.

16 00 Jeudi (167-198). **Neptune est en quadrature** à l'ouest.

16 11 **Maximum de l'essaim météoritique des Lyrides de juin** (166 JLY), qui peut être actif du 11 au 21 juin. Longitude héliocentrique prévue pour le maximum (équinoxe 2000.0) : 85°. En 2022, la Lune gibbeuse décroissante est présente dans le ciel tout au long de la nuit lors du maximum.

16 14 Mercure atteint son élongation maximale à l'ouest : 23,2°.

16 18 Formations lunaires proches du terminateur dans la journée : Langrenus et Petavius.

16 23 Le Soleil se couche sur la région d'**Endymion** (1-28) et, autour de 23 h 28 m, vous pouvez tenter d'observer avec un instrument une ou plusieurs raies lumineuses dans cette formation.

17 02 Vendredi (168-197). **Une heure et demie avant le lever du Soleil, guettez le lever de Vénus** à l'est-nord-est : la brillante planète se situe à près de 9° sur la droite des Pléiades, qui se camouflent rapidement dans la clarté de l'aube.

17 04 Formations lunaires proches du terminateur dans la journée : Endymion, l'albatros (bordure ouest de la mer des Crises).

17 04 **Latitude sud maximale pour Mercure :** - 7° (longitude héliocentrique : 318,3°).

17 08 Vénus entre dans la constellation du Taureau.

17 13 Mercure et Saturne sont en conjonction héliocentrique.

17 16 La comète **C/2020 Y2 ATLAS** passe au plus près du Soleil (périhélie) à 469 millions de kilomètres. Son éclat pourrait atteindre la magnitude 13.

18 00 Samedi (169-196). Période de libration maximale en latitude pour la Lune (b = 6,7°).

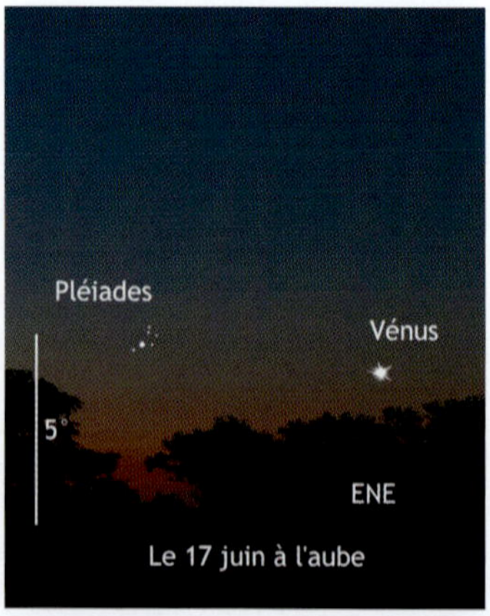

Le 17 juin à l'aube, une heure et demie avant le lever du Soleil, Vénus et les Pléiades brillent au ras de l'horizon est-nord-est.

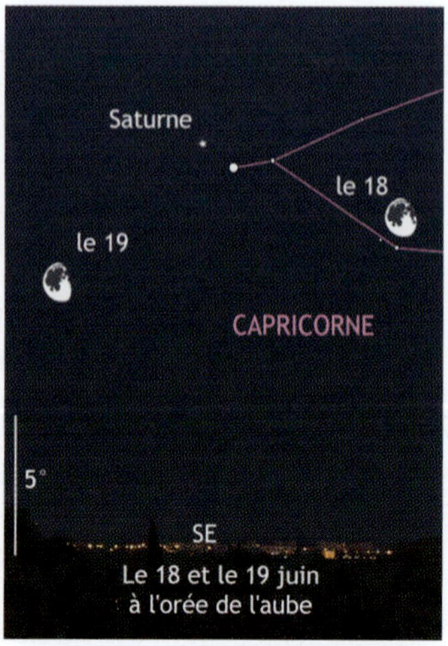

Le 18 et le 19 juin à l'orée de l'aube, la Lune gibbeuse décroissante et Saturne sont visibles à une quinzaine de degrés de hauteur au-dessus de l'horizon sud-est.

18 02 À 2 h 25 m, l'étoile 35 Cap (Cap - magnitude 5,8) est occultée par la Lune ; elle réapparaît à 3 h 15 m. Les deux astres sont alors à 23° au-dessus de l'horizon et la fraction éclairée de notre satellite est de 81 %.

18 14 **Conjonction géocentrique en longitude entre la Lune (Cap) et Saturne** à 14 h 47 m (séparation : 4°). Le 18 et le 19, trois heures avant le lever du Soleil, la Lune gibbeuse décroissante et Saturne sont visibles à une quinzaine de degrés de hauteur au-dessus de l'horizon sud-est.

19 00 Dimanche. 170e jour de l'année.

25e SEMAINE

20 00 Lundi (171-194). La nuit est très courte, mais, cette semaine, la glorieuse Voie lactée estivale vous tend les bras dans un ciel plus ou moins sombre selon votre latitude. Notre galaxie forme une belle arche au-dessus de l'horizon est à la fin du crépuscule avant de se hisser jusqu'au zénith, et Antarès du Scorpion rayonne au méridien autour de minuit. Constellation de la Lune chaque jour à 0 h pour 45° de latitude nord et 0° de longitude : L-Aqr, M-Psc, M-Cet, J-Psc, V-Ari, S-Ari, D-Tau.

20 00 TSMG (voir p. 17) : 17 h 52 m 46 s.

20 10 Formations lunaires proches du terminateur dans la journée : Aristote et Eudoxe, Maurolycus.

20 12 À midi, début du jour julien 2 459 751.

20 19 Conjonction géocentrique en longitude entre la Lune (Aqr) et Neptune à 19 h 21 m (séparation : 3,2°).

21 00 Mardi (172-193). Période de libration maximale en longitude pour la Lune (l = 7,7°).

21 01 Heure de début et de fin du crépuscule astronomique le jour du solstice de juin à 0° de longitude : à 40° de latitude nord (2 h 28 m/21 h 36 m) ; à 45° de latitude nord (1 h 40 m/22 h 24 m) ; à plus de 48,5° de latitude nord, le crépuscule astronomique du soir fusionne avec celui du matin et il ne fait donc nuit noire à aucun moment durant une période d'autant plus longue de part et d'autre du solstice que votre latitude septentrionale est importante.

21 03 **Dernier Quartier de Lune à 3 h 11 m (Psc).** Distance : 382 827 km, soit 60,02 rayons terrestres.

21 03 Durant une douzaine de jours en France métropolitaine, et un peu plus longtemps sous les tropiques, **vous pouvez repérer à l'aube les cinq planètes visibles à l'œil nu dans leur ordre naturel :** Mercure, Vénus, Mars, Jupiter et Saturne. Cette fenêtre de visibilité se referme début juillet quand Mercure plonge vers le Soleil. Uranus et Neptune sont également présentes, mais leur éclat ne permet pas de les distinguer sans instrument.

Choix d'un site d'observation

Que vous soyez en ville ou à la campagne, vous devrez prendre un minimum de précautions lorsque vous choisirez un site d'observation. En ville, ou à proximité des zones urbanisées, il faut impérativement rechercher un espace dépourvu d'éclairage direct.
Un parc ou un jardin entourés d'arbres, dont les feuillages vous protégeront des lampadaires voisins, ou une cour d'immeuble sans éclairage feront l'affaire. Dans les deux cas, la présence des arbres ou des bâtiments protecteurs occultera forcément une part plus ou moins grande du ciel. Mais la Terre tourne et, avec un peu de patience, vous devriez apercevoir une bonne proportion de la voûte étoilée.
La solution de facilité consiste le plus souvent à observer par une fenêtre ouverte ou à s'installer sur un balcon. Or, même bien orientés et sans lumière parasite, fenêtres et balcons sont assurément les plus mauvais sites.
En effet, les différents matériaux qui composent un bâtiment emmagasinent la chaleur solaire pendant le jour et la restituent plus ou moins vite pendant la nuit. Il se crée ainsi un courant d'air chaud qui se mélange à l'air plus froid du soir, ce qui provoque des turbulences qui déforment les images. À la belle saison, l'équilibre thermique entre le bâtiment et l'air ambiant n'intervient que dans le courant de la nuit, et votre temps d'observation s'en trouve alors très raccourci. En hiver, quand les bâtiments sont chauffés, la turbulence est une gêne constante. Malgré tout, si le choix qui s'offre se résume à observer sur un balcon ou ne pas observer du tout, alors n'hésitez pas une seconde : ouvrez la fenêtre et admirez le ciel !
Si vous avez le choix entre plusieurs sites de bonne qualité mais d'orientation différente, privilégiez celui dont l'horizon se trouve bien dégagé vers l'est et vers le sud. La Terre tournant sur elle-même d'ouest en est, les étoiles apparaissent en effet le long de l'horizon est. En outre, le Soleil se couchant vers l'ouest, le ciel sera plus vite sombre dans la direction opposée. Enfin, lorsqu'ils passent au-dessus du sud, les astres sont au plus haut de leur course dans le ciel, ce qui favorise leur observation.

Les phénomènes astronomiques au jour le jour

21 09 Déclinaison boréale maximale du **Soleil** pour l'année : + 23° 26′ 16″.

21 09 **Le Soleil entre dans le signe astrologique du Cancer** (90°) à 9 h 13 m, mais, dans la réalité, il est encore dans la constellation du Taureau pour quelques heures. Bien entendu, il ne faut pas prendre l'expression « le Soleil entre… » au pied de la lettre ! Le Soleil ne se déplace pas réellement d'une constellation à l'autre, c'est le mouvement continuel de la Terre autour de son étoile qui entraîne un déplacement apparent de celle-ci devant les signes et les constellations du zodiaque, qui ont été arbitrairement dessinés il y a plusieurs milliers d'années à partir des étoiles qui se situent dans une bande de 17° de large centrée sur l'écliptique. Pour plus d'informations sur les constellations zodiacales, consultez la première partie (p. 10).

21 09 **Solstice de juin sur Terre à 9 h 13 m.** Le Soleil atteint son point le plus au nord par rapport à l'équateur terrestre ; dans l'hémisphère boréal, c'est le début de l'été, qui est la saison la plus longue (93,65 jours). Actuellement, l'automne dure 89,84 jours, l'hiver 88,99 jours et le printemps 92,76 jours. En raison du glissement de la date du périhélie de la Terre, la durée des saisons varie très lentement. Ainsi, il y a mille ans, l'été ne durait-il « que » 93,15 jours alors que le printemps était la saison la plus longue avec 93,44 jours et, vers l'an 3000, l'été durera 93,92 jours et le printemps 91,97 jours. En 2023, le solstice de juin se produira le 21 à 14 h 57 m. Au XXIe siècle, le solstice de juin se produira uniquement le 20 ou le 21 ; il ne s'est plus produit le 22 juin depuis 1975.

21 13 **Mars est au périhélie** à 1,3813 ua du Soleil.

21 15 **Conjonction géocentrique en longitude entre la Lune (Cet) et Jupiter** à 15 h 37 m (séparation : 2,5°). Le 21 et le 22, trois heures avant l'arrivée du Soleil, Jupiter et le gros croissant lunaire s'élèvent au-dessus de l'horizon est. Si vous habitez en milieu urbain, il n'y a vraiment pas beaucoup d'étoiles visibles à l'œil nu dans cette région de la voûte céleste occupée par les constellations des Poissons et de la Baleine.

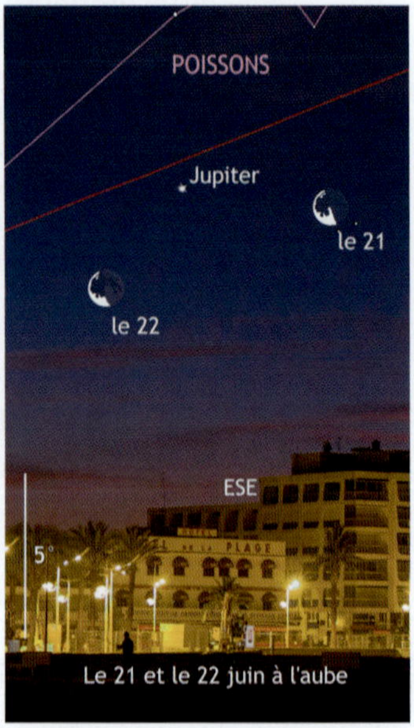

Le 21 et le 22 juin à l'aube, Jupiter et le gros croissant lunaire s'élèvent au-dessus de l'horizon est.

21 20 **Le Soleil entre dans la constellation des Gémeaux** (90,4°) à 20 h 23 m. En raison de la précession – ce lent mouvement de toupie de l'axe de rotation de notre planète –, les limites entre les constellations zodiacales sur l'écliptique se décalent de 0,013 97° par an, soit : un septième de seconde d'arc environ par jour, 1″ environ par semaine, 1° tous les 71,6 ans, 1,397° par siècle, 30° – soit à peu près un signe zodiacal – tous les 2 150 ans

et 360° tous les 25 770 ans environ. Ainsi, il y a près de deux mille ans, la constellation des Gémeaux commençait non loin de la longitude 60° !

21 23 Mercure et Mars sont en conjonction héliocentrique.

22 00 Mercredi (173-192). Formations lunaires proches du terminateur dans la journée : Moretus, Archimède, Maginus, Mur droit, Platon, Ératosthène, Tycho, Clavius.

22 03 **Callisto est en conjonction supérieure** à 3 h 25 m. Elle est observable à proximité apparente du pôle Nord jovien. Visible en Europe.

22 10 **Premier quartier de Mercure.**

22 12 Le **Soleil** franchit le méridien à 68° de hauteur.

22 18 **Conjonction géocentrique en longitude entre la Lune (Psc) et Mars** à 18 h 59 m (séparation : 0,9°). Le 23, deux heures avant le lever du Soleil, l'éclat orangé de Mars brille à 4° du croissant lunaire. Ces astres surplombent l'horizon est d'une douzaine de degrés.

22 19 Occultation de Mars par la Lune. Zone de visibilité : sud de l'océan Pacifique, partie de l'Antarctique.

22 19 Du 23 juin au 2 juillet, couchers les plus tardifs de l'année pour le Soleil à 40° nord : 19 h 33 m (arrondi à la minute). À 45° nord, les couchers les plus tardifs se produisent entre le 22 et le 30 juin à 19 h 51 m. À 50° nord, ils ont lieu du 20 au 30 juin à 20 h 13 m.

23 01 Jeudi (174-191). Belle disposition symétrique des lunes galiléennes en fin de nuit avec Callisto et Europe à l'est du disque jovien et Io et Ganymède à l'ouest.

23 04 **Conjonction géocentrique en longitude entre Vénus (Tau) et les Pléiades** à 4 h 27 m (séparation : 5,7°). Le 22, une heure et demie avant le lever du Soleil, Vénus brille au ras de l'horizon est-nord-est à près de 5° au sud de l'amas ouvert des Pléiades.

24 01 Vendredi (175-190). Les quatre lunes galiléennes sont alignées dans le désordre à l'est du disque jovien : **Io, Ganymède, Europe et Callisto** ; à voir aux jumelles.

24 04 Formations lunaires proches du terminateur dans la journée : golfe des Iris, Kepler, Schiller.

24 11 Début de la 2259e rotation synodique du Soleil.

24 22 Conjonction géocentrique en longitude entre la Lune (Ari) et Uranus à 22 h 15 m (séparation : 0,1°). Inobservable en Europe.

24 22 Occultation d'Uranus par la Lune. Zone de visibilité : Indonésie, Nouvelle-Guinée, Australie, océan Pacifique, Hawaii.

25 00 Samedi (176-189). Formations lunaires proches du terminateur dans la journée : Gassendi, Doppelmayer, Harpalus, Aristarque, Hérodote et la vallée de Schröter.

25 07 La Lune passe au nœud ascendant à 7 h 09 m (longitude moyenne : 52,0°). Distance : 401 106 km.

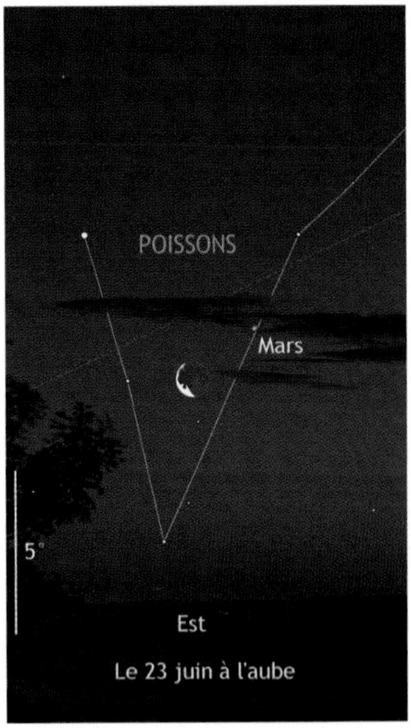

Le 23 juin à l'aube, deux heures avant le lever du Soleil, le croissant lunaire et Mars se lèvent à l'est dans le V des Poissons.

Les phénomènes astronomiques au jour le jour

25 10 Jupiter entre dans la constellation de la Baleine.

26 00 Dimanche. 177e jour de l'année.

26 04 Formation lunaire proche du terminateur dans la journée : Schickard.

26 06 Mercure et Jupiter sont en conjonction héliocentrique.

26 07 **Conjonction géocentrique en longitude entre la Lune (Tau) et Vénus** à 7 h 03 m (séparation : 2,6°). Une heure et demie avant le lever du Soleil, Vénus, le fin croissant et les Pléiades sont magnifiques au-dessus de l'horizon est-nord-est. L'écart apparent entre Vénus et les Pléiades est proche de 7°, il faut donc des jumelles à grand champ pour apprécier ce superbe rendez-vous matinal.

26 11 **En plein jour.** Après la très belle conjonction de Vénus et du vieux croissant lunaire visible au ras de l'horizon est-nord-est durant l'aube, vous pouvez suivre l'élévation de ces astres dans le ciel bleu. En cours de matinée, ils surplombent l'horizon sud-est d'une cinquantaine de degrés et leur écart est proche de 2°. Attention tout de même à l'éclat du Soleil, qui n'est qu'à 30° du couple et qu'il faut prendre soin de cacher derrière un arbre ou un bâtiment.

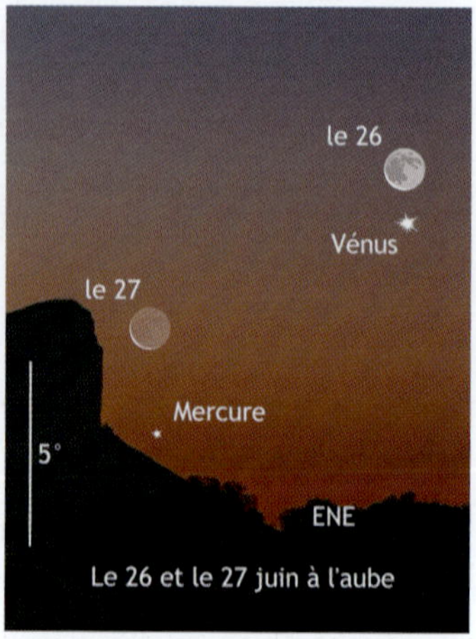

Le 26 et le 27 juin à l'aube, une heure avant le lever du Soleil, Mercure et Vénus reçoivent la visite du vieux croissant lunaire juste au-dessus de l'horizon est-nord-est.

26e SEMAINE

27 00 Lundi (178-187). Cette semaine, partagez la pure joie de contempler l'épanouissement du cœur galactique au-dessus de l'horizon sud dans la douceur des premières nuits de l'été. Constellation de la Lune chaque jour à 0 h pour 45° de latitude nord et 0° de longitude : L-Tau, M-Tau, M-Gem, J-Gem, V-Cnc, S-Cnc, D-Leo.

27 00 TSMG (voir p. 17) : 18 h 20 m 22 s.

27 00 Entre 0 h 09 m et 0 h 37 m, la petite planète **1048 Feodosia** (diamètre 71 km ; magnitude 14,2) occulte une étoile de magnitude 11,2 (UCAC4 308-277395 ; ascension droite : 23 h 06 m 05 s ; déclinaison : - 28° 35′ 38″) dans la constellation du Poisson austral. La diminution d'éclat devrait atteindre 3,1 magnitudes et durer près de 9 secondes au maximum sur la bande de centralité du phénomène, qui balaye La Réunion. Calculs d'Éric Frappa (www.euraster.net).

27 01 Les quatre lunes galiléennes sont alignées dans le désordre à l'est du disque jovien : **Ganymède, Io, Europe et Callisto** ; à voir aux jumelles.

27 07 **Conjonction géocentrique en longitude entre la Lune (Tau) et Mercure** à 7 h 22 m (séparation : 3,9°). Une heure avant le lever du Soleil, cherchez ces astres au ras d'un horizon est-nord-est dégagé.

27 12 À midi, début du jour julien 2 459 758.

27 16 **Maximum de l'essaim météorique des Bootides de juin** (170 JBO), qui peut être actif du 22 juin au 2 juillet. Longitude héliocentrique prévue pour le maximum (équinoxe 2000.0) : 95,7°. Le niveau d'activité des Bootides était nul depuis 1927 – après avoir connu trois sursauts en 1916, 1921 et 1927 –, mais, en 1998, le nombre d'étoiles filantes par heure a varié de 50 à plus de 100 pendant une douzaine d'heures ! Très peu rapides (14 à 18 km/s), les Bootides de juin sont associées à la comète périodique 7P Pons-Winnecke (période de 6,32 années ; prochain passage au périhélie le 25 août 2027). L'activité, très faible en 2003, a été nettement plus importante en 2004, avec un taux horaire atteignant 50 vers la longitude héliocentrique 92,34°, soit le 23 juin 2004 vers 13 h 30 m ; en 2022, cette longitude sera atteinte le 24 juin vers 3 h 45 m. Il faut noter que ce pic avait été calculé et annoncé par plusieurs spécialistes des essaims (Sato, Shanov, Dubrowskiy, Vaubaillon et Lyytinen), ce qui démontre un accroissement sensible de la compréhension de sa dynamique. Il semblerait ainsi que la trajectoire de cet essaim ait lentement dérivé et qu'elle passe à présent à quelque 0,24 ua de l'orbite terrestre (36 millions de kilomètres environ) ; les sursauts de 1998 et 2004 auraient donc été provoqués par la rencontre avec des poussières relâchées dans le passé, probablement au cours du XIXe siècle. En 2022, le maximum se déroule dans un ciel sans Lune, il s'agit donc d'un essaim à surveiller.

28 00 Mardi (179-186). **Neptune est stationnaire** en ascension droite dans les Poissons et commence sa rétrogradation, qui prendra fin dans 158 jours, le 4 décembre 2022.

28 03 **Ce matin à l'aube, guettez un fin croissant lunaire de 0,9 %.** À 3 h 40 m, il est âgé de 23,5 heures avant la Nouvelle Lune ; il se situe à 2° de hauteur et à 55° d'azimut, alors que le Soleil se situe à 6° sous l'horizon. Un peu plus de 41 heures séparent ce vieux croissant du très jeune croissant que vous pourrez tenter de repérer demain soir.

Le 28 juin, levez-vous de bonne heure pour apprécier le lever d'un mince croissant de Lune. Selon les conditions atmosphériques, vous pourrez peut-être apprécier sa déformation éphémère au ras de l'horizon.
© Guillaume Cannat

28 23 **Jupiter est en quadrature** à l'ouest du Soleil.

29 00 Mercredi (180-185). **Le plus jeune croissant de la lunaison** peut être observé avec un instrument optique au Maroc et en Mauritanie. Si l'on parcourt la littérature astronomique, on constate que le record de visibilité d'un très fin croissant à l'œil nu semble se situer entre 15 et 15,5 heures. Avec un instrument, surtout si celui-ci est automatisé, il est envisageable de descendre jusqu'à une douzaine d'heures en visuel dans un ciel parfait. Et avec un capteur électronique, certains amateurs, comme le Français Thierry Legault, parviennent à photographier l'infime corde lunaire qui persiste lorsque notre satellite passe suffisamment loin au nord ou au sud du disque solaire lors de sa conjonction.

Randonnez sous le ciel étoilé lors des courtes nuits solsticiales et admirez le cœur de la Voie lactée dans l'une des quatre réserves internationales de ciel étoilé labelisées en France métropolitaine : pic du Midi, Cévennes, Alpes Azur Mercantour, Millevaches.

29 02 **Nouvelle Lune à 2 h 52 m (Gem).**

29 06 La Lune passe à l'apogée à 6 h 08 m.
Distance : 406 580 km, soit 63,75 rayons terrestres.

29 12 Le **Soleil** franchit le méridien à 68° de hauteur.

29 20 Ce soir au crépuscule, utilisez un instrument pour tenter de repérer un fin croissant lunaire de 0,6 %. À 20 h 20 m, il est âgé de 17,5 heures ; il se situe à 2° de hauteur et à 306° d'azimut, alors que le Soleil se situe à 5° sous l'horizon.

30 00 Jeudi (181-184). Période du maximum d'éclat de l'étoile variable R Dra (1632+66). R Dra est une variable de type Mira (variable à longue période) dont la magnitude oscille entre 6,7 et 13,2 ; sa période est de 245,6 jours.

30 11 **Conjonction géocentrique en longitude entre la Lune (Gem) et Pollux** à 11 h 34 m (séparation : 2,2°).
Une heure après le coucher du Soleil, la jeune Lune et ces deux étoiles sont alignées au ras de l'horizon nord-ouest (jumelles indispensables).

30 12 **Callisto est en conjonction inférieure** à 12 h 33 m. Elle est observable à proximité apparente du pôle Sud jovien.

30 20 **Ce soir au crépuscule, guettez un fin croissant lunaire de 2,8 %.** À 20 h 20 m, il est âgé de 41,5 heures ; il se situe à 8° de hauteur et à 297° d'azimut, alors que le Soleil se situe à 5° sous l'horizon.

30 23 L'étoile **Véga** de la Lyre passe au méridien à minuit.
Sa hauteur est alors de 84° sud. En Corse, Véga est pratiquement au zénith.

Les transits d'exoplanètes

Je vous indique ci-dessous une sélection de transits qui se produiront dans les mois à venir, mais, pour obtenir des éphémérides précises de l'ensemble des transits visibles depuis chez vous, allez sur Exoplanet Transit Database (var2.astro.cz/ETD), qui est le site référent au niveau mondial. Enfin, ne négligez pas la source incontournable d'informations qu'est l'Encyclopédie des planètes extrasolaires, exoplanet.eu, qui recensait 5 000 exoplanètes dans 3 687 systèmes planétaires, dont 817 systèmes avec plusieurs exoplanètes, au mois d'avril 2022.

Le 21 juin 2022 à 1 h 01 m, début du transit de l'exoplanète **TrES-3 b** devant son étoile ; le milieu du transit est prévu à 1 h 39 m et la fin à 2 h 18 m. TrES-3 b, une exoplanète de 1,92 masse jovienne, est en orbite autour de l'étoile TrES-3 (Hercule ; ascension droite : 17 h 52 m 07 s ; déclinaison : 37° 32′ 46″) de magnitude 12,4 ; la baisse de luminosité durant le transit est de 0,029 magnitude. La période orbitale de cette exoplanète est de 1,306 19 jour.

Le 25 juillet 2022 à 0 h 48 m, début du transit de l'exoplanète **WASP-33 b** devant son étoile ; le milieu du transit est prévu à 2 h 09 m et la fin à 3 h 31 m. WASP-33 b, une exoplanète de plus de 4,1 masses joviennes, est en orbite autour de l'étoile WASP-33 (Andromède ; ascension droite : 2 h 26 m 52 s ; déclinaison : 37° 33′ 02″) de magnitude 8,3 ; la baisse de luminosité durant le transit est de 0,015 magnitude. La période orbitale de cette exoplanète est de 1,219 867 jour.

Le 22 août 2022 à 0 h 25 m, début du transit de l'exoplanète **TrES-1 b** devant son étoile ; le milieu du transit est prévu à 1 h 40 m et la fin à 2 h 55 m. TrES-1 b, une exoplanète de 0,61 masse jovienne, est en orbite autour de l'étoile TrES-1 (Lyre ; ascension droite : 19 h 04 m 09,8 s ; déclinaison : 36° 37′ 57,5″) de magnitude 11,79 ; la baisse de luminosité durant le transit est de 0,021 magnitude. La période orbitale de cette exoplanète est de 3,030 073 jours.

Le 8 octobre 2022 à 19 h 53 m, début du transit de l'exoplanète **HD 189 733 b** devant son étoile ; le milieu du transit est prévu à 20 h 48 m et la fin à 21 h 43 m. HD 189 733 b, une exoplanète de 1,13 masse jovienne, est en orbite autour de l'étoile HD 189 733 (Petit Renard ; ascension droite : 20 h 00 m 43,7 s ; déclinaison : 22° 42′ 39″) de magnitude 7,67 ; la baisse de luminosité durant le transit est de 0,028 magnitude. La période orbitale de cette exoplanète est de 2,218 573 jours. Située juste à côté de la nébuleuse Dumbell (Messier 27), l'étoile de cette exoplanète est facile à trouver.

Le 20 novembre 2022 à 18 h 14 m, début du transit de l'exoplanète **HD 209 458 b** devant son étoile ; le milieu du transit est prévu à 19 h 46 m et la fin à 21 h 18 m. HD 209 458 b, une exoplanète de 0,68 masse jovienne, est en orbite autour de l'étoile HD 209 458 (Pégase ; ascension droite : 22 h 03 m 10 s ; déclinaison : 18° 53′ 04″) de magnitude 7,65 ; la baisse de luminosité durant le transit est de 0,016 magnitude. La période orbitale de cette exoplanète est de 3,524 748 jours.

Le 2 décembre 2022 à 16 h 09 m, début du transit de l'exoplanète **CoRoT-2 b** devant son étoile ; le milieu du transit est prévu à 17 h 17 m et la fin à 18 h 26 m. CoRoT-2 b, une exoplanète de 3,3 masses joviennes, est en orbite autour de l'étoile CoroT-2 (Aigle ; ascension droite : 19 h 27 m 6,52 s ; déclinaison : 1° 23′ 01,7″) de magnitude 12,6 ; la baisse de luminosité durant le transit est de 0,032 magnitude. La période orbitale de cette exoplanète est de 1,742 993 jour.

Le 9 décembre 2022 à 16 h 32 m, début du transit de l'exoplanète **HAT-P-1 b** devant son étoile ; le milieu du transit est prévu à 17 h 52 m et la fin à 19 h 12 m. HAT-P-1 b, une exoplanète de 0,5 masse jovienne, est en orbite autour de l'étoile HAT-P-1 (Lézard ; ascension droite : 22 h 57 m 47 s ; déclinaison : 38° 40′ 30″) de magnitude 10,4 ; la baisse de luminosité durant le transit est de 0,017 magnitude. La période orbitale de cette exoplanète est de 4,465 jours.

Le 22 janvier 2023 à 19 h 03 m, début du transit de l'exoplanète **WASP-33 b** devant son étoile ; le milieu du transit est prévu à 20 h 24 m et la fin à 21 h 46 m. WASP-33 b, une exoplanète de plus de 4,1 masses joviennes, est en orbite autour de l'étoile WASP-33 (Andromède ; ascension droite : 2 h 26 m 52 s ; déclinaison : 37° 33′02″) de magnitude 8,3 ; la baisse de luminosité durant le transit est de 0,015 magnitude. La période orbitale de cette exoplanète est de 1,219 867 jour.

Le 25 mars 2023 à 1 h 12 m, début du transit de l'exoplanète **XO-1 b** devant son étoile ; le milieu du transit est prévu à 2 h 42 m et la fin à 4 h 11 m. XO-1 b, une exoplanète de 0,9 masse jovienne, est en orbite autour de l'étoile XO-1 (Couronne boréale ; ascension droite : 16 h 02 m 12 s ; déclinaison : 28° 10′ 11″) de magnitude 11,3 ; la baisse de luminosité durant le transit est de 0,017 magnitude. La période orbitale de cette exoplanète est de 3,941 534 jours.

Le 7 mai 2023 à 1 h 23 m, début du transit de l'exoplanète **TrES-3 b** devant son étoile ; le milieu du transit est prévu à 2 h 02 m et la fin à 2 h 40 m. TrES-3 b, une exoplanète de 1,92 masse jovienne, est en orbite autour de l'étoile TrES-3 (Hercule ; ascension droite : 17 h 52 m 07 s ; déclinaison : 37° 32′ 46″) de magnitude 12,4 ; la baisse de luminosité durant le transit est de 0,029 magnitude. La période orbitale de cette exoplanète est de 1,306 19 jour.

Le 31 mai 2023 à 23 h 56 m, début du transit de l'exoplanète **HD 189 733 b** devant son étoile ; le milieu du transit est prévu le 1er juin à 0 h 51 m et la fin à 1 h 46 m.

Le Soleil et les planètes

	JOUR	ASCENSION DROITE	DÉCLINAISON	CONSTELLATION	Ø APPARENT	ÉQUATION DU TEMPS	DISTANCE	DISTANCE LUMIÈRE	LEVER	MÉRIDIEN	HAUTEUR	COUCHER
		h m s	° ′ ″			m s	ua	m s	h m	h m		h m
Soleil	2	4 39 44	+ 22 09 23	Tau	31′ 33″	- 2 04	1,0141	8 26	04 16	11 58	67°	19 40
	6	4 56 11	+ 22 37 40	Tau	31′ 31″	- 1 23	1,0147	8 26	04 14	11 59	68°	19 43
	10	5 12 43	+ 22 59 35	Tau	31′ 31″	- 0 38	1,0152	8 27	04 13	11 59	68°	19 46
	14	5 29 18	+ 23 15 01	Tau	31′ 30″	+ 0 11	1,0156	8 27	04 13	12 00	68°	19 48
	18	5 45 55	+ 23 23 54	Tau	31′ 29″	+ 1 03	1,0160	8 27	04 13	12 01	68°	19 50
	22	6 02 34	+ 23 26 11	Gem	31′ 28″	+ 1 55	1,0163	8 27	04 14	12 02	68°	19 51
	26	6 19 12	+ 23 21 53	Gem	31′ 28″	+ 2 47	1,0165	8 27	04 15	12 03	68°	19 51
	30	6 35 47	+ 23 10 59	Gem	31′ 28″	+ 3 36	1,0167	8 27	04 17	12 04	68°	19 51

	JOUR	ASCENSION DROITE	DÉCLINAISON	CONSTELLATION	MAGNITUDE	Ø APPARENT	ÉLONGATION	DISTANCE	FRACTION ÉCLAIRÉE	LEVER	MÉRIDIEN	HAUTEUR	COUCHER
		h m s	° ′ ″					ua		h m	h m		h m
Mercure	2	3 38 55	+ 15 42 48	Tau	3,2	11,1	15,3° O	0,6036	10 %	03 48	10 55	61°	18 02
	6	3 40 02	+ 15 27 09	Tau	2,6	10,3	18,9° O	0,6504	16 %	03 34	10 41	60°	17 48
	10	3 45 39	+ 15 44 35	Tau	2,1	9,5	21,4° O	0,7084	24 %	03 23	10 32	61°	17 40
	14	3 55 43	+ 16 30 22	Tau	1,5	8,7	22,7° O	0,7758	31 %	03 14	10 26	62°	17 39
	18	4 10 04	+ 17 37 53	Tau	1,0	7,9	22,9° O	0,8509	40 %	03 07	10 25	63°	17 44
	22	4 28 37	+ 18 59 35	Tau	0,6	7,2	22,2° O	0,9319	49 %	03 04	10 29	64°	17 54
	26	4 51 22	+ 20 27 02	Tau	0,1	6,6	20,5° O	1,0166	59 %	03 04	10 36	66°	18 09
	30	5 18 20	+ 21 50 31	Tau	- 0,4	6,1	17,9° O	1,1016	70 %	03 08	10 48	67°	18 28
Vénus	2	2 14 09	+ 11 21 10	Ari	- 4,0	13,7	36,3° O	1,2261	78 %	02 43	09 33	57°	16 24
	6	2 32 19	+ 12 53 42	Ari	- 4,0	13,4	35,5° O	1,2524	79 %	02 38	09 35	58°	16 33
	10	2 50 45	+ 14 22 09	Ari	- 4,0	13,2	34,6° O	1,2783	81 %	02 35	09 38	60°	16 42
	14	3 09 27	+ 15 45 50	Ari	- 4,0	12,9	33,7° O	1,3036	82 %	02 31	09 41	61°	16 51
	18	3 28 27	+ 17 04 01	Tau	- 3,9	12,7	32,7° O	1,3283	83 %	02 28	09 44	62°	17 00
	22	3 47 45	+ 18 15 57	Tau	- 3,9	12,4	31,8° O	1,3524	84 %	02 26	09 47	63°	17 09
	26	4 07 21	+ 19 20 56	Tau	- 3,9	12,2	30,9° O	1,3759	85 %	02 25	09 51	64°	17 18
	30	4 27 14	+ 20 18 17	Tau	- 3,9	12	29,9° O	1,3987	86 %	02 25	09 56	65°	17 27
Mars	6	0 35 34	+ 1 54 11	Cet	0,7	6,5	66,4° O	1,4301	87 %	01 27	07 38	47°	13 49
	14	0 57 14	+ 4 09 43	Psc	0,6	6,7	68,2° O	1,3874	87 %	01 08	07 28	49°	13 48
	22	1 18 46	+ 6 21 13	Psc	0,5	7	70,0° O	1,3451	86 %	00 49	07 18	51°	13 47
	30	1 40 13	+ 8 27 19	Psc	0,5	7,2	71,9° O	1,3028	86 %	00 31	07 08	54°	13 45
Jupiter	6	0 18 26	+ 0 42 08	Psc	- 2,3	37,8	70,8° O	5,2064	99 %	01 15	07 20	46°	13 25
	14	0 22 35	+ 1 06 54	Psc	- 2,4	38,7	77,3° O	5,0878	99 %	00 46	06 53	46°	12 59
	22	0 26 11	+ 1 27 57	Psc	- 2,4	39,6	84,0° O	4,9662	99 %	00 16	06 25	46°	12 33
	30	0 29 11	+ 1 44 58	Cet	- 2,5	40,7	90,8° O	4,8431	99 %	23 43	05 56	47°	12 05
Saturne	6	21 51 40	- 14 10 02	Cap	0,7	17,4	110,0° O	9,4918	100 %	23 45	04 53	31°	09 57
	14	21 51 27	- 14 12 46	Cap	0,7	17,7	117,8° O	9,3699	100 %	23 14	04 22	31°	09 26
	22	21 50 50	- 14 17 32	Cap	0,6	17,9	125,6° O	9,2564	100 %	22 42	03 50	31°	08 53
	30	21 49 50	- 14 24 12	Cap	0,6	18,1	133,5° O	9,1533	100 %	22 10	03 17	31°	08 20
Uranus	6	2 56 50	+ 16 26 45	Ari	5,9	3,4	28,7° O	20,5840	100 %	02 47	09 58	61°	17 09
	18	2 59 14	+ 16 36 57	Ari	5,8	3,4	39,6° O	20,4710	100 %	02 01	09 13	62°	16 25
	30	3 01 23	+ 16 45 53	Ari	5,8	3,4	50,5° O	20,3280	100 %	01 15	08 28	62°	15 40
Neptune	6	23 44 37	- 2 55 54	Psc	7,9	2,2	80,0° O	30,0770	100 %	00 55	06 46	42°	12 37
	18	23 45 02	- 2 53 54	Psc	7,9	2,2	91,4° O	29,8750	100 %	00 09	05 59	42°	11 50
	30	23 45 09	- 2 53 45	Psc	7,9	2,3	102,8° O	29,6750	100 %	23 18	05 12	42°	11 03

Les éphémérides du Soleil, des planètes et de la Lune proposées sur ces deux pages sont calculées à 0 h TU pour une latitude de 45° nord et une longitude de 0°.

La Lune

	JOUR	ASCENSION DROITE	DÉCLINAISON	CONSTELLATION	Ø APPARENT	PARALLAXE HORIZONTALE	FRACTION ÉCLAIRÉE	JOUR	ÉLONGATION	DISTANCE	LEVER	MÉRIDIEN	HAUTEUR	COUCHER
		h m s	° ′ ″							km	h m	h m		h m
M 1	152	5 47 12	26 23 50	Tau	29′ 27″	54′ 02″	2 %	1,5	16° E	405 761	5 h 21	13 h 37	72°	21 h 56
J 2	153	6 40 10	26 56 19	Gem	29′ 25″	53′ 59″	6 %	2,5	27° E	406 191	6 h 10	14 h 28	71°	22 h 43
V 3	154	7 32 57	26 14 46	Gem	29′ 27″	54′ 02″	11 %	3,5	38° E	405 806	7 h 06	15 h 18	70°	23 h 21
S 4	155	8 24 42	24 22 01	Cnc	29′ 32″	54′ 13″	17 %	4,5	49° E	404 498	8 h 09	16 h 06	67°	23 h 53
D 5	156	9 14 52	21 24 21	Cnc	29′ 43″	54′ 31″	25 %	5,5	60° E	402 182	9 h 14	16 h 53	63°	
L 6	157	10 03 21	17 30 03	Leo	29′ 58″	54′ 59″	34 %	6,5	71° E	398 819	10 h 20	17 h 38	59°	0 h 19
M 7	158	10 50 28	12 48 16	Leo	30′ 18″	55′ 35″	44 %	7,5	83° E	394 443	11 h 28	18 h 21	53°	0 h 42
M 8	159	11 36 51	7 28 29	Leo	30′ 42″	56′ 21″	54 %	8,5	94° E	389 180	12 h 36	19 h 05	47°	1 h 02
J 9	160	12 23 26	1 40 56	Vir	31′ 11″	57′ 13″	64 %	9,5	106° E	383 261	13 h 47	19 h 50	41°	1 h 21
V 10	161	13 11 17	- 4 22 22	Vir	31′ 42″	58′ 10″	74 %	10,5	119° E	377 030	15 h 01	20 h 38	35°	1 h 41
S 11	162	14 01 38	- 10 25 59	Vir	32′ 13″	59′ 07″	83 %	11,5	132° E	370 926	16 h 18	21 h 29	29°	2 h 03
D 12	163	14 55 42	- 16 09 26	Lib	32′ 42″	60′ 00″	91 %	12,5	145° E	365 453	17 h 40	22 h 26	23°	2 h 29
L 13	164	15 54 24	- 21 06 22	Sco	33′ 05″	60′ 43″	97 %	13,5	159° E	361 117	19 h 04	23 h 27	19°	3 h 02
M 14	165	16 57 54	- 24 46 38	Oph	33′ 21″	61′ 11″	100 %	14,5	173° E	358 351	20 h 23			3 h 45
M 15	166	18 05 01	- 26 42 21	Sgr	33′ 26″	61′ 21″	100 %	15,5	173° O	357 433	21 h 32	0 h 33	17°	4 h 42
J 16	167	19 13 10	- 26 37 31	Sgr	33′ 20″	61′ 11″	96 %	16,5	158° O	358 435	22 h 26	1 h 41	18°	5 h 52
V 17	168	20 19 18	- 24 34 57	Cap	33′ 05″	60′ 42″	90 %	17,5	144° O	361 205	23 h 06	2 h 45	20°	7 h 11
S 18	169	21 21 12	- 20 54 24	Cap	32′ 42″	60′ 00″	82 %	18,5	130° O	365 409	23 h 37	3 h 45	24°	8 h 33
D 19	170	22 18 07	- 16 03 55	Aqr	32′ 15″	59′ 10″	73 %	19,5	117° O	370 601		4 h 39	29°	9 h 52
L 20	171	23 10 29	- 10 31 06	Aqr	31′ 45″	58′ 16″	62 %	20,5	104° O	376 303	0 h 01	5 h 28	35°	11 h 07
M 21	172	23 59 23	- 4 38 53	Psc	31′ 16″	57′ 23″	51 %	21,5	91° O	382 076	0 h 22	6 h 14	41°	12 h 18
M 22	173	0 46 03	1 15 01	Cet	30′ 50″	56′ 35″	41 %	22,5	79° O	387 563	0 h 42	6 h 58	47°	13 h 26
J 23	174	1 31 42	6 56 49	Psc	30′ 27″	55′ 52″	31 %	23,5	67° O	392 507	1 h 01	7 h 40	53°	14 h 33
V 24	175	2 17 24	12 14 59	Ari	30′ 07″	55′ 16″	22 %	24,5	56° O	396 752	1 h 20	8 h 24	59°	15 h 40
S 25	176	3 04 02	16 58 59	Ari	29′ 51″	54′ 47″	15 %	25,5	45° O	400 224	1 h 43	9 h 08	63°	16 h 46
D 26	177	3 52 13	20 58 23	Tau	29′ 39″	54′ 25″	9 %	26,5	34° O	402 911	2 h 09	9 h 55	67°	17 h 52
L 27	178	4 42 14	24 02 57	Tau	29′ 31″	54′ 10″	4 %	27,5	23° O	404 839	2 h 40	10 h 43	70°	18 h 54
M 28	179	5 33 56	26 03 26	Tau	29′ 26″	54′ 00″	1 %	28,5	12° O	406 044	3 h 19	11 h 33	71°	19 h 51
M 29	180	6 26 43	26 52 56	Gem	29′ 23″	53′ 56″	0 %	29,5	1° O	406 558	4 h 06	12 h 24	72°	20 h 40
J 30	181	7 19 39	26 28 26	Gem	29′ 24″	53′ 57″	1 %	0,9	10° E	406 391	5 h 00	13 h 14	70°	21 h 21

La Lune des spécialistes

	Libration		Angle de position	
	l	b	axe	phase
1	0,2°	- 3,9°	360,0°	261,4°
2	- 1,2°	- 5,0°	5,0°	268,1°
3	- 2,5°	- 5,8°	9,9°	274,2°
4	- 3,8°	- 6,4°	14,1°	279,9°
5	- 5,0°	- 6,7°	17,7°	284,8°
6	- 6,0°	- 6,8°	20,3°	288,8°
7	- 6,8°	- 6,5°	21,9°	291,7°
8	- 7,3°	- 5,9°	22,6°	293,6°
9	- 7,5°	- 5,0°	22,3°	294,2°
10	- 7,3°	- 3,8°	21,0°	293,5°
11	- 6,7°	- 2,3°	18,6°	291,0°
12	- 5,6°	- 0,7°	15,1°	286,3°
13	- 4,1°	1,1°	10,4°	277,6°
14	- 2,3°	2,8°	4,7°	252,7°
15	- 0,3°	4,3°	358,3°	119,4°
16	1,7°	5,5°	351,9°	95,5°
17	3,7°	6,3°	346,3°	84,6°
18	5,3°	6,7°	342,0°	77,1°
19	6,5°	6,7°	339,1°	71,8°
20	7,3°	6,2°	337,7°	68,4°
21	7,7°	5,4°	337,4°	66,6°
22	7,6°	4,4°	338,2°	66,2°
23	7,1°	3,1°	339,9°	67,2°
24	6,3°	1,8°	342,3°	69,4°
25	5,3°	0,4°	345,5°	72,9°
26	4,1°	- 1,0°	349,4°	77,9°
27	2,8°	- 2,4°	353,8°	84,8°
28	1,4°	- 3,6°	358,7°	96,3°
29	0,1°	- 4,7°	3,7°	158,0°
30	- 1,3°	- 5,6°	8,6°	258,3°

Phases et distances

Jour	Heure en TU	Distance en km	Ø apparent
7	PQ à 14 h 48 m	391 290	30,5′
14	PL à 11 h 52 m	357 656	33,4′
21	DQ à 3 h 11 m	382 827	31,2′
29	NL à 2 h 52 m	406 574	29,4′
2	Apogée à 1 h 13 m	406 192	29,4′
14	Périgée à 23 h 23 m	357 432	33,4′
29	Apogée à 6 h 08 m	406 580	29,4′

Reportez-vous pages 7 à 15 pour trouver des renseignements détaillés sur l'utilisation de ces différentes informations.
Consultez les tableaux de corrections horaires (pages 340 et 341) pour adapter les heures de lever, de passage au méridien et de coucher en fonction de votre lieu d'observation.

JUILLET 2022

1re quinzaine vers 22 h TU - 2e quinzaine vers 21 h TU

Pour	Utilisez la carte de
17-18 h	*mai*
19-20 h	*juin*
23-0 h	août
1-2 h	septembre
3-4 h	*octobre*
5-6 h	*novembre*

Vous pouvez également utiliser cette carte en :
août vers 19-20 h
septembre vers 17-18 h
mars vers 5-6 h
avril vers 3-4 h
mai vers 1-2 h
juin vers 23-0 h
(valable uniquement pour les étoiles)

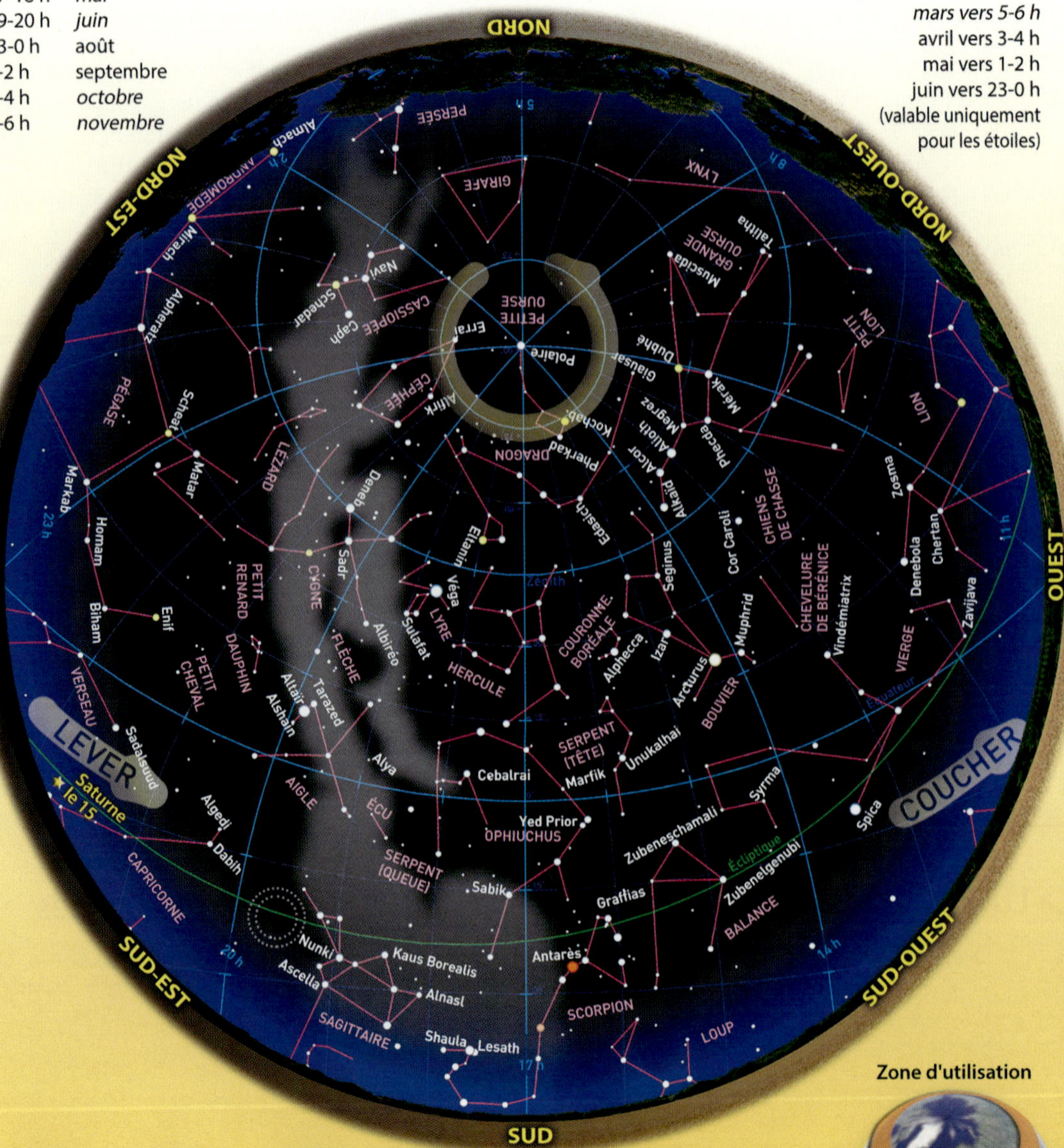

7 juillet	13 juillet	20 juillet	28 juillet
Premier Quartier	**Pleine Lune (maxi 2022)**	**Dernier Quartier**	**Nouvelle Lune**
Vierge	*Sagittaire*	*Poissons*	*Cancer*

Magnitudes
-1 0 1 2 3 4 4,5 et +

Zone d'utilisation

38° à 52° nord

À L'ORÉE DE L'AUBE EN JUILLET 2022

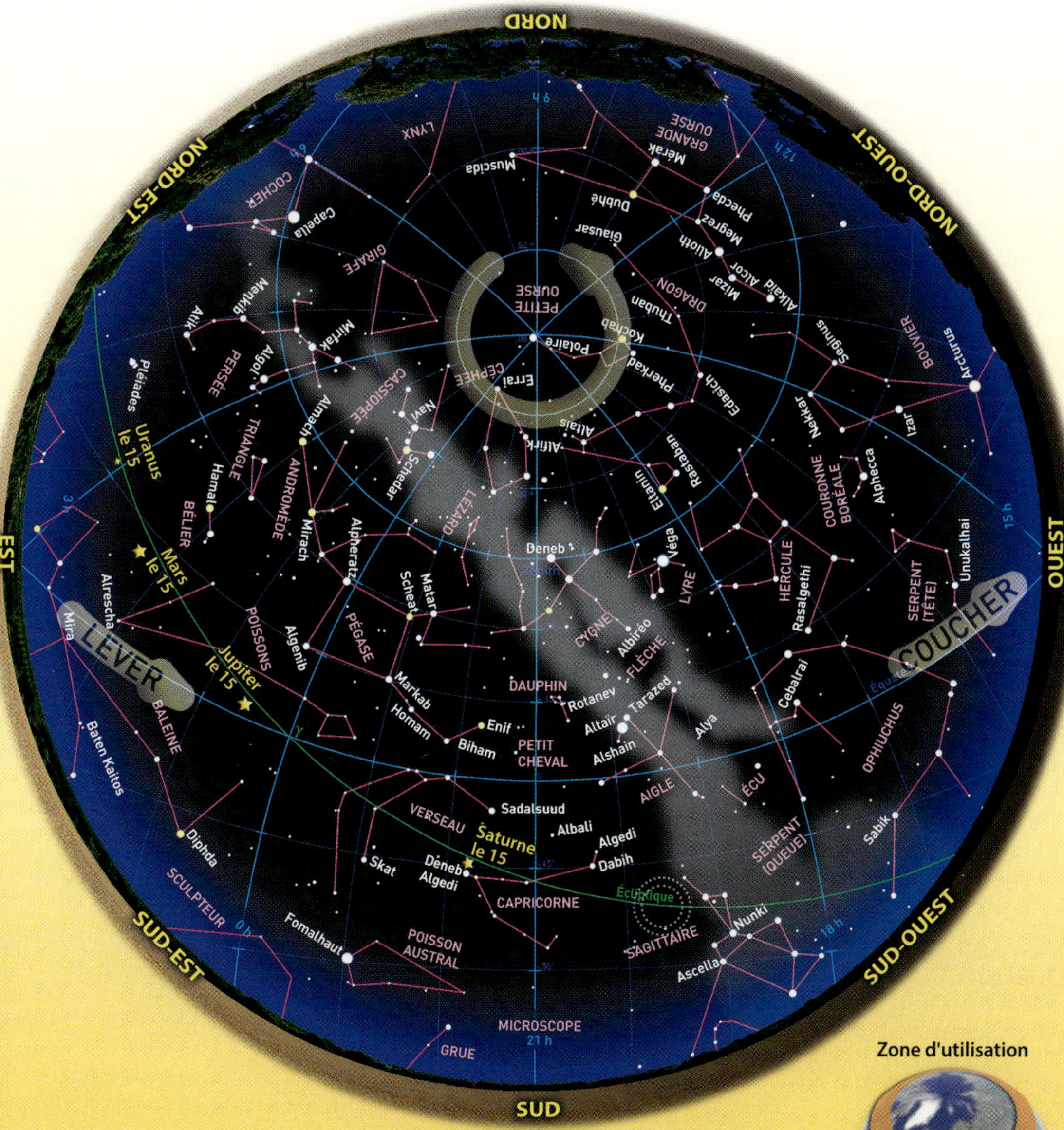

Zone d'utilisation

38° à 52° nord

Vous trouverez des conseils pour l'utilisation de ces cartes en début d'ouvrage.

JUILLET 2022

La Lune et les planètes

Mercure

Nord. Sa période de visibilité à l'aube se termine début juillet et elle est en conjonction avec le Soleil le 16. Son retour dans le ciel crépusculaire du soir est handicapé par l'inclinaison de l'écliptique, qui la maintient au ras de l'horizon ouest-nord-ouest juste après le coucher du Soleil.
Tropiques. Les conditions de son retour sont extrêmement favorables et Mercure entame sa meilleure période de visibilité en soirée pour 2022.

Vénus

Nord. Son élongation solaire passe de 30° à 22° en juillet, mais le redressement de l'écliptique dans le ciel de l'aube lui permet de se lever un peu moins de deux heures avant le Soleil durant tout le mois. Elle est donc fidèle au rendez-vous tous les matins et vous la trouverez sans peine à l'œil nu une heure avant le lever du Soleil à plus de 5° de hauteur au-dessus de l'horizon est-nord-est. Si vous regardez cette planète dans une lunette avec un grossissement d'une cinquantaine de fois, vous verrez une petite bille agitée par la turbulence toujours plus forte à l'horizon. Le schéma de la p. 44 montre la trajectoire de Vénus dans le ciel de l'aube.
Tropiques. Les conditions de visibilité sont un peu meilleures qu'en Europe sous le tropique du Cancer et un peu moins bonnes sous celui du Capricorne.

Mars

Nord. Elle quitte les Poissons pour le Bélier le 8, poursuivant sa route vers l'est de l'écliptique. Le solstice d'été se produit le 21 juillet pour l'hémisphère Sud martien ; durant cette période, sa calotte polaire australe diminue fortement et de grandes tempêtes de poussières peuvent se développer et voiler des portions plus ou moins importantes de son globe. Celui-ci est encore petit (8″) vu de la Terre, mais la planète est de plus en plus haute en fin de nuit et les conditions d'observation s'améliorent. Le 31, l'élongation de Mars atteint 80° et elle se lève en milieu de nuit, ce qui lui permet de surplomber l'horizon est-sud-est d'une trentaine de degrés en fin de nuit.
Tropiques. Très bonnes conditions d'observation.

Jupiter

Nord et tropiques. Circulant à l'extrême nord-ouest de la Baleine, elle surplombe à l'orée de l'aube l'horizon est-sud-est d'une vingtaine de degrés le 1er et l'horizon sud-sud-est de plus de 40° le 31. Elle est stationnaire le 28 et commence une rétrogradation de près de quatre mois et de 9° d'ascension droite. Son éclat continue de croître pour dépasser la magnitude - 2,7 fin juillet pour un diamètre apparent équatorial de 45″. Les formations nuageuses de son atmosphère sont parfaitement visibles dans les instruments d'amateur ; dans un télescope de grand diamètre, vous percevrez même leurs couleurs pastel, notamment l'orange du tourbillon de la grande tache rouge.

Saturne

Nord. Dans le Capricorne, elle se lève en milieu de nuit le 1er et brille à plus de 25° de hauteur au-dessus de l'horizon sud-sud-est à l'orée de l'aube. Le 31, une quinzaine de jours avant son opposition, elle se hisse à l'est-sud-est une demi-heure à peine après le coucher du Soleil et franchit le méridien en seconde partie de nuit à près de 30° de hauteur. Nous sommes au début de la meilleure période de l'année pour l'observer aux instruments. Il faut un grossissement d'une trentaine de fois pour commencer à voir ses merveilleux anneaux, dont le diamètre apparent atteint 42,2″ en fin de mois. Son éclat est moins intense que celui de Jupiter (magnitude 0,4 le 30), mais les étoiles qui l'entourent ne sont pas très brillantes, ce qui facilite son repérage.
Tropiques. Les conditions d'observation sont excellentes.

Mi-juillet, Uranus (Bélier) surplombe l'horizon est d'une quinzaine de degrés à l'orée de l'aube (carte de repérage p. 52) et, dans un site protégé offrant un ciel bien sombre, il est possible de la voir aux jumelles. Neptune (Poissons) est alors à près de 35° de hauteur au-dessus de l'horizon sud-est et il faut un instrument pour parvenir à la repérer (magnitude 7,9) avec l'aide de la carte de la p. 53.

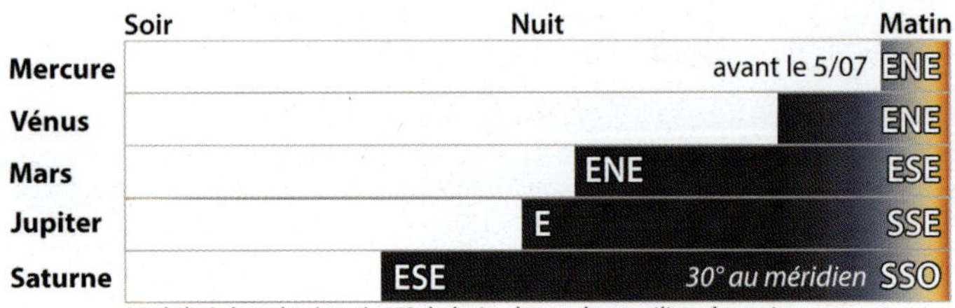

Visibilité des planètes à 45° de latitude nord, en milieu de mois.

Planétaire

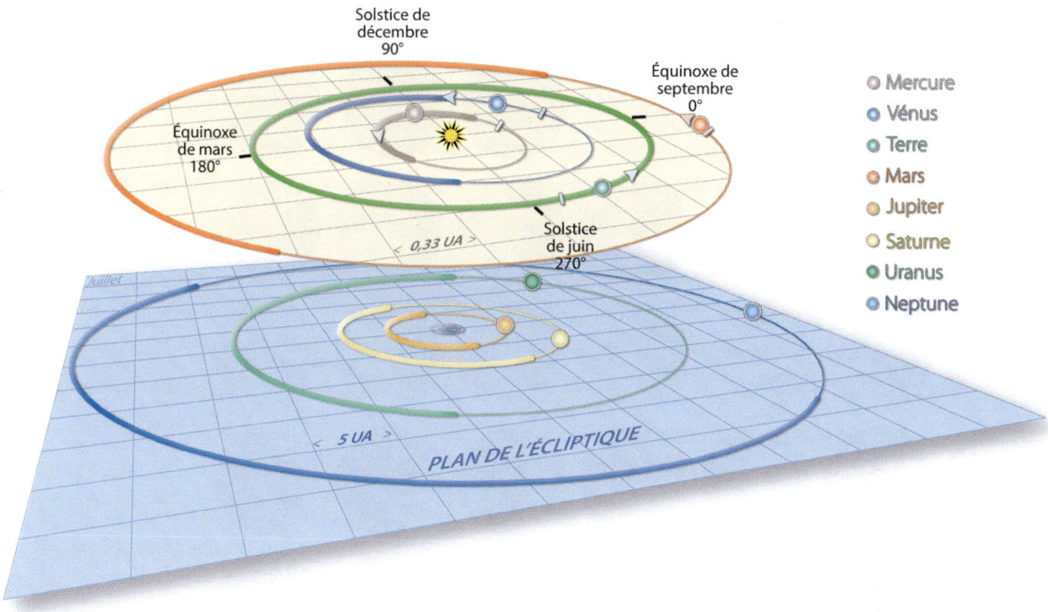

Vous trouverez en pages 67 et 69 des explications complètes sur ces deux schémas.

Le calendrier lunaire

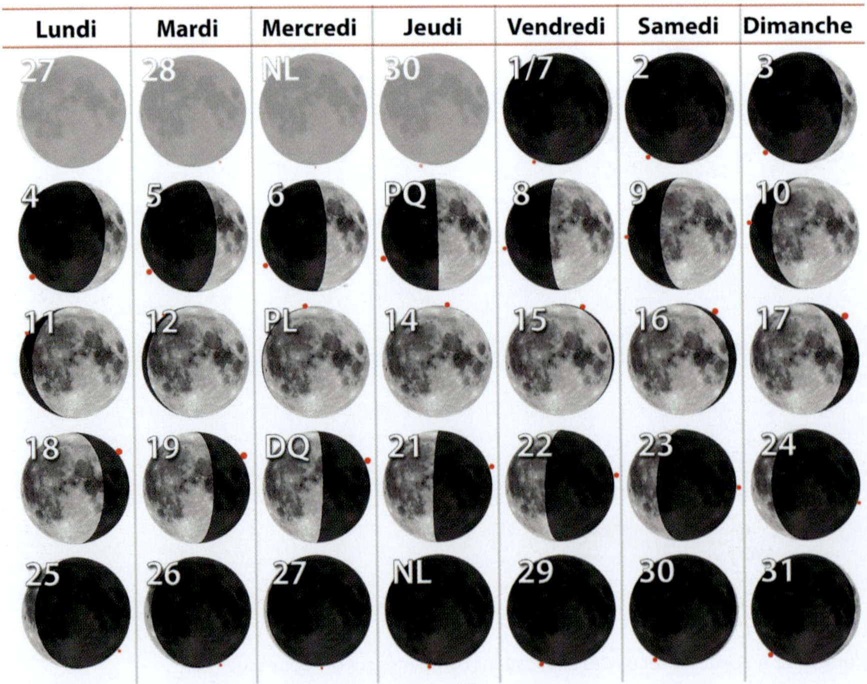

	Longitude du terminateur	
	Soleil levant	Soleil couchant
1er/07	293°	
2	305°	
3	318°	
4	330°	
5	342°	
6	354°	
7	7°	
8	19°	
9	31°	
10	43°	
11	55°	
12	68°	
13	80°	
14		92°
15		104°
16		116°
17		128°
18		141°
19		153°
20		165°
21		177°
22		190°
23		202°
24		214°
25		226°
26		239°
27		251°
28		263°
29	275°	
30	288°	
31	300°	

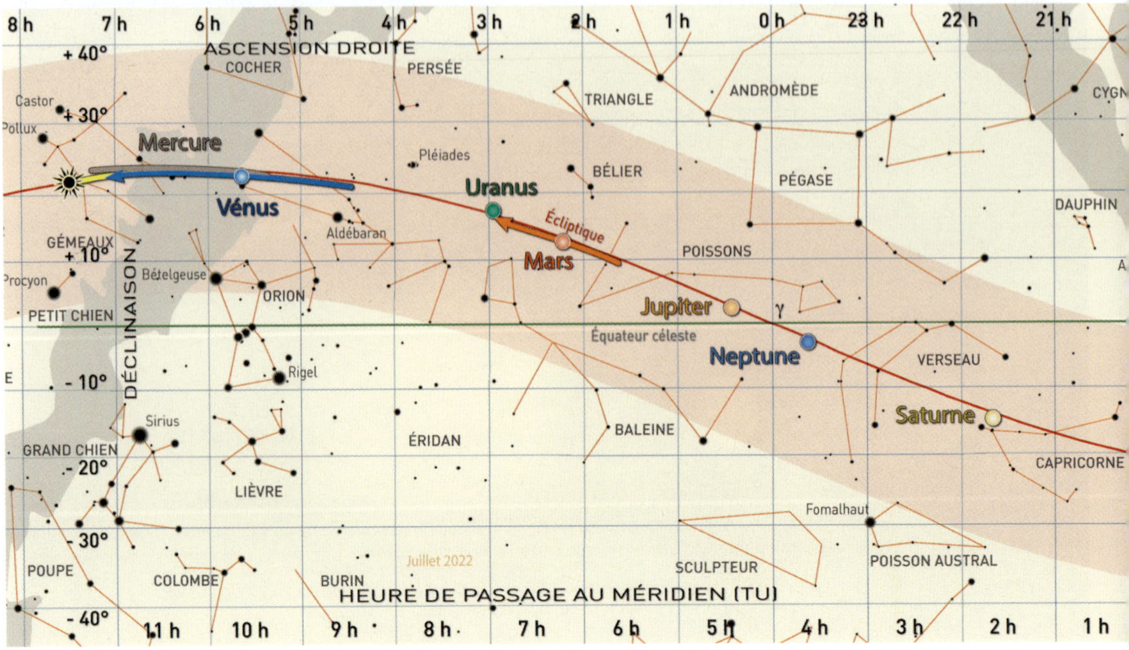

Hauteur mensuelle de la Lune

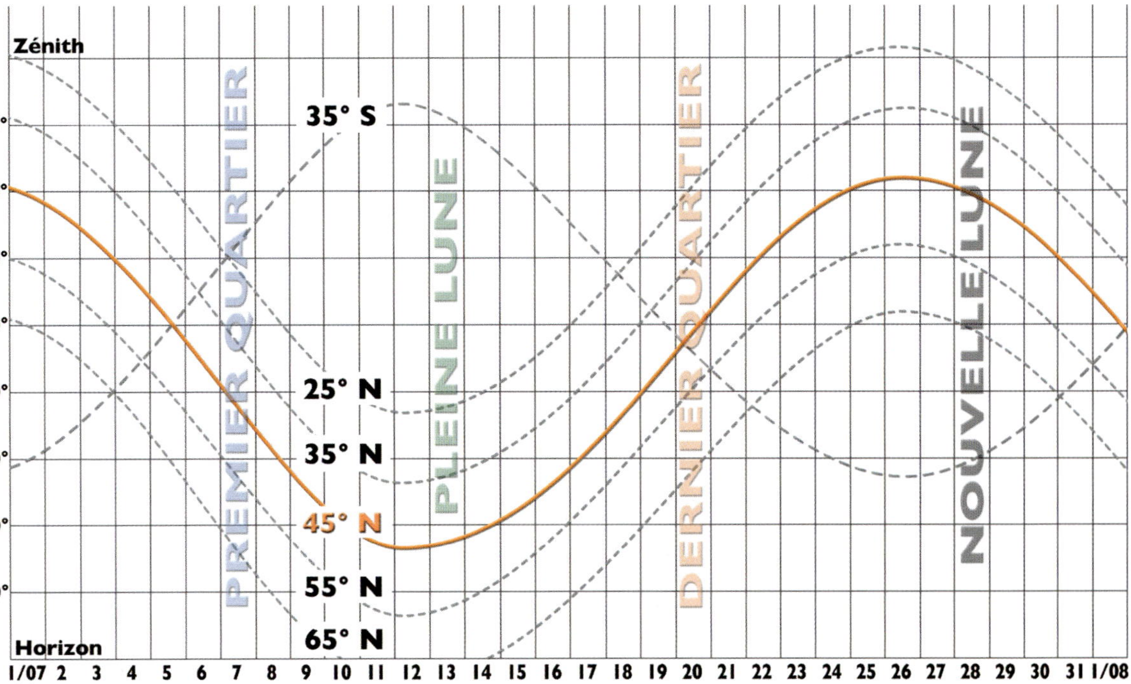

Le 1er juillet à 0 h TU, la Lune est âgée de 1,9 jour.

La Lune atteint sa plus grande déclinaison vers le nord le 26 (26,9°) et sa plus grande déclinaison vers le sud le 13 (- 26,9°).

Attention, le calendrier lunaire ne rend pas compte de la variation du diamètre apparent de la Lune, qui apparaît plus ou moins grosse en fonction de son éloignement. Vous trouverez des valeurs de distance et de diamètre lunaires dans les phénomènes au jour le jour et dans les tableaux de fin de mois.

Vous trouverez en pages 35, 69, 70 et 71 des explications complètes sur ces trois schémas et ce tableau.

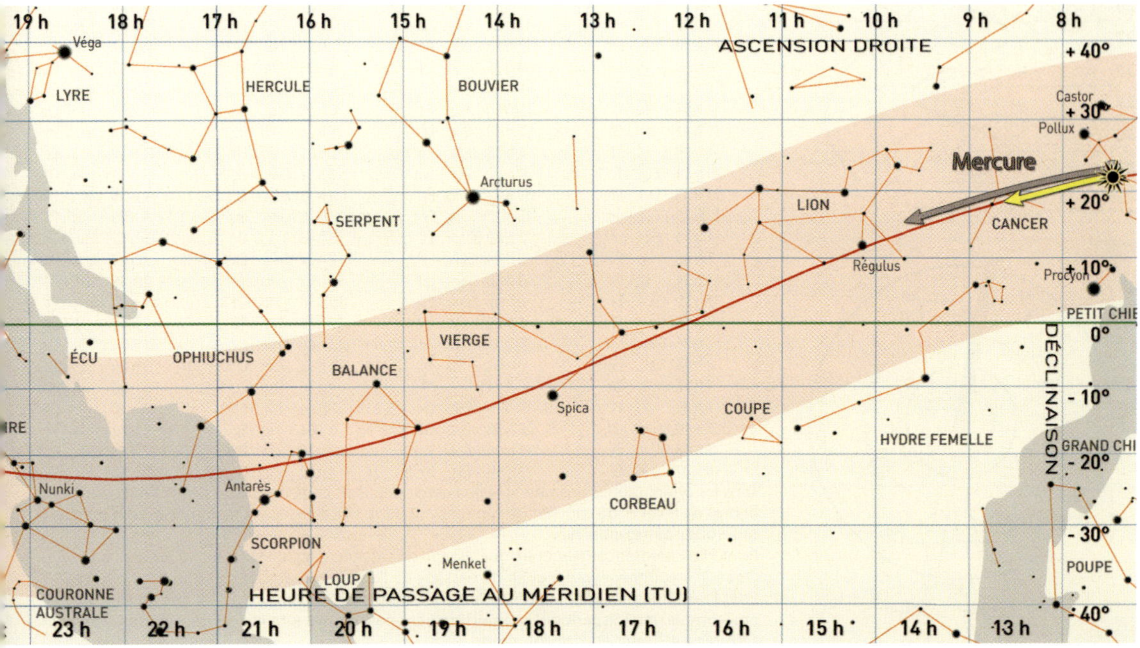

JUILLET 2022

Satellites de Jupiter

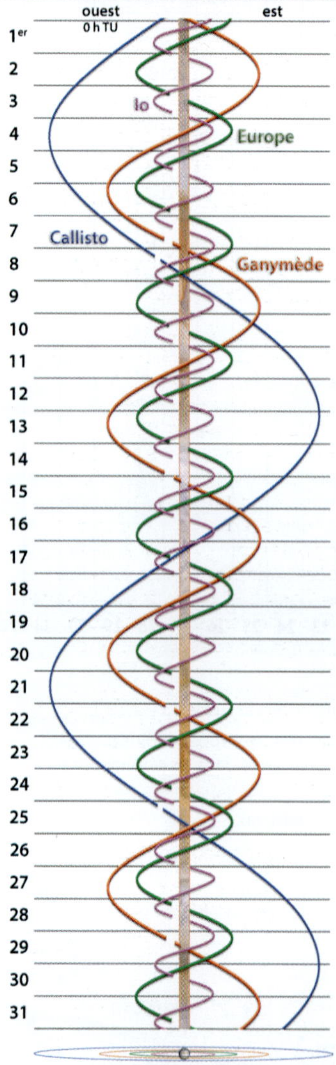

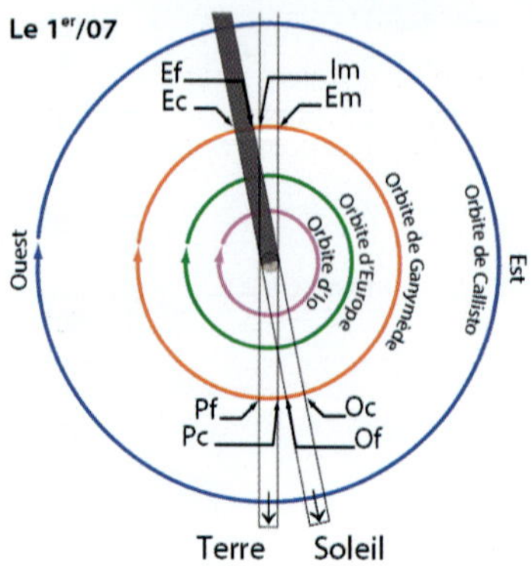

Passages de la tache rouge de Jupiter au méridien central

1er/07 : 8 h 10 ; 18 h 06.
2 : 4 h 02 ; 13 h 57 ; 23 h 53.
3 : 9 h 49 ; 19 h 44.
4 : 5 h 40 ; 15 h 36.
5 : 1 h 31 ; 11 h 27 ; 21 h 23.
6 : 7 h 18 ; 17 h 14.
7 : 3 h 10 ; 13 h 05 ; 23 h 01.
8 : 8 h 57 ; 18 h 52.
9 : 4 h 48 ; 14 h 44.
10 : 0 h 39 ; 10 h 35 ; 20 h 31.
11 : 6 h 26 ; 16 h 22.
12 : 2 h 18 ; 12 h 13 ; 22 h 09.
13 : 8 h 05 ; 18 h 00.
14 : 3 h 56 ; 13 h 52 ; 23 h 47.
15 : 9 h 43 ; 19 h 39.
16 : 5 h 34 ; 15 h 30.
17 : 1 h 26 ; 11 h 21 ; 21 h 17.
18 : 7 h 13 ; 17 h 08.
19 : 3 h 04 ; 12 h 59 ; 22 h 55.
20 : 8 h 51 ; 18 h 47.
21 : 4 h 42 ; 14 h 38.
22 : 0 h 33 ; 10 h 29 ; 20 h 25.
23 : 6 h 20 ; 16 h 16.
24 : 2 h 12 ; 12 h 07 ; 22 h 03.
25 : 7 h 59 ; 17 h 54.
26 : 3 h 50 ; 13 h 46 ; 23 h 41.
27 : 9 h 37 ; 19 h 33.
28 : 5 h 28 ; 15 h 24.
29 : 1 h 19 ; 11 h 15 ; 21 h 11.
30 : 7 h 06 ; 17 h 02.
31 : 2 h 58 ; 12 h 53 ; 22 h 49.

Longitude estimée du centre de la tache rouge en début de mois : 21,25°.

Phénomènes des satellites de Jupiter

	Heure	Sat.	Phé.
1er/07	3 h 02	Io	Oc**
	4 h 26	Io	Pc
	5 h 16	Io	Of
	6 h 39	Io	Pf
	13 h 08	Eur.	Oc
	15 h 46	Eur.	Of
	16 h 00	Eur.	Pc
	18 h 31	Eur.	Pf
2	0 h 22	Io	Ec**
	4 h 00	Io	Em
	21 h 30	Io	Oc
	22 h 54	Io	Pc
	23 h 45	Io	Of
3	1 h 07	Io	Pf**
	7 h 17	Eur.	Ec
	9 h 54	Eur.	Ef
	10 h 07	Eur.	Im
	12 h 39	Eur.	Em
	18 h 51	Io	Ec
	22 h 28	Io	Em
4	3 h 52	Gan.	Oc
	6 h 58	Gan.	Of
	9 h 42	Gan.	Pc
	12 h 25	Gan.	Pf
	15 h 59	Io	Oc
	17 h 23	Io	Pc
	18 h 13	Io	Of
	19 h 35	Io	Pf
5	2 h 27	Eur.	Oc**
	5 h 04	Eur.	Of
	5 h 17	Eur.	Pc
	7 h 47	Eur.	Pf
	13 h 20	Io	Ec
	16 h 56	Io	Em
6	10 h 27	Io	Oc
	11 h 51	Io	Pc
	12 h 41	Io	Of
	14 h 04	Io	Pf
	20 h 34	Eur.	Ec
	23 h 12	Eur.	Ef
	23 h 25	Eur.	Im
7	1 h 56	Eur.	Em**
	7 h 48	Io	Ec
	11 h 24	Io	Em
	17 h 50	Gan.	Ec
	20 h 55	Gan.	Ef
	23 h 36	Gan.	Im
8	2 h 18	Gan.	Em**
	4 h 56	Io	Oc
	6 h 19	Io	Pc
	7 h 10	Io	Of
	7 h 48	Cal.	Ec
	8 h 32	Io	Pf
	9 h 32	Cal.	Ef
	15 h 44	Eur.	Oc
	18 h 22	Eur.	Of
	18 h 34	Eur.	Pc
	21 h 03	Eur.	Pf
	21 h 31	Cal.	Cs
9	2 h 16	Io	Ec**
	5 h 52	Io	Em
	23 h 24	Io	Oc
10	0 h 47	Io	Pc**
	1 h 38	Io	Of**
	3 h 00	Io	Pf**
	9 h 52	Eur.	Ec
	12 h 30	Eur.	Ef
	12 h 41	Eur.	Im
	15 h 11	Eur.	Em
	20 h 45	Io	Ec
11	0 h 21	Io	Em**
	7 h 53	Gan.	Oc
	10 h 58	Gan.	Of
	13 h 39	Gan.	Pc
	16 h 19	Gan.	Pf
	17 h 52	Io	Oc
	19 h 15	Io	Pc
	20 h 07	Io	Of
	21 h 28	Io	Pf
12	5 h 02	Eur.	Oc
	7 h 40	Eur.	Of
	7 h 51	Eur.	Pc
	10 h 20	Eur.	Pf
	15 h 13	Io	Ec
	18 h 49	Io	Em
13	12 h 21	Io	Oc
	13 h 43	Io	Pc
	14 h 35	Io	Of
	15 h 56	Io	Pf
	23 h 10	Eur.	Ec
14	1 h 48	Eur.	Ef**
	1 h 58	Eur.	Im**
	4 h 28	Eur.	Em
	9 h 41	Io	Ec
	13 h 17	Io	Em
	21 h 50	Gan.	Ec
15	0 h 54	Gan.	Ef**
	3 h 30	Gan.	Im**
	6 h 09	Gan.	Em
	6 h 49	Io	Oc
	8 h 11	Io	Pc
	9 h 04	Io	Of
	10 h 24	Io	Pf
	18 h 21	Eur.	Oc
	20 h 58	Eur.	Of
	21 h 06	Eur.	Pc
	23 h 34	Eur.	Pf**
16	4 h 10	Io	Ec
	7 h 44	Io	Em
	16 h 42	Cal.	Oc
	18 h 04	Cal.	Of
17	1 h 18	Io	Oc**
	2 h 40	Io	Pc**
	3 h 33	Io	Of**
	4 h 52	Io	Pf
	6 h 14	Cal.	Ci
	12 h 28	Eur.	Ec
	15 h 05	Eur.	Ef
	15 h 14	Eur.	Im
	17 h 43	Eur.	Em
	22 h 39	Io	Ec
18	2 h 12	Io	Em**
	11 h 54	Gan.	Oc
	14 h 58	Gan.	Of
	17 h 31	Gan.	Pc
	19 h 46	Io	Oc
	20 h 09	Gan.	Pf
	21 h 07	Io	Pc
	22 h 01	Io	Of
	23 h 20	Io	Pf**
19	7 h 38	Eur.	Oc
	10 h 15	Eur.	Of
	10 h 21	Eur.	Pc
	12 h 49	Eur.	Pf
	17 h 07	Io	Ec
	20 h 40	Io	Em
20	14 h 15	Io	Oc
	15 h 35	Io	Pc
	16 h 30	Io	Of
	17 h 47	Io	Pf
21	1 h 46	Eur.	Ec**
	4 h 23	Eur.	Ef
	4 h 30	Eur.	Im
	6 h 58	Eur.	Em
	11 h 36	Io	Ec
	15 h 08	Io	Em
22	1 h 51	Gan.	Ec**
	4 h 55	Gan.	Ef
	7 h 20	Gan.	Im
	8 h 43	Io	Oc
	9 h 57	Gan.	Em
	10 h 02	Io	Pc
	10 h 58	Io	Of
	12 h 15	Io	Pf
	20 h 56	Eur.	Oc
	23 h 32	Eur.	Of**
	23 h 36	Eur.	Pc**
23	2 h 04	Eur.	Pf**
	6 h 04	Io	Ec
	9 h 35	Io	Em
24	3 h 12	Io	Oc**
	4 h 30	Io	Pc
	5 h 27	Io	Of
	6 h 43	Io	Pf
	15 h 05	Eur.	Ec
	17 h 41	Eur.	Ef
	17 h 44	Eur.	Im
	20 h 12	Eur.	Em
25	0 h 33	Io	Ec**
	2 h 10	Cal.	Ec**
	3 h 31	Cal.	Ef**
	4 h 02	Io	Em**
	14 h 42	Cal.	Cs
	15 h 55	Gan.	Oc
	18 h 58	Gan.	Of
	21 h 18	Gan.	Pc
	21 h 41	Io	Oc
	22 h 58	Io	Pc**
	23 h 52	Gan.	Pf**
	23 h 55	Io	Of**
26	1 h 10	Io	Pf**
	10 h 14	Eur.	Oc
	12 h 49	Eur.	Pc
	12 h 51	Eur.	Of
	15 h 16	Eur.	Pf
	19 h 02	Io	Ec
	22 h 30	Io	Em
27	16 h 09	Io	Oc
	17 h 25	Io	Pc
	18 h 23	Io	Of
	19 h 38	Io	Pf
28	4 h 22	Eur.	Ec
	9 h 26	Eur.	Em
	13 h 30	Io	Ec
	16 h 57	Io	Em
29	5 h 52	Gan.	Ec
	8 h 55	Gan.	Ef
	10 h 38	Io	Oc
	11 h 04	Gan.	Im
	11 h 52	Io	Pc
	12 h 52	Io	Of
	13 h 39	Gan.	Em
	14 h 05	Io	Pf
	23 h 32	Eur.	Oc**
30	2 h 03	Eur.	Pc**
	2 h 08	Eur.	Of**
	4 h 30	Eur.	Pf
	7 h 58	Io	Ec
	11 h 24	Io	Em
31	5 h 06	Io	Oc
	6 h 20	Io	Pc
	7 h 20	Io	Of
	8 h 32	Io	Pf
	17 h 41	Eur.	Ec
	22 h 39	Eur.	Em**

Tous les phénomènes des satellites galiléens sont listés ci-dessus ; vous devez tenir compte des heures de lever et de coucher de Jupiter pour votre site d'observation afin de déterminer ceux que vous pourrez observer.

Pc et Pf = commencement et fin du passage du satellite devant le disque de Jupiter.
Oc et Of = commencement et fin du passage de l'ombre du satellite sur le disque de Jupiter.
Ec et Ef = commencement et fin de l'éclipse du satellite par l'ombre de Jupiter. Im et Em = immersion (disparition) et émersion (réapparition) du satellite derrière le disque jovien.
* Visible à 45° nord et 0° de longitude.

Satellites de Saturne

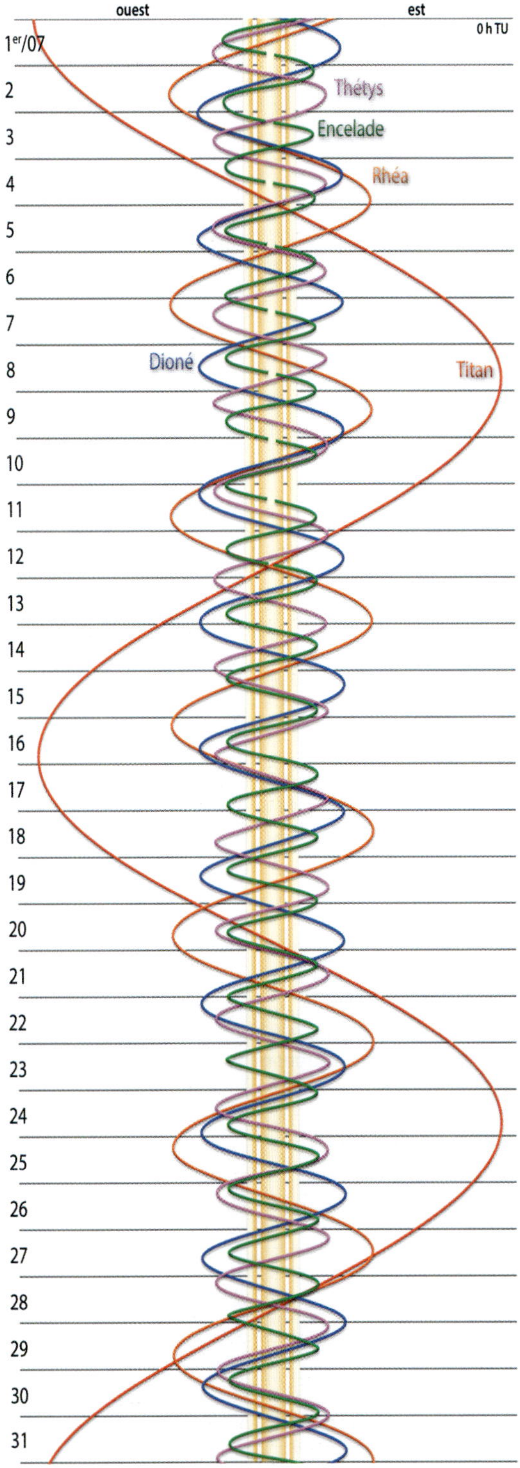

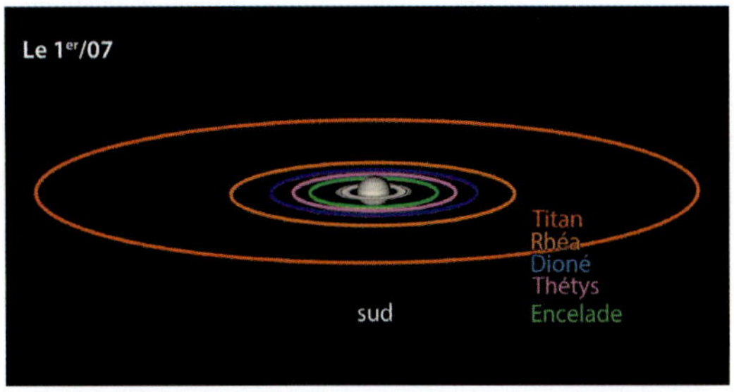

Les courbes ci-contre représentent les trajectoires apparentes des principales lunes de Saturne visibles dans les instruments d'amateur : Encelade est en vert, Téthys en cyan, Dioné en violet, Rhéa en orange et Titan en rouge. La triple bande centrale symbolise le disque et les anneaux de cette planète à la même échelle. La barre horizontale au-dessus de chaque date indique 0 h TU ce jour. Le nord est en haut, l'est à droite et l'ouest à gauche ; si vous ne savez plus comment est orienté le champ de votre instrument, lisez le petit texte d'explication de la page 67. Les satellites de Saturne tournent autour de leur planète dans le sens direct, c'est-à-dire dans le sens inverse des aiguilles d'une montre vu du nord. Ils passent donc entre la planète et nous dans le sens est-ouest et au-delà de la planète dans le sens ouest-est. Selon l'inclinaison du système de Saturne vu depuis la Terre (représentée ci-dessus), certaines des lunes peuvent alors être occultées ou éclipsées par le disque ou les anneaux de la planète. Le petit tableau ci-dessous donne la magnitude de ces lunes, plus Japet, dont l'orbite est trop grande pour être représentée (voir p. 294).

Satellites de Saturne en juillet 2022

	Mimas	Encelade	Téthys	Dioné	Rhéa	Titan	Japet
5	13,1	12,0	10,5	10,6	9,9	8,6	11,3
15	13,0	12,0	10,4	10,6	9,8	8,6	11,2
25	13,0	11,9	10,4	10,5	9,8	8,5	11,2

Dans le tableau suivant, la séparation en secondes d'arc est donnée avec un signe négatif pour les élongations à l'ouest. L'écart apparent entre Titan et Saturne reste important durant les nuits qui encadrent le jour de l'élongation maximale.

Élongations de Titan en juillet 2022

Date	Heure	Séparation en ″
8	19 h 17	184
16	21 h 23	- 189
24	16 h 59	187

Diamètre apparent le 15 : 0,79″

Les phénomènes astronomiques au jour le jour

À NE PAS MANQUER CE MOIS-CI !

Guettez les nuages noctiluques.
Nuit du 15 au 16, Saturne et la Lune.
Le 19, Jupiter et la Lune à l'aube.
Le 21 et le 22, Mars et la Lune à l'aube.
Le 23, les Pléiades et la Lune à l'aube.
Le 26 et le 27, Vénus et le croissant à l'aube.
Admirez l'arche de la Voie lactée.

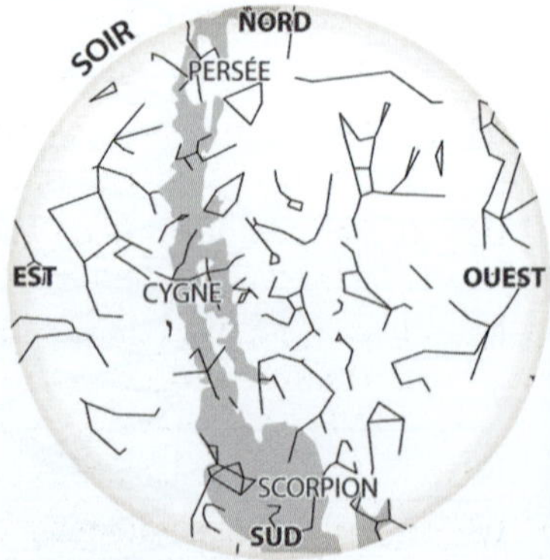

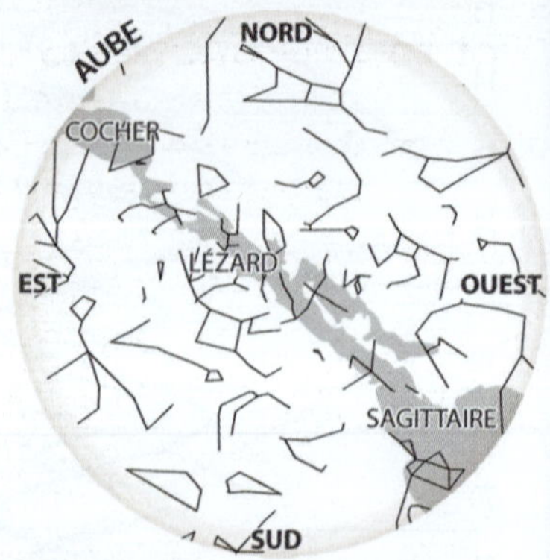

Orientation de la Voie lactée début juillet à la fin du crépuscule astronomique et à l'orée de l'aube.

JJ	TU	
01	01	Vendredi (182-183). Heure de début et de fin du crépuscule astronomique à 45° de latitude nord et 0° de longitude : le 1er (1 h 46 m/22 h 21 m) ; le 15 (2 h 07 m/22 h 04 m). La durée du jour est de 15 heures et 33 minutes le 1er et de 14 heures et 44 minutes le 31 ; le dernier jour du mois, le Soleil se lève 27 minutes plus tard et se couche 22 minutes plus tôt que le premier. La durée du crépuscule astronomique passe de 151 à 126 minutes sur le mois.
01	12	Vendredi. À midi, début du jour julien 2 459 762.
01	12	Formations lunaires proches du terminateur dans la journée : Langrenus et Petavius, Endymion.
01	14	**Maximum d'éclat de l'étoile Delta Cephei** à 14 h. Sa magnitude varie de 3,5 à 4,4 au cours d'un cycle de 5,366 jours. Les autres maxima du mois se produisent le 6 à 23 h, le 12 à 8 h, le 17 à 17 h, le 23 à 2 h et le 28 à 10 h. Voir également le 2 novembre 2022.
01	22	L'étoile **Deneb** domine l'horizon est de 50° à la fin du crépuscule astronomique à 45° de latitude nord.
02	00	Samedi (183-182). **L'inclinaison apparente des anneaux de Saturne** passe de + 12,6° à + 13,4° au cours du mois.
02	00	Début juillet, à la fin du très long crépuscule, la **Voie lactée** s'étire du nord au sud, de Persée au Scorpion ; à l'est du zénith, le Triangle d'été surplombe l'horizon d'une cinquantaine de degrés. Notez qu'il n'y a pas de nuits noires dans le nord de la France métropolitaine jusqu'à la mi-juillet et que la portion septentrionale de la Voie lactée est donc délicate à voir auparavant. Avant l'aube, le Cygne plane au zénith et la Voie lactée repose sur le Cocher au nord-est et sur Ophiuchus et le Sagittaire au sud-ouest. Au sud de la France, c'est le meilleur mois pour observer et photographier la constellation du Scorpion et les splendides nébuleuses sombres ou vivement colorées qui l'accompagnent.
02	06	Formations lunaires proches du terminateur dans la journée : l'albatros (bordure ouest de la mer des Crises), Atlas.

02 12 **Milieu de l'année.** Le milieu de l'année dans le calendrier grégorien intervient le 2 juillet à 0 h les années bissextiles et le 2 juillet à 12 h les années normales.

02 13 **Minimum d'éclat de l'étoile variable Algol de Persée** (Bêta Persei) à 13 h ; sa magnitude est proche de 3,3. Les autres minima du mois se produisent le 5 à 9 h, le 8 à 6 h, le 11 à 3 h, le 14 à 0 h, le 16 à 21 h, le 19 à 18 h, le 22 à 14 h, le 25 à 11 h, le 28 à 8 h et le 31 à 5 h. Voir également le 2 octobre 2022.

02 17 Mercure et Vénus sont en conjonction héliocentrique.

03 00 Dimanche. 184e jour de l'année ; il reste 181 jours jusqu'au 31 décembre.

03 00 Période de libration minimale en latitude pour la Lune (b = - 6,7°).

03 12 **Conjonction géocentrique en longitude entre la Lune (Leo) et Régulus** à 12 h 47 m (séparation : 4,6°). À la fin du crépuscule, le jeune croissant domine Régulus à l'ouest de la voûte céleste.

03 19 Formations lunaires proches du terminateur dans la journée : Fracastor, Piccolomini, Posidonius.

27e SEMAINE

04 00 Lundi (185-180). La Lune revient dans le ciel du soir et son éclat augmente de soir en soir, repoussant l'heure d'observation de la Voie lactée. Constellation de la Lune chaque jour à 0 h pour 45° de latitude nord et 0°

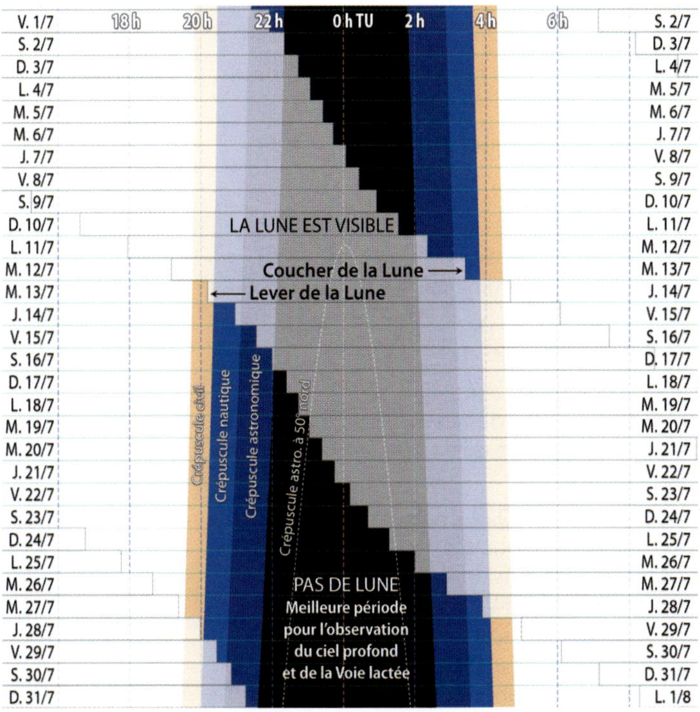

L'été, repérez l'étoile variable Algol en fin de nuit.

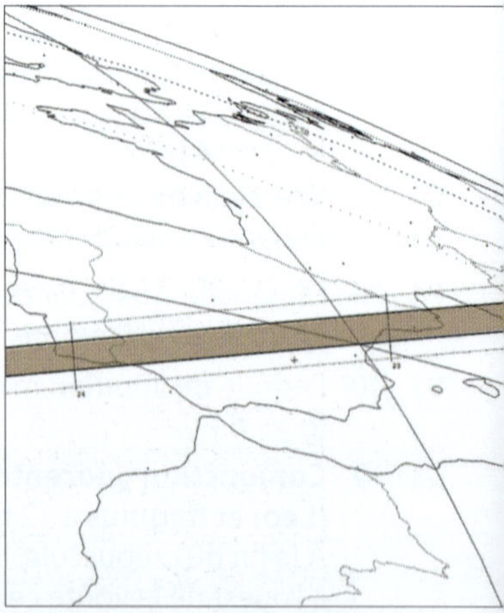

Durant la nuit du 6 au 7 juillet, l'occultation d'une étoile du Sagittaire par la petite planète 222 Lucia est observable dans le sud de la France métropolitaine.

de longitude : L-Leo, M-Leo, M-Vir, J-Vir, V-Vir, S-Lib, D-Lib.

04 00 TSMG (voir p. 17) : 18 h 47 m 57 s.

04 00 La comète **C/2022 E3 ZTF** passe à 0,5° au sud de la nébuleuse planétaire Messier 57 dans la Lyre ; son éclat est encore faible (magnitude inférieure à 11), mais elle devrait apparaître en photographiant la zone avec un petit instrument. Voir le 13 janvier 2023.

04 07 **À 7 h 12 m, la Terre atteint sa plus grande distance au Soleil** (aphélie) pour l'année 2022 : 1,016 715 374 ua, soit un peu plus de 152 098 455 km (l'unité astronomique vaut 149 597 870,691 km). L'instant du passage à l'aphélie peut se situer entre le 2 juillet à 20 h (comme en 1960) et le 6 juillet à 23 h (comme en 2007). Notre planète est près de 5 millions de kilomètres (3,4 %) plus éloignée du Soleil que le 4 janvier dernier.

04 12 À midi, début du jour julien 2 459 765.

04 12 Formations lunaires proches du terminateur dans la journée : Theophilus, Cyrillus et Catherina.

05 04 Mardi (186-179). Formations lunaires proches du terminateur dans la journée : Aristote et Eudoxe, Maurolycus.

05 11 **Mercure** entre dans la constellation des Gémeaux.

06 01 Mercredi (187-178). Formations lunaires proches du terminateur dans la journée : Cassini, Triesnecker, centre de la chaîne des Apennins, Ptolémée, Alphonse et Arzachel, Archimède.

06 05 **Mercure passe au nœud ascendant** de son orbite.

06 12 Le **Soleil** franchit le méridien à 68° de hauteur.

06 22 Le Soleil se lève sur la région de **Curtius** (2-191) et, autour de 22 h 37 m, vous pouvez tenter d'observer avec un instrument une ou plusieurs raies lumineuses dans cette formation.

07 00 Jeudi (188-177). Période de libration minimale en longitude pour la Lune (l = - 7,4°).

07 01 Formations lunaires proches du terminateur dans la journée : Maginus, Mur droit, Platon, Moretus, Ératosthène, Tycho, Clavius.

07 01 Entre 1 h 22 m et 1 h 35 m, la petite planète **222 Lucia** (diamètre 54 km ; magnitude 13,4) occulte une étoile de magnitude 9,6 (TYC 6847-00998-1 ; ascension droite : 18 h 13 m 54 s ; déclinaison : - 24° 24′ 40″) dans la constellation du Sagittaire. La diminution d'éclat devrait atteindre 3,8 magnitudes et durer près de 6 secondes au maximum sur la bande de centralité du phénomène,

qui balaye l'extrême sud-est de la France métropolitaine. Calculs d'Éric Frappa (www.euraster.net).

07 01 **Maximum d'éclat de l'étoile variable Êta Aquilae** (Aigle) à 1 h. Il s'agit d'une étoile de type céphéide dont la magnitude passe de 3,5 à 4,4 au cours d'un cycle de 7,177 jours. Les autres maxima du mois se produisent le 14 à 5 h, le 21 à 9 h et le 28 à 14 h. Voir également le 7 février 2023.

07 02 **Premier Quartier de Lune à 2 h 14 m (Vir).** Distance : 383 720 km, soit 60,16 rayons terrestres.

07 18 La comète **117P Helin-Roman-Alu** (période de 8,25 années) passe au plus près du Soleil (périhélie) à 455 millions de kilomètres. Son éclat pourrait atteindre la magnitude 13.

07 18 **Conjonction géocentrique en longitude entre la Lune (Vir) et Spica** à 18 h 50 m (séparation : 4,4°). À la fin du crépuscule, le quartier lunaire (58 %) brille à 3° de Spica de la Vierge, près de 20° au-dessus de l'horizon sud-ouest.

08 00 Vendredi (189-176). Période du maximum d'éclat de l'étoile variable R UMa (1037+69). R UMa est une variable de type Mira (variable à longue période) dont la magnitude oscille entre 6,5 et 13,7 ; sa période est de 301,62 jours.

08 04 Formations lunaires proches du terminateur dans la journée : Copernic et la chaîne de montagnes des Carpathes, Longomontanus, Klaproth, golfe des Iris.

08 19 **Mars** entre dans la constellation du Bélier.

08 19 **Élongation maximale de Titan** à l'est de Saturne à 19 h 17 m (184"). Retrouvez les autres élongations de Titan en juillet à la page consacrée aux satellites de Saturne en début de mois.

08 21 **Callisto est en conjonction supérieure** à 21 h 31 m. Elle est observable à proximité du pôle Nord jovien.

09 13 Samedi (190-175). Formations lunaires proches du terminateur dans la journée : Kepler, Gassendi, Schiller, Doppelmayer.

09 16 La comète **169P NEAT** (période de 4,20 années) passe au plus près du Soleil (périhélie) à 90 millions de kilomètres. Son éclat pourrait atteindre la magnitude 12.

09 17 La Lune passe au nœud descendant à 17 h 27 m (longitude moyenne : 230,9°). Distance : 368 535 km.

09 19 **Minimum d'éclat de l'étoile variable Sheliak** (Bêta de la Lyre) à 19 h. Sa magnitude varie de 3,3 à 4,3 au cours d'un cycle de 12,941 jours. L'autre minimum du mois se produit le 22 à 18 h. Voir également le 3 novembre 2022.

10 00 Dimanche. 191e jour de l'année.

10 00 Du 10 au 24 juillet, **Mercure traverse d'ouest en est le champ du coronographe LASCO C3 de la sonde *SOHO*.** Elle traverse l'amas ouvert de la Crèche (Messier 44)

Filtrez la Lune et les planètes

Peu après la Nouvelle Lune, notre satellite devient chaque soir un peu plus lumineux et, dans une lunette ou un télescope, son observation peut devenir pénible. Il faut cependant préciser que, aussi éblouissant qu'il puisse être, l'éclat de notre satellite n'est jamais dangereux. Selon la luminosité de Séléné, le diamètre de l'instrument utilisé et votre propre sensibilité, vous pourrez grandement améliorer votre confort visuel en vissant un filtre neutre ou légèrement coloré dans l'oculaire. Il existe des filtres neutres de différentes densités, mais le plus agréable est de vous procurer un filtre polarisant, qui vous permet d'adapter aisément le niveau de filtration en fonction de la région lunaire que vous scrutez.

Vous pouvez également vous procurer un jeu de filtres colorés, qui permettent d'améliorer la visibilité de certains détails sur la Lune ou sur les planètes les plus brillantes comme Vénus, Mars, Jupiter et, dans une moindre mesure, Saturne. Les filtres colorés astronomiques sont numérotés, comme les filtres Wratten développés par Kodak pour la photographie. Limitez-vous aux filtres de faible densité si vous avez un instrument d'un diamètre inférieur à 150 mm. Dans tous les cas, gardez présent à l'esprit que l'amélioration de la visibilité de certaines structures grâce à un filtre est toujours subtile.

Wratten 8 (jaune pâle) ou 11 (jaune-vert) : réduction de la luminosité lunaire et augmentation du contraste des formations visibles.

Wratten 12 (jaune) : mise en évidence des tempêtes de sable sur Mars.

Wratten 21 (orange) : amélioration du contraste sur Mars ; mise en évidence des bandes dans l'atmosphère de Saturne.

Wratten 23A (rouge clair) : amélioration plus marquée du contraste sur Mars.

Wratten 25 (rouge profond) : amélioration du contraste sur Mars ; mise en évidence de formations nuageuses dans l'atmosphère de Vénus.

Wratten 38 (bleu-vert) : mise en évidence de nuages et de brumes sur Mars.

Wratten 47 (violet) : mise en évidence de formations nuageuses dans l'atmosphère de Vénus.

Wratten 56 (vert) : augmentation du contraste de certaines bandes joviennes et de la grande tache rouge.

Wratten 58 (vert foncé) : mise en évidence de détails autour des calottes polaires martiennes ; augmentation du contraste de certaines bandes joviennes et de la grande tache rouge.

Wratten 80A (bleu) : mise en évidence des nuages d'altitude sur Mars ; accentuation des détails à l'intérieur de certaines bandes de l'atmosphère jovienne.

Les phénomènes astronomiques au jour le jour

le 23 juillet à l'est du champ. L'observatoire solaire *SOHO* est dans l'espace depuis 1995 et sa mission devrait durer jusqu'en décembre 2025 si les tests réalisés durant l'été 2022 se révèlent satisfaisants.

10 00 **Saturne passe à 1,4° au nord de l'étoile Deneb Algedi** dans le Capricorne.

10 01 Formations lunaires proches du terminateur dans la journée : Harpalus, Aristarque, Hérodote et la vallée de Schröter.

10 01 **Maximum de l'essaim météoritique des Pégasides de juillet** (175 JPE), qui est actif du 7 au 13 juillet. Longitude héliocentrique prévue pour le maximum de l'essaim (équinoxe 2000.0) : 107,5°. Taux horaire moyen au zénith : 0 à 3. Les Pégasides sont très rapides – 70 km/s – et peu éclatantes. Les observations de cet essaim au cours des vingt dernières années révèlent une activité très faible à inexistante. L'IMO publie chaque année un calendrier des principaux essaims observables sur www.imo.net. Je tiens à préciser que, si je signale les pics des principaux essaims météoritiques tout au long de l'année, cela ne signifie pas qu'on ne peut pas observer d'étoiles filantes en dehors de ces dates. Des petites flèches d'argent sont visibles toutes les nuits, mais leur nombre croît de façon significative – ou pas – lors des maxima. Pour information, l'Union astronomique internationale recense plus de neuf cents essaims potentiellement actifs tout au long de l'orbite de notre planète.

10 21 **Mercure est au périhélie** à 0,307 ua du Soleil, soit près de 46 millions de kilomètres.

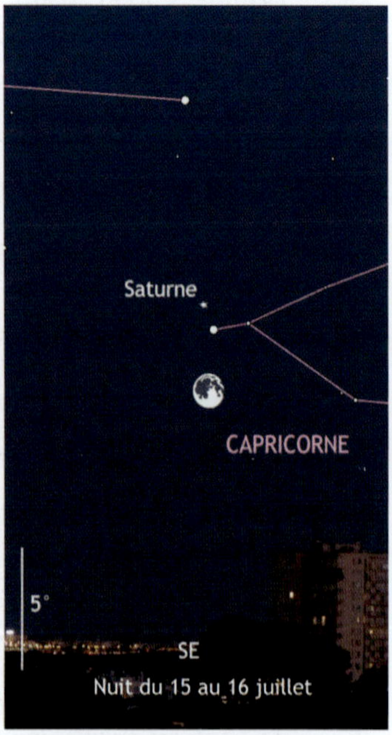

Installées à l'est du Capricorne, Saturne et la Lune gibbeuse décroissante traversent la nuit du 15 au 16 juillet côte à côte.

28e SEMAINE

11 00 Lundi (192-173). Lors de cette semaine de Pleine Lune, la Voie lactée est effacée par l'éclat de ce lampadaire naturel, mais c'est l'occasion d'aller faire une petite randonnée nocturne en pleine nature. Constellation de la Lune chaque jour à 0 h pour 45° de latitude nord et 0° de longitude : L-Oph, M-Oph, M-Sgr, J-Sgr, V-Cap, S-Cap, D-Aqr.

11 00 TSMG (voir p. 17) : 19 h 15 m 33 s.

11 01 **Conjonction géocentrique en longitude entre la Lune (Oph) et Antarès** à 1 h 06 m (séparation : 2,9°). Le 10 à la fin du crépuscule, la Lune gibbeuse croissante (88 %) est visible à 3° d'Antarès.

11 12 À midi, début du jour julien 2 459 772.

12 00 Mardi (193-172). Période du maximum d'éclat de l'étoile variable T Sgr (1910-17). T Sgr est une variable de type

Mira (variable à longue période) dont la magnitude oscille entre 7,1 et 15 ; sa période est de 396 jours.

13 09 Mercredi (194-171). La Lune passe au périgée à 9 h 05 m. Distance : 357 264 km, soit 56,01 rayons terrestres.

13 12 Cette semaine, le **Soleil** franchit le méridien à 67° de hauteur.

13 18 **Pleine Lune à 18 h 38 m (Sgr).** Distance : 357 418 km, soit 56,04 rayons terrestres. Depuis quelques années, je vous rappelle les noms donnés à chaque Pleine Lune dans certaines cultures. S'ils sont souvent plaisamment nostalgiques, ces noms ne correspondent plus toujours aux activités de notre vie quotidienne. J'ai donc décidé de vous proposer des noms en rapport avec les moments importants de notre calendrier annuel. Mon choix est totalement subjectif et je vous invite à me suggérer d'autres noms que vous jugeriez plus appropriés ; en fin de compte, l'essentiel est de prendre plaisir à l'observation de la Lune tout au long de l'année ! Donc, pour juillet, je parle dorénavant de la Pleine Lune des festivals.

13 23 La Pleine Lune franchit le méridien à près de 13° de l'horizon sud à Lille et à près de 21° à Perpignan.

14 02 Jeudi (195-170). À 2 h 38 m, l'étoile 58 Sgr (Sgr - magnitude 4,7) est occultée par la Lune ; elle réapparaît à 3 h 43 m. Les deux astres sont alors à 6° au-dessus de l'horizon et la fraction éclairée de notre satellite est de 100 %.

15 22 Vendredi (196-169). **Conjonction géocentrique en longitude entre la Lune (Cap) et Saturne** à 22 h 28 m (séparation : 3,8°). Ces deux astres passent la nuit du 15 au 16 à quelques degrés de séparation apparente et, le 16, ils trônent à une trentaine de degrés de hauteur au-dessus de l'horizon sud à l'orée de l'aube.

16 00 Samedi (197-168). Période de libration maximale en latitude pour la Lune (b = 6,6°).

16 00 Période du maximum d'éclat de l'étoile variable R Ser (1546+15). R Ser est une variable de type Mira (variable à longue période) dont la magnitude oscille entre 5,2 et 14,4 ; sa période est de 356,41 jours.

16 03 À 3 h 36 m, l'étoile HD 209240 (Aqr - magnitude 6,3) est occultée par la Lune. Les deux astres sont alors à 25° au-dessus de l'horizon et la fraction éclairée de notre satellite est de 92 %.

16 07 **Vénus** entre dans la constellation d'Orion.

16 19 Mercure est en conjonction supérieure à 1,5° du centre du disque solaire.

16 23 À 23 h 01 m, l'étoile 71 Aqr (Aqr - magnitude 4,1) réapparaît après son occultation par la Lune. Les deux astres sont alors à 9° au-dessus de l'horizon et la fraction éclairée de notre satellite est de 85 %.

17 00 Dimanche. 198e jour de l'année.

La Pleine Lune du 13 juillet est la plus grosse de l'année car elle se produit quelques heures seulement après son passage au périgée le plus proche de l'année : son diamètre apparent est de 33,4'. Qu'il soit grand ou petit, le diamètre apparent de notre satellite naturel est toujours facile à cacher avec le bout de notre petit doigt bras tendu : rappelez-vous qu'il faudrait aligner plus de 700 Pleines Lunes côte à côte pour faire le tour de l'horizon ! Le 12 juillet au coucher du Soleil, le disque lunaire est visible à moins de 5° de hauteur au-dessus de l'horizon sud-est, dans le Sagittaire. Il passe huit heures dans le ciel nocturne et disparaît au sud-ouest le 13, près d'une heure avant le lever du Soleil. Le 13 au soir, il faut attendre une demi-heure après le coucher du Soleil pour que la face lunaire éclaire le paysage et, le 14, elle flirte avec l'horizon sud-ouest lors du lever du Soleil.

Les phénomènes astronomiques au jour le jour

17 01 Avec une lunette, remarquez **Io et Callisto** au ras du limbe jovien.

17 01 Formations lunaires proches du terminateur dans la journée : l'albatros (bordure ouest de la mer des Crises).

17 06 **Callisto est en conjonction inférieure** à 6 h 14 m. Elle est observable à proximité apparente du pôle Sud jovien.

17 13 Plus petite distance entre la Terre et la planète naine Pluton : 33,5508 ua, soit 5,019 milliards de kilomètres.

29e SEMAINE

18 00 Lundi (199-166). La Lune gibbeuse décroissante glisse vers la seconde partie de la nuit et l'arche de la Voie lactée fait son retour dans le ciel du soir avec l'éclatante et rougeoyante Antarès à sa base au sud-sud-ouest. Constellation de la Lune chaque jour à 0 h pour 45° de latitude nord et 0° de longitude : L-Aqr, M-Cet, M-Psc, J-Psc, V-Ari, S-Tau, D-Tau.

18 00 TSMG (voir p. 17) : 19 h 43 m 09 s.

18 02 À 2 h 41 m, l'étoile HD 223311 (Aqr - magnitude 6,1) est occultée par la Lune ; elle réapparaît à 3 h 31 m. Les deux astres sont alors à 38° au-dessus de l'horizon et la fraction éclairée de notre satellite est de 75 %.

18 10 **Vénus** entre dans la constellation des Gémeaux.

18 11 Formations lunaires proches du terminateur dans la journée : Fracastor, Piccolomini, Posidonius.

18 12 À midi, début du jour julien 2 459 779.

18 13 **Mercure** entre dans la constellation du Cancer.

19 00 Mardi (200-165). Période de libration maximale en longitude pour la Lune (l = 7,9°).

19 00 Période du maximum d'éclat de l'étoile variable S UMa (1239+61). S UMa est une variable de type Mira (variable à longue période) dont la magnitude oscille entre 7,1 et 12,7 ; sa période est de 225,87 jours. Elle est d'une belle coloration rouge-orangé.

19 01 À 1 h 32 m, l'étoile 14 Cet (Cet - magnitude 5,9) est occultée par la Lune ; elle réapparaît à 2 h 09 m. Les deux astres sont alors à 32° au-dessus de l'horizon et la fraction éclairée de notre satellite est de 66 %.

19 02 **Conjonction géocentrique en longitude entre la Lune (Cet) et Jupiter** à 2 h 35 m (séparation : 2°). À l'orée de l'aube, le point éclatant de Jupiter est visible juste au-dessus du limbe lunaire septentrional et ces deux astres surplombent l'horizon sud-est de plus de 35°.

19 05 Formations lunaires proches du terminateur dans la journée : Theophilus, Cyrillus et Catherina, Aristote et Eudoxe.

Le 19 juillet à l'orée de l'aube, vous n'aurez aucune peine à repérer Jupiter au-dessus de l'horizon sud-est, même en milieu urbain avec des lampadaires autour de vous !

19 09 **Mercure** est à l'apogée à 1,337 ua de la Terre, soit près de 200 millions de kilomètres.

19 23 L'étoile **Altaïr** de l'Aigle passe au méridien à minuit. Sa hauteur est alors de 54° sud.

20 01 Mercredi (201-164). Formations lunaires proches du terminateur dans la journée : Maurolycus, Cassini, Triesnecker.

20 01 Le Soleil se couche sur la région de **Calippus** (1-38) et, autour de 1 h 39 m, vous pouvez tenter d'observer avec un instrument une ou plusieurs raies lumineuses dans cette formation.

20 01 **Opposition de la planète naine Pluton.** Longitude héliocentrique : 297° 21'. Pluton se situe à l'est du Sagittaire, à 2,2° à l'ouest de l'amas globulaire Messier 75, et passe le méridien sud à près de 22° de hauteur. Prochaine opposition le 22 juillet 2023.

20 03 Le Soleil se couche sur la région de **Tempel** (1-79) et, autour de 3 h 09 m, vous pouvez tenter d'observer avec un instrument une ou plusieurs raies lumineuses dans cette formation.

20 12 Le **Soleil** franchit le méridien à 66° de hauteur.

20 14 **Dernier Quartier de Lune à 14 h 19 m (Psc).** Distance : 390 333 km, soit 61,20 rayons terrestres.

21 00 Jeudi (202-163). Formations lunaires proches du terminateur dans la journée : centre de la chaîne des Apennins, Moretus, Ptolémée, Alphonse et Arzachel, Archimède, Maginus, Mur droit, Platon.

21 01 **Le Soleil entre dans la constellation du Cancer** (118,3°) à 1 h 13 m. Tout au long de l'année, notre étoile parcourt l'écliptique et pénètre successivement à l'intérieur des treize constellations traversées par cette ligne céleste ; la treizième constellation zodiacale est Ophiuchus, figure au sein de laquelle le Soleil chemine entre le Scorpion et le Sagittaire (voir le schéma p. 11).

21 03 Latitude nord maximale pour Mercure : 7° (longitude héliocentrique : 138,3°).

21 06 **Solstice d'été pour l'hémisphère Sud de Mars.**

21 14 Mercure et Saturne sont en opposition héliocentrique.

21 16 **Conjonction géocentrique en longitude entre la Lune (Ari) et Mars** à 16 h 06 m (séparation : 1°). Le 21 et le 22 à l'orée de l'aube, retrouvez ces deux astres côte à côte à une trentaine de degrés de hauteur au-dessus de l'horizon est-sud-est.

21 16 Occultation de Mars par la Lune. Zone de visibilité : nord-est de l'Asie, Japon et régions arctiques.

21 16 Début de la 2260e rotation synodique du Soleil.

22 00 Vendredi (203-162). Formations lunaires proches du terminateur dans la journée : Tycho, Ératosthène, Clavius, Copernic et la chaîne de montagnes des Carpathes, Longomontanus.

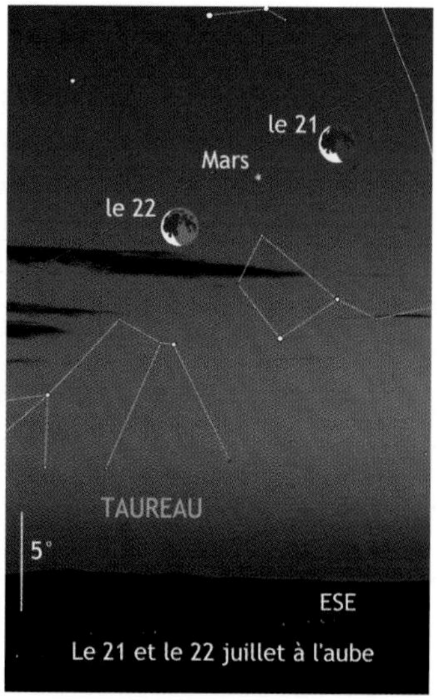

Le 21 et le 22 juillet à l'aube, le fort croissant lunaire rend visite à la planète Mars dont l'éclat orangé est de plus en plus intense.

Les phénomènes astronomiques au jour le jour

22 02 Le Soleil se couche sur la région de **Clavius** (4-365) et, autour de 2 h 41 m, vous pouvez tenter d'observer avec un instrument une ou plusieurs raies lumineuses dans cette formation.

22 06 **Conjonction géocentrique en longitude entre la Lune (Ari) et Uranus** à 6 h 14 m (séparation : 0,2°). Avant l'aube, pointez des jumelles vers le croissant lunaire et vous pourrez repérer le petit point d'Uranus à moins de 1,5° de son limbe occidental.

22 06 Occultation d'Uranus par la Lune. Zone de visibilité : nord-est de l'Amérique du Sud, océan Atlantique, nord-ouest de l'Afrique, Europe (sauf le nord-ouest et le nord), Asie.

22 09 La Lune passe au nœud ascendant à 9 h 20 m (longitude moyenne : 50,0°). Distance : 398 768 km.

22 12 En récupérant l'image du coronographe LASCO C3 de la sonde *SOHO*, vous pourrez voir aujourd'hui l'amas ouvert de la Crèche (Messier 44) sur le bord gauche du champ (à l'est), dans lequel il cheminera jusqu'au 7 août.

22 20 **Le Soleil entre dans le signe astrologique du Lion** (120°) à 20 h 07 m, mais, dans la réalité, il vient d'entrer dans la constellation du Cancer. Par définition, les signes dits « astrologiques » sont douze zones rectangulaires centrées sur l'écliptique et occupant chacune exactement 30° de longitude. Jusqu'à la fin du XIXe siècle, les astronomes les utilisaient pour indiquer la position des planètes en faisant suivre le nom de la constellation zodiacale d'une valeur comprise entre 0° et 30°. Les limites en longitude céleste des signes du zodiaque et des constellations du zodiaque portant le même nom ne coïncident pas.

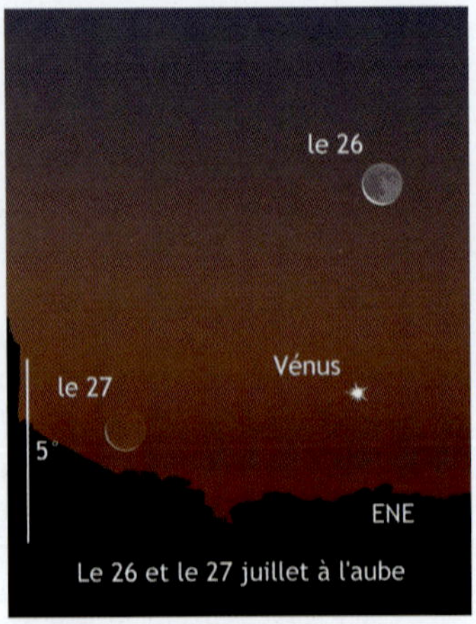

Le 26 et le 27 juillet à l'aube, une heure et demie avant le lever du Soleil, ne manquez pas le magnifique croissant qui passe au large de Vénus, au-dessus de l'horizon est-nord-est. La lumière cendrée est somptueuse le 26.

23 00 Samedi (204-161). Formations lunaires proches du terminateur dans la journée : Klaproth, golfe des Iris.

23 05 **Conjonction géocentrique en longitude entre la Lune (Tau) et les Pléiades** à 5 h 34 m (séparation : 3,2°). Le 23 à l'orée de l'aube, il n'y a aucune planète à proximité immédiate, mais le rendez-vous du croissant lunaire et de sa belle lumière cendrée avec le petit groupe d'étoiles des Pléiades est superbe à voir et à photographier au-dessus de l'horizon est.

24 00 Dimanche. 205e jour de l'année.

24 08 Formations lunaires proches du terminateur dans la journée : Kepler, Schiller, Gassendi, Doppelmayer, Harpalus.

30e SEMAINE

25 00 Lundi (206-159). Cette semaine, l'absence de Lune nous permet de profiter de longues heures

d'observation du ciel profond et d'apprécier la Voie lactée qui ruisselle depuis le zénith. Constellation de la Lune chaque jour à 0 h pour 45° de latitude nord et 0° de longitude : L-Tau, M-Gem, M-Gem, J-Gem, V-Cnc, S-Leo, D-Leo.

25 00 TSMG (voir p. 17) : 20 h 10 m 45 s.

25 02 Formations lunaires proches du terminateur dans la journée : Aristarque, Hérodote et la vallée de Schröter, Schickard.

25 05 Mars et Jupiter sont en conjonction héliocentrique.

25 12 À midi, début du jour julien 2 459 786.

25 14 **Callisto est en conjonction supérieure** à 14 h 42 m. Elle est observable à proximité du pôle Nord jovien.

26 01 Mardi (207-158). Avec une lunette, remarquez **Io et Ganymède** au ras du limbe jovien. Les principales lunes de Jupiter sont visibles aux jumelles pour peu que l'on prenne la précaution de les stabiliser en les fixant sur un trépied photographique ou en les calant sur un muret ou une rambarde à la bonne hauteur. Dans les lunettes et les télescopes, quel que soit le diamètre de leur optique, un grossissement d'une trentaine de fois permet de suivre aisément le ballet des satellites joviens. Pour suivre visuellement le passage des ombres ou des satellites sur l'atmosphère jovienne, il faut un instrument d'au moins 100 mm de diamètre parfaitement réglé et un ciel peu turbulent.

26 10 La Lune passe à l'apogée à 10 h 22 m. Distance : 406 274 km, soit 63,70 rayons terrestres.

26 12 **L'équation du temps** atteint son second maximum positif de l'année à + 6 m 33 s.

26 14 **Conjonction géocentrique en longitude entre la Lune (Gem) et Vénus** à 14 h 54 m (séparation : 4,2°). Le 26 et le 27, une heure et demie avant le lever du Soleil, ne manquez pas le mince croissant lunaire qui brille à côté de Vénus, juste au-dessus de l'horizon est-nord-est.

26 18 Formation lunaire proche du terminateur dans la journée : Grimaldi.

27 04 Mercredi (208-157). Ce matin à l'aube, guettez un fin croissant lunaire de 2,4 %. À 4 h 10 m, il est âgé de 38 heures avant la Nouvelle Lune ; il se situe à 10° de hauteur et à 63° d'azimut, alors que le Soleil se situe à 6° sous l'horizon.

27 12 Le **Soleil** franchit le méridien à 64° de hauteur.

28 00 Jeudi (209-156). Le plus vieux croissant de la lunaison peut être observé avec un instrument optique en Europe centrale et en Turquie.

28 04 **Ce matin à l'aube, utilisez un instrument pour tenter de repérer un très fin croissant lunaire de 0,5 %.** À 4 h 20 m, il est âgé de 14 heures avant la Nouvelle

Retrouvez-moi sous l'un des plus beaux ciels de France lors des Nuits du causse Noir, du mercredi 27 au samedi 30 juillet 2022. Le parc national des Cévennes a reçu en août 2018 le prestigieux label RICE (Réserve internationale de ciel étoilé) délivré parcimonieusement par l'IDA (International DarkSky Association). Ce label reconnaît le travail de fond réalisé depuis des années sur un territoire pour préserver et améliorer la qualité du ciel nocturne en luttant contre les excès de l'éclairage artificiel. Le ciel du causse Noir est l'un des meilleurs d'Europe (SQM 21,6), découvrez-le lors de ces rencontres astronomiques.

Les phénomènes astronomiques au jour le jour

Lune ; il se situe à 3° de hauteur et à 58° d'azimut, alors que le Soleil se situe à 4° sous l'horizon. Un peu plus de 40 heures séparent ce vieux croissant du très jeune croissant que vous pourrez tenter de repérer demain soir ; il s'agit de la « paire » la plus serrée observable en France métropolitaine durant la période couverte par cette édition.

28 10 **Mercure** entre dans la constellation du Lion.

28 17 **Nouvelle Lune à 17 h 55 m (Cnc).** Distance : 404 344 km.

28 20 **Jupiter est stationnaire** en ascension droite dans la Baleine et rétrograde durant 118 jours (23 novembre 2022).

29 00 Vendredi (210-155). Le plus jeune croissant de la lunaison peut être observé avec un instrument optique au Japon.

29 15 Mercure et Jupiter sont en opposition héliocentrique.

29 20 Ce soir au crépuscule, guettez un fin croissant lunaire de 1,3 %. À 20 h, il est âgé de 26,5 heures ; il se situe à 3° de hauteur et à 295° d'azimut, alors que le Soleil se situe à 5° sous l'horizon.

29 23 Conjonction géocentrique en longitude entre la Lune (Leo) et Mercure à 23 h 49 m (séparation : 3,4°). Inobservable en Europe.

30 00 **Début de la 1444e année de l'hégire dans le calendrier musulman.** Lunaire, celui-ci alterne 12 mois de 30 et 29 jours, à l'exception du dernier mois, qui peut être identique au précédent. L'année peut donc totaliser 354 (année commune) ou 355 jours (année abondante) ; 1436 et 1439 étaient des années abondantes, comme 1442, et 1437, 1438, 1440 et 1441 étaient des années communes, comme 1443 et 1444. 33 années grégoriennes correspondent à 34 années musulmanes ; il faut donc 33 ans environ pour que le nouvel an musulman revienne à la même date dans notre calendrier. Les années musulmanes sont comptées depuis le 16 juillet 622 du calendrier julien (1er Mouharram), jour de l'hégire ou départ du prophète Mohammed de La Mecque vers Médine. Vous trouverez des explications sur les différents calendriers couramment employés sur le site web de l'IMCCE. Le 1er Mouharram 1445 se produira le 19 juillet 2023.

30 00 Samedi (211-154). Période de libration minimale en latitude pour la Lune (b = - 6,6°).

30 00 Période du maximum d'éclat de l'étoile variable U Vir (1246+06). U Vir est une variable de type Mira (variable à longue période) dont la magnitude oscille entre 7,4 et 13,5 ; sa période est de 205,5 jours.

30 02 **L'éclat de l'étoile variable Mira de la Baleine (Omicron Ceti) atteint son maximum** fin juillet avec

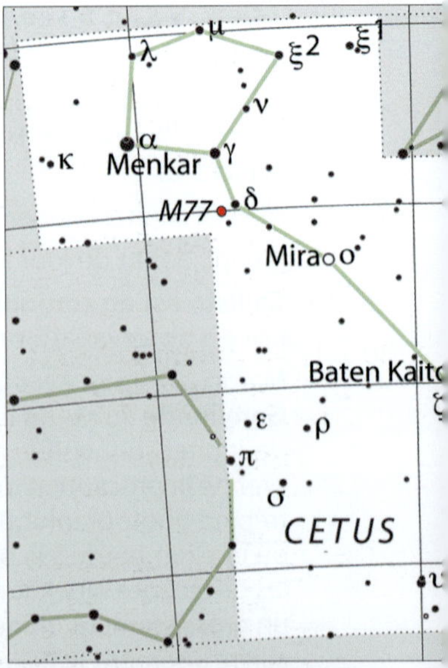

Mira est une énorme géante rouge, près de 700 fois plus volumineuse que le Soleil, et si on la plaçait au centre du Système solaire, elle engloutirait sans peine l'orbite de Mars. Distante de 420 années-lumière environ, Mira approche de la dernière phase de son cycle d'évolution, qui devrait la voir créer une vaste coquille de gaz autour d'elle – une nébuleuse planétaire – lorsqu'elle perdra ses couches externes. Mais elle appartient à un système stellaire double et sa compagne est une naine blanche qui est déjà passée par toutes les phases que Mira s'apprête à traverser. Il n'est donc pas impossible que l'interaction entre ces deux astres provoque un cataclysme final bien plus violent, sa voisine pouvant profiter de l'apport de matière provenant de Mira pour se transformer en supernova : réponse dans quelques millions d'années… En Europe, Mira se situe à près de 25° de hauteur au-dessus de l'horizon sud-est avant l'aube actuellement. Pour la repérer, vous pouvez utiliser l'alignement de Scheat et Algenib, deux étoiles du carré de Pégase, ou celui d'Aldébaran et Menkar. Lorsque l'éclat lunaire n'est pas dérangeant, Mira est facile à repérer à l'œil nu et à photographier, même en milieu périurbain. Le prochain maximum aura lieu environ un mois plus tôt, soit en juin 2023.

une magnitude comprise entre 2 et 3 : 2,1 lors de son maximum d'octobre 2011, 3 lors de celui de 2018. Durant quelques semaines, Mira est donc aussi brillante que l'étoile Polaire. La période de cette variable est de pratiquement 332 jours et il lui faut près de 210 jours pour tomber à son éclat minimum – magnitude 9 à 10,5 environ – contre près de 120 jours pour retrouver toute sa splendeur ; son éclat peut donc varier d'un facteur 1 000 en seulement quelques mois.

30 07 Mercure et Mars sont en opposition héliocentrique.

30 09 La comète **C/2021 P4 ATLAS** passe au plus près du Soleil (périhélie) à 162 millions de kilomètres. Son éclat pourrait atteindre la magnitude 11.

30 11 **Maximum de l'essaim météoritique des Alpha Capricornides** (001 CAP), dont la période d'activité s'étend du 3 juillet au 15 août. Longitude héliocentrique prévue pour le maximum (équinoxe 2000.0) : 127°. Taux horaire moyen au zénith : 5 ; les observateurs européens de l'IMO ont cependant évalué ce taux à 10 en 1995. À ne pas confondre avec les Capricornides, des étoiles filantes visibles dans la même région du ciel au cours de la même période ! Cet essaim est associé à la comète 45P Honda-Mrkos-Pajdusakova (période de 5,26 années ; passage au périhélie le 25 avril 2022). Vers le 25 juillet, le radiant – le point autour duquel semblent rayonner les étoiles filantes d'un essaim – est pratiquement collé à l'étoile Algedi, puis il se décale vers l'est jusqu'au 15 août. Ces étoiles filantes ont une vitesse atmosphérique plutôt lente – 23 km/s – et il n'est pas rare de les voir s'enfoncer sous l'horizon sud, ce qui favorise les observateurs installés au sud de l'Europe. En 2022, les conditions d'observation sont idéales puisque le maximum se produit en période de Nouvelle Lune.

30 11 **Maximum de l'essaim météoritique des Delta Aquarides sud** (005 SDA), dont la période d'activité s'étend du 12 juillet au 19 août. Longitude héliocentrique prévue pour le maximum de l'essaim (équinoxe 2000.0) : 127°. Vitesse de pénétration atmosphérique : 41 km/s. Taux horaire moyen au zénith : 16-25. Des observations récentes font penser que la bonne période d'observation pourrait s'étendre du 28 au 31 juillet.

30 23 Passage au méridien à minuit de la constellation du Dauphin.

31 00 Dimanche. 212e jour de l'année .

31 12 Le **Soleil** franchit le méridien au zénith à Haïti.

Profitez de l'été pour observer et photographier les nébuleuses vivement colorées ou totalement sombres qui maculent le Scorpion, Ophiuchus et le Sagittaire. L'éclatante planète Jupiter leur tient compagnie sur cette image panoramique réalisée en juillet 2019 lors des Nuits du causse Noir avec un téléobjectif de 180 millimètres de focale.

Le Soleil et les planètes

	JOUR	ASCENSION DROITE	DÉCLINAISON	CONSTELLATION	Ø APPARENT	ÉQUATION DU TEMPS	DISTANCE	DISTANCE LUMIÈRE	LEVER	MÉRIDIEN	HAUTEUR	COUCHER
		h m s	° ′ ″			m s	ua	m s	h m	h m		h m
Soleil	2	6 44 04	+ 23 03 06	Gem	31′ 28″	+ 3 59	1,0167	8 27	04 18	12 04	68°	19 50
	6	7 00 34	+ 22 42 30	Gem	31′ 28″	+ 4 42	1,0167	8 27	04 20	12 05	68°	19 49
	10	7 16 57	+ 22 15 36	Gem	31′ 28″	+ 5 20	1,0167	8 27	04 23	12 05	67°	19 47
	14	7 33 14	+ 21 42 35	Gem	31′ 28″	+ 5 51	1,0165	8 27	04 27	12 06	67°	19 45
	18	7 49 23	+ 21 03 39	Gem	31′ 28″	+ 6 14	1,0163	8 27	04 30	12 06	66°	19 42
	22	8 05 23	+ 20 19 01	Cnc	31′ 29″	+ 6 28	1,0161	8 27	04 34	12 07	65°	19 38
	26	8 21 15	+ 19 28 56	Cnc	31′ 30″	+ 6 33	1,0157	8 27	04 39	12 07	64°	19 34
	30	8 36 57	+ 18 33 40	Cnc	31′ 30″	+ 6 29	1,0153	8 27	04 43	12 06	63°	19 29

	JOUR	ASCENSION DROITE	DÉCLINAISON	CONSTELLATION	MAGNITUDE	Ø APPARENT	ÉLONGATION	DISTANCE	FRACTION ÉCLAIRÉE	LEVER	MÉRIDIEN	HAUTEUR	COUCHER
		h m s	° ′ ″					ua		h m	h m		h m
Mercure	2	5 33 22	+ 22 27 17	Tau	- 0,6	5,9	16,3° O	1,1427	75 %	03 12	10 55	68°	18 39
	6	6 06 17	+ 23 23 03	Gem	- 1,2	5,5	12,5° O	1,2181	86 %	03 25	11 13	68°	19 01
	10	6 42 12	+ 23 45 14	Gem	- 1,6	5,3	8,1° O	1,2785	94 %	03 43	11 33	69°	19 23
	14	7 19 34	+ 23 25 34	Gem	- 1,9	5,1	3,4° O	1,3185	99 %	04 07	11 55	68°	19 42
	18	7 56 35	+ 22 22 52	Gem	- 1,8	5	1,4° E	1,3360	100 %	04 34	12 16	67°	19 57
	22	8 31 49	+ 20 42 45	Cnc	- 1,5	5	5,9° E	1,3335	97 %	05 02	12 35	65°	20 07
	26	9 04 30	+ 18 34 09	Cnc	- 1,2	5,1	10,1° E	1,3152	93 %	05 29	12 52	63°	20 13
	30	9 34 26	+ 16 06 05	Leo	- 0,8	5,2	13,8° E	1,2854	89 %	05 55	13 06	61°	20 15
Vénus	2	4 37 17	+ 20 43 53	Tau	- 3,9	11,9	29,4° O	1,4099	86 %	02 25	09 58	66°	17 31
	6	4 57 34	+ 21 28 33	Tau	- 3,9	11,7	28,4° O	1,4317	87 %	02 25	10 02	67°	17 40
	10	5 18 05	+ 22 04 04	Tau	- 3,9	11,6	27,5° O	1,4527	88 %	02 27	10 07	67°	17 47
	14	5 38 48	+ 22 29 57	Tau	- 3,9	11,4	26,5° O	1,4731	89 %	02 30	10 12	68°	17 54
	18	5 59 40	+ 22 45 52	Ori	- 3,9	11,3	25,5° O	1,4927	90 %	02 34	10 17	68°	18 01
	22	6 20 38	+ 22 51 29	Gem	- 3,9	11,1	24,4° O	1,5116	91 %	02 38	10 22	68°	18 06
	26	6 41 39	+ 22 46 38	Gem	- 3,9	11	23,4° O	1,5297	91 %	02 44	10 28	68°	18 11
	30	7 02 40	+ 22 31 15	Gem	- 3,9	10,9	22,4° O	1,5469	92 %	02 51	10 33	67°	18 15
Mars	6	1 56 13	+ 9 57 34	Psc	0,4	7,4	73,4° O	1,2710	86 %	00 17	07 00	55°	13 44
	14	2 17 25	+ 11 51 19	Ari	0,3	7,6	75,5° O	1,2286	85 %	23 56	06 50	57°	13 42
	22	2 38 27	+ 13 36 48	Ari	0,2	7,9	77,7° O	1,1860	85 %	23 38	06 39	59°	13 39
	30	2 59 14	+ 15 13 10	Ari	0,1	8,2	80,1° O	1,1429	85 %	23 20	06 28	60°	13 35
Jupiter	6	0 31 01	+ 1 54 53	Cet	- 2,5	41,4	96,1° O	4,7508	99 %	23 21	05 34	47°	11 44
	14	0 32 51	+ 2 04 06	Cet	- 2,6	42,5	103,2° O	4,6294	99 %	22 50	05 05	47°	11 15
	22	0 33 57	+ 2 08 36	Cet	- 2,6	43,6	110,6° O	4,5117	99 %	22 20	04 34	47°	10 45
	30	0 34 17	+ 2 08 13	Cet	- 2,7	44,7	118,1° O	4,3997	99 %	21 48	04 03	47°	10 14
Saturne	6	21 48 51	- 14 30 21	Cap	0,5	18,2	139,4° O	9,0843	100 %	21 46	02 53	31°	07 55
	14	21 47 15	- 14 39 52	Cap	0,5	18,4	147,5° O	9,0048	100 %	21 14	02 19	30°	07 21
	22	21 45 23	- 14 50 37	Cap	0,4	18,5	155,6° O	8,9410	100 %	20 41	01 46	30°	06 47
	30	21 43 18	- 15 02 17	Cap	0,4	18,6	163,8° O	8,8945	100 %	20 08	01 13	30°	06 13
Uranus	6	3 02 20	+ 16 49 50	Ari	5,8	3,5	56,0° O	20,2470	100 %	00 52	08 05	62°	15 18
	18	3 03 58	+ 16 56 30	Ari	5,8	3,5	67,0° O	20,0690	100 %	00 06	07 20	62°	14 33
	30	3 05 12	+ 17 01 25	Ari	5,8	3,5	78,2° O	19,8750	100 %	23 16	06 34	62°	13 47
Neptune	6	23 45 06	- 2 54 23	Psc	7,9	2,3	108,5° O	29,5780	100 %	22 54	04 48	42°	10 39
	18	23 44 47	- 2 56 58	Psc	7,9	2,3	120,0° O	29,3940	100 %	22 07	04 01	42°	09 51
	30	23 44 13	- 3 01 11	Psc	7,8	2,3	131,7° O	29,2310	100 %	21 19	03 13	42°	09 03

Les éphémérides du Soleil, des planètes et de la Lune proposées sur ces deux pages sont calculées à 0 h TU pour une latitude de 45° nord et une longitude de 0°.

La Lune

	JOUR	ASCENSION DROITE	DÉCLINAISON	CONSTELLATION	Ø APPARENT	PARALLAXE HORIZONTALE	FRACTION ÉCLAIRÉE	JOUR	ÉLONGATION	DISTANCE	LEVER	MÉRIDIEN	HAUTEUR	COUCHER
		h m s	° ′ ″							km	h m	h m		h m
V 1	182	8 11 45	24 51 33	Cnc	29′ 28″	54′ 04″	3 %	1,9	20° E	405 529	6 h 01	14 h 03	68°	21 h 55
S 2	183	9 02 19	22 08 05	Cnc	29′ 35″	54′ 17″	8 %	2,9	31° E	403 936	7 h 05	14 h 50	65°	22 h 23
D 3	184	9 51 02	18 26 43	Leo	29′ 45″	54′ 36″	13 %	3,9	42° E	401 569	8 h 11	15 h 35	60°	22 h 46
L 4	185	10 38 03	13 57 25	Leo	30′ 00″	55′ 02″	21 %	4,9	54° E	398 390	9 h 18	16 h 19	55°	23 h 06
M 5	186	11 23 53	8 50 29	Leo	30′ 18″	55′ 36″	29 %	5,9	65° E	394 395	10 h 25	17 h 01	49°	23 h 26
M 6	187	12 09 21	3 16 13	Vir	30′ 40″	56′ 17″	39 %	6,9	77° E	389 636	11 h 32	17 h 45	43°	23 h 45
J 7	188	12 55 29	- 2 34 27	Vir	31′ 06″	57′ 04″	49 %	7,9	89° E	384 247	12 h 42	18 h 29	37°	
V 8	189	13 43 25	- 8 28 47	Vir	31′ 34″	57′ 56″	60 %	8,9	101° E	378 455	13 h 56	19 h 17	31°	0 h 05
S 9	190	14 34 24	- 14 10 39	Lib	32′ 04″	58′ 51″	70 %	9,9	114° E	372 597	15 h 13	20 h 10	26°	0 h 28
D 10	191	15 29 38	- 19 19 00	Lib	32′ 33″	59′ 44″	80 %	10,9	127° E	367 096	16 h 34	21 h 07	21°	0 h 56
L 11	192	16 29 50	- 23 27 29	Oph	32′ 58″	60′ 30″	89 %	11,9	140° E	362 431	17 h 55	22 h 10	18°	1 h 33
M 12	193	17 34 43	- 26 07 15	Oph	33′ 17″	61′ 04″	95 %	12,9	154° E	359 072	19 h 09	23 h 17	17°	2 h 22
M 13	194	18 42 33	- 26 54 23	Sgr	33′ 26″	61′ 21″	99 %	13,9	169° E	357 403	20 h 11			3 h 25
J 14	195	19 50 26	- 25 39 25	Sgr	33′ 25″	61′ 19″	100 %	14,9	177° O	357 640	20 h 58	0 h 24	18°	4 h 42
V 15	196	20 55 27	- 22 32 17	Cap	33′ 13″	60′ 57″	98 %	15,9	163° O	359 784	21 h 34	1 h 28	22°	6 h 05
S 16	197	21 55 54	- 17 57 56	Cap	32′ 52″	60′ 18″	92 %	16,9	149° O	363 615	22 h 02	2 h 26	27°	7 h 28
D 17	198	22 51 31	- 12 26 46	Aqr	32′ 24″	59′ 28″	85 %	17,9	135° O	368 742	22 h 25	3 h 19	33°	8 h 48
L 18	199	23 43 03	- 6 26 56	Aqr	31′ 54″	58′ 31″	76 %	18,9	122° O	374 674	22 h 46	4 h 08	39°	10 h 03
M 19	200	0 31 40	- 0 20 57	Cet	31′ 22″	57′ 34″	66 %	19,9	109° O	380 899	23 h 05	4 h 53	45°	11 h 14
M 20	201	1 18 36	5 34 05	Psc	30′ 53″	56′ 40″	56 %	20,9	97° O	386 957	23 h 25	5 h 38	51°	12 h 23
J 21	202	2 05 01	11 05 06	Ari	30′ 27″	55′ 52″	46 %	21,9	85° O	392 475	23 h 47	6 h 21	57°	13 h 31
V 22	203	2 51 52	16 01 18	Ari	30′ 05″	55′ 12″	36 %	22,9	74° O	397 189		7 h 06	62°	14 h 38
S 23	204	3 39 55	20 12 56	Tau	29′ 48″	54′ 41″	27 %	23,9	62° O	400 943	0 h 11	7 h 52	66°	15 h 44
D 24	205	4 29 35	23 30 39	Tau	29′ 36″	54′ 19″	19 %	24,9	51° O	403 678	0 h 41	8 h 40	69°	16 h 47
L 25	206	5 20 54	25 45 42	Tau	29′ 28″	54′ 05″	12 %	25,9	41° O	405 407	1 h 17	9 h 29	71°	17 h 46
M 26	207	6 13 27	26 51 02	Gem	29′ 25″	53′ 59″	7 %	26,9	30° O	406 199	2 h 02	10 h 20	72°	18 h 38
M 27	208	7 06 26	26 42 39	Gem	29′ 25″	53′ 59″	3 %	27,9	19° O	406 149	2 h 54	11 h 11	71°	19 h 21
J 28	209	7 58 55	25 20 44	Gem	29′ 29″	54′ 06″	1 %	28,9	8° O	405 360	3 h 53	12 h 00	69°	19 h 57
V 29	210	8 50 03	22 49 55	Cnc	29′ 35″	54′ 17″	0 %	0,3	3° E	403 922	4 h 57	12 h 48	66°	20 h 27
S 30	211	9 39 24	19 18 19	Leo	29′ 44″	54′ 34″	2 %	1,3	14° E	401 904	6 h 04	13 h 34	62°	20 h 51
D 31	212	10 26 55	14 56 13	Leo	29′ 55″	54′ 54″	5 %	2,3	25° E	399 345	7 h 10	14 h 18	57°	21 h 12

La Lune des spécialistes

	Libration		Angle de position	
	l	b	axe	phase
1	- 2,6°	- 6,2°	13,1°	272,1°
2	- 3,8°	- 6,6°	16,8°	279,6°
3	- 4,9°	- 6,7°	19,6°	285,0°
4	- 5,8°	- 6,4°	21,5°	288,8°
5	- 6,6°	- 5,9°	22,5°	291,4°
6	- 7,2°	- 5,1°	22,5°	292,7°
7	- 7,4°	- 4,0°	21,5°	292,7°
8	- 7,3°	- 2,7°	19,6°	291,3°
9	- 6,8°	- 1,2°	16,6°	288,3°
10	- 5,9°	0,5°	12,5°	283,3°
11	- 4,6°	2,1°	7,3°	275,9°
12	- 2,9°	3,7°	1,2°	264,9°
13	- 0,9°	5,0°	354,8°	243,2°
14	1,3°	6,0°	348,7°	139,9°
15	3,3°	6,5°	343,7°	92,0°
16	5,1°	6,6°	340,2°	79,5°
17	6,5°	6,2°	338,1°	73,1°
18	7,5°	5,5°	337,4°	69,7°
19	7,9°	4,5°	337,9°	68,3°
20	7,8°	3,3°	339,3°	68,5°
21	7,3°	1,9°	341,6°	70,0°
22	6,4°	0,5°	344,6°	72,9°
23	5,3°	- 0,9°	348,3°	76,9°
24	4,1°	- 2,2°	352,7°	82,1°
25	2,7°	- 3,5°	357,4°	88,4°
26	1,3°	- 4,5°	2,5°	96,1°
27	0,0°	- 5,4°	7,4°	106,2°
28	- 1,3°	- 6,1°	12,0°	126,8°
29	- 2,5°	- 6,5°	15,9°	231,5°
30	- 3,5°	- 6,6°	19,0°	272,7°
31	- 4,5°	- 6,4°	21,1°	282,9°

Phases et distances

Jour	Heure en TU	Distance en km	Ø apparent
7	PQ à 2 h 14 m	383 720	31,1′
13	PL à 18 h 38 m	357 418	33,4′
20	DQ à 14 h 19 m	390 333	30,6′
28	NL à 17 h 55 m	404 344	29,6′
13	Périgée à 9 h 05 m	357 264	33,4′
26	Apogée à 10 h 22 m	406 274	29,4′

Reportez-vous pages 7 à 15 pour trouver des renseignements détaillés sur l'utilisation de ces différentes informations.
Consultez les tableaux de corrections horaires (pages 340 et 341) pour adapter les heures de lever, de passage au méridien et de coucher en fonction de votre lieu d'observation.

AOÛT 2022

1re quinzaine vers 22 h TU - 2e quinzaine vers 21 h TU

Pour	Utilisez la carte de
17-18 h	*juin*
19-20 h	juillet
23-0 h	septembre
1-2 h	octobre
3-4 h	novembre
5-6 h	*décembre*

Vous pouvez également utiliser cette carte en :
septembre vers 19-20 h
octobre vers 17-18 h
avril vers 5-6 h
mai vers 3-4 h
juin vers 1-2 h
juillet vers 23-0 h
(valable uniquement pour les étoiles)

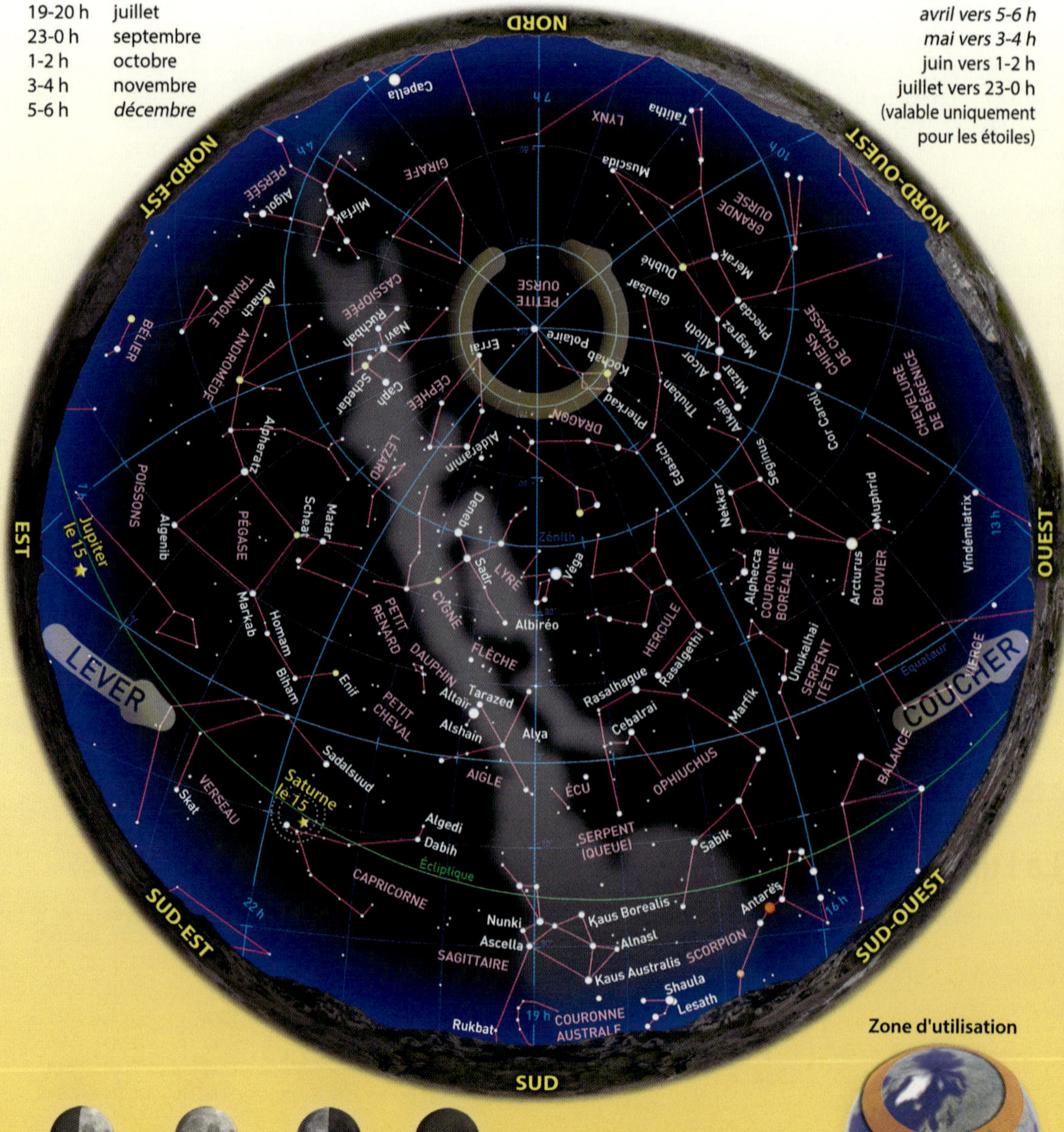

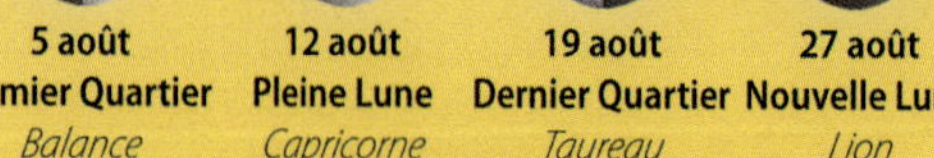

5 août	12 août	19 août	27 août
Premier Quartier	**Pleine Lune**	**Dernier Quartier**	**Nouvelle Lune**
Balance	*Capricorne*	*Taureau*	*Lion*

Magnitudes
-1 0 1 2 3 4 4,5 et +

Zone d'utilisation

38° à 52° nord

À L'ORÉE DE L'AUBE EN AOÛT 2022

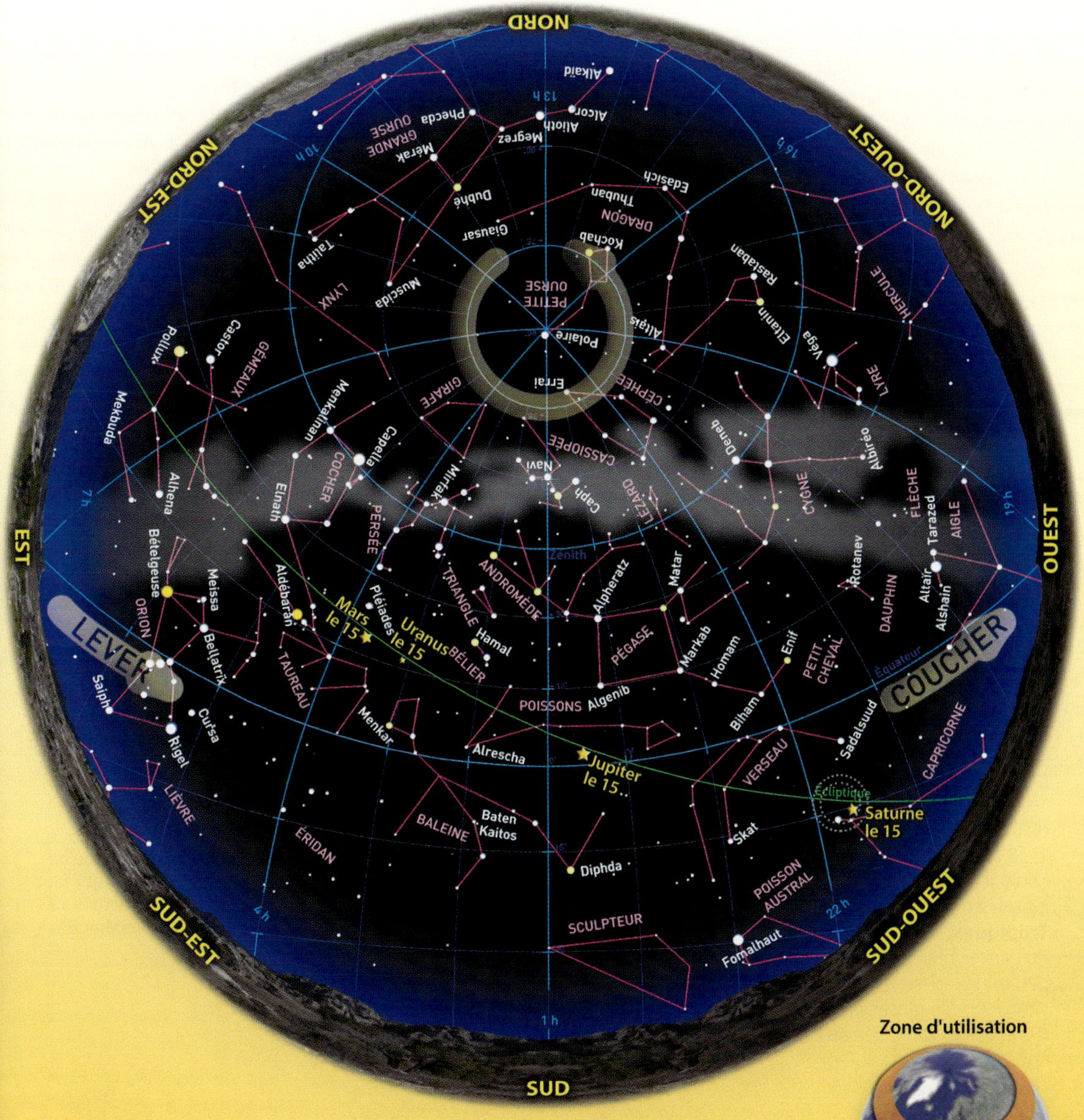

Vous trouverez des conseils pour l'utilisation de ces cartes en début d'ouvrage.

AOÛT 2022

La Lune et les planètes

Mercure

Nord. En août, les conditions d'observation sont extrêmement défavorables le soir au crépuscule pour cette planète qui, le 27, atteint sa plus grande élongation à l'est en 2022 à plus de 27,3° du Soleil. Elle se situe alors au sud de l'écliptique et l'inclinaison de cette ligne la plaque contre l'horizon ouest-nord-ouest juste après le coucher du Soleil.
Tropiques. Meilleure période de l'année pour observer Mercure dans le ciel du soir. Sous le tropique du Capricorne, l'écliptique est perpendiculaire à l'horizon et chaque degré d'élongation de Mercure est un degré de hauteur. Le 27 à la fin du crépuscule, cette planète brille encore à près de 10° de hauteur.

Vénus

Nord. Au début du mois, Vénus se glisse progressivement sous l'alignement des étoiles Castor et Pollux. L'élongation vénusienne poursuit sa décrue, passant de 22° à 14° en août. Si elle se lève encore près de deux heures avant le Soleil le 1er, Vénus n'apparaît plus qu'une heure et quart avant lui le 31. Ne manquez pas sa très belle conjonction avec le vieux croissant lunaire le 26 à l'aube !
Tropiques. Sous le tropique du Cancer, l'écliptique étant perpendiculaire à l'horizon à l'aube, Vénus semble glisser le long d'une corde accrochée au zénith en perdant 1,2° de hauteur chaque jour.

Mars

Nord. Elle entre le 9 dans le Taureau, grande figure zodiacale dans laquelle elle circulera jusqu'au 26 mars 2023 (voir le schéma de la p. 47). Le 15, cette planète se lève plus de six heures avant le Soleil et nous pouvons la voir briller de plus en plus vivement – sa magnitude devient négative le 16 – non loin des Pléiades, à plus de 40° de hauteur au-dessus de l'horizon est-sud-est à l'orée de l'aube.
Le 25, la distance Terre-Mars est tout juste d'une unité astronomique, soit 149,6 millions de kilomètres.
La planète rouge est en quadrature à l'ouest du Soleil le 27 et son diamètre apparent dépasse 9,5″ en fin de mois. Comparez la teinte vivement orangée de son éclat à celle plus subtile de l'étoile géante Aldébaran, qui brille à 6° d'elle.
Tropiques. Excellentes conditions d'observation.

Jupiter

Nord et tropiques. Elle poursuit sa rétrogradation dans le nord-ouest de la Baleine. Sa magnitude atteint - 2,9 en fin de mois, son diamètre apparent équatorial dépasse 48,5″ et son diamètre apparent polaire 45,4″. L'aplatissement de cette sphère de gaz en rotation rapide est aisément visible dans les plus petits instruments d'amateur (voir p. 48).

Saturne

Nord. Elle est à l'opposition le 14 à près de 8,85 ua de la Terre, soit 1,32 milliard de kilomètres ou 73,7 minutes-lumière, et nous pouvons l'observer du crépuscule à l'aube. Sa magnitude est de 0,3 et le diamètre apparent équatorial de son disque est de 18,8″ (42,3″ pour ses anneaux). Installée à l'est du Capricorne, elle se lève à l'est-sud-est, franchit le méridien à 30° de hauteur et se couche à l'ouest-sud-ouest. Les bandes nuageuses qui marquent l'atmosphère de Saturne ne sont pas aussi contrastées que celles de Jupiter, mais, dans un télescope de plus de 300 mm de diamètre, elles sont bien visibles. Dans un instrument encore plus grand, leur coloration devient perceptible : un camaïeu d'ocre jaune et de brun.
Tropiques. Conditions d'observation excellentes.

Uranus (Bélier) est en quadrature à l'ouest du Soleil le 11, puis elle est stationnaire le 24 et commence une longue rétrogradation qui prendra fin le 22 janvier 2023. Mi-août, elle surplombe l'horizon sud-est de plus de 45° à l'orée de l'aube et il est possible de la repérer à l'œil nu dans un bon site. Sa magnitude gagne un dixième (5,7) et un instrument avec un grossissement d'une cinquantaine de fois permet de reconnaître sans ambiguïté ce petit disque de 3,6″ de diamètre apparent puisque sa teinte légèrement turquoise est perceptible. La rétrogradation de Neptune la ramène dans le Verseau le 18 et elle franchit le méridien à plus de 40° de hauteur en seconde partie de nuit ; sa magnitude est de 7,8 et il faut impérativement un instrument pour l'observer (carte de repérage p. 53).

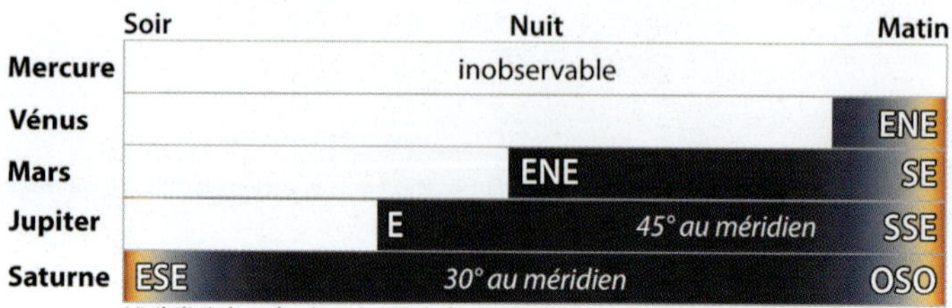

Visibilité des planètes à 45° de latitude nord, en milieu de mois.

Planétaire

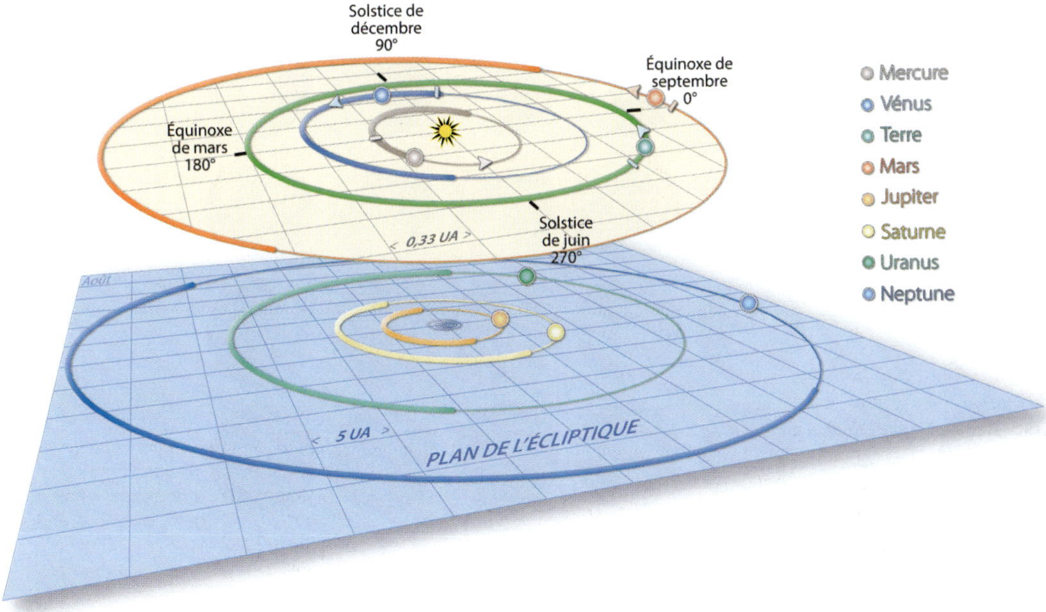

Vous trouverez en pages 67 et 69 des explications complètes sur ces deux schémas.

Le calendrier lunaire

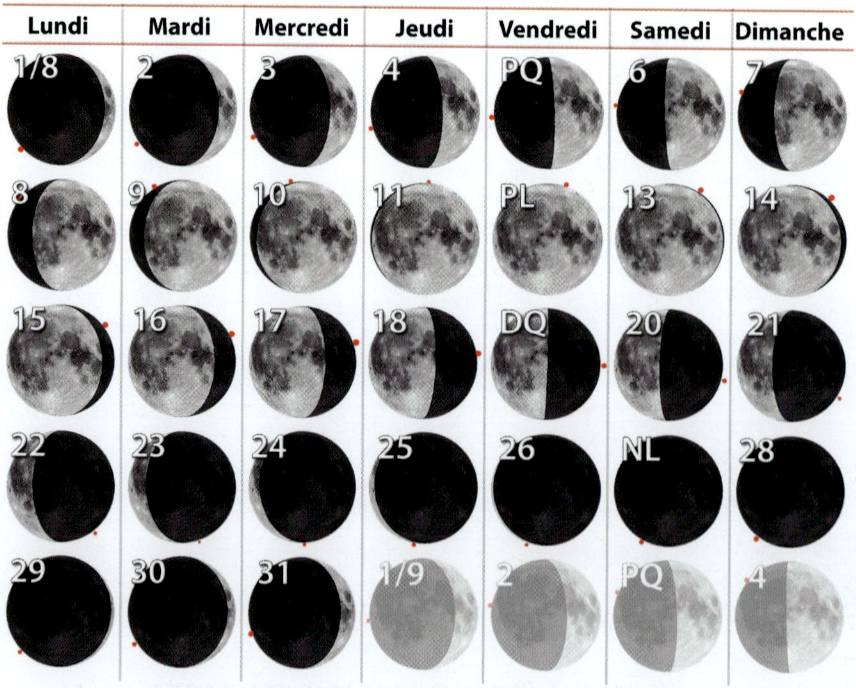

Longitude du terminateur	Soleil levant	Soleil couchant
1er/08	312°	
2	324°	
3	336°	
4	349°	
5	1°	
6	13°	
7	25°	
8	38°	
9	50°	
10	62°	
11	74°	
12	86°	
13		98°
14		111°
15		123°
16		135°
17		147°
18		159°
19		172°
20		184°
21		196°
22		208°
23		221°
24		233°
25		245°
26		257°
27		269°
28	282°	
29	294°	
30	306°	
31	318°	

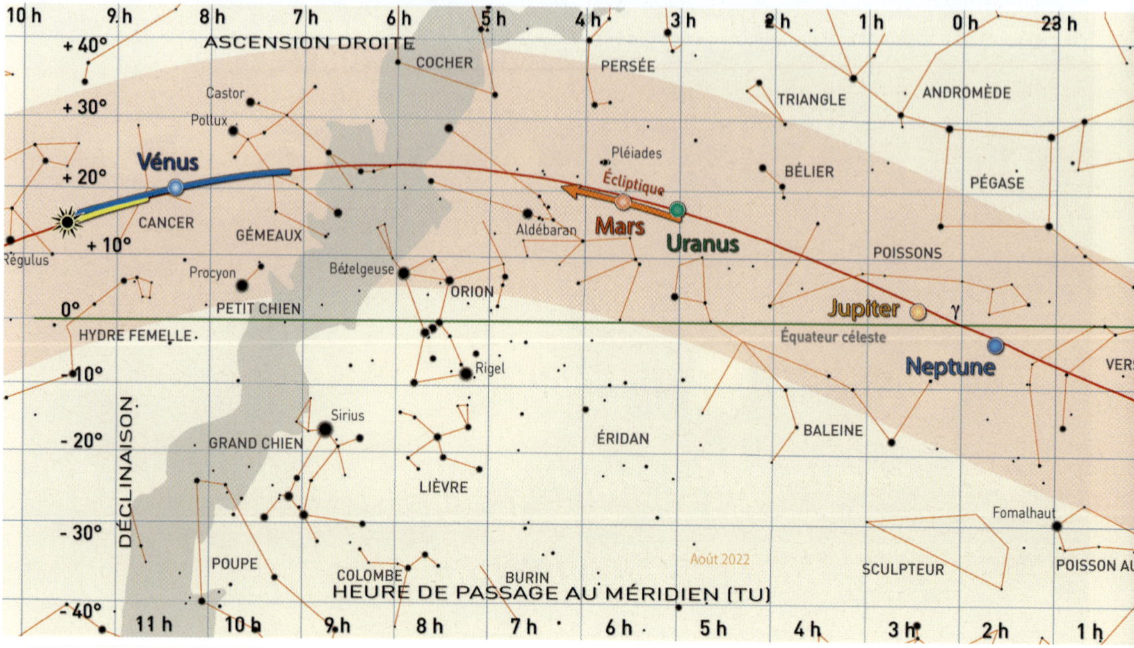

Hauteur mensuelle de la Lune

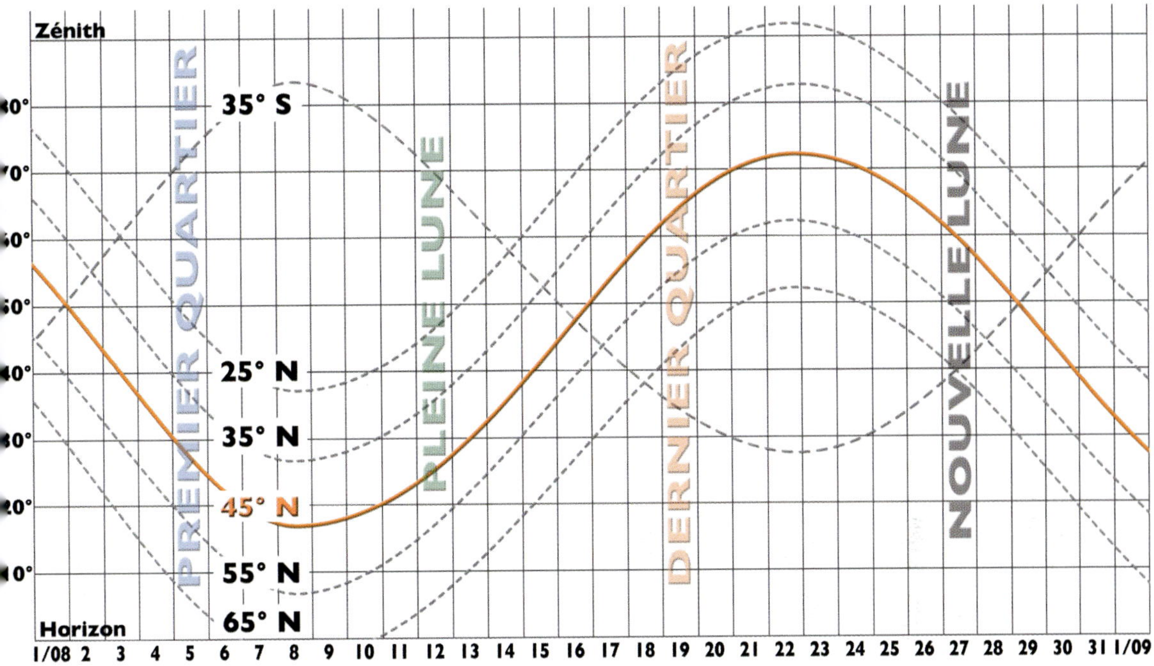

Le 1er août à 0 h TU, la Lune est âgée de 3,2 jours.

La Lune atteint sa plus grande déclinaison vers le nord le 23 (27°) et sa plus grande déclinaison vers le sud le 9 (- 27°).

Vous découvrirez au fil des phénomènes au jour le jour les descriptions des formations lunaires les plus intéressantes à scruter lors des librations maximales ; le tableau « La Lune des spécialistes » à la fin de chaque mois vous indique les valeurs quotidiennes des librations en latitude et en longitude.

Vous trouverez en pages 35, 69, 70 et 71 des explications complètes sur ces trois schémas et ce tableau.

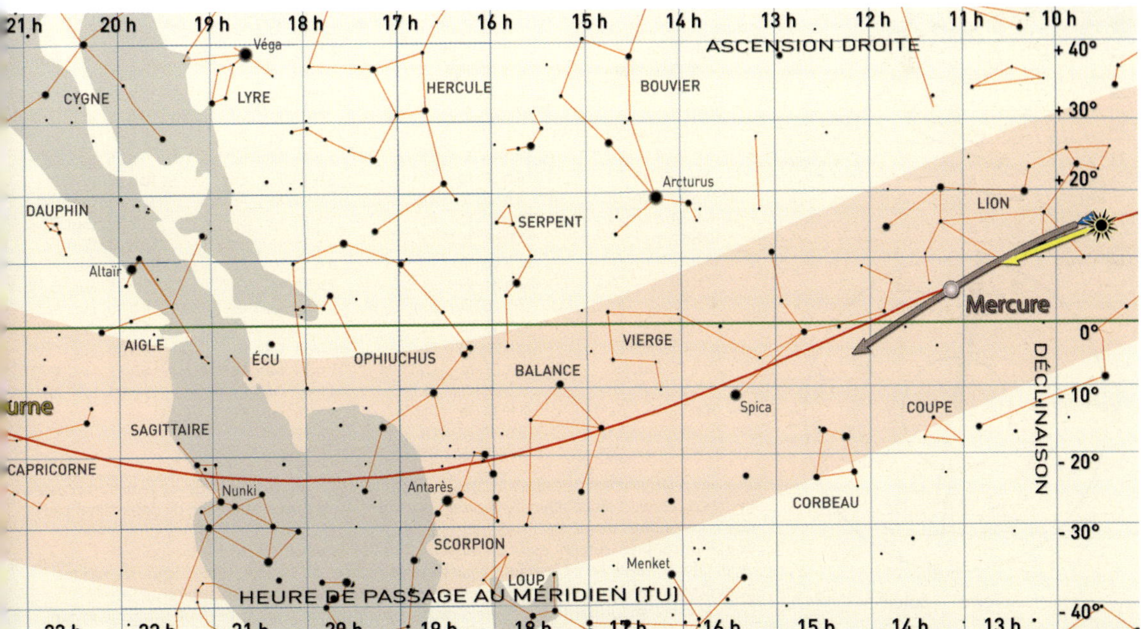

Satellites de Jupiter

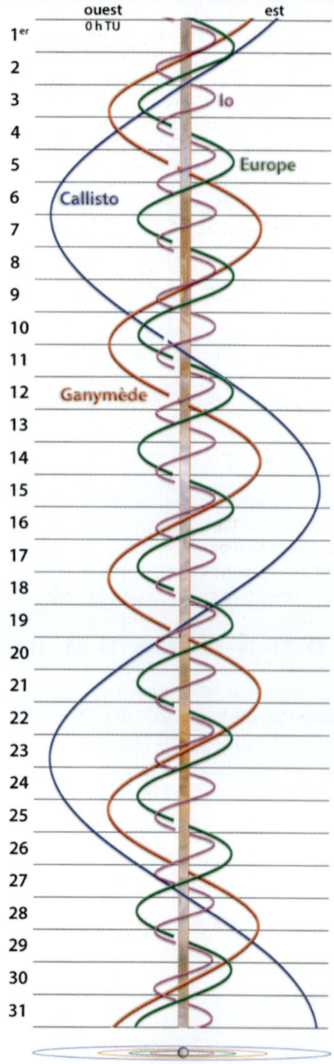

Le 1er/08

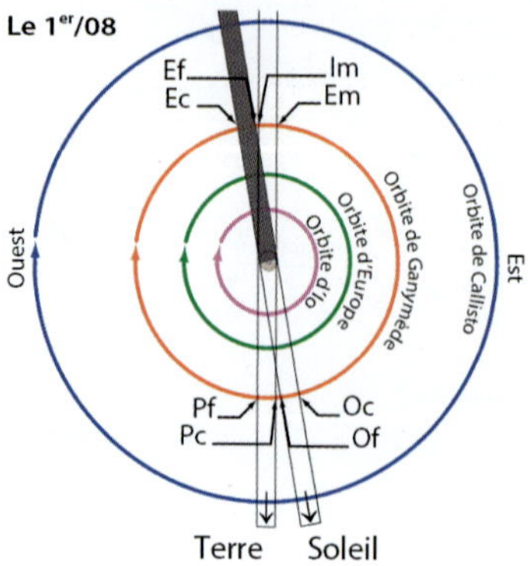

Passages de la tache rouge de Jupiter au méridien central

1er/08 : 8 h 44 ; 18 h 40.
2 : 4 h 39 ; 14 h 34.
3 : 0 h 30 ; 10 h 25 ; 20 h 21.
4 : 6 h 17 ; 16 h 12.
5 : 2 h 08 ; 12 h 04 ; 21 h 59.
6 : 7 h 55 ; 17 h 51.
7 : 3 h 46 ; 13 h 42 ; 23 h 37.
8 : 9 h 33 ; 19 h 29.
9 : 5 h 24 ; 15 h 20.
10 : 1 h 15 ; 11 h 11 ; 21 h 07.
11 : 7 h 02 ; 16 h 58.
12 : 2 h 53 ; 12 h 49 ; 22 h 45.
13 : 8 h 40 ; 18 h 36.
14 : 4 h 32 ; 14 h 27.
15 : 0 h 23 ; 10 h 18 ; 20 h 14.
16 : 6 h 10 ; 16 h 05.
17 : 2 h 01 ; 11 h 56 ; 21 h 52.
18 : 7 h 48 ; 17 h 43.
19 : 3 h 39 ; 13 h 34 ; 23 h 30.
20 : 9 h 26 ; 19 h 21.
21 : 5 h 17 ; 15 h 12.
22 : 1 h 08 ; 11 h 04 ; 20 h 59.
23 : 6 h 55 ; 16 h 51.
24 : 2 h 46 ; 12 h 42 ; 22 h 37.
25 : 8 h 33 ; 18 h 29.
26 : 4 h 24 ; 14 h 20.
27 : 0 h 15 ; 10 h 11 ; 20 h 06.
28 : 6 h 02 ; 15 h 58.
29 : 1 h 53 ; 11 h 49 ; 21 h 44.
30 : 7 h 40 ; 17 h 36.
31 : 3 h 31 ; 13 h 27 ; 23 h 22.

Longitude estimée du centre de la tache rouge en début de mois : 23°.

Phénomènes des satellites de Jupiter

	Heure	Sat.	Phé.
1er/08	2 h 27	Io	Ec**
	5 h 52	Io	Em
	19 h 56	Gan.	Oc
	22 h 57	Gan.	Of**
	23 h 34	Io	Oc**
2	0 h 47	Io	Pc**
	1 h 00	Gan.	Pc**
	1 h 49	Io	Of**
	2 h 59	Io	Pf**
	3 h 33	Gan.	Pf**
	11 h 14	Cal.	Oc
	11 h 58	Cal.	Of
	12 h 49	Eur.	Oc
	15 h 16	Eur.	Pc
	15 h 25	Eur.	Of
	17 h 42	Eur.	Pf
	20 h 55	Io	Ec
	22 h 56	Cal.	Ci**
3	0 h 18	Io	Em**
	18 h 03	Io	Oc
	19 h 15	Io	Pc
	20 h 18	Io	Of
	21 h 27	Io	Pf
4	6 h 59	Eur.	Ec
	11 h 52	Eur.	Em
	15 h 23	Io	Ec
	18 h 46	Io	Em
5	9 h 54	Gan.	Ec
	12 h 31	Io	Oc
	12 h 55	Gan.	Ef
	13 h 42	Io	Pc
	14 h 45	Gan.	Im
	14 h 46	Io	Of
	15 h 54	Io	Pf
	17 h 17	Gan.	Em
6	2 h 07	Eur.	Oc**
	4 h 28	Eur.	Pc
	4 h 43	Eur.	Of
	6 h 54	Eur.	Pf
	9 h 52	Io	Ec
	13 h 12	Io	Em
7	7 h 00	Io	Oc
	8 h 09	Io	Pc
	9 h 15	Io	Of
	10 h 21	Io	Pf
	20 h 17	Eur.	Ec
8	1 h 04	Eur.	Em**
	4 h 21	Io	Ec**
	7 h 40	Io	Em
	23 h 57	Gan.	Oc**
9	1 h 29	Io	Oc**
	2 h 36	Io	Pc**
	2 h 57	Gan.	Of**
	3 h 44	Io	Of**
	4 h 38	Gan.	Pc
	4 h 48	Io	Pf
	7 h 08	Gan.	Pf
	15 h 25	Eur.	Oc
	17 h 39	Eur.	Pc
	17 h 59	Eur.	Of
	20 h 04	Eur.	Pf
	22 h 49	Io	Ec**
10	2 h 06	Io	Em**
	19 h 57	Io	Oc
	20 h 38	Cal.	Ec
	21 h 03	Io	Pc
	21 h 23	Cal.	Ef
	22 h 12	Io	Of**
	23 h 15	Io	Pf**
11	6 h 54	Cal.	Cs
	9 h 36	Eur.	Ec
	14 h 16	Eur.	Em
	17 h 18	Io	Ec
	20 h 33	Io	Em
12	13 h 55	Gan.	Ec
	14 h 26	Io	Oc
	15 h 29	Io	Pc
	16 h 40	Io	Of
	16 h 55	Gan.	Ef
	17 h 42	Io	Pf
	18 h 20	Gan.	Im
	20 h 50	Gan.	Em
13	4 h 43	Eur.	Oc
	6 h 50	Eur.	Pc
	7 h 17	Eur.	Of
	9 h 15	Eur.	Pf
	11 h 46	Io	Ec
	14 h 59	Io	Em
14	8 h 55	Io	Oc
	9 h 57	Io	Pc
	11 h 09	Io	Of
	12 h 08	Io	Pf
	22 h 54	Eur.	Ec**
15	3 h 26	Eur.	Em**
	6 h 15	Io	Ec
	9 h 26	Io	Em
16	3 h 23	Io	Oc**
	3 h 58	Gan.	Oc**
	4 h 23	Io	Pc**
	5 h 37	Io	Of
	6 h 35	Io	Pf
	6 h 57	Gan.	Of
	8 h 11	Gan.	Pc
	10 h 40	Gan.	Pf
	18 h 00	Eur.	Oc
	19 h 59	Eur.	Pc
	20 h 35	Eur.	Of
	22 h 25	Eur.	Pf**
17	0 h 44	Io	Ec**
	3 h 53	Io	Em**
	21 h 52	Io	Oc**
	22 h 50	Io	Pc**
18	0 h 06	Io	Of**
	1 h 02	Io	Pf**
	12 h 13	Eur.	Ec
	16 h 38	Eur.	Em
	19 h 12	Io	Ec
	22 h 20	Io	Em**
19	14 h 37	Cal.	Ci
	16 h 20	Io	Oc
	17 h 16	Io	Pc
	17 h 56	Gan.	Ec
	18 h 35	Io	Of
	19 h 28	Io	Pf
	20 h 55	Gan.	Ef**
	21 h 49	Gan.	Im**
20	0 h 19	Gan.	Em**
	7 h 18	Eur.	Oc
	9 h 10	Eur.	Pc
	9 h 52	Eur.	Of
	11 h 34	Eur.	Pf
	13 h 40	Io	Ec
	16 h 46	Io	Em
21	10 h 49	Io	Oc
	11 h 43	Io	Pc
	13 h 03	Io	Of
	13 h 55	Io	Pf
22	1 h 31	Eur.	Ec**
	5 h 47	Eur.	Em
	8 h 09	Io	Ec
	11 h 13	Io	Em
23	5 h 18	Io	Oc
	6 h 10	Io	Pc
	7 h 32	Io	Of
	7 h 59	Gan.	Oc
	8 h 22	Io	Pf
	10 h 58	Gan.	Of
	11 h 39	Gan.	Pc
	14 h 07	Gan.	Pf
	20 h 36	Eur.	Oc
	22 h 19	Eur.	Pc**
	23 h 10	Eur.	Of**
24	0 h 44	Eur.	Pf**
	2 h 37	Io	Ec**
	5 h 39	Io	Em
	23 h 46	Io	Oc**
25	0 h 36	Io	Pc**
	2 h 01	Io	Of**
	2 h 48	Io	Pf**
	14 h 50	Eur.	Ec
	18 h 57	Eur.	Em
	21 h 06	Io	Ec**
26	0 h 05	Io	Em**
	18 h 15	Io	Oc
	19 h 02	Io	Pc
	20 h 29	Io	Of**
	21 h 14	Io	Pf**
	21 h 57	Gan.	Ec**
27	0 h 54	Gan.	Ef**
	1 h 15	Gan.	Im**
	3 h 44	Gan.	Em**
	9 h 54	Eur.	Oc
	11 h 27	Eur.	Pc
	12 h 27	Eur.	Of
	13 h 52	Eur.	Pf
	15 h 34	Io	Ec
	18 h 31	Io	Em
	22 h 10	Cal.	Cs**
28	12 h 44	Io	Oc
	13 h 28	Io	Pc
	14 h 58	Io	Of
	15 h 41	Io	Pf
29	4 h 09	Eur.	Ec**
	8 h 06	Eur.	Em
	10 h 03	Io	Ec
	12 h 58	Io	Em
30	7 h 12	Io	Oc
	7 h 55	Io	Pc
	9 h 26	Io	Of
	10 h 07	Io	Pf
	12 h 02	Gan.	Oc
	14 h 59	Gan.	Of
	15 h 03	Gan.	Pc
	17 h 31	Gan.	Pf
	23 h 11	Eur.	Oc**
31	0 h 36	Eur.	Pc**
	1 h 45	Eur.	Of**
	3 h 00	Eur.	Pf**
	4 h 32	Io	Ec**
	7 h 24	Io	Em

Tous les phénomènes des satellites galiléens sont listés ci-dessus ; vous devez tenir compte des heures de lever et de coucher de Jupiter pour votre site d'observation afin de déterminer ceux que vous pourrez observer.
Pc et Pf = commencement et fin du passage du satellite devant le disque de Jupiter.
Oc et Of = commencement et fin du passage de l'ombre du satellite sur le disque de Jupiter.
Ec et Ef = commencement et fin de l'éclipse du satellite par l'ombre de Jupiter. Im et Em = immersion (disparition) et émersion (réapparition) du satellite derrière le disque jovien.
* Visible à 45° nord et 0° de longitude.

Satellites de Saturne

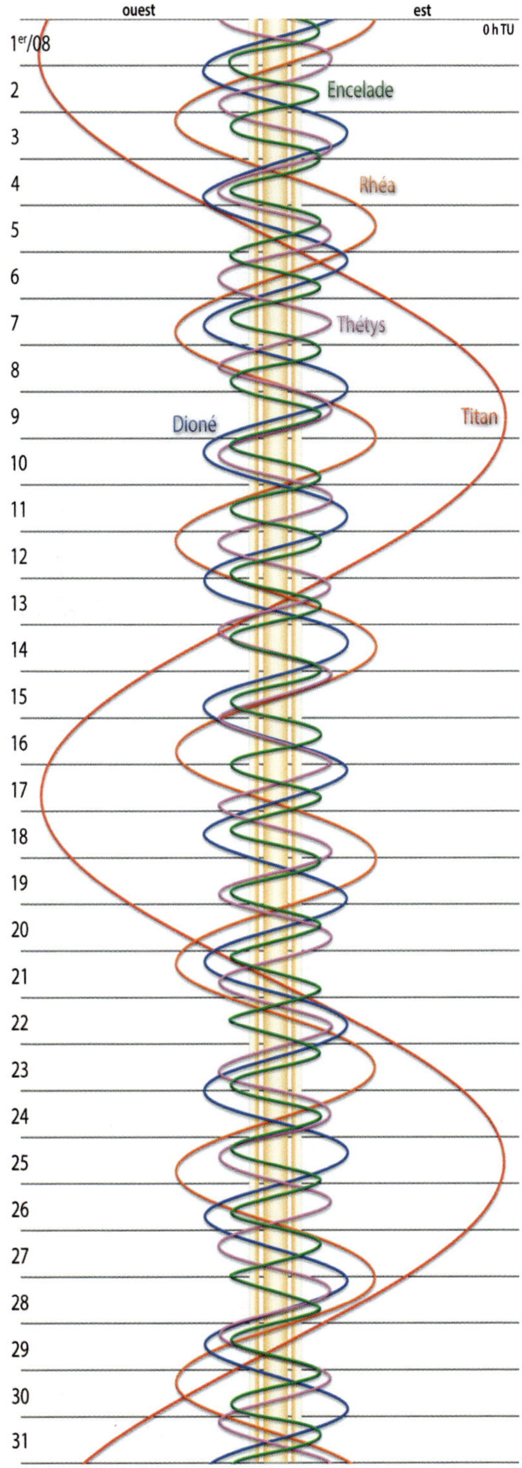

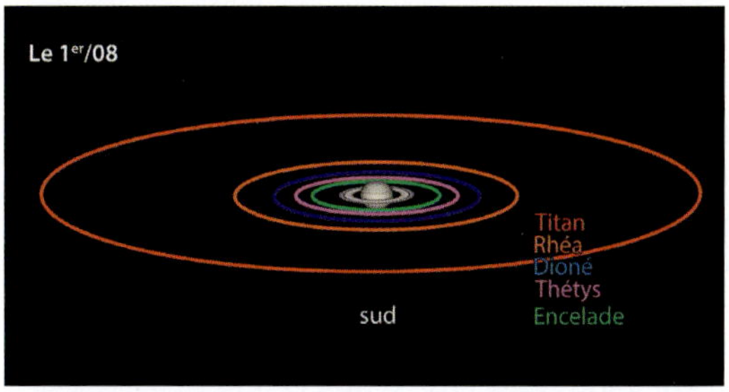

Les courbes ci-contre représentent les trajectoires apparentes des principales lunes de Saturne visibles dans les instruments d'amateur : Encelade est en vert, Téthys en cyan, Dioné en violet, Rhéa en orange et Titan en rouge. La triple bande centrale symbolise le disque et les anneaux de cette planète à la même échelle. La barre horizontale au-dessus de chaque date indique 0 h TU ce jour. Le nord est en haut, l'est à droite et l'ouest à gauche ; si vous ne savez plus comment est orienté le champ de votre instrument, lisez le petit texte d'explication de la page 67. Les satellites de Saturne tournent autour de leur planète dans le sens direct, c'est-à-dire dans le sens inverse des aiguilles d'une montre vu du nord. Ils passent donc entre la planète et nous dans le sens est-ouest et au-delà de la planète dans le sens ouest-est. Selon l'inclinaison du système de Saturne vu depuis la Terre (représentée ci-dessus), certaines des lunes peuvent alors être occultées ou éclipsées par le disque ou les anneaux de la planète. Le petit tableau ci-dessous donne la magnitude de ces lunes, plus Japet, dont l'orbite est trop grande pour être représentée (voir p. 294).

Satellites de Saturne en août 2022

	Mimas	Encelade	Téthys	Dioné	Rhéa	Titan	Japet
5	13,0	11,9	10,4	10,5	9,8	8,5	11,2
15	13,0	11,9	10,4	10,5	9,8	8,5	11,2
25	13,0	11,9	10,4	10,5	9,8	8,5	11,2

Dans le tableau suivant, la séparation en secondes d'arc est donnée avec un signe négatif pour les élongations à l'ouest. L'écart apparent entre Titan et Saturne reste important durant les nuits qui encadrent le jour de l'élongation maximale.

Élongations de Titan en août 2022

Date	Heure	Séparation en ″
1	18 h 57	- 191
9	14 h 30	188
17	16 h 23	- 192
25	11 h 57	188

Diamètre apparent le 15 : 0,80″

AOÛT 2022

Les phénomènes astronomiques au jour le jour

À NE PAS MANQUER CE MOIS-CI !
Le 4 au soir, X et V lunaires.
Nuit du 11 au 12, Saturne et la Lune.
Le 14, opposition de Saturne.
Le 14 et le 15, Jupiter et la Lune.
Après le 15, admirez le pilier de la Voie lactée.
Le 19 et le 20, Mars et la Lune.
Le 20, les Pléiades et Mars.
Le 26, Vénus et le croissant à l'aube.

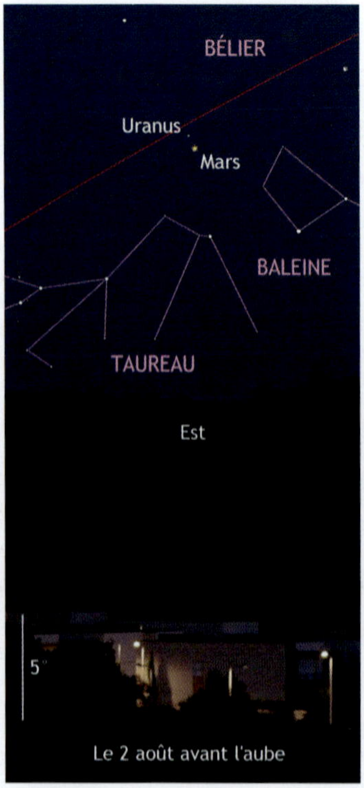

En seconde partie de la nuit du 1er au 2 août, vous pouvez pointer un instrument vers Mars, qui est chaque jour un peu plus éclatante, et repérer Uranus juste à côté (en apparence). La planète rouge est 180 fois plus brillante que cette planète lointaine du Système solaire.

JJ TU

31e SEMAINE

01 00 Lundi (213-152). La Voie lactée est encore bien visible en début de semaine, mais l'éclat lunaire devient envahissant et l'efface progressivement de la première partie de la nuit. Constellation de la Lune chaque jour à 0 h pour 45° de latitude nord et 0° de longitude : L-Leo, M-Vir, M-Vir, J-Vir, V-Vir, S-Lib, D-Sco.

01 00 TSMG (voir p. 17) : 20 h 38 m 21 s.

01 02 Heure de début et de fin du crépuscule astronomique à 45° de latitude nord et 0° de longitude : le 1er (2 h 39 m/21 h 32 m) ; le 15 (3 h 06 m/21 h 01 m). La durée du jour est de 14 heures et 42 minutes le 1er et de 13 heures et 18 minutes le 31 ; le dernier jour du mois, le Soleil se lève 36 minutes plus tard et se couche 48 minutes plus tôt que le premier. La durée du crépuscule astronomique passe de 125 à 106 minutes sur le mois.

01 12 À midi, début du jour julien 2 459 793.

01 18 **Élongation maximale de Titan** à l'ouest de Saturne à 18 h 57 m (191″). Retrouvez les autres élongations de Titan en août à la page consacrée aux satellites de Saturne en début de mois.

01 21 L'étoile **Deneb** domine l'horizon est-sud-est de 65° à la fin du crépuscule astronomique à 45° de latitude nord.

01 23 **Conjonction géocentrique en longitude entre Mars (Ari) et Uranus** à 23 h 52 m (séparation : 1,3°).

01 23 L'étoile **Deneb** du Cygne passe au méridien à minuit. Sa hauteur est alors de 89° nord.

02 00 Mardi (214-151). **L'inclinaison apparente des anneaux de Saturne** passe de + 13,4° à + 14,4° au cours du mois.

02 00 Début août, à la fin du long crépuscule, la **Voie lactée** s'étale du nord-nord-est au sud-sud-ouest, de Persée au Scorpion ; le Triangle d'été est suspendu au zénith par Véga. En milieu de nuit, c'est à Deneb d'être la

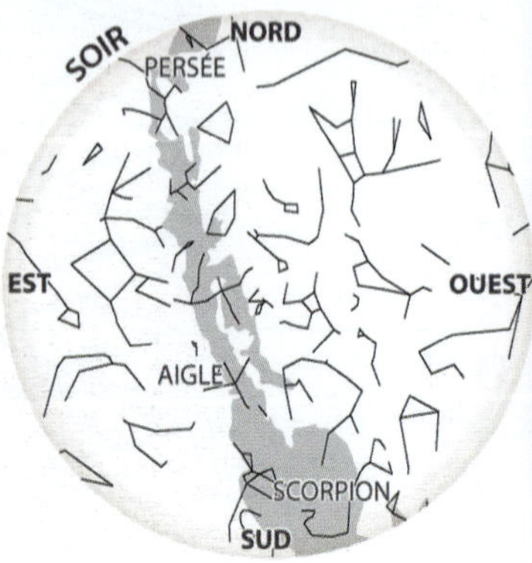

clé de la voûte céleste et l'ensemble de la Voie lactée semble pivoter autour d'elle ; elle repose sur le Cocher au nord-est et le Sagittaire au sud-ouest. Avant l'aube, nous retrouvons le W de Cassiopée tout en haut du ciel et l'orientation du bandeau galactique est à présent pratiquement est-ouest, des Gémeaux qui se lèvent à l'Écu qui se couche. La constellation du Scorpion plonge déjà vers l'horizon sud-ouest à la fin du crépuscule astronomique, mais les régions d'Ophiuchus et du Sagittaire sont encore très bien placées et elles regorgent de merveilles à contempler et à photographier.

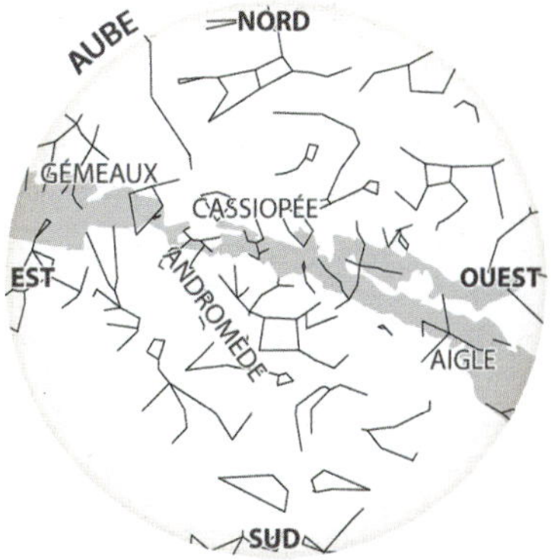

Orientation de la Voie lactée début août à la fin du crépuscule astronomique et à l'orée de l'aube.

02 01 **De 1 h à 2 h 59 m, Io et Ganymède passent simultanément devant le disque de Jupiter. Visible en Europe.**

02 01 **Vénus** passe au nœud ascendant de son orbite (longitude héliocentrique : 76,6°).

02 19 Comme chaque année à cette époque et vers le 10 mai, **le Soleil passe au centre de l'arche de l'Arc de triomphe** vers 19 h 12 m TU, juste avant son coucher, vu du rond-point des Champs-Élysées. La veille, il passe plus haut dans l'arche et, le lendemain, plus bas.

02 19 **Maximum d'éclat de l'étoile Delta Cephei** à 19 h. Sa magnitude varie de 3,5 à 4,4 au cours d'un cycle de 5,366 jours. Les autres maxima du mois se produisent le 8 à 4 h, le 13 à 13 h, le 18 à 21 h, le 24 à 6 h et le 29 à 15 h. Voir également le 2 novembre 2022.

02 22 **Callisto est en conjonction inférieure** à 22 h 56 m.

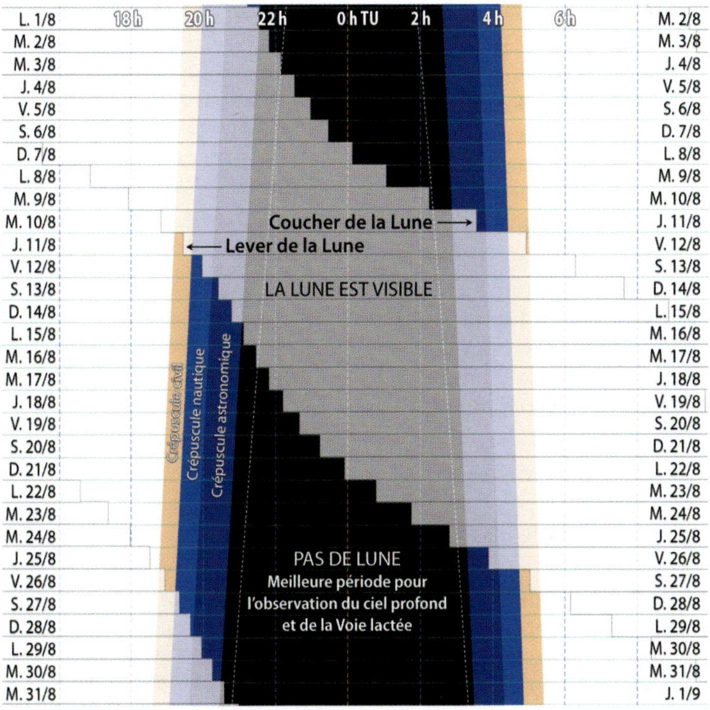

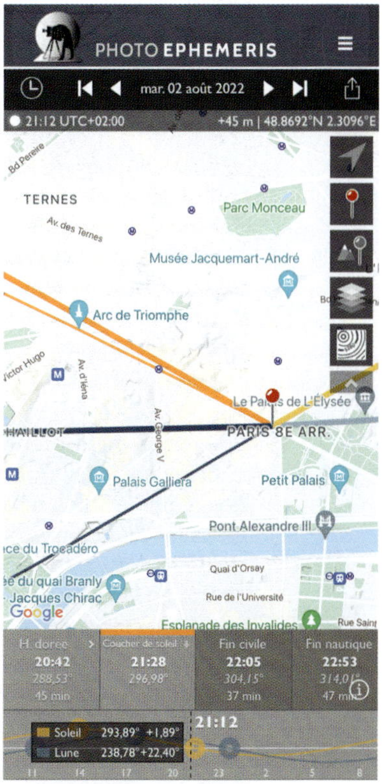

Le site web Photo Ephemeris vous permet de préparer vos observations de la Lune.

Les phénomènes astronomiques au jour le jour

Elle est observable à proximité apparente du pôle Sud jovien. Visible en Europe.

03 02 Mercredi (215-150). **Minimum d'éclat de l'étoile variable Algol de Persée** (Bêta Persei) à 2 h ; sa magnitude est proche de 3,3. Les autres minima du mois se produisent le 5 à 22 h, le 8 à 19 h, le 11 à 16 h, le 14 à 13 h, le 17 à 10 h, le 20 à 6 h, le 23 à 3 h, le 26 à 0 h, le 28 à 21 h et le 31 à 18 h. Voir également le 2 octobre 2022.

03 12 Le **Soleil** franchit le méridien à 62° de hauteur.

04 00 Jeudi (216-149). Période de libration minimale en longitude pour la Lune (l = - 6,6°).

04 01 **Conjonction géocentrique en longitude entre la Lune (Vir) et Spica** à 1 h 08 m (séparation : 4,1°). Le 3 à la fin du crépuscule, ces deux astres sont côte à côte au-dessus de l'horizon ouest-sud-ouest.

04 09 **Maximum de l'essaim météoritique des Iota Aquarides sud** (003 SIA), dont la période d'activité s'étend du 25 juillet au 15 août. Longitude héliocentrique prévue pour le maximum (équinoxe 2000.0) : 131,7°. Vitesse de pénétration atmosphérique : 34 km/s. Taux horaire moyen au zénith : 2.

04 16 **Minimum d'éclat de l'étoile variable Sheliak** (Bêta de la Lyre) à 16 h. Sa magnitude varie de 3,3 à 4,3 au cours d'un cycle de 12,941 jours. Les autres minima du mois se produisent le 17 à 15 h et le 30 à 13 h. Voir également le 3 novembre 2022.

04 18 **Maximum d'éclat de l'étoile variable Êta Aquilae** (Aigle) à 18 h. Il s'agit d'une étoile de type céphéide dont la magnitude passe de 3,5 à 4,4 au cours d'un cycle de 7,177 jours. Les autres maxima du mois se produisent le 11 à 22 h, le 19 à 2 h et le 26 à 7 h. Voir également le 7 février 2023.

04 19 Pointez un instrument vers le quartier de Lune au coucher du Soleil pour tenter de voir le « **X lunaire** » révélé par le Soleil rasant à l'intersection des cratères La Caille, Blanchinus et Purbach, ainsi que le **V** lumineux qui se déploie dans le cratère Ukert, pratiquement au centre de la Lune. Voir le 6 juin 2022.

05 04 Vendredi (217-148). Formations lunaires proches du terminateur dans la journée : Ptolémée, Alphonse et Arzachel, Archimède, Maginus, Mur droit, Platon, Moretus, Ératosthène, Tycho.

05 11 **Premier Quartier de Lune à 11 h 06 m (Lib).** Distance : 377 033 km, soit 59,11 rayons terrestres.

05 20 La Lune passe au nœud descendant à 20 h 30 m (longitude moyenne : 228,4°). Distance : 375 109 km.

Apprenez à observer

Pour la plupart d'entre nous, observer n'est pas une activité naturelle. Nous voyons ce qui nous entoure, mais nous ne prenons pas le temps de regarder vraiment, de détailler, de chercher à découvrir les moindres détails. Il existe en fait la même nuance entre « voir » et « observer » qu'entre « entendre » et « écouter ». Dans un cas, l'œil et l'oreille perçoivent un environnement, alors que, dans l'autre, ils l'analysent et s'attachent aux nuances afin d'en saisir la structure, quelle qu'en soit la complexité.
L'apprentissage de l'observation se fait en deux étapes. Dans un premier temps, il faut comprendre le fonctionnement de cet instrument optique ultra-sophistiqué qu'est l'œil humain ; dans un second temps, il faut s'appliquer patiemment à discerner les différences de contrastes, les nuances de couleurs, les détails de plus en plus fins des objets que l'on observe. Cet apprentissage ne se fait pas en une nuit, mais le résultat en vaut la peine, car un observateur expérimenté voit réellement plus d'étoiles et plus de détails sur les planètes ou sur la Lune qu'un novice. L'œil est un instrument optique miniature doté de possibilités étonnantes, mais ce n'est pas lui qui voit, c'est le cerveau ! L'œil capte la lumière émise ou réfléchie par l'univers environnant et la transmet, par l'intermédiaire du nerf optique, au cerveau, qui l'analyse et reconstitue, à partir de son expérience, une image cohérente. Ainsi, apprendre à observer, ce n'est pas entraîner son œil comme un athlète entraîne ses muscles, c'est plutôt développer les procédures intelligentes d'analyse du signal capté, améliorer ses capacités de concentration et rendre naturelles certaines techniques d'observation. Il n'y a donc pas de bons ou de mauvais observateurs, il y a ceux qui ont appris à observer et les autres ! Et si l'on excepte quelques cas extrêmes, comme une cécité totale ou des altérations liées à une cataracte, les problèmes optiques de l'œil, comme la myopie ou l'hypermétropie, ne sont pas rédhibitoires car ils peuvent être compensés par un réglage adéquat lors de l'utilisation d'une lunette, d'un télescope ou de jumelles. Il existe même à présent des accessoires optiques qui permettent de corriger les défauts d'astigmatisme de l'œil.
La première chose à faire est de respecter le fonctionnement interne de l'œil et de laisser le temps à une série de processus physiques et chimiques de se dérouler. Vous avez certainement remarqué les capacités

06 00 Samedi (218-147). Période du maximum d'éclat de l'étoile variable U Ori (0549+20A). U Ori est une variable de type Mira (variable à longue période) dont la magnitude oscille entre 4,8 et 13 ; sa période est de 377 jours.

06 04 **Sirius** se lève en même temps que le Soleil : on parle de **lever cosmique**. Si vous souhaitez en savoir plus sur les différents levers ou couchers des étoiles (cosmiques, achroniques ou héliaques), consultez le site de l'IMCCE : https://promenade.imcce.fr/fr/pages6/725.html.

06 08 Formations lunaires proches du terminateur dans la journée : Clavius, Copernic et la chaîne de montagnes des Carpathes, Longomontanus.

06 11 **Conjonction géocentrique en longitude entre Vénus (Gem) et Pollux** à 11 h 03 m (séparation : 6,5°). Une heure et demie avant le lever du Soleil, Vénus, Castor et Pollux sont visibles au-dessus de l'horizon est-nord-est.

06 21 À 21 h 45 m, l'étoile 7 Sco (Sco - magnitude 2,3) est occultée par la Lune ; elle réapparaît à 22 h 29 m. Les deux astres sont alors à 7° au-dessus de l'horizon et la fraction éclairée de notre satellite est de 66 %.

07 00 Dimanche. 219e jour de l'année.

07 09 **Conjonction géocentrique en longitude entre la Lune (Oph) et Antarès** à 9 h 44 m (séparation : 2,7°). Le 6 et le 7 en début de soirée, la Lune gibbeuse croissante encadre Antarès au sud-sud-ouest.

07 19 Aux jumelles, remarquez le splendide arc lumineux du **golfe des Iris** visible au nord du terminateur lunaire.

32e SEMAINE

08 00 Lundi (220-145). La Lune gibbeuse ou pleine nous accompagne toute la semaine : profitez-en pour observer les planètes Saturne, Jupiter et Mars avec un bel instrument. Constellation de la Lune chaque jour à 0 h pour 45° de latitude nord et 0° de longitude : L-Oph, M-Sgr, M-Sgr, J-Cap, V-Cap, S-Aqr, D-Aqr.

08 00 TSMG (voir p. 17) : 21 h 05 m 57 s.

08 00 Formations lunaires proches du terminateur dans la journée : Kepler, Gassendi, Schiller, Doppelmayer, Harpalus, Aristarque, Hérodote et la vallée de Schröter.

08 11 **Maximum de l'essaim météoritique des Kappa Cygnides** (012 KCG), dont la période d'activité se décale d'année en année depuis sa découverte. Longitude héliocentrique prévue pour le maximum de l'essaim (équinoxe 2000.0) : 135,61°. Vitesse de pénétration atmosphérique : 21,6 km/s. Taux horaire moyen au zénith : 3. C'est un essaim relativement concentré autour de son radiant – est de Véga en 2021 –, ce qui se prête bien à une observation télescopique ou vidéo. Néanmoins, plusieurs très belles étoiles filantes de magnitude négative ont été observées ces dernières

d'adaptation de l'œil aux variations de luminosité. Si vous passez d'une pièce bien éclairée à un lieu sombre, vos pupilles se dilatent, occupant parfois presque toute la surface des iris. L'œil augmente ainsi la quantité de lumière pouvant atteindre la rétine, tout comme un photographe accroît la quantité de lumière qui atteint le film en ouvrant le diaphragme de l'objectif. Dans un lieu totalement obscur, la seule dilatation des pupilles ne suffit pas et un second processus, chimique celui-là, se déroule à l'intérieur des rétines. Celles-ci sont tapissées de cellules appelées cônes et bâtonnets, qui transmettent l'information lumineuse au cerveau. En lumière vive, cette transmission est principalement assurée par les cônes ; dans l'obscurité, en revanche, le rôle des bâtonnets devient prépondérant. L'ajustement du rôle respectif des cônes et des bâtonnets demande plusieurs dizaines de minutes, même si, en pratique, on admet qu'il est réalisé à 90 % dans le premier quart d'heure. L'ajustement inverse est beaucoup plus rapide (quelques secondes), mais la sensation d'éblouissement qu'il provoque peut être douloureuse.
Qui connaît ce mode de fonctionnement comprend sans peine pourquoi il convient de rester un bon quart d'heure dans l'obscurité avant de tenter toute observation délicate. Évidemment, les astres les plus brillants seront immédiatement visibles ; mais pour voir les plus faibles, comme pour distinguer une nébuleuse ou une galaxie, il faut attendre. Autre conséquence : vous devez absolument vous protéger des lumières directes (lampadaires, phares), qui annihileraient votre vision nocturne et vous condamneraient à une nouvelle période de transition. Si vous devez utiliser une lampe de poche pour vous déplacer ou lire une carte, badigeonnez préalablement son ampoule de vernis à ongles rouge. Les bâtonnets étant insensibles au rouge, cette couleur ne vous éblouira pratiquement pas. Enfin, la position des cônes et des bâtonnets sur la rétine a son importance : les premiers sont principalement au centre et les seconds sur la périphérie. Comme ce sont les bâtonnets qui se mettent en œuvre dans l'obscurité, vous augmenterez la sensibilité de votre œil en apprenant à orienter votre regard de telle sorte que l'image de l'objet que vous souhaitez observer se forme sur la périphérie de votre rétine. Les observateurs chevronnés parlent alors de « vision décalée ou oblique » et parviennent à voir grâce à elle des détails là où d'autres pensent ne rien distinguer.

Les phénomènes astronomiques au jour le jour

années, donc n'hésitez pas à consacrer quelques heures aux Kappa Cygnides, même si la Lune gibbeuse croissante est présente dans le ciel une bonne partie de la nuit en 2022.

08 12 À midi, début du jour julien 2 459 800.

08 12 Le **Soleil** franchit le méridien au zénith à la Guadeloupe.

09 01 Mardi (221-144). **De 1 h 26 m à 2 h 57 m, Ganymède et Io projettent leur ombre sur Jupiter. Visible en Europe.**

09 04 De 4 h 38 m à 4 h 48 m, Io et Ganymède passent simultanément devant le disque de Jupiter. Invisible en Europe.

09 05 **Mars** entre dans la constellation du Taureau.

10 07 Mercredi (222-143). **Vénus** entre dans le Cancer.

10 12 Le **Soleil** franchit le méridien à 60° de hauteur.

10 17 La Lune passe au périgée à 17 h 09 m. Distance : 359 828 km, soit 56,42 rayons terrestres.

10 20 Entre 20 h 38 m et 21 h 23 m, **Callisto est éclipsée par le cône d'ombre de Jupiter** – partiellement visible en Europe – et il s'agit de la dernière des 61 éclipses de cette lune qui se sont produites depuis le 9 novembre 2019. Callisto est la seule des quatre lunes galiléennes qui n'est pas systématiquement éclipsée par Jupiter lors de chacune de ses révolutions car elle se situe bien plus loin – quatre fois plus loin environ qu'Io, trois fois plus loin qu'Europe et près de deux fois plus loin que Ganymède –, ce qui lui permet de bénéficier de l'inclinaison du plan équatorial jovien et donc de son plan orbital par rapport à notre ligne de vision et d'apparaître par période au-dessus ou en dessous du disque de la planète. Lors de chaque révolution de Jupiter autour du Soleil, il se produit deux périodes d'éclipses pour Callisto. Comme pour les trois autres satellites galiléens, il suffit d'une petite lunette de 60 mm de diamètre, voire de bonnes jumelles fixées sur un trépied, pour suivre les éclipses de Callisto, car la magnitude de ce corps plus grand que la Lune (4 821 km de diamètre) est voisin de 5,7. La prochaine série d'éclipses de Callisto par Jupiter commencera le 29 mai 2025 et s'achèvera le 7 juin 2028 après 67 éclipses.

11 00 Jeudi (223-142). **Le Soleil entre dans la constellation du Lion** (138,3°) à 0 h 14 m.

11 06 **Callisto est en conjonction supérieure** à 6 h 54 m. Elle est observable à proximité du pôle Nord jovien.

11 12 **Uranus** est en quadrature à l'ouest du Soleil.

Durant la nuit du 8 au 9 août, Io et Ganymède projettent leur ombre simultanément sur Jupiter.

Le 11 août au crépuscule, peu après le coucher du Soleil, Saturne apparaît non loin de la Pleine Lune dans le ciel encore clair.

12 00 Vendredi (224-141). Période de libration maximale en latitude pour la Lune (b = 6,5°).

12 01 **Pleine Lune à 1 h 36 m (Cap).** Distance : 361 412 km, soit 56,66 rayons terrestres. On l'appelle la Pleine Lune de l'esturgeon (Amérique du Nord) ou Pleine Lune du maïs vert ou des grains, ou encore Pleine Lune rouge à cause de la teinte que lui donnent souvent les brumes estivales lors de son lever. Août étant souvent le mois le plus agréable pour observer le ciel étoilé dans l'hémisphère Nord, je propose de surnommer cette Pleine Lune aoûtienne la Pleine Lune des étoiles. L'été, si les orages ne gâchent pas le spectacle, les conditions sont également idéales pour admirer et photographier les déformations que peut subir le globe lunaire lorsqu'il traverse les couches d'air à différentes températures qui s'entassent sur l'horizon. Si vous possédez un smartphone ou une tablette, utilisez une application comme The Photographer's Ephemeris (TPE) ou PhotoPills pour connaître précisément le point de lever de la Lune pour un site donné et préparer votre observation ou votre séance photo ; notez qu'une version gratuite de TPE est utilisable en ligne (app.photoephemeris.com). **Il s'est écoulé 6 jours, 14 heures et 29 minutes (6,604 jours) entre le Premier Quartier du 5 août et cette Pleine Lune, l'intervalle le plus court entre deux phases sur la période couverte par cette édition.** Une lunaison complète durant 29,53 jours en moyenne, on pourrait supposer que l'intervalle entre deux phases devrait être de 7,38 jours, soit 7 jours, 9 heures et 11 minutes, mais ce serait oublier que la Lune ne se déplace pas toujours à la même vitesse sur son orbite elliptique autour de la Terre et que la vitesse de notre planète autour du Soleil varie également au fil de l'année. Cependant, si l'on effectue la moyenne sur une très longue période, comme Jean Meeus le propose dans son ouvrage *Morsels IV* sur la période 1801-2200, qui abrite 4 948 lunaisons, on se rapproche à quelques minutes près de la valeur moyenne indiquée plus haut.

12 05 **Conjonction géocentrique en longitude entre la Lune (Cap) et Saturne** à 5 h 58 m (séparation : 3,7°). Quelques jours avant son opposition, la planète aux anneaux passe la nuit du 11 au 12 dans le Capricorne en compagnie de la Pleine Lune.

12 23 La Pleine Lune franchit le méridien à près de 18° de l'horizon sud à Lille et à près de 26° à Perpignan.

13 00 Samedi (225-140). Période du maximum d'éclat de l'étoile variable R Vul (2059+23A). R Vul est une variable de type Mira (variable à longue période) dont la magnitude oscille entre 7 et 14,3 ; sa période est de 136,73 jours.

13 01 **Maximum de l'essaim d'étoiles filantes des Perséides** (007 PER). Cet essaim propose tous les étés des bolides extrêmement lumineux et longs qui laissent souvent

La Lune circulant actuellement au sud de l'écliptique et cette ligne étant couchée sur l'horizon sud-est en début de nuit (aux latitudes européennes), il faut attendre un bon quart d'heure après le coucher du Soleil du 11 août pour la voir surgir à l'est-sud-est dans le Capricorne, non loin de Saturne. Le globe lunaire passe un peu moins de dix heures sur la voûte céleste et se couche le 12 à l'ouest-sud-ouest au moment du lever du Soleil. Le 12 au soir, la Lune encore bien ronde (99 %) se hisse dans le ciel près d'une heure après le départ du Soleil.

© Guillaume Cannat

Les phénomènes astronomiques au jour le jour

de très belles traces visibles durant plusieurs secondes. Le pic principal traditionnel des Perséides semble avoir glissé vers 140,0° de longitude héliocentrique. Comme son nom l'indique, le radiant se situe dans Persée à la mi-août, mais, en fait, les premières Perséides apparaissent dès le 17 juillet dans Cassiopée, puis le radiant dérive lentement vers Persée. Très rapides lors de leur entrée dans l'atmosphère – 59 km/s –, les Perséides laissent régulièrement des traînées longues, brillantes, persistantes et, souvent, colorées (orange, vert, rouge). Certaines sont de véritables bolides, c'est-à-dire que leur magnitude est largement supérieure à celle de Vénus. **En 2022, le maximum se produit en période de Pleine Lune et la luminosité du fond du ciel ne permettra de voir que les étoiles filantes les plus éclatantes.**

13 12 Mercure passe au nœud descendant de son orbite.

13 12 Le **Soleil** franchit le méridien au zénith à la Martinique.

14 00 Dimanche. 226e jour de l'année.

14 12 L'étoile **Régulus** du Lion fait son entrée à l'est du champ du coronographe LASCO C3 de la sonde *SOHO*. Elle y demeurera jusqu'au 31 août et fera un passage dans le champ plus restreint de LASCO C2 le 23.

14 17 **Opposition de Saturne.** Longitude héliocentrique : 321° 54' (310° 11' à l'opposition en 2021). Déclinaison : - 15° 26' (- 18° 26' à l'opposition en 2021). Saturne se situe dans le Capricorne et elle franchit le méridien à près de 30° de hauteur ; c'est 3° de mieux que l'année dernière, mais c'est encore très bas pour les observateurs européens, qui pourront être gênés par la turbulence toujours plus forte à l'approche de l'horizon. Prochaine opposition le 27 août 2023.

14 22 Plus petite distance entre la Terre et Saturne : 8,85683 ua, soit 1,325 milliard de kilomètres environ. Le diamètre apparent de la planète est proche de 18,8" et celui de ses anneaux dépasse 42,3".

14 23 Le Soleil se couche sur la région d'**Endymion** (1-28) et, autour de 23 h 12 m, vous pouvez tenter d'observer avec un instrument une ou plusieurs raies lumineuses dans cette formation.

33e SEMAINE

15 00 Lundi (227-138). L'éclat lunaire libère progressivement la nuit et le pilier de la Voie lactée est absolument somptueux ! Constellation de la Lune chaque jour à 0 h pour 45° de latitude nord et 0° de longitude : L-Psc, M-Psc, M-Psc, J-Ari, V-Tau, S-Tau, D-Tau.

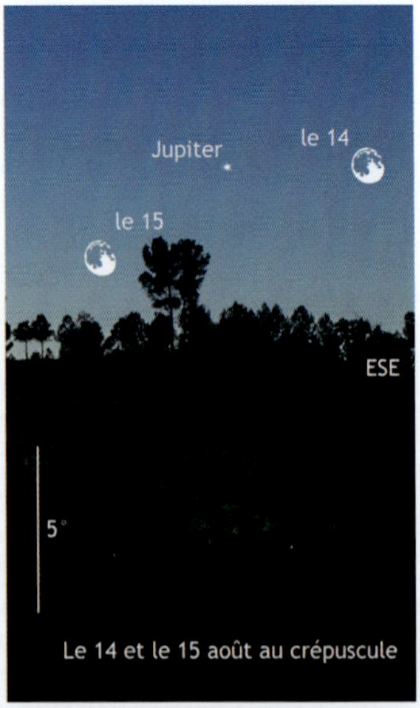

Le 14 et le 15 août au soir, la Lune gibbeuse décroissante brille à côté de Jupiter à l'est-sud-est.

Crédit : NASA's Scientific Visualization Studio

15 00 TSMG (voir p. 17) : 21 h 33 m 33 s.

15 00 Période du maximum d'éclat de l'étoile variable SS Her (1628+07A). SS Her est une variable de type Mira (variable à longue période) dont la magnitude oscille entre 8,5 et 13,5 ; sa période est de 114,2 jours.

15 05 **En plein jour.** Repérez l'éclat jovien à moins de 5° au-dessus de la Lune gibbeuse décroissante ce matin. Ce couple surplombe l'horizon sud-ouest de plus de 30° à l'aube et l'éclat jovien reste visible à l'œil nu dans le ciel bleu après le lever du Soleil.

15 10 **Conjonction géocentrique en longitude entre la Lune (Cet) et Jupiter** à 10 h 59 m (séparation : 1,7°). Le 14 et le 15 au soir, la Lune gibbeuse décroissante brille vivement non loin de Jupiter. Les deux astres surplombent l'horizon sud de plus de 40° à l'aube le 15 et le 16.

15 12 À midi, début du jour julien 2 459 807.

16 00 Mardi (228-137). Formations lunaires proches du terminateur dans la journée : Atlas, Fracastor, Piccolomini.

16 00 Période de libration maximale en longitude pour la Lune (l = 7,3°).

16 00 La petite planète **2 Pallas** passe entre l'étoile Cursa (Bêta Eridani) et la nébuleuse de la Sorcière, à l'ouest de Rigel.

16 03 **De 3 h 58 m à 5 h 37 m, Io et Ganymède projettent leur ombre sur Jupiter. Première partie visible en Europe.**

17 00 Mercredi (229-136). **Du 17 au 24 août, Mars est à moins de 6° de l'amas ouvert des Pléiades.**

17 00 La petite planète **9 Métis** passe à 2,3° au nord de l'amas globulaire Messier 55 dans le Sagittaire.

17 03 **Le 17 et le 18 à l'aube, Vénus frôle le sud de l'amas ouvert de la Crèche** dans le Cancer, mais l'observation de ce rapprochement est très délicate puisque Vénus est à moins de 20° du Soleil et qu'elle ne se lève qu'une heure et demie avant lui.

17 05 Formations lunaires proches du terminateur dans la journée : Posidonius, Theophilus, Cyrillus et Catherina.

17 12 Le **Soleil** franchit le méridien à 58° de hauteur.

17 22 Début de la 2261e rotation synodique du Soleil.

17 23 La petite planète **4 Vesta** passe au périgée à 1,282 ua. Sa magnitude est proche de 5,8 et elle est théoriquement visible à l'œil nu dans un ciel de très bonne qualité.

18 03 Jeudi (230-135). Le Soleil se couche sur la région de **Maurolycus** (2-153) et, autour de 3 h 52 m, vous pouvez tenter d'observer avec un instrument une ou plusieurs raies lumineuses dans cette formation.

18 04 **Lever héliaque de Sirius** à 45° de latitude nord : elle dépasse 2,5° de hauteur lorsque le Soleil est encore à 7° sous l'horizon et, avec un ciel limpide à l'horizon, cela devrait vous permettre de repérer l'étoile la plus brillante

Filtrez pour mieux voir !

Si vous vous intéressez à l'observation des nébuleuses et des objets du ciel profond et que vous habitez sous un ciel partiellement dégradé par la lumière et la pollution, les filtres interférentiels sont des accessoires indispensables. Le principe de ces filtres est relativement simple, même si leur fabrication, elle, ne l'est pas. Il s'appuie sur un double constat : d'une part, nombre de nébuleuses émettent dans des régions bien identifiées et relativement étroites du spectre de la lumière visible ; d'autre part, les sources lumineuses qui polluent le ciel rayonnent en grande majorité dans des bandes larges, mais bien distinctes de celles de ces objets célestes. Il faut donc des filtres qui ne laissent passer jusqu'à l'œil de l'observateur que les bandes spectrales intéressantes.

Il existe trois types de filtres utilisables pour l'observation des objets du ciel profond, et tout particulièrement pour celle des nébuleuses. Ils sont caractérisés par la largeur de leur bande passante : large, étroite, ou bien limitée à une seule raie. Les premiers laissent en général passer une bande du spectre de la lumière visible située entre 430 et 550 nanomètres (nm), et une autre au-delà de 620 nm, c'est-à-dire plus ou moins largement de part et d'autre des raies de l'hydrogène Bêta (486 nm) et de l'oxygène III (496 et 501 nm), et de la raie de l'hydrogène Alpha (656 nm). Les filtres à bandes étroites sont plus resserrés autour de ces mêmes bandes, approximativement entre 480 et 520 nm. Quant aux filtres très spécialisés, ils n'accordent le droit de passage qu'à une ou deux raies, celle de l'hydrogène Bêta ou de l'oxygène III. Il faut naturellement choisir le filtre que l'on utilise en fonction de l'objet que l'on souhaite observer, car un filtre qui augmentera le contraste d'un certain type d'objet céleste pourra faire entièrement disparaître un autre type. En d'autres termes, le filtre universel n'existe pas !

Pour un usage général, un filtre à large bande améliorera toujours la noirceur du fond de ciel et donc la visibilité de la plupart des objets à faible éclat de surface, mais il n'excellera dans aucun domaine particulier. Si l'observation des nébuleuses brillantes et des nébuleuses planétaires vous attire, choisissez plutôt un filtre à bande passante étroite. Enfin, si vous possédez un petit instrument, un filtre spécialisé O-III ou H-Bêta ne vous sera d'aucune utilité, alors qu'il vous montrera des images fascinantes des nébuleuses brillantes et des nébuleuses planétaires avec un instrument de 200 mm et plus.

Les phénomènes astronomiques au jour le jour

de la sphère céleste à l'œil nu. La date du lever héliaque d'une étoile ou d'un objet céleste comme l'amas des Pléiades change avec la latitude ; pour Sirius, par exemple, il se produit le 16 août à Perpignan et le 25 août à Lille.

18 09 Formations lunaires proches du terminateur dans la journée : Aristote et Eudoxe, Maurolycus.

18 10 La Lune passe au nœud ascendant à 10 h 57 m (longitude moyenne : 47,2°). Distance : 394 173 km, soit 61,8 rayons terrestres.

18 11 Neptune entre dans la constellation du Verseau.

18 14 **Conjonction géocentrique en longitude entre la Lune (Ari) et Uranus** à 14 h 20 m (séparation : 0,5°). À la fin de la nuit du 18 au 19, le Dernier Quartier brille entre Mars et Uranus. Si la planète rouge est parfaitement visible à l'œil nu, il faut des jumelles pour distinguer sa beaucoup plus lointaine voisine.

18 14 Occultation d'Uranus par la Lune. Zone de visibilité : océan Pacifique, nord de l'Amérique du Nord.

19 01 Vendredi (231-134). Io, Europe et Callisto tracent un joli petit triangle à l'est de Jupiter.

19 04 **Dernier Quartier de Lune à 4 h 36 m (Tau).** Distance : 397 557 km, soit 62,33 rayons terrestres.

19 11 **Conjonction géocentrique en longitude entre la Lune (Tau) et Mars** à 11 h 06 m (séparation : 2,6°). Le 19 et le 20 à l'orée de l'aube, Mars, les Pléiades et le gros croissant forment un grand triangle à plus de 40° de hauteur au-dessus de l'horizon est-sud-est.

19 12 Conjonction géocentrique en longitude entre la Lune (Tau) et les Pléiades à 12 h 30 m (séparation : 3°).

19 14 **Callisto est en conjonction inférieure** à 14 h 37 m. Elle est observable à proximité apparente du pôle Sud jovien.

20 00 Samedi (232-133). Formations lunaires proches du terminateur dans la journée : Maginus, Mur droit, Platon, Tycho, Ératosthène, Clavius.

20 08 **Maximum de l'essaim météoritique des Iota Aquarides nord** (033 NIA), dont la période d'activité s'étend du 11 au 31 août. Longitude héliocentrique prévue pour le maximum (équinoxe 2000.0) : 147°. Vitesse de pénétration atmosphérique : 31 km/s. Taux horaire moyen au zénith : 3. Au cours des années 1988-1995, un nouveau pic semble avoir été mis en évidence entre 148° et 151° de longitude héliocentrique, soit dans la période du 21 au 24 août.

20 16 **Conjonction géocentrique en longitude entre Mars (Tau) et les Pléiades** à 16 h 07 m (séparation : 5,6°).

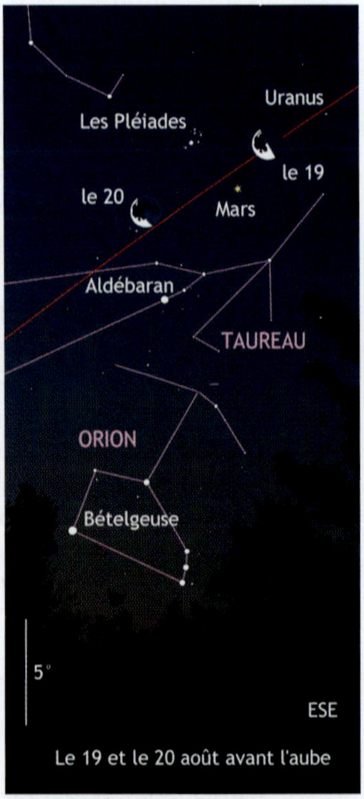

Le 19 et le 20 août avant l'aube, la Lune rend visite à Uranus puis à Mars, très loin au-dessus de l'horizon est-sud-est.

Ces astres sont dans le même champ de jumelles (voir le 17 août).

21 00 Dimanche. 233e jour de l'année.

21 06 **Mercure** entre dans la constellation de la Vierge.

34e SEMAINE

22 00 Lundi (234-131). Des heures de nuit noire, c'est ce que nous propose cette semaine de Nouvelle Lune. Constellation de la Lune chaque jour à 0 h pour 45° de latitude nord et 0° de longitude : L-Tau, M-Gem, M-Gem, J-Cnc, V-Leo, S-Leo, D-Leo.

22 00 TSMG (voir p. 17) : 22 h 01 m 09 s.

22 03 Formations lunaires proches du terminateur dans la journée : golfe des Iris, Kepler, Schiller, Gassendi.

22 12 À midi, début du jour julien 2 459 814.

22 19 **Opposition de la petite planète 4 Vesta.** Prochaine opposition le 21 décembre 2023.

22 21 La Lune passe à l'apogée à 21 h 52 m. Distance : 405 418 km, soit 63,56 rayons terrestres.

23 00 Mardi (235-130). La comète **C/2022 E3 ZTF** passe à 2,5° au sud de l'amas globulaire **Messier 13** ; son éclat est encore faible (magnitude inférieure à 10), mais elle devrait apparaître sans peine en photographiant la zone avec un petit téléobjectif. Voir le 13 janvier 2023.

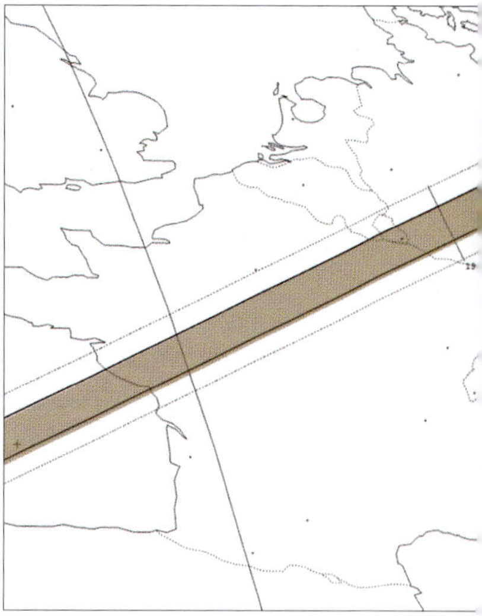

Durant la nuit du 22 au 23 août, les observateurs situés sous une bande qui traverse la moitié nord de la France métropolitaine et le sud du Luxembourg peuvent observer l'occultation d'une étoile du Verseau par la petite planète 1309 Hyperborea.

23 00 Entre 0 h 17 m et 0 h 30 m, la petite planète **1309 Hyperborea** (diamètre 58 km ; magnitude 15,5) occulte une étoile de magnitude 9,6 (TYC 5196-01212-1 ; ascension droite : 21 h 04 m 35 s ; déclinaison : - 3° 05′ 31″) dans la constellation du Verseau. La diminution d'éclat devrait atteindre 6 magnitudes et durer près de 4 secondes au maximum sur la bande de centralité du phénomène, qui balaye la moitié nord de la France métropolitaine d'est en ouest – mais, comme pour toutes les occultations stellaires par des astéroïdes, il existe toujours une incertitude sur la localisation précise de la zone d'observation. Il faut également noter que même une observation négative est un renseignement précieux puisque cela permet de fixer une limite à la présence de l'astéroïde ou de ses lunes. Je remercie sincèrement Éric Frappa qui, cette année encore, a calculé les différentes occultations d'étoiles par des astéroïdes que vous trouverez dans cette édition. Il a utilisé pour ce faire les logiciels Occult 4.2022.2.15, les éléments MPCorb du 22/02/2022 et le catalogue GAIA-EDR3. Vous pouvez consulter des prévisions plus nombreuses et des mises à jour sur son site www.euraster.net.

23 01 Formations lunaires proches du terminateur dans la journée : Doppelmayer, Harpalus, Aristarque, Hérodote et la vallée de Schröter.

Les phénomènes astronomiques au jour le jour

23 03 **Le Soleil entre dans le signe astrologique de la Vierge** (150°) à 3 h 16 m, mais, dans la réalité, il est dans la constellation du Lion jusqu'au 17 septembre.

23 21 **Mercure est à l'aphélie** à 0,467 ua du Soleil, soit près de 70 millions de kilomètres.

24 00 Mercredi (236-129). **Conjonction géocentrique en longitude entre la Lune (Gem) et Pollux** à 0 h 08 m (séparation : 2,1°). Le 24 à l'orée de l'aube, le croissant lunaire est à l'aplomb de Castor et Pollux au-dessus de l'horizon est-nord-est.

24 00 **Uranus est stationnaire** en ascension droite dans le Bélier puis elle commence sa rétrogradation, qui prendra fin dans 151 jours, le 22 janvier 2023.

24 03 À l'orée de l'aube, le vieux croissant lunaire (10 %) brille dans l'alignement de Castor et Pollux des Gémeaux au-dessus de l'horizon est-nord-est.

24 12 Le **Soleil** franchit le méridien à 56° de hauteur.

25 00 Jeudi (237-128). Période du maximum d'éclat de l'étoile variable S Boo (1419+54). S Boo est une variable de type Mira (variable à longue période) dont la magnitude oscille entre 7,8 et 13,8 ; sa période est de 270,73 jours.

25 03 **À l'orée de l'aube, le vieux croissant lunaire (4,8 %) se lève à 3° seulement de l'amas de la Crèche ;** visible aux jumelles juste au-dessus de l'horizon est-nord-est.

25 03 Les quatre lunes galiléennes – **Io, Europe, Ganymède et Callisto** – sont alignées dans leur ordre naturel à l'ouest du disque jovien. Les quatre principaux satellites de la planète géante du Système solaire ne sont pas à leur élongation maximale, mais la configuration est tout de même spectaculaire. Les orbites des lunes galiléennes sont elliptiques et leur distance au centre de la planète peut varier dans ces limites (en rayons joviens) : de 5,88 à 5,93 pour Io, de 9,30 à 9,49 pour Europe, de 14,94 à 15,04 pour Ganymède et de 26,15 à 26,57 pour Callisto.

25 05 Formation lunaire proche du terminateur dans la journée : Grimaldi.

25 18 La comète **73P Schwassmann-Wachmann** (période de 5,44 années) passe au plus près du Soleil (périhélie) à 146 millions de kilomètres. Son éclat pourrait atteindre la magnitude 11.

25 23 **Conjonction géocentrique en longitude entre la Lune (Leo) et Vénus** à 23 h 50 m (séparation : 4,1°).

26 00 Vendredi (238-127). Période de libration minimale en latitude pour la Lune (b = - 6,6°).

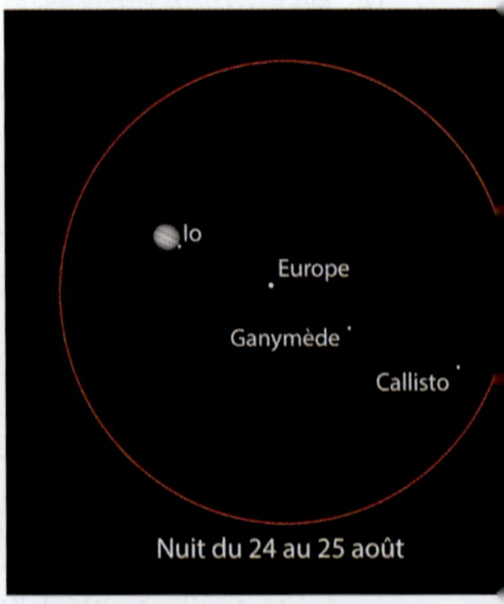

Au cours de la nuit du 24 au 25 août, les quatre lunes galiléennes s'alignent dans leur ordre naturel à l'ouest du disque jovien.

26 04 **Ce matin à l'aube, guettez un fin croissant lunaire de 1,5 %.** À 4 h 45 m, il est âgé de 27 heures avant la Nouvelle Lune ; il se situe à 7° de hauteur et à 70° d'azimut, alors que le Soleil se situe à 6° sous l'horizon.

26 11 **Vénus** entre dans la constellation du Lion.

27 00 Samedi (239-126). **Japet**, l'un des satellites naturels de Saturne, est éclipsé par le cône d'ombre de la planète aux anneaux dans la journée. Voir le 8 juin 2022.

27 08 **Nouvelle Lune à 8 h 17 m (Leo).** Distance : 397 576 km.

27 16 **Mercure atteint son élongation maximale à l'est : 27,3°.**

27 22 **Callisto est en conjonction supérieure** à 22 h 10 m. Elle est observable à proximité apparente du pôle Nord jovien. Visible en Europe.

28 00 Dimanche. 240e jour de l'année.

28 23 Passage au méridien à minuit de la constellation du **Lézard**.

35e SEMAINE

29 00 Lundi (241-124). Le jeune croissant se couche vite et l'observation du ciel profond est toujours au programme des nuits de plus en plus longues de cette fin d'été. Constellation de la Lune chaque jour à 0 h pour 45° de latitude nord et 0° de longitude : L-Vir, M-Vir, M-Vir, J-Vir, V-Lib, S-Sco, D-Sco.

29 00 TSMG (voir p. 17) : 22 h 28 m 44 s.

29 12 À midi, début du jour julien 2 459 821.

29 16 Conjonction géocentrique en longitude entre la Lune (Vir) et Mercure à 16 h 10 m (séparation : 6°). Inobservable en Europe, mais superbe sous les tropiques.

29 16 **Dernier quartier de Mercure.**

30 06 Mardi (242-123). Formations lunaires proches du terminateur dans la journée : l'albatros (bordure ouest de la mer des Crises), Atlas.

31 00 Mercredi (243-122). Période de libration minimale en longitude pour la Lune (l = - 5,3°).

31 00 Du 31 août au 15 septembre, **Mars est à moins de 6° d'Aldébaran du Taureau et des Hyades.**

31 12 Le **Soleil** franchit le méridien à 54° de hauteur.

31 17 Formations lunaires proches du terminateur dans la journée : Fracastor, Piccolomini, Posidonius.

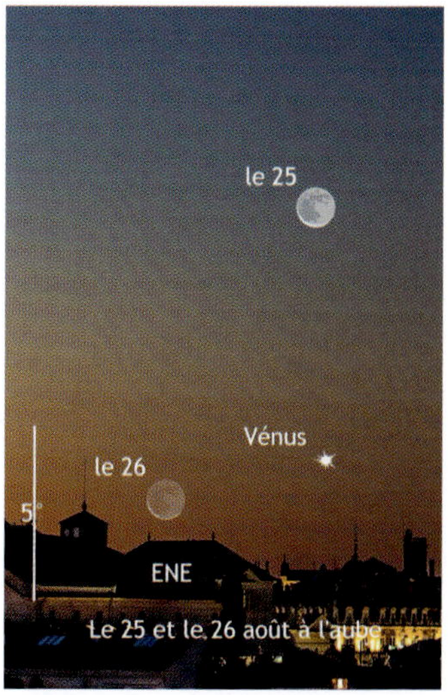

Le 25 et le 26 août à l'aube, une heure avant le lever du Soleil, Vénus et le mince croissant de la vieille Lune sont superbes au-dessus de l'horizon est-nord-est. L'arc lunaire semble posé sur l'horizon lors de son lever à cause de l'orientation de l'écliptique et, si vous choisissez bien votre site d'observation, vous pourrez voir les cornes lunaires apparaître avant le reste du croissant.

AOÛT 2022

Le Soleil et les planètes

	JOUR	ASCENSION DROITE	DÉCLINAISON	CONSTELLATION	Ø APPARENT	ÉQUATION DU TEMPS	DISTANCE	DISTANCE LUMIÈRE	LEVER	MÉRIDIEN	HAUTEUR	COUCHER
		h m s	° ′ ″			m s	ua	m s	h m	h m		h m
Soleil	2	8 48 37	+ 17 49 00	Cnc	31′ 31″	+ 6 19	1,0150	8 26	04 46	12 06	63°	19 26
	6	9 04 02	+ 16 45 26	Cnc	31′ 32″	+ 5 58	1,0144	8 26	04 51	12 06	62°	19 20
	10	9 19 18	+ 15 37 33	Cnc	31′ 33″	+ 5 27	1,0138	8 26	04 56	12 05	60°	19 14
	14	9 34 23	+ 14 25 41	Leo	31′ 34″	+ 4 47	1,0131	8 26	05 00	12 05	59°	19 08
	18	9 49 21	+ 13 10 10	Leo	31′ 36″	+ 3 59	1,0124	8 25	05 05	12 04	58°	19 02
	22	10 04 10	+ 11 51 16	Leo	31′ 37″	+ 3 02	1,0116	8 25	05 10	12 03	57°	18 55
	26	10 18 53	+ 10 29 22	Leo	31′ 39″	+ 1 58	1,0108	8 24	05 15	12 02	55°	18 48
	30	10 33 29	+ 9 04 47	Leo	31′ 40″	+ 0 48	1,0099	8 24	05 19	12 01	54°	18 41

	JOUR	ASCENSION DROITE	DÉCLINAISON	CONSTELLATION	MAGNITUDE	Ø APPARENT	ÉLONGATION	DISTANCE	FRACTION ÉCLAIRÉE	LEVER	MÉRIDIEN	HAUTEUR	COUCHER
		h m s	° ′ ″					ua		h m	h m		h m
Mercure	2	9 55 09	+ 14 06 51	Leo	- 0,5	5,3	16,3° E	1,2577	85 %	06 13	13 14	59°	20 14
	6	10 20 37	+ 11 21 50	Leo	- 0,2	5,5	19,3° E	1,2155	81 %	06 34	13 24	56°	20 12
	10	10 43 51	+ 8 34 21	Leo	0,0	5,7	21,8° E	1,1688	76 %	06 53	13 31	53°	20 07
	14	11 05 02	+ 5 48 19	Leo	0,2	6	23,9° E	1,1187	71 %	07 10	13 36	50°	20 01
	18	11 24 16	+ 3 07 10	Leo	0,4	6,3	25,5° E	1,0657	67 %	07 24	13 39	48°	19 53
	22	11 41 32	+ 0 34 12	Vir	0,5	6,7	26,6° E	1,0103	61 %	07 36	13 40	45°	19 44
	26	11 56 43	- 1 46 56	Vir	0,7	7,1	27,2° E	0,9527	56 %	07 44	13 40	43°	19 34
	30	12 09 27	- 3 51 43	Vir	0,8	7,5	27,1° E	0,8935	50 %	07 49	13 36	41°	19 22
Vénus	2	7 18 23	+ 22 12 52	Gem	- 3,9	10,8	21,6° O	1,5593	93 %	02 56	10 37	67°	18 17
	6	7 39 16	+ 21 39 18	Gem	- 3,9	10,7	20,6° O	1,5751	93 %	03 04	10 42	67°	18 19
	10	7 59 59	+ 20 55 42	Gem	- 3,9	10,6	19,5° O	1,5901	94 %	03 13	10 47	66°	18 20
	14	8 20 31	+ 20 02 25	Cnc	- 3,9	10,5	18,5° O	1,6043	95 %	03 22	10 51	65°	18 20
	18	8 40 51	+ 18 59 54	Cnc	- 3,9	10,4	17,4° O	1,6177	95 %	03 32	10 56	64°	18 19
	22	9 00 56	+ 17 48 41	Cnc	- 3,9	10,3	16,4° O	1,6302	96 %	03 42	11 00	63°	18 18
	26	9 20 47	+ 16 29 21	Cnc	- 3,9	10,2	15,3° O	1,6418	96 %	03 52	11 04	61°	18 16
	30	9 40 22	+ 15 02 36	Leo	- 3,9	10,2	14,2° O	1,6526	97 %	04 02	11 08	60°	18 13
Mars	6	3 17 08	+ 16 29 31	Ari	0,1	8,5	82,3° O	1,1047	85 %	23 05	06 19	62°	13 31
	14	3 37 09	+ 17 47 28	Tau	0,0	8,8	85,0° O	1,0605	85 %	22 47	06 07	63°	13 26
	22	3 56 36	+ 18 55 31	Tau	- 0,2	9,2	87,9° O	1,0157	85 %	22 30	05 55	64°	13 19
	30	4 15 15	+ 19 53 46	Tau	- 0,3	9,6	91,1° O	0,9701	85 %	22 12	05 42	65°	13 10
Jupiter	6	0 33 57	+ 2 03 49	Cet	- 2,7	45,7	124,9° O	4,3081	99 %	21 21	03 35	47°	09 46
	14	0 32 50	+ 1 54 18	Cet	- 2,8	46,7	132,9° O	4,2127	99 %	20 49	03 03	47°	09 12
	22	0 30 59	+ 1 40 14	Cet	- 2,8	47,7	141,1° O	4,1294	100 %	20 16	02 29	47°	08 38
	30	0 28 28	+ 1 22 03	Cet	- 2,9	48,5	149,6° O	4,0601	100 %	19 44	01 55	46°	08 03
Saturne	6	21 41 21	- 15 12 57	Cap	0,3	18,7	171,0° O	8,8687	100 %	19 40	00 43	30°	05 43
	14	21 39 02	- 15 25 17	Cap	0,3	18,7	179,3° O	8,8570	100 %	19 07	00 09	30°	05 08
	22	21 36 42	- 15 37 25	Cap	0,3	18,7	172,5° E	8,8644	100 %	18 34	23 31	29°	04 33
	30	21 34 25	- 15 48 58	Cap	0,3	18,6	164,2° E	8,8910	100 %	18 01	22 58	29°	03 59
Uranus	6	3 05 42	+ 17 03 26	Ari	5,8	3,5	84,8° O	19,7580	100 %	22 49	06 07	62°	13 21
	18	3 06 13	+ 17 05 22	Ari	5,7	3,6	96,2° O	19,5560	100 %	22 02	05 20	62°	12 34
	30	3 06 14	+ 17 05 21	Ari	5,7	3,6	107,7° O	19,3570	100 %	21 15	04 33	62°	11 47
Neptune	6	23 43 47	- 3 04 20	Psc	7,8	2,3	138,5° O	29,1490	100 %	20 51	02 45	42°	08 35
	18	23 42 52	- 3 10 42	Psc	7,8	2,3	150,2° O	29,0320	100 %	20 04	01 57	42°	07 47
	30	23 41 47	- 3 17 59	Aqr	7,8	2,3	162,1° O	28,9530	100 %	19 16	01 09	42°	06 58

Les éphémérides du Soleil, des planètes et de la Lune proposées sur ces deux pages sont calculées à 0 h TU pour une latitude de 45° nord et une longitude de 0°.

La Lune

	JOUR	ASCENSION DROITE	DÉCLINAISON	CONSTELLATION	Ø APPARENT	PARALLAXE HORIZONTALE	FRACTION ÉCLAIRÉE	JOUR	ÉLONGATION	DISTANCE	LEVER	MÉRIDIEN	HAUTEUR	COUCHER
		h m s	° ′ ″							km	h m	h m		h m
L 1	213	11 12 59	9 54 46	Leo	30′ 09″	55′ 20″	10 %	3,3	37° E	396 267	8 h 17	15 h 01	51°	21 h 31
M 2	214	11 58 18	4 25 23	Vir	30′ 26″	55′ 50″	17 %	4,3	48° E	392 680	9 h 24	15 h 43	45°	21 h 50
M 3	215	12 43 42	- 1 20 22	Vir	30′ 45″	56′ 26″	25 %	5,3	60° E	388 607	10 h 32	16 h 27	39°	22 h 09
J 4	216	13 30 17	- 7 10 02	Vir	31′ 07″	57′ 05″	34 %	6,3	72° E	384 109	11 h 43	17 h 12	33°	22 h 30
V 5	217	14 19 10	- 12 49 15	Vir	31′ 30″	57′ 49″	45 %	7,3	84° E	379 305	12 h 57	18 h 01	27°	22 h 55
S 6	218	15 11 31	- 18 00 30	Lib	31′ 55″	58′ 34″	56 %	8,3	96° E	374 396	14 h 14	18 h 55	23°	23 h 27
D 7	219	16 08 14	- 22 22 05	Sco	32′ 19″	59′ 19″	67 %	9,3	109° E	369 667	15 h 33	19 h 54	19°	
L 8	220	17 09 37	- 25 29 02	Oph	32′ 42″	59′ 59″	77 %	10,3	123° E	365 474	16 h 48	20 h 57	17°	0 h 09
M 9	221	18 14 46	- 26 57 06	Sgr	32′ 59″	60′ 32″	86 %	11,3	136° E	362 213	17 h 54	22 h 03	17°	1 h 04
M 10	222	19 21 36	- 26 30 10	Sgr	33′ 10″	60′ 52″	93 %	12,3	150° E	360 259	18 h 48	23 h 07	20°	2 h 14
J 11	223	20 27 20	- 24 07 25	Cap	33′ 12″	60′ 56″	98 %	13,3	165° E	359 898	19 h 28			3 h 34
V 12	224	21 29 45	- 20 04 38	Cap	33′ 05″	60′ 42″	100 %	14,3	179° E	361 261	20 h 00	0 h 08	24°	4 h 58
S 13	225	22 27 53	- 14 48 30	Aqr	32′ 48″	60′ 12″	99 %	15,3	167° O	364 284	20 h 25	1 h 05	30°	6 h 20
D 14	226	23 21 54	- 8 48 34	Aqr	32′ 24″	59′ 28″	95 %	16,3	153° O	368 718	20 h 47	1 h 56	36°	7 h 39
L 15	227	0 12 42	- 2 31 35	Psc	31′ 56″	58′ 36″	88 %	17,3	140° O	374 166	21 h 08	2 h 44	42°	8 h 54
M 16	228	1 01 23	3 40 42	Psc	31′ 26″	57′ 41″	80 %	18,3	127° O	380 150	21 h 28	3 h 30	49°	10 h 07
M 17	229	1 49 05	9 31 29	Psc	30′ 56″	56′ 47″	71 %	19,3	115° O	386 184	21 h 49	4 h 15	55°	11 h 17
J 18	230	2 36 47	14 47 40	Ari	30′ 30″	55′ 58″	62 %	20,3	103° O	391 828	22 h 13	5 h 01	60°	12 h 26
V 19	231	3 25 19	19 18 29	Ari	30′ 07″	55′ 16″	52 %	21,3	92° O	396 726	22 h 41	5 h 47	65°	13 h 34
S 20	232	4 15 09	22 54 37	Tau	29′ 50″	54′ 44″	42 %	22,3	81° O	400 627	23 h 15	6 h 35	68°	14 h 39
D 21	233	5 06 26	25 27 48	Tau	29′ 37″	54′ 21″	33 %	23,3	70° O	403 389	23 h 57	7 h 24	71°	15 h 40
L 22	234	5 58 56	26 51 22	Tau	29′ 30″	54′ 09″	24 %	24,3	59° O	404 970		8 h 15	72°	16 h 34
M 23	235	6 51 59	27 01 07	Gem	29′ 28″	54′ 05″	17 %	25,3	48° O	405 414	0 h 47	9 h 05	71°	17 h 20
M 24	236	7 44 44	25 56 28	Gem	29′ 31″	54′ 10″	10 %	26,3	37° O	404 832	1 h 44	9 h 56	70°	17 h 59
J 25	237	8 36 22	23 40 44	Cnc	29′ 37″	54′ 22″	5 %	27,3	26° O	403 382	2 h 47	10 h 44	67°	18 h 30
V 26	238	9 26 24	20 20 52	Leo	29′ 47″	54′ 39″	2 %	28,3	15° O	401 240	3 h 53	11 h 31	63°	18 h 56
S 27	239	10 14 40	16 06 22	Leo	29′ 59″	55′ 01″	0 %	29,3	4° O	398 583	5 h 01	12 h 16	58°	19 h 18
D 28	240	11 01 26	11 08 22	Leo	30′ 12″	55′ 26″	1 %	0,7	8° E	395 568	6 h 08	12 h 59	53°	19 h 37
L 29	241	11 47 15	5 38 51	Vir	30′ 27″	55′ 54″	3 %	1,7	19° E	392 316	7 h 16	13 h 42	47°	19 h 56
M 30	242	12 32 54	- 0 09 30	Vir	30′ 43″	56′ 23″	7 %	2,7	31° E	388 916	8 h 25	14 h 26	41°	20 h 15
M 31	243	13 19 19	- 6 03 14	Vir	31′ 00″	56′ 54″	13 %	3,7	43° E	385 422	9 h 35	15 h 10	35°	20 h 35

La Lune des spécialistes

	Libration		Angle de position	
	l	b	axe	phase
1	- 5,3°	- 5,9°	22,3°	288,0°
2	- 5,9°	- 5,1°	22,5°	290,7°
3	- 6,4°	- 4,0°	21,8°	291,7°
4	- 6,6°	- 2,8°	20,2°	291,2°
5	- 6,5°	- 1,3°	17,6°	289,2°
6	- 6,2°	0,2°	13,9°	285,6°
7	- 5,4°	1,8°	9,3°	280,2°
8	- 4,3°	3,3°	3,7°	273,1°
9	- 2,8°	4,7°	357,4°	264,1°
10	- 1,1°	5,7°	351,2°	253,1°
11	0,9°	6,3°	345,8°	236,3°
12	2,8°	6,5°	341,6°	173,0°
13	4,5°	6,3°	338,9°	91,9°
14	5,9°	5,7°	337,6°	77,0°
15	6,9°	4,7°	337,6°	71,8°
16	7,3°	3,5°	338,7°	70,1°
17	7,3°	2,1°	340,8°	70,5°
18	6,9°	0,7°	343,6°	72,5°
19	6,0°	- 0,8°	347,1°	75,8°
20	5,0°	- 2,1°	351,3°	80,3°
21	3,7°	- 3,4°	356,0°	85,7°
22	2,4°	- 4,5°	1,0°	91,8°
23	1,0°	- 5,4°	6,1°	98,4°
24	- 0,3°	- 6,0°	10,8°	105,5°
25	- 1,5°	- 6,4°	14,9°	113,2°
26	- 2,5°	- 6,6°	18,2°	124,0°
27	- 3,4°	- 6,4°	20,6°	159,6°
28	- 4,1°	- 5,9°	22,0°	266,8°
29	- 4,7°	- 5,1°	22,5°	284,4°
30	- 5,1°	- 4,1°	22,0°	289,3°
31	- 5,3°	- 2,8°	20,6°	290,5°

Phases et distances

Jour	Heure en TU	Distance en km	Ø apparent
5	PQ à 11 h 06 m	377 033	31,7′
12	PL à 1 h 36 m	361 412	33,1′
19	DQ à 4 h 36 m	397 557	30,1′
27	NL à 8 h 17 m	397 576	30,1′
10	Périgée à 17 h 09 m	359 828	33,2′
22	Apogée à 21 h 52 m	405 418	29,5′

Reportez-vous pages 7 à 15 pour trouver des renseignements détaillés sur l'utilisation de ces différentes informations.
Consultez les tableaux de corrections horaires (pages 340 et 341) pour adapter les heures de lever, de passage au méridien et de coucher en fonction de votre lieu d'observation.

SEPTEMBRE 2022

1re quinzaine vers 22 h TU - 2e quinzaine vers 21 h TU

Pour	Utilisez la carte de
17-18 h	*juillet*
19-20 h	août
23-0 h	octobre
1-2 h	novembre
3-4 h	décembre
5-6 h	*janvier*

Vous pouvez également utiliser cette carte en :
octobre vers 19-20 h
novembre vers 17-18 h
mai vers 5-6 h
juin vers 3-4 h
juillet vers 1-2 h
août vers 23-0 h
(valable uniquement pour les étoiles)

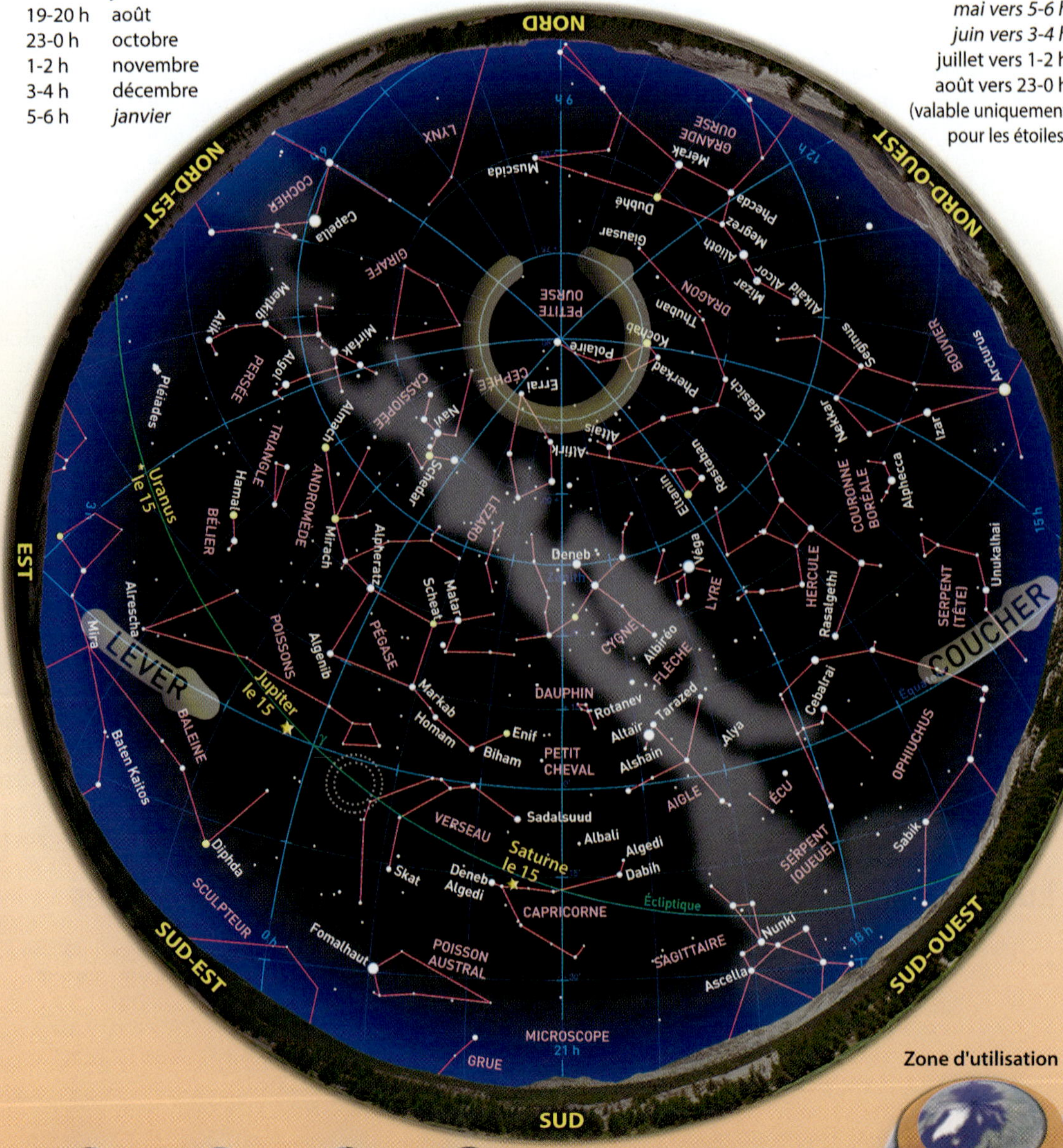

3 septembre	10 septembre	17 septembre	25 septembre
Premier Quartier	**Pleine Lune**	**Dernier Quartier**	**Nouvelle Lune**
Scorpion	*Verseau*	*Taureau*	*Vierge*

Magnitudes

● ● ● • • · ·
-1 0 1 2 3 4 4,5 et +

Zone d'utilisation

38° à 52° nord

À L'ORÉE DE L'AUBE EN SEPTEMBRE 2022

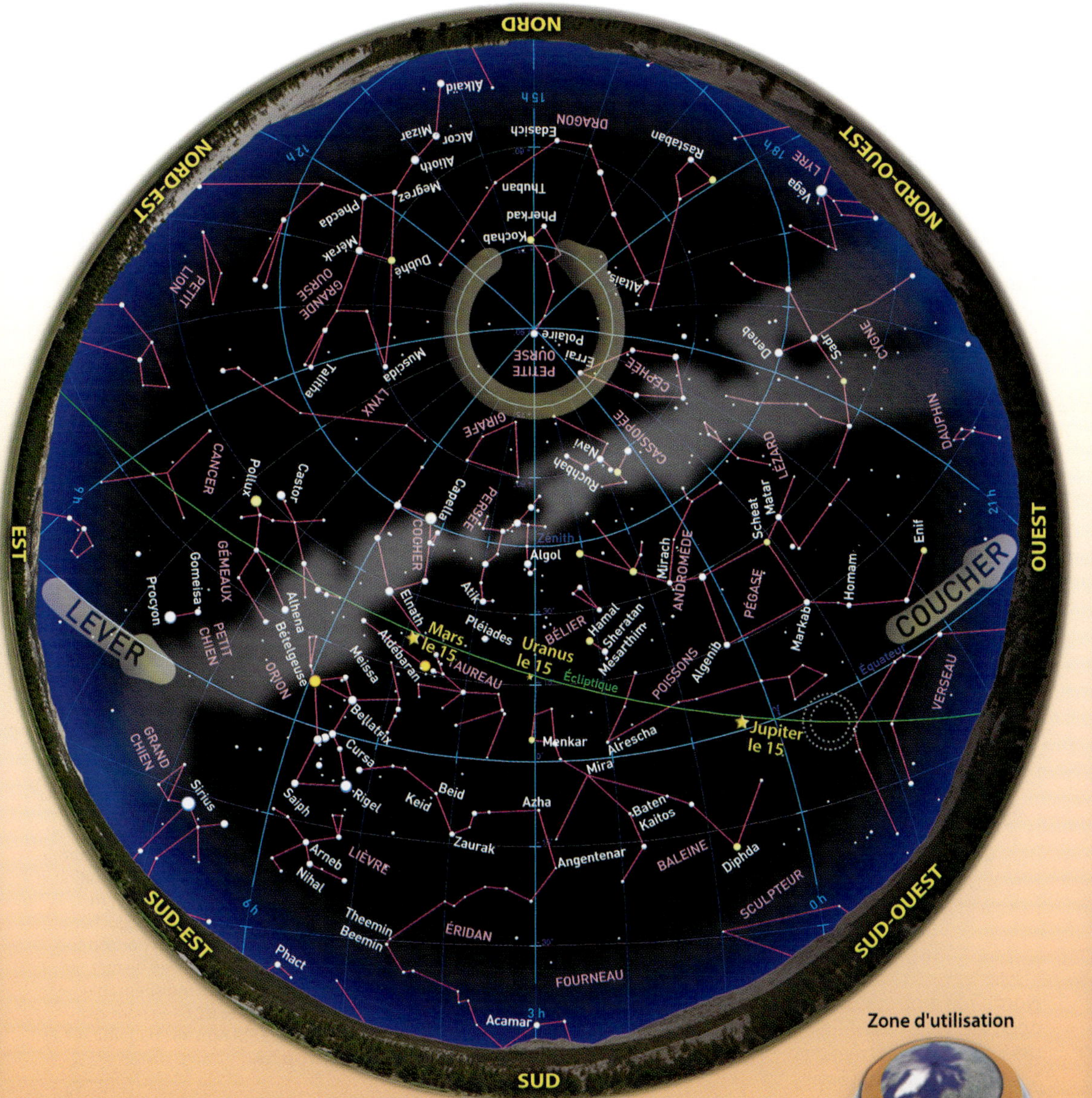

Zone d'utilisation

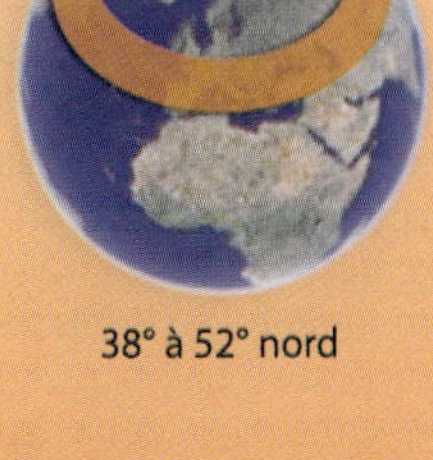

38° à 52° nord

Vous trouverez des conseils pour l'utilisation de ces cartes en début d'ouvrage.

La Lune et les planètes

Mercure

Nord. Inobservable dans le ciel du soir en septembre à cause d'un coucher qui suit de trop près celui du Soleil, Mercure est en conjonction inférieure le 23 et déboule dans le ciel de l'aube en toute fin de mois, mais elle reste très difficile à repérer car son éclat est encore bien faible (magnitude 2,6 le 30).

Tropiques. Toujours bien placée dans le ciel du soir durant la première semaine du mois, cette planète chute ensuite vers le Soleil et son éclat décroît très rapidement.

Vénus

Nord et tropiques. Avec une élongation solaire qui fond à vue d'œil – 14° le 1er et 6° le 30 –, Vénus est de plus en plus délicate à repérer le matin à l'aube. Elle ne se lève plus qu'une demi-heure avant le Soleil en fin de mois et il faut miser sur la transparence de l'atmosphère et sur l'éclat puissant de la planète (magnitude - 3,9) pour tenter de la repérer aux jumelles juste après son apparition. Le très mince croissant lunaire qui la côtoie le 25 n'est visible qu'avec un instrument au ras de l'horizon est-nord-est dans un ciel déjà très clair.

Mars

Nord. Trois mois avant son opposition, elle brille magnifiquement au méridien juste avant le lever du Soleil : sa magnitude de plus en plus négative permet de la repérer sans peine à 65° de hauteur dans le ciel déjà bleu. Son diamètre apparent franchit les 10" et les grands télescopes d'amateur montrent des détails de sa surface de plus en plus fins. Le 15, Mars se lève moins de deux heures après la fin du crépuscule astronomique et elle grimpe vite sur la voûte céleste, nous donnant plusieurs heures pour l'observer dans de bonnes conditions avant l'aube. Le tableau de la p. 225 vous indique la position du méridien central et les planisphères martiens disponibles sur le web vous permettent de reconnaître les formations qui font alors face à la Terre.

Tropiques. Très bonnes conditions d'observation.

Jupiter

Nord et tropiques.
Sa rétrogradation vers l'ouest de l'écliptique la ramène dans les Poissons le 1er. Elle se lève alors une heure à peine après le coucher du Soleil et passe toute la nuit sur la voûte céleste, franchissant le méridien à plus de 45° de hauteur en Europe et pratiquement au zénith sous les tropiques. Les conditions d'observation sont remarquables durant tout le mois, d'autant plus que son périgée du 26, jour de son opposition, est le plus rapproché du XXIe siècle, à 591 millions de kilomètres (32,9 minutes-lumière). Sa magnitude dépasse - 2,9 pour un diamètre apparent équatorial de plus de 49,8". L'opposition est aussi le moment où l'éclat des lunes galiléennes est le plus intense et des jumelles fixées sur un trépied suffisent pour admirer leur ballet continuel. La grande tache rouge de Jupiter est visible avec un instrument d'une centaine de millimètres de diamètre, mais, pour percevoir sa coloration saumonée, un télescope de 300 mm est un minimum.

Saturne

Nord. Toujours dans le Capricorne, elle brille le 1er à 20° de hauteur au-dessus de l'horizon sud-est avant la fin du crépuscule et se couche à l'orée de l'aube. Le 30, plus d'un mois après son opposition, Saturne est visible à la fin du crépuscule à près de 25° de hauteur au-dessus de l'horizon sud-sud-est et nous avons encore plus de quatre heures pour l'observer dans de bonnes conditions (plus de 20° de hauteur) aux instruments. Son éclat baisse car elle s'éloigne de la Terre – magnitude 0,5 le 30 – et son diamètre apparent équatorial est de 18" (41" pour les anneaux).

Tropiques. Conditions d'observation excellentes.

Mi-septembre, Uranus (Bélier) se lève en début de nuit et franchit le méridien à plus de 60° de hauteur à l'orée de l'aube. Elle est visible à l'œil nu (magnitude 5,7) dans un ciel suffisamment sombre (carte de repérage p. 52) et son occultation par la Lune le 14 est observable en Europe. Neptune (Verseau) est à l'opposition le 16 à 4 heures-lumière de la Terre (28,91 ua) ; elle se lève au coucher du Soleil et surplombe l'horizon sud de plus de 40° en milieu de nuit. Un instrument est indispensable pour la repérer à 6,6° au nord-est de l'étoile Phi Aquarii (magnitude 4,2) ; carte p. 53.

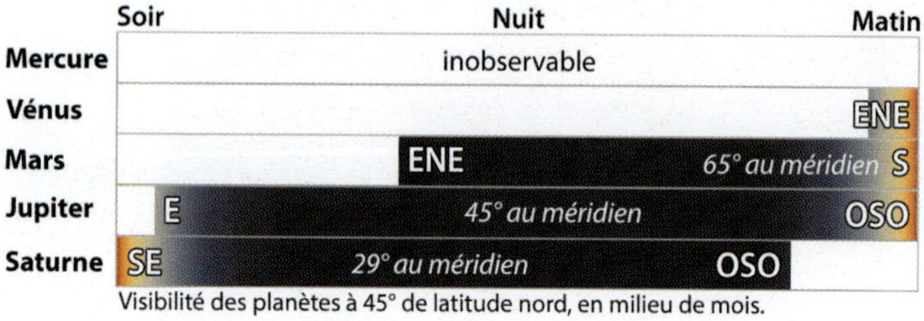

Visibilité des planètes à 45° de latitude nord, en milieu de mois.

Planétaire

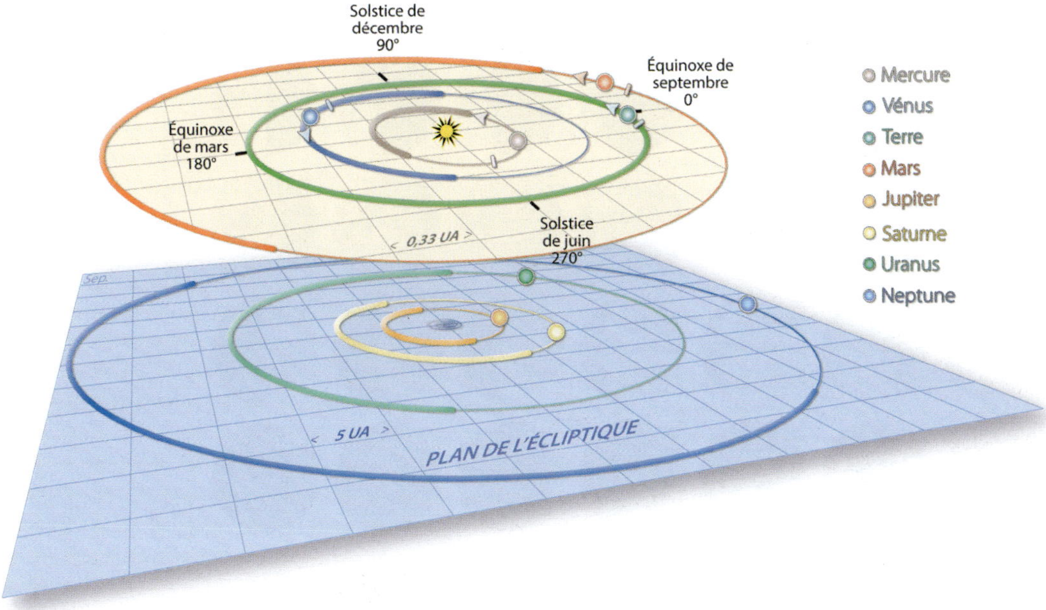

Vous trouverez en pages 67 et 69 des explications complètes sur ces deux schémas.

Le calendrier lunaire

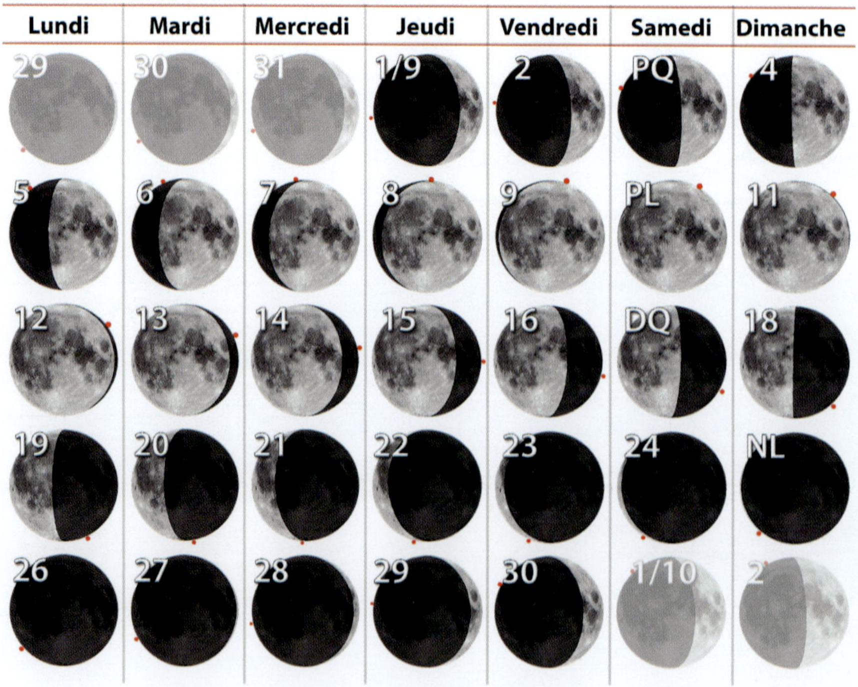

Longitude du terminateur

	Soleil levant	Soleil couchant
1er/09	331°	
2	343°	
3	355°	
4	7°	
5	20°	
6	32°	
7	44°	
8	56°	
9	68°	
10	80°	
11		93°
12		105°
13		117°
14		129°
15		141°
16		153°
17		166°
18		178°
19		190°
20		202°
21		214°
22		227°
23		239°
24		251°
25		263°
26	276°	
27	288°	
28	300°	
29	312°	
30	325°	

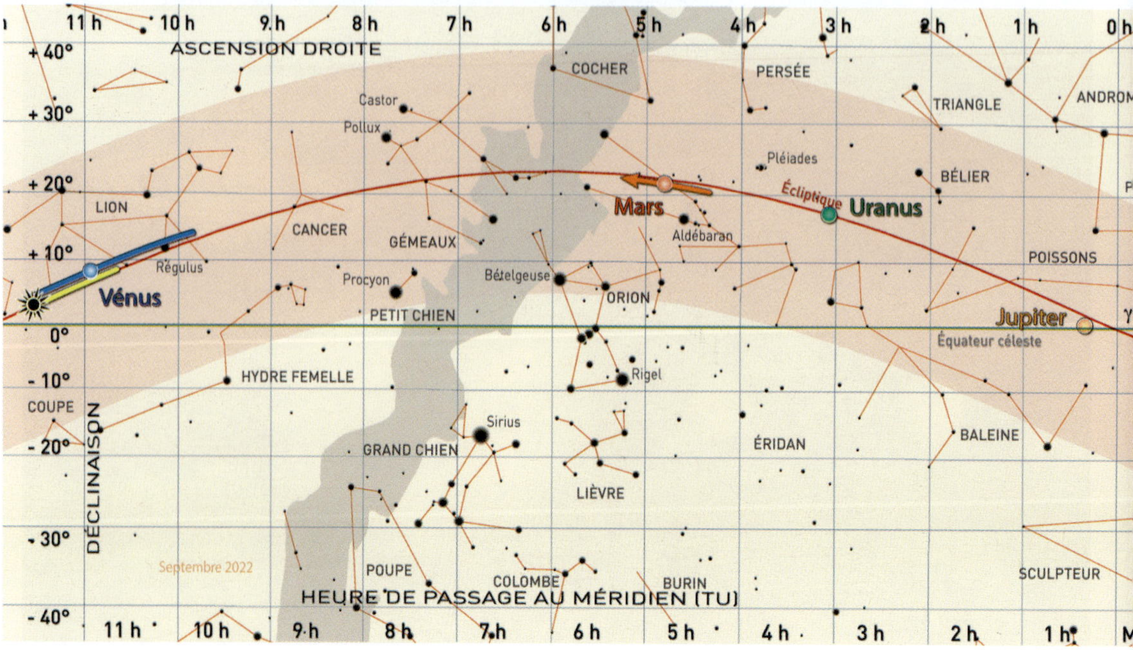

Hauteur mensuelle de la Lune

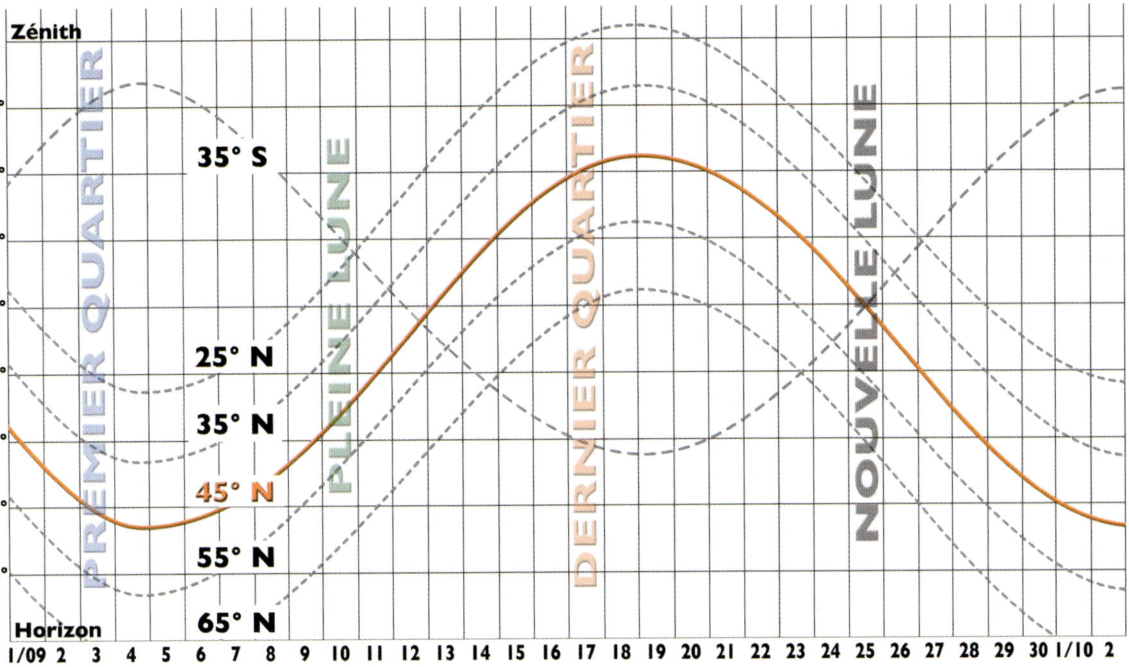

Le 1er septembre à 0 h TU, la Lune est âgée de 4,7 jours.

La Lune atteint sa plus grande déclinaison vers le nord le 19 (27,3°) et sa plus grande déclinaison vers le sud le 6 (- 27,1°).

Vous trouverez en pages 35, 69, 70 et 71 des explications complètes sur ces trois schémas et ce tableau.

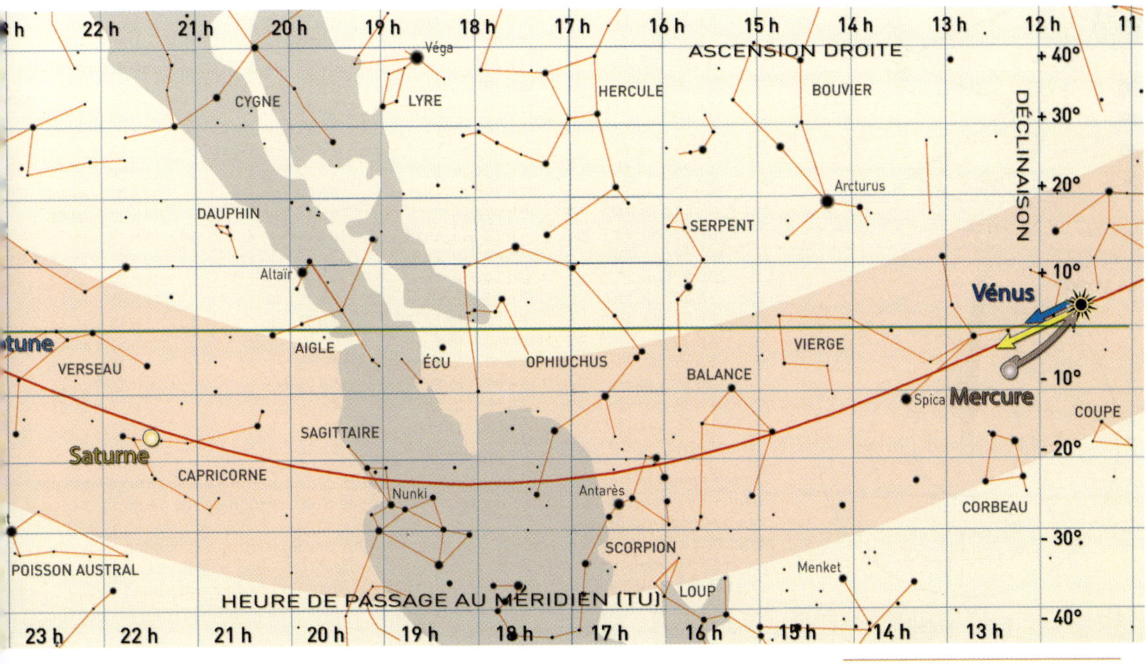

SEPTEMBRE 2022

Satellites de Jupiter

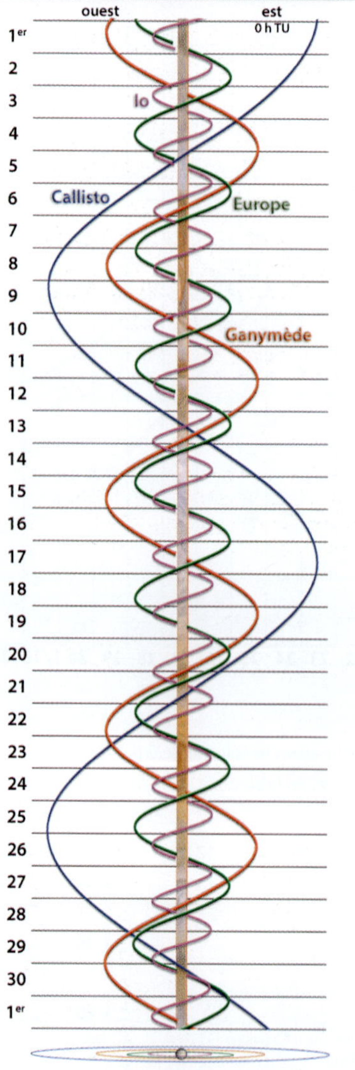

Le 1er/09

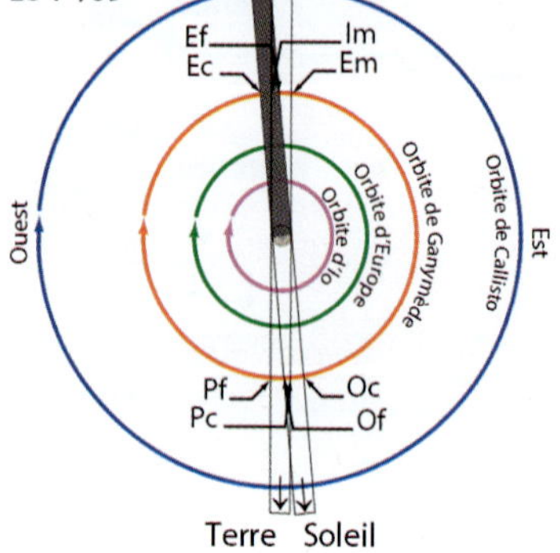

Passages de la tache rouge de Jupiter au méridien central

1er/09 : 9 h 18 ; 19 h 14.
2 : 5 h 12 ; 15 h 08.
3 : 1 h 03 ; 10 h 59 ; 20 h 54.
4 : 6 h 50 ; 16 h 46.
5 : 2 h 41 ; 12 h 37 ; 22 h 32.
6 : 8 h 28 ; 18 h 24.
7 : 4 h 19 ; 14 h 15.
8 : 0 h 10 ; 10 h 06 ; 20 h 01.
9 : 5 h 57 ; 15 h 53.
10 : 1 h 48 ; 11 h 44 ; 21 h 39.
11 : 7 h 35 ; 17 h 31.
12 : 3 h 26 ; 13 h 22 ; 23 h 17.
13 : 9 h 13 ; 19 h 08.
14 : 5 h 04 ; 14 h 59.
15 : 0 h 55 ; 10 h 51 ; 20 h 46.
16 : 6 h 42 ; 16 h 37.
17 : 2 h 33 ; 12 h 29 ; 22 h 24.
18 : 8 h 20 ; 18 h 15.
19 : 4 h 11 ; 14 h 07.
20 : 0 h 02 ; 9 h 58 ; 19 h 53.
21 : 5 h 49 ; 15 h 44.
22 : 1 h 40 ; 11 h 36 ; 21 h 31.
23 : 7 h 27 ; 17 h 22.
24 : 3 h 18 ; 13 h 14 ; 23 h 09.
25 : 9 h 05 ; 19 h 00.
26 : 4 h 56 ; 14 h 51.
27 : 0 h 47 ; 10 h 43 ; 20 h 38.
28 : 6 h 34 ; 16 h 29.
29 : 2 h 25 ; 12 h 21 ; 22 h 16.
30 : 8 h 12 ; 18 h 07.

Longitude estimée du centre de la tache rouge en début de mois : 24,75°.

Phénomènes des satellites de Jupiter

	Heure	Sat.	Phé.
1er/09	1 h 40	Io	Oc**
	2 h 21	Io	Pc**
	3 h 55	Io	Of**
	4 h 33	Io	Pf**
	17 h 27	Eur.	Ec
	21 h 16	Eur.	Em**
	22 h 59	Io	Ec**
2	1 h 50	Io	Em**
	20 h 09	Io	Oc**
	20 h 47	Io	Pc**
	22 h 24	Io	Of**
	22 h 59	Io	Pf**
3	1 h 58	Gan.	Ec**
	7 h 06	Gan.	Em
	12 h 28	Eur.	Oc
	13 h 43	Eur.	Pc
	15 h 02	Eur.	Of
	16 h 08	Eur.	Pf
	17 h 29	Io	Ec
	20 h 16	Io	Em**
4	14 h 38	Io	Oc
	15 h 13	Io	Pc
	16 h 53	Io	Of
	17 h 26	Io	Pf
5	5 h 24	Cal.	Ci
	6 h 46	Eur.	Ec
	10 h 24	Eur.	Em
	11 h 58	Io	Ec
	14 h 42	Io	Em
6	9 h 07	Io	Oc
	9 h 39	Io	Pc
	11 h 21	Io	Of
	11 h 52	Io	Pf
	16 h 04	Gan.	Oc
	18 h 23	Gan.	Pc
	18 h 59	Gan.	Of
	20 h 52	Gan.	Pf**
7	1 h 46	Eur.	Oc**
	2 h 50	Eur.	Pc**
	4 h 20	Eur.	Of**
	5 h 15	Eur.	Pf
	6 h 26	Io	Ec
	9 h 08	Io	Em
8	3 h 36	Io	Oc**
	4 h 06	Io	Pc**
	5 h 50	Io	Of
	6 h 18	Io	Pf
	20 h 05	Eur.	Ec**
	23 h 32	Eur.	Em**
9	0 h 54	Io	Ec**
	3 h 34	Io	Em**
	22 h 04	Io	Oc**
	22 h 32	Io	Pc**
10	0 h 18	Io	Of**
	0 h 44	Io	Pf**
	5 h 59	Gan.	Ec
	10 h 25	Gan.	Em
	15 h 04	Eur.	Oc
	15 h 58	Eur.	Pc
	17 h 37	Eur.	Of
	18 h 23	Eur.	Pf
	19 h 23	Io	Ec
	22 h 00	Io	Em**
11	16 h 33	Io	Oc
	16 h 58	Io	Pc
	18 h 47	Io	Of
	19 h 10	Io	Pf
12	9 h 23	Eur.	Ec
	12 h 40	Eur.	Em
	13 h 51	Io	Ec
	16 h 26	Io	Em
13	11 h 01	Io	Oc
	11 h 24	Io	Pc
	12 h 40	Cal.	Cs
	13 h 16	Io	Of
	13 h 36	Io	Pf
	20 h 06	Gan.	Oc**
	21 h 40	Gan.	Pc**
	22 h 59	Gan.	Of**
14	0 h 09	Gan.	Pf**
	4 h 22	Eur.	Oc**
	5 h 04	Eur.	Pc**
	6 h 54	Eur.	Of
	7 h 30	Eur.	Pf
	8 h 20	Io	Ec
	10 h 52	Io	Em
15	5 h 30	Io	Oc
	5 h 50	Io	Pc
	7 h 45	Io	Of
	8 h 02	Io	Pf
	22 h 43	Eur.	Ec**
16	1 h 48	Eur.	Em**
	2 h 49	Io	Ec**
	5 h 18	Io	Em
	23 h 59	Io	Oc**
17	0 h 16	Io	Pc**
	2 h 14	Io	Of**
	2 h 28	Io	Pf**
	10 h 01	Gan.	Ec
	13 h 43	Gan.	Em
	17 h 40	Eur.	Oc
	18 h 11	Eur.	Pc
	20 h 11	Eur.	Of**
	20 h 36	Eur.	Pf**
	21 h 17	Io	Ec**
	23 h 44	Io	Em**
18	18 h 28	Io	Oc
	18 h 41	Io	Pc
	20 h 42	Io	Of**
	20 h 54	Io	Pf**
19	12 h 02	Eur.	Ec
	14 h 55	Eur.	Em
	15 h 46	Io	Ec
	18 h 10	Io	Em
20	12 h 57	Io	Oc
	13 h 07	Io	Pc
	15 h 10	Io	Of
	15 h 20	Io	Pf
21	0 h 07	Gan.	Oc**
	0 h 54	Gan.	Pc**
	3 h 00	Gan.	Of**
	3 h 26	Gan.	Pf**
	6 h 57	Eur.	Oc
	7 h 17	Eur.	Pc
	9 h 29	Eur.	Of
	9 h 43	Eur.	Pf
	10 h 15	Io	Ec
	12 h 35	Io	Em
	19 h 37	Cal.	Ci**
22	7 h 25	Io	Oc
	7 h 33	Io	Pc
	9 h 39	Io	Of
	9 h 46	Io	Pf
23	1 h 21	Eur.	Ec**
	4 h 04	Eur.	Em**
	4 h 43	Io	Ec**
	7 h 01	Io	Em
24	1 h 54	Io	Oc**
	1 h 59	Io	Pc**
	4 h 08	Io	Of**
	4 h 12	Io	Pf**
	14 h 04	Gan.	Ec
	16 h 59	Gan.	Em
	20 h 14	Eur.	Oc**
	20 h 24	Eur.	Pc**
	22 h 47	Eur.	Of**
	22 h 49	Eur.	Pf**
	23 h 11	Io	Ec**
25	1 h 27	Io	Em**
	20 h 23	Io	Oc**
	20 h 25	Io	Pc**
	22 h 37	Io	Of**
	22 h 38	Io	Pf**
26	14 h 40	Eur.	Ec
	17 h 14	Eur.	Ef
	17 h 40	Io	Ec
	17 h 41	Io	Im
	19 h 53	Io	Em**
	19 h 54	Io	Ef**
27	14 h 51	Io	Pc
	14 h 52	Io	Oc
	17 h 04	Io	Pf
	17 h 06	Io	Of
28	4 h 09	Gan.	Pc**
	6 h 41	Gan.	Pf
	7 h 01	Gan.	Of
	9 h 30	Eur.	Pc
	9 h 32	Eur.	Oc
	11 h 56	Eur.	Pf
	12 h 04	Eur.	Of
	12 h 07	Io	Im
	14 h 22	Io	Ef
29	9 h 17	Io	Pc
	9 h 21	Io	Oc
	11 h 29	Io	Pf
	11 h 34	Io	Of
30	2 h 48	Cal.	Cs**
	3 h 51	Eur.	Im**
	6 h 33	Io	Im
	6 h 34	Eur.	Ef
	8 h 51	Io	Ef

Tous les phénomènes des satellites galiléens sont listés ci-dessus ; vous devez tenir compte des heures de lever et de coucher de Jupiter pour votre site d'observation afin de déterminer ceux que vous pourrez observer.
Pc et Pf = commencement et fin du passage du satellite devant le disque de Jupiter.
Oc et Of = commencement et fin du passage de l'ombre du satellite sur le disque de Jupiter.
Ec et Ef = commencement et fin de l'éclipse du satellite par l'ombre de Jupiter. Im et Em = immersion (disparition) et émersion (réapparition) du satellite derrière le disque jovien.
* Visible à 45° nord et 0° de longitude.

Satellites de Saturne

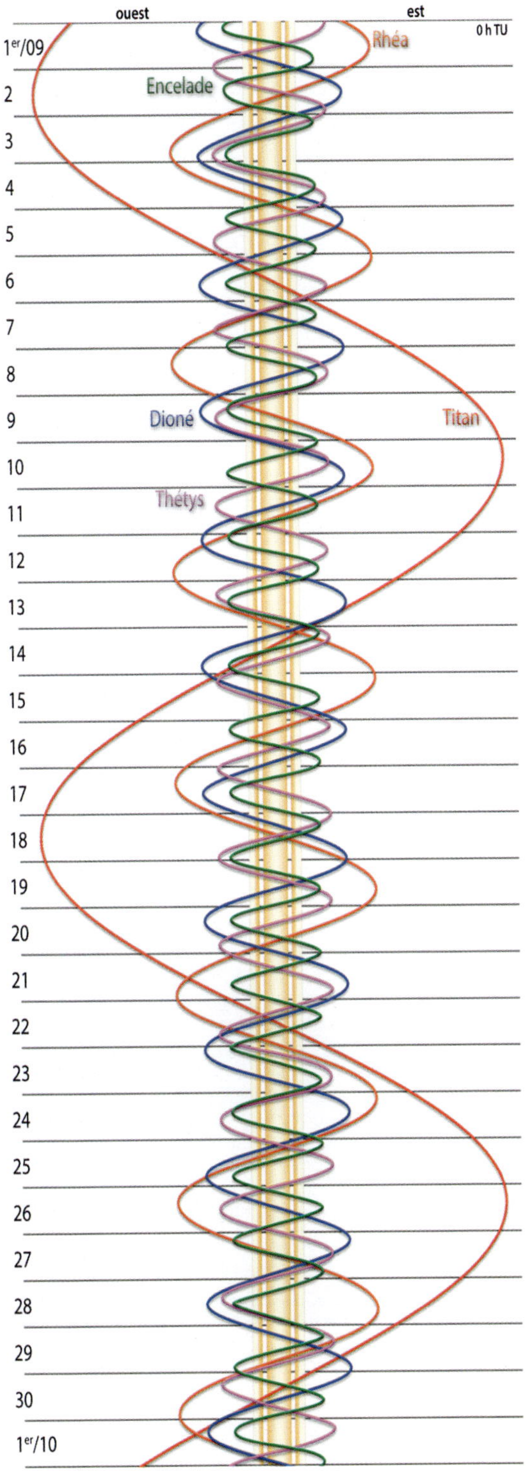

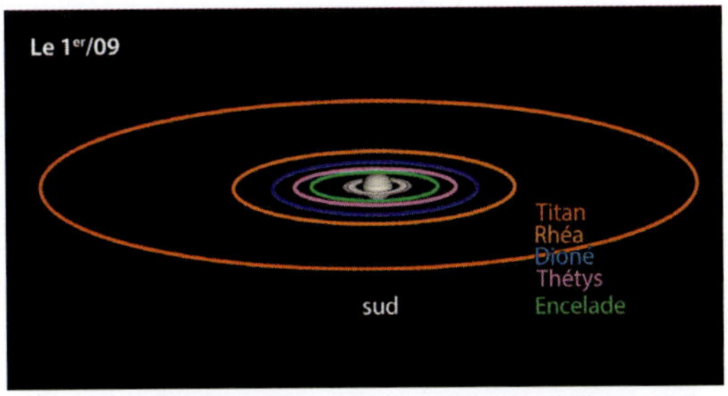

Satellites de Saturne en septembre 2022

	Mimas	Encelade	Téthys	Dioné	Rhéa	Titan	Japet
5	13,0	11,9	10,4	10,5	9,8	8,5	11,2
15	13,1	11,9	10,4	10,5	9,8	8,5	11,2
25	13,1	12,02	10,5	10,6	9,9	8,6	11,3

Dans le tableau suivant, la séparation en secondes d'arc est donnée avec un signe négatif pour les élongations à l'ouest. L'écart apparent entre Titan et Saturne reste important durant les nuits qui encadrent le jour de l'élongation maximale.

Élongations de Titan en septembre 2022

Date	Heure	Séparation en ″
2	13 h 52	- 191
10	9 h 32	186
18	11 h 31	- 189
26	7 h 21	183

Diamètre apparent le 15 : 0,79″

Satellite de Neptune

L'opposition de Neptune se produit cette année le 16 septembre. Dans un grand télescope, vous pouvez tenter le repérage de Triton, sa principale lune. Elle mesure 2 700 km de diamètre, mais, à la distance faramineuse de la dernière planète du Système solaire, elle n'est que de magnitude 13,5 en période d'opposition et ne s'éloigne jamais à plus de 16″ du petit disque neptunien (2,3″).

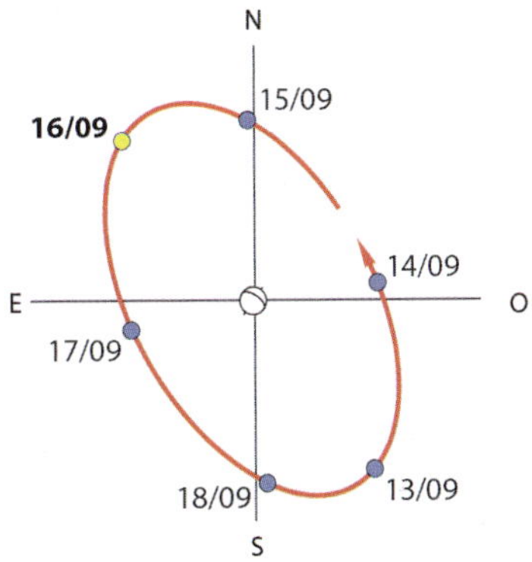

Les phénomènes astronomiques au jour le jour

À NE PAS MANQUER CE MOIS-CI !

Le 7 et le 8, Saturne et la Lune.
Nuit du 11 au 12, Jupiter et la Lune.
Après le 12, pilier de la Voie lactée le soir.
Le 14, la Lune occulte Uranus.
Nuit du 15 au 16, la Lune et les Pléiades.
Nuit du 16 au 17, Mars et la Lune.
À partir du 23, lumière zodiacale à l'aube.
Le 25, Vénus et le mince croissant à l'aube.
Le 26, opposition de Jupiter.

La Voie lactée automnale au crépuscule, avec la planète Vénus à sa base. Le reflet de l'intense éclat vénusien ondoie sur le lac des Pises.
© Guillaume Cannat

JJ	TU	
01	**03**	**Jeudi (244-121). Heure de début et de fin du crépuscule astronomique à 45° de latitude nord et 0° de longitude : le 1er (3 h 36 m/20 h 22 m) ; le 15 (3 h 58 m/19 h 52 m). La durée du jour est de 13 heures et 15 minutes le 1er et de 11 heures et 46 minutes le 30 ; le dernier jour du mois, le Soleil se lève 35 minutes plus tard et se couche 54 minutes plus tôt que le premier. La durée du crépuscule astronomique passe de 105 à 97 minutes sur le mois.**
01	08	**Maximum de l'essaim météoritique des Alpha Aurigides** (206 AUR), dont la période d'activité s'étend du 25 août au 8 septembre. Longitude héliocentrique prévue pour le maximum (équinoxe 2000.0) : 158,6°. Vitesse de pénétration atmosphérique : 66 km/s. Taux horaire moyen au zénith : 6. En 2022, le maximum se déroule en tout début de lunaison, donc le croissant se couche très vite et les conditions d'observation sont bonnes avant le maximum en Europe.
01	11	**Jupiter** entre dans la constellation des Poissons.
01	12	À midi, début du jour julien 2 459 824.
01	12	**L'équation du temps est nulle.** Consultez la partie « Bien utiliser les informations mensuelles données par ce guide » pour une définition de l'équation du temps.
01	20	L'étoile **Deneb** domine l'horizon sud-est de 75° à la fin du crépuscule astronomique à 45° de latitude nord.
01	21	La Lune passe au nœud descendant à 21 h 12 m (longitude moyenne : 225,6°). Distance : 378 727 km, soit 59,4 rayons terrestres.
02	00	Vendredi (245-120). La petite planète **2 Pallas** passe à 3° au sud de la grande nébuleuse d'Orion (Messier 42).
02	00	**L'inclinaison apparente des anneaux de Saturne** passe de + 14,4° à + 15,1° au cours du mois.

02 00 Début septembre, à la fin du crépuscule, la **Voie lactée** s'effile du nord-est au sud-ouest, de Persée au nord du Scorpion, avec le Triangle d'été accroché au zénith ; l'éclat lunaire est gênant jusqu'à la mi-septembre, puis nous retrouvons la belle présence luminescente de notre galaxie. En milieu de nuit, la Voie lactée court de l'est-nord-est à l'ouest-sud-ouest, des Gémeaux à Ophiuchus, et le sommet du ciel accueille le Lézard et Cassiopée. Avant l'aube, l'arc de Persée entoure le zénith et le bandeau galactique s'étire de Sirius du Grand Chien au sud-est à **Albiréo** du Cygne au nord-ouest, mais, pour profiter de la Voie lactée, il faut attendre quelques jours pour que la Lune s'amincisse en descendant vers l'horizon oriental et que son éclairage baisse. La disparition du Scorpion en tout début de nuit est une perte, mais la Voie lactée se dresse au-dessus de l'horizon sud-sud-ouest et, dans un site suffisamment protégé de la pollution lumineuse, ce pilier colossal qui soutient le zénith est tout simplement extraordinaire.

02 11 **Maximum d'éclat de l'étoile variable Êta Aquilae** (Aigle) à 11 h. Il s'agit d'une étoile de type céphéide dont la magnitude passe de 3,5 à 4,4 au cours d'un cycle de 7,177 jours. Les autres maxima du mois se produisent le 9 à 16 h, le 16 à 19 h et le 24 à 0 h. Voir également le 7 février 2023.

02 13 **Élongation maximale de Titan** à l'ouest de Saturne à 13 h 52 m (191″). Retrouvez les autres élongations de Titan en septembre à la page consacrée aux satellites de Saturne en début de mois.

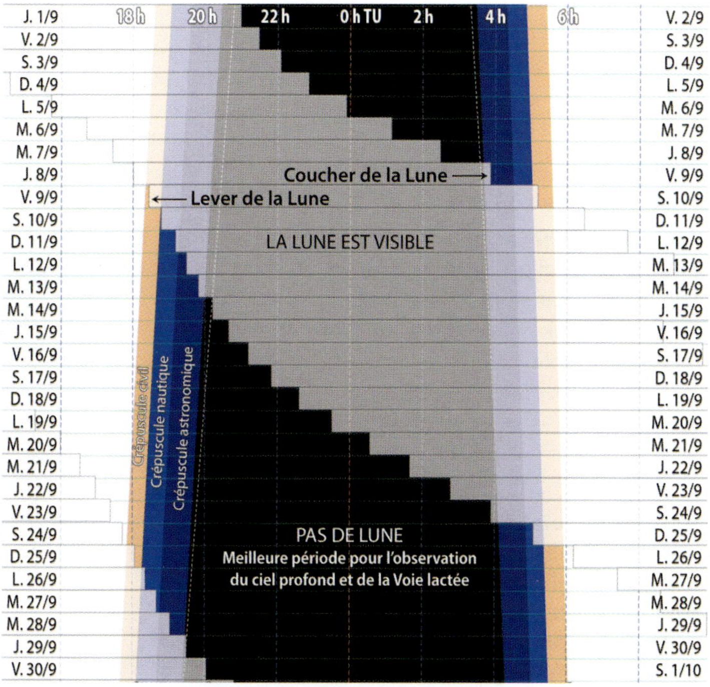

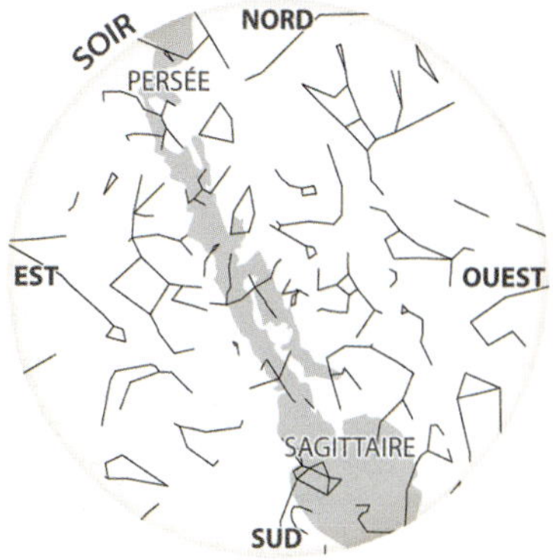

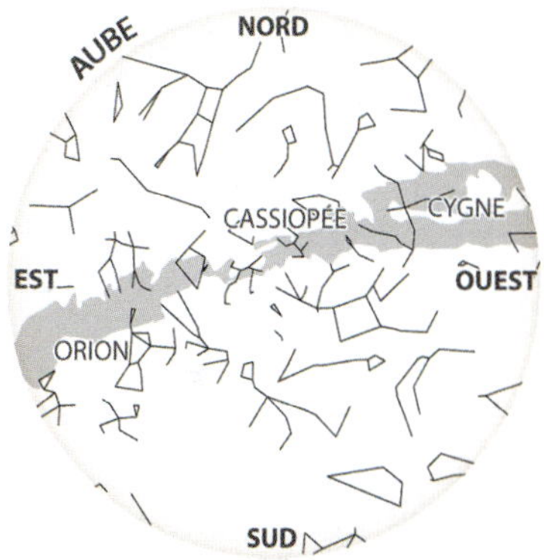

Orientation de la Voie lactée début septembre à la fin du crépuscule astronomique et à l'orée de l'aube.

SEPTEMBRE 2022

Les phénomènes astronomiques au jour le jour

02 17 Entre 17 h 28 m et 17 h 48 m, la petite planète **909 Ulla** (diamètre 117 km ; magnitude 14,2) occulte une étoile de magnitude 9,9 (TYC 5752-01605-1 ; ascension droite : 20 h 12 m 13 s ; déclinaison : - 13° 41′ 38″) dans la constellation du Capricorne. La diminution d'éclat devrait atteindre 4,3 magnitudes et durer près de 11 secondes au maximum sur la bande de centralité du phénomène, qui balaye La Réunion. Calculs d'Éric Frappa (www.euraster.net).

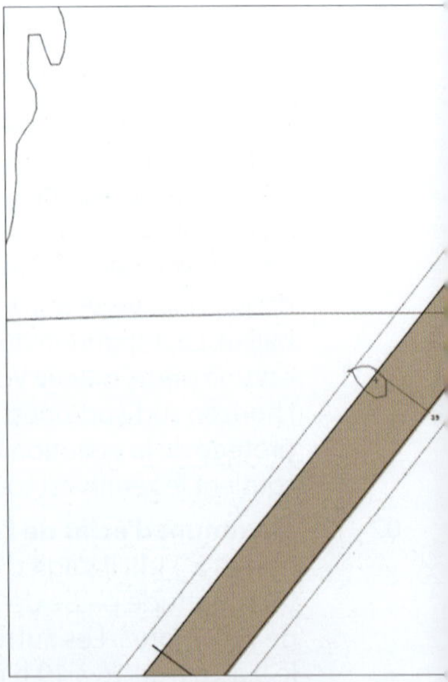

Le 2 septembre, les observateurs installés à La Réunion peuvent observer l'occultation d'une étoile du Capricorne par la petite planète 909 Ulla.

03 00 Samedi (246-119). Formations lunaires proches du terminateur dans la journée : Cassini, Triesnecker, centre de la chaîne des Apennins, Ptolémée, Alphonse et Arzachel, Archimède.

03 14 **Minimum d'éclat de l'étoile variable Algol de Persée** (Bêta Persei) à 14 h ; sa magnitude est proche de 3,3. Les autres minima du mois se produisent le 6 à 11 h, le 9 à 8 h, le 12 à 5 h, le 15 à 2 h, le 17 à 23 h, le 20 à 19 h, le 23 à 16 h, le 26 à 13 h et le 29 à 10 h. Voir également le 2 octobre 2022.

03 16 **Conjonction géocentrique en longitude entre la Lune (Oph) et Antarès** à 16 h 09 m (séparation : 2,5°). Moins d'une heure après le coucher du Soleil, le petit point rouge-orangé de l'étoile principale du Scorpion apparaît à 2° du Premier Quartier.

03 18 **Premier Quartier de Lune à 18 h 08 m (Sco).** Distance : 372 300 km, soit 58,37 rayons terrestres.

03 21 Le Soleil se lève sur la région de **Curtius** (2-191) et, autour de 21 h 47 m, vous pouvez tenter d'observer avec un instrument une ou plusieurs raies lumineuses dans cette formation.

04 00 Dimanche. 247e jour de l'année.

04 00 **Le diamètre apparent martien dépasse 10″.**

04 00 **Maximum d'éclat de l'étoile Delta Cephei** à 0 h. Sa magnitude varie de 3,5 à 4,4 au cours d'un cycle de 5,366 jours. Les autres maxima du mois se produisent le 9 à 9 h, le 14 à 17 h, le 20 à 2 h, le 25 à 11 h et le 30 à 20 h. Voir également le 2 novembre 2022.

04 20 **Vénus** passe au périhélie à 0,718 ua du Soleil, soit près de 107,5 millions de kilomètres.

36e SEMAINE

05 00 Lundi (248-117). La Lune gibbeuse croissante commence la semaine dans le Sagittaire, gommant la Voie lactée autour d'elle, puis elle glisse vers le Verseau, qui l'accueille pour son opposition ; toutes les nuits sont donc illuminées par sa présence. Constellation de la Lune chaque jour à 0 h pour 45°

de latitude nord et 0° de longitude : L-Sgr, M-Sgr, M-Sgr, J-Cap, V-Aqr, S-Aqr, D-Aqr.

05 00 TSMG (voir p. 17) : 22 h 56 m 20 s.

05 00 Formations lunaires proches du terminateur dans la journée : Copernic et la chaîne de montagnes des Carpathes, Longomontanus, Klaproth, golfe des Iris.

05 05 **Callisto est en conjonction inférieure** à 5 h 24 m. Elle est observable à proximité @du pôle Sud jovien.

05 06 **Conjonction géocentrique en longitude entre Vénus (Leo) et Régulus** à 6 h 43 m (séparation : 0,7°). Juste après le lever de Vénus, une heure avant celui du Soleil, tentez de distinguer le petit point de Régulus à côté d'elle avec des jumelles.

05 12 À midi, début du jour julien 2 459 828.

05 19 Le Soleil se lève sur la région de **la Condamine** (3-218) et, autour de 19 h 58 m, vous pouvez tenter d'observer avec un instrument une ou plusieurs raies lumineuses dans cette formation.

05 23 L'étoile **Fomalhaut** du Poisson austral passe au méridien à minuit. Sa hauteur est alors de 15° sud.

06 12 Mardi (249-116). Formations lunaires proches du terminateur dans la journée : Kepler, Gassendi, Schiller, Harpalus, Doppelmayer.

07 00 Mercredi (250-115). Période du maximum d'éclat de l'étoile variable T Ari (0242+17). T Ari est une variable semi-régulière dont la magnitude oscille entre 7,3 et 10,5 ; sa période est de 314 jours.

07 05 Formations lunaires proches du terminateur dans la journée : Aristarque, Hérodote et la vallée de Schröter.

07 12 Le **Soleil** franchit le méridien à 51° de hauteur.

07 17 Opposition de la petite planète **3 Junon**. Prochaine opposition le 3 mars 2024.

07 18 La Lune passe au périgée à 18 h 19 m. Distance : 364 492 km, soit 57,15 rayons terrestres.

07 19 **Conjonction géocentrique en longitude entre Mars (Tau) et Aldébaran** à 19 h 32 m (séparation : 4,3°). L'éclat rouge-orangé de Mars est près de trois fois plus puissant que celui d'Aldébaran.

08 00 Jeudi (251-114). Formations lunaires proches du terminateur dans la journée : Schickard, Grimaldi.

08 12 **Conjonction géocentrique en longitude entre la Lune (Cap) et Saturne** à 12 h 34 m (séparation : 3,7°). Le 7 et le 8 au soir, la Lune gibbeuse croissante fait le grand écart autour de Saturne, au-dessus de l'horizon sud-est.

09 00 Vendredi (252-113). **Le pôle Nord du Soleil** est à son maximum d'inclinaison vers la Terre : 7,25°.

09 17 **Maximum de l'essaim météoritique des Epsilon Perséides de septembre** (208 SPE), dont la période

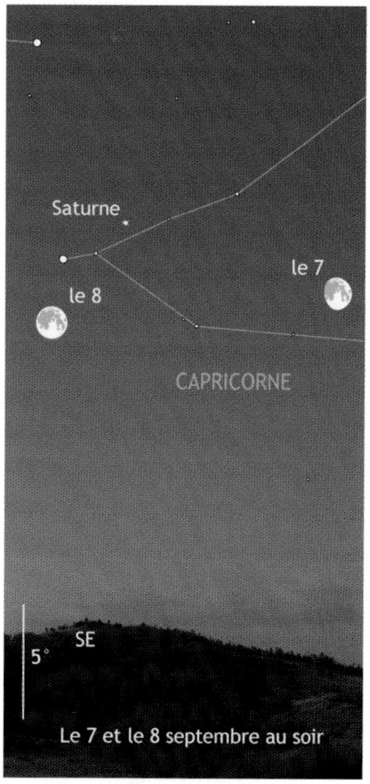

Le 7 et le 8 septembre au soir, la Lune gibbeuse croissante illumine le ciel autour de Saturne.

Les phénomènes astronomiques au jour le jour

d'activité s'étend du 5 au 21 septembre. Longitude héliocentrique prévue pour le maximum de l'essaim (équinoxe 2000.0) : 166,7°. Vitesse de pénétration atmosphérique : 64 km/s. Taux horaire moyen au zénith : 5. En 2022, le maximum se produit juste avant la Pleine Lune.

10 03 Samedi (253-112). **Mercure est stationnaire** en ascension droite puis elle rétrograde pendant 22 jours.

10 09 **Pleine Lune à 9 h 59 m (Aqr).** Distance : 369 131 km, soit 57,87 rayons terrestres. La Pleine Lune des récoltes, *harvest Moon* en anglais, est celle qui se produit au plus près de l'équinoxe d'automne (hémisphère Nord).

10 20 Conjonction géocentrique en longitude entre la Lune (Aqr) et Neptune à 20 h 56 m (séparation : 2,7°).

10 20 Les premières étoiles filantes de l'essaim des **Taurides sud** (002 STA) devraient apparaître durant les nuits prochaines (voir le 10 octobre 2022 pour en savoir plus).

10 23 La Pleine Lune franchit le méridien à près de 33° de l'horizon sud à Lille et à près de 41° à Perpignan.

11 00 Dimanche. 254e jour de l'année.

11 00 **Début de l'an 1739 de l'ère de Dioclétien** (calendrier copte). Le premier jour de l'an du calendrier copte – 1 Tout, an 1 – correspond au 29 août 284 du calendrier julien. Le calendrier copte compte 12 mois de 30 jours, auxquels sont ajoutés généralement 5 jours « épagomènes », et 6 jours « épagomènes » tous les quatre ans. 1739 est une année de 366 jours. Le 1er Tout 1740 se produira le 12 septembre 2023.

11 00 La petite planète **2 Pallas** passe à 0,5° au sud de l'étoile Saiph d'Orion.

11 15 Vénus et Saturne sont en opposition héliocentrique.

11 16 **Conjonction géocentrique en longitude entre la Lune (Psc) et Jupiter** à 16 h 31 m (séparation : 1,6°). Deux semaines avant l'opposition de Jupiter, la planète géante du Système solaire passe la nuit du 11 au 12 avec la Lune encore pratiquement pleine.

37e SEMAINE

12 00 Lundi (255-110). Depuis un site suffisamment protégé de la pollution lumineuse, le pilier de la Voie lactée fait son retour dès les premiers soirs de la semaine et se dresse au-dessus de l'horizon sud-ouest. Constellation de la Lune chaque jour à 0 h pour 45° de latitude nord et 0° de longitude : L-Cet, M-Psc, M-Ari, J-Ari, V-Tau, S-Tau, D-Tau.

12 00 TSMG (voir p. 17) : 23 h 23 m 56 s.

12 12 À midi, début du jour julien 2 459 835.

Chaque lunaison, la Pleine Lune se produit au moment où la différence de longitude géocentrique entre le centre du Soleil et celui de la Lune est égale à 180° ou, autrement dit, lorsque le centre de la Lune et le point antisolaire sont en conjonction en longitude. À cause de l'inclinaison de l'équateur céleste par rapport à l'écliptique, la conjonction en longitude de la Lune et du point antisolaire ne se produit pas nécessairement au même instant que leur conjonction en ascension droite : il peut s'écouler plus de quatre heures, en plus ou en moins, entre ces deux instants. À l'œil nu, l'impression de voir un disque lunaire parfaitement rond peut durer un jour ou deux autour du moment précis de la Pleine Lune, ce qui multiplie notre plaisir observationnel chaque mois !
Le 9, la Pleine Lune se lève juste au moment du coucher du Soleil. Je vous suggère de trouver un site d'observation qui vous permette de contempler l'horizon vrai vers l'est-sud-est et vers l'ouest pour apprécier ce beau mouvement de balancier cosmique : le contrepoids solaire semble faire monter la Lune au rythme de sa chute. Il faut que le ciel soit limpide, sinon la face lunaire restera cachée au ras du sol. Séléné passe près de onze heures sur la voûte nocturne et, le 10, elle se couche une vingtaine de minutes avant l'arrivée du Soleil.

12 12 **Minimum d'éclat de l'étoile variable Sheliak** (Bêta de la Lyre) à 12 h. Sa magnitude varie de 3,3 à 4,3 au cours d'un cycle de 12,941 jours. L'autre minimum du mois se produit le 25 à 11 h. Voir également le 3 novembre 2022.

13 00 Mardi (256-109). Période de libration maximale en longitude pour la Lune (l = 6,4°).

13 00 Période du maximum d'éclat de l'étoile variable R Peg (2301+10). R Peg est une variable de type Mira (variable à longue période) dont la magnitude oscille entre 6,9 et 13,8 ; sa période est de 378,1 jours.

13 03 Formations lunaires proches du terminateur dans la journée : Langrenus et Petavius, Endymion, l'albatros (bordure ouest de la mer des Crises).

13 04 **Latitude sud maximale pour Mercure :** - 7° (longitude héliocentrique : 318,3°).

13 08 La comète **41P Tuttle-Giacobini-Kresak** (période de 5,43 années) passe au plus près du Soleil (périhélie) à 157 millions de kilomètres. Son éclat pourrait atteindre la magnitude 12.

13 12 **Callisto est en conjonction supérieure** à 12 h 40 m. Elle est observable à proximité du pôle Nord jovien.

14 00 Mercredi (257-108). Une belle symétrie se met en place en cours de nuit autour de Jupiter avec, à l'est, les lunes Callisto et Europe et, à l'ouest, Ganymède et Io.

14 04 Début de la 2262e rotation synodique du Soleil.

14 08 Mercure et Saturne sont en conjonction héliocentrique.

14 12 Le **Soleil** franchit le méridien à 48° de hauteur.

14 14 La Lune passe au nœud ascendant à 14 h 48 m (longitude moyenne : 44,6°). Distance : 389 815 km.

14 21 **Occultation d'Uranus par la Lune.** Zone de visibilité : Europe, nord de l'Afrique, Sibérie et régions arctiques.

14 22 **Conjonction géocentrique en longitude entre la Lune (Ari) et Uranus** à 22 h 34 m (séparation : 0,7°). Pointez un instrument vers la Lune dès son lever pour la voir glisser vers Uranus, qu'elle occulte entre 21 h 10 m et 22 h 10 m en France métropolitaine.

15 10 Jeudi (258-107). Formations lunaires proches du terminateur dans la journée : Fracastor, Piccolomini.

15 20 **Conjonction géocentrique en longitude entre la Lune (Tau) et les Pléiades** à 20 h 40 m (séparation : 2,7°). La Lune gibbeuse décroissante passe la seconde partie de la nuit du 15 au 16 à portée de jumelles des Pléiades.

16 00 Vendredi (259-106). Le Soleil se couche sur la région de **Catharina** (2-125) et, autour de 0 h 30 m, vous pouvez tenter d'observer avec un instrument une ou plusieurs raies lumineuses dans cette formation.

16 02 À 2 h 47 m, l'étoile 37 Tau (Tau - magnitude 4,4) est occultée par la Lune ; elle réapparaît à 4 h 09 m. Les deux

Le 11 septembre au soir, Jupiter brille fermement à côté de l'éclat éblouissant de la Pleine Lune.

SEPTEMBRE 2022

Les phénomènes astronomiques au jour le jour

astres sont alors à 67° au-dessus de l'horizon et la fraction éclairée de notre satellite est de 67 %.

16 02 Neptune est au périgée à 28,910 ua, soit près de 4,325 milliards de kilomètres.

16 03 Plus petite distance entre la Terre et Neptune (périgée) : 28,9097 ua, soit 4,325 milliards de kilomètres environ.

16 05 La comète **C/2020 R7 ATLAS** passe au plus près du Soleil (périhélie) à 442 millions de kilomètres. Son éclat pourrait atteindre la magnitude 12.

16 07 Mercure et Vénus sont en opposition héliocentrique.

16 22 Le Soleil se couche sur la région de **Curtius** (2-191) et, autour de 22 h 06 m, vous pouvez tenter d'observer avec un instrument une ou plusieurs raies lumineuses dans cette formation.

16 22 **Opposition de Neptune.** Longitude héliocentrique : 354° 02'. Neptune se situe à l'est du Verseau, tout près de la frontière des Poissons, à 6,5° de l'étoile Phi Aquarii (magnitude 4,2), et franchit le méridien à plus de 41° de hauteur. Prochaine opposition le 19 septembre 2023.

17 00 Samedi (260-105). **Conjonction géocentrique en longitude entre la Lune (Tau) et Mars** à 0 h 52 m (séparation : 3,6°).

17 00 Le Soleil se couche sur la région de **Calippus** (1-38) et, autour de 0 h 09 m, vous pouvez tenter d'observer avec un instrument une ou plusieurs raies lumineuses dans cette formation.

17 01 La petite planète **3 Junon** passe au périgée à 1,302 ua ; sa magnitude atteint 7,9.

17 01 **Le Soleil entre dans la constellation de la Vierge** (174,2°) à 1 h 32 m.

17 02 Le Soleil se couche sur la région de **Tempel** (1-79) et, autour de 2 h 01 m, vous pouvez tenter d'observer avec un instrument une ou plusieurs raies lumineuses dans cette formation.

17 05 **En plein jour.** Mars et le Dernier Quartier sont installés à plus de 60° de hauteur au méridien juste avant le lever du Soleil et l'éclat de la planète rouge permet à présent de l'observer aux jumelles en plein jour dans un ciel limpide. Ces deux astres sont à près de 4° d'écart en début de matinée, ils rentrent donc dans le même champ.

17 21 **Dernier Quartier de Lune à 21 h 52 m (Tau).** Distance : 402 717 km, soit 63,14 rayons terrestres.

18 00 Dimanche. 261e jour de l'année .

Le 16 septembre en fin de soirée, Mars et le quartier lunaire sont visibles au-dessus de l'horizon est. Ces astres cheminent de conserve jusqu'à l'aube et brillent alors au méridien, à près de 70° de hauteur.

18 09 Formations lunaires proches du terminateur dans la journée : Ptolémée, Alphonse et Arzachel, Moretus, Archimède, Maginus, Mur droit, Platon, Tycho.

18 20 Autour de l'opposition de Jupiter, qui se produit cette année le 26 septembre, vous pouvez tenter une observation un peu délicate si vous avez accès à un bon instrument d'au moins 100 mm de diamètre et si les conditions de turbulence sont bonnes. Il s'agit de **suivre le changement de position de l'ombre d'Io**, qui passe de l'ouest à l'est du satellite au moment de l'opposition. Ce soir, vous pouvez distinguer le petit disque noir de l'ombre loin à l'ouest du satellite lors de son passage devant la planète en début de nuit. Vous aurez une autre chance en Europe le 24 septembre.

38e SEMAINE

19 00 Lundi (262-103). La nuit noire prend ses aises alors que la Lune glisse vers l'aube au fil de la semaine : il faut se régaler des richesses visuelles du bulbe galactique avant sa disparition. Constellation de la Lune chaque jour à 0 h pour 45° de latitude nord et 0° de longitude : L-Gem, M-Gem, M-Cnc, J-Cnc, V-Leo, S-Leo, D-Leo.

19 00 TSMG (voir p. 17) : 23 h 51 m 32 s.

19 02 Le Soleil se couche sur la région de **Clavius** (4-365) et, autour de 2 h 37 m, vous pouvez tenter d'observer avec un instrument une ou plusieurs raies lumineuses dans cette formation.

19 12 À midi, début du jour julien 2 459 842.

19 12 Du 19 au 27 septembre, **Mercure** traverse d'est en ouest le champ du coronographe LASCO C3 de la sonde *SOHO*.

19 14 La Lune passe à l'apogée à 14 h 43 m. Distance : 404 556 km, soit 63,43 rayons terrestres.

19 20 Toute la nuit, les quatre lunes galiléennes – **Io, Europe, Ganymède et Callisto** – sont alignées dans leur ordre naturel à l'est du disque jovien.

20 00 Mardi (263-102). Du 20 septembre au 26 novembre, **Vénus** traverse d'ouest en est le champ du coronographe LASCO C3 de la sonde *SOHO*.

20 01 Formations lunaires proches du terminateur dans la journée : Klaproth, golfe des Iris.

20 07 **Conjonction géocentrique en longitude entre la Lune (Gem) et Pollux** à 7 h 35 m (séparation : 1,9°). À l'orée de l'aube, ce couple est visible sans peine à plus de 40° de hauteur au-dessus de l'horizon est.

20 23 Mercure est au périgée à 0,645 ua de la Terre, soit près de 96,5 millions de kilomètres.

21 07 Mercredi (264-101). Formations lunaires proches du terminateur dans la journée : Kepler, Schiller, Gassendi, Doppelmayer, Harpalus.

Le 18 septembre au soir, il faut un bon instrument pour voir le petit point de la lune galiléenne Io juste à côté de son ombre sur le disque nuageux de Jupiter.

SEPTEMBRE 2022

Les phénomènes astronomiques au jour le jour

21 12 Le **Soleil** franchit le méridien à 46° de hauteur.

21 19 **Callisto est en conjonction inférieure** à 19 h 37 m. Elle est observable à proximité apparente du pôle Sud jovien. Visible en Europe.

22 00 Jeudi (265-100). Période de libration minimale en latitude pour la Lune (b = - 6,7°).

22 00 Période du maximum d'éclat de l'étoile variable U Cyg (2016+47). U Cyg est une variable de type Mira (variable à longue période) dont la magnitude oscille entre 5,9 et 12,1 ; sa période est de 463,24 jours.

22 01 Formations lunaires proches du terminateur dans la journée : Aristarque, Hérodote et la vallée de Schröter, Schickard.

22 08 **Maximum de l'essaim météoritique des Piscides** (030 Poissons), dont la période d'activité s'étend du 1er au 30 septembre. Longitude héliocentrique prévue pour le maximum (équinoxe 2000.0) : 179°. Vitesse de pénétration atmosphérique : 26 km/s. Taux horaire moyen au zénith : 3. Ce petit essaim possède un radiant proche du point vernal et, comme il est observable au moment de l'équinoxe d'automne, il est possible de le voir aisément des deux hémisphères.

22 12 Le **Soleil** franchit le méridien au zénith au Nyota Observatory (Kenya).

23 00 **1er vendémiaire 231 du calendrier républicain**, qui a été institué le 24 octobre 1793 et débutait le 22 septembre 1792. Il a été remplacé par le calendrier grégorien le 1er janvier 1806. Ce calendrier comptait 12 mois de 30 jours : vendémiaire (mois des vendanges), brumaire (mois des brumes), frimaire (mois du froid), nivôse (mois de la neige), pluviôse (mois de la pluie), ventôse (mois du vent), germinal (mois de la germination), floréal (mois des fleurs), prairial (mois des prairies), messidor (mois des moissons), thermidor (mois de la chaleur) et fructidor (mois des fruits). L'année était complétée par 5 jours fériés dits « complémentaires » ou « sans-culottides » consacrés à fêter la vertu, le génie, le travail, l'opinion et les récompenses. À la fin de chaque période bissextile de quatre ans, appelée « Franciade », un sixième jour était ajouté après les cinq jours complémentaires, le jour de la Révolution.

23 01 Vendredi (266-99). **Équinoxe de septembre sur Terre à 1 h 03 m ;** c'est le début de l'automne dans l'hémisphère Nord. Le passage d'une saison à l'autre n'est pas décrété arbitrairement chaque année ; il est toujours lié à un moment clé du mouvement apparent du Soleil. L'équinoxe de septembre intervient lorsque notre étoile

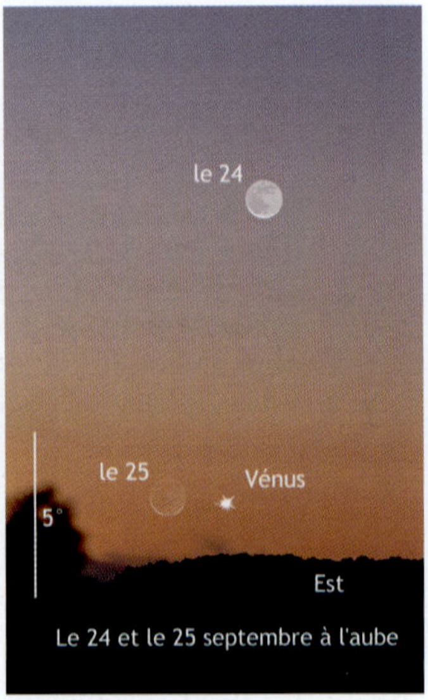

Le 24 et le 25 septembre à l'aube, moins d'une heure avant le lever du Soleil, la vieille Lune rend visite à Vénus. Le 25, il faut un instrument pour essayer de repérer le très mince croissant lunaire installé à 2° sur la gauche de l'éclatante planète, au ras d'un horizon est parfaitement dégagé et limpide.

passe du nord au sud de l'intersection de l'écliptique et de l'équateur céleste. En 2023, l'équinoxe de septembre se produira le 23 à 6 h 49 m.

23 01 **Le Soleil entre dans le signe astrologique de la Balance** (180°) à 1 h 03 m, mais, dans la réalité, il est entré dans la constellation de la Vierge il y a six jours.

23 04 Heure de début et de fin du crépuscule astronomique le jour de l'équinoxe de septembre à 0° de longitude : à 40° de latitude nord (4 h 18 m/19 h 26 m) ; à 45° de latitude nord (4 h 09 m/19 h 35 m) ; à 50° de latitude nord (3 h 58 m/19 h 46 m).

23 04 **La portion la plus intense du cône diffus de la lumière zodiacale est visible à l'orée de l'aube** et il est facile de la distinguer à l'œil nu dans les sites offrant un ciel suffisamment protégé de la pollution lumineuse. Cette lueur lancéolée se dresse au-dessus de l'horizon est-nord-est et enveloppe le Lion et le Cancer avant de se perdre dans les Gémeaux. Cherchez la lumière zodiacale jusqu'à l'arrivée de la Lune gibbeuse vers le 8 octobre. Voir aussi le 23 octobre 2022.

23 06 **En plein jour.** Une heure après le lever du Soleil, **Sirius** passe au méridien à une trentaine de degrés de hauteur : 22° à Lille et 30° à Perpignan. Si les conditions météorologiques sont bonnes, l'étoile la plus brillante de la sphère céleste est alors facilement repérable aux jumelles dans le ciel bleu.

23 06 **Mercure** est en conjonction inférieure à 2,9° du centre du disque solaire.

23 08 **Conjonction géocentrique en longitude entre la Lune (Leo) et Régulus** à 8 h 09 m (séparation : 4,5°). Le croissant lunaire nous offre une belle lumière cendrée qui luit à l'est, non loin du cœur du Lion, à l'orée de l'aube.

23 22 Mercure et Jupiter sont en conjonction héliocentrique.

24 02 Samedi (267-98). **Tentez de saisir le petit point d'Io à l'est de son ombre** devant le disque jovien (voir le 18 septembre).

24 03 **Vénus** entre dans la constellation de la Vierge.

25 00 Dimanche. 268e jour de l'année.

25 05 **Ce matin à l'aube, utilisez un instrument pour tenter de repérer un très fin croissant lunaire de 0,7 %.** À 5 h 25 m, il est âgé de 17 heures avant la Nouvelle Lune ; il se situe à 3° de hauteur et à 85° d'azimut, alors que le Soleil se situe à 6° sous l'horizon.

25 07 **Conjonction géocentrique en longitude entre la Lune (Vir) et Vénus** à 7 h 24 m (séparation : 2,5°).

25 21 **Tentez de saisir le petit point d'Io pratiquement sur son ombre** devant le disque jovien (voir le 18 septembre 2022).

25 21 **Nouvelle Lune à 21 h 55 m (Vir).** Distance : 387 596 km.

Fin septembre, la lumière zodiacale est somptueuse avant l'aube dans les sites offrant un ciel suffisamment sombre. Ici, elle s'élance vers l'amas de la Crèche au-dessus du mas Camargues, dans la Réserve internationale de ciel étoilé du parc national des Cévennes.

© Guillaume Cannat

Le 25 septembre, tentez une nouvelle fois de repérer Io à côté de son ombre sur Jupiter.

SEPTEMBRE 2022

Les phénomènes astronomiques au jour le jour

39e SEMAINE

26 00 Lundi (269-96). La semaine démarre en Nouvelle Lune et le jeune croissant flirte avec la Voie lactée en début de nuit. Constellation de la Lune chaque jour à 0 h pour 45° de latitude nord et 0° de longitude : L-Vir, M-Vir, M-Vir, J-Lib, V-Lib, S-Sco, D-Oph.

26 00 **Début de l'an 5783 de l'ère judaïque** (calendrier juif). Dans ce calendrier, la valeur moyenne du mois est de 29,530 594 jours, c'est-à-dire pratiquement le temps de la lunaison. La durée moyenne de l'année est de 365,246 8 jours, très proche de la durée de révolution de la Terre autour du Soleil. Pour atteindre cette donnée, ce calendrier fait alterner des années de 12 mois – dites « communes » – et de 13 mois – dites « embolismiques » –, suivant un cycle de 19 ans. Les années communes peuvent durer 353, 354 ou 355 jours, et les années embolismiques 383, 384 ou 385 jours. Selon leur durée, les deux types d'années sont dites défectives, régulières ou abondantes. 5783 est une année commune abondante (355 jours). Le premier jour de l'an 1 – 1er Tishri, an 1 – correspond à la date de la création du monde selon la religion hébraïque, soit le 6 octobre 3760 avant notre ère. Si l'on ne s'éloigne pas trop de l'époque actuelle, on constate que le nouvel an juif tombe toujours en septembre ou en octobre de notre calendrier, au moment du coucher du Soleil. Le 1er Tishri 5784 se produira le 16 septembre 2023.

26 00 TSMG (voir p. 17) : 0 h 19 m 08 s.

26 02 **Jupiter** passe du nord au sud de l'équateur céleste.

26 02 **Plus petite distance entre la Terre et Jupiter** (périgée) : 3,95256 ua, soit 591 millions de kilomètres environ. C'est près de 9 millions de kilomètres plus proche que l'an dernier et le diamètre apparent de cette planète est donc plus grand que lors de sa précédente opposition : 49,8" au lieu de 49,1". Les conditions d'observation lors de son passage quotidien au méridien – à près de 45° de hauteur en France métropolitaine – sont meilleures qu'en 2021. **Il s'agit de la plus petite distance entre la Terre et Jupiter au cours du XXIe siècle.**

26 10 Le plus jeune croissant de la lunaison peut être observé avec un instrument optique à La Réunion et à Madagascar.

26 12 À midi, début du jour julien 2 459 849.

26 13 **Latitude nord maximale pour Vénus :** 3,4° (longitude héliocentrique : 166,6°).

26 17 **Conjonction géocentrique en longitude entre Mercure (Vir) et Vénus** à 17 h 59 m (séparation : 3,2°).

Observez le cratère Curtius le 3 septembre lorsque le Soleil se lève sur cette région lunaire et le 16 septembre lorsqu'il se couche.

Crédit : NASA's Scientific Visualization Studio

Visible uniquement dans le champ du coronographe LASCO C3 de la sonde *SOHO*.

26 19 **Opposition de Jupiter.** Longitude héliocentrique : 3° 42'. Déclinaison : - 0° 01'. Jupiter vient de rétrograder de la Baleine aux Poissons. Elle franchit le méridien à près de 45° de hauteur en France métropolitaine. Prochaine opposition le 3 novembre 2023.

27 17 Mardi (270-95). Ce soir au crépuscule, guettez un fin croissant lunaire de 3,8 %. À 18 h 10 m, il est âgé de 44 heures ; il se situe à 4° de hauteur et à 252° d'azimut, alors que le Soleil se situe à 5° sous l'horizon.

28 00 Mercredi (271-94). Période du maximum d'éclat de l'étoile variable R Vir (1233+07). R Vir est une variable de type Mira (variable à longue période) dont la magnitude oscille entre 6,1 et 12,1 ; sa période est de 145,63 jours.

28 06 Formations lunaires proches du terminateur dans la journée : Endymion, l'albatros (bordure ouest de la mer des Crises).

28 12 Le **Soleil** franchit le méridien à 43° de hauteur.

28 23 La Lune passe au nœud descendant à 23 h 42 m (longitude moyenne : 223,8°). Distance : 377 379 km.

29 06 Jeudi (272-93). Formation lunaire proche du terminateur dans la journée : Atlas.

30 00 Vendredi (273-92). **Callisto est en conjonction supérieure** à 2 h 48 m. Elle est observable à proximité apparente du pôle Nord jovien. Visible en Europe.

30 05 Formations lunaires proches du terminateur dans la journée : Fracastor, Piccolomini, Posidonius, Theophilus, Cyrillus et Catherina.

30 12 Mercure et Mars sont en conjonction héliocentrique.

30 21 **Conjonction géocentrique en longitude entre la Lune (Oph) et Antarès** à 21 h 29 m (séparation : 2,3°). Une heure après le coucher du Soleil, le petit point d'Antarès devrait déjà être visible à l'œil nu juste à côté du croissant, à plus de 5° de hauteur au-dessus de l'horizon sud-ouest.

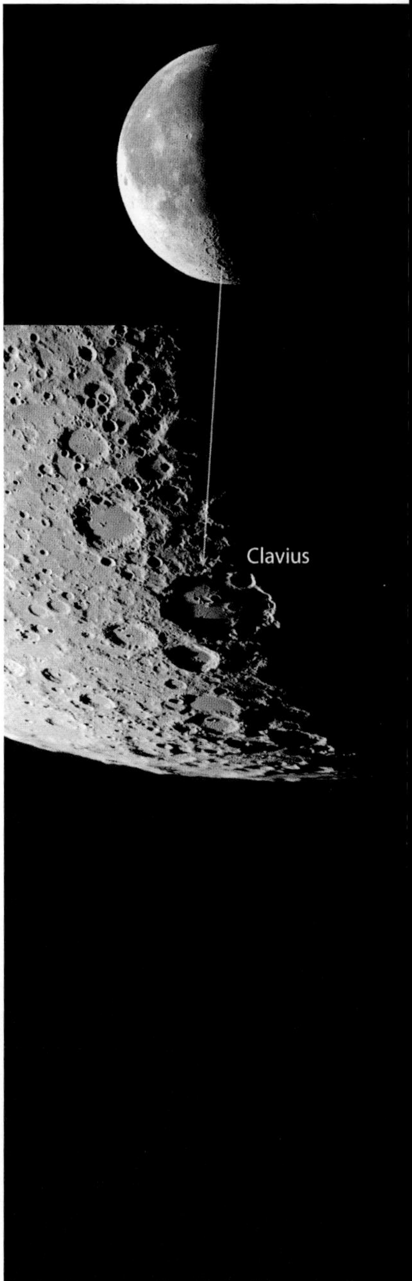

Le 19 septembre avant l'aube, des ombres splendides sont visibles sur l'arène de l'immense cratère Clavius, au sud de notre satellite naturel.
Crédit : NASA's Scientific Visualization Studio

SEPTEMBRE 2022 Le Soleil et les planètes

	JOUR	ASCENSION DROITE	DÉCLINAISON	CONSTELLATION	Ø APPARENT	ÉQUATION DU TEMPS	DISTANCE	DISTANCE LUMIÈRE	LEVER	MÉRIDIEN	HAUTEUR	COUCHER
		h m s	° ′ ″			m s	ua	m s	h m	h m		h m
Soleil	2	10 44 22	+ 7 59 49	Leo	31′ 42″	- 0 08	1,0092	8 24	05 23	12 00	53°	18 36
	6	10 58 49	+ 6 31 26	Leo	31′ 44″	- 1 27	1,0082	8 23	05 28	11 58	51°	18 28
	10	11 13 13	+ 5 01 23	Leo	31′ 46″	- 2 49	1,0071	8 23	05 33	11 57	50°	18 21
	14	11 27 34	+ 3 29 59	Leo	31′ 48″	- 4 14	1,0061	8 22	05 37	11 56	48°	18 13
	18	11 41 54	+ 1 57 32	Vir	31′ 50″	- 5 39	1,0050	8 22	05 42	11 54	47°	18 05
	22	11 56 15	+ 0 24 24	Vir	31′ 52″	- 7 05	1,0040	8 21	05 47	11 53	45°	17 58
	26	12 10 38	- 1 09 04	Vir	31′ 54″	- 8 29	1,0028	8 20	05 52	11 51	44°	17 50
	30	12 25 03	- 2 42 28	Vir	31′ 56″	- 9 50	1,0017	8 20	05 57	11 50	42°	17 43

	JOUR	ASCENSION DROITE	DÉCLINAISON	CONSTELLATION	MAGNITUDE	Ø APPARENT	ÉLONGATION	DISTANCE	FRACTION ÉCLAIRÉE	LEVER	MÉRIDIEN	HAUTEUR	COUCHER
		h m s	° ′ ″					ua		h m	h m		h m
Mercure	2	12 17 04	- 5 11 03	Vir	1,0	7,9	26,4° E	0,8485	44 %	07 50	13 32	40°	19 12
	6	12 24 03	- 6 31 25	Vir	1,3	8,5	24,7° E	0,7892	36 %	07 46	13 22	38°	18 58
	10	12 26 26	- 7 12 53	Vir	1,8	9,2	21,6° E	0,7333	27 %	07 35	13 08	38°	18 41
	14	12 23 16	- 7 02 26	Vir	2,5	9,8	17,0° E	0,6855	16 %	07 15	12 48	38°	18 23
	18	12 14 14	- 5 48 50	Vir	3,4	10,3	10,5° E	0,6532	7 %	06 44	12 23	39°	18 03
	22	12 00 53	- 3 34 47	Vir	4,0	10,4	2,6° E	0,6460	1 %	06 06	11 54	42°	17 43
	26	11 47 27	- 0 51 18	Vir	3,8	10	5,4° O	0,6728	2 %	05 26	11 25	44°	17 25
	30	11 39 24	+ 1 28 28	Vir	2,6	9,1	12,1° O	0,7362	12 %	04 54	11 02	47°	17 11
Vénus	2	9 54 53	+ 13 53 04	Leo	- 3,9	10,1	13,4° O	1,6601	97 %	04 10	11 11	59°	18 10
	6	10 14 03	+ 12 14 59	Leo	- 3,9	10,1	12,4° O	1,6694	98 %	04 21	11 14	57°	18 07
	10	10 32 59	+ 10 31 27	Leo	- 3,9	10	11,3° O	1,6778	98 %	04 31	11 17	55°	18 02
	14	10 51 43	+ 8 43 13	Leo	- 3,9	10	10,2° O	1,6854	98 %	04 42	11 20	54°	17 58
	18	11 10 17	+ 6 51 01	Leo	- 3,9	9,9	9,2° O	1,6922	99 %	04 52	11 23	52°	17 53
	22	11 28 43	+ 4 55 36	Leo	- 3,9	9,9	8,1° O	1,6981	99 %	05 03	11 26	50°	17 47
	26	11 47 04	+ 2 57 46	Vir	- 3,9	9,9	7,0° O	1,7032	99 %	05 13	11 28	48°	17 42
	30	12 05 21	+ 0 58 17	Vir	- 3,9	9,9	6,0° O	1,7075	99 %	05 24	11 31	46°	17 37
Mars	6	4 30 46	+ 20 37 09	Tau	- 0,4	10,1	94,2° O	0,9298	85 %	21 56	05 30	66°	13 02
	14	4 47 20	+ 21 18 57	Tau	- 0,5	10,6	98,1° O	0,8833	86 %	21 38	05 15	66°	12 50
	22	5 02 23	+ 21 53 31	Tau	- 0,6	11,2	102,3° O	0,8365	87 %	21 18	04 59	67°	12 37
	30	5 15 33	+ 22 22 15	Tau	- 0,8	11,9	107,1° O	0,7898	88 %	20 57	04 40	67°	12 21
Jupiter	6	0 25 47	+ 1 03 21	Psc	- 2,9	49,1	157,1° O	4,0126	100 %	19 15	01 25	46°	07 32
	14	0 22 18	+ 0 39 36	Psc	- 2,9	49,5	165,8° O	3,9746	100 %	18 41	00 50	46°	06 55
	22	0 18 30	+ 0 14 19	Psc	- 2,9	49,8	174,6° O	3,9551	100 %	18 08	00 15	45°	06 18
	30	0 14 34	- 0 11 19	Psc	- 2,9	49,8	176,4° E	3,9548	100 %	17 34	23 35	45°	05 41
Saturne	6	21 32 33	- 15 58 19	Cap	0,3	18,5	156,9° E	8,9294	100 %	17 32	22 28	29°	03 29
	14	21 30 36	- 16 07 49	Cap	0,4	18,4	148,6° E	8,9898	100 %	17 00	21 55	29°	02 55
	22	21 28 54	- 16 15 50	Cap	0,4	18,2	140,4° E	9,0665	100 %	16 27	21 22	29°	02 21
	30	21 27 32	- 16 22 08	Cap	0,5	18,1	132,2° E	9,1579	100 %	15 55	20 49	29°	01 48
Uranus	6	3 06 02	+ 17 04 26	Ari	5,7	3,6	114,5° O	19,2470	100 %	20 47	04 05	62°	11 19
	18	3 05 18	+ 17 01 23	Ari	5,7	3,7	126,4° O	19,0720	100 %	20 00	03 17	62°	10 31
	30	3 04 10	+ 16 56 36	Ari	5,7	3,7	138,4° O	18,9230	100 %	19 12	02 29	62°	09 42
Neptune	6	23 41 07	- 3 22 31	Aqr	7,8	2,3	169,1° O	28,9250	100 %	18 48	00 41	42°	06 29
	18	23 39 54	- 3 30 28	Aqr	7,8	2,3	178,9° E	28,9100	100 %	18 00	23 48	41°	05 41
	30	23 38 42	- 3 38 17	Aqr	7,8	2,3	166,8° E	28,9380	100 %	17 12	23 00	41°	04 52

Les éphémérides du Soleil, des planètes et de la Lune proposées sur ces deux pages sont calculées à 0 h TU pour une latitude de 45° nord et une longitude de 0°.

La Lune

	JOUR	ASCENSION DROITE	DÉCLINAISON	CONSTELLATION	Ø APPARENT	PARALLAXE HORIZONTALE	FRACTION ÉCLAIRÉE	JOUR	ÉLONGATION	DISTANCE	LEVER	MÉRIDIEN	HAUTEUR	COUCHER
		h m s	° ′ ″							km	h m	h m		h m
J 1	244	14 07 32	- 11 47 29	Vir	31′ 17″	57′ 25″	21 %	4,7	55° E	381 872	10 h 47	15 h 58	29°	20 h 58
V 2	245	14 58 34	- 17 05 15	Lib	31′ 35″	57′ 58″	31 %	5,7	67° E	378 314	12 h 03	16 h 49	24°	21 h 27
S 3	246	15 53 18	- 21 36 55	Sco	31′ 53″	58′ 30″	41 %	6,7	80° E	374 821	13 h 20	17 h 45	20°	22 h 04
D 4	247	16 52 07	- 25 00 39	Sco	32′ 10″	59′ 01″	52 %	7,7	93° E	371 519	14 h 35	18 h 45	17°	22 h 53
L 5	248	17 54 34	- 26 54 53	Sgr	32′ 25″	59′ 29″	64 %	8,7	106° E	368 595	15 h 43	19 h 48	17°	23 h 55
M 6	249	18 59 07	- 27 03 19	Sgr	32′ 37″	59′ 52″	74 %	9,7	119° E	366 284	16 h 39	20 h 52	18°	
M 7	250	20 03 33	- 25 20 39	Sgr	32′ 45″	60′ 06″	84 %	10,7	133° E	364 848	17 h 24	21 h 53	22°	1 h 09
J 8	251	21 05 44	- 21 55 20	Cap	32′ 47″	60′ 09″	92 %	11,7	147° E	364 528	17 h 58	22 h 50	27°	2 h 30
V 9	252	22 04 27	- 17 07 13	Aqr	32′ 42″	59′ 59″	97 %	12,7	160° E	365 494	18 h 25	23 h 43	33°	3 h 52
S 10	253	22 59 30	- 11 21 58	Aqr	32′ 29″	59′ 37″	100 %	13,7	174° E	367 797	18 h 48			5 h 12
D 11	254	23 51 28	- 5 06 00	Aqr	32′ 11″	59′ 03″	99 %	14,7	173° O	371 341	19 h 09	0 h 33	39°	6 h 30
L 12	255	0 41 16	1 16 45	Cet	31′ 47″	58′ 20″	97 %	15,7	159° O	375 888	19 h 29	1 h 20	46°	7 h 44
M 13	256	1 29 58	7 26 04	Psc	31′ 21″	57′ 32″	92 %	16,7	147° O	381 088	19 h 50	2 h 06	52°	8 h 57
M 14	257	2 18 30	13 05 23	Ari	30′ 55″	56′ 44″	85 %	17,7	134° O	386 528	20 h 13	2 h 52	58°	10 h 08
J 15	258	3 07 39	18 01 11	Ari	30′ 30″	55′ 58″	77 %	18,7	122° O	391 781	20 h 39	3 h 39	63°	11 h 18
V 16	259	3 57 57	22 02 21	Tau	30′ 08″	55′ 18″	68 %	19,7	111° O	396 458	21 h 11	4 h 27	67°	12 h 26
S 17	260	4 49 34	24 59 49	Tau	29′ 51″	54′ 47″	58 %	20,7	100° O	400 242	21 h 50	5 h 17	70°	13 h 30
D 18	261	5 42 18	26 46 42	Tau	29′ 39″	54′ 25″	49 %	21,7	88° O	402 904	22 h 37	6 h 07	72°	14 h 28
L 19	262	6 35 34	27 18 53	Gem	29′ 33″	54′ 14″	39 %	22,7	78° O	404 319	23 h 33	6 h 58	72°	15 h 17
M 20	263	7 28 35	26 35 35	Gem	29′ 33″	54′ 13″	30 %	23,7	67° O	404 464		7 h 49	71°	15 h 58
M 21	264	8 20 36	24 39 37	Cnc	29′ 37″	54′ 21″	22 %	24,7	56° O	403 410	0 h 34	8 h 38	68°	16 h 32
J 22	265	9 11 05	21 36 56	Cnc	29′ 47″	54′ 38″	15 %	25,7	45° O	401 312	1 h 39	9 h 26	65°	16 h 59
V 23	266	9 59 53	17 35 51	Leo	30′ 00″	55′ 02″	8 %	26,7	33° O	398 388	2 h 47	10 h 11	60°	17 h 22
S 24	267	10 47 13	12 46 24	Leo	30′ 16″	55′ 32″	4 %	27,7	22° O	394 894	3 h 55	10 h 55	55°	17 h 42
D 25	268	11 33 36	7 19 49	Leo	30′ 33″	56′ 04″	1 %	28,7	11° O	391 102	5 h 03	11 h 39	49°	18 h 01
L 26	269	12 19 45	1 28 35	Vir	30′ 51″	56′ 37″	0 %	0,1	1° E	387 267	6 h 13	12 h 23	43°	18 h 20
M 27	270	13 06 33	- 4 33 15	Vir	31′ 09″	57′ 10″	1 %	1,1	13° E	383 602	7 h 23	13 h 08	36°	18 h 40
M 28	271	13 54 59	- 10 29 43	Vir	31′ 25″	57′ 40″	5 %	2,1	26° E	380 265	8 h 37	13 h 55	30°	19 h 02
J 29	272	14 45 59	- 16 02 33	Lib	31′ 40″	58′ 07″	11 %	3,1	38° E	377 345	9 h 53	14 h 46	25°	19 h 29
V 30	273	15 40 24	- 20 51 13	Lib	31′ 52″	58′ 30″	18 %	4,1	51° E	374 878	11 h 10	15 h 40	21°	20 h 04

La Lune des spécialistes

	Libration		Angle de position	
	l	b	axe	phase
1	- 5,3°	- 1,4°	18,2°	289,6°
2	- 5,1°	0,2°	14,9°	287,0°
3	- 4,7°	1,7°	10,6°	282,7°
4	- 4,1°	3,2°	5,3°	276,8°
5	- 3,1°	4,5°	359,4°	269,7°
6	- 1,9°	5,6°	353,3°	261,6°
7	- 0,5°	6,3°	347,7°	253,3°
8	1,1°	6,6°	343,1°	244,6°
9	2,7°	6,5°	339,8°	234,0°
10	4,1°	5,9°	338,0°	205,9°
11	5,2°	5,0°	337,5°	97,5°
12	6,0°	3,8°	338,2°	76,4°
13	6,4°	2,4°	339,9°	72,3°
14	6,4°	1,0°	342,4°	72,3°
15	5,9°	- 0,5°	345,8°	74,5°
16	5,1°	- 2,0°	349,8°	78,2°
17	4,1°	- 3,3°	354,5°	83,0°
18	2,9°	- 4,4°	359,4°	88,6°
19	1,6°	- 5,4°	4,5°	94,6°
20	0,3°	- 6,1°	9,3°	100,7°
21	- 1,0°	- 6,5°	13,7°	106,5°
22	- 2,1°	- 6,7°	17,3°	111,9°
23	- 3,0°	- 6,6°	19,9°	116,9°
24	- 3,7°	- 6,1°	21,7°	122,2°
25	- 4,2°	- 5,4°	22,4°	131,6°
26	- 4,5°	- 4,4°	22,2°	229,4°
27	- 4,5°	- 3,1°	21,1°	285,2°
28	- 4,4°	- 1,6°	18,9°	289,2°
29	- 4,1°	0,0°	15,8°	288,2°
30	- 3,6°	1,6°	11,7°	284,8°

Phases et distances

Jour	Heure en TU	Distance en km	Ø apparent
3	PQ à 18 h 08 m	372 300	32,1′
10	PL à 9 h 59 m	369 131	32,4′
17	DQ à 21 h 52 m	402 717	29,7′
25	NL à 21 h 55 m	387 596	30,8′
7	Périgée à 18 h 19 m	364 492	32,8′
19	Apogée à 14 h 43 m	404 556	29,5′

Reportez-vous pages 7 à 15 pour trouver des renseignements détaillés sur l'utilisation de ces différentes informations.
Consultez les tableaux de corrections horaires (pages 340 et 341) pour adapter les heures de lever, de passage au méridien et de coucher en fonction de votre lieu d'observation.

OCTOBRE 2022

1re quinzaine vers 22 h TU - 2e quinzaine vers 21 h TU

Pour	Utilisez la carte de
17-18 h	août
19-20 h	septembre
23-0 h	novembre
1-2 h	décembre
3-4 h	janvier
5-6 h	février

Vous pouvez également utiliser cette carte en :
novembre vers 19-20 h
décembre vers 17-18 h
juin vers 5-6 h
juillet vers 3-4 h
août vers 1-2 h
septembre vers 23-0 h
(valable uniquement pour les étoiles)

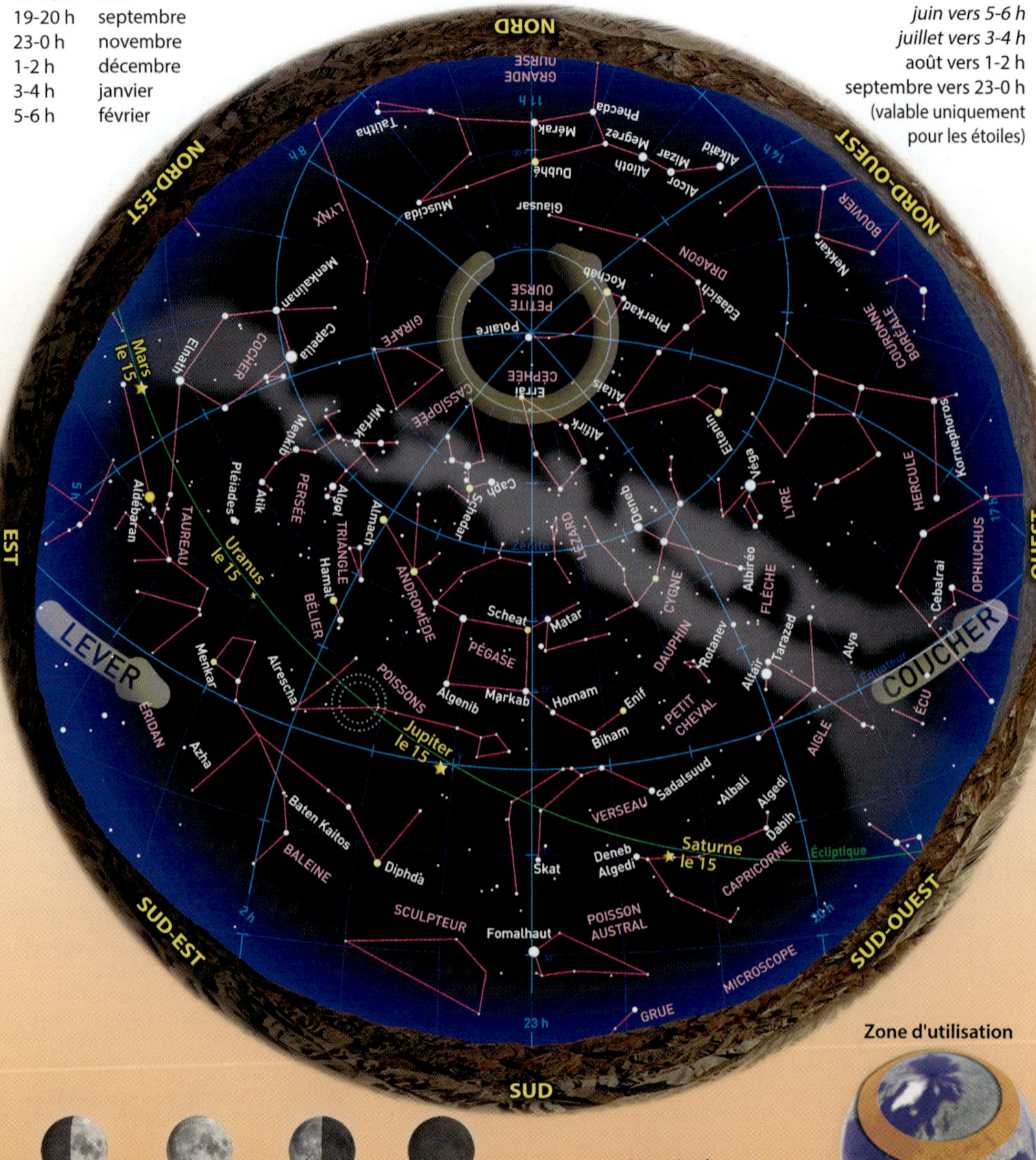

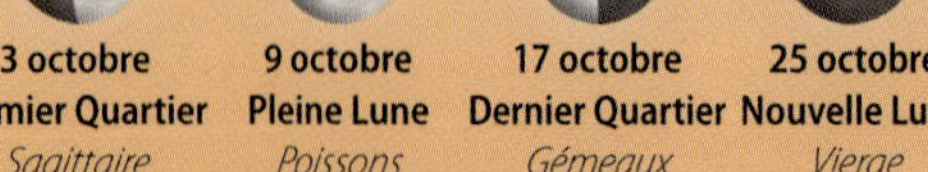

3 octobre	9 octobre	17 octobre	25 octobre
Premier Quartier	**Pleine Lune**	**Dernier Quartier**	**Nouvelle Lune**
Sagittaire	*Poissons*	*Gémeaux*	*Vierge*

Magnitudes
-1 0 1 2 3 4 4,5 et +

Zone d'utilisation

38° à 52° nord

À L'ORÉE DE L'AUBE EN OCTOBRE 2022

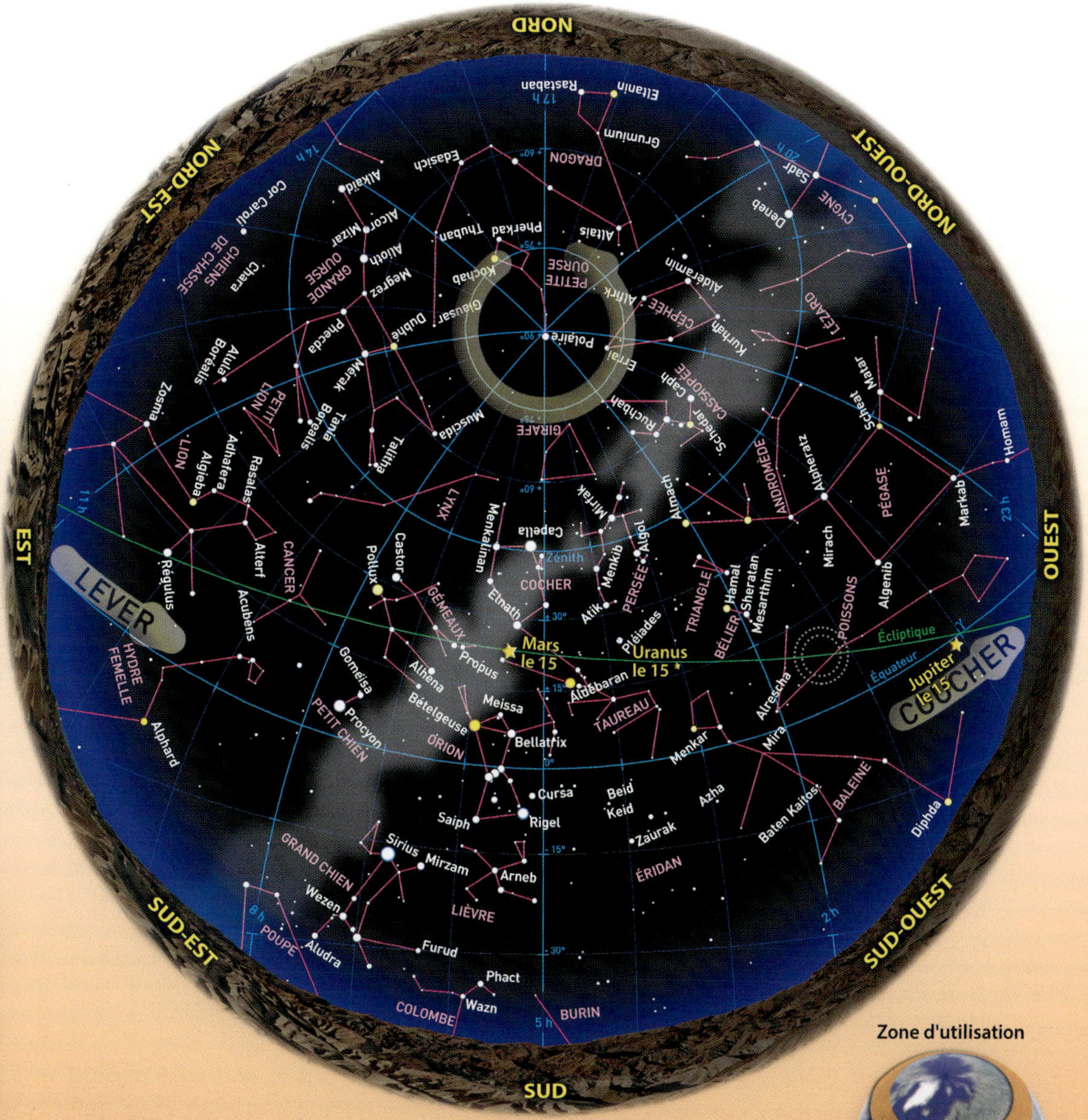

Zone d'utilisation

38° à 52° nord

Vous trouverez des conseils pour l'utilisation de ces cartes en début d'ouvrage.

OCTOBRE 2022

La Lune et les planètes

Mercure

Nord. Tout se conjugue pour que cette apparition matinale de Mercure soit la meilleure de l'année. L'orientation de l'écliptique est favorable et la planète passe au nord de cette ligne le 2 octobre avant d'atteindre son élongation maximale le 8 à 18° du Soleil. Sa magnitude est alors proche de zéro et elle croît rapidement dans les jours qui suivent. Le 10, elle se lève près d'une heure et demie avant le Soleil et brille superbement à plus de 5° de hauteur au-dessus de l'horizon est durant le crépuscule nautique. Elle reste une cible facile à l'œil nu puis aux jumelles jusqu'à son voisinage lunaire du 24.
Tropiques. Les conditions d'observation sont parfaites sous le tropique du Cancer et un peu moins bonnes qu'en Europe sous celui du Capricorne.

Vénus

Nord et tropiques. Les premiers matins du mois, avec une atmosphère parfaitement limpide et un instrument, vous pouvez tenter de surprendre son éclat vacillant au ras de l'horizon est-nord-est quelques minutes avant le lever du Soleil, mais, à l'œil nu, il vaut mieux considérer que Vénus n'est pas observable en octobre. Elle est en conjonction supérieure le 22 et, aux latitudes européennes, son retour dans le ciel du soir prendra plusieurs semaines.

Mars

Nord. Elle est dans le Taureau et son élongation solaire passe de 108° à 132°. Le 1er, elle se lève à l'est-nord-est un peu plus d'une heure et demie après la fin du crépuscule astronomique et, le 31, elle apparaît seulement quarante-cinq minutes après. Avec un éclat qui dépasse la magnitude - 1 et un diamètre apparent de plus de 14", cette planète devient le rendez-vous obligé des observateurs au cœur des nuits d'automne. Le 30, elle brille entre les cornes du Taureau, pas très loin de la nébuleuse du Crabe (Messier 1), et commence sa période de rétrogradation qui va durer jusqu'au 12 janvier 2023, soit 75 jours, et s'étendre sur 19,2° d'ascension droite.
Tropiques. Les conditions d'observation sont excellentes.

Jupiter

Nord et tropiques. Elle poursuit sa rétrogradation dans les Poissons après son opposition du 26 septembre et reste observable dans de très belles conditions. Sa magnitude repasse sous - 2,9 en fin de mois et son diamètre apparent équatorial diminue un peu lui aussi (47,8" le 30), mais Jupiter reste une cible très attractive lors des longues nuits automnales. À la mi-octobre, elle surplombe l'horizon sud-est d'une vingtaine de degrés à la fin du crépuscule en Europe, l'horizon est-sud-est de plus de 30° sous le tropique du Cancer, et l'horizon est d'une quarantaine de degrés sous celui du Capricorne. Le 26 en début de nuit (en Europe), Callisto est la seule des quatre lunes galiléennes à être visible à côté du disque jovien.

Saturne

Nord. Toujours dans le Capricorne, elle est stationnaire le 23 et reprend sa course normale vers l'est de l'écliptique jusqu'au début de sa prochaine rétrogradation, le 17 juin 2023. Le 15, elle brille à plus de 25° de hauteur au-dessus de l'horizon sud-sud-est à la fin du crépuscule astronomique et nous disposons encore de trois bonnes heures pour l'observer aux instruments dans de bonnes conditions de turbulence. L'éclat de Saturne poursuit sa décrue (magnitude 0,6 le 30) et son diamètre apparent est de 17,2" pour le disque et de 39" pour les anneaux. Titan, la plus grosse lune de Saturne, est plus grande que Mercure et son éclat se distingue sans peine avec une petite lunette et un grossissement d'une trentaine de fois ; le schéma mensuel des satellites de Saturne vous permet de déterminer sa position quotidienne, ainsi que celles des principales lunes de cette planète géante.
Tropiques. Conditions d'observation excellentes.

Mi-octobre, Uranus (Bélier) se lève durant le crépuscule et franchit le méridien à plus de 60° de hauteur en seconde partie de nuit. Elle est visible à l'œil nu (magnitude 5,7) dans un ciel suffisamment sombre (carte de repérage p. 52). Neptune (Verseau) est au méridien vers minuit à plus de 40° de hauteur ; un instrument est indispensable pour la repérer (carte p. 53).

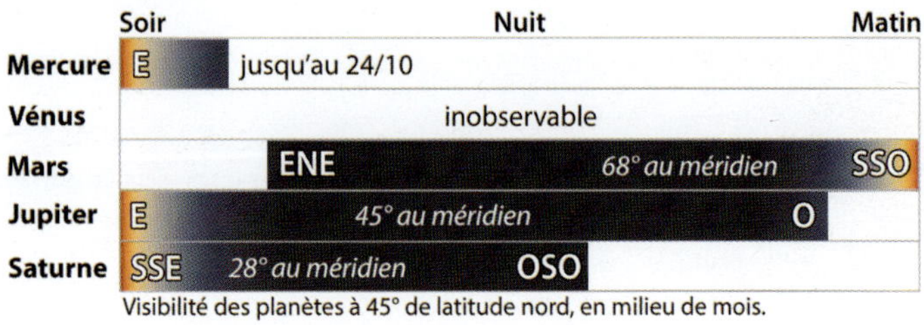

Visibilité des planètes à 45° de latitude nord, en milieu de mois.

Planétaire

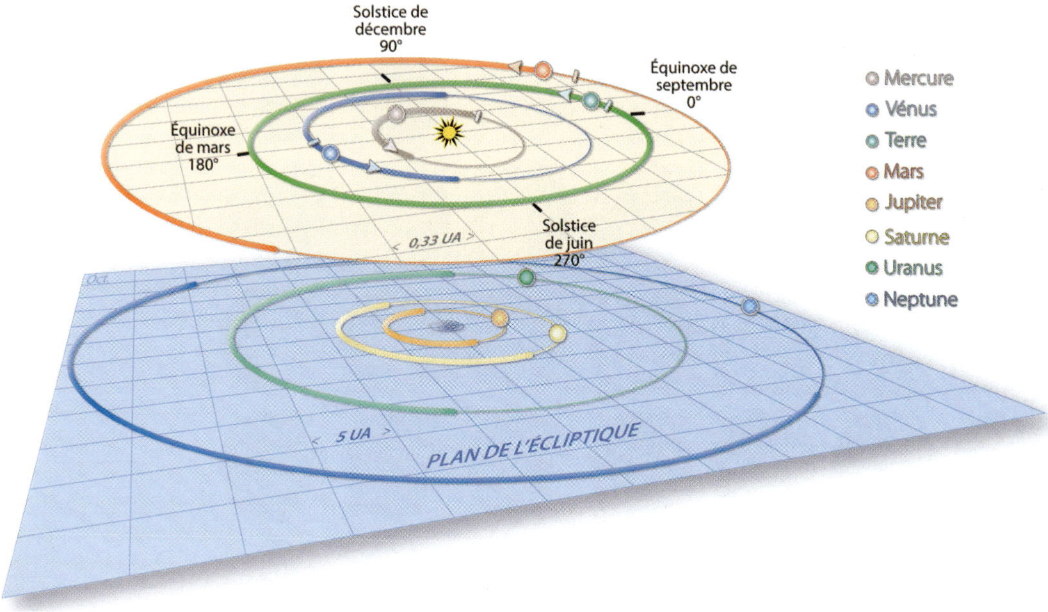

Vous trouverez en pages 67 et 69 des explications complètes sur ces deux schémas.

Le calendrier lunaire

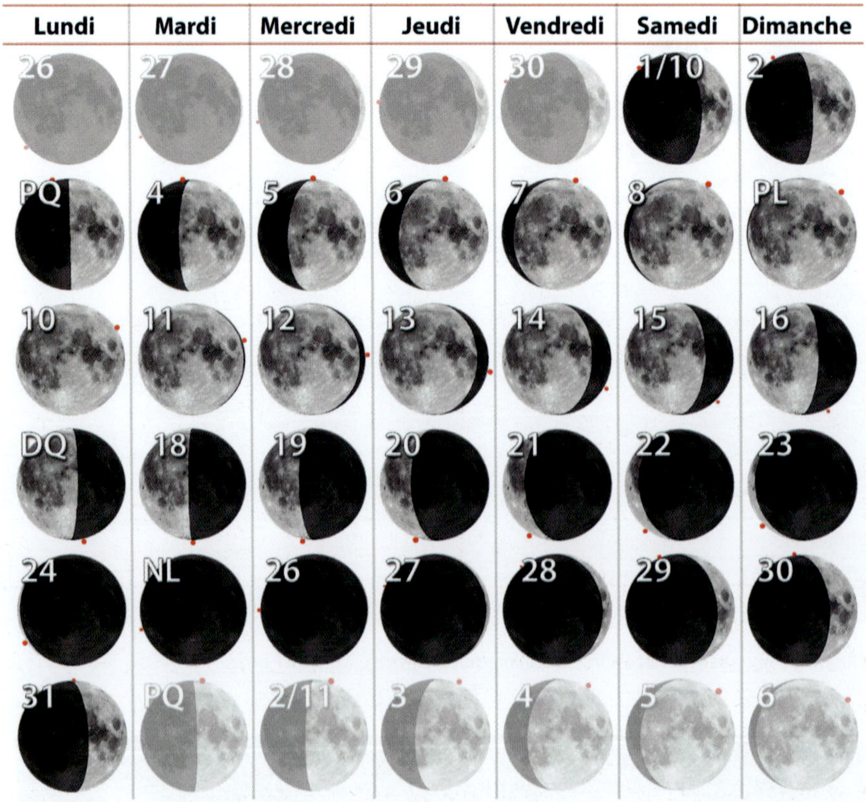

	Longitude du terminateur	
	Soleil levant	Soleil couchant
1er/10	337°	
2	349°	
3	1°	
4	13°	
5	25°	
6	38°	
7	50°	
8	62°	
9	74°	
10	86°	
11		98°
12		111°
13		123°
14		135°
15		147°
16		159°
17		171°
18		184°
19		196°
20		208°
21		220°
22		232°
23		245°
24		257°
25		269°
26	281°	
27	293°	
28	306°	
29	318°	
30	330°	
31	342°	

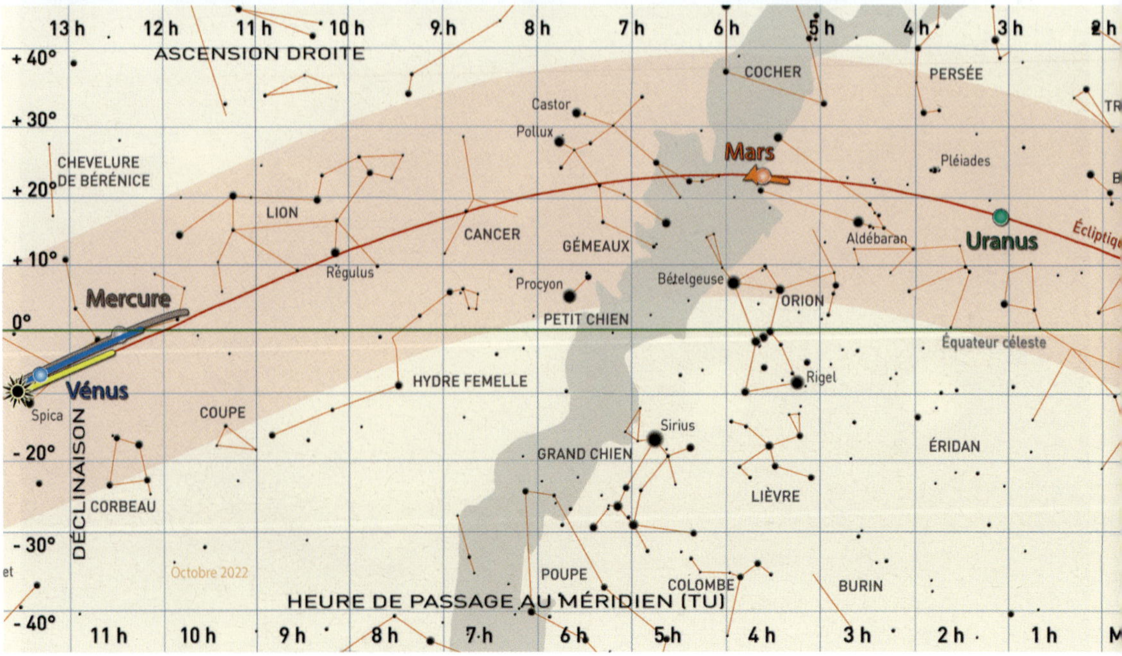

Hauteur mensuelle de la Lune

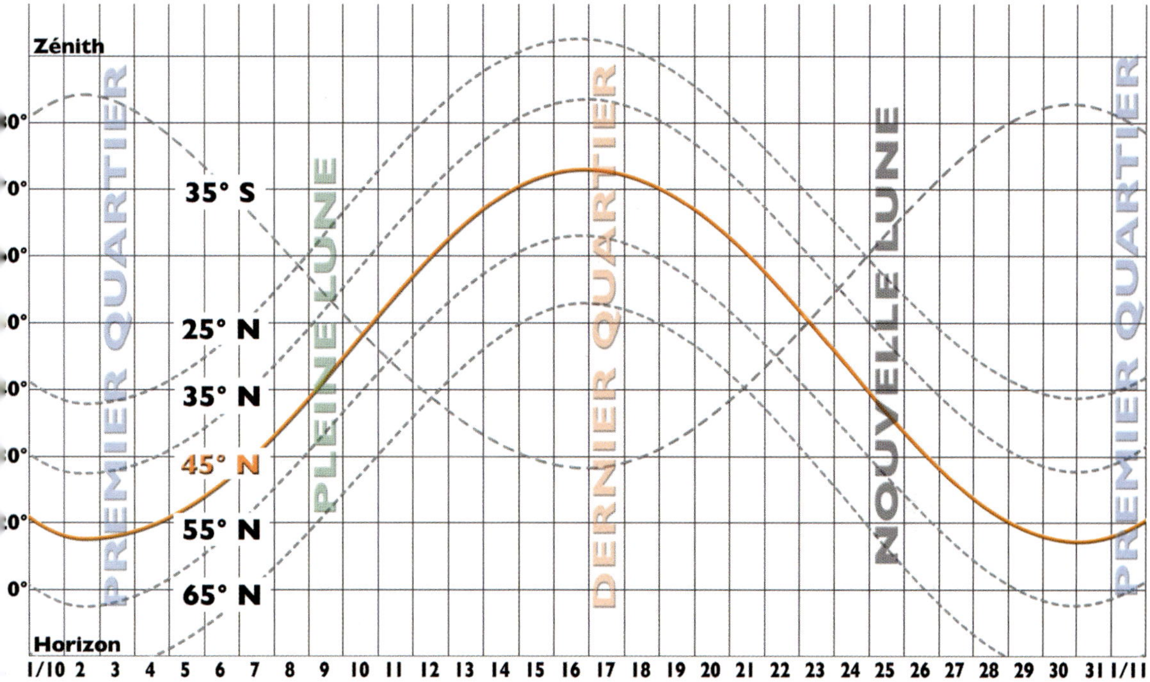

Le 1er octobre à 0 h TU, la Lune est âgée de 5,1 jours.

La Lune atteint sa plus grande déclinaison vers le nord le 16 (27,4°) et sa plus grande déclinaison vers le sud le 3 (- 27,4°) et le 30 (- 27,5°).

Vous trouverez en pages 35, 69, 70 et 71 des explications complètes sur ces trois schémas et ce tableau.

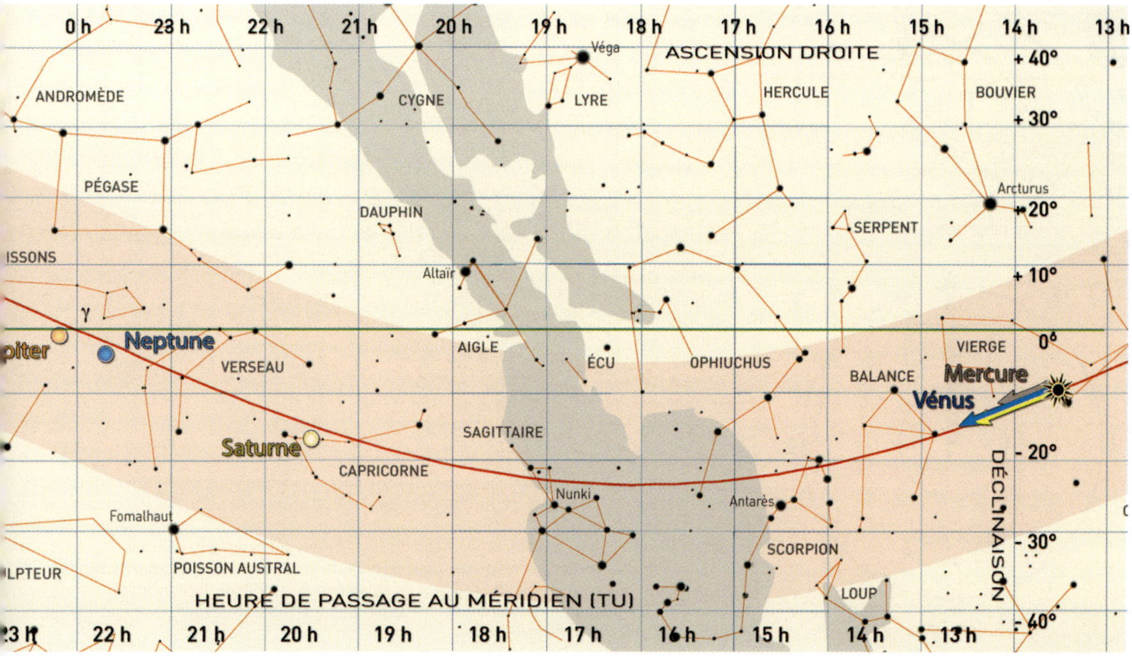

OCTOBRE 2022

Satellites de Jupiter

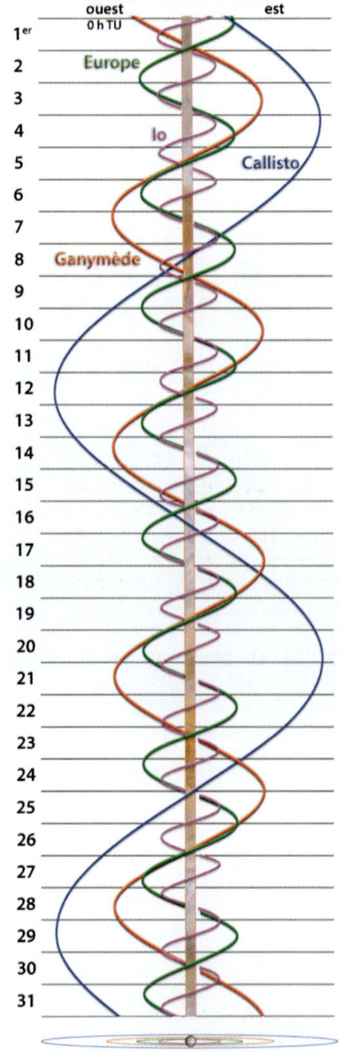

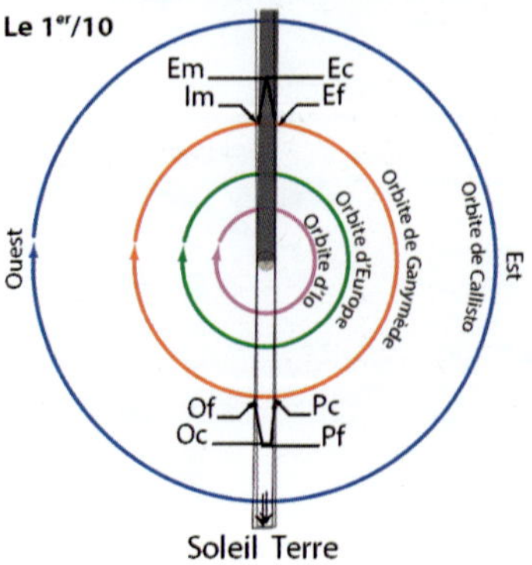

Passages de la tache rouge de Jupiter au méridien central

1er/10 : 4 h 03 ; 13 h 59 ; 23 h 54.
2 : 9 h 50 ; 19 h 45.
3 : 5 h 44 ; 15 h 39.
4 : 1 h 35 ; 11 h 31 ; 21 h 26.
5 : 7 h 22 ; 17 h 17.
6 : 3 h 13 ; 13 h 09 ; 23 h 04.
7 : 8 h 59 ; 18 h 55.
8 : 4 h 51 ; 14 h 47.
9 : 0 h 42 ; 10 h 38 ; 20 h 33.
10 : 6 h 29 ; 16 h 25.
11 : 2 h 20 ; 12 h 16 ; 22 h 12.
12 : 8 h 07 ; 18 h 03.
13 : 3 h 58 ; 13 h 54 ; 23 h 50.
14 : 9 h 45 ; 19 h 41.
15 : 5 h 36 ; 15 h 32.
16 : 1 h 28 ; 11 h 23 ; 21 h 19.
17 : 7 h 14 ; 17 h 10.
18 : 3 h 06 ; 13 h 01 ; 22 h 57.
19 : 8 h 53 ; 18 h 48.
20 : 4 h 44 ; 14 h 40.
21 : 0 h 35 ; 10 h 31 ; 20 h 26.
22 : 6 h 22 ; 16 h 18.
23 : 2 h 13 ; 12 h 09 ; 22 h 05.
24 : 8 h 00 ; 17 h 56.
25 : 3 h 52 ; 13 h 47 ; 23 h 43.
26 : 9 h 39 ; 19 h 34.
27 : 5 h 30 ; 15 h 26.
28 : 1 h 21 ; 11 h 17 ; 21 h 12.
29 : 7 h 08 ; 17 h 04.
30 : 2 h 59 ; 12 h 55 ; 22 h 51.
31 : 8 h 46 ; 18 h 42.

Longitude estimée du centre de la tache rouge en début de mois : 26,5°.

Phénomènes des satellites de Jupiter

	Heure	Sat.	Phé.												
					20h55	Gan.	Im**		6h32	Eur.	Of		6h18	Io	Of
1er/10	3h43	Io	Pc**	9	0h49	Eur.	Pc**		7h09	Io	Ef		23h47	Eur.	Im**
	3h49	Io	Oc**		0h57	Gan.	Ef**		17h04	Cal.	Cs	25	0h06	Cal.	Ci**
	5h55	Io	Pf		1h25	Eur.	Oc**	17	1h38	Io	Pc**		0h38	Io	Im**
	6h03	Io	Of		2h42	Io	Im**		2h09	Io	Oc**		3h32	Io	Ef
	17h40	Gan.	Im		3h16	Eur.	Pf**		3h51	Io	Pf**		3h46	Eur.	Ef
	20h56	Gan.	Ef**		3h57	Eur.	Of**		4h23	Io	Of		21h50	Io	Pc**
	22h36	Eur.	Pc**		5h14	Io	Ef		21h30	Eur.	Im**		22h34	Io	Oc**
	22h50	Eur.	Oc**		23h53	Io	Pc**		22h53	Io	Im**	26	0h03	Io	Pf**
2	0h59	Io	Im**	10	0h13	Io	Oc**	18	1h07	Eur.	Ef**		0h47	Io	Of**
	1h02	Eur.	Pf**		2h06	Io	Pf**		1h38	Io	Ef**		17h20	Gan.	Pc
	1h22	Eur.	Of**		2h27	Io	Of**		20h04	Io	Pc**		18h27	Eur.	Pc**
	3h19	Io	Ef**		19h13	Eur.	Im**		20h38	Io	Oc**		19h04	Io	Im**
	22h09	Io	Pc**		21h08	Io	Im**		22h17	Io	Pf**		19h55	Eur.	Oc**
	22h18	Io	Oc**		22h30	Eur.	Ef**		22h52	Io	Of**		20h04	Gan.	Pf**
3	0h21	Io	Pf**		23h42	Io	Ef**	19	13h58	Gan.	Pc		20h20	Gan.	Oc**
	0h32	Io	Of**	11	18h19	Io	Pc**		16h11	Eur.	Pc		20h55	Eur.	Pf**
	16h58	Eur.	Im		18h42	Io	Oc**		16h17	Gan.	Oc		22h01	Io	Ef**
	19h25	Io	Im**		20h32	Io	Pf**		16h39	Gan.	Pf		22h25	Eur.	Of**
	19h51	Eur.	Ef**		20h56	Io	Of**		17h19	Io	Im		23h07	Gan.	Of**
	21h48	Io	Ef**	12	10h40	Gan.	Pc		17h19	Eur.	Oc	27	16h17	Io	Pc
4	16h35	Io	Pc		12h14	Gan.	Oc		18h39	Eur.	Pf**		17h03	Io	Oc
	16h47	Io	Oc		13h17	Gan.	Pf		19h06	Gan.	Of**		18h30	Io	Pf**
	18h48	Io	Pf**		13h56	Eur.	Pc		19h50	Eur.	Of**		19h16	Io	Of**
	19h01	Io	Of**		14h43	Eur.	Oc		20h06	Io	Ef**	28	12h58	Eur.	Im
5	7h23	Gan.	Pc		15h03	Gan.	Of	20	14h30	Io	Pc		13h30	Io	Im
	8h11	Gan.	Oc		15h34	Io	Im		15h07	Io	Oc		16h30	Io	Ef
	9h59	Gan.	Pf		16h23	Eur.	Pf		16h43	Io	Pf		17h06	Eur.	Ef
	11h02	Gan.	Of		17h14	Eur.	Of		17h21	Io	Of	29	10h43	Io	Pc
	11h42	Eur.	Pc		18h11	Io	Ef**	21	10h39	Eur.	Im		11h32	Io	Oc
	12h08	Eur.	Oc	13	12h45	Io	Pc		11h45	Io	Im		12h57	Io	Pf
	13h51	Io	Im		13h12	Io	Oc		14h27	Eur.	Ef		13h46	Io	Of
	14h09	Eur.	Pf		14h58	Io	Pf		14h35	Io	Ef	30	6h54	Gan.	Im
	14h40	Eur.	Of		15h25	Io	Of	22	8h57	Io	Pc		7h35	Eur.	Pc
	16h17	Io	Ef	14	8h22	Eur.	Im		9h36	Io	Oc		7h57	Io	Im
6	11h01	Io	Pc		10h00	Io	Im		11h10	Io	Pf		9h13	Eur.	Oc
	11h16	Io	Oc		11h49	Eur.	Ef		11h50	Io	Of		9h40	Gan.	Em
	13h14	Io	Pf		12h40	Io	Ef	23	3h31	Gan.	Im**		10h05	Eur.	Pf
	13h30	Io	Of	15	7h12	Io	Pc		5h19	Eur.	Pc		10h13	Gan.	Ec
7	6h05	Eur.	Im		7h40	Io	Oc		6h11	Io	Im		10h58	Io	Ef
	8h16	Io	Im		9h24	Io	Pf		6h36	Eur.	Oc		11h42	Eur.	Of
	9h10	Eur.	Ef		9h54	Io	Of		7h47	Eur.	Pf		12h59	Gan.	Ef
	10h46	Io	Ef	16	0h12	Gan.	Im**		8h58	Gan.	Ef	31	5h10	Io	Pc
8	5h27	Io	Pc		3h03	Eur.	Pc**		9h03	Io	Ef		6h00	Io	Oc
	5h45	Io	Oc		4h01	Eur.	Oc**		9h07	Eur.	Of		7h23	Io	Pf
	7h40	Io	Pf		4h26	Io	Im	24	3h23	Io	Pc**		8h14	Io	Of
	7h58	Io	Of		4h57	Gan.	Ef		4h04	Io	Oc				
	9h41	Cal.	Ci		5h31	Eur.	Pf		5h37	Io	Pf				

Tous les phénomènes des satellites galiléens sont listés ci-dessus ; vous devez tenir compte des heures de lever et de coucher de Jupiter pour votre site d'observation afin de déterminer ceux que vous pourrez observer.
Pc et Pf = commencement et fin du passage du satellite devant le disque de Jupiter.
Oc et Of = commencement et fin du passage de l'ombre du satellite sur le disque de Jupiter.
Ec et Ef = commencement et fin de l'éclipse du satellite par l'ombre de Jupiter. Im et Em = immersion (disparition) et émersion (réapparition) du satellite derrière le disque jovien.
* Visible à 45° nord et 0° de longitude.

Satellites de Saturne

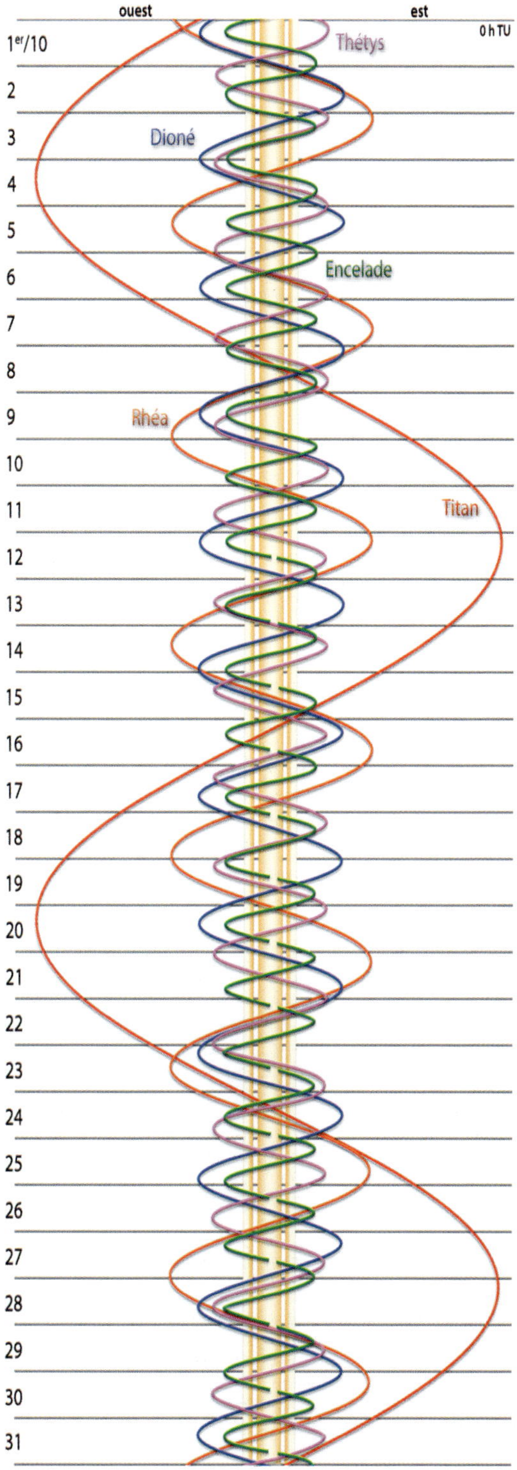

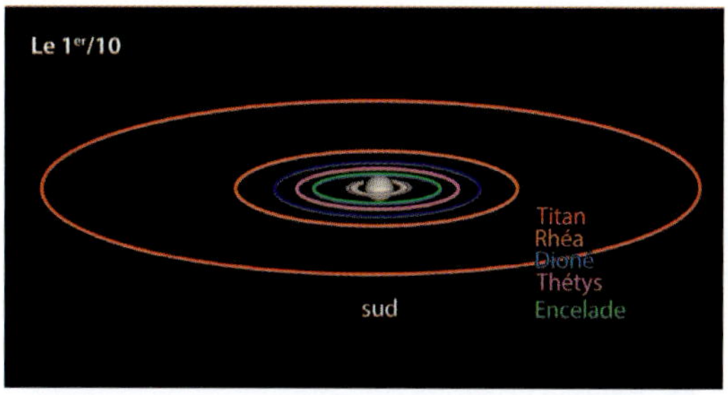

Les courbes ci-contre représentent les trajectoires apparentes des principales lunes de Saturne visibles dans les instruments d'amateur : Encelade est en vert, Téthys en cyan, Dioné en violet, Rhéa en orange et Titan en rouge. La triple bande centrale symbolise le disque et les anneaux de cette planète à la même échelle. La barre horizontale au-dessus de chaque date indique 0 h TU ce jour. Le nord est en haut, l'est à droite et l'ouest à gauche ; si vous ne savez plus comment est orienté le champ de votre instrument, lisez le petit texte d'explication de la page 67. Les satellites de Saturne tournent autour de leur planète dans le sens direct, c'est-à-dire dans le sens inverse des aiguilles d'une montre vu du nord. Ils passent donc entre la planète et nous dans le sens est-ouest et au-delà de la planète dans le sens ouest-est. Selon l'inclinaison du système de Saturne vu depuis la Terre (représentée ci-dessus), certaines des lunes peuvent alors être occultées ou éclipsées par le disque ou les anneaux de la planète. Le petit tableau ci-dessous donne la magnitude de ces lunes, plus Japet, dont l'orbite est trop grande pour être représentée (voir p. 294).

Satellites de Saturne en octobre 2022

	Mimas	Encelade	Téthys	Dioné	Rhéa	Titan	Japet
5	13,1	12,0	10,5	10,6	9,9	8,6	11,3
15	13,1	12,0	10,5	10,6	9,9	8,6	11,3
25	13,2	12,0	10,6	10,7	10	8,7	11,4

Dans le tableau suivant, la séparation en secondes d'arc est donnée avec un signe négatif pour les élongations à l'ouest. L'écart apparent entre Titan et Saturne reste important durant les nuits qui encadrent le jour de l'élongation maximale.

Élongations de Titan en octobre 2022

Date	Heure	Séparation en "
4	9 h 29	- 185
12	5 h 32	179
20	7 h 53	- 180
28	4 h 10	174

Diamètre apparent le 15 : 0,76'''

Les phénomènes astronomiques au jour le jour

À NE PAS MANQUER CE MOIS-CI !

Jusqu'au 24, Mercure à l'aube.
Le 2, X et V lunaires le soir.
Le 5, Saturne et la Lune le soir.
Le 8, Jupiter et la Lune le soir.
Nuit du 14 au 15, Mars et la Lune.
Après le 20, tentez de repérer le gegenschein.
Le 21, essaim des Orionides.
Après le 23, la lumière zodiacale à l'aube.
Le 25, éclipse partielle de Soleil.
Le 26, un seul satellite galiléen.

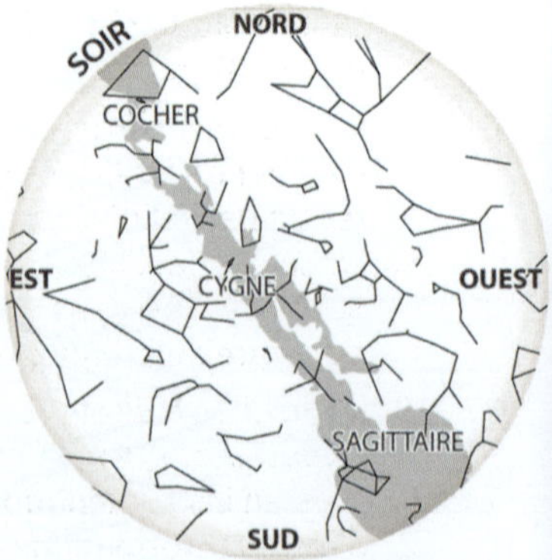

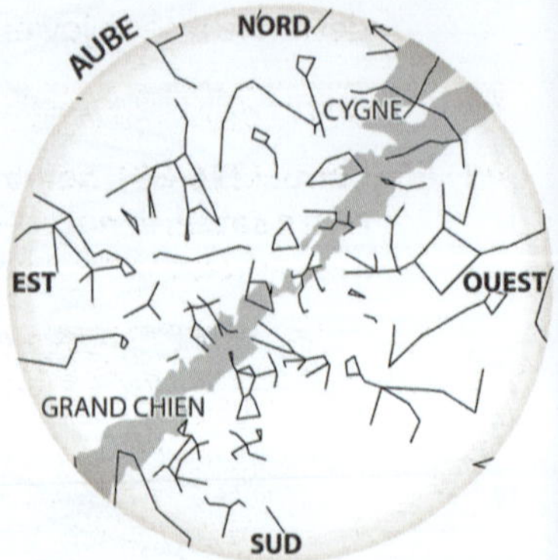

Orientation de la Voie lactée début octobre à la fin du crépuscule astronomique et à l'orée de l'aube.

JJ TU

01 04 Samedi (274-91). Heure de début et de fin du crépuscule astronomique à 45° de latitude nord et 0° de longitude : le 1er (4 h 20 m/19 h 18 m) ; le 15 (4 h 38 m/18 h 53 m). La durée du jour est de 11 heures et 43 minutes le 1er et de 10 heures et 13 minutes le 31 ; le dernier jour du mois, le Soleil se lève 39 minutes plus tard et se couche 51 minutes plus tôt que le premier. La durée du crépuscule astronomique reste proche de 98 minutes tout le mois.

01 04 Retournez vers Jupiter avec un instrument pour tenter de constater **le changement de côté de l'ombre d'Io** par rapport à la petite bille du satellite galiléen lors de son passage devant le disque jovien (voir le 18 septembre 2022).

01 04 **Maximum d'éclat de l'étoile variable Êta Aquilae** (Aigle) à 4 h. Il s'agit d'une étoile de type céphéide dont la magnitude passe de 3,5 à 4,4 au cours d'un cycle de 7,177 jours. Les autres maxima du mois se produisent le 8 à 8 h, le 15 à 12 h, le 22 à 17 h et le 29 à 21 h. Voir également le 7 février 2023.

01 12 À midi, début du jour julien 2 459 854.

01 15 Formations lunaires proches du terminateur dans la journée : Aristote et Eudoxe, Maurolycus.

01 19 L'étoile **Deneb** domine l'horizon sud-sud-est de 80° à la fin du crépuscule astronomique à 45° de latitude nord.

01 19 Le Soleil se lève sur la région de **Sacrobosco** (2-142) et, autour de 19 h 32 m, vous pouvez tenter d''observer avec un instrument une ou plusieurs raies lumineuses dans cette formation.

02 00 Dimanche. 275e jour de l'année ; il reste 90 jours jusqu'au 31 décembre.

02 00 **L'inclinaison apparente des anneaux de Saturne** passe de + 15,1° à + 15,3° au cours du mois.

02 05 **Mercure** passe au nœud ascendant de son orbite (longitude héliocentrique : 48,3°).

02 07 **Minimum d'éclat de l'étoile variable Algol de Persée** (Bêta Persei) à 7 h ; sa magnitude est proche de 3,3. Les autres minima du mois se produisent le 5 à 3 h, le 8 à 0 h, le 10 à 21 h, le 13 à 18 h, le 16 à 15 h, le 19 à 11 h, le 22 à 8 h, le 25 à 5 h, le 28 à 2 h et le 30 à 23 h.

02 09 **Mercure est stationnaire** en ascension droite et termine sa rétrogradation ; elle circulera vers l'est de l'écliptique durant 88 jours.

02 17 Pointez un instrument vers le quartier de Lune au coucher du Soleil pour tenter de voir le « **X lunaire** » révélé par le Soleil rasant à l'intersection des cratères La Caille, Blanchinus et Purbach, ainsi que le **V** lumineux qui se déploie dans le cratère Ukert, pratiquement au centre de la Lune. Voir le 6 juin 2022.

02 19 Le Soleil se lève sur la région de la **vallée des Alpes** (1-22) et, autour de 19 h 44 m, vous pouvez tenter d''observer avec un instrument une ou plusieurs raies lumineuses dans cette formation.

02 22 Tentez de saisir le petit point d'**Io à l'ouest de son ombre** devant le disque jovien.

40e SEMAINE

03 00 Lundi (276-89). Semaine de Pleine Lune, l'éclat de notre satellite naturel est donc puissant et, aux instruments, il faut se concentrer sur les amas

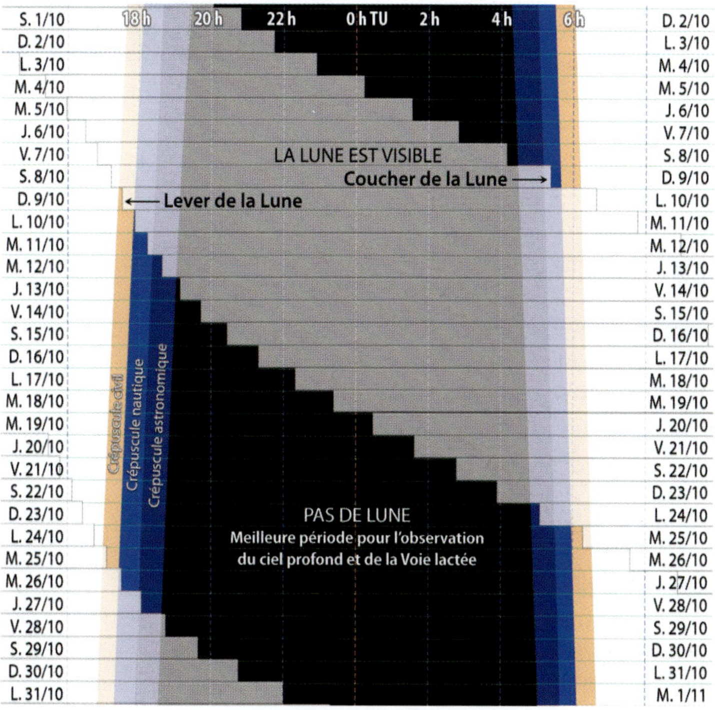

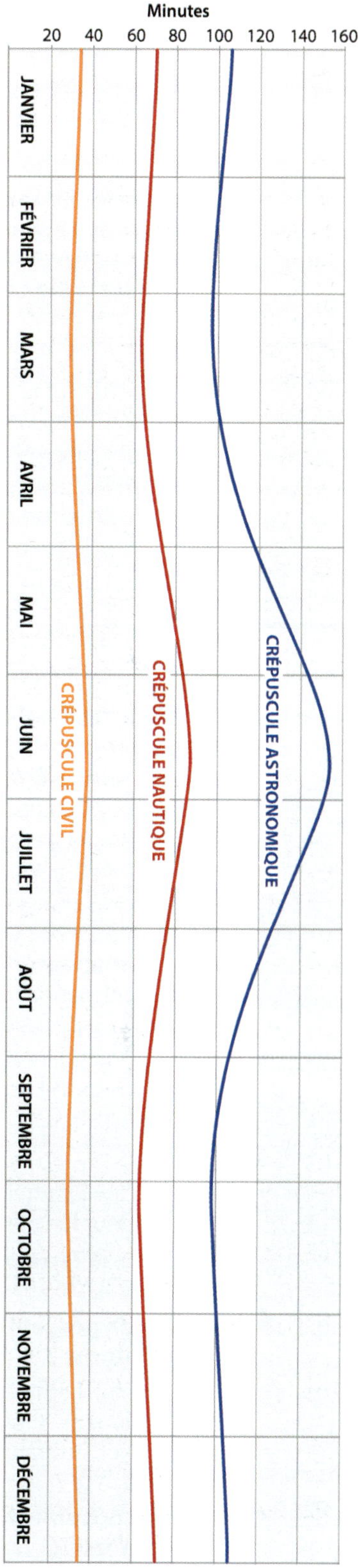

Durée des crépuscules en France métropolitaine.

Les phénomènes astronomiques au jour le jour

stellaires et les astres multiples plutôt que sur les nébuleuses et les galaxies. Constellation de la Lune chaque jour à 0 h pour 45° de latitude nord et 0° de longitude : L-Sgr, M-Sgr, M-Cap, J-Cap, V-Aqr, S-Aqr, D-Psc.

03 00 TSMG (voir p. 17) : 0 h 46 m 44 s.

03 00 Le Soleil se lève sur la région de **La Caille** (2-136) et, autour de 0 h 18 m, vous pouvez tenter d"observer avec un instrument une ou plusieurs raies lumineuses dans cette formation.

03 00 **Premier Quartier de Lune à 0 h 14 m (Sgr).** Distance : 370 125 km, soit 58,03 rayons terrestres.

03 12 À midi, début du jour julien 2 459 856.

04 06 Mardi (277-88). Formations lunaires proches du terminateur dans la journée : Clavius, Copernic et la chaîne de montagnes des Carpathes, Longomontanus.

04 09 **Élongation maximale de Titan** à l'ouest de Saturne à 9 h 29 m (185"). Retrouvez les autres élongations de Titan en octobre à la page consacrée aux satellites de Saturne en début de mois.

04 16 La Lune passe au périgée à 16 h 34 m. Distance : 369 325 km, soit 57,90 rayons terrestres.

04 18 Le Soleil se lève sur la région de **Cichus A** (4-343) et, autour de 18 h 25 m, vous pouvez tenter d"observer avec un instrument une ou plusieurs raies lumineuses dans cette formation. Scrutez ensuite la région de **Copernicus** (3-270) autour de 18 h 49 m.

05 00 Mercredi (278-87). Période de libration maximale en latitude pour la Lune (b = 6,7°).

05 12 Le **Soleil** franchit le méridien à 40° de hauteur.

05 16 Dès la fin de l'après-midi, des jumelles vous permettent d'admirer l'arc lumineux du **golfe des Iris**, visible au nord du terminateur lunaire.

05 16 À 16 h 26 m, **la Terre passe exactement à 1 ua du Soleil**, soit 149 597 870,691 km ou 8,316 746 minutes-lumière.

05 17 **Conjonction géocentrique en longitude entre la Lune (Cap) et Saturne** à 17 h 59 m (séparation : 3,9°).

06 00 Jeudi (279-86). Formations lunaires proches du terminateur dans la journée : Kepler, Gassendi, Schiller, Doppelmayer, Harpalus, Aristarque, Hérodote et la vallée de Schröter.

06 03 **Maximum possible de l'essaim météoritique des Camélopardalides** (281 OCT). Longitude héliocentrique prévue pour le maximum (équinoxe 2000.0) : 192,558°. De brefs sursauts ont été captés en vidéo en 2005 et 2006

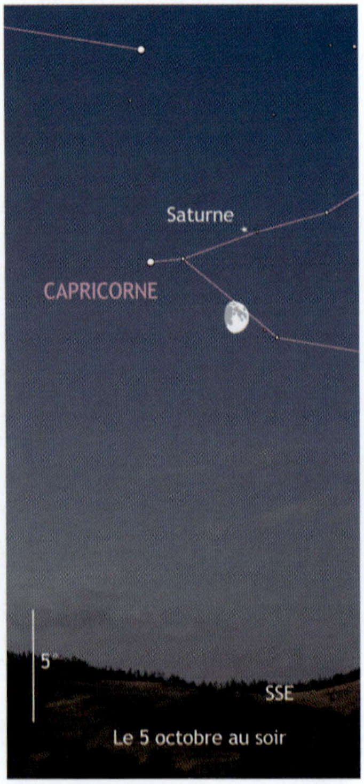

Le 5 octobre au soir, le petit point de Saturne apparaît au-dessus de la Lune gibbeuse croissante ; ces deux astres sont à une vingtaine de degrés de hauteur au-dessus de l'horizon sud-sud-est.

– vitesse de pénétration dans l'atmosphère de 47 km/s –, puis plus rien jusqu'en 2015. En 2022, la Lune gibbeuse croissante se couche avant le maximum et les conditions d'observation sont donc très bonnes en seconde partie de nuit.

06 05 **Maximum d'éclat de l'étoile Delta Cephei** à 5 h. Sa magnitude varie de 3,5 à 4,4 au cours d'un cycle de 5,366 jours. Les autres maxima du mois se produisent le 11 à 13 h, le 16 à 22 h, le 22 à 7 h et le 27 à 16 h. Voir également le 2 novembre 2022.

06 21 **Mercure** est au périhélie à 0,307 ua du Soleil, soit près de 46 millions de kilomètres.

07 11 Vendredi (280-85). Vénus et Jupiter sont en opposition héliocentrique.

08 00 Samedi (281-84). Le Soleil se lève sur la région de **Lacroix G** (4-329) et, autour de 0 h 23 m, vous pouvez tenter d'observer avec un instrument une ou plusieurs raies lumineuses dans cette formation.

08 00 **Pluton est stationnaire** en ascension droite dans le Sagittaire et termine sa rétrogradation annuelle.

08 04 Conjonction géocentrique en longitude entre la Lune (Aqr) et Neptune à 4 h 40 m (séparation : 2,8°).

08 08 **Premier quartier de Mercure.**

08 09 **Callisto est en conjonction inférieure** à 9 h 41 m. Elle est observable à proximité apparente du pôle Sud jovien.

08 09 **Minimum d'éclat de l'étoile variable Sheliak** (Bêta de la Lyre) à 9 h. Sa magnitude varie de 3,3 à 4,3 au cours d'un cycle de 12,941 jours. L'autre minimum du mois se produit le 21 à 8 h. Voir également le 3 novembre 2022.

08 16 Jupiter frôle une étoile de magnitude 10,1 (PPM 174676) vers 16 h 03 m. Ce rapprochement serré est visible en Europe avec un instrument en début de nuit.

08 19 **Conjonction géocentrique en longitude entre la Lune (Psc) et Jupiter** à 19 h 37 m (séparation : 1,8°).

08 21 **Mercure atteint son élongation maximale à l'ouest : 18°.** Il s'agit de la meilleure fenêtre d'observation de Mercure dans le ciel de l'aube en 2022 pour les latitudes européennes. Cette planète se lève près d'une heure et demie avant le Soleil et brille juste au-dessus de l'horizon est. Son éclat augmente jour après jour, ce qui permet de prolonger sa visibilité jusqu'au 24 alors que son élongation diminue rapidement.

09 00 Dimanche. 282e jour de l'année.

09 00 **Maximum de l'essaim météoritique des Draconides** (009 DRA) ou Giacobinides, dont la période d'activité s'étend du 6 au 10 octobre. Longitude héliocentrique prévue pour le maximum (équinoxe 2000.0) : 195,4°. Taux horaire moyen au zénith : d'aucune à plusieurs centaines d'étoiles filantes ; en 2002, ce taux a atteint

Le 8 octobre au crépuscule, peu après le coucher du Soleil, vers l'est-sud-est, la Lune pratiquement pleine nous éblouit et il faut plisser les yeux pour distinguer l'éclat de Jupiter à son côté. Ce couple traverse la voûte céleste au fil de la nuit et se couche à l'ouest à l'orée de l'aube.

80 au Japon. Les Draconides sont lentes : leur vitesse de pénétration dans l'atmosphère est de 20 km/s. Le radiant se situe juste à côté de la tête du Dragon ; il est donc circumpolaire en France métropolitaine, mais vous le trouverez plus haut dans le ciel au début et en fin de nuit. Associé à la comète 21P Giacobini-Zinner, qui est passée au périhélie le 10 septembre 2018 (période de 6,54 années ; prochain passage au périhélie le 25 mars 2025) – d'où son double nom ! –, cet essaim, pratiquement inexistant en temps normal, peut faire preuve d'une activité extraordinaire lorsque la comète repasse à proximité du Soleil. En 2022, le maximum se produit en période de Pleine Lune.

09 03 Entre 3 h 49 m et 4 h 12 m, la petite planète **696 Leonora** (diamètre 87 km ; magnitude 13) occulte une étoile de magnitude 11,2 (TYC 1730-02044-1 ; ascension droite : 0 h 12 m 24 s ; déclinaison : 24° 18′ 18″) dans la constellation d'Andromède. La diminution d'éclat devrait atteindre 2 magnitudes et durer près de 10 secondes au maximum sur la bande de centralité du phénomène, qui balaye l'extrême sud du territoire métropolitain d'est en ouest. Calculs d'Éric Frappa (www.euraster.net).

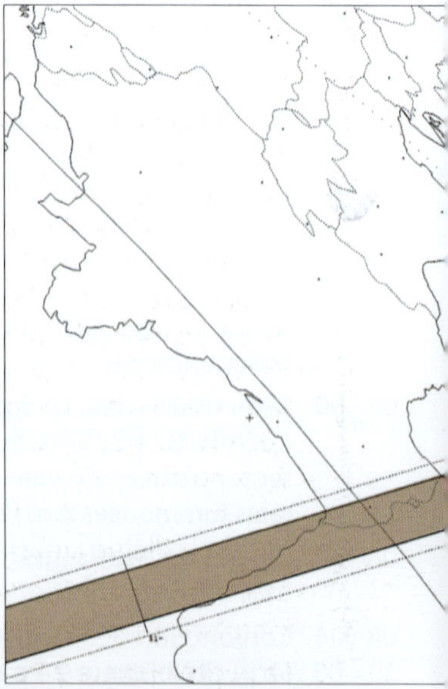

Durant la nuit du 8 au 9 octobre, la petite planète 696 Leonora occulte une étoile d'Andromède pour les observateurs situés à l'extrême sud de la France métropolitaine.

09 20 **Pleine Lune à 20 h 55 m (Psc).** Distance : 379 483 km, soit 59,50 rayons terrestres. En octobre, je préfère évoquer la Pleine Lune du chocolat – c'est le mois de la journée mondiale du cacao et du chocolat ! – plutôt que la Pleine Lune des chasseurs. Installée au sud de l'écliptique lors de cette période de Pleine Lune, notre satellite naturel se hisse dans le ciel le 9 au soir, quelques minutes après le coucher du Soleil. Il faut chercher son disque au ras d'un horizon est parfaitement dégagé ; il brille ensuite au sein de l'écharpe couleur d'ardoise de l'ombre terrestre et présente une teinte crémeuse appétissante. Cette première Pleine Lune automnale passe près de treize heures en compagnie des étoiles et, le 10, nous la retrouvons juste au-dessus de l'horizon ouest à l'aube. Je vous invite à profiter de sa lumière généreuse pour vous promener dans un vaste paysage naturel et admirer les perspectives mystérieuses qu'elle révèle.

09 23 La Pleine Lune franchit le méridien à près de 44° de l'horizon sud à Lille et à près de 52° à Perpignan.

41e SEMAINE

10 00 Lundi (283-82). En fin de semaine, nous récupérons quelques heures de ciel noir le soir alors que la Lune gibbeuse décroissante migre vers la seconde partie de la nuit. Constellation de la Lune chaque jour à 0 h

pour 45° de latitude nord et 0° de longitude : L-Psc, M-Psc, M-Ari, J-Tau, V-Tau, S-Tau, D-Gem.

10 00 TSMG (voir p. 17) : 1 h 14 m 20 s.

10 01 Tentez de saisir le petit point d'**Io à l'ouest de son ombre** devant le disque jovien.

10 12 À midi, début du jour julien 2 459 863.

10 15 **Maximum de l'essaim des Taurides sud** (002 STA), qui est actif du 10 septembre au 20 novembre. Longitude héliocentrique prévue pour le maximum de l'essaim (équinoxe 2000.0) : 197°. Vitesse atmosphérique de 27 km/s pour les étoiles filantes de cet essaim qui est associé à l'orbite de la comète à très courte période 2P Encke (période de 3,3 années ; prochain passage au périhélie le 22 octobre 2023). On estime que la partie sud de l'essaim serait en fait plutôt associée à l'astéroïde 2004 TG10, qui serait lui-même un fragment d'Encke. Taux horaire moyen au zénith : 5. Le radiant se situe à l'ouest des Hyades. En 2022, le maximum se produit lors de la Pleine Lune.

11 00 Mardi (284-81). Période de libration maximale en longitude pour la Lune (l = 5,5°).

11 00 La petite planète **2 Pallas** passe à 0,5° à l'est de l'étoile Mirzam du Grand Chien.

11 10 Début de la 2263e rotation synodique du Soleil.

11 15 **Maximum de l'essaim météoritique des Delta Aurigides** (224 DAU), dont la période d'activité s'étend du 20 septembre au 16 octobre. Longitude héliocentrique prévue pour le maximum de l'essaim (équinoxe 2000.0) : 198°. Vitesse de pénétration atmosphérique : 64 km/s. Taux horaire moyen au zénith : 2.

11 21 La Lune passe au nœud ascendant à 21 h 48 m (longitude moyenne : 43,5°). Distance : 388 321 km, soit 60,9 rayons terrestres.

12 02 Mercredi (285-80). À 2 h 52 m, l'étoile HD 17918 (Ari - magnitude 6,3) est occultée par la Lune ; elle réapparaît à 4 h 11 m. Les deux astres sont alors à 47° au-dessus de l'horizon et la fraction éclairée de notre satellite est de 94 %.

12 06 Conjonction géocentrique en longitude entre la Lune (Ari) et Uranus à 6 h 20 m (séparation : 0,8°).

12 06 Occultation d'Uranus par la Lune. Zone de visibilité : nord-est de l'océan Pacifique, nord-ouest de l'Amérique du Nord, Groenland, Islande, nord de l'Europe.

12 08 Juste avant de se coucher, **la Lune gibbeuse décroissante (93 %) passe dans l'arche de l'Arc de triomphe** vers 8 h 48 m. Il faut se placer au niveau du rond-point des Champs-Élysées pour observer ou photographier cette scène.

12 12 Le **Soleil** franchit le méridien à 38° de hauteur.

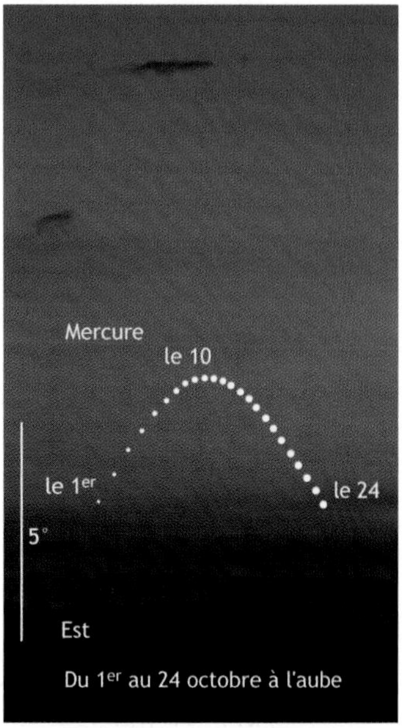

Du 1er au 24 octobre à l'aube, une petite heure avant le lever du Soleil, Mercure brille superbement au-dessus de l'horizon est.

OCTOBRE 2022

Les phénomènes astronomiques au jour le jour

12 14 De 14 h 43 m à 15 h 03 m, Ganymède et Europe projettent leur ombre sur Jupiter. Invisible en Europe.

12 20 Le Soleil se couche sur la région d'**Endymion** (1-28) et, autour de 20 h 55 m, vous pouvez tenter d'observer avec un instrument une ou plusieurs raies lumineuses dans cette formation.

12 21 **Europe et Ganymède** dansent côte à côte toute la nuit à l'ouest du limbe jovien.

13 02 Jeudi (286-79). À 2 h 59 m, l'étoile HD 23258 (Tau - magnitude 6,1) est occultée par la Lune ; elle réapparaît à 4 h 22 m. Les deux astres sont alors à 55° au-dessus de l'horizon et la fraction éclairée de notre satellite est de 89 %.

13 05 **Conjonction géocentrique en longitude entre la Lune (Tau) et les Pléiades** à 5 h 32 m (séparation : 2,6°). L'éclat de la Lune gibbeuse décroissante (88 %) est encore très puissant et il est difficile de voir les Pléiades à l'œil nu durant la nuit du 12 au 13.

13 20 En début de nuit, les quatre lunes galiléennes – **Io, Europe, Ganymède et Callisto** – sont alignées dans leur ordre naturel à l'ouest du disque jovien.

14 00 Vendredi (287-78). Conjonction géocentrique en longitude entre la Lune (Tau) et Aldébaran à 0 h 44 m (séparation : 7,8°).

115 01 Samedi (288-77). Formations lunaires proches du terminateur dans la journée : Piccolomini, Posidonius, Theophilus, Cyrillus et Catherina.

15 04 **Conjonction géocentrique en longitude entre la Lune (Tau) et Mars** à 4 h 11 m (séparation : 3,6°).

15 06 **En plein jour.** Peu après le lever du Soleil, l'éclat martien est encore facilement visible à l'œil nu à moins de 4° de la Lune gibbeuse décroissante, loin au-dessus de l'horizon ouest-sud-ouest.

16 00 Dimanche. 289e jour de l'année.

16 05 Le Soleil se couche sur la région de **Maurolycus** (2-153) et, autour de 5 h 55 m, vous pouvez tenter d'observer avec un instrument une ou plusieurs raies lumineuses dans cette formation.

16 17 **Callisto est en conjonction supérieure** à 17 h 04 m. Elle est observable à proximité apparente du pôle Nord jovien.

42e SEMAINE

17 00 Lundi (290-75). Le pilier de la Voie lactée est superbe dès la fin du crépuscule au-dessus de l'horizon sud-

Le Ciel à l'œil nu en 2023 est à présent disponible. Intégralement inédit, le texte de cette 21e édition est superbement illustré de photographies réalisées par mes soins et par les meilleurs astrophotographes de la planète ; il passe en revue, de janvier à décembre, les plus beaux phénomènes astronomiques accessibles à tous et les agrémente d'informations pratiques, historiques, mythologiques ou encyclopédiques. Découvrez-le chez votre librairie et sur amds-edition.com.

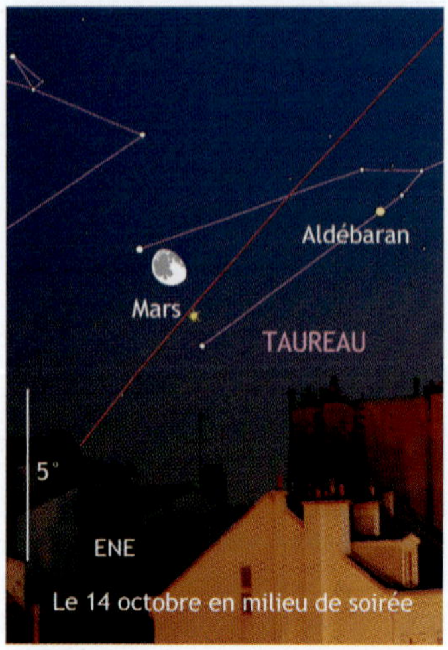

Le 14 octobre en milieu de soirée, la Lune gibbeuse décroissante brille non loin de Mars dans le Taureau.

ouest et nous disposons pratiquement de neuf heures de nuit sans Lune en fin de semaine, ce qui nous permet de parcourir la voûte céleste en long, en large et en travers. Constellation de la Lune chaque jour à 0 h pour 45° de latitude nord et 0° de longitude : L-Gem, M-Cnc, M-Cnc, J-Leo, V-Leo, S-Leo, D-Vir.

17 00 TSMG (voir p. 17) : 1 h 41 m 56 s.

17 00 Mars est à 1,2° au nord de la nébuleuse du Crabe (Messier 1) dans le Taureau.

17 02 **Latitude nord maximale pour Mercure : 7°** (longitude héliocentrique : 138,3°).

17 10 La Lune passe à l'apogée à 10 h 20 m. Distance : 404 328 km, soit 63,39 rayons terrestres.

17 12 À midi, début du jour julien 2 459 870.

17 15 Conjonction géocentrique en longitude entre la Lune (Gem) et Pollux à 15 h 40 m (séparation : 1,7°).

17 17 **Dernier Quartier de Lune à 17 h 15 m (Gem).** Distance : 404 273 km, soit 63,38 rayons terrestres.

18 01 Mardi (291-74). Formations lunaires proches du terminateur dans la journée : Moretus, Maginus, Mur droit, Platon, Tycho, Ératosthène, Clavius.

18 02 Mercure et Saturne sont en opposition héliocentrique.

18 17 **Maximum de l'essaim météoritique des Epsilon Géminides (**023 EGE), dont la période d'activité s'étend du 14 au 27 octobre. Longitude héliocentrique prévue pour le maximum (équinoxe 2000.0) : 205°. Vitesse de pénétration atmosphérique : 70 km/s. Taux horaire moyen au zénith : 2. Cet essaim est associé à la comète C/1964 N1 Ikeya.

19 00 Mercredi (292-73). Période de libration minimale en latitude pour la Lune (b = - 6,8°).

19 00 Pluton est en quadrature à l'est du Soleil.

19 08 Formations lunaires proches du terminateur dans la journée : Copernic et la chaîne de montagnes des Carpathes, Longomontanus, Klaproth.

19 12 Cette semaine, le **Soleil** franchit le méridien à 35° de hauteur.

19 16 De 16 h 11 m à 16 h 39 m, Ganymède et Europe passent simultanément devant le disque de Jupiter. Invisible en Europe.

19 17 De 17 h 19 m à 19 h 06 m, **Ganymède et Europe projettent leur ombre sur Jupiter**. Fin visible en Europe.

20 04 Jeudi (293-72). Formations lunaires proches du terminateur dans la journée : golfe des Iris, Kepler, Schiller, Gassendi.

20 05 **Mars** passe au nœud ascendant de son orbite (longitude héliocentrique : 49,5°).

20 07 **Vénus** est à l'apogée à 1,717 ua de la Terre, soit près de 257 millions de kilomètres.

Par où commencer ?

Si vous débutez, utilisez les cartes mensuelles circulaires de ce guide afin d'identifier d'abord les principales constellations, la Grande Ourse, Orion ou le Cygne. N'essayez pas de mémoriser l'ensemble du ciel en une seule soirée car, à de rares exceptions près, vous courriez à l'échec. Commencez plutôt par repérer les étoiles les plus brillantes, celles qui apparaissent les premières après le coucher du Soleil. Puis, quand l'obscurité est suffisante, bâtissez les constellations qui leur sont associées. Deux mouvements de notre planète se combinent pour assurer un renouvellement permanent de la toile de fond étoilée que le ciel nous présente. D'une part, la Terre fait un tour sur elle-même en une journée ; par conséquent, si vous regardez le ciel pendant toute une nuit, vous verrez apparaître de nouvelles étoiles à l'est et disparaître celles que vous observiez à l'ouest. D'autre part, la Terre tourne autour du Soleil et change ainsi constamment notre point de vue sur la voûte céleste, ce qui provoque une évolution, jour après jour, de la position des constellations dans le ciel à une heure donnée. Heureusement, les étoiles gardent toujours rigoureusement la même place les unes par rapport aux autres et les figures que vous aurez découvertes à un moment de l'année se seront déplacées quelques semaines plus tard, mais auront conservé exactement le même aspect. Une fois que vous saurez reconnaître immédiatement quelques étoiles et constellations – et alors seulement ! –, commencez à remplir les vides, à tisser sur le ciel une trame de plus en plus serrée. Suivez les cartes, bien sûr, mais n'hésitez pas à partir aussi un peu à l'aventure, en essayant par la suite de retrouver vos itinéraires sur le papier. Si vous procédez de la sorte, le ciel deviendra peu à peu un terrain familier, et vous développerez les petites manies des habitués qui, dès qu'ils lèvent les yeux, cherchent « leur » étoile et se sentent réconfortés de l'apercevoir en toutes circonstances.

Les phénomènes astronomiques au jour le jour

20 16 **Conjonction géocentrique en longitude entre la Lune (Leo) et Régulus** à 16 h 42 m (séparation : 4,6°). À l'orée de l'aube, le croissant de la vieille Lune brille à proximité de Régulus, loin au-dessus de l'horizon est.

20 23 Actuellement, le gegenschein est dans les Poissons et il franchit le méridien à plus de 50° de hauteur en milieu de nuit, les conditions d'observation sont donc optimales.

21 00 Vendredi (294-71). **Jusqu'au début de l'année 2023, la magnitude de Mars est supérieure à - 1.**

21 03 Formations lunaires proches du terminateur dans la journée : Doppelmayer, Harpalus, Aristarque, Hérodote et la vallée de Schröter.

21 17 **Maximum de l'essaim météoritique des Orionides** (008 ORI), dont la période d'activité s'étend du 2 octobre au 7 novembre ; longitude héliocentrique prévue pour le maximum (équinoxe 2000.0) : 208°. Vitesse de pénétration atmosphérique : 66 km/s. Les Orionides sont le pendant automnal des Êta Aquarides du printemps (voir le 6 mai 2023). La Terre coupe en effet par deux fois chaque année l'orbite de cet essaim. Les poussières qui donnent naissance aux Orionides ont donc elles aussi été perdues, il y a plusieurs millénaires, par la comète de Halley (période de 76 années ; dernier passage au périhélie en février 1986). Les étoiles filantes sont très rapides, brillantes, et laissent dans près de 45 % des cas des traces perceptibles pendant plusieurs secondes. Le radiant se déplace des confins de la constellation d'Orion au cœur des Gémeaux. N'hésitez pas à surveiller cet essaim pendant plusieurs jours avant et après la date du maximum habituel, car d'autres petits pics ont été signalés ces dernières années, notamment un vers le 17-18. En 2022, le maximum se déroule en fin de lunaison et l'éclat de notre satellite naturel ne devrait pas perturber les observateurs.

22 01 Samedi (295-70). Formation lunaire proche du terminateur dans la journée : Schickard.

22 21 **Vénus est en conjonction supérieure ;** Vénus passe à près de 1,1° du centre du disque solaire.

23 00 Dimanche. 296e jour de l'année ; il reste 69 jours jusqu'au 31 décembre.

23 00 Période de libration minimale en longitude pour la Lune (l = - 5°).

23 01 Entre 1 h 54 m et 2 h 21 m, la petite planète **3548 Eurybates** (diamètre 67 km ; magnitude 17,1) occulte une étoile de magnitude 8,2 (TYC 1907-01007-1 ; ascension droite : 6 h 59 m 13 s ; déclinaison : 29° 16′ 24″)

La lumière zodiacale

La lumière zodiacale n'est pas un phénomène atmosphérique comme les aurores boréales ou l'airglow ; elle provient de la diffusion de la lumière solaire par des myriades de particules microscopiques qui tournent autour du Soleil dans un gigantesque anneau s'étendant jusqu'à l'orbite de Jupiter. Elle est très peu intense car la densité des poussières dans ce nuage zodiacal est estimée à seulement une dizaine de particules par kilomètre cube ! Ces particules proviendraient pour l'essentiel (85 % à 95 %) des comètes de la famille de Jupiter, c'est-à-dire des comètes dont les orbites ne les entraînent guère au-delà de celle de la planète géante du Système solaire et qui dispersent leurs matériaux à chaque approche du Soleil ou lorsqu'elles se brisent. Le reste des poussières du nuage zodiacal proviendrait des collisions entre astéroïdes dans la ceinture du même nom située entre les orbites de Mars et de Jupiter ; l'analyse récente des données récoltées par la sonde *Juno* lors de son transfert vers la planète Jupiter indiquerait qu'une part des poussières de l'anneau auroral pourrait également être éjectées par la planète Mars lors de ses fameuses tempêtes. L'anneau zodiacal est pratiquement confondu avec le plan de l'écliptique, c'est-à-dire le plan de l'orbite de la Terre. En fait, il a une inclinaison proche de 2° provoquée par les perturbations gravitationnelles des planètes, notamment celles de Jupiter – et son épaisseur est suffisante pour que la Terre circule à l'intérieur. Les particules qu'il contient finissent par tomber sur les planètes internes – Mercure, Vénus, Terre et Mars –, mais elles sont régulièrement renouvelées par les comètes. Notre planète est donc entièrement entourée de particules qui réfléchissent l'éclat solaire, mais les effets de ces réflexions ne sont perceptibles à l'œil nu qu'à proximité de l'écliptique, là où la densité réelle et apparente des poussières est la plus forte, et sur près de 90° environ dans la constellation des Gémeaux. La diminution d'éclat devrait atteindre 8,5 magnitudes et durer près de 10 secondes au maximum sur la bande de centralité du phénomène, qui balaye la France du sud-ouest au nord-est avant d'arriver sur la Belgique. Calculs d'Éric Frappa (www.euraster.net).

23 04 **Saturne est stationnaire** en ascension droite dans le Capricorne puis termine sa boucle de rétrogradation ; elle circulera vers l'est de l'écliptique durant près de 238 jours (17 juin 2023).

23 04 Durant une quinzaine de jours, jusqu'à l'arrivée de la Lune gibbeuse vers le 8 novembre, **guettez l'apparition de la lumière zodiacale à l'est avant l'aube.** Elle enveloppe la tête de la Vierge, le Lion, et pointe vers le Cancer. Comme pour toutes les observations délicates, je vous conseille de passer au moins une vingtaine de minutes dehors dans l'obscurité pour que votre vision s'adapte et que la silhouette de la « main gauche de l'aube », comme l'appelait le savant et poète persan Omar Khayyam, se profile devant les étoiles.

23 10 **Le Soleil entre dans le signe astrologique du Scorpion** (210°) à 10 h 35 m, mais, dans la réalité, il est dans la constellation de la Vierge pour encore une bonne semaine.

43e SEMAINE

24 00 Lundi (297-68). Le jeune croissant vient se glisser dans la Voie lactée en milieu de semaine, mais il se couche vite et libère le ciel de son éclat. Constellation de la Lune chaque jour à 0 h pour 45° de latitude nord et 0° de longitude : L-Vir, M-Vir, M-Lib, J-Lib, V-Sco, S-Oph, D-Sgr.

24 00 TSMG (voir p. 17) : 2 h 09 m 32 s.

24 05 Ce matin à l'aube, guettez un fin croissant lunaire de 1,8 %. À 5 h 50 m, il est âgé de 29 heures avant la Nouvelle Lune ; il se situe à 7° de hauteur et à 104° d'azimut, alors que le Soleil se situe à 7° sous l'horizon.

24 12 À midi, début du jour julien 2 459 877.

24 16 **Conjonction géocentrique en longitude entre la Lune (Vir) et Mercure** à 16 h 01 m (séparation : 0,4°).

24 16 Occultation de Mercure par la Lune. Zone de visibilité : Amérique du Nord, Amérique centrale, nord de l'Amérique du Sud, océan Atlantique.

25 00 Mardi (298-67). **Callisto est en conjonction inférieure** à 0 h 06 m. Elle est observable à proximité apparente du pôle Sud jovien. Visible en Europe.

25 02 **Maximum de l'essaim des Zêta Perséides** (1131 OZP), découvert en 2021. Longitude héliocentrique prévue pour le maximum de l'essaim (équinoxe 2000.0) : 211,36°. Vitesse atmosphérique de 48 km/s. Lors de la première

de chaque côté du Soleil, là où l'intensité lumineuse est maximale. La lumière zodiacale étant bien plus intense aux abords du Soleil, c'est dans la période qui suit la fin du crépuscule astronomique le soir ou qui précède son début à l'orée de l'aube que l'on a le plus de chances de la voir ; par définition, le crépuscule astronomique se termine ou commence lorsque le Soleil se situe à 18° sous l'horizon. Encore faut-il qu'à ce moment-là l'écliptique fasse un angle le plus droit possible avec l'horizon pour bien dégager cette lueur subtile des zones de l'atmosphère les plus crasseuses et les plus dégradées par la pollution lumineuse. Sous les tropiques, l'angle de l'écliptique avec l'horizon est pratiquement droit tout au long de l'année : la lumière zodiacale est donc observable dans des conditions optimales chaque nuit claire sans lune. Aux latitudes moyennes de l'Europe, c'est le soir en hiver et avant l'aube durant l'automne que le plan de l'écliptique est le plus redressé par rapport à l'horizon et que l'on a le plus de chance de pouvoir détecter à l'œil nu la forme lancéolée de la lumière zodiacale.

Le 24 octobre à l'aube, moins d'une heure avant le lever du Soleil, le vieux croissant surplombe Mercure à l'est. L'éclat de la planète est fort (magnitude - 1), mais des jumelles seront sans doute nécessaires pour parvenir à la repérer sur ce fond de ciel déjà très lumineux.

Les phénomènes astronomiques au jour le jour

observation de cet essaim, les étoiles filantes étaient toutes plus brillantes que la magnitude 0.

25 10 **Nouvelle Lune à 10 h 49 m (Vir).** Distance : 376 366 km.

25 11 **Éclipse partielle de Soleil** (magnitude 0,862). Zone de visibilité : Europe, nord-est de l'Afrique, Moyen-Orient, ouest de l'Asie.

25 17 À 45° de latitude nord, l'étoile **Fomalhaut** du Poisson austral se lève au moment du coucher du Soleil – on parle de lever achronique – et, dans un ciel limpide, il est possible de la repérer aux jumelles une trentaine de minutes plus tard vers 135° d'azimut et 3° de hauteur.

26 00 Mercredi (299-66). Le plus jeune croissant de la lunaison peut être observé avec un instrument optique au Japon.

26 06 La Lune passe au nœud descendant à 6 h 30 m (longitude moyenne : 223,4°). Distance : 373 472 km, soit 58,6 rayons terrestres.

26 12 Le **Soleil** franchit le méridien à 32° de hauteur.

26 18 De 18 h 27 m à 20 h 04 m, **Ganymède et Europe passent simultanément devant le disque de Jupiter.**

26 19 **Entre 19 h 04 m et 19 h 55 m, un seul des quatre satellites galiléens – Callisto – est visible à côté du disque jovien : Io est occultée, et Europe et Ganymède sont en transit devant les bandes nuageuses de la géante. Visible en Europe.**

26 20 De 20 h 20 m à 22 h 25 m, **Europe et Ganymède projettent leur ombre sur Jupiter.** Visible en Europe.

27 00 Jeudi (300-65). Du 27 octobre au 23 novembre, **Mercure** traverse d'est en ouest le champ du coronographe LASCO C3 de la sonde *SOHO*.

27 16 Mercure et Jupiter sont en opposition héliocentrique.

27 20 Une grande partie de la nuit, les quatre lunes galiléennes – **Io, Europe, Ganymède et Callisto** – sont alignées dans leur ordre naturel à l'ouest du disque jovien.

28 08 Vendredi (301-64). Formations lunaires proches du terminateur dans la journée : l'albatros (bordure ouest de la mer des Crises), Atlas.

29 00 Samedi (302-63). La petite planète **2 Pallas** passe à 2,5° à l'ouest de l'amas ouvert Messier 41 du Grand Chien.

29 13 **Vénus** entre dans la constellation de la Balance.

29 14 La Lune passe au périgée à 14 h 36 m. Distance : 368 291 km, soit 57,74 rayons terrestres.

29 17 À 17 h 57 m, l'étoile HD 165634 (Sgr - magnitude 4,6) réapparaît après son occultation par la Lune. Les deux astres sont alors à 10° au-dessus de l'horizon et la fraction éclairée de notre satellite est de 22 %.

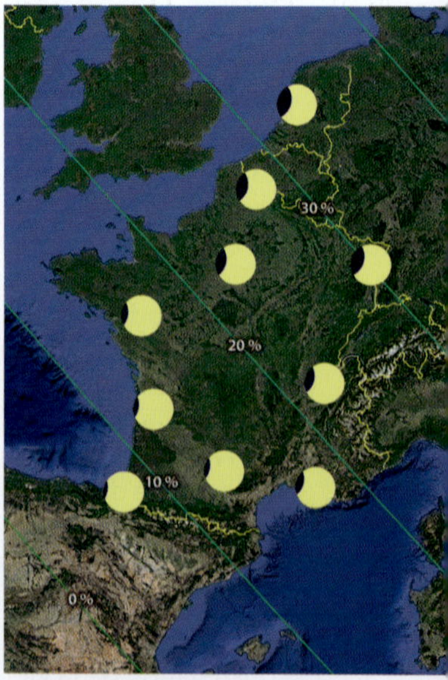

Le 25 octobre, une éclipse partielle de Soleil est visible en fin de matinée en France métropolitaine avec un pourcentage du diamètre solaire occulté par la Lune allant de moins de 10 % dans le Sud-Ouest à un peu plus de 30 % dans le Nord-Est. L'éclipse est d'autant plus importante que l'on se situe au nord-est de l'Europe et de la Russie, où elle atteint 86 %, mais il ne se produit aucune éclipse annulaire ou totale sur la Terre. Une éclipse partielle de Soleil doit impérativement être observée avec des filtres ou des instruments spéciaux, que vous trouverez dans les magasins spécialisés en matériel astronomique. Si vous ne possédez aucun filtre adéquat, ne regardez en aucun cas le Soleil directement, mais concentrez-vous plutôt sur son image telle qu'elle apparaît lorsqu'elle est projetée au sol ou sur un écran par les interstices d'un feuillage, les trous d'une passoire ou d'une écumoire, ou, tout simplement, par vos mains croisées. Au lieu d'être parfaitement rondes, les multiples petites taches projetées sur le sol montreront une échancrure plus ou moins prononcée ; c'est tout petit et moins bien résolu qu'avec un instrument et un filtre spécial, bien sûr, mais cela permet tout de même de suivre l'évolution de cette éclipse de Soleil sans aucun risque pour votre vision.

29 20 Formations lunaires proches du terminateur dans la journée : Fracastor, Piccolomini.

30 00 Dimanche. 303e jour de l'année.

30 01 **En 2022, l'heure d'été court du dimanche 27 mars au dimanche 30 octobre** (à 3 heures du matin, il sera 2 heures). Le 27 avril 2021, la Commission européenne a publié une directive (2021/C 149/01) qui prolonge l'usage de l'heure d'été jusqu'en 2026.

30 02 Le Soleil se lève sur la région de **Posidonius** (1-48) et, autour de 2 h 38 m, vous pouvez tenter d'observer avec un instrument une ou plusieurs raies lumineuses dans cette formation.

30 13 **Mars est stationnaire** en ascension droite puis elle rétrograde pendant près de 75 jours.

44e SEMAINE

31 00 Lundi (304-61). Une Lune de plus en plus brillante envahit la voûte nocturne cette semaine. Constellation de la Lune chaque jour à 0 h pour 45° de latitude nord et 0° de longitude : L-Sgr, M-Cap, M-Cap, J-Aqr, V-Aqr, S-Psc, D-Cet.

31 00 TSMG (voir p. 17) : 2 h 37 m 07 s.

31 12 À midi, début du jour julien 2 459 884.

31 12 **Le Soleil entre dans la constellation de la Balance** (218,1°) à 12 h 48 m.

31 20 Le Soleil se lève sur la région d'**Hind** (2-97) et, autour de 20 h 02 m, vous pouvez tenter d'observer avec un instrument une ou plusieurs raies lumineuses dans cette formation.

Le Calendrier astronomique 2023 est disponible chez votre libraire habituel et en ligne. Outre de superbes images du ciel et de l'espace imprimées sur un très beau papier épais et en grand format (35 x 58 cm), il permet de n'oublier aucun des beaux rendez-vous célestes visibles à l'œil nu au fil de l'année 2023.

OCTOBRE 2022 Le Soleil et les planètes

	JOUR	ASCENSION DROITE	DÉCLINAISON	CONSTELLATION	Ø APPARENT	ÉQUATION DU TEMPS	DISTANCE	DISTANCE LUMIÈRE	LEVER	MÉRIDIEN	HAUTEUR	COUCHER
		h m s	° ′ ″			m s	ua	m s	h m	h m		h m
Soleil	2	12 32 17	- 3 29 02	Vir	31′ 57″	- 10 29	1,0011	8 20	05 59	11 49	41°	17 39
	6	12 46 49	- 5 01 36	Vir	31′ 59″	- 11 44	0,9999	8 19	06 04	11 48	40°	17 31
	10	13 01 27	- 6 33 08	Vir	32′ 02″	- 12 52	0,9988	8 18	06 09	11 47	38°	17 24
	14	13 16 12	- 8 03 16	Vir	32′ 04″	- 13 53	0,9976	8 18	06 14	11 46	37°	17 17
	18	13 31 06	- 9 31 38	Vir	32′ 06″	- 14 46	0,9965	8 17	06 19	11 45	35°	17 10
	22	13 46 10	- 10 57 50	Vir	32′ 08″	- 15 29	0,9954	8 17	06 25	11 44	34°	17 04
	26	14 01 25	- 12 21 26	Vir	32′ 10″	- 16 01	0,9944	8 16	06 30	11 44	32°	16 57
	30	14 16 51	- 13 41 59	Vir	32′ 12″	- 16 22	0,9933	8 16	06 36	11 44	31°	16 51

	JOUR	ASCENSION DROITE	DÉCLINAISON	CONSTELLATION	MAGNITUDE	Ø APPARENT	ÉLONGATION	DISTANCE	FRACTION ÉCLAIRÉE	LEVER	MÉRIDIEN	HAUTEUR	COUCHER
		h m s	° ′ ″					ua		h m	h m		h m
Mercure	2	11 38 39	+ 2 14 31	Vir	1,9	8,6	14,6° O	0,7799	20 %	04 43	10 54	47°	17 06
	6	11 44 21	+ 2 45 27	Vir	0,6	7,6	17,4° O	0,8838	39 %	04 31	10 45	48°	16 59
	10	11 58 20	+ 1 58 11	Vir	- 0,2	6,7	17,8° O	0,9965	57 %	04 33	10 44	47°	16 54
	14	12 17 56	+ 0 11 10	Vir	- 0,7	6,1	16,6° O	1,1041	73 %	04 45	10 49	45°	16 51
	18	12 40 41	- 2 13 06	Vir	- 0,9	5,6	14,4° O	1,1980	84 %	05 01	10 56	42°	16 49
	22	13 04 52	- 4 55 53	Vir	- 1,1	5,3	11,7° O	1,2751	91 %	05 21	11 04	40°	16 46
	26	13 29 36	- 7 44 22	Vir	- 1,1	5	9,0° O	1,3357	96 %	05 41	11 13	37°	16 44
	30	13 54 31	- 10 30 28	Vir	- 1,1	4,9	6,2° O	1,3813	98 %	06 02	11 22	34°	16 42
Vénus	2	12 14 29	- 0 01 49	Vir	- 3,9	9,8	5,5° O	1,7093	100 %	05 29	11 32	45°	17 34
	6	12 32 46	- 2 02 16	Vir	- 3,9	9,8	4,4° O	1,7124	100 %	05 40	11 35	43°	17 28
	10	12 51 06	- 4 02 21	Vir	- 3,9	9,8	3,3° O	1,7147	100 %	05 50	11 37	41°	17 23
	14	13 09 32	- 6 01 19	Vir	- 3,9	9,8	2,3° O	1,7163	100 %	06 01	11 40	39°	17 18
	18	13 28 06	- 7 58 22	Vir	- 3,9	9,8	1,3° O	1,7171	100 %	06 12	11 43	37°	17 12
	22	13 46 51	- 9 52 40	Vir	- 3,9	9,8	0,2° O	1,7172	100 %	06 23	11 46	35°	17 08
	26	14 05 50	- 11 43 22	Vir	- 3,9	9,8	0,8° E	1,7165	100 %	06 34	11 49	33°	17 03
	30	14 25 04	- 13 29 38	Lib	- 3,9	9,8	1,8° E	1,7151	100 %	06 45	11 52	31°	16 59
Mars	6	5 23 57	+ 22 41 02	Tau	- 0,9	12,4	111,0° O	0,7553	88 %	20 40	04 25	68°	12 07
	14	5 32 50	+ 23 03 47	Tau	- 1,0	13,2	116,9° O	0,7105	90 %	20 15	04 02	68°	11 46
	22	5 38 38	+ 23 25 24	Tau	- 1,2	14	123,5° O	0,6678	91 %	19 47	03 36	68°	11 22
	30	5 40 49	+ 23 46 58	Tau	- 1,4	14,9	130,9° O	0,6287	93 %	19 16	03 07	69°	10 54
Jupiter	6	0 11 40	- 0 29 57	Psc	- 2,9	49,6	169,8° E	3,9675	100 %	17 09	23 09	44°	05 13
	14	0 07 59	- 0 53 06	Psc	- 2,9	49,2	160,9° E	4,0009	100 %	16 35	22 34	44°	04 37
	22	0 04 41	- 1 13 17	Psc	- 2,9	48,6	152,0° E	4,0525	100 %	16 02	21 59	44°	04 01
	30	0 01 56	- 1 29 35	Psc	- 2,8	47,8	143,3° E	4,1212	100 %	15 29	21 25	43°	03 25
Saturne	6	21 26 45	- 16 25 37	Cap	0,5	17,9	126,1° E	9,2349	100 %	15 31	20 25	29°	01 23
	14	21 26 03	- 16 28 33	Cap	0,5	17,7	118,0° E	9,3471	100 %	14 59	19 53	29°	00 51
	22	21 25 46	- 16 29 27	Cap	0,6	17,5	110,0° E	9,4681	100 %	14 27	19 21	29°	00 19
	30	21 25 54	- 16 28 16	Cap	0,6	17,2	102,1° E	9,5955	100 %	13 56	18 50	29°	23 44
Uranus	6	3 03 27	+ 16 53 38	Ari	5,7	3,7	144,5° O	18,8600	100 %	18 48	02 05	62°	09 18
	18	3 01 48	+ 16 46 45	Ari	5,7	3,7	156,8° O	18,7610	100 %	17 59	01 16	62°	08 28
	30	2 59 55	+ 16 38 55	Ari	5,6	3,7	169,2° O	18,7030	100 %	17 11	00 27	62°	07 39
Neptune	6	23 38 07	- 3 41 59	Aqr	7,8	2,3	160,8° E	28,9690	100 %	16 48	22 36	41°	04 27
	18	23 37 03	- 3 48 47	Aqr	7,8	2,3	148,6° E	29,0590	100 %	16 01	21 48	41°	03 39
	30	23 36 08	- 3 54 25	Aqr	7,8	2,3	136,4° E	29,1870	100 %	15 13	20 59	41°	02 50

Les éphémérides du Soleil, des planètes et de la Lune proposées sur ces deux pages sont calculées à 0 h TU pour une latitude de 45° nord et une longitude de 0°.

La Lune

	JOUR	ASCENSION DROITE	DÉCLINAISON	CONSTELLATION	Ø APPARENT	PARALLAXE HORIZONTALE	FRACTION ÉCLAIRÉE	JOUR	ÉLONGATION	DISTANCE	LEVER	MÉRIDIEN	HAUTEUR	COUCHER
		h m s	° ′ ″							km	h m	h m		h m
S 1	274	16 38 32	- 24 33 46	Oph	32′ 03″	58′ 49″	28 %	5,1	63° E	372 859	12 h 27	16 h 39	18°	20 h 48
D 2	275	17 39 59	- 26 49 25	Oph	32′ 11″	59′ 04″	38 %	6,1	76° E	371 277	13 h 37	17 h 41	17°	21 h 45
L 3	276	18 43 22	- 27 22 51	Sgr	32′ 17″	59′ 15″	49 %	7,1	89° E	370 134	14 h 36	18 h 43	18°	22 h 54
M 4	277	19 46 42	- 26 08 44	Sgr	32′ 20″	59′ 21″	61 %	8,1	102° E	369 468	15 h 22	19 h 43	20°	
M 5	278	20 48 00	- 23 13 36	Cap	32′ 21″	59′ 22″	72 %	9,1	116° E	369 356	15 h 59	20 h 40	25°	0 h 11
J 6	279	21 46 07	- 18 53 52	Cap	32′ 18″	59′ 17″	81 %	10,1	129° E	369 901	16 h 27	21 h 33	30°	1 h 31
V 7	280	22 40 49	- 13 31 21	Aqr	32′ 11″	59′ 04″	89 %	11,1	142° E	371 207	16 h 51	22 h 23	36°	2 h 51
S 8	281	23 32 33	- 7 29 18	Aqr	32′ 00″	58′ 44″	95 %	12,1	156° E	373 341	17 h 12	23 h 10	43°	4 h 07
D 9	282	0 22 14	- 1 09 58	Psc	31′ 45″	58′ 16″	99 %	13,1	169° E	376 301	17 h 32	23 h 56	49°	5 h 22
L 10	283	1 10 51	5 06 20	Psc	31′ 27″	57′ 42″	100 %	14,1	179° O	379 993	17 h 52			6 h 35
M 11	284	1 59 21	11 01 33	Ari	31′ 06″	57′ 04″	99 %	15,1	166° O	384 228	18 h 13	0 h 42	56°	7 h 48
M 12	285	2 48 32	16 19 46	Ari	30′ 44″	56′ 24″	95 %	16,1	154° O	388 738	18 h 38	1 h 29	61°	8 h 59
J 13	286	3 38 57	20 47 14	Tau	30′ 23″	55′ 46″	90 %	17,1	142° O	393 198	19 h 08	2 h 17	66°	10 h 09
V 14	287	4 30 47	24 12 33	Tau	30′ 05″	55′ 12″	83 %	18,1	131° O	397 269	19 h 44	3 h 07	69°	11 h 16
S 15	288	5 23 51	26 27 08	Tau	29′ 50″	54′ 44″	75 %	19,1	119° O	400 630	20 h 28	3 h 58	71°	12 h 18
D 16	289	6 17 30	27 25 50	Gem	29′ 39″	54′ 25″	66 %	20,1	108° O	403 009	21 h 20	4 h 50	72°	13 h 11
L 17	290	7 10 56	27 07 33	Gem	29′ 34″	54′ 15″	56 %	21,1	97° O	404 206	22 h 20	5 h 41	72°	13 h 56
M 18	291	8 03 20	25 35 01	Cnc	29′ 34″	54′ 16″	47 %	22,1	86° O	404 115	23 h 23	6 h 30	70°	14 h 32
M 19	292	8 54 07	22 54 09	Cnc	29′ 40″	54′ 27″	37 %	23,1	75° O	402 726		7 h 18	67°	15 h 01
J 20	293	9 43 08	19 12 49	Leo	29′ 52″	54′ 48″	28 %	24,1	64° O	400 132	0 h 30	8 h 04	62°	15 h 25
V 21	294	10 30 34	14 40 01	Leo	30′ 08″	55′ 18″	20 %	25,1	53° O	396 523	1 h 37	8 h 49	57°	15 h 46
S 22	295	11 16 58	9 25 33	Leo	30′ 28″	55′ 55″	13 %	26,1	42° O	392 175	2 h 45	9 h 32	52°	16 h 05
D 23	296	12 03 04	3 40 13	Vir	30′ 51″	56′ 36″	7 %	27,1	30° O	387 424	3 h 54	10 h 16	45°	16 h 24
L 24	297	12 49 48	- 2 23 25	Vir	31′ 14″	57′ 18″	2 %	28,1	18° O	382 639	5 h 05	11 h 00	39°	16 h 43
M 25	298	13 38 11	- 8 30 07	Vir	31′ 36″	57′ 59″	0 %	29,1	5° O	378 182	6 h 19	11 h 47	33°	17 h 05
M 26	299	14 29 13	- 14 21 14	Lib	31′ 55″	58′ 34″	0 %	0,5	7° E	374 364	7 h 35	12 h 38	27°	17 h 30
J 27	300	15 23 47	- 19 34 31	Lib	32′ 10″	59′ 02″	3 %	1,5	20° E	371 410	8 h 55	13 h 33	22°	18 h 02
V 28	301	16 22 19	- 23 45 18	Sco	32′ 21″	59′ 21″	8 %	2,5	33° E	369 437	10 h 14	14 h 32	19°	18 h 44
S 29	302	17 24 24	- 26 29 45	Oph	32′ 26″	59′ 31″	15 %	3,5	46° E	368 447	11 h 29	15 h 34	17°	19 h 38
D 30	303	18 28 36	- 27 30 03	Sgr	32′ 26″	59′ 32″	25 %	4,5	59° E	368 352	12 h 32	16 h 37	17°	20 h 45
L 31	304	19 32 41	- 26 39 54	Sgr	32′ 23″	59′ 25″	35 %	5,5	72° E	369 008	13 h 23	17 h 38	19°	22 h 00

La Lune des spécialistes

	Libration		Angle de position	
	l	b	axe	phase
1	- 2,9°	3,1°	6,6°	279,7°
2	- 2,1°	4,5°	0,8°	273,3°
3	- 1,2°	5,6°	354,8°	266,1°
4	- 0,1°	6,3°	349,1°	258,8°
5	1,0°	6,7°	344,3°	252,0°
6	2,2°	6,7°	340,8°	246,0°
7	3,3°	6,2°	338,5°	241,1°
8	4,2°	5,4°	337,6°	236,4°
9	4,9°	4,3°	337,8°	228,2°
10	5,4°	2,9°	339,1°	131,7°
11	5,5°	1,4°	341,3°	76,4°
12	5,3°	- 0,1°	344,4°	73,8°
13	4,8°	- 1,6°	348,2°	75,9°
14	4,0°	- 3,0°	352,7°	79,9°
15	3,0°	- 4,2°	357,6°	85,1°
16	1,8°	- 5,2°	2,8°	90,8°
17	0,5°	- 6,0°	7,7°	96,7°
18	- 0,8°	- 6,6°	12,3°	102,4°
19	- 2,0°	- 6,8°	16,1°	107,4°
20	- 3,1°	- 6,7°	19,1°	111,7°
21	- 4,0°	- 6,4°	21,1°	115,1°
22	- 4,6°	- 5,7°	22,2°	117,5°
23	- 5,0°	- 4,8°	22,4°	119,0°
24	- 5,0°	- 3,5°	21,6°	119,8°
25	- 4,7°	- 2,1°	19,8°	122,7°
26	- 4,2°	- 0,5°	16,9°	289,5°
27	- 3,4°	1,2°	13,0°	288,4°
28	- 2,5°	2,8°	8,1°	283,7°
29	- 1,4°	4,3°	2,3°	277,3°
30	- 0,2°	5,4°	356,2°	270,2°
31	0,9°	6,3°	350,4°	262,9°

Phases et distances

Jour	Heure en TU	Distance en km	Ø apparent
3	PQ à 0 h 14 m	370 125	32,3′
9	PL à 20 h 55 m	379 483	31,5′
17	DQ à 17 h 15 m	404 273	29,6′
25	NL à 10 h 49 m	376 366	31,7′
4	Périgée à 16 h 34 m	369 325	32,4′
17	Apogée à 10 h 20 m	404 328	29,6′
29	Périgée à 14 h 36 m	368 291	32,4′

Reportez-vous pages 7 à 15 pour trouver des renseignements détaillés sur l'utilisation de ces différentes informations.
Consultez les tableaux de corrections horaires (pages 340 et 341) pour adapter les heures de lever, de passage au méridien et de coucher en fonction de votre lieu d'observation.

NOVEMBRE 2022

1re quinzaine vers 22 h TU - 2e quinzaine vers 21 h TU

Pour	Utilisez la carte de
17-18 h	septembre
19-20 h	octobre
23-0 h	décembre
1-2 h	janvier
3-4 h	février
5-6 h	mars

Vous pouvez également utiliser cette carte en :
décembre vers 19-20 h
janvier vers 17-18 h
juillet vers 5-6 h
août vers 3-4 h
septembre vers 1-2 h
octobre vers 23-0 h
(valable uniquement pour les étoiles)

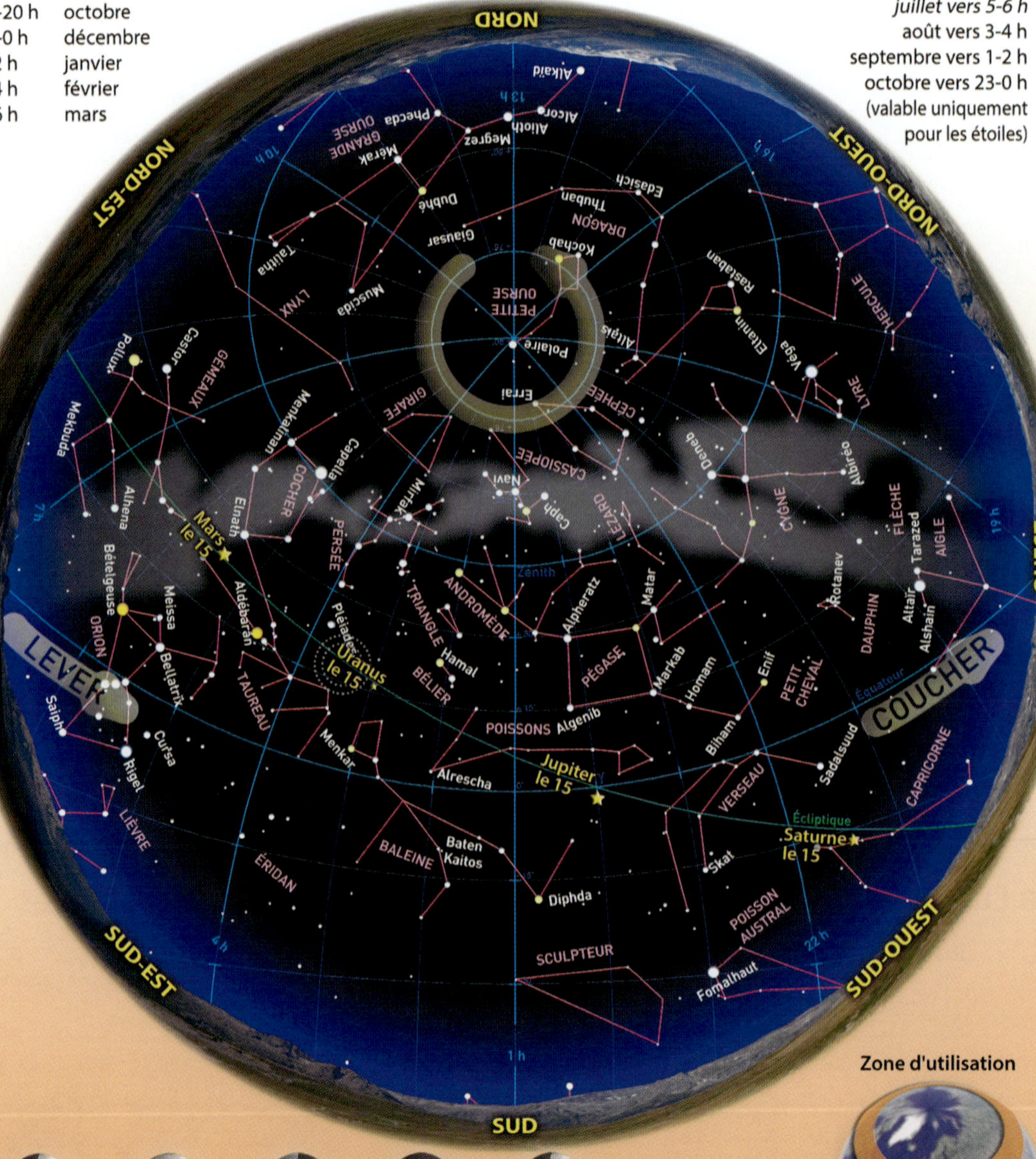

1er novembre	8 novembre	16 novembre	23 novembre	30 novembre
Premier Quartier	Pleine Lune	Dernier Quartier	Nouvelle Lune	Premier Quartier
Capricorne	*Bélier*	*Lion*	*Scorpion*	*Verseau*

Magnitudes
-1 0 1 2 3 4 4,5 et +

Zone d'utilisation

38° à 52° nord

À L'ORÉE DE L'AUBE EN NOVEMBRE 2022

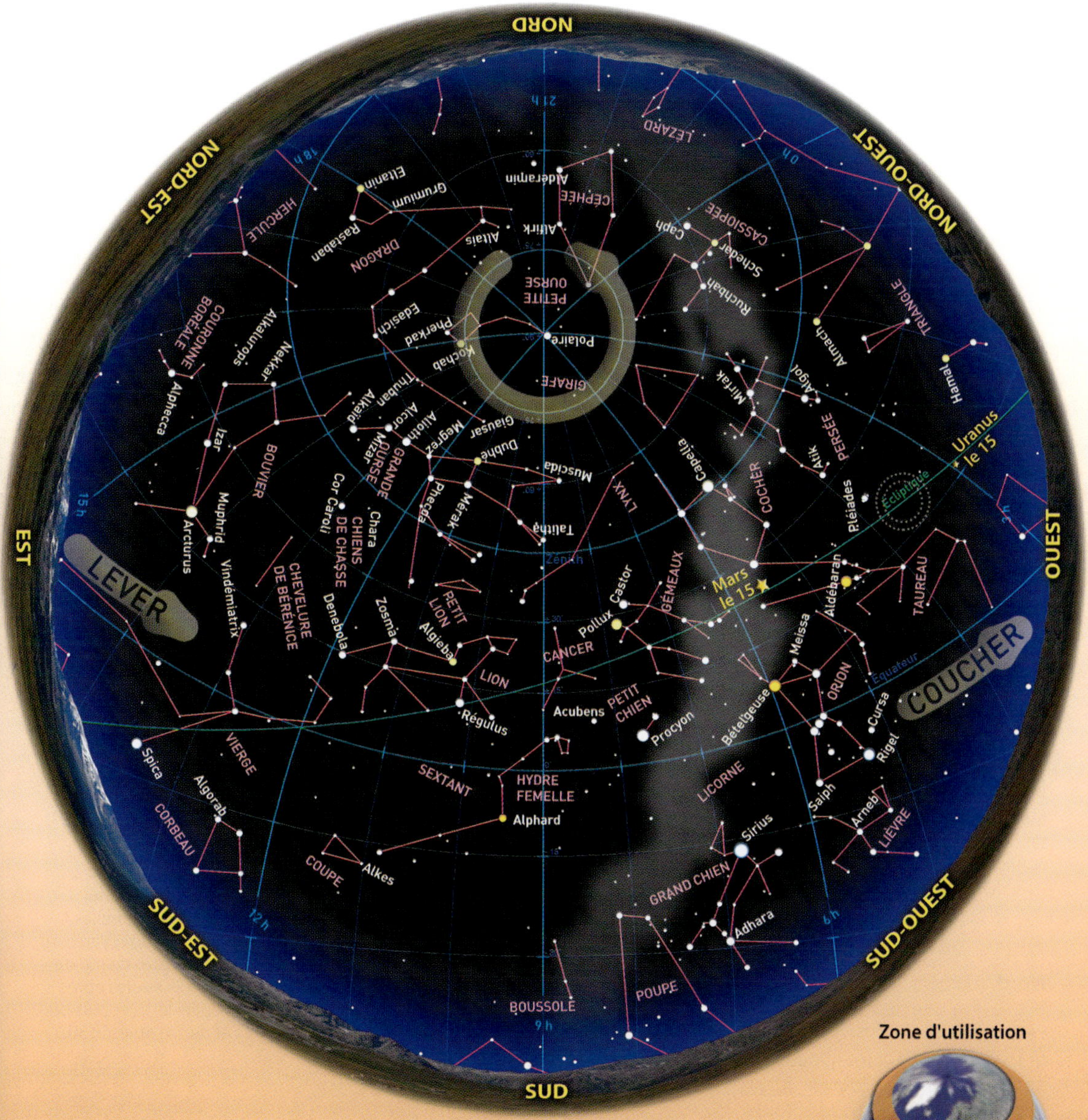

Zone d'utilisation

38° à 52° nord

Vous trouverez des conseils pour l'utilisation de ces cartes en début d'ouvrage.

La Lune et les planètes

Mercure

Nord. En conjonction supérieure avec le Soleil le 8, Mercure est trop proche de la position apparente du Soleil pour être observable en novembre.
Tropiques. Il est possible de la repérer aux jumelles en fin de mois lors de sa conjonction avec Vénus et la Lune, au ras de l'horizon ouest-sud-ouest durant le crépuscule civil.

Vénus

Nord. Les déplacements de Vénus et de la Terre autour du Soleil se conjuguent pour ralentir le retour apparent de Vénus dans le ciel crépusculaire du soir. Son élongation solaire passe de 2,5° à 9,5° en novembre et, le 30, elle se couche à peine une demi-heure après le Soleil. Elle brille donc au ras de l'horizon ouest-sud-ouest durant le crépuscule civil et des jumelles sont nécessaires pour la repérer dans une atmosphère limpide.
Tropiques. L'angle fait par l'écliptique sur l'horizon est plus favorable qu'en Europe et le repérage de Vénus à l'œil nu est possible après le 15 ; observez notamment sa belle conjonction avec Mercure le 21.

Mars

Nord. Toujours dans le Taureau, elle se lève une quarantaine de minutes après la fin du crépuscule le 1er et moins de vingt minutes après le coucher du Soleil le 30. Elle nous accompagne donc tout au long de la nuit et son éclat dépasse la magnitude - 1,8 peu avant son opposition du début décembre. Son diamètre apparent atteint 17,2", ce qui est loin de celui des dernières oppositions – 24,3" en 2018 et 22,6" en 2020 –, mais il faut s'en contenter et en profiter car nous n'aurons pas mieux avant le printemps 2033 ! En fin de soirée, Mars et Jupiter encadrent largement le méridien et, si l'éclat jovien est plus intense, c'est le rougeoiement de celui de Mars qui aimante inévitablement les regards.
Tropiques. Les conditions d'observation sont excellentes.

Jupiter

Nord. Son mouvement apparent vers l'ouest de l'écliptique ralentit et elle termine sa rétrogradation le 23. À la mi-novembre, elle brille superbement dans les Poissons à plus de 35° de hauteur au-dessus de l'horizon sud-est à la fin du crépuscule et passe au méridien en milieu de soirée à plus de 40° de hauteur. Son éclat et son diamètre apparent diminuent – magnitude - 2,6 et 43,7" le 30. Si vous regardez cette planète pour la première fois dans un instrument, n'oubliez pas qu'il faut la scruter attentivement et longtemps, plusieurs minutes d'affilée, pour voir des détails apparaître dans son atmosphère. Votre cerveau apprend à analyser la lumière captée par vos yeux et il fait surgir des structures nuageuses là où un simple coup d'œil ne montre qu'un disque blanc éblouissant. Le 2 dans la soirée, Callisto est à nouveau toute seule à côté du disque jovien. Le 6, Jupiter vous permet de localiser le point vernal (voir p. 12) sur la voûte céleste : il se situe à 1,6° – trois fois le diamètre apparent de la Pleine Lune environ – au nord de son éclat iridescent.
Tropiques. Les conditions d'observation sont excellentes.

Saturne

Nord. Dans le Capricorne, elle se couche un peu moins de sept heures après le Soleil le 1er et cinq heures et demie après lui le 30. À la fin du crépuscule, elle brille (magnitude 0,6) à plus de 28° de hauteur au méridien le 1er et à 26° au-dessus de l'horizon sud-sud-ouest le 30, il nous reste donc de belles heures d'observation de la planète aux anneaux, qui est en quadrature le 11. Le diamètre apparent équatorial du disque de Saturne est de 16,4" le 30 et ses anneaux mesurent 37,1".
Tropiques. Les conditions d'observation sont toujours excellentes.

Uranus (Bélier) passe à l'opposition le 9 novembre à 155,4 minutes-lumière de la Terre (18,69 ua). Elle se situe alors à plus de 15° de hauteur au-dessus de l'horizon est à la fin du crépuscule et franchit le méridien à plus de 60° de hauteur. Vous pouvez observer son disque de 3,7" avec un petit instrument ; utilisez la carte de la p. 52 pour essayer de l'identifier à l'œil nu (magnitude 5,6) ou aux jumelles dans un bon site. Neptune (Verseau) passe au méridien à près de 40° de hauteur plus de trois heures après le coucher du Soleil le 15 et plus de deux heures et demie après le 30.

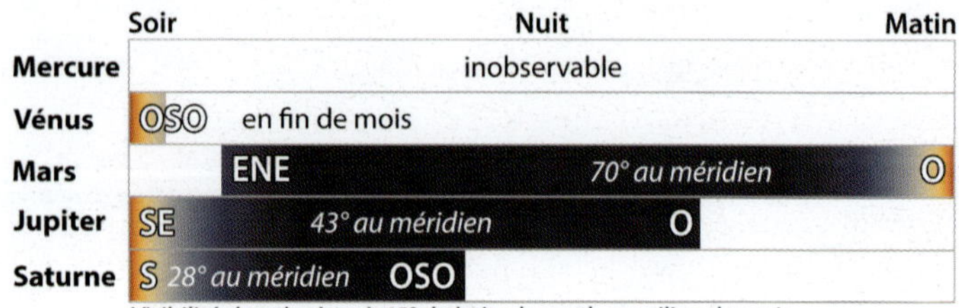

Visibilité des planètes à 45° de latitude nord, en milieu de mois.

Planétaire

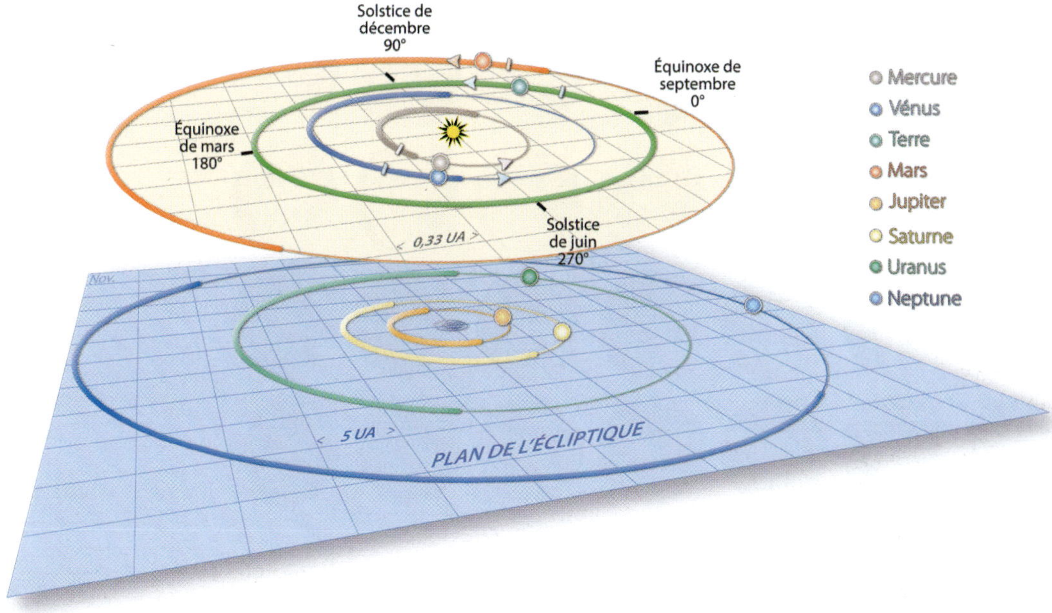

Vous trouverez en pages 67 et 69 des explications complètes sur ces deux schémas.

Le calendrier lunaire

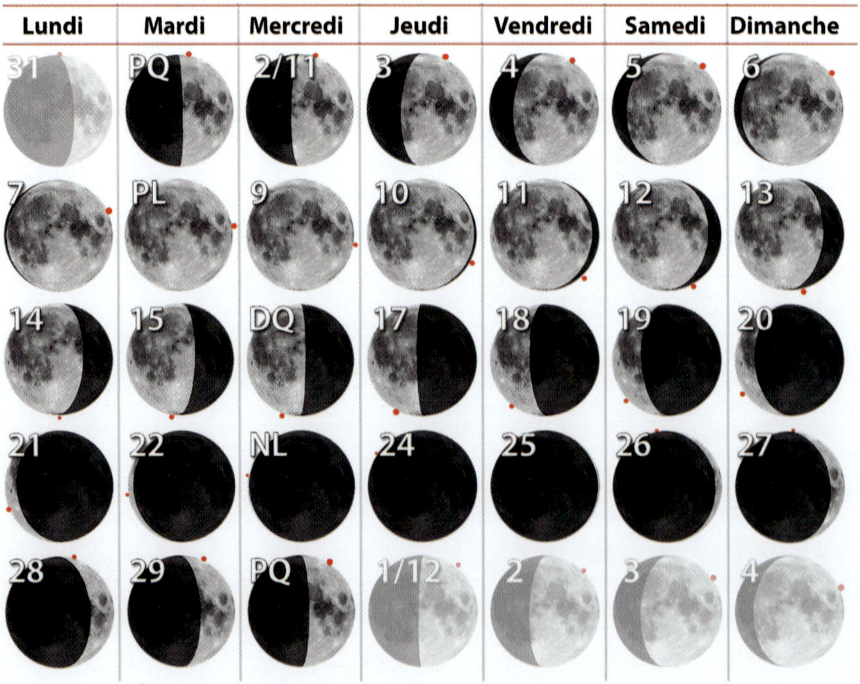

Longitude du terminateur	Soleil levant	Soleil couchant
1er/11	354°	
2	7°	
3	19°	
4	31°	
5	43°	
6	55°	
7	67°	
8	80°	
9		92°
10		104°
11		116°
12		128°
13		140°
14		152°
15		165°
16		177°
17		189°
18		201°
19		213°
20		225°
21		238°
22		250°
23		262°
24	274°	
25	286°	
26	299°	
27	311°	
28	323°	
29	335°	
30	347°	

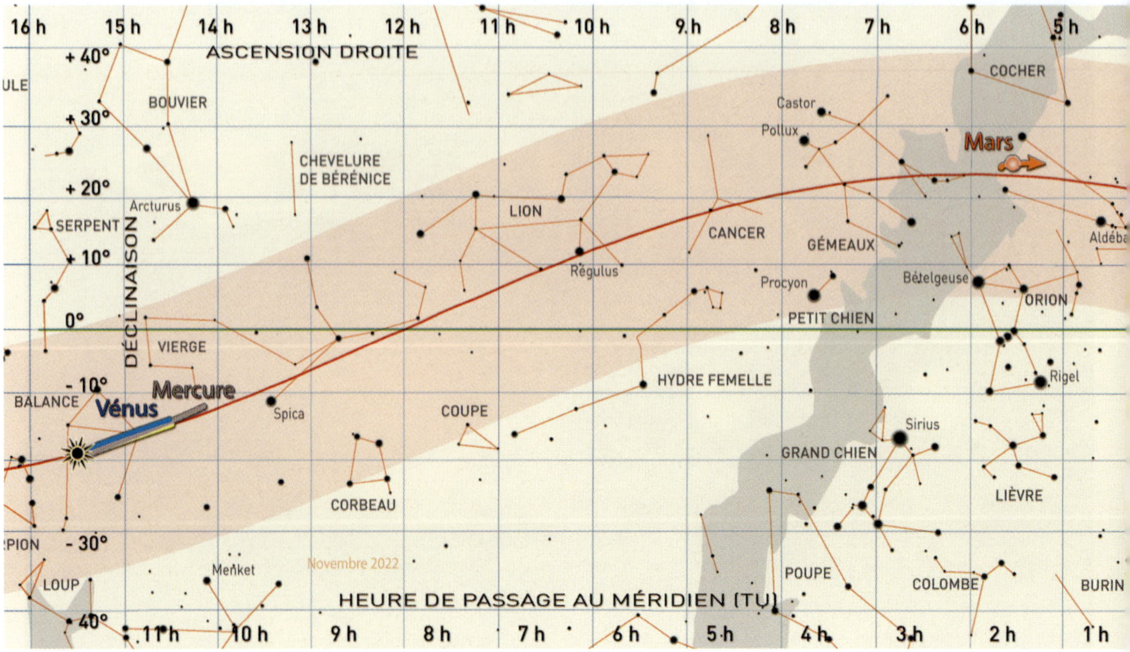

Hauteur mensuelle de la Lune

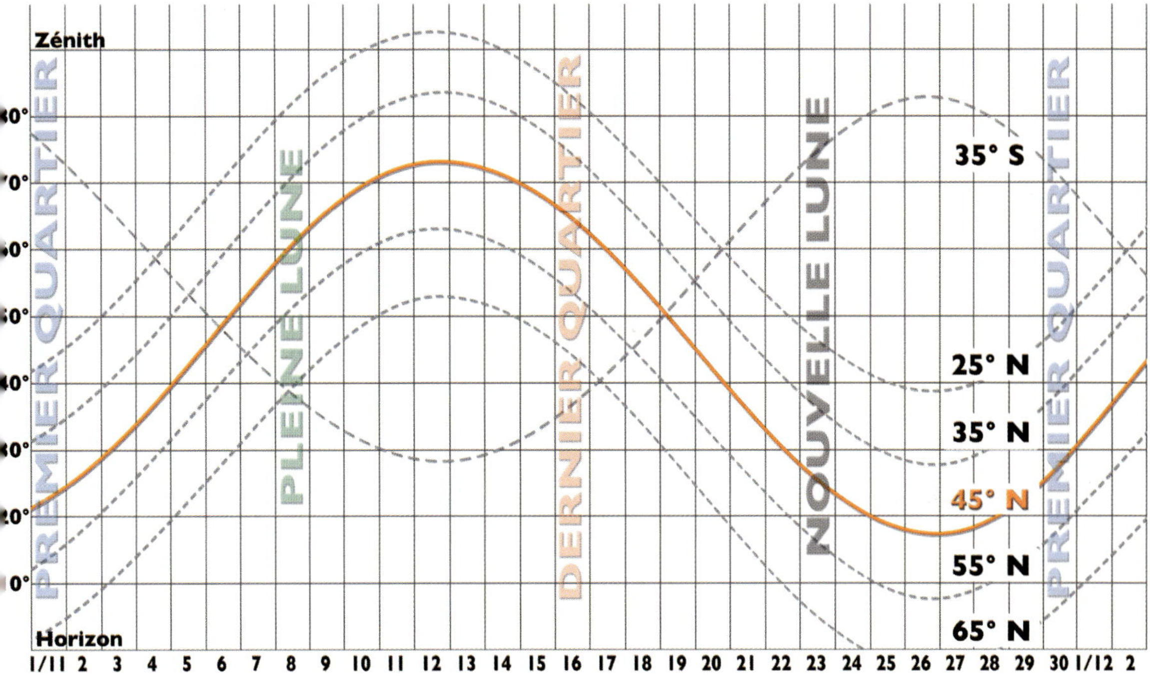

Le 1er novembre à 0 h TU, la Lune est âgée de 6,5 jours.

La Lune atteint sa plus grande déclinaison vers le nord le 13 (27,4°) et sa plus grande déclinaison vers le sud le 26 (- 27,3°).

Vous trouverez en pages 35, 69, 70 et 71 des explications complètes sur ces trois schémas et ce tableau.

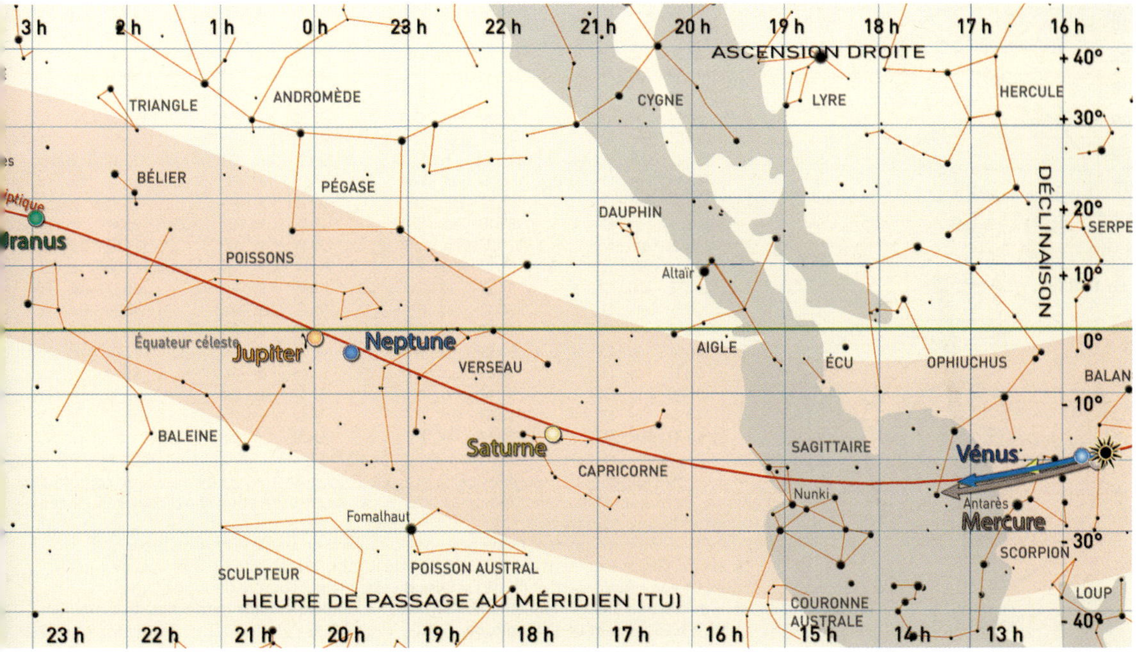

NOVEMBRE 2022

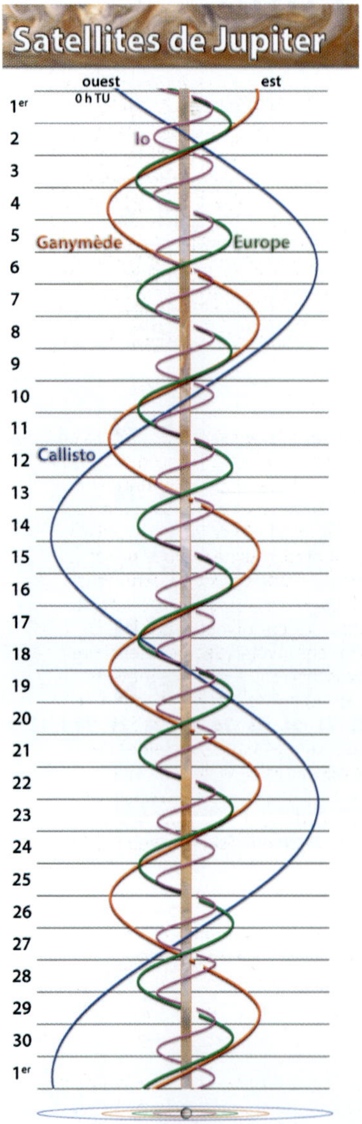

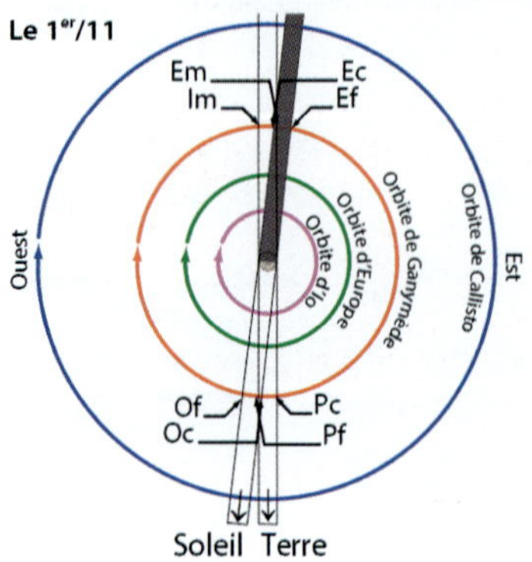

Passages de la tache rouge de Jupiter au méridien central

1er/11 : 4 h 38 ; 14 h 33.
2 : 0 h 32 ; 10 h 28 ; 20 h 23.
3 : 6 h 19 ; 16 h 15.
4 : 2 h 10 ; 12 h 06 ; 22 h 02.
5 : 7 h 57 ; 17 h 53.
6 : 3 h 49 ; 13 h 44 ; 23 h 40.
7 : 9 h 36 ; 19 h 31.
8 : 5 h 27 ; 15 h 23.
9 : 1 h 19 ; 11 h 14 ; 21 h 10.
10 : 7 h 06 ; 17 h 01.
11 : 2 h 57 ; 12 h 53 ; 22 h 48.
12 : 8 h 44 ; 18 h 40.
13 : 4 h 35 ; 14 h 31.
14 : 0 h 27 ; 10 h 23 ; 20 h 18.
15 : 6 h 14 ; 16 h 10.
16 : 2 h 05 ; 12 h 01 ; 21 h 57.
17 : 7 h 53 ; 17 h 48.
18 : 3 h 44 ; 13 h 40 ; 23 h 35.
19 : 9 h 31 ; 19 h 27.
20 : 5 h 23 ; 15 h 18.
21 : 1 h 14 ; 11 h 10 ; 21 h 05.
22 : 7 h 01 ; 16 h 57.
23 : 2 h 53 ; 12 h 48 ; 22 h 44.
24 : 8 h 40 ; 18 h 35.
25 : 4 h 31 ; 14 h 27.
26 : 0 h 23 ; 10 h 18 ; 20 h 14.
27 : 6 h 10 ; 16 h 06.
28 : 2 h 01 ; 11 h 57 ; 21 h 53.
29 : 7 h 49 ; 17 h 44.
30 : 3 h 40 ; 13 h 36 ; 23 h 32.

Longitude estimée du centre de la tache rouge en début de mois : 28,25°.

Phénomènes des satellites de Jupiter

	Heure	Sat.	Phé.		7h22	Io	Ef		4h21	Io	Oc	24	2h17	Io	Im
1er/11	2h08	Eur.	Im**		9h03	Eur.	Ef		5h28	Io	Pf		3h54	Eur.	Pc
	2h24	Io	Im**	9	1h25	Io	Pc**		6h35	Io	Of		5h42	Io	Ef
	5h27	Io	Ef		2h25	Io	Oc	17	0h27	Io	Im**		6h18	Eur.	Oc
	6h25	Eur.	Ef		3h39	Io	Pf		1h28	Eur.	Pc**		6h26	Eur.	Pf
	23h37	Io	Pc**		4h39	Io	Of		3h42	Eur.	Oc		7h30	Gan.	Pc
2	0h29	Io	Oc**		22h38	Io	Im**		3h46	Io	Ef		8h47	Eur.	Of
	1h50	Io	Pf**		23h06	Eur.	Pc**		3h50	Gan.	Pc		10h23	Gan.	Pf
	2h43	Io	Of**	10	0h15	Gan.	Pc**		3h59	Eur.	Pf		12h32	Gan.	Oc
	7h54	Cal.	Cs		1h07	Eur.	Oc**		6h11	Eur.	Of		15h13	Gan.	Of
	20h45	Eur.	Pc**		1h36	Eur.	Pf**		6h40	Gan.	Pf		23h32	Io	Pc**
	20h46	Gan.	Pc**		1h51	Io	Ef**		8h28	Gan.	Oc	25	0h46	Io	Oc**
	20h50	Io	Im**		3h03	Gan.	Pf		11h11	Gan.	Of		1h46	Io	Pf
	22h30	Eur.	Oc**		3h36	Eur.	Of		21h41	Io	Pc**		2h59	Io	Of
	23h14	Eur.	Pf**		4h25	Gan.	Oc		22h51	Io	Oc**		20h45	Io	Im**
	23h31	Gan.	Pf**		7h10	Gan.	Of		23h55	Io	Pf**		22h38	Eur.	Im**
	23h56	Io	Ef**		15h20	Cal.	Ci	18	1h04	Io	Of**	26	0h10	Io	Ef**
3	0h23	Gan.	Oc**		19h52	Io	Pc**		18h54	Io	Im**		3h40	Eur.	Ef
	1h00	Eur.	Of**		20h55	Io	Oc**		20h09	Eur.	Im**		18h00	Io	Pc**
	3h08	Gan.	Of		22h05	Io	Pf**		22h15	Io	Ef**		19h15	Io	Oc**
	18h03	Io	Pc**		23h08	Io	Of**		23h38	Cal.	Cs**		20h14	Io	Pf**
	18h59	Io	Oc**	11	17h05	Io	Im	19	1h02	Eur.	Ef**		21h28	Io	Of**
	20h17	Io	Pf**		17h42	Eur.	Im**		16h09	Io	Pc	27	7h35	Cal.	Ci
	21h12	Io	Of**		20h20	Io	Ef**		17h19	Io	Oc**		15h13	Io	Im
4	15h17	Io	Im		22h23	Eur.	Ef**		18h23	Io	Pf**		17h07	Eur.	Pc**
	15h19	Eur.	Im	12	14h19	Io	Pc		19h33	Io	Of**		18h39	Io	Ef**
	18h25	Io	Ef**		15h23	Io	Oc	20	13h22	Io	Im		19h37	Eur.	Oc**
	19h44	Eur.	Ef**		16h33	Io	Pf		14h41	Eur.	Pc		19h39	Eur.	Pf**
5	12h31	Io	Pc		17h37	Io	Of**		16h44	Io	Ef		21h16	Gan.	Im**
	13h28	Io	Oc	13	11h32	Io	Im		17h01	Eur.	Oc**		22h05	Eur.	Of**
	14h44	Io	Pf		12h16	Eur.	Pc		17h12	Eur.	Pf**	28	0h09	Gan.	Em**
	15h41	Io	Of		13h56	Gan.	Im		17h33	Gan.	Im**		2h24	Gan.	Ec
6	9h44	Io	Im		14h24	Eur.	Oc		19h30	Eur.	Of**		5h04	Gan.	Ef
	9h55	Eur.	Pc		14h47	Eur.	Pf		20h25	Gan.	Em**		12h28	Io	Pc
	10h22	Gan.	Im		14h49	Io	Ef		22h21	Gan.	Ec**		13h44	Io	Oc
	11h48	Eur.	Oc		16h46	Gan.	Em	21	1h03	Gan.	Ef**		14h42	Io	Pf
	12h25	Eur.	Pf		16h53	Eur.	Of		10h37	Io	Pc		15h57	Io	Of
	12h54	Io	Ef		18h18	Gan.	Ec**		11h48	Io	Oc	29	9h41	Io	Im
	13h10	Gan.	Em		21h02	Gan.	Ef**		12h51	Io	Pf		11h52	Eur.	Im
	14h15	Gan.	Ec	14	8h47	Io	Pc		14h01	Io	Of		13h08	Io	Ef
	14h18	Eur.	Of		9h52	Io	Oc	22	7h49	Io	Im		14h27	Eur.	Em
	16h59	Gan.	Ef		10h59	Io	Pf		9h22	Eur.	Im		14h29	Eur.	Ec
7	6h57	Io	Pc		12h05	Io	Of		11h13	Io	Ef		16h59	Eur.	Ef**
	7h56	Io	Oc	15	5h59	Io	Im		14h20	Eur.	Ef	30	6h57	Io	Pc
	9h11	Io	Pf		6h55	Eur.	Im	23	5h04	Io	Pc		8h14	Io	Oc
	10h10	Io	Of		9h18	Io	Ef		6h17	Io	Oc		9h10	Io	Pf
8	4h11	Io	Im		11h42	Eur.	Ef		7h18	Io	Pf		10h27	Io	Of
	4h30	Eur.	Im	16	3h14	Io	Pc		8h31	Io	Of				

Tous les phénomènes des satellites galiléens sont listés ci-dessus ; vous devez tenir compte des heures de lever et de coucher de Jupiter pour votre site d'observation afin de déterminer ceux que vous pourrez observer.
Pc et Pf = commencement et fin du passage du satellite devant le disque de Jupiter.
Oc et Of = commencement et fin du passage de l'ombre du satellite sur le disque de Jupiter.
Ec et Ef = commencement et fin de l'éclipse du satellite par l'ombre de Jupiter. Im et Em = immersion (disparition) et émersion (réapparition) du satellite derrière le disque jovien.
* Visible à 45° nord et 0° de longitude.

Satellites de Saturne

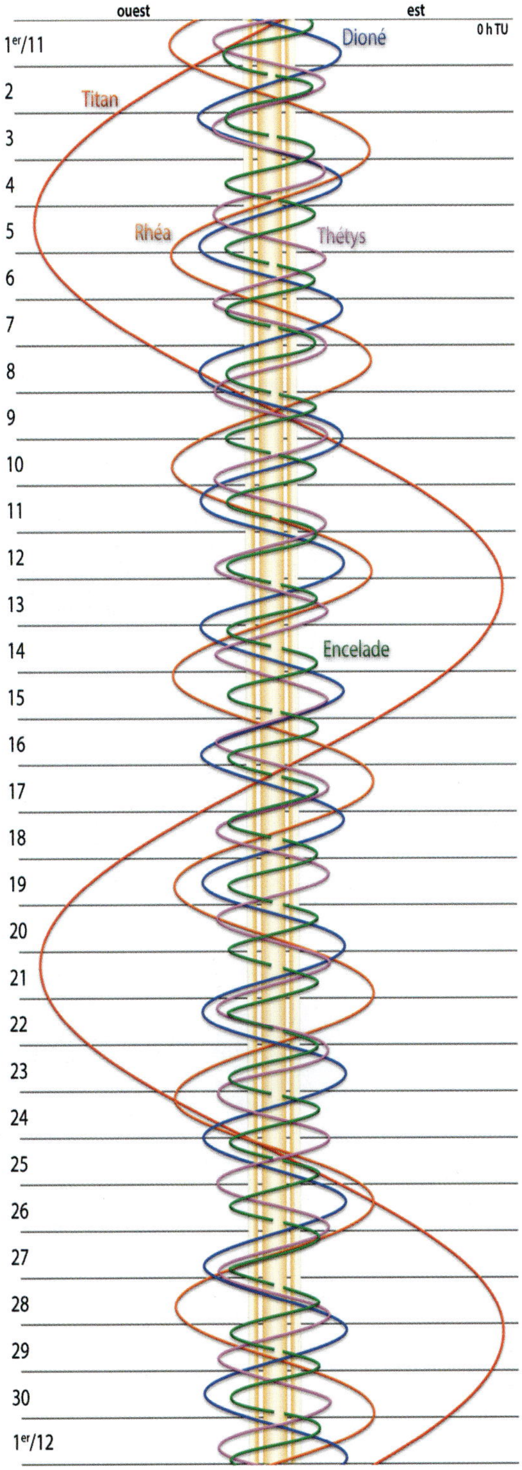

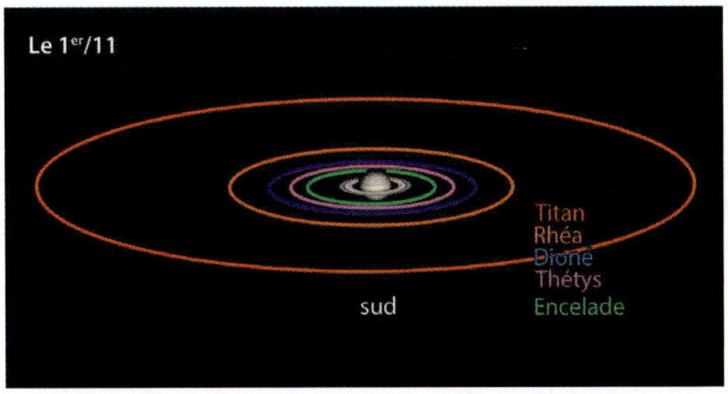

Les courbes ci-contre représentent les trajectoires apparentes des principales lunes de Saturne visibles dans les instruments d'amateur : Encelade est en vert, Téthys en cyan, Dioné en violet, Rhéa en orange et Titan en rouge. La triple bande centrale symbolise le disque et les anneaux de cette planète à la même échelle. La barre horizontale au-dessus de chaque date indique 0 h TU ce jour. Le nord est en haut, l'est à droite et l'ouest à gauche ; si vous ne savez plus comment est orienté le champ de votre instrument, lisez le petit texte d'explication de la page 67. Les satellites de Saturne tournent autour de leur planète dans le sens direct, c'est-à-dire dans le sens inverse des aiguilles d'une montre vu du nord. Ils passent donc entre la planète et nous dans le sens est-ouest et au-delà de la planète dans le sens ouest-est. Selon l'inclinaison du système de Saturne vu depuis la Terre (représentée ci-dessus), certaines des lunes peuvent alors être occultées ou éclipsées par le disque ou les anneaux de la planète. Le petit tableau ci-dessous donne la magnitude de ces lunes, plus Japet, dont l'orbite est trop grande pour être représentée (voir p. 294).

Satellites de Saturne en novembre 2022

	Mimas	Encelade	Téthys	Dioné	Rhéa	Titan	Japet
5	13,2	12,1	10,6	10,7	10	8,7	11,4
15	13,2	12,1	10,6	10,7	10	8,7	11,4
25	13,3	12,2	10,7	10,8	10,1	8,8	11,5

Dans le tableau suivant, la séparation en secondes d'arc est donnée avec un signe négatif pour les élongations à l'ouest. L'écart apparent entre Titan et Saturne reste important durant les nuits qui encadrent le jour de l'élongation maximale.

Élongations de Titan en novembre 2022

Date	Heure	Séparation en "
5	6 h 44	- 176
13	3 h 14	169
21	6 h 2	- 171
29	2 h 44	165

Diamètre apparent le 15 : 0,72"

Les phénomènes astronomiques au jour le jour

À NE PAS MANQUER CE MOIS-CI !

Le 1er et le 2, Saturne et la Lune.
Le 2 et le 10, un seul satellite galiléen.
Le 4, Jupiter et la Lune.
Nuit du 11 au 12, Mars et la Lune.
Nuit du 17 au 18, essaim des Léonides.
Après le 22, la lumière zodiacale à l'aube.
Le 28 et le 29, Saturne et le croissant lunaire.
Le 30, X et V lunaires.

JJ TU

01 00 Mardi (305-60). Heure de début et de fin du crépuscule astronomique à 45° de latitude nord et 0° de longitude : le 1er (4 h 59 m/18 h 28 m) ; le 15 (5 h 15 m/18 h 13 m). La durée du jour est de 10 heures et 10 minutes le 1er et de 9 heures et 3 minutes le 30 ; le dernier jour du mois, le Soleil se lève 39 minutes plus tard et se couche 28 minutes plus tôt que le premier. La durée du crépuscule astronomique passe de 98 à 105 minutes sur le mois.

01 01 Suivez la disparition de la paire **Europe-Io** au ras du limbe ouest de Jupiter avec un instrument.

01 06 **Premier Quartier de Lune à 6 h 37 m (Cap).** Distance : 370 691 km, soit 58,12 rayons terrestres.

01 12 À midi, début du jour julien 2 459 885.

01 18 L'étoile **Deneb** domine l'horizon sud-sud-ouest de 85° à la fin du crépuscule astronomique à 45° de latitude nord.

01 23 **Conjonction géocentrique en longitude entre la Lune (Cap) et Saturne** à 23 h 22 m (séparation : 4°).

02 00 Mercredi (306-59). Formations lunaires proches du terminateur dans la journée : Mur droit, Maginus, Platon, Moretus, Ératosthène, Tycho, Clavius.

02 00 Période de libration maximale en latitude pour la Lune (b = 6,8°).

02 00 La petite planète **3 Junon** est en conjonction à moins de 6′ de la petite planète **5 Astraea** dans le Verseau.

02 00 **L'inclinaison apparente des anneaux de Saturne** passe de + 15,3° à + 14,8° au cours du mois.

02 01 **Maximum d'éclat de l'étoile Delta Cephei à 1 h.** Sa magnitude varie de 3,5 à 4,4 au cours d'un cycle de 5,366 jours. Les autres maxima du mois se produisent le 7 à 9 h, le 12 à 18 h, le 18 à 3 h, le 23 à 12 h et le 28 à 20 h.

Le 1er et le 2 novembre au crépuscule, une heure et demie après le départ du Soleil, une Lune déjà légèrement gibbeuse rend visite à Saturne dans le Capricorne. Ces astres brillent joliment au méridien, à plus de 20° de hauteur.

02 07 **Callisto est en conjonction supérieure** à 7 h 54 m. Elle est observable à proximité du pôle Nord jovien.

02 12 Le **Soleil** franchit le méridien à 30° de hauteur.

02 20 **Minimum d'éclat de l'étoile variable Algol de Persée** (Bêta Persei) à 20 h ; sa magnitude est proche de 3,3. Les autres minima du mois se produisent le 5 à 16 h, le 8 à 13 h, le 11 à 10 h, le 14 à 7 h, le 17 à 4 h, le 20 à 0 h, le 22 à 21 h, le 25 à 18 h et le 28 à 15 h. Voir également le 2 octobre 2022.

02 20 De 20 h 46 m à 23 h 14 m, **Europe et Ganymède passent simultanément devant le disque de Jupiter.**

02 20 **Entre 20 h 50 m et 22 h 30 m, un seul des quatre satellites galiléens – Callisto – est visible à côté du disque jovien :** Io est occultée, et Europe et Ganymède sont en transit devant les bandes nuageuses de la géante.

03 00 Jeudi (307-58). De 0 h 23 m à 3 h 08 m, **Europe et Ganymède projettent leur ombre sur Jupiter.** Partiellement visible en Europe.

03 02 Formations lunaires proches du terminateur dans la journée : Copernic et la chaîne de montagnes des Carpathes, Longomontanus, Klaproth, golfe des Iris.

03 06 **Minimum d'éclat de l'étoile variable Sheliak** (Bêta de la Lyre) à 6 h. Sa magnitude varie de 3,3 à 4,3 au cours d'un cycle de 12,941 jours. Les autres minima du mois se produisent le 16 à 5 h et le 29 à 4 h.

03 12 **L'équation du temps atteint son second maximum négatif de l'année à - 16 m 27 s.**

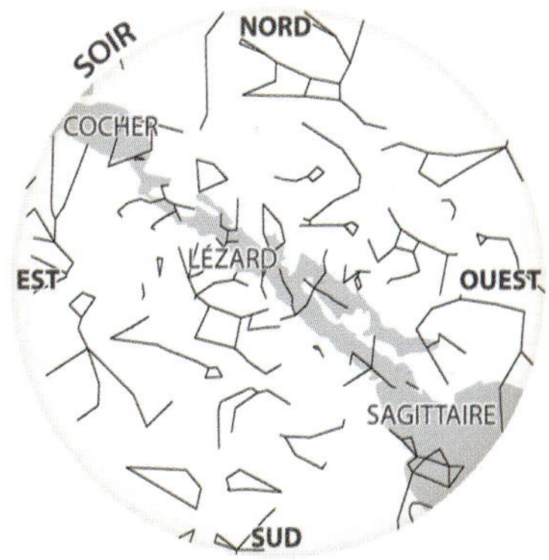

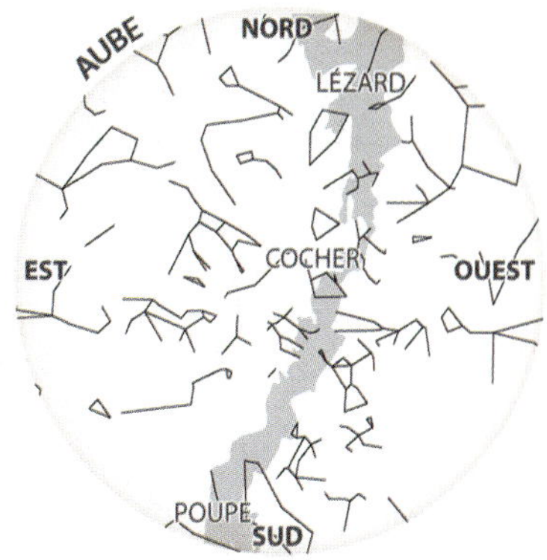

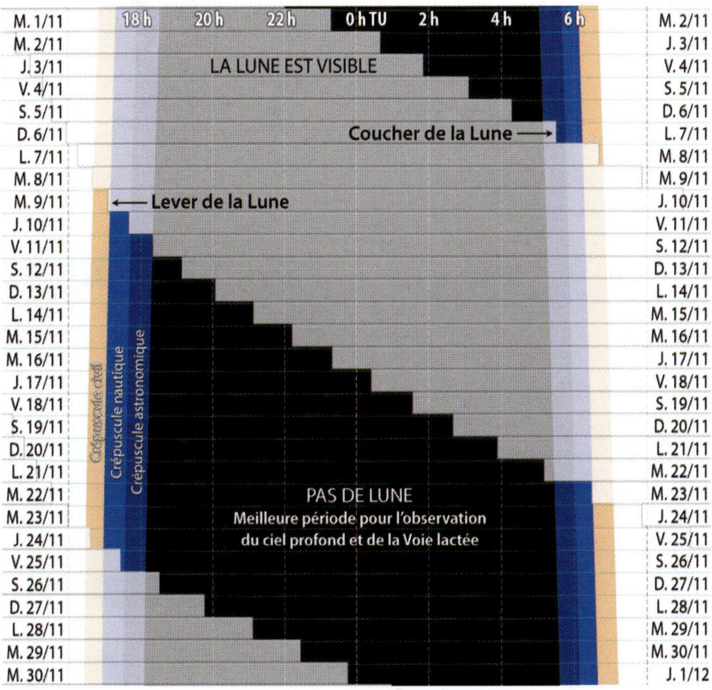

Début novembre, à la fin du crépuscule, la **Voie lactée** se développe du nord-est au sud-ouest, du Cocher au Sagittaire ; le Lézard est au zénith et le Triangle d'été se dresse au-dessus de l'horizon sud-ouest. La présence de la Lune rend son observation délicate à l'œil nu en première partie de nuit jusqu'au milieu du mois, même dans les sites protégés des lumières artificielles les plus intenses. Vers minuit, la Voie lactée court du sud-est au nord-ouest, du Grand Chien au Cygne, et le sommet du ciel accueille Persée. Avant l'aube, l'arc galactique va de la Poupe au sud au Lézard au nord-nord-ouest et fait une grande arche au-dessus de l'horizon ouest, avec le Cocher à plus de 50° de hauteur.

Les phénomènes astronomiques au jour le jour

03 13 **Mercure** entre dans la constellation de la Balance.

04 00 Vendredi (308-57). Le Soleil se lève sur la région de **Campanus** (4-332) et, autour de 0 h 13 m, vous pouvez tenter d'observer avec un instrument une ou plusieurs raies lumineuses dans cette formation. Observez ensuite la région de **la Condamine** (3-218) autour de 0 h 57 m.

04 10 Conjonction géocentrique en longitude entre la Lune (Aqr) et Neptune à 10 h 34 m (séparation : 2,9°).

04 22 **Conjonction géocentrique en longitude entre la Lune (Psc) et Jupiter** à 22 h 05 m (séparation : 2,1°).

05 00 Samedi (309-56). Formations lunaires proches du terminateur dans la journée : Doppelmayer, Harpalus, Aristarque, Hérodote et la vallée de Schröter.

05 06 **Élongation maximale de Titan** à l'ouest de Saturne à 6 h 44 m (176″). Retrouvez les autres élongations de Titan en novembre à la page consacrée aux satellites de Saturne en début de mois.

05 15 **Milieu de la saison d'éclipses :** le Soleil est à la même longitude que le nœud descendant de la Lune (223,2°).

05 19 Le Soleil se lève sur la région de **Schiller C** (4-357) et, autour de 19 h 15 m, vous pouvez tenter d'observer avec un instrument une ou plusieurs raies lumineuses dans cette formation.

06 00 Dimanche. 310e jour de l'année.

06 00 **Jupiter est à 1,6° au sud du point vernal** dans les Poissons.

06 00 La planète naine **Cérès** passe à moins de 1° au nord des galaxies Messier 65 et 66 dans le Lion.

06 01 **Maximum d'éclat de l'étoile variable Êta Aquilae** (Aigle) à 1 h. Il s'agit d'une étoile de type céphéide dont la magnitude passe de 3,5 à 4,4 au cours d'un cycle de 7,177 jours. Les autres maxima du mois se produisent le 13 à 5 h, le 20 à 10 h et le 27 à 14 h. Voir également le 7 février 2023.

45e SEMAINE

07 00 Lundi (311-54). La semaine commence avec la Pleine Lune – et une éclipse totale malheureusement invisible en Europe – puis le ciel noir revient peu à peu en début de nuit. Constellation de la Lune chaque jour à 0 h pour 45° de latitude nord et 0° de longitude : L-Psc, M-Ari, M-Ari, J-Tau, V-Tau, S-Tau, D-Gem.

07 00 TSMG (voir p. 17) : 3 h 04 m 43 s.

07 00 Période du maximum d'éclat de l'étoile variable S CMi (0727+08). S CMi est une variable de type Mira (variable

Le 4 novembre, dès le crépuscule, vous pouvez repérer Jupiter sur la gauche du globe lunaire gibbeux. Les deux astres les plus brillants de la voûte nocturne sont à plus de 20° de hauteur au-dessus de l'horizon est-sud-est. Ils passent le méridien à une quarantaine de degrés de hauteur et se couchent, le 5, deux heures avant l'aube à l'ouest.

L'éclipse totale de Lune qui se produit le 8 n'est pas visible en Europe.

à longue période) dont la magnitude oscille entre 6,6 et 13,2 ; sa période est de 332,94 jours.

07 04 Le Soleil se lève sur la région de **Phocylides** (4-356) et, autour de 4 h 43 m, vous pouvez tenter d'observer avec un instrument une ou plusieurs raies lumineuses dans cette formation.

07 12 À midi, début du jour julien 2 459 891.

07 17 Début de la 2264e rotation synodique du Soleil.

08 06 Mardi (312-53). La Lune passe au nœud ascendant à 6 h 07 m (longitude moyenne : 43,4°). Distance : 389 919 km, soit 61,1 rayons terrestres.

08 11 **Éclipse totale de Lune invisible en Europe ;** voir les détails p. 201.

08 11 **Pleine Lune à 11 h 02 m (Ari).** Distance : 390 660 km, soit 61,25 rayons terrestres. Le vin nouveau est déjà tiré pour cette Pleine Lune de novembre qu'on peut également surnommer Pleine Lune du castor. Selon les années, cette Pleine Lune automnale inonde des paysages naturels aux teintes rousses ou bien, déjà, la blancheur immaculée du premier manteau neigeux.

08 12 Conjonction géocentrique en longitude entre la Lune (Ari) et Uranus à 12 h 47 m (séparation : 0,7°).

08 13 Occultation d'Uranus par la Lune. Zone de visibilité : nord-ouest de l'Amérique du Nord, extrême nord de l'Europe, Asie, Japon, régions arctiques.

08 16 **Mercure est en conjonction supérieure** à 5,4′ du centre du disque solaire ; occultation de la planète par le Soleil.

08 19 En première partie de nuit, les quatre lunes galiléennes – **Io, Europe, Ganymède et Callisto** – sont alignées dans leur ordre naturel à l'est du disque jovien.

08 23 La Pleine Lune franchit le méridien à près de 58° de l'horizon sud à Lille et à près de 66° à Perpignan.

09 00 Mercredi (313-52). Période du maximum d'éclat de l'étoile variable R Tri (0231+33). R Tri est une variable de type Mira (variable à longue période) dont la magnitude oscille entre 5,4 et 12,6 ; sa période est de 266,9 jours.

09 01 Plus petite distance entre la Terre et Uranus (périgée) : 18,68715 ua, soit 2,796 milliards de kilomètres environ.

09 08 **Opposition d'Uranus.** Longitude héliocentrique : 46° 55′ ; déclinaison : 16° 32′. Uranus se situe à l'est de la constellation du Bélier, ce qui lui permet de franchir le méridien à plus de 60° de hauteur au-dessus de l'horizon sud. Prochaine opposition le 13 novembre 2023.

09 12 Mercure passe au nœud descendant de son orbite (longitude héliocentrique : 228,3°).

09 12 Le **Soleil** franchit le méridien à 28° de hauteur.

09 14 **Conjonction géocentrique en longitude entre la Lune (Tau) et les Pléiades** à 14 h 01 m (séparation :

L'étoile Polaire passe au méridien à minuit. À 45° de latitude nord, sa hauteur est alors de 45° 38′ 08″, ce qui rappelle qu'elle n'est pas exactement sur le pôle Nord de la sphère céleste, elle en est à plus d'un diamètre apparent lunaire. L'axe de rotation de la Terre n'est pas fixe dans l'espace, il décrit un cône dont l'axe est perpendiculaire au plan de révolution de notre planète autour du Soleil. Ce mouvement de précession est effectué en près de 26 000 ans. Du fait de la précession, les positions successives du pôle Nord céleste décrivent un grand cercle sur la sphère céleste. Actuellement, l'étoile Polaire est l'astre brillant le plus proche du pôle Nord céleste – à 2 300″ de séparation apparente – et celui-ci va se rapprocher de 15″ par an environ jusqu'en 2100, où il ne sera plus qu'à 1 658″. Par la suite, le pôle Nord céleste s'éloignera d'Alpha de la Petite Ourse et, dans quelque 12 000 ans, il sera à proximité de Véga de la Lyre, qui fera une superbe étoile « Polaire ».

Les phénomènes astronomiques au jour le jour

2,6°). Le soir venu, la Lune gibbeuse décroissante est resplendissante entre Aldébaran et les Pléiades.

09 19 Superbe rapprochement serré entre les lunes galiléennes **Europe et Ganymède** à l'est du limbe jovien en début de nuit.

10 00 Jeudi (314-51). De 0 h 15 m à 1 h 36 m, **Europe et Ganymède passent simultanément devant le disque de Jupiter.** Visible en Europe.

10 00 **Entre 0 h 20 m et 1 h 36 m, un seul des quatre satellites galiléens – Callisto – est visible à côté du disque jovien :** Io est occulté puis éclipsé, et Europe et Ganymède sont en transit devant les bandes nuageuses de la géante.

10 15 **Callisto est en conjonction inférieure** à 15 h 20 m. Elle est observable à proximité apparente du pôle Sud jovien.

10 22 **Io et Callisto** et, plus loin, **Europe et Ganymède** forment deux belles paires à l'ouest de Jupiter ce soir.

11 00 Vendredi (315-50). **Saturne est en quadrature** à l'est.

11 04 Formations lunaires proches du terminateur dans la journée : Langrenus et Petavius, Endymion, l'albatros (bordure ouest de la mer des Crises).

11 12 Le **Soleil** franchit le méridien au zénith à Papeete.

11 13 **Conjonction géocentrique en longitude entre la Lune (Tau) et Mars** à 13 h 34 m (séparation : 2,5°).

12 10 Samedi (316-49). Formation lunaire proche du terminateur dans la journée : Atlas.

12 13 Vénus et Mars sont en opposition héliocentrique.

12 16 **À 45° de latitude nord, les Pléiades se lèvent au moment du coucher du Soleil – on parle de lever achronique** – et, dans un ciel limpide, il est possible de les repérer aux jumelles une trentaine de minutes plus tard vers 60° d'azimut et 3° de hauteur.

12 17 **Maximum de l'essaim des Taurides nord** (017 NTA), qui est actif du 25 septembre au 25 novembre. Longitude héliocentrique prévue pour le maximum de l'essaim (équinoxe 2000.0) : 230°. Taux horaire moyen au zénith : 5. Vitesse atmosphérique de 29 km/s pour ces étoiles filantes associées à l'orbite de la comète à très courte période 2P Encke (période de 3,3 années ; prochain passage au périhélie le 22 octobre 2023). Il y a deux radiants : l'un, les Taurides sud (voir le 10 octobre 2022), dans les Hyades, l'autre, les Taurides nord, dans les Pléiades. En 2022, la Lune gibbeuse décroissante se situe dans les Gémeaux lors du maximum.

13 00 Dimanche. 317e jour de l'année.

Le 11 novembre en début de soirée, Mars et la Lune gibbeuse surplombent l'horizon est-nord-est. Elles cheminent côte à côte… jusqu'au lever du jour en franchissant le méridien à près de 70° de hauteur. L'éclat martien est toujours plus intense (magnitude - 1,5) et il rivalise à présent avec celui de Sirius du Grand Chien, l'étoile la plus brillante de la sphère céleste.

13 09 **Mercure** est à l'apogée à 1,447 ua de la Terre, soit près de 216,5 millions de kilomètres.

13 11 Formations lunaires proches du terminateur dans la journée : Fracastor, Piccolomini, Posidonius.

13 23 **Conjonction géocentrique en longitude entre la Lune (Gem) et Pollux** à 23 h 42 m (séparation : 1,7°). Le 14 à l'orée de l'aube, la Lune, Castor et Pollux sont alignées au méridien, à plus de 70° de hauteur.

46e SEMAINE

14 00 Lundi (318-47). Le bulbe galactique s'est enfoncé sous l'horizon, mais le pilier de la Voie lactée est encore superbe au sud-ouest en début de nuit avant le plongeon du Triangle d'été vers l'ouest-nord-ouest et l'arrivée de la Voie lactée hivernale de l'autre côté de la voûte céleste. Constellation de la Lune chaque jour à 0 h pour 45° de latitude nord et 0° de longitude : L-Gem, M-Cnc, M-Leo, J-Leo, V-Leo, S-Vir, D-Vir.

14 00 TSMG (voir p. 17) : 3 h 32 m 19 s.

14 03 Le Soleil se couche sur la région de **Catharina** (2-125) et, autour de 3 h 30 m, vous pouvez tenter d'observer avec un instrument une ou plusieurs raies lumineuses dans cette formation.

14 06 La Lune passe à l'apogée à 6 h 40 m.
Distance : 404 921 km, soit 63,49 rayons terrestres.

14 12 À midi, début du jour julien 2 459 898.

14 20 Mercure et Mars sont en opposition héliocentrique.

14 22 Le Soleil se couche sur la région de **Julius Caesar** (1-82) et, autour de 22 h 51 m, vous pouvez tenter d'observer avec un instrument une ou plusieurs raies lumineuses dans cette formation. Poursuivez avec la région de **Calippus** (1-38) autour de 23 h 53 m.

15 00 Mardi (319-46). Période de libration minimale en latitude pour la Lune (b = - 6,8°).

15 00 Le satellite naturel de Saturne **Japet** est éclipsé par le cône d'ombre de la planète aux anneaux aujourd'hui. Sa prochaine éclipse se produira le 10 juin 2036. Voir le 8 juin 2022.

15 03 Le Soleil se couche sur la région de **Tempel** (1-79) et, autour de 3 h 55 m, vous pouvez tenter d'observer avec un instrument une ou plusieurs raies lumineuses dans cette formation. Observez ensuite la région de **Lilius** (2-178) autour de 4 h 23 m.

16 00 Mercredi (320-45). Formations lunaires proches du terminateur dans la journée : centre de la chaîne des Apennins, Ptolémée, Alphonse et Arzachel, Archimède, Moretus, Maginus, Mur droit, Platon.

16 00 Période du maximum d'éclat de l'étoile variable R Crv (1214-18). R Crv est une variable de type Mira (variable

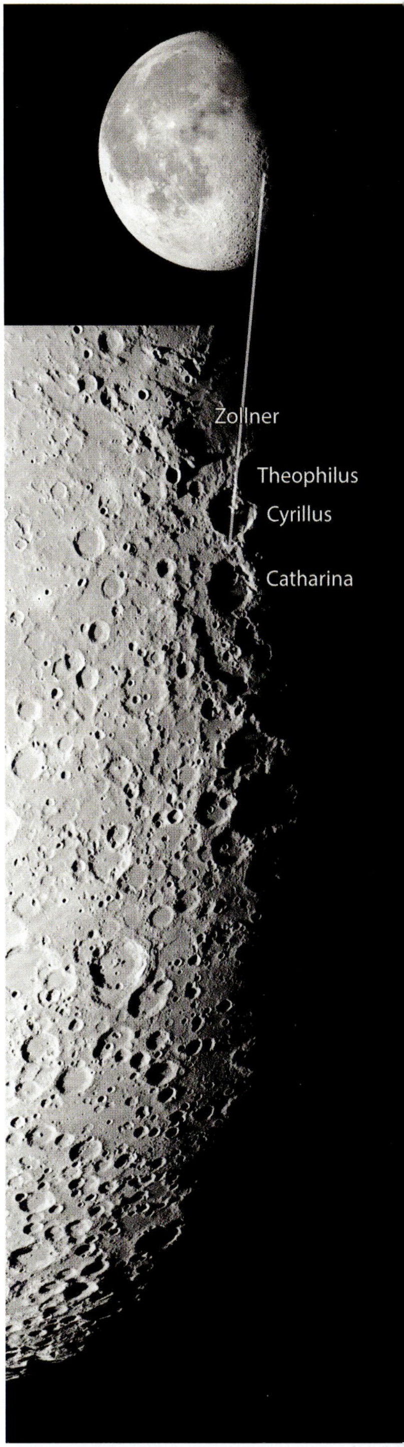

Crédit : NASA's Scientific Visualization Studio

Les phénomènes astronomiques au jour le jour

à longue période) dont la magnitude oscille entre 6,7 et 14,4 ; sa période est de 317,03 jours.

16 12 Le **Soleil** franchit le méridien à 26° de hauteur.

16 13 **Dernier Quartier de Lune à 13 h 27 m (Leo).** Distance : 401 641 km, soit 62,97 rayons terrestres.

16 13 **Juste avant de se coucher, le Dernier Quartier passe dans l'arche de l'Arc de triomphe vers 13 h 14 m.** Il faut se placer au niveau du rond-point des Champs-Élysées pour observer ou photographier cette scène. Attention ! La transparence de l'atmosphère parisienne n'est pas toujours excellente (!) et l'éclat de la face lunaire peut être fortement absorbé à moins de 2° de hauteur, diminuant d'autant les chances de réussite de cette observation. Vous pouvez rechercher les couchers (ou les levers) lunaires attractifs en fonction de votre région/ville en utilisant le menu « Recherche visuelle » de l'application The Photographer's Ephemeris disponible en ligne (gratuit) et pour smartphones et tablettes avec plus de fonctions (payante) ; voir app.photoephemeris.com.

16 20 Mercure et Vénus sont en conjonction héliocentrique.

16 23 **L'amas des Pléiades passe au méridien à minuit.** Sa hauteur est alors de 69° sud.

17 00 Jeudi (321-44). Période du maximum d'éclat de l'étoile variable W Her (1631+37). W Her est une variable de type Mira (variable à longue période) dont la magnitude oscille entre 7,6 et 14,4 ; sa période est de 280,03 jours.

17 01 **Conjonction géocentrique en longitude entre la Lune (Leo) et Régulus** à 1 h 20 m (séparation : 4,6°). Ces deux astres sont visibles loin au-dessus de l'horizon sud-sud-est à l'orée de l'aube.

17 01 **Mercure** entre dans la constellation du Scorpion.

17 02 Formations lunaires proches du terminateur dans la journée : Tycho, Ératosthène, Clavius, Copernic et la chaîne de montagnes des Carpathes, Longomontanus.

17 03 De 3 h 50 m à 3 h 59 m, Europe et Ganymède passent simultanément devant le disque de Jupiter. Invisible en Europe.

17 21 **Vénus** entre dans la constellation du Scorpion.

17 23 **Maximum de l'essaim des Léonides** (013 LEO) (longitude héliocentrique : 235,27°), dont la période d'activité s'étend du 10 au 23 novembre. Vitesse atmosphérique de 71 km/s. Le taux horaire de l'essaim des Léonides est proche de 15, mais il augmente souvent jusqu'à 100, ce qui en fait l'un des plus intéressants du cycle météoritique. Les Léonides habituelles sont très courtes et rapides ; beaucoup ont un éclat proche de

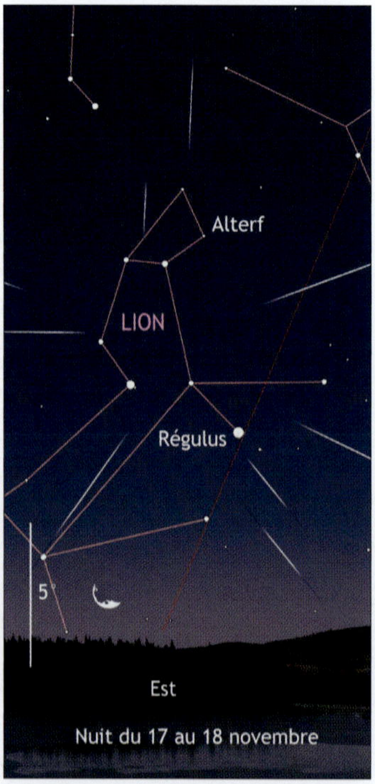

Les étoiles filantes de l'essaim des Léonides seront visibles durant la nuit du 17 au 18 novembre. L'arrivée d'un gros croissant lunaire en seconde partie de nuit devrait éclairer le fond du ciel et cacher les étoiles filantes les moins éclatantes.

la magnitude 0. L'essaim des Léonides est associé à la comète périodique 55P Tempel-Tuttle (période de 33,2 années ; dernier passage au périhélie en février 1998). En 2022, Maslov, Sato et Vaubaillon annoncent de possibles sursauts de l'activité de l'essaim car la Terre pourrait croiser des poussières éjectées par la comète 55P Tempel-Tuttle en 1600 – le 18 novembre vers 7 h –, en 1733 – le 19 novembre entre 6 h et 6 h 30 m – et en 1800 – le 21 novembre vers 15 h. En 2022, le maximum se produit peu après le Dernier Quartier, les conditions d'observation sont donc meilleures que l'année dernière.

18 05 Vendredi (322-43). Formations lunaires proches du terminateur dans la journée : Klaproth, golfe des Iris.

18 23 **Callisto est en conjonction supérieure** à 23 h 38 m. Elle est observable à proximité apparente du pôle Nord jovien. Visible en Europe.

19 09 Samedi (323-42). Formations lunaires proches du terminateur dans la journée : Kepler, Gassendi, Schiller, Doppelmayer, Harpalus.

19 20 Mercure est à l'aphélie à 0,467 ua du Soleil, soit près de 70 millions de kilomètres.

20 00 Dimanche. 324e jour de l'année.

20 02 Formations lunaires proches du terminateur dans la journée : Aristarque, Hérodote et la vallée de Schröter.

20 04 À 4 h 36 m, l'étoile Porrima (Vir - magnitude 3,5) est occultée par la Lune ; elle réapparaît à 4 h 53 m. Les deux astres sont alors à 21° au-dessus de l'horizon et la fraction éclairée de notre satellite est de 16 %.

Durant la nuit du 18 au 19 novembre, la lune galiléenne Callisto survole le pôle Nord de Jupiter.

47e SEMAINE

21 00 Lundi (325-40). Le jeune croissant ne fait son retour qu'en fin de semaine dans le ciel du soir et nous pouvons donc profiter de la Voie lactée quelques jours de plus. L'heure est aussi à la découverte des merveilles célestes qui sont éparpillées entre les constellations de Cassiopée, de Persée et d'Andromède. Constellation de la Lune chaque jour à 0 h pour 45° de latitude nord et 0° de longitude : L-Vir, M-Vir, M-Lib, J-Sco, V-Oph, S-Sgr, D-Sgr.

21 00 TSMG (voir p. 17) : 3 h 59 m 55 s.

21 06 **Conjonction géocentrique en longitude entre la Lune (Vir) et Spica** à 6 h 58 m (séparation : 3,8°). Ces deux astres sont visibles au-dessus de l'horizon est-sud-est durant l'aube et le croissant lunaire ourle une belle lumière cendrée.

21 12 À midi, début du jour julien 2 459 905.

21 15 **Vénus passe au nœud descendant** de son orbite (longitude héliocentrique : 256,6°).

21 22 **Conjonction géocentrique en longitude entre Mercure (Sco) et Vénus** à 22 h 55 m (séparation : 1,3°).

NOVEMBRE 2022

Les phénomènes astronomiques au jour le jour

Inobservable en Europe, mais visible dans le champ du coronographe LASCO C3 de la sonde *SOHO*.

21 23 **Maximum de l'essaim des Alpha Monocérotides** (246 AMO), qui est actif entre le 15 et le 25 novembre. Vitesse atmosphérique de 65 km/s. Longitude héliocentrique prévue pour le maximum (équinoxe 2000.0) : 239,32°. La première observation signalée des Alpha Monocérotides remonte à 1925. Cet essaim s'est illustré en 1935 et en 1995 par des pics extrêmement brefs – quelques minutes à une demi-heure – mais très impressionnants, avec des taux horaires moyens de 400 à 2 000 étoiles filantes ! Le regain d'activité annoncé en 2019 par Peter Jenniskens et Mikiya Sato s'est bien produit, avec un taux horaire approchant 100 à 239,31°. Aucun sursaut n'est annoncé avant 2043, mais cela reste un essaim à surveiller. En 2022, les conditions d'observation sont excellentes puisque nous sommes en période de Nouvelle Lune.

22 05 Mardi (326-39). Durant une quinzaine de jours, jusqu'à l'arrivée de la Lune gibbeuse vers le 6 décembre, cherchez la **lumière zodiacale**, le matin avant l'aube au-dessus de l'horizon est-sud-est. Elle traverse actuellement la Vierge et le Lion. Photographiquement, c'est lorsque le Soleil se situe entre 22° et 18° sous l'horizon que la lumière zodiacale apparaît la plus contrastée sur le fond du ciel ; une pose d'une quinzaine de secondes à 4 000 ISO avec un objectif grand-angle bien ouvert permet alors de la révéler sans problème. Voir également le 23 octobre 2022.

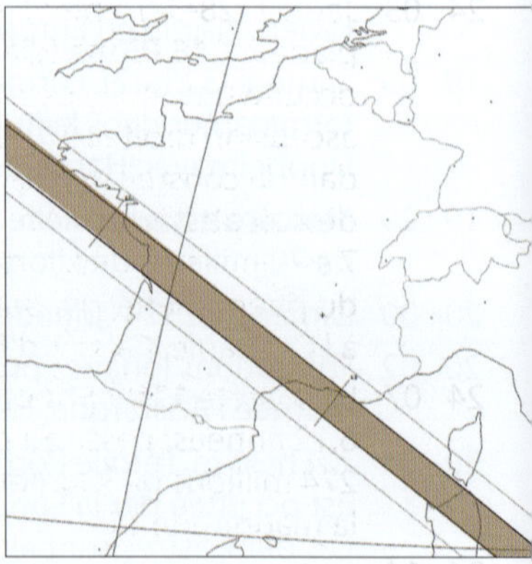

Durant la nuit du 23 au 24 novembre, si vous vous trouvez sous la bande sombre, vous pouvez observer l'occultation d'une étoile du Cancer par la petite planète 648 Pippa.

22 08 **Le Soleil entre dans le signe astrologique du Sagittaire** (240°) à 8 h 20 m, mais, dans la réalité, il est encore dans la constellation de la Balance pour un peu plus d'une journée.

22 14 **Vénus** entre dans la constellation d'Ophiuchus.

22 15 **Mercure** entre dans la constellation d'Ophiuchus.

22 16 La Lune passe au nœud descendant à 16 h 23 m (longitude moyenne : 223,4°). Distance : 371 186 km.

22 18 **Voilà une observation photographique délicate :** jusqu'au 26 à la fin du crépuscule, tentez de révéler la pointe du cône de la lumière zodiacale qui sort de la Voie lactée au niveau du Sagittaire et traverse le Capricorne au-dessus de l'horizon sud. Altitude, ciel pur et pollution lumineuse minimale sont indispensables !

22 21 Une grande partie de la nuit, les quatre lunes galiléennes – **Io, Europe, Ganymède et Callisto** – sont alignées dans leur ordre naturel à l'est du disque jovien.

23 06 Mercredi (327-38). Ce matin à l'aube, utilisez un instrument pour tenter de repérer un très fin croissant lunaire de 0,7 %. À 6 h 50 m, il est âgé de 16 heures avant la Nouvelle Lune ; il se situe à 2,5° de hauteur et à 121° d'azimut, alors que le Soleil se situe à 4° sous l'horizon.

23 08 Le plus vieux croissant de la lunaison peut être observé avec un instrument optique au Sénégal et en Mauritanie.

23 12 Le **Soleil** franchit le méridien à 25° de hauteur.

23 16 **Le Soleil entre dans la constellation du Scorpion** (241,4°) à 16 h 47 m.

23 22 **Nouvelle Lune à 22 h 57 m (Sco).** Distance : 366 159 km.

23 23 **Jupiter est stationnaire** en ascension droite dans les Poissons et reprend sa course régulière vers l'est de l'écliptique pour près de 285 jours (4 septembre 2023).

24 03 Jeudi (328-37). Entre 3 h 43 m et 4 h 03 m, la petite planète **648 Pippa** (diamètre 72 km ; magnitude 14,4) occulte une étoile de magnitude 11,1 (TYC 1401-02050-1 ; ascension droite : 9 h 12 m 03 s ; déclinaison : 15° 29′ 58″) dans la constellation du Cancer. La diminution d'éclat devrait atteindre 3,4 magnitudes et durer près de 7 secondes au maximum sur la bande de centralité du phénomène, qui balaye la France de la Vendée à l'Occitanie. Calculs d'Éric Frappa (www.euraster.net).

24 07 La comète **118P Shoemaker-Levy** (période de 6,12 années) passe au plus près du Soleil (périhélie) à 274 millions de kilomètres. Son éclat pourrait atteindre la magnitude 11.

24 14 Conjonction géocentrique en longitude entre la Lune (Oph) et Mercure à 14 h 49 m (séparation : 0,9°). Inobservable en Europe.

24 15 Occultation de Mercure par la Lune. Zone de visibilité : sud-est de l'océan Pacifique, Antarctique.

25 00 Vendredi (329-36). Antarès du Scorpion est visible au sud-est du champ du coronographe LASCO C3 de la sonde *SOHO* ; elle le traverse jusqu'au 9 décembre. Plus étonnant, l'amas globulaire Messier 4 est également apparent juste à côté de cette brillante étoile !

25 20 Entre 20 h 12 m et 20 h 21 m, la petite planète **195 Eurykleia** (diamètre 89 km ; magnitude 11,8) occulte une étoile de magnitude 9 (TYC 6363-00593-1 ; ascension droite : 21 h 48 m 52 s ; déclinaison : - 16° 13′ 28″) dans la constellation du Capricorne. La diminution d'éclat devrait atteindre 5,6 magnitudes et durer près de 5 secondes au maximum sur la bande de centralité du phénomène, qui balaye la France puis la Suisse du sud-ouest à l'est. Calculs d'Éric Frappa (www.euraster.net).

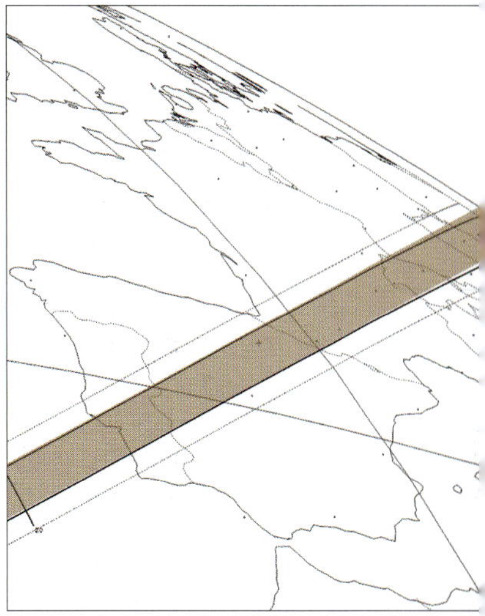

Le 25 novembre au soir, si vous vous trouvez sous la bande sombre, vous pouvez observer l'occultation d'une étoile du Capricorne par la petite planète 195 Eurykleia.

26 01 Samedi (330-35). La Lune passe au périgée à 1 h 31 m. Distance : 362 826 km, soit 56,89 rayons terrestres.

26 02 Formations lunaires proches du terminateur dans la journée : Langrenus et Petavius, Endymion, l'albatros (bordure ouest de la mer des Crises).

Les phénomènes astronomiques au jour le jour

26 12 Le **Soleil** franchit le méridien au zénith à La Réunion.

26 19 Le Soleil se lève sur la région de **Cleomedes** (1-65) et, autour de 19 h 05 m, vous pouvez tenter d'observer avec un instrument une ou plusieurs raies lumineuses dans cette formation.

27 00 Dimanche. 331e jour de l'année.

27 07 **Callisto est en conjonction inférieure** à 7 h 35 m. Elle est observable à proximité apparente du pôle Sud jovien.

27 17 **Si vous êtes photographe,** utilisez la clarté du mince croissant (19 %) à la fin du crépuscule pour révéler le paysage autour du pilier de la Voie lactée qui se dresse au-dessus de l'horizon ouest-sud-ouest.

48e SEMAINE

28 00 Lundi (332-33). Le croissant se métamorphose en une Lune de plus en plus gibbeuse cette semaine et son éclat nous accompagne jusque tard dans la nuit, mais si vous faites le choix de vous lever très tôt pour contempler le ciel d'hiver avant l'aube, il n'est pas dérangeant. Constellation de la Lune chaque jour à 0 h pour 45° de latitude nord et 0° de longitude : L-Cap, M-Cap, M-Aqr, J-Aqr, V-Aqr, S-Cet, D-Psc.

28 00 TSMG (voir p. 17) : 4 h 27 m 31 s.

28 09 Formations lunaires proches du terminateur dans la journée : Fracastor, Piccolomini, Posidonius.

28 12 À midi, début du jour julien 2 459 912.

28 23 Le Soleil se lève sur la région de **Torricelli** (2-102) et, autour de 23 h 36 m, vous pouvez tenter d'observer avec un instrument une ou plusieurs raies lumineuses dans cette formation.

29 00 Mardi (333-32). Période de libration maximale en latitude pour la Lune (b = 6,8°).

29 03 Formations lunaires proches du terminateur dans la journée : Theophilus, Cyrillus et Catherina, Aristote et Eudoxe.

29 06 **Conjonction géocentrique en longitude entre la Lune (Cap) et Saturne** à 6 h 53 m (séparation : 3,9°).

29 19 À 19 h 27 m, l'étoile HD 209240 (Aqr - magnitude 6,3) est occultée par la Lune ; elle réapparaît à 20 h 06 m. Les deux astres sont alors à 18° au-dessus de l'horizon et la fraction éclairée de notre satellite est de 41 %.

29 19 Pointez un instrument vers le beau quartier lunaire pour guetter le lever du Soleil sur les hauts sommets qui soulignent la bordure ouest de l'ancien cratère fortement érodé **Alexander**. Celui-ci jouxte le magnifique cratère

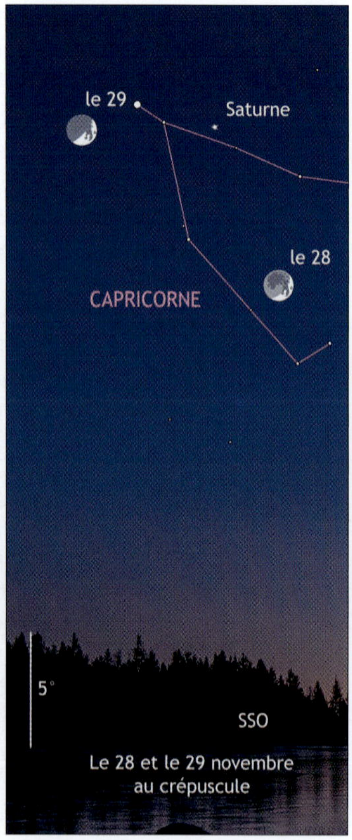

Le 28 et le 29 novembre au crépuscule, une heure et demie après le coucher du Soleil, un gros croissant lunaire côtoie Saturne dans le Capricorne. La rencontre se déroule à l'aplomb de l'horizon sud-sud-ouest.

Eudoxus (n° 31 sur la carte p. 36) et ses sommets s'allument en avant-première lorsque la nuit s'efface, donnant naissance à un arc temporaire de perles blanches.

29 23 L'étoile **Aldébaran** du Taureau passe au méridien à minuit. Sa hauteur est alors de 62° sud.

30 00 Mercredi (334-31). Formations lunaires proches du terminateur dans la journée : Maurolycus, Cassini, Triesnecker, centre de la chaîne des Apennins.

30 04 Le Soleil se lève sur la région de **Stöfler** (2-165) et, autour de 4 h 09 m, vous pouvez tenter d'observer avec un instrument une ou plusieurs raies lumineuses dans cette formation.

30 04 **Le Soleil entre dans la constellation d'Ophiuchus** (247,9°) à 4 h 49 m.

30 12 Le **Soleil** franchit le méridien à 23° de hauteur.

30 14 **Premier Quartier de Lune à 14 h 36 m (Aqr).** Distance : 373 975 km, soit 58,63 rayons terrestres.

30 16 En fin d'après-midi, si vous pointez un instrument vers le cratère **Barrow** au nord du quartier lunaire (n° 4 sur la carte p. 36), vous verrez sans problème le coup de projecteur lancé par le Soleil levant sur le fond de l'arène encore sombre de cette formation de 93 km de diamètre.

30 19 Pointez un instrument vers le quartier de Lune en début de nuit pour tenter de voir le « **X lunaire** » révélé par le Soleil rasant à l'intersection des cratères La Caille, Blanchinus et Purbach, ainsi que, un peu plus tard en soirée, le **V** lumineux qui se déploie dans le cratère Ukert, pratiquement au centre de la Lune. Voir le 6 juin 2022.

Crédit : NASA's Scientific Visualization Studio

© Guillaume Cannat

Orbites des lunes d'Uranus

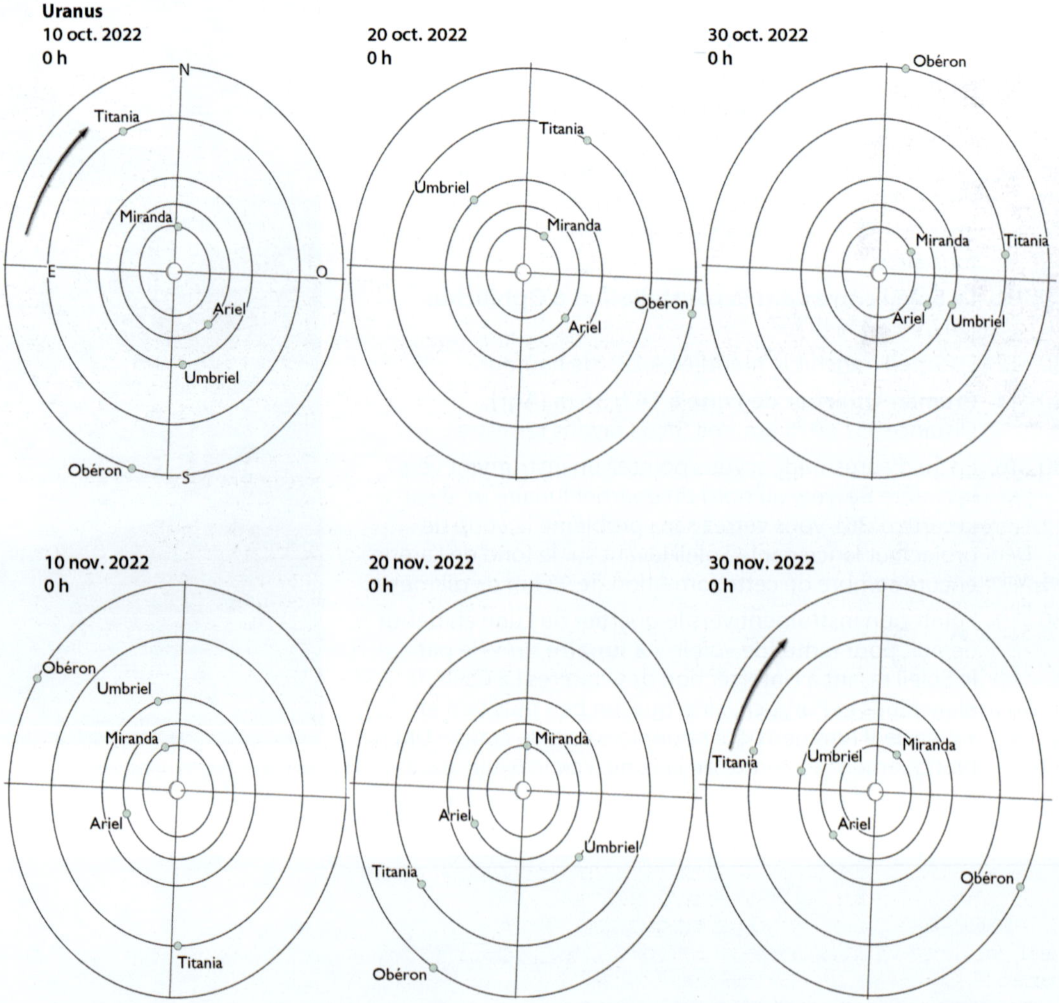

L'observation d'Uranus devient possible dans de bonnes conditions à partir du mois d'août. La meilleure période pour chercher à repérer les principales lunes de cette planète géante gazeuse dans un grand télescope se produira avant et après son opposition du 9 novembre. Uranus possède 27 satellites, dont 4 sont à la portée des grands télescopes d'amateur : Ariel, Umbriel, Titania et Obéron. Leur diamètre est de 1 158 km, 1 169 km, 1 578 km et 1 523 km. Leur magnitude lors de l'opposition est voisine de 13-15 et leurs élongations maximales s'échelonnent de 14″ à 42″ ; le diamètre apparent d'Uranus est voisin de 3,7″. J'ajoute Miranda, qui est beaucoup plus petit (480 km), beaucoup moins brillant (magnitude 15,7), et qui s'éloigne beaucoup moins de sa planète (9″), mais qui est un défi pour les utilisateurs de très grands télescopes de Dobson.

	Période	Magnitude 31/10'	Élongation Maxi. en ″
Miranda	1,41 j	15,7	9
Ariel	2,52 j	13,6	14
Umbriel	4,14 j	14,4	20
Titania	8,71 j	13,4	32
Obéron	13,46 j	13,6	42

L'éclipse totale de Lune du 8 novembre 2022

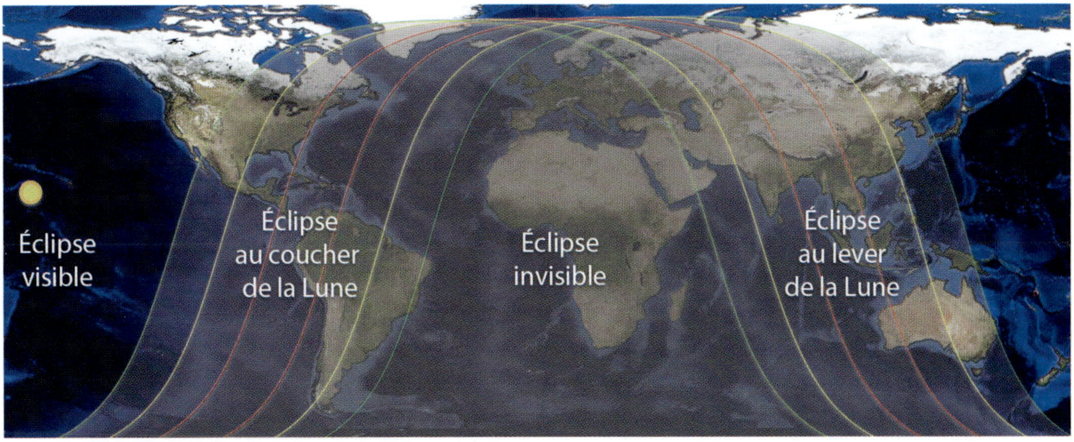

Heure en temps universel

1. Entrée dans la pénombre	8 h 02 m 17 s
2. Entrée dans l'ombre	9 h 09 m 12 s
3. Début de la totalité	10 h 16 m 39 s
4. Milieu de la totalité	10 h 59 m 09 s
5. Fin de la totalité	11 h 41 m 37 s
6. Sortie de l'ombre	12 h 49 m 03 s
7. Sortie de la pénombre	13 h 56 m 08 s

Ce schéma montre les régions du globe qui sont concernées par l'éclipse. Les chiffres renvoient aux instants suivants : 1 = entrée dans la pénombre ; 2 = entrée dans l'ombre ; 3 = début de la totalité ; 5 = fin de la totalité ; 6 = sortie de l'ombre ; 7 = sortie de la pénombre. La courbe associée à chacun de ces chiffres indique les régions à partir desquelles on peut voir ces instants lors du lever ou du coucher de notre satellite. Si, par exemple, vous vous trouvez à l'ouest (à gauche) d'une de ces courbes dans la partie « éclipse au lever de la Lune », l'instant qu'elle concerne se produit juste avant le lever de la Lune et vous ne pouvez pas l'observer ; si vous vous situez à l'est, en revanche, l'instant se produit juste après le lever de notre satellite et vous l'observez au ras de l'horizon.

Il s'agit de la seconde éclipse totale de Lune de l'année et elle n'est pas visible en Europe. La Lune passe au périgée le 29 octobre et à l'apogée le 14 novembre, la Pleine Lune se situe donc un peu plus loin que sa distance moyenne de la Terre lors de ce rendez-vous et son diamètre apparent n'est que de 30,6'. Cette éclipse se déroule près de cinq heures après le passage de la Lune au nœud ascendant de son orbite, elle est donc encore toute proche du plan de l'écliptique et s'enfonce profondément dans l'ombre de la Terre. Au maximum de l'éclipse, le centre de la Lune passe à 14,4' de l'axe de l'ombre terrestre, soit 1 639 km ; le limbe lunaire austral couvre légèrement le centre de l'ombre – il le dépasse de moins de 1' (99 km) – et le limbe septentrional est à 11' du bord nord de l'ombre (1 247 km). La magnitude de cette éclipse est donc importante (1,3589) et l'éclat de la surface lunaire devrait apparaître extrêmement atténué sur sa portion australe. Cette éclipse totale de Lune est intégralement visible dans l'hémisphère terrestre centré sur le nord de l'océan Pacifique et allant du Japon à l'ouest de l'Amérique du Nord ; la phase de totalité est partiellement ou totalement observable lors du lever de la Lune de l'Australie à la Russie en passant par l'Asie et, au coucher de la Pleine Lune, c'est du sud de l'Amérique du Nord à l'Amérique du Sud que cette éclipse est plus ou moins visible. La prochaine éclipse totale de Lune se produira le 14 mars 2025 et elle sera partiellement visible à l'aube en France métropolitaine.

La magnitude de cette éclipse au maximum est de 1,3589.
Distance Terre-Lune au maximum : 390 660 km.
Diamètre de la Lune au maximum : 30,6' (0,51°) ;
diamètre de l'ombre : 1,357° (9 249 km) ;
diamètre de la pénombre : 2,433° (16 587 km).
Durée de la totalité : près de 85 minutes.
Durée totale du phénomène : près de 5 heures et 54 minutes.
La Pleine Lune se situe dans le Bélier.
20e éclipse du saros n° 133, qui comptera 72 éclipses (du 13 avril 1680 au 1er juin 2960).

Source : Fred Espenak (NASA) avec un Delta T de 73 secondes.

Sur le web

Ce schéma a été créé avec le logiciel Lunar Eclipse Maestro de Xavier Jubier, disponible gratuitement sur son site. Vous trouverez des informations complémentaires sur les éclipses de Lune passées et à venir sur ces sites : eclipse.gsfc.nasa.gov ; astro.ukho.gov.uk/eclipse/ ; www.imcce.fr ; xjubier.free.fr

NOVEMBRE 2022 Le Soleil et les planètes

	JOUR	ASCENSION DROITE	DÉCLINAISON	CONSTELLATION	Ø APPARENT	ÉQUATION DU TEMPS	DISTANCE	DISTANCE LUMIÈRE	LEVER	MÉRIDIEN	HAUTEUR	COUCHER
		h m s	° ′ ″			m s	ua	m s	h m	h m		h m
Soleil	2	14 28 34	- 14 40 09	Lib	32′ 14″	- 16 29	0,9925	8 15	06 40	11 44	30°	16 47
	6	14 44 22	- 15 54 18	Lib	32′ 16″	- 16 26	0,9914	8 15	06 45	11 44	29°	16 42
	10	15 00 23	- 17 04 13	Lib	32′ 18″	- 16 11	0,9905	8 14	06 51	11 44	28°	16 37
	14	15 16 38	- 18 09 29	Lib	32′ 20″	- 15 41	0,9896	8 14	06 56	11 44	27°	16 32
	18	15 33 07	- 19 09 43	Lib	32′ 21″	- 14 58	0,9887	8 13	07 01	11 45	26°	16 28
	22	15 49 49	- 20 04 29	Lib	32′ 23″	- 14 02	0,9879	8 13	07 07	11 46	25°	16 25
	26	16 06 44	- 20 53 22	Sco	32′ 24″	- 12 53	0,9871	8 13	07 12	11 47	24°	16 22
	30	16 23 51	- 21 36 00	Sco	32′ 26″	- 11 32	0,9864	8 12	07 17	11 49	23°	16 20

	JOUR	ASCENSION DROITE	DÉCLINAISON	CONSTELLATION	MAGNITUDE	Ø APPARENT	ÉLONGATION	DISTANCE	FRACTION ÉCLAIRÉE	LEVER	MÉRIDIEN	HAUTEUR	COUCHER
		h m s	° ′ ″					ua		h m	h m		h m
Mercure	2	14 13 15	- 12 30 26	Vir	- 1,1	4,8	4,2° O	1,4067	99 %	06 17	11 29	32°	16 40
	6	14 38 18	- 15 01 35	Lib	- 1,0	4,7	1,7° O	1,4304	100 %	06 38	11 39	30°	16 38
	10	15 03 29	- 17 20 38	Lib	- 0,9	4,7	0,8° E	1,4434	100 %	06 58	11 48	27°	16 38
	14	15 28 54	- 19 25 47	Lib	- 0,9	4,6	3,1° E	1,4467	100 %	07 17	11 58	25°	16 38
	18	15 54 37	- 21 15 35	Sco	- 0,8	4,7	5,4° E	1,4408	99 %	07 36	12 08	24°	16 39
	22	16 20 41	- 22 48 33	Sco	- 0,7	4,7	7,6° E	1,4260	98 %	07 54	12 18	22°	16 42
	26	16 47 05	- 24 03 17	Oph	- 0,7	4,8	9,7° E	1,4021	97 %	08 11	12 29	21°	16 46
	30	17 13 45	- 24 58 20	Oph	- 0,7	4,9	11,8° E	1,3689	95 %	08 27	12 40	20°	16 53
Vénus	2	14 39 40	- 14 45 54	Lib	- 3,9	9,8	2,6° E	1,7135	100 %	06 53	11 55	30°	16 56
	6	14 59 24	- 16 22 18	Lib	- 3,9	9,8	3,6° E	1,7109	100 %	07 04	11 59	28°	16 53
	10	15 19 27	- 17 51 53	Lib	- 3,9	9,9	4,6° E	1,7076	100 %	07 15	12 03	27°	16 51
	14	15 39 50	- 19 13 52	Lib	- 3,9	9,9	5,6° E	1,7036	100 %	07 26	12 08	26°	16 49
	18	16 00 32	- 20 27 23	Sco	- 3,9	9,9	6,6° E	1,6990	99 %	07 37	12 13	24°	16 48
	22	16 21 34	- 21 31 42	Sco	- 3,9	9,9	7,6° E	1,6938	99 %	07 48	12 18	23°	16 49
	26	16 42 52	- 22 26 04	Oph	- 3,9	10	8,5° E	1,6879	99 %	07 58	12 24	22°	16 50
	30	17 04 26	- 23 09 50	Oph	- 3,9	10	9,5° E	1,6813	99 %	08 07	12 30	22°	16 52
Mars	6	5 39 28	+ 24 06 05	Tau	- 1,5	15,6	138,2° O	0,5988	95 %	18 45	02 38	69°	10 27
	14	5 34 04	+ 24 27 14	Tau	- 1,6	16,4	147,5° O	0,5711	97 %	18 06	02 01	69°	09 52
	22	5 24 47	+ 24 45 09	Tau	- 1,8	16,9	157,6° O	0,5523	98 %	17 23	01 21	70°	09 13
	30	5 12 33	+ 24 56 39	Tau	- 1,8	17,2	168,5° O	0,5445	100 %	16 38	00 37	70°	08 30
Jupiter	6	0 00 04	- 1 40 03	Psc	- 2,8	46,9	135,8° E	4,1937	100 %	15 00	20 56	43°	02 55
	14	23 58 37	- 1 47 18	Psc	- 2,7	45,9	127,4° E	4,2889	99 %	14 28	20 23	43°	02 22
	22	23 57 57	- 1 49 17	Psc	- 2,7	44,8	119,2° E	4,3953	99 %	13 56	19 51	43°	01 50
	30	23 58 06	- 1 45 53	Psc	- 2,6	43,7	111,1° E	4,5104	99 %	13 24	19 20	43°	01 19
Saturne	6	21 26 23	- 16 25 32	Cap	0,6	17	95,2° E	9,7102	100 %	13 29	18 23	29°	23 17
	14	21 27 20	- 16 20 31	Cap	0,7	16,8	87,4° E	9,8426	100 %	12 58	17 52	29°	22 47
	22	21 28 42	- 16 13 33	Cap	0,7	16,6	79,7° E	9,9743	100 %	12 27	17 22	29°	22 17
	30	21 30 27	- 16 04 41	Cap	0,7	16,4	72,0° E	10,1030	100 %	11 57	16 52	29°	21 48
Uranus	6	2 58 46	+ 16 34 06	Ari	5,6	3,7	176,5° O	18,6890	100 %	16 42	23 54	62°	07 10
	18	2 56 48	+ 16 25 47	Ari	5,6	3,7	170,9° E	18,7000	100 %	15 54	23 05	61°	06 20
	30	2 54 54	+ 16 17 49	Ari	5,7	3,7	158,3° E	18,7550	100 %	15 05	22 16	61°	05 30
Neptune	6	23 35 42	- 3 57 01	Aqr	7,8	2,3	129,3° E	29,2760	100 %	14 45	20 32	41°	02 22
	18	23 35 10	- 4 00 08	Aqr	7,9	2,3	117,1° E	29,4500	100 %	13 58	19 44	41°	01 34
	30	23 34 54	- 4 01 24	Aqr	7,9	2,3	104,9° E	29,6440	100 %	13 10	18 56	41°	00 47

Les éphémérides du Soleil, des planètes et de la Lune proposées sur ces deux pages sont calculées à 0 h TU pour une latitude de 45° nord et une longitude de 0°.

La Lune

	JOUR	ASCENSION DROITE	DÉCLINAISON	CONSTELLATION	Ø APPARENT	PARALLAXE HORIZONTALE	FRACTION ÉCLAIRÉE	JOUR	ÉLONGATION	DISTANCE	LEVER	MÉRIDIEN	HAUTEUR	COUCHER
		h m s	° ′ ″							km	h m	h m		h m
M 1	305	20 34 32	- 24 06 12	Cap	32′ 16″	59′ 13″	46 %	6,5	86° E	370 260	14 h 02	18 h 36	23°	23 h 19
M 2	306	21 32 50	- 20 06 09	Cap	32′ 07″	58′ 57″	58 %	7,5	99° E	371 972	14 h 32	19 h 29	28°	
J 3	307	22 27 20	- 15 01 39	Aqr	31′ 57″	58′ 37″	69 %	8,5	112° E	374 053	14 h 56	20 h 19	34°	0 h 37
V 4	308	23 18 36	- 9 14 54	Aqr	31′ 44″	58′ 15″	78 %	9,5	125° E	376 457	15 h 17	21 h 05	40°	1 h 53
S 5	309	0 07 34	- 3 06 20	Psc	31′ 31″	57′ 50″	87 %	10,5	137° E	379 170	15 h 36	21 h 51	47°	3 h 07
D 6	310	0 55 20	3 05 39	Psc	31′ 16″	57′ 22″	93 %	11,5	150° E	382 187	15 h 56	22 h 36	53°	4 h 18
L 7	311	1 42 56	9 04 18	Psc	31′ 00″	56′ 53″	98 %	12,5	162° E	385 486	16 h 16	23 h 21	59°	5 h 30
M 8	312	2 31 15	14 33 57	Ari	30′ 43″	56′ 22″	100 %	13,5	174° E	389 001	16 h 39			6 h 41
M 9	313	3 20 57	19 19 56	Ari	30′ 26″	55′ 51″	100 %	14,5	174° O	392 614	17 h 07	0 h 09	64°	7 h 52
J 10	314	4 12 21	23 09 01	Tau	30′ 10″	55′ 21″	98 %	15,5	162° O	396 149	17 h 40	0 h 58	68°	9 h 01
V 11	315	5 05 17	25 50 12	Tau	29′ 55″	54′ 54″	94 %	16,5	151° O	399 385	18 h 21	1 h 49	71°	10 h 05
S 12	316	5 59 10	27 16 02	Tau	29′ 43″	54′ 32″	88 %	17,5	139° O	402 076	19 h 10	2 h 40	72°	11 h 03
D 13	317	6 53 04	27 23 44	Gem	29′ 35″	54′ 17″	81 %	18,5	128° O	403 979	20 h 07	3 h 32	72°	11 h 51
L 14	318	7 45 59	26 15 20	Gem	29′ 31″	54′ 10″	73 %	19,5	117° O	404 875	21 h 09	4 h 22	71°	12 h 30
M 15	319	8 37 11	23 56 51	Cnc	29′ 32″	54′ 12″	64 %	20,5	106° O	404 599	22 h 14	5 h 11	68°	13 h 02
M 16	320	9 26 23	20 36 39	Leo	29′ 39″	54′ 24″	55 %	21,5	95° O	403 060	23 h 20	5 h 57	64°	13 h 28
J 17	321	10 13 42	16 23 59	Leo	29′ 51″	54′ 47″	45 %	22,5	84° O	400 258		6 h 41	60°	13 h 49
V 18	322	10 59 39	11 28 10	Leo	30′ 09″	55′ 20″	36 %	23,5	73° O	396 298	0 h 27	7 h 24	54°	14 h 09
S 19	323	11 45 00	5 58 33	Vir	30′ 32″	56′ 01″	26 %	24,5	62° O	391 394	1 h 34	8 h 07	48°	14 h 27
D 20	324	12 30 44	0 05 21	Vir	30′ 58″	56′ 50″	18 %	25,5	50° O	385 862	2 h 43	8 h 50	42°	14 h 46
L 21	325	13 17 54	- 5 59 09	Vir	31′ 26″	57′ 41″	11 %	26,5	38° O	380 106	3 h 54	9 h 36	36°	15 h 06
M 22	326	14 07 42	- 11 59 01	Vir	31′ 54″	58′ 32″	5 %	27,5	25° O	374 584	5 h 09	10 h 25	30°	15 h 29
M 23	327	15 01 14	- 17 33 31	Lib	32′ 19″	59′ 18″	1 %	28,5	13° O	369 755	6 h 29	11 h 18	24°	15 h 58
J 24	328	15 59 15	- 22 16 53	Sco	32′ 39″	59′ 54″	0 %	0,0	1° E	366 023	7 h 51	12 h 17	20°	16 h 36
V 25	329	17 01 46	- 25 40 55	Oph	32′ 51″	60′ 18″	2 %	1,0	14° E	363 673	9 h 10	13 h 20	17°	17 h 27
S 26	330	18 07 29	- 27 20 58	Sgr	32′ 56″	60′ 26″	6 %	2,0	28° E	362 829	10 h 21	14 h 26	17°	18 h 31
D 27	331	19 13 57	- 27 04 02	Sgr	32′ 53″	60′ 20″	13 %	3,0	41° E	363 443	11 h 19	15 h 30	18°	19 h 46
L 28	332	20 18 26	- 24 53 48	Cap	32′ 43″	60′ 01″	21 %	4,0	55° E	365 320	12 h 02	16 h 30	22°	21 h 06
M 29	333	21 19 01	- 21 08 23	Cap	32′ 27″	59′ 34″	32 %	5,0	68° E	368 167	12 h 35	17 h 26	26°	22 h 26
M 30	334	22 15 08	- 16 12 57	Aqr	32′ 09″	58′ 59″	43 %	6,0	81° E	371 662	13 h 01	18 h 17	32°	23 h 43

La Lune des spécialistes

	Libration		Angle de position	
	l	b	axe	phase
1	2,0°	6,7°	345,3°	256,2°
2	3,0°	6,8°	341,5°	250,7°
3	3,9°	6,4°	339,0°	246,4°
4	4,6°	5,7°	337,8°	243,6°
5	5,0°	4,6°	337,7°	242,1°
6	5,3°	3,4°	338,6°	242,0°
7	5,3°	1,9°	340,5°	243,0°
8	5,1°	0,4°	343,2°	244,4°
9	4,6°	- 1,2°	346,8°	71,0°
10	3,9°	- 2,6°	351,1°	74,7°
11	3,0°	- 3,9°	355,9°	80,1°
12	1,9°	- 5,0°	1,0°	86,1°
13	0,7°	- 5,8°	6,1°	92,2°
14	- 0,5°	- 6,4°	10,8°	98,1°
15	- 1,8°	- 6,8°	14,9°	103,4°
16	- 3,1°	- 6,8°	18,1°	108,0°
17	- 4,2°	- 6,6°	20,5°	111,5°
18	- 5,1°	- 6,0°	21,9°	114,0°
19	- 5,8°	- 5,2°	22,4°	115,4°
20	- 6,1°	- 4,0°	22,0°	115,5°
21	- 6,1°	- 2,7°	20,6°	114,1°
22	- 5,7°	- 1,1°	18,2°	110,7°
23	- 4,9°	0,6°	14,7°	102,6°
24	- 3,7°	2,2°	10,1°	352,9°
25	- 2,3°	3,8°	4,5°	288,5°
26	- 0,7°	5,1°	358,3°	277,5°
27	1,0°	6,1°	352,1°	268,6°
28	2,5°	6,6°	346,6°	261,0°
29	3,9°	6,8°	342,4°	254,7°
30	4,9°	6,5°	339,5°	250,0°

Phases et distances

Jour	Heure en TU	Distance en km	Ø apparent
1er	PQ à 6 h 37 m	370 691	32,2′
8	PL à 11 h 02 m	390 660	30,6′
16	DQ à 13 h 27 m	401 641	29,8′
23	NL à 22 h 57 m	366 159	32,6′
30	PQ à 14 h 36 m	373 975	32,0′
14	Apogée à 6 h 40 m	404 921	29,5′
26	Périgée à 1 h 31 m	362 826	32,9′

Reportez-vous pages 7 à 15 pour trouver des renseignements détaillés sur l'utilisation de ces différentes informations.
Consultez les tableaux de corrections horaires (pages 340 et 341) pour adapter les heures de lever, de passage au méridien et de coucher en fonction de votre lieu d'observation.

DÉCEMBRE 2022

1re quinzaine vers 22 h TU - 2e quinzaine vers 21 h TU

Pour	Utilisez la carte de
17-18 h	octobre
19-20 h	novembre
23-0 h	janvier
1-2 h	février
3-4 h	mars
5-6 h	avril

Vous pouvez également utiliser cette carte en :
janvier vers 19-20 h
février vers 17-18 h
août vers 5-6 h
septembre vers 3-4 h
octobre vers 1-2 h
novembre vers 23-0 h
(valable uniquement pour les étoiles)

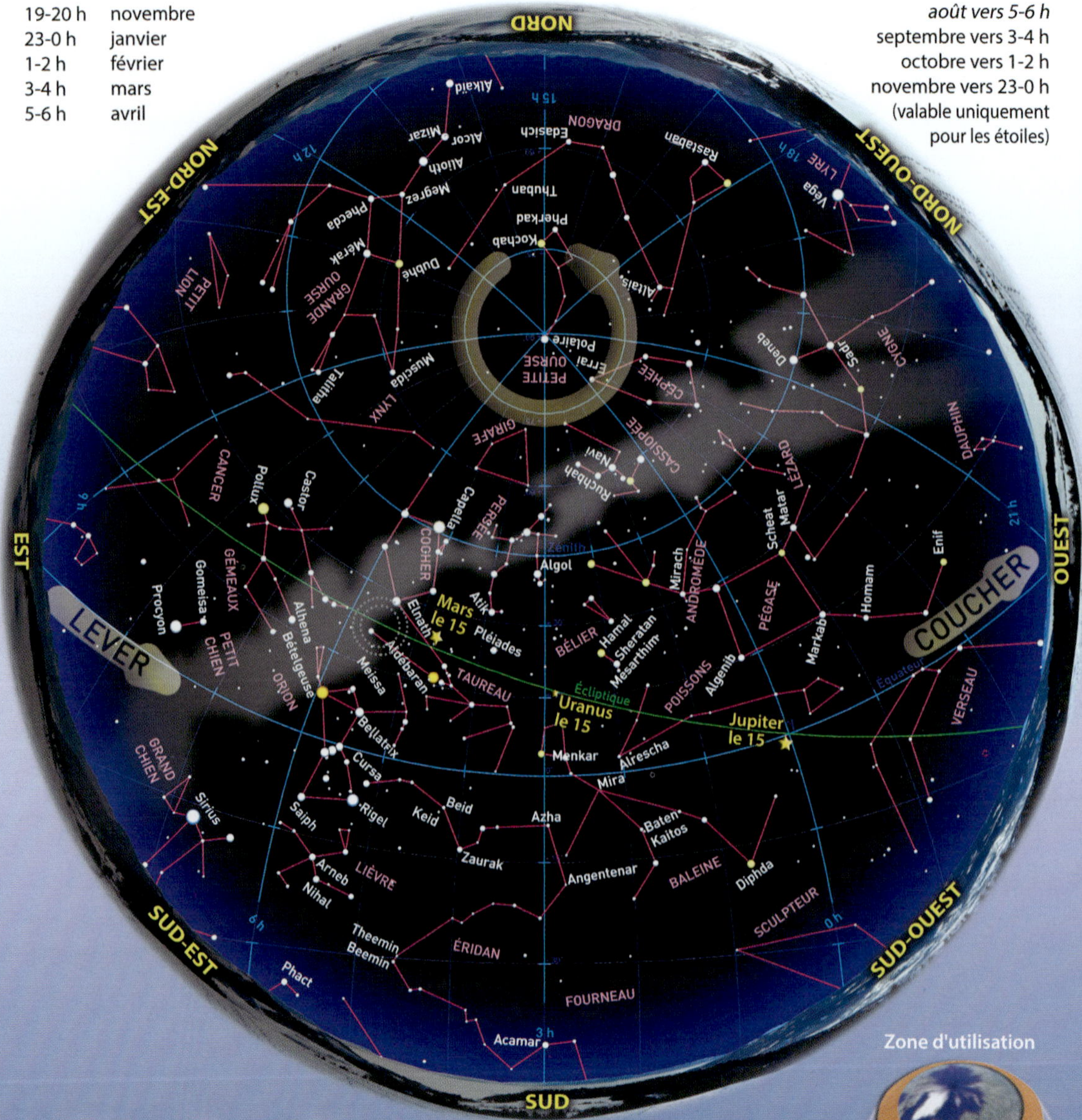

8 décembre	16 décembre	23 décembre	30 décembre
Pleine Lune	Dernier Quartier	Nouvelle Lune	Premier Quartier
Taureau	*Vierge*	*Sagittaire*	*Baleine*

Magnitudes
-1 0 1 2 3 4 4,5 et +

Zone d'utilisation

38° à 52° nord

À L'ORÉE DE L'AUBE EN DÉCEMBRE 2022

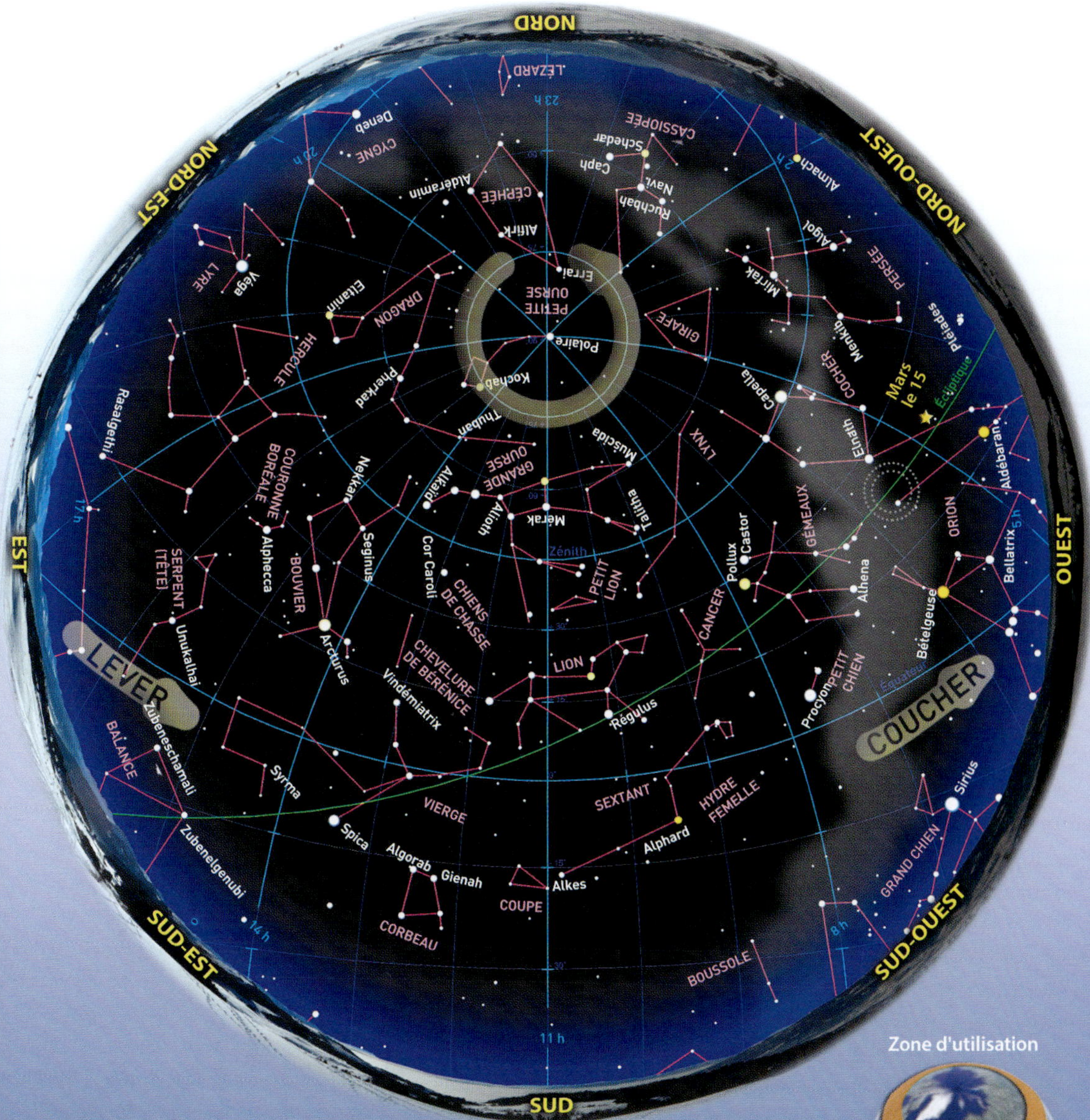

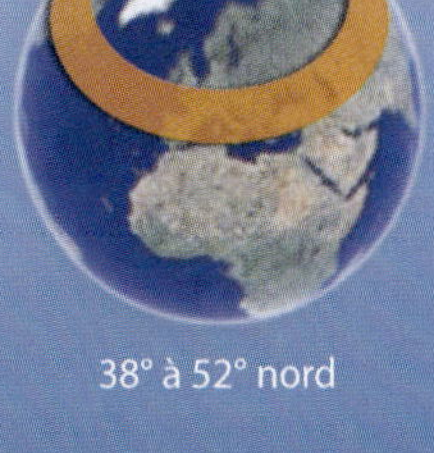

Vous trouverez des conseils pour l'utilisation de ces cartes en début d'ouvrage.

La Lune et les planètes

Mercure

Nord. Son éclat apparaît dans le ciel crépusculaire du soir au cours de la deuxième semaine de décembre et, le 21, elle atteint sa quatrième élongation maximale à l'est de l'année 2022 (20,1°). Ce soir-là, elle se couche près d'une heure et demie après le Soleil et brille vigoureusement – sa magnitude est négative – à plusieurs degrés de hauteur au-dessus de l'horizon sud-ouest durant le crépuscule nautique, c'est donc une très belle occasion de la repérer. Elle est en conjonction avec Vénus le 29, mais son éclat a déjà bien diminué et des jumelles peuvent être utiles pour la trouver.
Tropiques. L'orientation de l'écliptique est plus favorable qu'en Europe et Mercure est repérable jusqu'à la fin du mois.

Vénus

Nord. Elle se couche une demi-heure après le Soleil le 1er et une heure et quart après le 31 ; son élongation passe de 10° à 17°. Vénus fait un beau retour dans le ciel du soir, son repérage étant facilité par l'intensité de son éclat (magnitude - 3,9).
Tropiques. Les conditions d'observation sont bien meilleures qu'en Europe et Vénus se hisse rapidement dans le ciel crépusculaire.

Mars

Nord. Elle est à l'opposition le 8, mais, en raison de la forte excentricité de son orbite, sa distance minimale à la Terre se produit cette fois-ci quelques jours plus tôt, le 1er, lorsqu'elle passe au périgée à 81,45 millions de kilomètres (4,5 minutes-lumière). Sa magnitude (pratiquement - 1,9) et son diamètre apparent (17,2″) culminent ce jour-là. Mars se lève avant le coucher du Soleil dès le 4 décembre et, lors de la nuit du 7 au 8, elle est accompagnée par la Pleine Lune. Mars et notre satellite naturel circulant trop loin au nord du plan de l'écliptique lors de cette opposition, la Lune n'est pas éclipsée par l'ombre de la Terre comme lors de l'opposition du 27 juillet 2018, mais un très bel événement se produit puisque le disque lunaire occulte le disque martien. Cette occultation est visible de l'Amérique du Nord au nord-ouest de l'Afrique en passant par l'Europe.
Tropiques. Les conditions d'observation sont excellentes mais l'occultation n'est pas visible.

Jupiter

Nord. Le 1er en milieu de soirée, vous pouvez comparer son éclat avec celui de Mars : la magnitude de Jupiter est presque deux fois plus forte, mais la teinte rouge-orangé du reflet martien est plus spectaculaire. Toujours dans les Poissons, Jupiter repart résolument vers l'est de l'écliptique en décembre et, le 13, elle passe à nouveau au sud du point vernal. Depuis un site offrant un ciel sombre suffisamment protégé de la pollution lumineuse, vous pouvez voir Jupiter briller le soir au sommet de la lumière zodiacale entre le 11 et le 24. Le 22, cette planète est en quadrature et elle brille à plus de 40° de hauteur au méridien à la fin du crépuscule.
Tropiques. L'inclinaison favorable de l'écliptique installe Jupiter encore plus haut sur la voûte céleste.

Saturne

Nord. Son élongation solaire passe de 70° à 42° dans le mois et elle se couche cinq heures et demie après le Soleil le 1er et trois heures et demie après le 31. À la fin de l'année, Saturne (Capricorne) n'est plus qu'à une quinzaine de degrés de hauteur au-dessus de l'horizon sud-ouest à la fin du crépuscule astronomique et la turbulence risque de dégrader les images visibles aux instruments. Saturne brille à la base de la lumière zodiacale.
Tropiques. Les conditions sont toujours bonnes sous le tropique du Cancer, mais elles se dégradent comme en Europe sous le tropique du Capricorne.

Mi-décembre, Uranus (Bélier) passe au méridien trois heures après la fin du crépuscule à plus de 60° de hauteur. Sa magnitude est proche de 5,7, elle est donc visible à l'œil nu dans les meilleurs sites (carte de repérage p. 52). La teinte turquoise du disque de cette planète gazeuse est perceptible dans un petit instrument ; vous pouvez très légèrement altérer la mise au point pour mieux percevoir cette coloration. À 40° de hauteur au méridien à la fin du crépuscule, Neptune (Verseau) termine sa rétrogradation le 4 et passe en quadrature est le 14 (carte p. 53).

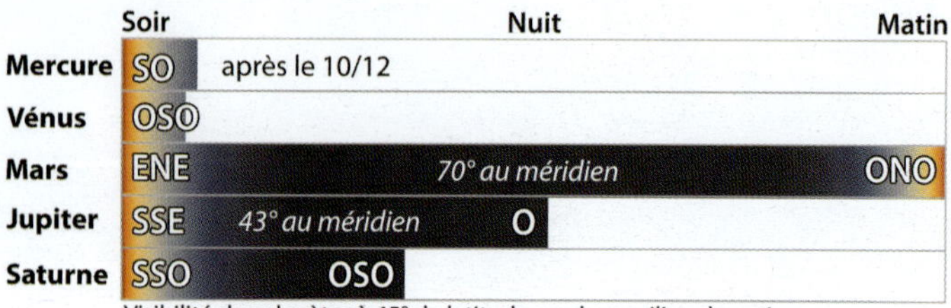

Visibilité des planètes à 45° de latitude nord, en milieu de mois.

Planétaire

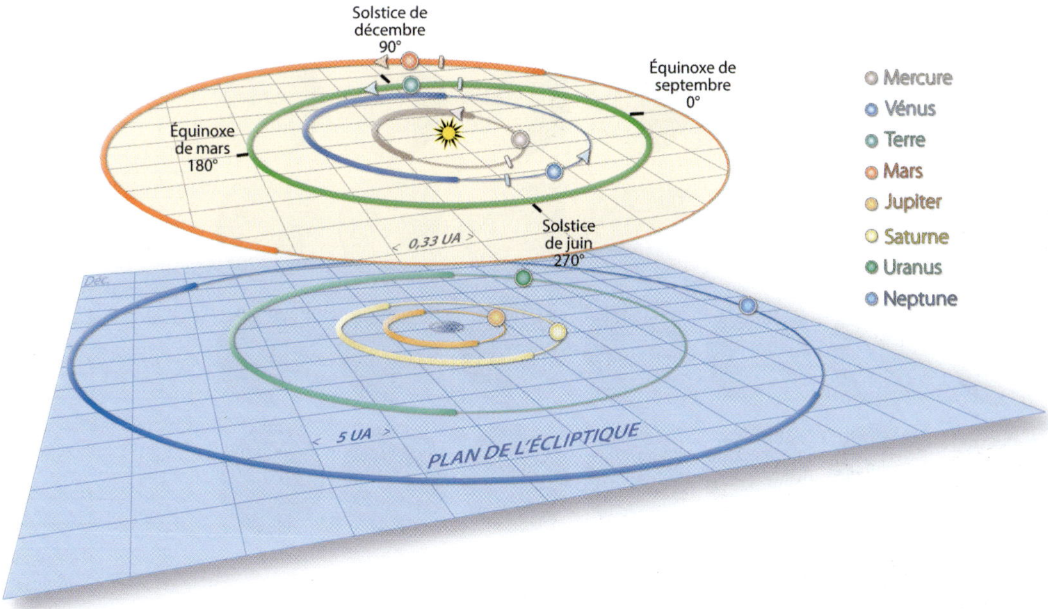

Vous trouverez en pages 67 et 69 des explications complètes sur ces deux schémas.

Le calendrier lunaire

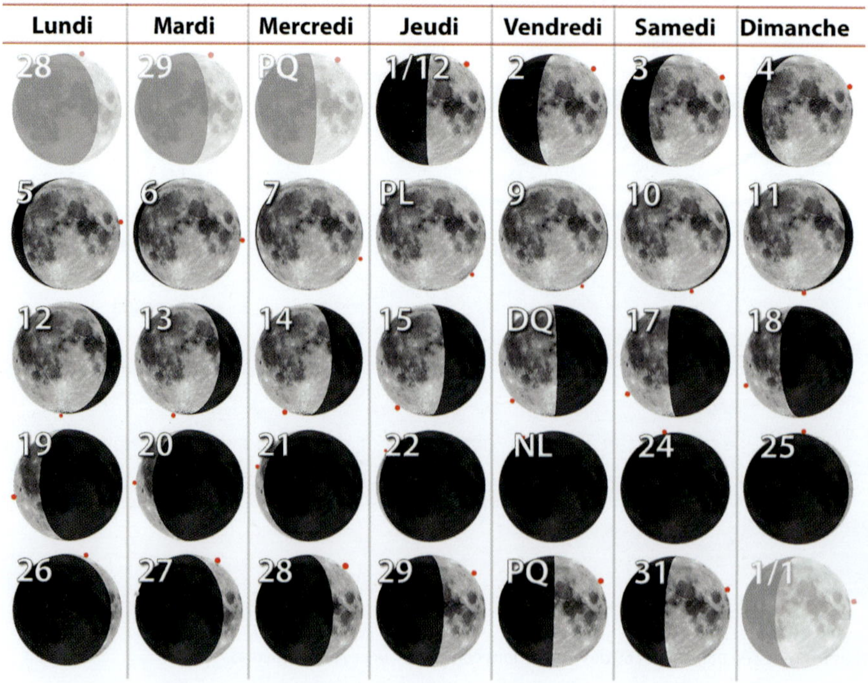

Longitude du terminateur

	Soleil levant	Soleil couchant
1er/12	360°	
2	12°	
3	24°	
4	36°	
5	48°	
6	60°	
7	72°	
8	85°	
9		97°
10		109°
11		121°
12		133°
13		145°
14		157°
15		170°
16		182°
17		194°
18		206°
19		218°
20		230°
21		243°
22		255°
23		267°
24	279°	
25	291°	
26	304°	
27	316°	
28	328°	
29	340°	
30	352°	
31	4°	

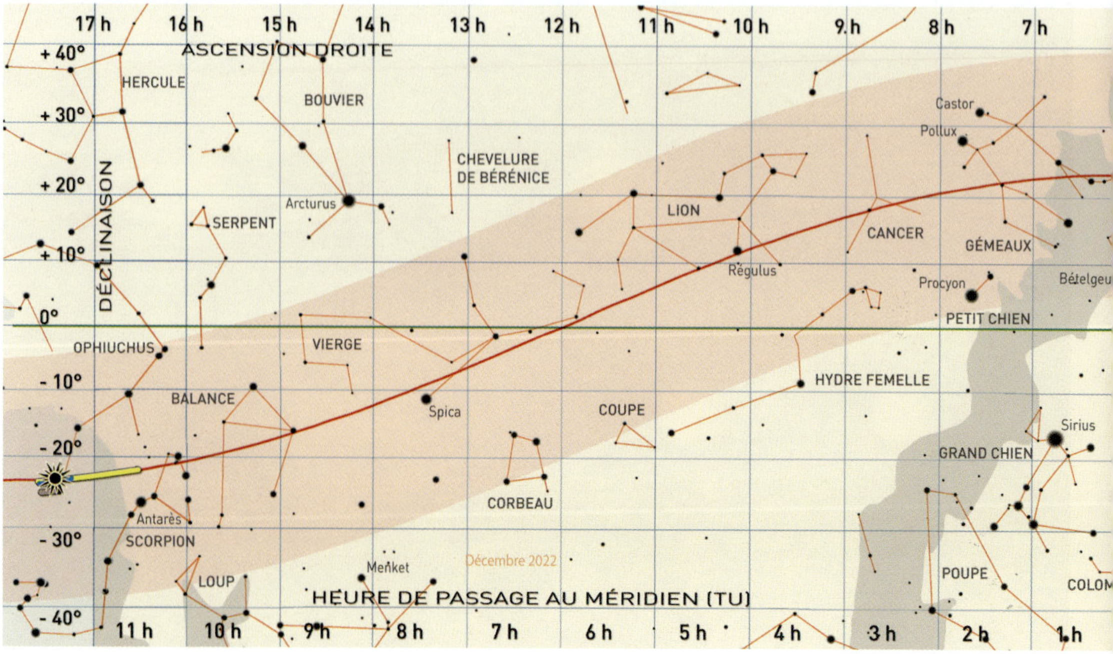

Hauteur mensuelle de la Lune

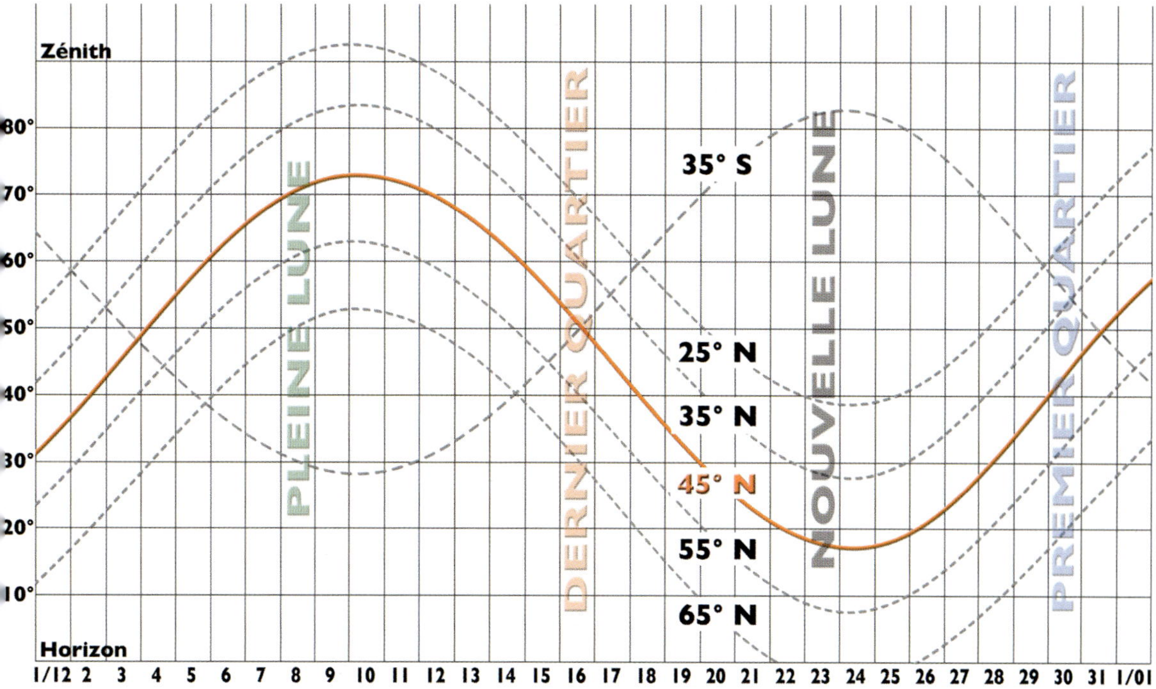

Le 1er décembre à 0 h TU, la Lune est âgée de 7 jours.

La Lune atteint sa plus grande déclinaison vers le nord le 10 (27,4°) et sa plus grande déclinaison vers le sud le 24 (- 27,4°).

Vous trouverez en pages 35, 69, 70 et 71 des explications complètes sur ces trois schémas et ce tableau.

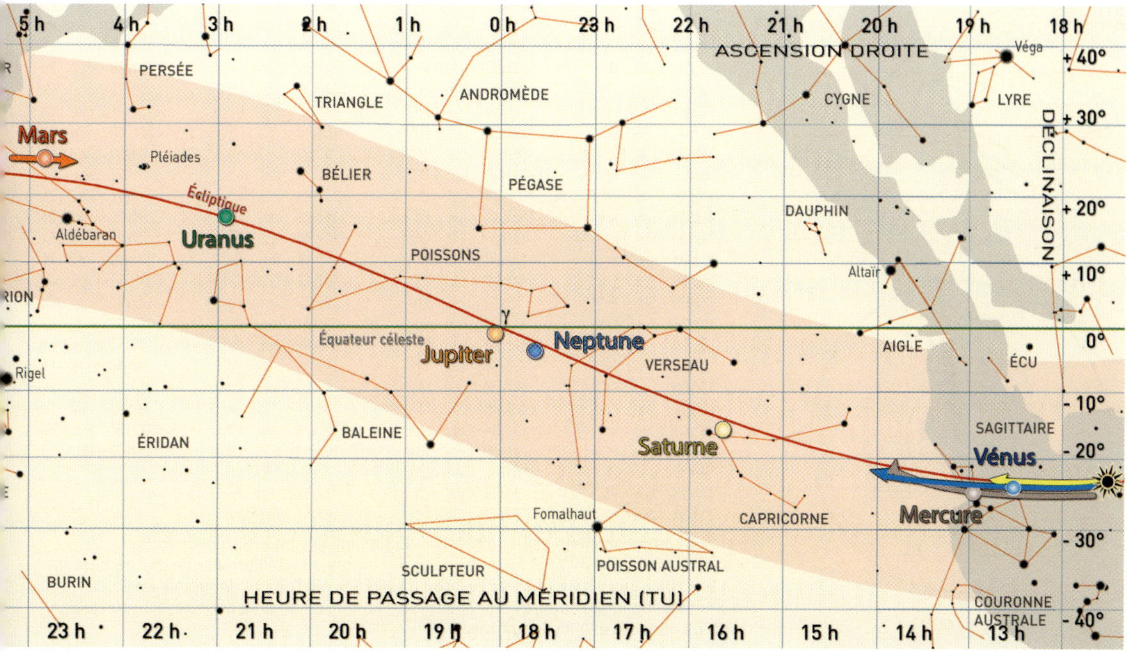

DÉCEMBRE 2022

Satellites de Jupiter

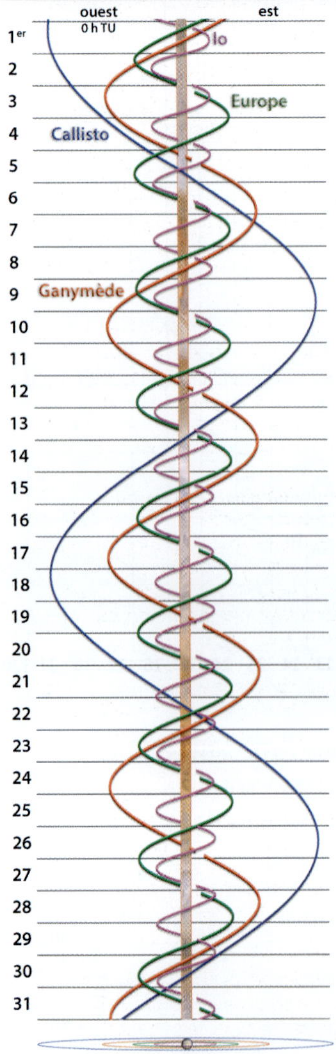

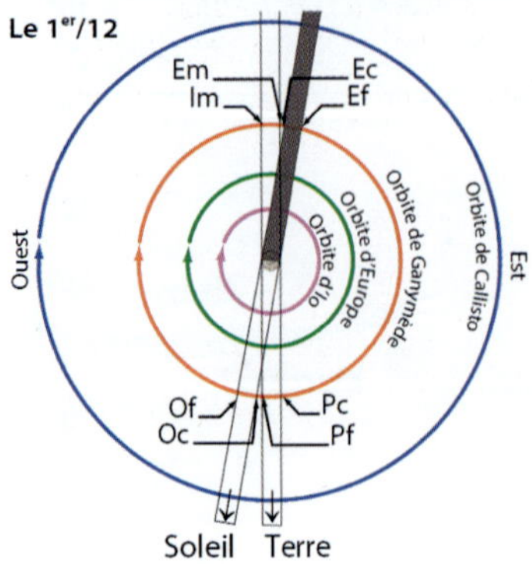

Passages de la tache rouge de Jupiter au méridien central

1er/12 : 9 h 27 ; 19 h 23.
2 : 5 h 19 ; 15 h 15.
3 : 1 h 13 ; 11 h 09 ; 21 h 05.
4 : 7 h 01 ; 16 h 56.
5 : 2 h 52 ; 12 h 48 ; 22 h 43.
6 : 8 h 39 ; 18 h 35.
7 : 4 h 31 ; 14 h 27.
8 : 0 h 23 ; 10 h 18 ; 20 h 14.
9 : 6 h 10 ; 16 h 05.
10 : 2 h 01 ; 11 h 57 ; 21 h 53.
11 : 7 h 49 ; 17 h 44.
12 : 3 h 40 ; 13 h 36 ; 23 h 32.
13 : 9 h 27 ; 19 h 23.
14 : 5 h 19 ; 15 h 15.
15 : 1 h 11 ; 11 h 06 ; 21 h 02.
16 : 6 h 58 ; 16 h 54.
17 : 2 h 50 ; 12 h 45 ; 22 h 41.
18 : 8 h 37 ; 18 h 33.
19 : 4 h 28 ; 14 h 24.
20 : 0 h 20 ; 10 h 16 ; 20 h 11.
21 : 6 h 07 ; 16 h 03.
22 : 1 h 59 ; 11 h 55 ; 21 h 50.
23 : 7 h 46 ; 17 h 42.
24 : 3 h 38 ; 13 h 34 ; 23 h 29.
25 : 9 h 25 ; 19 h 21.
26 : 5 h 17 ; 15 h 13.
27 : 1 h 09 ; 11 h 04 ; 21 h 00.
28 : 6 h 56 ; 16 h 52.
29 : 2 h 48 ; 12 h 43 ; 22 h 39.
30 : 8 h 35 ; 18 h 31.
31 : 4 h 27 ; 14 h 22.

Longitude estimée du centre de la tache rouge en début de mois : 30°.

Phénomènes des satellites de Jupiter

	Heure	Sat.	Phé.
1er/12	4 h 08	Io	Im
	6 h 21	Eur.	Pc
	7 h 37	Io	Ef
	8 h 54	Eur.	Pf
	8 h 55	Eur.	Oc
	11 h 16	Gan.	Pc
	11 h 23	Eur.	Of
	14 h 10	Gan.	Pf
	16 h 35	Gan.	Oc
	19 h 15	Gan.	Of**
2	1 h 25	Io	Pc
	2 h 42	Io	Oc
	3 h 39	Io	Pf
	4 h 56	Io	Of
	22 h 36	Io	Im**
3	1 h 09	Eur.	Im
	2 h 06	Io	Ef
	3 h 44	Eur.	Em
	3 h 49	Eur.	Ec
	6 h 18	Eur.	Ef
	19 h 53	Io	Pc**
	21 h 11	Io	Oc**
	22 h 07	Io	Pf**
	23 h 24	Io	Of**
4	17 h 04	Io	Im**
	19 h 36	Eur.	Pc**
	20 h 34	Io	Ef**
	22 h 09	Eur.	Pf**
	22 h 13	Eur.	Oc**
5	0 h 41	Eur.	Of
	1 h 03	Gan.	Im
	3 h 58	Gan.	Em
	6 h 26	Gan.	Ec
	9 h 05	Gan.	Ef
	14 h 21	Io	Pc
	15 h 41	Io	Oc
	16 h 26	Cal.	Cs
	16 h 35	Io	Pf
	17 h 53	Io	Of**
6	11 h 33	Io	Im
	14 h 25	Eur.	Im
	15 h 03	Io	Ef
	16 h 59	Eur.	Em**
	17 h 08	Eur.	Ec**
	19 h 38	Eur.	Ef**
7	8 h 50	Io	Pc
	10 h 10	Io	Oc
	11 h 04	Io	Pf
	12 h 23	Io	Of
8	6 h 01	Io	Im
	8 h 52	Eur.	Pc
	9 h 32	Io	Ef
	11 h 25	Eur.	Pf
	11 h 31	Eur.	Oc
	13 h 59	Eur.	Of
	15 h 08	Gan.	Pc
	18 h 03	Gan.	Pf**
	20 h 39	Gan.	Oc**
	23 h 17	Gan.	Of**
9	3 h 18	Io	Pc
	4 h 38	Io	Oc
	5 h 32	Io	Pf
	6 h 52	Io	Of
10	0 h 29	Io	Im
	3 h 42	Eur.	Im
	4 h 02	Io	Ef
	6 h 18	Eur.	Em
	6 h 28	Eur.	Ec
	8 h 57	Eur.	Ef
	21 h 46	Io	Pc**
	23 h 07	Io	Oc**
11	0 h 00	Io	Pf**
	1 h 20	Io	Of
	18 h 58	Io	Im**
	22 h 08	Eur.	Pc**
	22 h 30	Io	Ef**
12	0 h 41	Eur.	Pf
	0 h 49	Eur.	Oc
	3 h 18	Eur.	Of
	4 h 56	Gan.	Im
	7 h 52	Gan.	Em
	10 h 28	Gan.	Ec
	13 h 06	Gan.	Ef
	16 h 15	Io	Pc
	17 h 37	Io	Oc**
	18 h 29	Io	Pf**
	19 h 49	Io	Of**
13	13 h 26	Io	Im
	16 h 59	Io	Ef**
	16 h 59	Eur.	Im**
	19 h 35	Eur.	Em**
	19 h 47	Eur.	Ec**
	22 h 16	Eur.	Ef**
14	0 h 54	Cal.	Ci
	10 h 43	Io	Pc
	12 h 05	Io	Oc
	12 h 58	Io	Pf
	14 h 19	Io	Of
15	7 h 55	Io	Im
	11 h 25	Eur.	Pc
	11 h 28	Io	Ef
	13 h 58	Eur.	Pf
	14 h 08	Eur.	Oc
	16 h 35	Eur.	Of
	19 h 04	Gan.	Pc**
	22 h 00	Gan.	Pf**
16	0 h 42	Gan.	Oc
	3 h 19	Gan.	Of
	5 h 12	Io	Pc
	6 h 34	Io	Oc
	7 h 27	Io	Pf
	8 h 47	Io	Of
17	2 h 24	Io	Im
	5 h 57	Io	Ef
	6 h 18	Eur.	Im
	8 h 54	Eur.	Em
	9 h 07	Eur.	Ec
	11 h 36	Eur.	Ef
	23 h 41	Io	Pc**
18	1 h 04	Io	Oc
	1 h 56	Io	Pf
	3 h 16	Io	Of
	20 h 52	Io	Im**
19	0 h 26	Io	Ef
	0 h 42	Eur.	Pc
	3 h 16	Eur.	Pf
	3 h 26	Eur.	Oc
	5 h 53	Eur.	Of
	8 h 54	Gan.	Im
	11 h 51	Gan.	Em
	14 h 32	Gan.	Ec
	17 h 08	Gan.	Ef**
	18 h 10	Io	Pc**
	19 h 33	Io	Oc**
	20 h 24	Io	Pf**
	21 h 45	Io	Of**
20	15 h 21	Io	Im
	18 h 54	Io	Ef**
	19 h 37	Eur.	Im**
	22 h 12	Eur.	Em**
	22 h 25	Eur.	Ec**
21	0 h 54	Eur.	Ef
	12 h 39	Io	Pc
	14 h 01	Io	Oc
	14 h 53	Io	Pf
	16 h 15	Io	Of
22	9 h 50	Io	Im
	10 h 15	Cal.	Cs
	13 h 23	Io	Ef
	14 h 01	Eur.	Pc
	16 h 34	Eur.	Pf
	16 h 44	Eur.	Oc
	19 h 12	Eur.	Of**
	23 h 05	Gan.	Pc**
23	2 h 01	Gan.	Pf
	4 h 45	Gan.	Oc
	7 h 08	Io	Pc
	7 h 20	Gan.	Of
	8 h 31	Io	Oc
	9 h 23	Io	Pf
	10 h 43	Io	Of
24	4 h 19	Io	Im
	7 h 52	Io	Ef
	8 h 57	Eur.	Im
	11 h 32	Eur.	Em
	11 h 45	Eur.	Ec
	14 h 14	Eur.	Ef
25	1 h 38	Io	Pc
	2 h 59	Io	Oc
	3 h 52	Io	Pf
	5 h 12	Io	Of
	22 h 48	Io	Im**
26	2 h 22	Io	Ef
	3 h 19	Eur.	Pc
	5 h 52	Eur.	Pf
	6 h 03	Eur.	Oc
	8 h 30	Eur.	Of
	12 h 57	Gan.	Im
	15 h 54	Gan.	Em
	18 h 34	Gan.	Ec**
	20 h 06	Io	Pc**
	21 h 09	Gan.	Ef**
	21 h 28	Io	Oc**
	22 h 21	Io	Pf**
	23 h 41	Io	Of
27	17 h 17	Io	Im**
	20 h 50	Io	Ef**
	22 h 17	Eur.	Im**
28	0 h 52	Eur.	Em
	1 h 04	Eur.	Ec
	3 h 33	Eur.	Ef
	14 h 36	Io	Pc
	15 h 57	Io	Oc
	16 h 50	Io	Pf
	18 h 10	Io	Of**
29	11 h 46	Io	Im
	15 h 19	Io	Ef
	16 h 38	Eur.	Pc
	19 h 12	Eur.	Pf**
	19 h 21	Eur.	Oc**
	21 h 48	Eur.	Of**
30	3 h 10	Gan.	Pc
	6 h 06	Gan.	Pf
	8 h 47	Gan.	Oc
	9 h 05	Io	Pc
	10 h 27	Io	Oc
	11 h 19	Io	Pf
	11 h 22	Gan.	Of
	12 h 39	Io	Of
	19 h 15	Cal.	Ci**
31	6 h 16	Io	Im
	9 h 48	Io	Ef
	11 h 37	Eur.	Im
	14 h 13	Eur.	Em
	14 h 24	Eur.	Ec
	16 h 52	Eur.	Ef

Pc et Pf = commencement et fin du passage du satellite devant le disque de Jupiter.
Oc et Of = commencement et fin du passage de l'ombre du satellite sur le disque de Jupiter.
Ec et Ef = commencement et fin de l'éclipse du satellite par l'ombre de Jupiter. Im et Em = immersion (disparition) et émersion (réapparition) du satellite derrière le disque jovien.
* Visible à 45° nord et 0° de longitude.

Satellites de Saturne

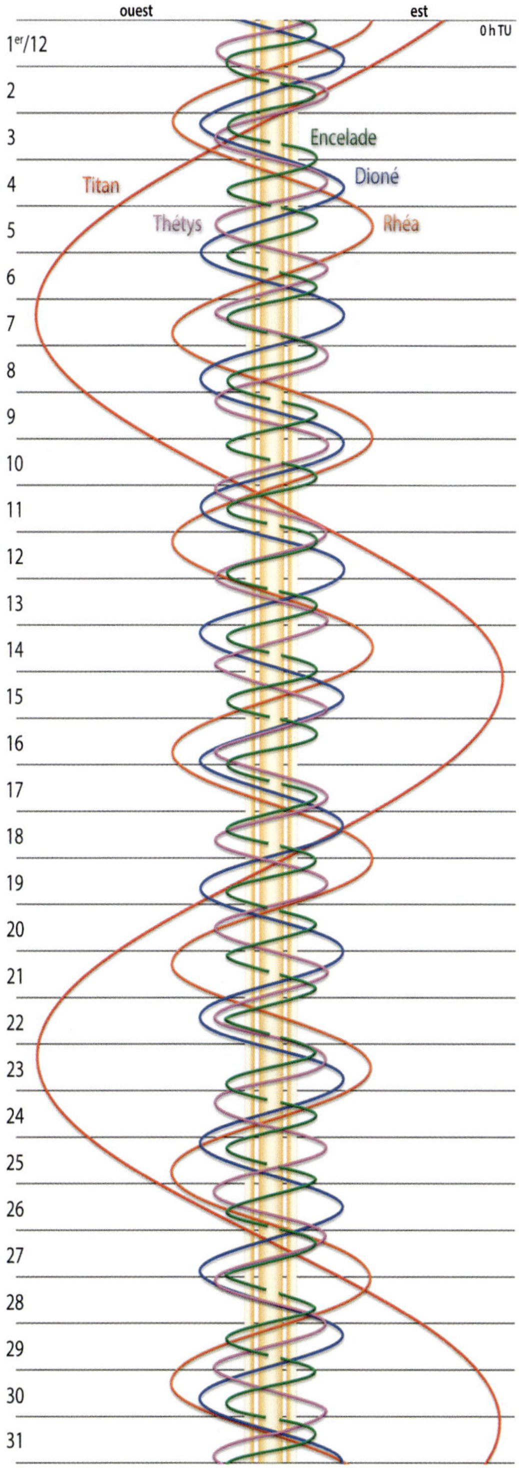

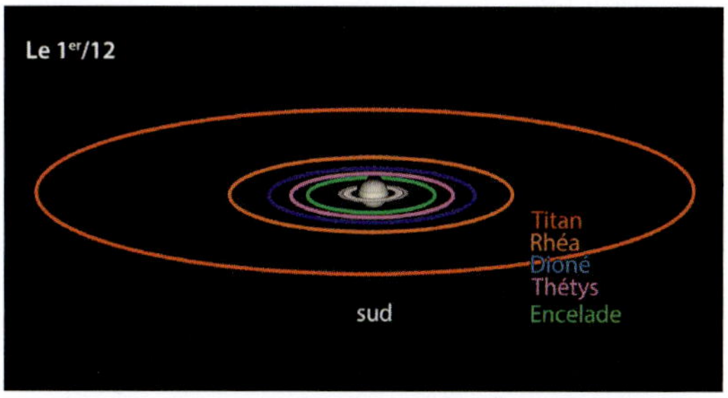

Les courbes ci-contre représentent les trajectoires apparentes des principales lunes de Saturne visibles dans les instruments d'amateur : Encelade est en vert, Téthys en cyan, Dioné en violet, Rhéa en orange et Titan en rouge. La triple bande centrale symbolise le disque et les anneaux de cette planète à la même échelle. La barre horizontale au-dessus de chaque date indique 0 h TU ce jour. Le nord est en haut, l'est à droite et l'ouest à gauche ; si vous ne savez plus comment est orienté le champ de votre instrument, lisez le petit texte d'explication de la page 67. Les satellites de Saturne tournent autour de leur planète dans le sens direct, c'est-à-dire dans le sens inverse des aiguilles d'une montre vu du nord. Ils passent donc entre la planète et nous dans le sens est-ouest et au-delà de la planète dans le sens ouest-est. Selon l'inclinaison du système de Saturne vu depuis la Terre (représentée ci-dessus), certaines des lunes peuvent alors être occultées ou éclipsées par le disque ou les anneaux de la planète. Le petit tableau ci-dessous donne la magnitude de ces lunes, plus Japet, dont l'orbite est trop grande pour être représentée (voir p. 294).

Satellites de Saturne en décembre 2022

	Mimas	Encelade	Téthys	Dioné	Rhéa	Titan	Japet
5	13,3	12,2	10,7	10,8	10,1	8,8	11,5
15	13,3	12,2	10,7	10,8	10,1	8,8	11,5
25	13,4	12,3	10,8	10,9	10,2	8,9	11,6

Dans le tableau suivant, la séparation en secondes d'arc est donnée avec un signe négatif pour les élongations à l'ouest. L'écart apparent entre Titan et Saturne reste important durant les nuits qui encadrent le jour de l'élongation maximale.

Élongations de Titan en décembre 2022

Date	Heure	Séparation en ″
7	5 h 46	- 167
15	2 h 36	161
23	5 h 50	- 163
31	2 h 48	158

Diamètre apparent le 15 : 0,69″

DÉCEMBRE 2022

Les phénomènes astronomiques au jour le jour

À NE PAS MANQUER CE MOIS-CI !

Le 1er et le 2, Jupiter et la Lune.
Nuit du 7 au 8, Mars et la Pleine Lune.
Le 8, opposition de Mars.
Le 8, occultation de Mars.
Du 11 au 24, lumière zodiacale le soir.
Nuits du 13 au 15, essaim des Géminides.
Après le 21, la lumière zodiacale à l'aube.
Le 24, Mercure, Vénus et le croissant du soir.
Le 26, cinq planètes à l'œil nu le soir.
Le 26, Saturne et le croissant lunaire.
Le 29, Mercure et Vénus.
Le 29, Jupiter et la Lune.

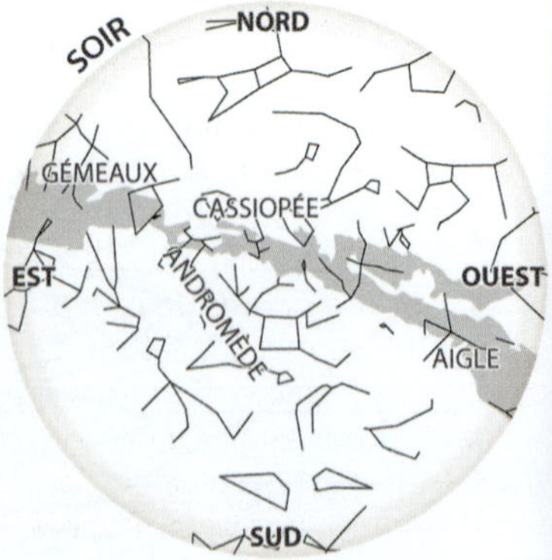

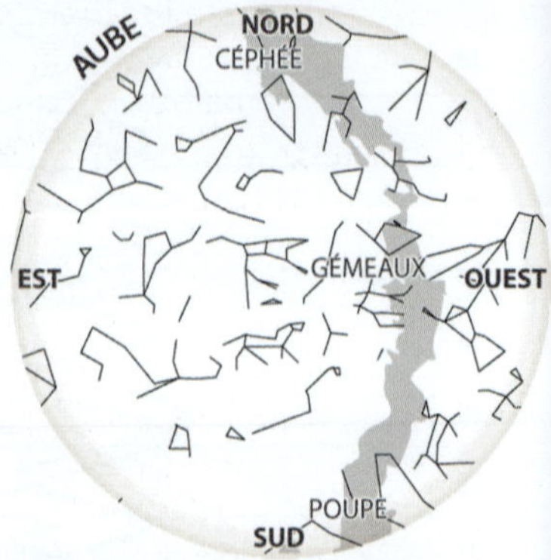

Orientation de la Voie lactée début décembre à la fin du crépuscule astronomique et à l'orée de l'aube.

JJ TU

01 00 **Jeudi (335-30). Heure de début et de fin du crépuscule astronomique à 45° de latitude nord et 0° de longitude : le 1er (5 h 33 m/18 h 05 m) ; le 15 (5 h 44 m/ 18 h 06 m). La durée du jour est de 9 heures et 2 minutes le 1er et de 8 heures et 50 minutes le 31 ; le dernier jour du mois, le Soleil se lève 20 minutes plus tard et se couche 8 minutes plus tard que le premier. La durée du crépuscule astronomique reste proche de 106 minutes tout le mois.**

01 02 **Plus petite distance entre la Terre et Mars** (périgée) à 2 h 18 m : 0,54447 ua, soit 81,45 millions de kilomètres environ. Cela représente près de 20 millions de kilomètres de plus qu'en octobre 2020 et le diamètre apparent de Mars est proche de 17,2″ au lieu de 22,6″, mais elle coupe le méridien à près de 70° de hauteur en France métropolitaine, ce qui permet de l'observer et de l'imager dans d'excellentes conditions, loin des zones les plus turbulentes et les plus polluées de la voûte céleste (voir aussi p. 47).

01 12 **Minimum d'éclat de l'étoile variable Algol de Persée** (Bêta Persei) à 12 h ; sa magnitude est proche de 3,3. Les autres minima du mois se produisent le 4 à 8 h, le 7 à 5 h, le 10 à 2 h, le 12 à 23 h, le 15 à 20 h, le 18 à 17 h, le 21 à 13 h, le 24 à 10 h, le 27 à 7 h et le 30 à 4 h. Voir également le 2 octobre 2022.

01 12 À midi, début du jour julien 2 459 915.

01 18 L'étoile **Deneb** domine l'horizon ouest-sud-ouest de 65° à la fin du crépuscule astronomique à 45° de latitude nord.

02 00 Vendredi (336-29). Le Soleil se lève sur la région de **Plato** (3-219) et, autour de 0 h 37 m, vous pouvez tenter d'observer avec un instrument une ou plusieurs raies lumineuses dans cette formation.

02 00 **L'inclinaison apparente des anneaux de Saturne** passe de + 14,8° à + 13,7° au cours du mois.

02 00 Début décembre, à la fin du crépuscule, la **Voie lactée** est visible de l'est-nord-est à l'ouest-sud-ouest, des Gémeaux au nord d'Ophiuchus, avec Andromède et Cassiopée qui approchent du zénith et le Triangle d'été resplendissant au-dessus de l'horizon ouest. L'éclat lunaire est gênant en début de mois, mais sa course sans fin vers l'orient nous permet de retrouver avant la mi-décembre la sœur lumineuse des blancs ruisseaux de Canaan. En milieu de nuit, la Voie lactée court du sud-est au nord-ouest, du Grand Chien au Cygne, et l'arc de Persée dépasse juste le zénith. Avant l'aube, le bandeau galactique survole l'horizon du sud-ouest au nord-est, du nord de la Poupe au nord du Cygne. Les Gémeaux sont à une quarantaine de degrés de hauteur au-dessus de l'horizon ouest. Quelle belle période pour admirer et photographier le Triangle d'été en début de nuit ! La Voie lactée est étayée par Altaïr, Deneb et Véga au-dessus de l'horizon l'ouest et, dans un ciel sombre, le fuseau diffus de la lumière zodiacale commence à se détacher sur sa gauche.

02 02 **Conjonction géocentrique en longitude entre la Lune (Psc) et Jupiter** à 2 h 45 m (séparation : 2,2°).

02 07 Formations lunaires proches du terminateur dans la journée : Clavius, Copernic et la chaîne de montagnes des Carpathes, Longomontanus.

02 12 **Maximum de l'essaim météoritique des Phœnicides** (254 PHO), dont la période d'activité s'étend du

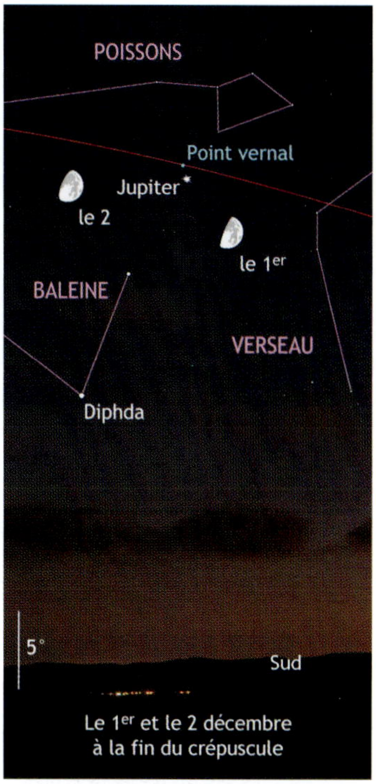

Le 1er et le 2 décembre à la fin du crépuscule, la Lune gibbeuse croissante rejoint Jupiter à proximité du point vernal. Une paire d'heures après le coucher du Soleil, ce couple est installé au méridien, à une quarantaine de degrés de hauteur.

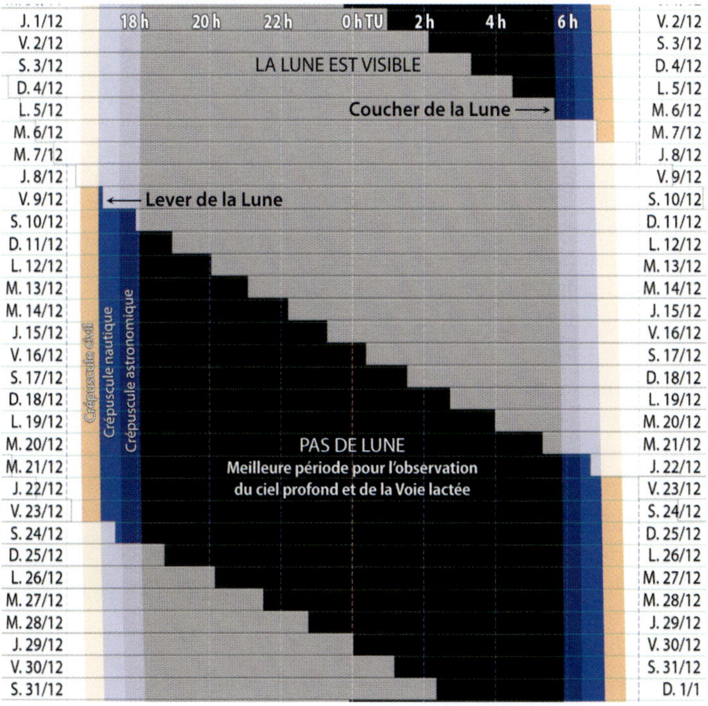

Les phénomènes astronomiques au jour le jour

28 novembre au 9 décembre. Surtout visible par les observateurs de l'extrême sud de l'Europe et des tropiques. D'après Jérémie Vaubaillon, la longitude héliocentrique prévue pour le maximum de l'essaim (équinoxe 2000.0) serait de 250°. Vitesse de pénétration atmosphérique : 18 km/s. Le radiant se situe non loin de l'étoile Achernar (Éridan). En 2022, la Lune gibbeuse croissante libère le ciel de son éclat en seconde partie de nuit.

02 18 En première partie de soirée, les quatre lunes galiléennes – **Io, Europe, Ganymède et Callisto** – sont alignées dans leur ordre naturel à l'ouest du disque jovien.

02 19 Le Soleil se lève sur la région de **Cichus A** (4-343) et, autour de 19 h 24 m, vous pouvez tenter d'observer avec un instrument une ou plusieurs raies lumineuses dans cette formation. Un peu plus tard, autour de 20 h 17 m, observez la région de **Reinhold** (3-271) puis, vers 21 h 21 m, celle de **Kies** (4-318). Cette soirée lunaire se poursuit dans la région de **Longomontanus** (4-358) autour de 22 h 08 m et dans la région de **Copernicus** (3-270) autour de 22 h 31 m.

03 00 Samedi (337-28). Période de libration maximale en longitude pour la Lune (l = 6,3°).

03 18 Le Soleil se lève sur la région du **golfe des Iris** (3) et, autour de 18 h 05 m, vous pouvez tenter d'observer avec un instrument une ou plusieurs raies lumineuses dans cette formation.

04 00 Dimanche. 338e jour de l'année.

04 00 **Neptune est stationnaire** en ascension droite dans le Verseau et termine sa rétrogradation ; elle circulera vers l'est de l'écliptique jusqu'au 30 juin 2023 (209 jours).

04 05 **Maximum d'éclat de l'étoile Delta Cephei** à 5 h. Sa magnitude varie de 3,5 à 4,4 au cours d'un cycle de 5,366 jours. Les autres maxima du mois se produisent le 9 à 14 h, le 14 à 23 h, le 20 à 8 h, le 25 à 16 h et le 31 à 1 h. Voir également le 2 novembre 2022.

04 06 Formations lunaires proches du terminateur dans la journée : Kepler, Gassendi, Schiller, Doppelmayer, Harpalus, Aristarque, Hérodote et la vallée de Schröter.

04 17 **Mercure** entre dans la constellation du Sagittaire.

04 18 **Maximum d'éclat de l'étoile variable Êta Aquilae** (Aigle) à 18 h. Il s'agit d'une étoile de type céphéide dont la magnitude passe de 3,5 à 4,4 au cours d'un cycle de 7,177 jours. Les autres maxima du mois se produisent le 11 à 22 h, le 19 à 3 h et le 26 à 7 h. Voir également le 7 février 2023.

Crédit : NASA's Scientific Visualization Studio

49e SEMAINE

05 00 Lundi (339-26). C'est la Pleine Lune cette semaine, mais c'est également l'opposition de Mars avec une splendide occultation à ne pas manquer en Europe ! Constellation de la Lune chaque jour à 0 h pour 45° de latitude nord et 0° de longitude : L-Ari, M-Ari, M-Tau, J-Tau, V-Tau, S-Gem, D-Gem.

05 00 TSMG (voir p. 17) : 4 h 55 m 07 s.

05 01 Début de la 2265e rotation synodique du Soleil.

05 12 À midi, début du jour julien 2 459 919.

05 12 La Lune passe au nœud ascendant à 12 h 37 m (longitude moyenne : 43,2°). Distance : 392 399 km, soit 61,5 rayons terrestres.

05 12 Le **Soleil** franchit le méridien au zénith à Nouméa.

05 16 **Callisto est en conjonction supérieure** à 16 h 26 m. Elle est observable à proximité du pôle Nord jovien.

05 17 Occultation d'Uranus par la Lune. Zone de visibilité : Europe, moitié nord de l'Afrique, nord de l'Asie.

05 17 **Conjonction géocentrique en longitude entre la Lune (Ari) et Uranus** à 17 h 38 m (séparation : 0,6°).

06 01 Mardi (340-25). À 1 h 45 m, l'étoile 53 Ari (Ari - magnitude 6,1) est occultée par la Lune ; elle réapparaît à 2 h 55 m. Les deux astres sont alors à 26° au-dessus de l'horizon et la fraction éclairée de notre satellite est de 96 %.

06 17 Formation lunaire proche du terminateur dans la journée : Grimaldi.

06 21 **Conjonction géocentrique en longitude entre la Lune (Tau) et les Pléiades** à 21 h 13 m (séparation : 2,6°). La Lune pratiquement pleine (98 %) efface les Pléiades à l'œil nu et, aux jumelles, le spectacle est plutôt éblouissant !

07 05 **Élongation maximale de Titan** à l'ouest de Saturne à 5 h 46 m (167"). Retrouvez les autres élongations de Titan en décembre à la page consacrée aux satellites de Saturne en début de mois.

07 10 **Vénus** entre dans la constellation du Sagittaire.

07 11 **Maximum de l'essaim météoritique des Puppides-Vélides** (301 PUP), dont la période d'activité s'étend du 1er au 15 décembre. Longitude héliocentrique prévue pour le maximum de l'essaim (équinoxe 2000.0) : 255°. Vitesse de pénétration atmosphérique : 40 km/s. Taux horaire moyen au zénith : 10. Cet essaim concerne essentiellement les observateurs du sud de l'Europe et ceux qui résident proche de l'équateur.

07 12 Le **Soleil** franchit le méridien à 22° de hauteur.

07 16 Du 1er au 14 décembre, couchers les plus précoces de l'année pour le Soleil à 40° nord : 16 h 35 m (arrondi à la minute). À 45° nord, c'est du 7 au 13 décembre

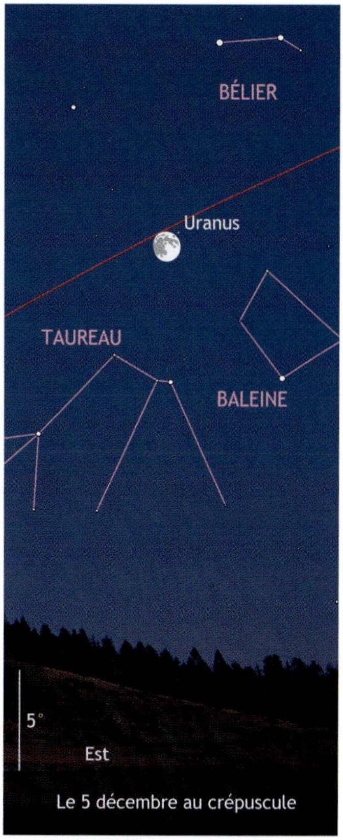

Le 5 décembre, Uranus est occultée par la Lune gibbeuse croissante. En France métropolitaine, l'émersion de la planète est visible dans un instrument au crépuscule, près d'une heure après le coucher du Soleil. Notre satellite se situe alors à plus de 25° de hauteur au-dessus de l'horizon est.

Les phénomènes astronomiques au jour le jour

qu'interviennent les couchers de Soleil les plus précoces, à 16 h 18 m. À 50° nord, c'est du 8 au 16 décembre à 15 h 58 m.

08 00 Jeudi (342-23). La **Terre** passe dans le plan équatorial du Soleil.

08 04 **Pleine Lune à 4 h 08 m (Tau).** Distance : 400 239 km, soit 62,75 rayons terrestres. Pour moi, c'est la Pleine Lune des droits humains car la Journée mondiale des droits de l'homme est célébrée chaque année le 10 décembre, jour anniversaire de l'adoption par l'Assemblée générale des Nations unies de la Déclaration universelle des droits de l'homme en 1948. Le 7 au coucher du Soleil, la Lune pratiquement pleine (99,7 %) brille à moins de 5° de hauteur au-dessus de l'horizon est-nord-est. Elle est au cœur du Taureau et reste plus de quinze heures sur la voûte nocturne, se rapprochant du point fulgurant de la planète Mars à l'opposition et l'occultant même dans certaines régions du monde, dont l'Europe. Le 8 au lever du Soleil, la boule lunaire (99,9 %) éclaire l'horizon ouest-nord-ouest et, le soir, elle surgit au nord-est au moment où le Soleil disparaît à l'ouest-sud-ouest.

08 04 **Conjonction géocentrique en longitude entre la Lune (Tau) et Mars** à 4 h 19 m (séparation : 0,5°). Il s'en passe des choses dans le ciel cette nuit ! C'est la Pleine Lune, mais c'est également l'opposition de Mars et la proximité apparente de ces deux astres sur la voûte céleste se traduit par une occultation de la planète, occultation visible, notamment, en Europe. Un spectacle exceptionnel à admirer dans un instrument et à photographier avec un puissant téléobjectif pour mettre en valeur le disque martien au ras du limbe sélène.

8h 04 **Occultation de Mars par la Lune.** Zone de visibilité : nord-est de l'océan Pacifique, Amérique du Nord (sauf sud-est), nord de l'océan Atlantique, Groenland, Islande, Europe, nord-ouest de l'Afrique. En France métropolitaine, l'occultation dure un peu moins d'une heure et son horaire précis dépend de votre position géographique. Pour les coordonnées utilisées dans le *Guide du Ciel* – 45° de latitude nord et 0° de longitude –, l'immersion se produit à 5 h 11 m et l'émersion à 6 h 05 m ; notez qu'il faut près de 40 secondes pour que le disque martien de 17″ de diamètre soit caché ou libéré par le limbe lunaire. À la fin de l'occultation, lors de l'aube, Mars se situe à une quinzaine de degrés de hauteur au-dessus de l'horizon ouest-nord-ouest, les conditions d'observation sont donc encore correctes même si la turbulence est toujours plus forte à cette hauteur, mais il faut se méfier des obstacles naturels ou artificiels.

Le 7 décembre au crépuscule, une vingtaine de minutes après le coucher du Soleil, essayez de repérer le point orangé de Mars non loin du globe lunaire dans les lueurs de la ceinture de Vénus à l'opposé du couchant.

08 05 **Opposition de Mars dans le Taureau.** Longitude héliocentrique : 76°. Déclinaison : 25°. Mars est dans le Taureau et elle franchit le méridien à près de 70° de hauteur en France métropolitaine. Prochaine opposition le 16 janvier 2025. Plus éloignée de la Terre de près de 20 millions de kilomètres par rapport à sa dernière opposition (13 octobre 2020), Mars est environ deux fois moins brillante avec une magnitude de - 1,9 au lieu de - 2,6, mais elle reste l'astre le plus éclatant de cette région de la voûte céleste.

08 16 À 45° de latitude nord, l'étoile **Aldébaran** du Taureau se lève au moment du coucher du Soleil – on parle de lever achronique – et, dans un ciel limpide, il est possible de la repérer aux jumelles une trentaine de minutes plus tard vers 70° d'azimut et 3° de hauteur.

08 23 La Pleine Lune franchit le méridien à près de 64° de l'horizon sud à Lille et à près de 72° à Perpignan.

09 10 Vendredi (343-22). Maximum de l'essaim météoritique des Monocérotides (019 MON), dont la période d'activité s'étend du 27 novembre au 17 décembre. Longitude héliocentrique prévue pour le maximum de l'essaim (équinoxe 2000.0) : 257°. Vitesse de pénétration atmosphérique : 42 km/s. Taux horaire moyen au zénith : 2. Cet essaim est associé à la comète C/1917 F1 Mellish.

09 23 L'étoile **Rigel** d'Orion passe au méridien à minuit. Sa hauteur est alors de 37° sud.

10 03 Samedi (344-21). **Latitude sud maximale pour Mercure :** - 7° (longitude héliocentrique : 318,3°).

10 23 L'étoile **Capella** du Cocher passe au méridien à minuit. Sa hauteur est alors de 89° nord. Notez que cette très brillante étoile est circumpolaire depuis une large portion de la France métropolitaine, c'est-à-dire qu'elle ne disparaît à aucun moment sous l'horizon nord vrai.

11 00 Dimanche. 345e jour de l'année.

11 18 Dans un site offrant un ciel suffisamment noir, vous pouvez chercher la lueur évanescente de **la lumière zodiacale le soir** avant la fin du crépuscule astronomique. Vous disposez d'une quinzaine de jours jusqu'au retour de la jeune Lune vers le 24 décembre. Le fuseau de la lumière zodiacale se déploie dans le Capricorne et le Verseau au-dessus de l'horizon sud à sud-ouest et il se redresse soir après soir, dessinant un grand V avec la belle portion de la Voie lactée qui traverse le Triangle d'été. Voir également le 23 octobre 2022.

50e SEMAINE

12 00 Lundi (346-19). Même si nous sommes loin de l'été, le triangle du même nom, formé par les brillantes étoiles Véga, Deneb et Altaïr, est vraiment superbe à voir cette semaine : il trône au-dessus de l'horizon ouest en début de nuit avec toute la Voie lactée posée

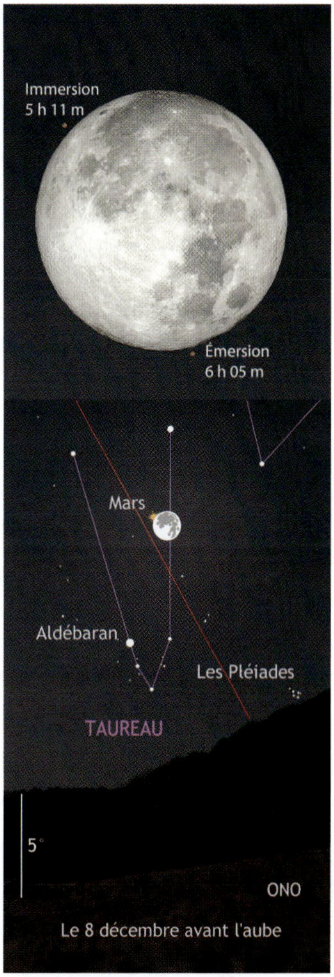

Durant la nuit du 7 au 8 décembre, la séparation apparente entre Mars et la Pleine Lune diminue et, en Europe, Séléné occulte la planète rouge en fin de nuit. Ces deux astres se situent alors au-dessus de l'horizon ouest-nord-ouest et il faut un instrument pour admirer le spectacle impressionnant du petit disque martien orangé disparaissant et réapparaissant majestueusement derrière le limbe lunaire.

en équilibre sur Deneb. Constellation de la Lune chaque jour à 0 h pour 45° de latitude nord et 0° de longitude : L-Cnc, M-Cnc, M-Leo, J-Leo, V-Leo, S-Vir, D-Vir.

12 00 TSMG (voir p. 17) : 5 h 22 m 43 s.

12 00 **Latitude sud maximale pour Jupiter :** - 1,3° (longitude héliocentrique : 10,36°).

12 00 La Lune passe à l'apogée à 0 h 28 m. Distance : 405 869 km, soit 63,63 rayons terrestres.

12 01 Mercure et Saturne sont en conjonction héliocentrique.

12 02 **Minimum d'éclat de l'étoile variable Sheliak** (Bêta de la Lyre) à 2 h. Sa magnitude varie de 3,3 à 4,3 au cours d'un cycle de 12,941 jours. L'autre minimum du mois se produit le 25 à 3 h. Voir également le 3 novembre 2022.

12 12 À midi, début du jour julien 2 459 926.

13 00 Mardi (347-18). **Jupiter est à 1,5° au sud du point vernal** dans les Poissons.

13 02 Formations lunaires proches du terminateur dans la journée : Fracastor, Piccolomini, Posidonius, Theophilus, Cyrillus et Catherina.

13 17 **Io et Callisto** se croisent à proximité du limbe est de Jupiter ; à voir dans une lunette.

14 00 Mercredi (348-17). **Callisto est en conjonction inférieure** à 0 h 54 m. Elle est observable à proximité apparente du pôle Sud jovien.

14 09 **Conjonction géocentrique en longitude entre la Lune (Leo) et Régulus** à 9 h 03 m (séparation : 4,5°). À l'aube, ces deux astres sont visibles à plus de 50° de hauteur au-dessus de l'horizon sud-sud-ouest.

14 12 Le **Soleil** franchit le méridien à 22° de hauteur.

14 13 **Maximum de l'essaim météoritique des Géminides** (004 GEM), dont la période d'activité s'étend du 7 au 17 décembre. Longitude héliocentrique prévue pour le maximum (équinoxe 2000.0) : 262,2°. Vitesse de pénétration atmosphérique : 35 km/s. Taux horaire moyen au zénith : 120 à 160. Cet essaim est associé à l'astéroïde 3200 Phaéton, qui est peut-être le noyau inactif d'une ancienne comète ; il tourne en 525 jours autour du Soleil sur une orbite très elliptique qui le fait virer à moins de 21 millions de kilomètres de la bouée solaire, soit plus de deux fois plus près que Mercure, et qui passe très près de l'orbite terrestre (moins de 40 000 km). Ces belles étoiles filantes sont assez lentes et courtes mais, chaque année, il y a en prime quelques bolides très brillants. Des études fondées sur plusieurs

Crédit : NASA's Scientific Visualization Studio

milliers d'observations réalisées entre 1950 et 1985 montrent que l'éclat moyen des Géminides est proche de la magnitude 2,5 et que plus de 4 % laissent une traînée perceptible à l'œil nu pendant plusieurs secondes. En 2022, la Lune gibbeuse décroissante brille vivement dans le Lion lors du maximum, mais l'éclat lunaire ne vous empêchera pas de voir d'éventuels bolides.

15 09 Jeudi (349-16). Formations lunaires proches du terminateur dans la journée : Cassini, Triesnecker, centre de la chaîne des Apennins.

15 15 La comète **81P Wild** (période de 6,42 années) passe au plus près du Soleil (périhélie) à 239 millions de kilomètres. Son éclat pourrait atteindre la magnitude 12.

16 01 Vendredi (350-15). Formations lunaires proches du terminateur dans la journée : Ptolémée, Alphonse et Arzachel, Archimède, Maginus, Moretus, Mur droit, Platon, Ératosthène, Tycho.

16 07 **Maximum de l'essaim météoritique des Comae Bérénicides** (020 COM), dont la période d'activité s'étend du 12 au 23 décembre. Longitude héliocentrique prévue pour le maximum de l'essaim (équinoxe 2000.0) : 264°. Vitesse de pénétration atmosphérique : 65 km/s. Taux horaire moyen au zénith : 3. Le radiant se situe au nord de l'étoile Denebola du Lion.

16 08 **Dernier Quartier de Lune à 8 h 56 m (Vir).** Distance : 395 490 km, soit 62,01 rayons terrestres. Il s'est écoulé 8 jours, 4 heures et 47 minutes (8,199 jours) entre la Pleine Lune du 8 décembre et ce Dernier Quartier, l'intervalle le plus long entre deux phases sur la période couverte par cette édition. Voir le 12 août 2022.

16 17 En première partie de nuit, les quatre lunes galiléennes – **Io, Europe, Ganymède et Callisto** – sont alignées dans leur ordre naturel à l'ouest du disque jovien.

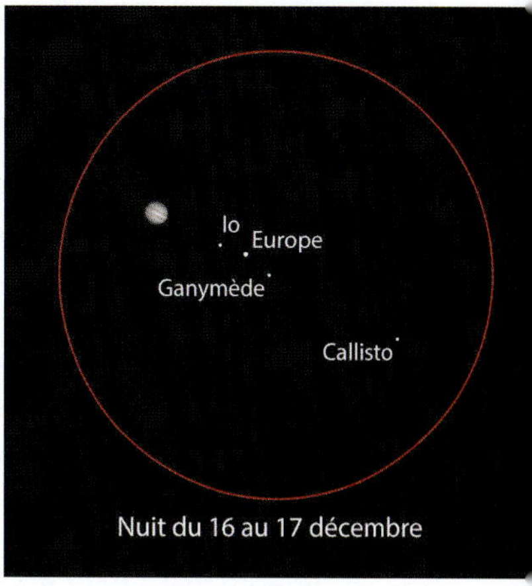

Durant la nuit du 16 au 17 décembre, les lunes galiléennes s'alignent dans leur ordre naturel à l'ouest du disque jovien.

17 00 Samedi (351-14). Période du maximum d'éclat de l'étoile variable R Boo (1432+27). R Boo est une variable de type Mira (variable à longue période) dont la magnitude oscille entre 6,2 et 13,1 ; sa période est de 223,4 jours.

17 00 **Vénus** transite devant le disque solaire vue de Pluton.

18 00 Dimanche. 352e jour de l'année .

18 05 À 5 h 09 m, l'étoile 51 Vir (Vir - magnitude 4,4) est occultée par la Lune ; elle réapparaît à 6 h 09 m. Les deux astres sont alors à 36° au-dessus de l'horizon et la fraction éclairée de notre satellite est de 31 %.

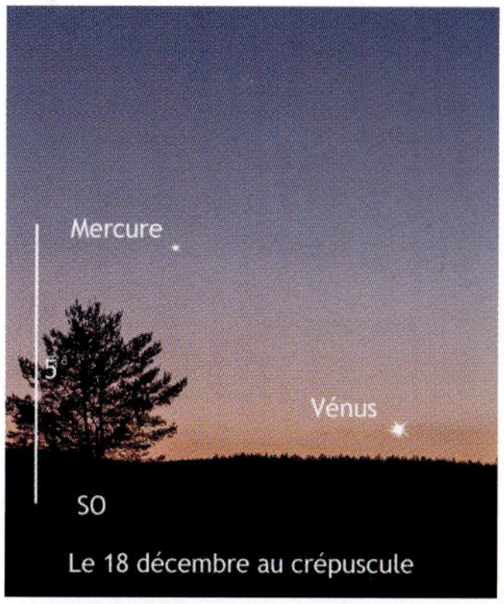

Le 18 décembre au crépuscule, moins d'une heure après le coucher du Soleil, essayez de repérer le petit point de Mercure aux jumelles alors que Vénus se couche.

18 12 **Le Soleil entre dans la constellation du Sagittaire** (266,5°) à 12 h 26 m.

18 16 **Conjonction géocentrique en longitude entre la Lune (Vir) et Spica** à 16 h 58 m (séparation : 3,7°). Le 19 à l'aube, le croissant et sa belle lumière cendrée sont visibles à 8° de Spica et à plus de 25° de hauteur au-dessus de l'horizon sud-est.

DÉCEMBRE 2022

Les phénomènes astronomiques au jour le jour

51e SEMAINE

19 00 Lundi (353-12). Des nuits noires de presque douze heures, voilà le programme pour les jours qui viennent, avec le plaisir de parcourir le ciel de l'été au printemps, de l'Aigle à la Vierge. Constellation de la Lune chaque jour à 0 h pour 45° de latitude nord et 0° de longitude : L-Vir, M-Lib, M-Lib, J-Oph, V-Oph, S-Sgr, D-Sgr.

19 00 TSMG (voir p. 17) : 5 h 50 m 19 s.

19 02 Formations lunaires proches du terminateur dans la journée : Gassendi, Schiller, Doppelmayer, Harpalus, Aristarque, Hérodote et la vallée de Schröter.

19 12 À midi, début du jour julien 2 459 933.

19 16 La comète **C/2017 K2 PANSTARRS** passe au plus près du Soleil (périhélie) à 269 millions de kilomètres. Son éclat pourrait atteindre la magnitude 7. Découverte le 21 mai 2017 par un télescope automatique du réseau Pan-STARRS installé à Hawaii, cette comète passe de la constellation de l'Autel à celle du Paon en décembre.

19 23 L'étoile **Bételgeuse** d'Orion passe au méridien à minuit. Sa hauteur est alors de 52° sud.

20 01 Mardi (354-11). La Lune passe au nœud descendant à 1 h 34 m (longitude moyenne : 222,5°). Distance : 373 633 km, soit 58,6 rayons terrestres.

21 05 Mercredi (355-10). Heure de début et de fin du crépuscule astronomique le jour du solstice de décembre à 0° de longitude : à 40° de latitude nord (5 h 41 m/18 h 16 m) ; à 45° de latitude nord (5 h 48 m/18 h 08 m) ; à 50° de latitude nord (5 h 57 m/18 h).

21 05 Durant une quinzaine de jours, jusqu'à l'arrivée de la Lune gibbeuse vers le 5 janvier, cherchez **la lumière zodiacale, le matin avant l'aube** au-dessus de l'horizon est-sud-est. Elle traverse actuellement les constellations de la Balance et de la Vierge. Il est impossible de voir la lumière zodiacale dans le ciel des villes, trop clair, mais elle est encore parfaitement visible à l'œil nu et photographiable dans le Morvan, le Jura, les Alpes, l'Aubrac, les Cévennes, les Pyrénées et dans toutes les régions épargnées par l'envahissement des lumières artificielles. Voir également le 23 octobre 2022.

21 12 Le **Soleil** franchit le méridien à 22° de hauteur.

21 15 **Mercure atteint son élongation maximale à l'est : 20,1°.**

21 18 Durant quelques nuits autour de la Nouvelle Lune, il est possible d'observer la lumière zodiacale le soir après le crépuscule et le matin avant l'aube. Il faut naturellement choisir un site bien protégé de la pollution lumineuse.

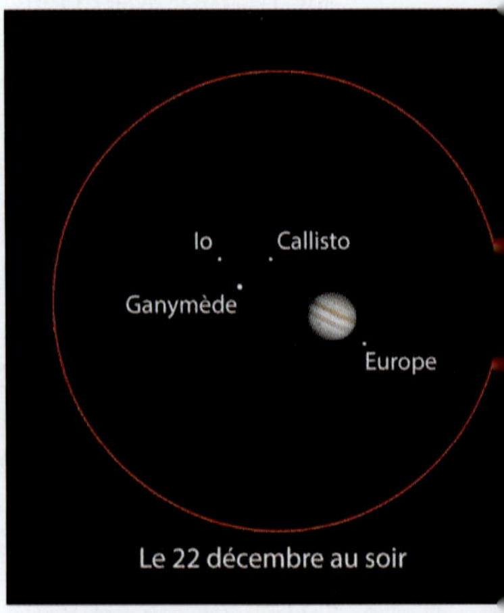

Le 22 décembre au soir, Io, Ganymède et Callisto dessinent un joli petit triangle à l'est de Jupiter.

21 21 **Déclinaison australe maximale du Soleil** pour l'année : - 23° 26′ 17″.

21 21 **Le Soleil entre dans le signe astrologique du Capricorne** (270°) à 21 h 48 m, mais, dans la réalité, il est entré le 18 dans la constellation du Sagittaire.

21 21 **Solstice de décembre sur Terre à 21 h 48 m ;** début de l'hiver dans l'hémisphère Nord. C'est l'époque de l'année où le Soleil atteint sa plus forte déclinaison au sud de l'écliptique et s'élève le moins haut dans le ciel de midi. La durée du jour est la plus courte : à 45° de latitude nord, par exemple, soit à peu près sur une ligne allant de Bordeaux à Chambéry, le Soleil est présent moins de 9 heures dans le ciel. À Paris, le Soleil grimpe à peine à 18° de hauteur au-dessus de l'horizon sud lors du solstice de décembre, alors qu'il dépasse largement les 65° de hauteur au solstice de juin. Cette diminution de la durée d'ensoleillement, ajoutée au fait que les rayons du Soleil nous parviennent sous un angle très fermé par rapport aux régions tropicales ou australes à la même période, provoque les changements saisonniers auxquels nous sommes accoutumés. En 2023, le solstice de décembre se produira le 22 à 3 h 27 m.

22 00 Jeudi (356-9). **Jupiter est en quadrature** à l'est du Soleil.

22 10 **Callisto est en conjonction supérieure** à 10 h 15 m. Elle est observable à proximité du pôle Nord jovien.

22 13 Mercure et Jupiter sont en conjonction héliocentrique.

22 18 Ce soir, un superbe triangle change de forme au gré des mouvements des lunes galiléennes **Io, Ganymède et Callisto** à l'est du disque de Jupiter ; à voir dans une lunette ou un télescope.

22 21 **Maximum de l'essaim météoritique des Ursides** (015 URS), dont la période d'activité s'étend du 17 au 26 décembre. Longitude héliocentrique prévue pour le maximum de l'essaim (équinoxe 2000.0) : 270,7°. Le radiant est circumpolaire en France métropolitaine puisqu'il se situe à côté de Kochab (Bêta Petite Ourse), il est donc observable toute la nuit. Taux horaire moyen au zénith : 10 à 50. Cet essaim est associé aux débris de la comète périodique 8P Tuttle (période de 13,6 années ; dernier passage au périhélie le 27 août 2021). Peter Jenniskens et Mikiya Sato annoncent deux possibles sursauts en 2022 : le 22 décembre autour de 10 h 21 m et de 14 h 22 m, ce qui favorise les observateurs situés en Amérique du Nord. En 2022, nous sommes en période de Nouvelle Lune lors du maximum et les conditions d'observation sont donc excellentes.

23 10 Vendredi (357-8). **Nouvelle Lune à 10 h 17 m (Sgr).**

24 00 Samedi (358-7). Période du maximum d'éclat de l'étoile variable RX Sgr (1908-18). RX Sgr est une variable de

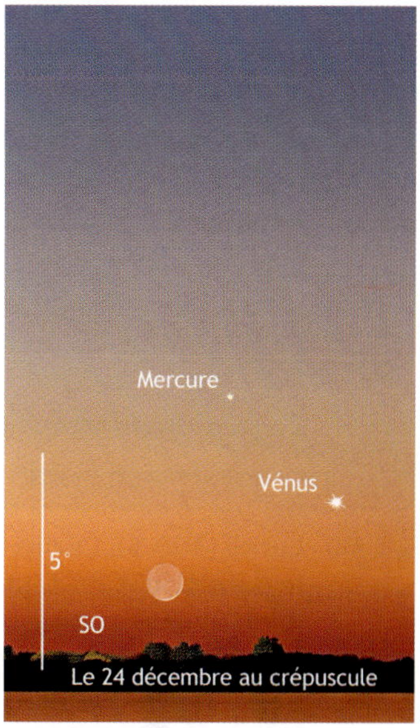

Le 24 décembre au crépuscule, une quarantaine de minutes après le départ du Soleil, il faut un horizon sud-ouest dégagé et limpide pour repérer le croissant lunaire à près de 4° du diamant vénusien, qui se rapproche soir après soir de Mercure.

Les phénomènes astronomiques au jour le jour

type Mira (variable à longue période) dont la magnitude oscille entre 9 et 14,4 ; sa période est de 335,23 jours.

24 08 La Lune passe au périgée à 8 h 27 m.
Distance : 358 270 km, soit 56,17 rayons terrestres.

24 12 **Conjonction géocentrique en longitude entre la Lune (Sgr) et Vénus** à 12 h 16 m (séparation : 3,5°).

24 15 **Dernier quartier de Mercure.**

24 16 Ce soir au crépuscule, guettez un fin croissant lunaire de 2,6 %. À 16 h 50 m, il est âgé de 31 heures ; il se situe à 3° de hauteur et à 225° d'azimut, alors que le Soleil se situe à 5° sous l'horizon.

24 19 **Conjonction géocentrique en longitude entre la Lune (Sgr) et Mercure** à 19 h 32 m (séparation : 3,7°).

25 00 Dimanche. 359e jour de l'année.

25 12 Pour fêter Noël, admirez les nombreux amas ouverts et globulaires du Sagittaire qui fleurissent autour du Soleil dans le champ du coronographe LASCO C3 de la sonde *SOHO*.

25 12 **L'équation du temps est nulle.**

52e SEMAINE

26 00 Lundi (360-5). L'éclat lunaire envahit progressivement le début de la nuit, mais vous pouvez choisir de vous lever avant l'aube pour explorer les galaxies du Lion et de la Vierge. Constellation de la Lune chaque jour à 0 h pour 45° de latitude nord et 0° de longitude : L-Cap, M-Cap, M-Aqr, J-Aqr, V-Cet, S-Psc, D-Ari.

26 00 TSMG (voir p. 17) : 6 h 17 m 55 s.

26 03 **Vénus passe à l'aphélie** à 0,728 ua du Soleil, soit près de 109 millions de kilomètres.

26 10 **Équinoxe de printemps dans l'hémisphère Nord martien.**

26 12 À midi, début du jour julien 2 459 940.

26 17 Si vous êtes photographe, utilisez la clarté du mince croissant (16 %) à la fin du crépuscule pour révéler le paysage autour de la Voie lactée qui se dresse au-dessus de l'horizon ouest.

26 17 **Durant quelques jours en France métropolitaine, les cinq planètes visibles à l'œil nu sont visibles une heure après le coucher du Soleil :** Vénus et Mercure brillent au ras de l'horizon ouest-sud-ouest, Saturne est à une vingtaine de degrés de hauteur au-dessus de l'horizon sud-sud-ouest, Jupiter est à plus de quarante degrés de hauteur au méridien et Mars surplombe l'horizon est d'une trentaine de degrés.

Le 26 décembre au crépuscule, une heure et demie après le coucher du Soleil, le croissant lunaire et sa belle lumière cendrée sont visibles à quelques encablures de Saturne. Ce couple surplombe l'horizon sud-ouest d'une bonne quinzaine de degrés.

26 18 **Conjonction géocentrique en longitude entre la Lune (Cap) et Saturne** à 18 h 19 m (séparation : 3,8°).

26 19 À 19 h 06 m, l'étoile HD 206546 (Cap - magnitude 6,2) est occultée par la Lune. Les deux astres sont alors à 8° au-dessus de l'horizon et la fraction éclairée de notre satellite est de 16 %.

27 04 Mardi (361-4). Formations lunaires proches du terminateur dans la journée : Atlas, Fracastor.

28 00 Mercredi (362-3). Période du maximum d'éclat de l'étoile variable R Vul (2059+23A). R Vul est une variable de type Mira (variable à longue période) dont la magnitude oscille entre 7 et 14,3 ; sa période est de 136,73 jours.

28 07 Du 31 décembre au 10 janvier, levers les plus tardifs de l'année pour le Soleil à 40° nord : 7 h 22 m (arrondi à la minute). À 45° nord, ces levers tardifs ont lieu du 28 décembre au 8 janvier à 7 h 38 m. À 50° nord, ils interviennent le 31 décembre à 7 h 59 m.

28 12 Le **Soleil** franchit le méridien à 22° de hauteur.

29 04 Jeudi (363-2). Mercure passe au nœud ascendant de son orbite (longitude héliocentrique : 48,3°).

29 09 **Mercure est stationnaire** en ascension droite puis elle rétrograde pendant vingt jours.

29 12 **Conjonction géocentrique en longitude entre la Lune (Psc) et Jupiter** à 12 h 11 m (séparation : 2,1°).

29 13 **Conjonction géocentrique en longitude entre Mercure (Sgr) et Vénus** à 13 h 56 m (séparation : 1,4°).

29 15 **En plein jour.** Jupiter et le quartier lunaire sont visibles côte à côte à près de 25° de hauteur au-dessus de l'horizon sud-est en fin d'après-midi. Leur écart apparent étant de 3°, il est facile de les glisser dans le même champ de jumelles et, selon la pureté du ciel d'hiver, vous pouvez tenter de distinguer le petit éclat jovien à l'œil nu.

30 00 Vendredi (364-1). Période de libration maximale en longitude pour la Lune (l = 7,4°).

30 00 La petite planète **9 Métis** passe à 3,4° au sud de Saturne dans le Capricorne.

30 01 **Premier Quartier de Lune à 1 h 20 m (Cet).** Distance : 379 783 km, soit 59,54 rayons terrestres.

30 10 De 10 h 27 m à 11 h 22 m, Ganymède et Io projettent leur ombre sur Jupiter. Invisible en Europe.

30 19 **Callisto est en conjonction inférieure** à 19 h 15 m. Elle est observable à proximité apparente du pôle Sud jovien. Visible en Europe.

31 00 Samedi (365-0). Formations lunaires proches du terminateur dans la journée : Archimède, Moretus, Maginus, Mur droit, Platon, Ératosthène, Tycho, Clavius.

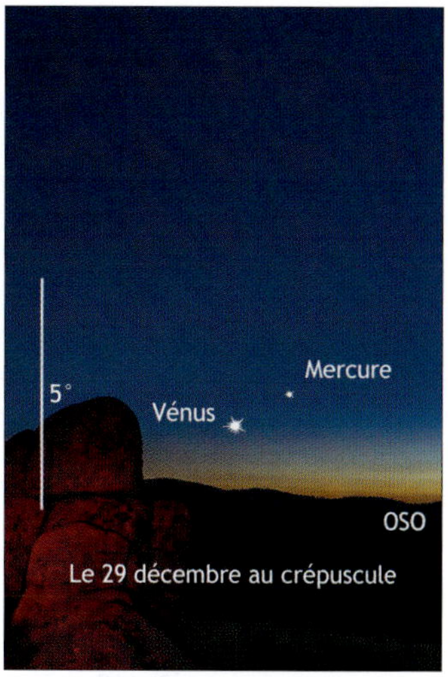

Le 29 décembre au crépuscule, une heure après le coucher du Soleil, les deux premières planètes du Système solaire brillent à moins de 2° de hauteur au-dessus de l'horizon ouest-sud-ouest et il faut des jumelles pour distinguer Mercure, dont l'éclat a perdu près d'une magnitude en cinq jours.

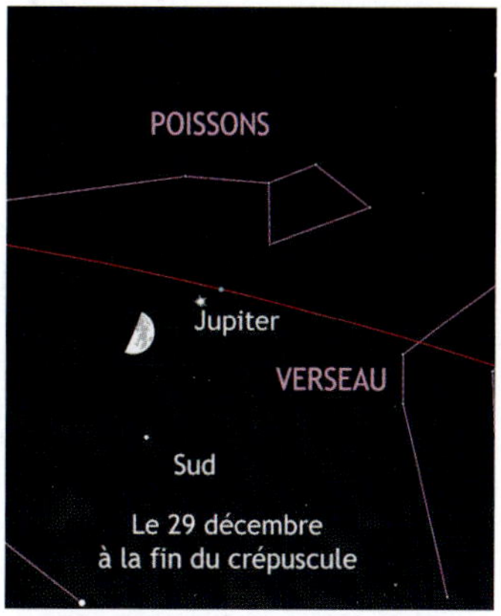

Le 29 décembre à la fin du crépuscule, une heure et demie après le coucher du Soleil, le quartier lunaire côtoie Jupiter au méridien, à plus de 40° de hauteur.

Opposition de Mars le 8 décembre 2022

Jeudi 8 décembre 2022 à 5 h 36 m, la planète Mars passe en opposition, c'est-à-dire que le Soleil, la Terre et elle sont alignés ou, en d'autres termes, qu'il y a 180° de différence de longitude géocentrique entre le Soleil et Mars. À l'opposition, le diamètre apparent et l'éclat martiens sont à leur maximum et la distance Terre-Mars est minimale. En fait, en raison de la forte excentricité de l'orbite martienne, le moment précis où cette planète est au plus près de la Terre peut différer de la date de l'opposition jusqu'à un peu plus de 8 jours, ce qui peut également modifier de quelques jours la période d'éclat et de diamètre maximum ; ce décalage est insignifiant dans la pratique, mais il existe néanmoins. Cette fois-ci, Mars est au plus près de notre planète (périgée) le 1er décembre à 2 h 18 m, à 81,45 millions de kilomètres (4,5 minutes-lumière). Cela représente 19,4 millions de kilomètres de plus qu'en octobre 2020 lors de sa précédente opposition et son diamètre apparent culmine à 17,2″ au lieu de 22,6″, mais son observation est aisée aux latitudes européennes car elle se situe dans le Taureau et coupe le méridien à près de 70° de hauteur : les conditions de turbulence devraient ainsi être excellentes pour les observations visuelles et l'imagerie. Le schéma de la p. 47 vous montre la trajectoire de Mars dans le Taureau avec sa rétrogradation lors de cette opposition. La prochaine opposition martienne se produira le 16 janvier 2025.

Dans l'hémisphère Nord martien, le solstice d'hiver se produit le 21 juillet 2022, l'équinoxe de printemps le 26 décembre 2022 et le solstice d'été le 12 juillet 2023. Mars passe au périhélie, le point de son orbite le plus rapproché du Soleil, le 21 juin 2022 à 206,6 millions de kilomètres du Soleil. Cette configuration permet à l'hémisphère Sud de connaître une saison estivale plus chaude que celle de l'hémisphère Nord puisque la planète reçoit pratiquement 45 % d'énergie solaire en plus au périhélie qu'à l'aphélie. Sur le plan observationnel, cela se traduit par une diminution significative de la calotte polaire australe, qui s'accompagne souvent de formations de brumes, voire de tempêtes de poussières, qui voilent des portions plus ou moins larges du globe martien.

En novembre et en décembre 2022, à l'approche de l'équinoxe, la période favorable aux tempêtes devrait être terminée et nous devrions pouvoir observer un globe martien bien dégagé.

Il faut un télescope d'au moins 200 mm de diamètre ou une très bonne lunette pour faire des observations martiennes visuelles de qualité. Photographiquement, un APN ou une caméra planétaire peuvent révéler des détails sur la planète rouge même avec un instrument de petit diamètre dès qu'elle dépasse 5″ ou 6″ de diamètre apparent. Pensez à sortir votre matériel optique au coucher du Soleil afin qu'il soit à la même température que l'air ambiant et ne génère aucune turbulence. Plus vous observerez et plus vous verrez de détails, car votre cerveau apprendra progressivement à analyser les maigres informations que lui fournit votre œil. L'emploi de filtres colorés, qui augmentent le contraste de certaines zones en fonction de leur couleur, est un plus indéniable. Un jeu de filtres pour oculaire est donc un bon investissement si vous souhaitez surprendre les variations d'éclat de la surface martienne ; limitez-vous aux filtres de faible densité si vous avez un instrument d'un diamètre inférieur à 150 mm. Un filtre orangé ou rouge (équivalant aux filtres Kodak Wratten nos 21 à 29) accroît le contraste des zones très sombres comme Syrtis Major ou Sinus Sabaeus et souligne l'œil de Solis Lacus. Un filtre jaune (nos 8, 12 ou 15) mettra en évidence d'éventuelles tempêtes de sable importantes. Un filtre vert ou bleu (nos 38A, 58, 61 ou 64) éclaircira d'éventuelles masses nuageuses ou

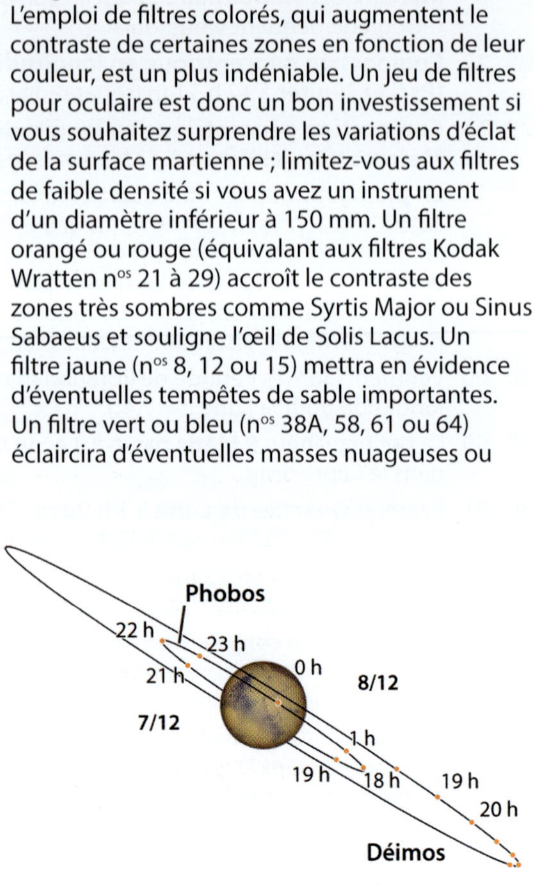

brumeuses en bordure de la calotte australe et un filtre violet (n° 47) soulignera les nuages d'altitude. Attention, ce sont des détails que seuls les observateurs aguerris arrivent à percevoir régulièrement lorsque toutes les conditions d'une observation de qualité sont réunies, ne désespérez donc pas si vous ne les distinguez pas au premier coup d'œil dans une lunette de 60 mm !

Observez Phobos et Déimos !

Lors de la période d'opposition, Phobos et Déimos, les deux satellites naturels de Mars, sont observables dans les instruments d'amateur. Début décembre, leur magnitude est de 11,4 pour le premier et de 12,5 pour le second ; cela représente une différence de 13 à 14 magnitudes avec Mars, je vous conseille donc de grossir fortement – si l'absence de turbulence le permet, allez jusqu'à 2 fois le diamètre de l'optique exprimé en millimètres – et de faire sortir la planète du champ pour éviter d'être ébloui. Ces deux lunes circulent sur des orbites pratiquement circulaires très légèrement inclinées par rapport à l'équateur de Mars – 1° pour Phobos et 1,8° pour Déimos – et donc aussi par rapport à notre ligne de vision lors de cette opposition équinoxiale. Phobos effectue une révolution en 7,65 heures, alors qu'il faut près de 30,3 heures à Déimos ; toutes deux présentent toujours la même face à Mars. La rapidité de Phobos est telle qu'elle engendre un phénomène troublant : comme cette lune accomplit plus de trois révolutions pendant que sa planète tourne une fois sur elle-même, elle a un déplacement apparent d'ouest en est sur la voûte céleste martienne et se couche deux fois par jour ! Pour un observateur situé à l'équateur, Phobos met près de 4 heures et 20 minutes à traverser le ciel, son diamètre apparent varie de près de 8' à l'horizon à près de 12' au zénith, et sa magnitude évolue de - 5 à - 9 en fonction de sa phase. Le schéma voisin montre les positions de Phobos et de Déimos par rapport au disque martien durant la nuit du 7 au 8 décembre 2022.

Orientation du globe martien

Tout au long de la journée martienne de 24 heures et 37 minutes, les différentes formations qui marquent la surface de la planète défilent derrière une ligne arbitraire, le méridien central, qui joint les deux pôles en passant par le centre de la face visible depuis la Terre. Le tableau indique la longitude de la planète qui se trouve sous le méridien central chaque jour à 0 h. Pour obtenir la longitude du méridien central à une autre heure, le principe est d'ajouter 14,62° pour chaque heure entière et 0,24° pour chaque minute écoulée depuis 0 h ; si le résultat est supérieur à 360°, il faut lui soustraire 360°. La rotation de Mars sur elle-même étant plus lente que celle de la Terre, la longitude du méridien centrale se décale d'environ 9° par jour. Ainsi, en faisant des observations chaque jour à la même heure pendant un peu plus d'un mois, vous ferez le tour complet de Mars. Si vous êtes impatient, vous pouvez découvrir l'ensemble de la géographie martienne en lui consacrant deux nuits entières à quinze jours d'intervalle.

Position du méridien central de Mars à 0 h (degrés)

	Septembre	Octobre	Novembre	Décembre	Janvier	Février	Mars
1er	349°	64°	136°	228°	314°	30°	127°
2	339°	54°	127°	220°	305°	21°	118°
3	330°	45°	118°	211°	296°	12°	108°
4	320°	35°	109°	202°	287°	2°	99°
5	311°	26°	100°	193°	278°	353°	89°
6	301°	17°	91°	185°	269°	344°	80°
7	292°	7°	82°	176°	260°	334°	70°
8	282°	358°	73°	167°	251°	325°	61°
9	272°	349°	64°	158°	242°	316°	51°
10	263°	339°	55°	149°	233°	306°	42°
11	253°	330°	46°	141°	224°	297°	32°
12	244°	321°	37°	132°	215°	288°	23°
13	234°	311°	28°	123°	206°	278°	13°
14	225°	302°	19°	114°	197°	269°	4°
15	215°	293°	10°	105°	187°	259°	354°
16	206°	283°	1°	97°	178°	250°	345°
17	196°	274°	352°	88°	169°	241°	335°
18	187°	265°	343°	79°	160°	231°	325°
19	177°	256°	334°	70°	151°	222°	316°
20	168°	246°	326°	61°	142°	212°	306°
21	158°	237°	317°	52°	132°	203°	297°
22	149°	228°	308°	44°	123°	193°	287°
23	139°	219°	299°	35°	114°	184°	278°
24	130°	209°	290°	26°	105°	174°	268°
25	120°	200°	281°	17°	95°	165°	259°
26	111°	191°	272°	8°	86°	156°	249°
27	101°	182°	264°	359°	77°	146°	240°
28	92°	173°	255°	350°	68°	137°	230°
29	82°	164°	246°	341°	58°		220°
30	73°	154°	237°	332°	49°		211°
31		145°		323°	40°		201°

Sur le Web

Consultez le site du *Guide du Ciel* pour obtenir des éphémérides complémentaires, des courbes montrant la position de Phobos et Déimos et des cartes de Mars légendées. Vous pouvez également consulter l'outil cartographique mis en ligne par la revue américaine *Sky & Telescope*, qui permet de visualiser les formations visibles au méridien central pour une date et un moment précis (skyandtelescope.org/observing/mars-which-side-is-visible/).

DÉCEMBRE 2022 Le Soleil et les planètes

	JOUR	ASCENSION DROITE	DÉCLINAISON	CONSTELLATION	Ø APPARENT	ÉQUATION DU TEMPS	DISTANCE	DISTANCE LUMIÈRE	LEVER	MÉRIDIEN	HAUTEUR	COUCHER
		h m s	° ′ ″			m s	ua	m s	h m	h m		h m
Soleil	2	16 32 28	- 21 54 52	Oph	32′ 26″	- 10 47	0,9861	8 12	07 19	11 49	23°	16 20
	6	16 49 50	- 22 27 31	Oph	32′ 28″	- 9 11	0,9854	8 12	07 23	11 51	23°	16 19
	10	17 07 20	- 22 53 09	Oph	32′ 29″	- 7 26	0,9849	8 11	07 27	11 53	22°	16 18
	14	17 24 57	- 23 11 36	Oph	32′ 30″	- 5 35	0,9845	8 11	07 30	11 55	22°	16 19
	18	17 42 39	- 23 22 41	Oph	32′ 30″	- 3 39	0,9841	8 11	07 33	11 57	22°	16 20
	22	18 00 24	- 23 26 17	Sgr	32′ 31″	- 1 41	0,9838	8 11	07 36	11 59	22°	16 22
	26	18 18 10	- 23 22 21	Sgr	32′ 31″	+ 0 18	0,9836	8 11	07 37	12 01	22°	16 24
	30	18 35 54	- 23 10 54	Sgr	32′ 32″	+ 2 15	0,9834	8 11	07 38	12 02	22°	16 27

	JOUR	ASCENSION DROITE	DÉCLINAISON	CONSTELLATION	MAGNITUDE	Ø APPARENT	ÉLONGATION	DISTANCE	FRACTION ÉCLAIRÉE	LEVER	MÉRIDIEN	HAUTEUR	COUCHER
		h m s	° ′ ″					ua		h m	h m		h m
Mercure	2	17 27 09	- 25 18 01	Oph	- 0,7	5	12,8° E	1,3487	93 %	08 34	12 45	20°	16 56
	6	17 53 53	- 25 40 53	Sgr	- 0,6	5,2	14,8° E	1,3004	90 %	08 47	12 56	19°	17 06
	10	18 20 12	- 25 40 57	Sgr	- 0,6	5,4	16,7° E	1,2412	86 %	08 57	13 07	19°	17 16
	14	18 45 31	- 25 17 47	Sgr	- 0,5	5,7	18,3° E	1,1701	80 %	09 04	13 16	20°	17 28
	18	19 08 46	- 24 32 23	Sgr	- 0,4	6,2	19,6° E	1,0869	72 %	09 07	13 23	21°	17 40
	22	19 28 17	- 23 28 18	Sgr	- 0,1	6,8	20,1° E	0,9926	60 %	09 05	13 26	22°	17 48
	26	19 41 27	- 22 13 23	Sgr	0,4	7,5	19,2° E	0,8911	44 %	08 55	13 22	23°	17 51
	30	19 44 43	- 21 00 49	Sgr	1,4	8,5	16,1° E	0,7924	26 %	08 36	13 08	24°	17 42
Vénus	2	17 15 18	- 23 27 35	Oph	- 3,9	10	10,0° E	1,6778	99 %	08 12	12 33	22°	16 54
	6	17 37 09	- 23 54 30	Oph	- 3,9	10,1	11,0° E	1,6704	98 %	08 20	12 39	21°	16 58
	10	17 59 06	- 24 09 44	Sgr	- 3,9	10,1	11,9° E	1,6623	98 %	08 28	12 45	21°	17 03
	14	18 21 07	- 24 13 03	Sgr	- 3,9	10,2	12,9° E	1,6537	98 %	08 34	12 51	21°	17 09
	18	18 43 06	- 24 04 24	Sgr	- 3,9	10,2	13,8° E	1,6445	97 %	08 39	12 58	21°	17 16
	22	19 05 01	- 23 43 50	Sgr	- 3,9	10,3	14,8° E	1,6347	97 %	08 44	13 04	21°	17 24
	26	19 26 45	- 23 11 36	Sgr	- 3,9	10,4	15,7° E	1,6243	97 %	08 47	13 10	22°	17 33
	30	19 48 17	- 22 28 04	Sgr	- 3,9	10,4	16,6° E	1,6133	96 %	08 49	13 15	23°	17 43
Mars	6	5 02 23	+ 24 59 46	Tau	- 1,9	17,1	176,9° O	0,5468	100 %	16 04	00 03	70°	07 57
	14	4 49 01	+ 24 56 39	Tau	- 1,8	16,7	172,0° E	0,5611	100 %	15 20	23 13	70°	07 12
	22	4 37 29	+ 24 47 45	Tau	- 1,6	15,9	161,2° E	0,5882	99 %	14 38	22 30	70°	06 28
	30	4 29 05	+ 24 37 33	Tau	- 1,4	14,9	151,2° E	0,6270	98 %	14 00	21 51	70°	05 47
Jupiter	6	23 58 45	- 1 39 52	Psc	- 2,6	42,8	105,2° E	4,6009	99 %	13 01	18 57	43°	00 56
	14	0 00 17	- 1 27 25	Psc	- 2,5	41,7	97,5° E	4,7253	99 %	12 30	18 27	44°	00 27
	22	0 02 35	- 1 10 11	Psc	- 2,5	40,6	90,0° E	4,8521	99 %	12 00	17 58	44°	23 56
	30	0 05 34	- 0 48 27	Psc	- 2,4	39,5	82,7° E	4,9789	99 %	11 30	17 29	44°	23 29
Saturne	6	21 32 01	- 15 56 53	Cap	0,8	16,2	66,4° E	10,1960	100 %	11 34	16 30	29°	21 27
	14	21 34 23	- 15 45 01	Cap	0,8	16	58,8° E	10,3130	100 %	11 04	16 01	29°	20 59
	22	21 37 03	- 15 31 36	Cap	0,8	15,9	51,4° E	10,4220	100 %	10 34	15 33	30°	20 31
	30	21 40 00	- 15 16 48	Cap	0,8	15,7	44,0° E	10,5200	100 %	10 05	15 04	30°	20 04
Uranus	6	2 54 02	+ 16 14 08	Ari	5,7	3,7	152,0° E	18,7980	100 %	14 41	21 51	61°	05 05
	18	2 52 30	+ 16 07 43	Ari	5,7	3,7	139,5° E	18,9140	100 %	13 53	21 03	61°	04 16
	30	2 51 19	+ 16 02 52	Ari	5,7	3,7	126,9° E	19,0640	100 %	13 05	20 14	61°	03 27
Neptune	6	23 34 53	- 4 01 18	Aqr	7,9	2,3	98,8° E	29,7460	100 %	12 47	18 33	41°	00 23
	18	23 35 05	- 3 59 36	Aqr	7,9	2,2	86,7° E	29,9540	100 %	12 00	17 46	41°	23 32
	30	23 35 35	- 3 55 58	Aqr	7,9	2,2	74,6° E	30,1590	100 %	11 13	16 59	41°	22 46

Les éphémérides du Soleil, des planètes et de la Lune proposées sur ces deux pages sont calculées à 0 h TU pour une latitude de 45° nord et une longitude de 0°.

La Lune

	JOUR	ASCENSION DROITE	DÉCLINAISON	CONSTELLATION	Ø APPARENT	PARALLAXE HORIZONTALE	FRACTION ÉCLAIRÉE	JOUR	ÉLONGATION	DISTANCE	LEVER	MÉRIDIEN	HAUTEUR	COUCHER
		h m s	° ′ ″							km	h m	h m		h m
J 1	335	23 07 14	- 10 32 40	Aqr	31′ 49″	58′ 24″	54 %	7,0	94° E	375 505	13 h 23	19 h 04	39°	
V 2	336	23 56 22	- 4 29 26	Aqr	31′ 29″	57′ 47″	65 %	8,0	107° E	379 455	13 h 43	19 h 49	45°	0 h 57
S 3	337	0 43 46	1 38 33	Cet	31′ 10″	57′ 12″	74 %	9,0	119° E	383 348	14 h 02	20 h 33	51°	2 h 08
D 4	338	1 30 34	7 35 48	Psc	30′ 52″	56′ 39″	83 %	10,0	131° E	387 087	14 h 21	21 h 18	57°	3 h 19
L 5	339	2 17 50	13 08 20	Ari	30′ 35″	56′ 08″	90 %	11,0	143° E	390 626	14 h 43	22 h 04	62°	4 h 28
M 6	340	3 06 23	18 02 47	Ari	30′ 20″	55′ 40″	95 %	12,0	155° E	393 944	15 h 08	22 h 51	67°	5 h 38
M 7	341	3 56 42	22 06 11	Tau	30′ 06″	55′ 14″	99 %	13,0	167° E	397 015	15 h 39	23 h 41	70°	6 h 47
J 8	342	4 48 52	25 06 42	Tau	29′ 53″	54′ 51″	100 %	14,0	178° E	399 795	16 h 17			7 h 53
V 9	343	5 42 25	26 54 57	Tau	29′ 43″	54′ 31″	99 %	15,0	171° O	402 202	17 h 03	0 h 33	72°	8 h 53
S 10	344	6 36 26	27 25 46	Gem	29′ 34″	54′ 16″	97 %	16,0	160° O	404 118	17 h 57	1 h 25	72°	9 h 45
D 11	345	7 29 49	26 39 14	Gem	29′ 29″	54′ 05″	93 %	17,0	149° O	405 394	18 h 57	2 h 16	71°	10 h 28
L 12	346	8 21 37	24 40 28	Cnc	29′ 26″	54′ 02″	87 %	18,0	138° O	405 868	20 h 01	3 h 05	69°	11 h 02
M 13	347	9 11 16	21 38 02	Cnc	29′ 29″	54′ 05″	80 %	19,0	127° O	405 383	21 h 07	3 h 52	66°	11 h 30
M 14	348	9 58 44	17 42 05	Leo	29′ 35″	54′ 18″	72 %	20,0	116° O	403 813	22 h 12	4 h 36	61°	11 h 53
J 15	349	10 44 23	13 02 47	Leo	29′ 48″	54′ 40″	63 %	21,0	105° O	401 085	23 h 18	5 h 19	56°	12 h 13
V 16	350	11 28 57	7 49 44	Leo	30′ 05″	55′ 12″	53 %	22,0	93° O	397 208		6 h 01	51°	12 h 31
S 17	351	12 13 20	2 12 11	Vir	30′ 28″	55′ 54″	43 %	23,0	82° O	392 289	0 h 24	6 h 42	45°	12 h 49
D 18	352	12 58 38	- 3 39 51	Vir	30′ 55″	56′ 44″	33 %	24,0	70° O	386 545	1 h 32	7 h 25	39°	13 h 07
L 19	353	13 46 03	- 9 34 10	Vir	31′ 25″	57′ 39″	24 %	25,0	58° O	380 314	2 h 43	8 h 11	33°	13 h 28
M 20	354	14 36 52	- 15 14 33	Lib	31′ 57″	58′ 37″	15 %	26,0	46° O	374 033	3 h 59	9 h 01	27°	13 h 54
M 21	355	15 32 14	- 20 19 09	Lib	32′ 27″	59′ 33″	8 %	27,0	33° O	368 214	5 h 19	9 h 57	22°	14 h 26
J 22	356	16 32 46	- 24 20 30	Oph	32′ 53″	60′ 21″	3 %	28,0	20° O	363 382	6 h 41	10 h 58	18°	15 h 10
V 23	357	17 38 01	- 26 49 08	Oph	33′ 12″	60′ 55″	0 %	29,0	6° O	360 000	7 h 58	12 h 04	17°	16 h 09
S 24	358	18 45 58	- 27 21 50	Sgr	33′ 20″	61′ 11″	1 %	0,6	8° E	358 388	9 h 04	13 h 11	17°	17 h 21
D 25	359	19 53 34	- 25 51 16	Sgr	33′ 19″	61′ 08″	4 %	1,6	22° E	358 663	9 h 56	14 h 16	20°	18 h 44
L 26	360	20 57 57	- 22 29 45	Cap	33′ 08″	60′ 47″	10 %	2,6	36° E	360 719	10 h 34	15 h 16	25°	20 h 08
M 27	361	21 57 39	- 17 43 20	Cap	32′ 48″	60′ 12″	18 %	3,6	50° E	364 260	11 h 04	16 h 11	30°	21 h 29
M 28	362	22 52 37	- 12 02 08	Aqr	32′ 24″	59′ 27″	27 %	4,6	63° E	368 868	11 h 28	17 h 01	37°	22 h 46
J 29	363	23 43 44	- 5 53 19	Aqr	31′ 57″	58′ 37″	38 %	5,6	76° E	374 085	11 h 48	17 h 47	43°	23 h 59
V 30	364	0 32 17	0 21 19	Cet	31′ 29″	57′ 47″	49 %	6,6	88° E	379 485	12 h 07	18 h 32	49°	
S 31	365	1 19 32	6 24 46	Psc	31′ 04″	56′ 59″	59 %	7,6	101° E	384 721	12 h 27	19 h 17	55°	1 h 10

La Lune des spécialistes

	Libration		Angle de position	
	l	b	axe	phase
1	5,7°	5,8°	338,0°	246,9°
2	6,1°	4,8°	337,6°	245,3°
3	6,3°	3,6°	338,3°	245,2°
4	6,1°	2,2°	339,9°	246,5°
5	5,7°	0,7°	342,4°	249,5°
6	5,2°	- 0,8°	345,7°	254,5°
7	4,4°	- 2,2°	349,7°	263,7°
8	3,5°	- 3,5°	354,3°	312,3°
9	2,4°	- 4,6°	359,4°	69,2°
10	1,3°	- 5,6°	4,5°	83,2°
11	0,1°	- 6,2°	9,3°	91,6°
12	- 1,2°	- 6,6°	13,6°	98,3°
13	- 2,5°	- 6,7°	17,1°	103,8°
14	- 3,8°	- 6,5°	19,8°	108,0°
15	- 5,0°	- 6,1°	21,5°	111,1°
16	- 6,0°	- 5,3°	22,3°	113,1°
17	- 6,7°	- 4,3°	22,2°	113,8°
18	- 7,2°	- 3,1°	21,3°	113,3°
19	- 7,3°	- 1,7°	19,4°	111,3°
20	- 6,9°	- 0,1°	16,4°	107,5°
21	- 6,1°	1,6°	12,3°	101,4°
22	- 4,7°	3,1°	7,2°	90,8°
23	- 3,0°	4,6°	1,1°	59,8°
24	- 1,1°	5,7°	354,7°	295,5°
25	1,0°	6,4°	348,7°	271,8°
26	3,0°	6,6°	343,8°	261,3°
27	4,7°	6,4°	340,3°	254,5°
28	6,0°	5,8°	338,3°	250,1°
29	6,9°	4,9°	337,6°	247,6°
30	7,4°	3,7°	338,1°	246,8°
31	7,4°	2,3°	339,5°	247,5°

Phases et distances

Jour	Heure en TU	Distance en km	Ø apparent
8	PL à 4 h 08 m	400 239	29,9′
16	DQ à 8 h 56 m	395 490	30,2′
23	NL à 10 h 17 m	359 080	33,3′
30	PQ à 1 h 20 m	379 783	31,5′
12	Apogée à 0 h 28 m	405 869	29,4′
24	Périgée à 8 h 27 m	358 270	33,4′

Reportez-vous pages 7 à 15 pour trouver des renseignements détaillés sur l'utilisation de ces différentes informations.
Consultez les tableaux de corrections horaires (pages 340 et 341) pour adapter les heures de lever, de passage au méridien et de coucher en fonction de votre lieu d'observation.

JANVIER 2023

1re quinzaine vers 22 h TU - 2e quinzaine vers 21 h TU

Pour	Utilisez la carte de
17-18 h	novembre
19-20 h	décembre
23-0 h	février
1-2 h	mars
3-4 h	avril
5-6 h	mai

Vous pouvez également utiliser cette carte en :
février vers 19-20 h
mars vers 17-18 h
septembre vers 5-6 h
octobre vers 3-4 h
novembre vers 1-2 h
décembre vers 23-0 h
(valable uniquement pour les étoiles)

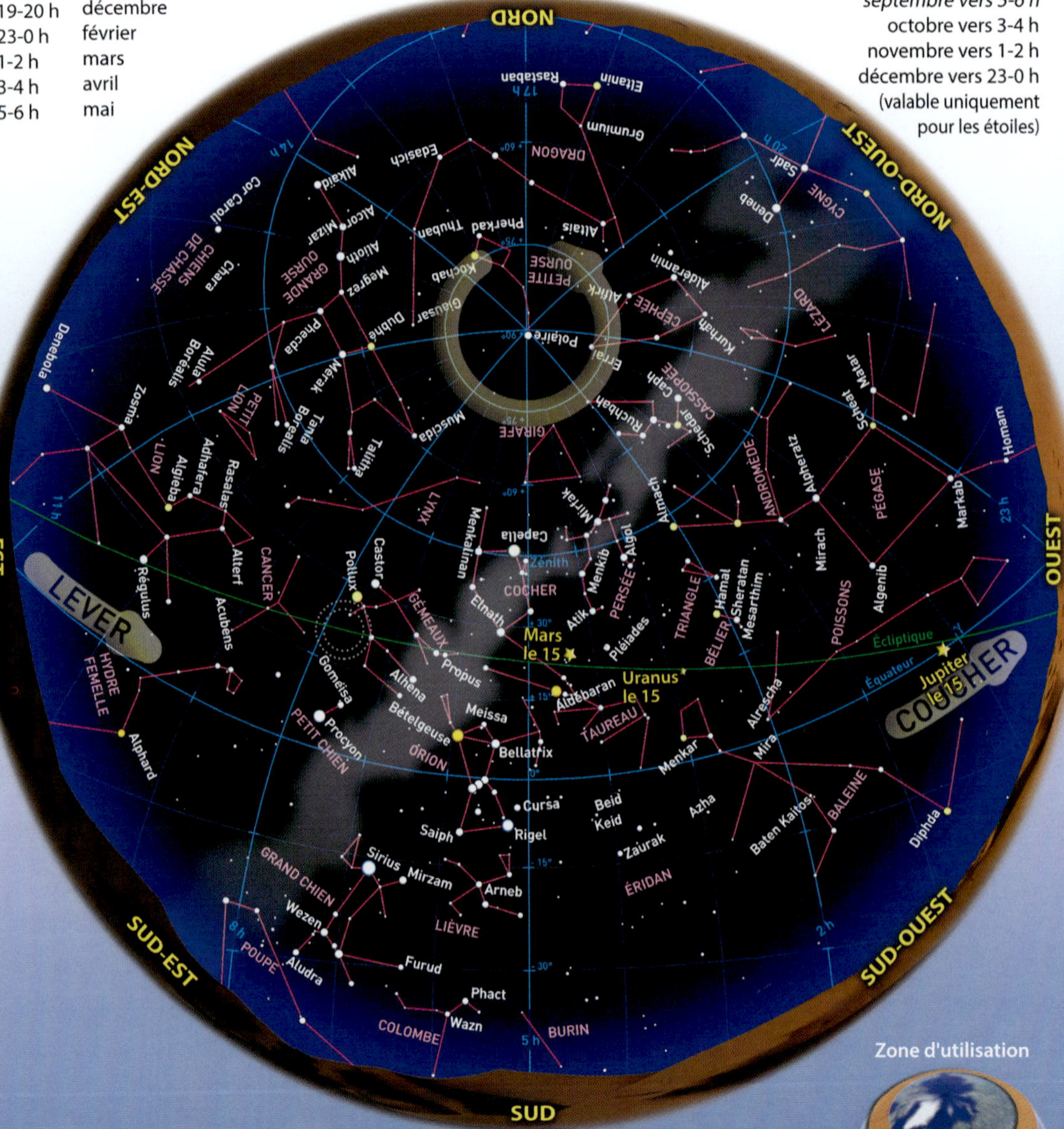

Magnitudes
-1 0 1 2 3 4 4,5 et +

Zone d'utilisation

38° à 52° nord

À L'ORÉE DE L'AUBE EN JANVIER 2023

Zone d'utilisation

38° à 52° nord

Vous trouverez des conseils pour l'utilisation de ces cartes en début d'ouvrage.

La Lune et les planètes

Mercure

Nord. Noyée dans l'éclat du crépuscule du soir en tout début d'année, elle est en conjonction inférieure le 7 janvier et bascule dans le ciel de l'aube. Le 15, elle se lève une heure et quart avant le Soleil et brille au ras de l'horizon est-sud-est durant le crépuscule nautique ; son éclat n'est pas intense (magnitude 2) et il faut des jumelles pour la repérer. Elle atteint son élongation maximale le 30 à 25° à l'ouest du Soleil et se lève alors près d'une heure et demie avant l'astre du jour ; son éclat ayant bien augmenté (magnitude 0), elle est facile à repérer à l'œil nu une heure avant le jour.
Tropiques. Les conditions d'observation sont très bonnes à l'aube dès le 15.

Vénus

Nord. L'augmentation régulière de son élongation solaire – de 17° à 24° – et le redressement de l'écliptique favorisent l'envol de Vénus dans le ciel crépusculaire. Le 1er, une heure après le coucher du Soleil, elle brille à seulement 2° de hauteur au-dessus de l'horizon ouest-sud-ouest et, le 31 au même moment, elle rayonne joyeusement à 10° de hauteur. Avec son éclat croissant – magnitude - 4 en fin de mois –, Vénus est vraiment immanquable et c'est l'ouverture d'une longue et très belle période de visibilité en soirée qui va l'entraîner jusqu'à plus de 30° de hauteur au crépuscule en mai prochain.
Tropiques. Les conditions d'observation sont excellentes.

Mars

Nord. Installée dans le Taureau au nord d'Aldébaran, elle brille à plus de 30° de hauteur au-dessus de l'horizon est une heure après le coucher du Soleil en début de mois. Quatre semaines après son opposition, sa magnitude a déjà bien baissé (- 1,2) et son diamètre apparent avoisine 14". Elle passe à près de 70° de hauteur au méridien avant minuit et reste une cible de choix pour les instruments d'amateurs et les imageurs. Le 3 au soir, ne ratez pas sa conjonction très serrée avec la Lune gibbeuse croissante : vous pouvez littéralement regarder Mars survoler le pôle Nord de notre satellite. Le 12, la planète rouge est stationnaire à la fin de sa rétrogradation et reprend sa course apparente vers l'est de l'écliptique pour presque sept cents jours.
Tropiques. À La Réunion, ne manquez pas l'occultation de Mars par la Lune gibbeuse croissante durant la nuit du 3 au 4 et, aux Antilles, c'est celle du 31 qui est partiellement observable.

Jupiter

Nord. Dans les Poissons, elle se couche près de sept heures après le Soleil le 1er et un peu moins de cinq heures après le 31, nous bénéficions donc encore de très belles heures d'observation de cette géante en début d'année. Mi-janvier, il faut chercher son éclat puissant (magnitude - 2,3) à près de 40° de hauteur au-dessus de l'horizon sud-ouest à la fin du crépuscule. Du 9 au 24, elle est bien installée au sommet du cône diffus de la lumière zodiacale en début de nuit. Le 20, Jupiter est au périhélie à 4,95 ua du Soleil.
Tropiques. Les conditions d'observation sont meilleures qu'en Europe sous le tropique du Cancer et à peine moins bonnes sous celui du Capricorne.

Saturne

Nord. Le moment est venu de saluer une dernière fois les anneaux de Saturne (Capricorne), même si la turbulence très forte aux abords de l'horizon risque d'altérer la qualité des images. Après le 20, Saturne se couche à l'ouest-sud-ouest avant la fin du crépuscule. L'une des dernières occasions de la repérer aisément à l'œil nu se produit le 22 lors de sa conjonction serrée (0,3°) avec Vénus. Le 31, son élongation est inférieure à 15° et son éclat (magnitude 0,8) n'est pas suffisamment puissant pour qu'elle soit encore repérable à l'œil nu au ras de l'horizon ouest-sud-ouest une heure après le coucher du Soleil.
Tropiques. Les conditions d'observation sont à peine plus favorables.

Uranus (Bélier) achève sa rétrogradation le 22 et reprend sa course directe vers l'est de l'écliptique ; sa prochaine rétrogradation commencera le 29 août 2023. Le 15, elle surplombe l'horizon sud-sud-est de 60° à la fin du crépuscule et il est possible de la repérer à l'œil nu dans un site offrant un ciel bien sombre (magnitude 5,7). Mi-janvier, Neptune (Verseau) est à 30° de hauteur au-dessus de l'horizon sud-ouest en début de nuit (carte p. 53).

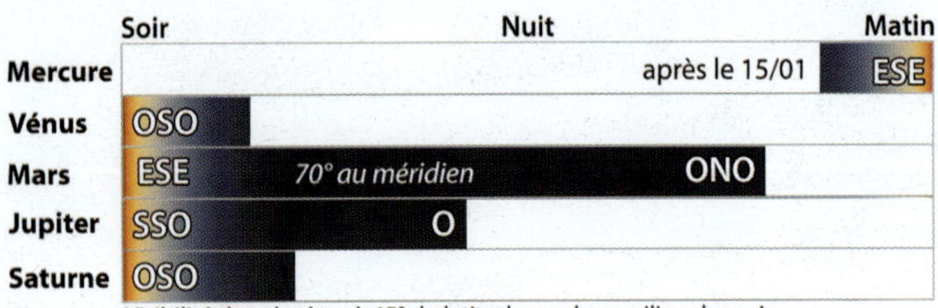

Visibilité des planètes à 45° de latitude nord, en milieu de mois.

Planétaire

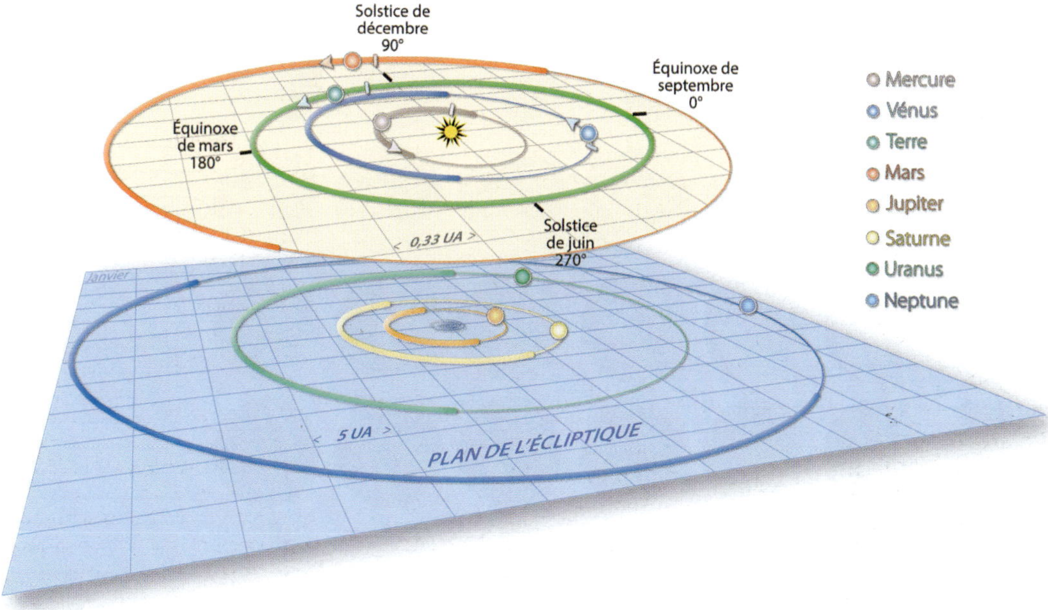

Vous trouverez en pages 67 et 69 des explications complètes sur ces deux schémas.

JANVIER 2023

Le calendrier lunaire

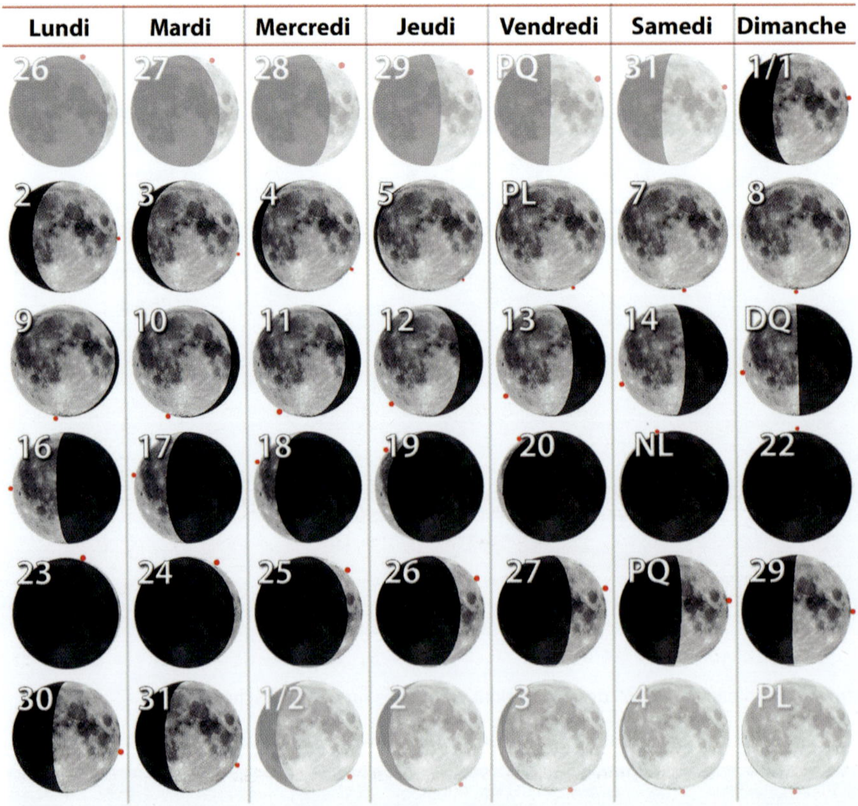

Longitude du terminateur

	Soleil levant	Soleil couchant
1er/01	16°	
2	29°	
3	41°	
4	53°	
5	65°	
6	77°	
7	89°	
8		101°
9		114°
10		126°
11		138°
12		150°
13		162°
14		174°
15		186°
16		199°
17		211°
18		223°
19		235°
20		247°
21		259°
22	272°	
23	284°	
24	296°	
25	308°	
26	320°	
27	333°	
28	345°	
29	357°	
30	9°	
31	21°	

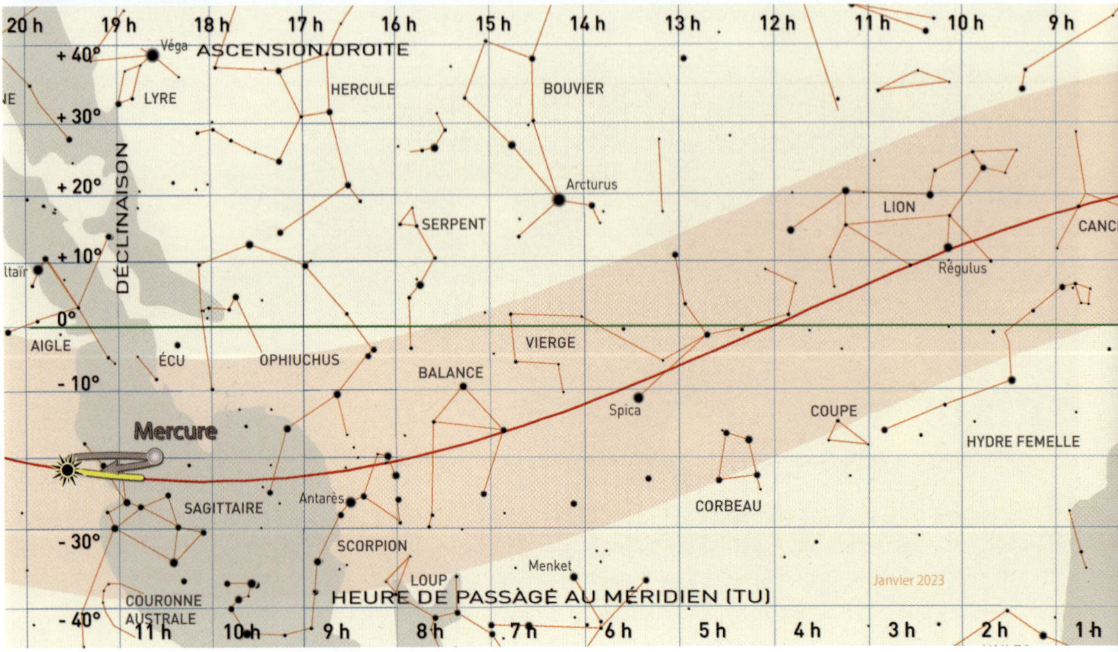

Hauteur mensuelle de la Lune

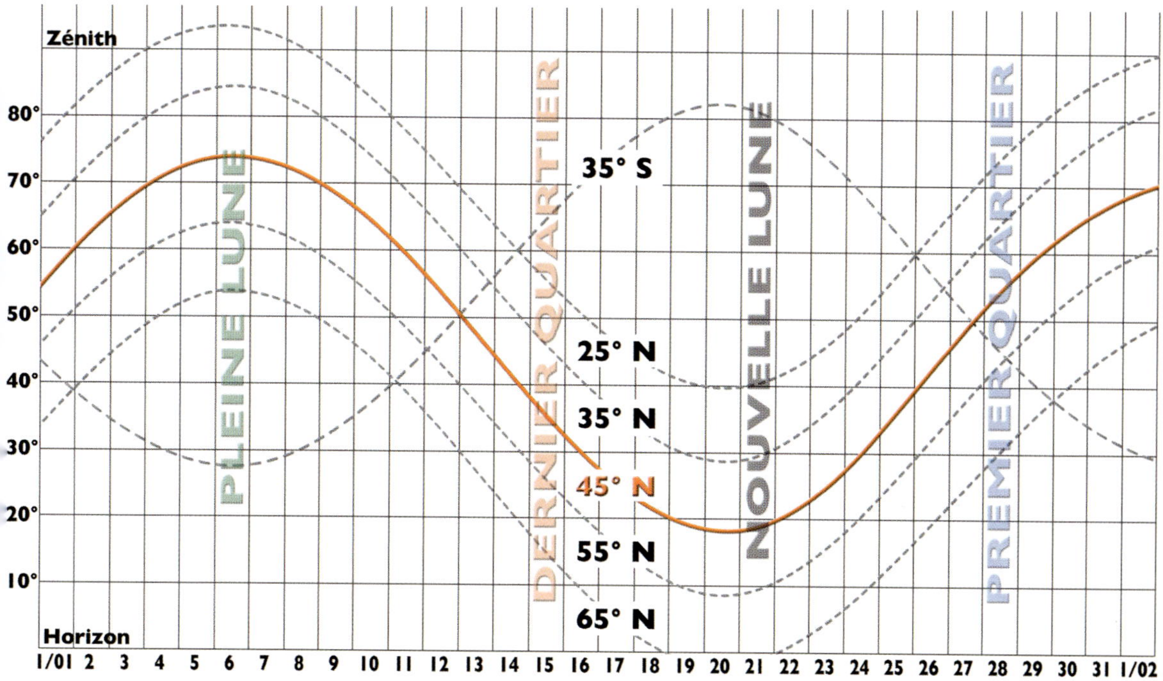

Le 1er janvier à 0 h TU, la Lune est âgée de 8,6 jours.

La Lune atteint sa plus grande déclinaison vers le nord le 6 (27,4°) et sa plus grande déclinaison vers le sud le 20 (- 27,5°).

Vous trouverez en pages 35, 69, 70 et 71 des explications complètes sur ces trois schémas et ce tableau.

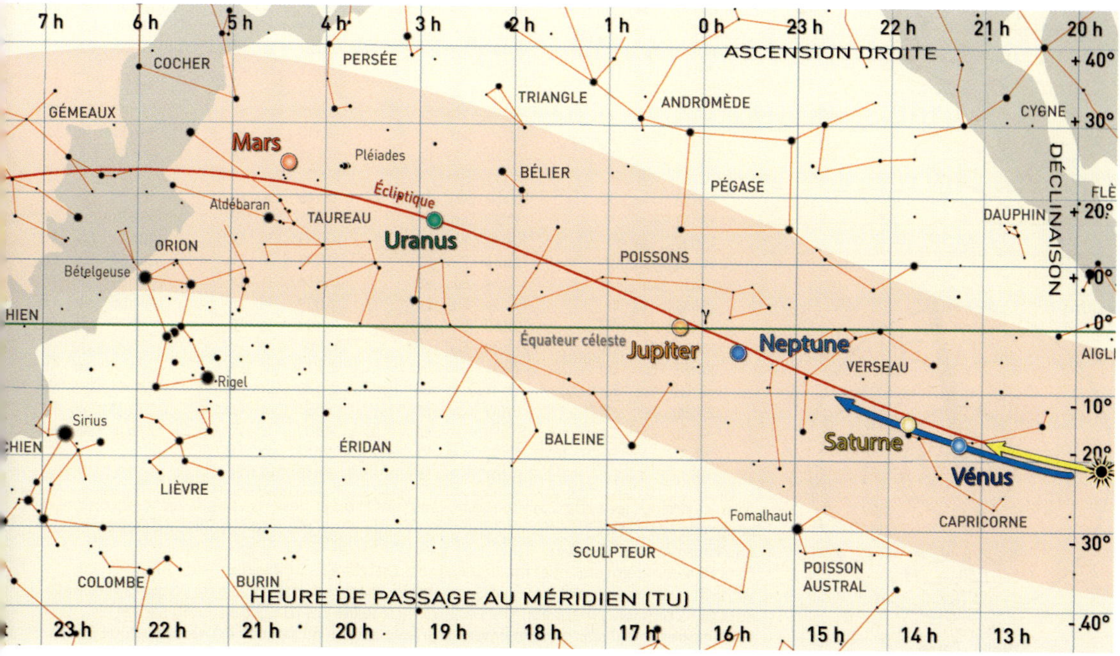

JANVIER 2023

Satellites de Jupiter

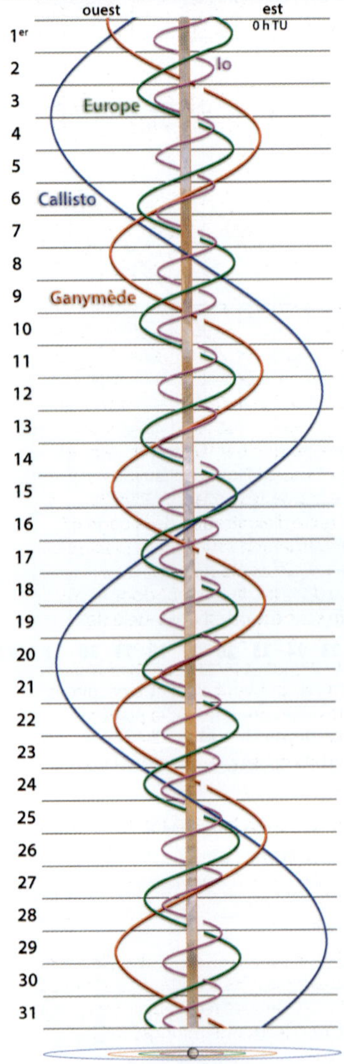

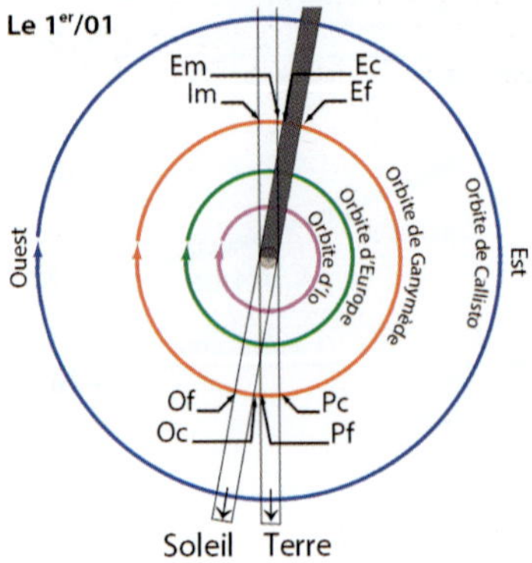

Passages de la tache rouge de Jupiter au méridien central

1er/01 : 0 h 18 ; 10 h 14 ; 20 h 10.
2 : 6 h 09 ; 16 h 04.
3 : 2 h 00 ; 11 h 56 ; 21 h 52.
4 : 7 h 48 ; 17 h 43.
5 : 3 h 39 ; 13 h 35 ; 23 h 31.
6 : 9 h 27 ; 19 h 22.
7 : 5 h 18 ; 15 h 14.
8 : 1 h 10 ; 11 h 06 ; 21 h 01.
9 : 6 h 58 ; 16 h 53.
10 : 2 h 49 ; 12 h 45 ; 22 h 41.
11 : 8 h 37 ; 18 h 32.
12 : 4 h 28 ; 14 h 24.
13 : 0 h 20 ; 10 h 16 ; 20 h 11.
14 : 6 h 07 ; 16 h 03.
15 : 1 h 59 ; 11 h 55 ; 21 h 51.
16 : 7 h 47 ; 17 h 42.
17 : 3 h 38 ; 13 h 34 ; 23 h 30.
18 : 9 h 26 ; 19 h 21.
19 : 5 h 17 ; 15 h 13.
20 : 1 h 09 ; 11 h 05 ; 21 h 01.
21 : 6 h 57 ; 16 h 52.
22 : 2 h 48 ; 12 h 44 ; 22 h 40.
23 : 8 h 36 ; 18 h 31.
24 : 4 h 27 ; 14 h 23.
25 : 0 h 19 ; 10 h 15 ; 20 h 11.
26 : 6 h 07 ; 16 h 02.
27 : 1 h 58 ; 11 h 54 ; 21 h 50.
28 : 7 h 46 ; 17 h 42.
29 : 3 h 38 ; 13 h 33 ; 23 h 29.
30 : 9 h 25 ; 19 h 21.
31 : 5 h 17 ; 15 h 12.

Longitude estimée du centre de la tache rouge en début de mois : 31,75°.

Phénomènes des satellites de Jupiter

	Heure	Sat.	Phé.
1er/01	3h34	Io	Pc
	4h56	Io	Oc
	5h49	Io	Pf
	7h08	Io	Of
2	0h44	Io	Im
	4h17	Io	Ef
	5h58	Eur.	Pc
	8h31	Eur.	Pf
	8h40	Eur.	Oc
	11h06	Eur.	Of
	17h05	Gan.	Im**
	20h02	Gan.	Em**
	22h04	Io	Pc**
	22h38	Gan.	Ec**
	23h24	Io	Oc
3	0h18	Io	Pf
	1h12	Gan.	Ef
	1h37	Io	Of
	19h14	Io	Im**
	22h46	Io	Ef**
4	0h58	Eur.	Im
	3h34	Eur.	Em
	3h43	Eur.	Ec
	6h11	Eur.	Ef
	16h33	Io	Pc
	17h54	Io	Oc**
	18h47	Io	Pf**
	20h06	Io	Of**
5	13h43	Io	Im
	17h14	Io	Ef**
	19h17	Eur.	Pc**
	21h51	Eur.	Pf**
	21h58	Eur.	Oc**
6	0h25	Eur.	Of
	7h19	Gan.	Pc
	10h15	Gan.	Pf
	11h03	Io	Pc
	12h23	Io	Oc
	12h51	Gan.	Oc
	13h17	Io	Pf
	14h35	Io	Of
	15h23	Gan.	Of
7	8h12	Io	Im
	11h43	Io	Ef
	14h20	Eur.	Im
	16h55	Eur.	Em
	17h03	Eur.	Ec
	19h30	Eur.	Ef**
8	4h58	Cal.	Cs
	5h32	Io	Pc
	6h52	Io	Oc
	7h46	Io	Pf
	9h04	Io	Of
9	2h42	Io	Im
	6h12	Io	Ef
	8h38	Eur.	Pc
	11h11	Eur.	Pf
	11h16	Eur.	Oc
	13h43	Eur.	Of
	21h16	Gan.	Im**
10	0h02	Io	Pc
	0h13	Gan.	Em
	1h20	Io	Oc
	2h16	Io	Pf
	2h40	Gan.	Ec
	3h33	Io	Of
	5h13	Gan.	Ef
	21h11	Io	Im**
11	0h41	Io	Ef
	3h41	Eur.	Im
	6h16	Eur.	Em
	6h21	Eur.	Ec
	8h49	Eur.	Ef
	18h31	Io	Pc**
	19h50	Io	Oc**
	20h46	Io	Pf**
	22h02	Io	Of**
12	15h41	Io	Im
	19h10	Io	Ef**
	21h59	Eur.	Pc**
13	0h33	Eur.	Pf
	0h35	Eur.	Oc
	3h01	Eur.	Of
	11h32	Gan.	Pc
	13h01	Io	Pc
	14h19	Io	Oc
	14h29	Gan.	Pf
	15h16	Io	Pf
	16h31	Io	Of
	16h54	Gan.	Oc
	19h25	Gan.	Of**
14	10h11	Io	Im
	13h39	Io	Ef
	17h04	Eur.	Im
	19h39	Eur.	Em**
	19h40	Eur.	Ec**
	22h08	Eur.	Ef**
15	7h31	Io	Pc
	8h47	Io	Oc
	9h45	Io	Pf
	10h59	Io	Of
16	4h40	Io	Im
	8h08	Io	Ef
	11h21	Eur.	Pc
	13h53	Eur.	Oc
	13h54	Eur.	Pf
	14h27	Cal.	Ci
	16h20	Eur.	Of
17	1h30	Gan.	Im
	2h01	Io	Pc
	3h16	Io	Oc
	4h15	Io	Pf
	4h26	Gan.	Em
	5h29	Io	Of
	6h43	Gan.	Ec
	9h14	Gan.	Ef
	23h10	Io	Im
18	2h37	Io	Ef
	6h26	Eur.	Im
	11h27	Eur.	Ef
	20h31	Io	Pc**
	21h46	Io	Oc**
	22h45	Io	Pf
	23h58	Io	Of
19	17h40	Io	Im**
	21h05	Io	Ef**
20	0h43	Eur.	Pc
	3h12	Eur.	Oc
	3h16	Eur.	Pf
	5h38	Eur.	Of
	15h00	Io	Pc
	15h49	Gan.	Pc
	16h15	Io	Oc
	17h14	Io	Pf
	18h27	Io	Of**
	18h44	Gan.	Pf**
	20h58	Gan.	Oc**
	23h27	Gan.	Of
21	12h10	Io	Im
	15h34	Io	Ef
	19h50	Eur.	Im**
22	0h46	Eur.	Ef
	9h31	Io	Pc
	10h43	Io	Oc
	11h45	Io	Pf
	12h56	Io	Of
23	6h39	Io	Im
	10h03	Io	Ef
	14h05	Eur.	Pc
	16h30	Eur.	Oc
	16h38	Eur.	Pf
	18h57	Eur.	Of**
24	4h00	Io	Pc
	5h12	Io	Oc
	5h48	Gan.	Im
	6h15	Io	Pf
	7h25	Io	Of
	8h43	Gan.	Em
	10h46	Gan.	Ec
	13h15	Gan.	Ef
25	0h28	Cal.	Cs
	1h10	Io	Im
	4h33	Io	Ef
	9h13	Eur.	Im
	14h04	Eur.	Ef
	22h30	Io	Pc
	23h42	Io	Oc
26	0h44	Io	Pf
	1h53	Io	Of
	19h39	Io	Im**
	23h01	Io	Ef
27	3h28	Eur.	Pc
	5h49	Eur.	Oc
	6h01	Eur.	Pf
	8h15	Eur.	Of
	17h01	Io	Pc
	18h10	Io	Oc**
	19h15	Io	Pf**
	20h10	Gan.	Pc**
	20h22	Io	Of**
	23h04	Gan.	Pf
28	1h01	Gan.	Oc
	3h29	Gan.	Of
	14h09	Io	Im
	17h30	Io	Ef
	22h36	Eur.	Im
29	3h23	Eur.	Ef
	11h31	Io	Pc
	12h39	Io	Oc
	13h45	Io	Pf
	14h51	Io	Of
30	8h40	Io	Im
	11h59	Io	Ef
	16h51	Eur.	Pc
	19h07	Eur.	Oc**
	19h24	Eur.	Pf**
	21h34	Eur.	Of
31	6h01	Io	Pc
	7h08	Io	Oc
	8h15	Io	Pf
	9h20	Io	Of
	10h08	Gan.	Im
	13h02	Gan.	Em
	14h48	Gan.	Ec
	17h16	Gan.	Ef

Tous les phénomènes des satellites galiléens sont listés ci-dessus ; vous devez tenir compte des heures de lever et de coucher de Jupiter pour votre site d'observation afin de déterminer ceux que vous pourrez observer.
Pc et Pf = commencement et fin du passage du satellite devant le disque de Jupiter.
Oc et Of = commencement et fin du passage de l'ombre du satellite sur le disque de Jupiter.
Ec et Ef = commencement et fin de l'éclipse du satellite par l'ombre de Jupiter. Im et Em = immersion (disparition) et émersion (réapparition) du satellite derrière le disque jovien.
* Visible à 45° nord et 0° de longitude.

Satellites de Saturne

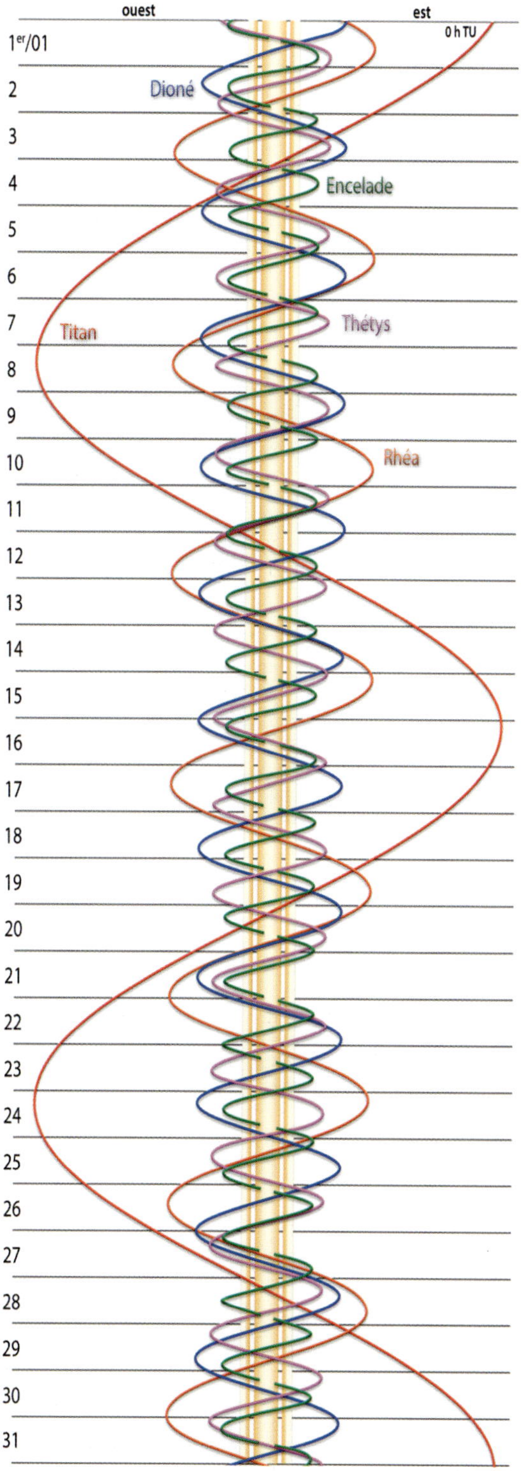

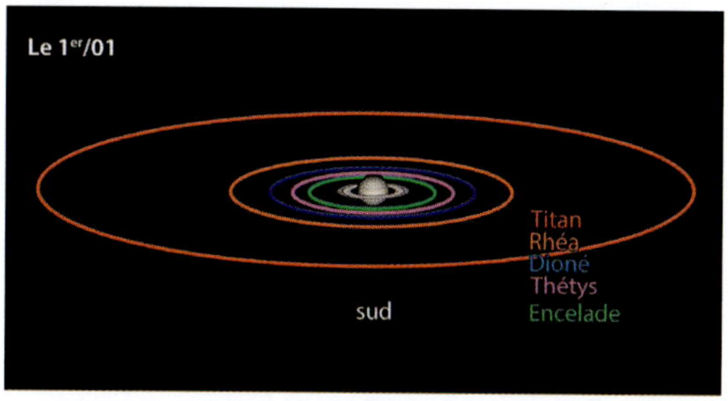

Les courbes ci-contre représentent les trajectoires apparentes des principales lunes de Saturne visibles dans les instruments d'amateur : Encelade est en vert, Téthys en cyan, Dioné en violet, Rhéa en orange et Titan en rouge. La triple bande centrale symbolise le disque et les anneaux de cette planète à la même échelle. La barre horizontale au-dessus de chaque date indique 0 h TU ce jour. Le nord est en haut, l'est à droite et l'ouest à gauche ; si vous ne savez plus comment est orienté le champ de votre instrument, lisez le petit texte d'explication de la page 67. Les satellites de Saturne tournent autour de leur planète dans le sens direct, c'est-à-dire dans le sens inverse des aiguilles d'une montre vu du nord. Ils passent donc entre la planète et nous dans le sens est-ouest et au-delà de la planète dans le sens ouest-est. Selon l'inclinaison du système de Saturne vu depuis la Terre (représentée ci-dessus), certaines des lunes peuvent alors être occultées ou éclipsées par le disque ou les anneaux de la planète. Le petit tableau ci-dessous donne la magnitude de ces lunes, plus Japet, dont l'orbite est trop grande pour être représentée (voir p. 294).

Satellites de Saturne en janvier 2023

	Mimas	Encelade	Téthys	Dioné	Rhéa	Titan	Japet
5	13,4	12,3	10,8	10,9	10,2	8,9	11,6
15	13,4	12,3	10,8	10,9	10,2	8,9	11,6
25	13,4	12,3	10,8	10,9	10,2	8,9	11,6

Dans le tableau suivant, la séparation en secondes d'arc est donnée avec un signe négatif pour les élongations à l'ouest. L'écart apparent entre Titan et Saturne reste important durant les nuits qui encadrent le jour de l'élongation maximale.

Élongations de Titan en janvier 2023

Date	Heure	Séparation en ″
8	6 h 11	- 160
16	3 h 12	156
24	6 h 43	- 158
1	3 h 46	155

Diamètre apparent le 15 : 0,67″

JANVIER 2023

Les phénomènes astronomiques au jour le jour

À NE PAS MANQUER CE MOIS-CI !

Le 1er, Uranus et la Lune.
Le 3, Mars et la Lune.
Du 9 au 23, lumière zodiacale le soir.
Après le 15, comète C/2022 E3 ZTF circumpolaire.
Après le 19, la lumière zodiacale à l'aube.
Le 22, Vénus et Saturne.
Le 23, Vénus, Saturne et le croissant.
Le 25 et le 26, Jupiter et la Lune.
Fin janvier, comète 96P Machholz.

JJ TU

01 00 Dimanche. 1er jour de l'année ; il reste 364 jours jusqu'au 31 décembre. Heure de début et de fin du crépuscule astronomique à 45° de latitude nord et 0° de longitude : le 1er (5 h 52 m/18 h 15 m) ; le 15 (5 h 51 m/18 h 28 m). La durée du jour est de 8 heures et 51 minutes le 1er et de 9 heures et 45 minutes le 31 ; le dernier jour du mois, le Soleil se lève 17 minutes plus tôt et se couche 37 minutes plus tard que le premier. La durée du crépuscule astronomique passe de 106 à 101 minutes sur le mois.

01 00 Pointez un instrument vers la Lune gibbeuse croissante avant son coucher et repérez le cratère **Pitatus** (4-334) au sud de la mer des Nuées pour tenter de distinguer le mince faisceau de lumière qui s'étend de Pitatus à son voisin **Hesiodus**. Voir le 2 novembre 2022.

01 09 Début de la 2266e rotation synodique du Soleil.

01 12 À midi, début du jour julien 2 459 946.

01 15 La Lune passe au nœud ascendant à 15 h 24 m (longitude moyenne : 41,7°). Distance : 392 356 km.

01 18 L'étoile **Deneb** domine l'horizon ouest de 45° à la fin du crépuscule astronomique à 45° de latitude nord.

01 21 **Conjonction géocentrique en longitude entre la Lune (Ari) et Uranus** à 21 h 52 m (séparation : 0,7°).

01 22 Occultation d'Uranus par la Lune. Zone de visibilité : Amérique du Nord, Amérique centrale, Groenland, Islande, nord de l'Europe et nord-ouest de l'Asie.

01 23 L'étoile **Sirius** du Grand Chien passe au méridien à minuit. Sa hauteur est alors de 28° sud.

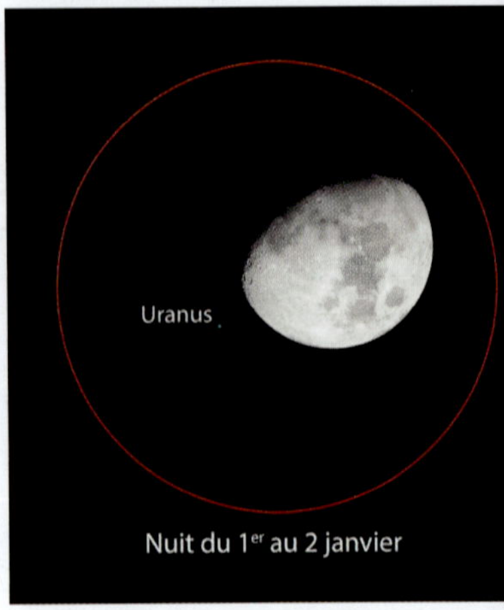

Nuit du 1er au 2 janvier

Durant la nuit du 1er au 2 janvier, la Lune gibbeuse croissante a rendez-vous avec Uranus. Séléné est bien trop éblouissante pour que le petit point de cette lointaine planète soit visible à côté à l'œil nu. Cependant, si vous pointez une lunette vers notre satellite, vous pourrez certainement repérer la petite bille d'Uranus au ras du limbe austral un peu avant 23 h.

1re SEMAINE

02 00 Lundi (2-363). Une éblouissante Lune gibbeuse ou pleine éclaire pratiquement toutes les nuits de la semaine. Constellation de la Lune chaque jour à 0 h pour 45° de latitude nord et 0° de longitude : L-Ari, M-Tau, M-Tau, J-Tau, V-Gem, S-Gem, D-Cnc.

02 00 D'après les recommandations de l'Organisation internationale de standardisation (1976), la première semaine de l'année est celle qui contient le premier jeudi de janvier. D'après le même organisme, le lundi est le premier jour de la semaine.

02 00 TSMG (voir p. 17) : 6 h 45 m 30 s.

02 00 **L'inclinaison apparente des anneaux de Saturne** passe de + 13,7° à + 12,2° au cours du mois, mais cette planète se rapproche de la position apparente du Soleil et il devient rapidement très délicat de l'observer avec un instrument dans de bonnes conditions au crépuscule.

02 00 Période du maximum d'éclat de l'étoile variable R Cyg (1934+49). R Cyg est une variable de type Mira (variable à longue période) dont la magnitude oscille entre 6,1 et 14,4 ; sa période est de 426,45 jours. Sa coloration rouge est magnifique dans un instrument lors de son maximum.

02 01 **Minimum d'éclat de l'étoile variable Algol de Persée** (Bêta Persei) à 1 h ; sa magnitude est proche de 3,3. Les autres minima du mois se produisent le 4 à 22 h, le 7 à 18 h, le 10 à 15 h, le 13 à 12 h, le 16 à 9 h, le 19 à 6 h, le 22 à 2 h, le 24 à 23 h, le 27 à 20 h et le 30 à 17 h. Voir également le 2 octobre 2022.

02 11 **Maximum d'éclat de l'étoile variable Êta Aquilae** (Aigle) à 11 h. Il s'agit d'une étoile de type céphéide dont la magnitude passe de 3,5 à 4,4 au cours d'un cycle de 7,177 jours. Les autres maxima du mois se produisent le 9 à 15 h, le 16 à 20 h, le 24 à 0 h et le 31 à 4 h. Voir également le 7 février 2023.

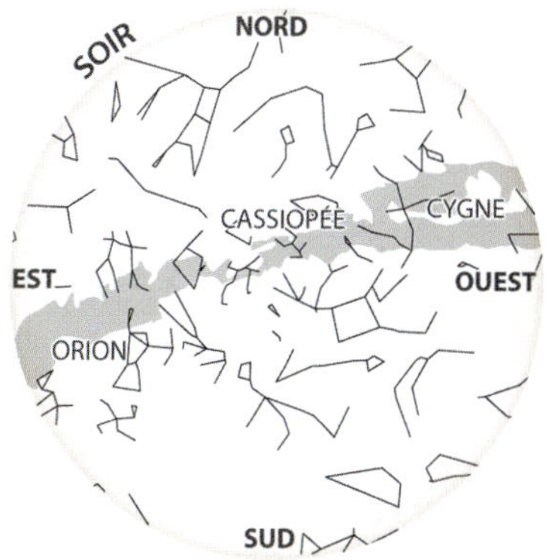

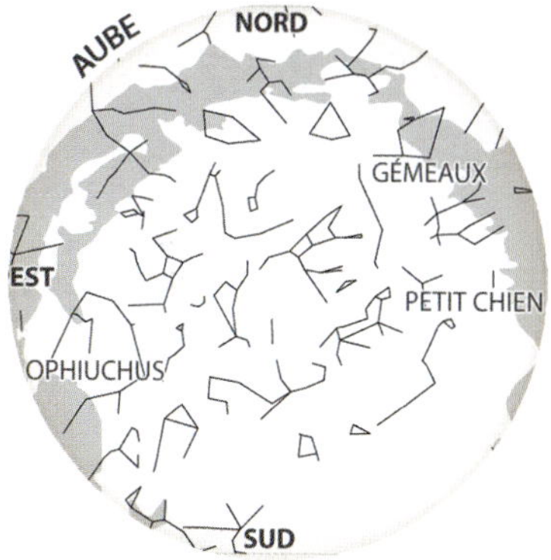

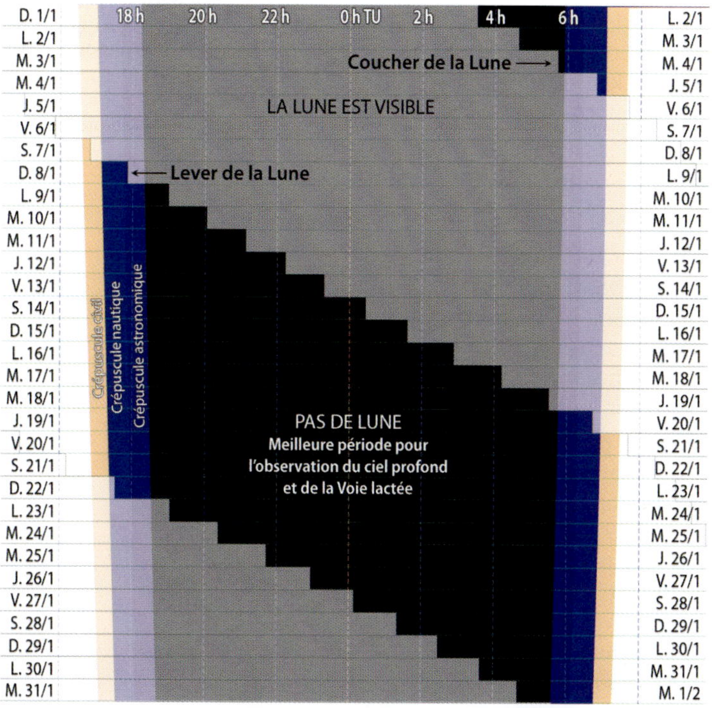

Début janvier, à la fin du crépuscule, la **Voie lactée** est un mince bandeau luminescent dans le ciel éclairé par la Lune gibbeuse. Elle s'étire de l'est-sud-est à l'ouest-nord-ouest, de la gauche de la constellation d'Orion à la base de la croix du Cygne. Pratiquement au zénith, le W de Cassiopée et l'arc de Persée sont au cœur de sa portion la plus maigre. L'orientation du ruisseau galactique évolue au fil des heures. En milieu de nuit, la Voie lactée est globalement orientée nord-sud, du Lézard au Grand Chien. Juste avant l'aube, elle se love autour de l'horizon et ses abords ne sont visibles que dans un ciel parfaitement noir. Nous regardons à l'opposé du centre galactique au zénith des nuits hivernales et, comme il y a moins d'étoiles entre le Soleil et l'extérieur de notre galaxie, la Voie lactée fait pâle figure entre Cassiopée et la Licorne. Mais si vous choisissez un site correctement protégé de la pollution lumineuse, vous constaterez que cette portion de la Voie lactée est cependant bien visible à l'œil nu.

JANVIER 2023

Les phénomènes astronomiques au jour le jour

02 12 À midi, début du jour julien 2 459 947.

02 13 **En plein jour.** Dans un ciel bleu limpide, admirez aux jumelles la parenthèse lumineuse du golfe des Iris, visible au nord du terminateur lunaire.

02 20 **Mercure est au périhélie** à 0,307 ua du Soleil, soit près de 46 millions de kilomètres.

02 20 **Vénus** entre dans la constellation du Capricorne.

03 15 **En plein jour.** Une heure avant le coucher du Soleil, le rubis martien est repérable à l'œil nu ou aux jumelles selon la pureté de votre ciel juste à côté de la belle Lune gibbeuse croissante. Ces deux astres sont à 2° d'écart et ils dominent l'horizon est-nord-est d'une quinzaine de degrés.

03 19 **Conjonction géocentrique en longitude entre la Lune (Tau) et Mars** à 19 h 47 m (séparation : 0,5°). Pratiquement une lunaison après l'opposition martienne, la Lune gibbeuse croissante frôle notre voisine dans le ciel d'Europe.

03 19 Occultation de Mars par la Lune. Zone de visibilité : sud de l'océan Atlantique, sud de l'Afrique, Madagascar, océan Indien.

04 03 Mercredi (4-361). **Maximum de l'essaim météoritique des Quadrantides** (010 QUA), l'un des plus importants de l'année puisqu'il peut présenter entre 60 et 200 étoiles filantes par heure. Longitude héliocentrique prévue pour le maximum (équinoxe 2000.0) : 283,16°. Vitesse de pénétration atmosphérique : 41 km/s. En 2023, la Lune gibbeuse croissante éclaire la nuit lors du maximum.

04 11 Vénus et Saturne sont en conjonction héliocentrique.

04 12 Du 4 au 11 janvier, **Mercure** traverse d'est en ouest le champ du coronographe LASCO C3 de la sonde *SOHO*.

04 12 Le **Soleil** franchit le méridien à 22° de hauteur.

04 16 À 45° de latitude nord, l'étoile **Bételgeuse** d'Orion se lève au moment du coucher du Soleil – on parle de lever achronique – et, dans un ciel limpide, il est possible de la repérer aux jumelles une vingtaine de minutes plus tard vers 82° d'azimut et 3° de hauteur.

04 16 À 16 h 28 m, **la Terre est au plus près du Soleil pour l'année 2023**, elle est donc au périhélie. Sa distance est de 0,983 295 578 ua, soit pratiquement 147 098 925 km (l'unité astronomique vaut 149 597 870,691 km). L'instant du passage au périhélie peut se situer entre le 1er janvier vers 22 h (comme en 1989) et le 5 janvier vers 8 h (comme en 2020) ; cette variation est liée à la danse du couple Terre-Lune autour de son barycentre ; les périhélies les plus proches se produisent en période

Le 3 janvier au soir, trois heures après le coucher du Soleil, le rubis martien chatoie juste à côté du disque sélène à près de 60° de hauteur au-dessus de l'horizon sud-est. La planète est à moins de 0,6° du limbe lunaire septentrional et vous pouvez donc observer ce rapprochement avec un beau grossissement dans un instrument.

de Dernier Quartier et les plus lointains en période de Premier Quartier. La Terre sera à l'aphélie le 6 juillet 2023.

04 19 Mercure et Mars sont en conjonction héliocentrique.

05 07 Jeudi (5-360). Formation lunaire proche du terminateur dans la journée : Grimaldi.

05 10 **Maximum d'éclat de l'étoile Delta Cephei** à 10 h. Sa magnitude varie de 3,5 à 4,4 au cours d'un cycle de 5,366 jours. Les autres maxima du mois se produisent le 10 à 19 h, le 16 à 4 h, le 21 à 12 h et le 26 à 21 h. Voir également le 2 novembre 2022.

06 12 Vendredi (6-359). De 12 h 51 m à 14 h 35 m, Io et Ganymède projettent leur ombre sur Jupiter. Invisible en Europe.

06 18 Ce soir, **Io, Ganymède, Europe et Callisto** sont plus ou moins alignées à l'ouest du disque jovien.

06 23 **Pleine Lune à 23 h 08 m (Gem).** Distance : 405 791 km, soit 63,62 rayons terrestres. La Pleine Lune de janvier est celle des carnavals ou des loups. Il s'agit de la plus petite de 2023, avec un diamètre apparent de 29,4′ seulement, mais comme elle grimpe très haut sur la voûte céleste, elle éclaire à profusion la nuit hivernale et une petite virée nocturne s'impose pour les amoureux de la nature ! Si cela vous intéresse, pensez à prendre quelques images avec un téléobjectif puissant pour les comparer avec celles que vous prendrez avec le même matériel en août 2023, lorsque la Pleine Lune sera au plus près de nous et que son diamètre apparent atteindra 33,4′.

06 23 La Pleine Lune franchit le méridien à près de 66° de l'horizon sud à Lille et à près de 74° à Perpignan.

06 23 **Minimum d'éclat de l'étoile variable Sheliak** (Bêta de la Lyre) à 23 h. Sa magnitude varie de 3,3 à 4,3 au cours d'un cycle de 12,941 jours. L'autre minimum du mois se produit le 19 à 22 h. Voir également le 3 novembre 2022.

07 12 Samedi (7-358). **Mercure est en conjonction inférieure** à 2,8° du centre du disque solaire.

07 13 **Conjonction géocentrique en longitude entre la Lune (Gem) et Pollux** à 13 h 37 m (séparation : 1,9°). Les deux petites étincelles stellaires Castor et Pollux sont alignées avec l'éclatante boule lunaire au début de la nuit prochaine.

08 00 Dimanche. 8e jour de l'année.

08 04 **Callisto est en conjonction supérieure** à 4 h 58 m. Elle est observable à proximité du pôle Nord jovien.

08 06 **Élongation maximale de Titan** à l'ouest de Saturne à 6 h 11 m (160″). Saturne devient inobservable en Europe en janvier.

08 08 **Mercure est au périgée** à 0,670 ua de la Terre, soit près de 100 millions de kilomètres.

08 09 La Lune passe à l'apogée à 9 h 19 m. Distance : 406 458 km, soit 63,73 rayons terrestres.

La Pleine Lune du 6 janvier est la plus petite de l'année 2023 avec un diamètre apparent de 29,4′ ; la plus grande sera celle mois d'août prochain (33,4′) et, si nous pouvions les admirer côte à côte sur la voûte céleste, leur différence de diamètre apparent serait perceptible à l'œil nu. Le 6, la Lune brille déjà à près de 5° de hauteur au-dessus de l'horizon est-nord-est lors du coucher du Soleil et, le 7 au lever du Soleil, elle surplombe l'horizon ouest-nord-ouest de 5° également. Le 7 au soir, le globe lunaire encore bien rond (99,4 %) se hisse au-dessus de l'horizon nord-est un quart d'heure après le coucher du Soleil à l'ouest-sud-ouest.

JANVIER 2023

Les phénomènes astronomiques au jour le jour

08 12 Le **Soleil** franchit le méridien au zénith à Nouméa.

08 19 **Opposition de la petite planète 2 Pallas.** Prochaine opposition le 19 mai 2024.

2e SEMAINE

09 00 Lundi (9-356). La première partie de la nuit se libère jour après jour de l'éclat lunaire et vous pouvez consacrer quelques soirées à l'observation de la somptueuse lumière zodiacale qui pointe vers Jupiter en ce début d'année. Constellation de la Lune chaque jour à 0 h pour 45° de latitude nord et 0° de longitude : L-Cnc, M-Leo, M-Leo, J-Leo, V-Vir, S-Vir, D-Vir.

09 00 TSMG (voir p. 17) : 7 h 13 m 06 s.

09 09 Formations lunaires proches du terminateur dans la journée : Langrenus et Petavius, Endymion.

09 12 À midi, début du jour julien 2 459 954.

10 03 Mardi (10-355). Formations lunaires proches du terminateur dans la journée : l'albatros (bordure ouest de la mer des Crises), Atlas.

11 12 Mercredi (11-354). Cette semaine, le **Soleil** franchit le méridien à 23° de hauteur.

11 17 En tout début de nuit, les quatre lunes galiléennes – **Io, Europe, Ganymède et Callisto** – sont alignées dans leur ordre naturel à l'est du disque jovien.

12 00 Jeudi (12-353). Période du maximum d'éclat de l'étoile variable RS Her (1717+23). RS Her est une variable de type Mira (variable à longue période) dont la magnitude oscille entre 7,5 et 13 ; sa période est de 218 jours.

12 10 Formations lunaires proches du terminateur dans la journée : Theophilus, Cyrillus et Catherina.

12 20 **Mars est stationnaire** en ascension droite et termine sa rétrogradation. Elle circulera vers l'est de l'écliptique pendant 694 jours, jusqu'au 6 décembre 2024.

13 00 Vendredi (13-352). Il y a 1 à 3 **vendredis 13** par an : 2 en 2023 (janvier et octobre), 2 en 2024 (septembre et décembre), 1 en 2025 (juin) et 3 en 2026 (février, mars et novembre).

13 00 **Jupiter** passe du sud au nord de l'équateur céleste.

13 00 Formations lunaires proches du terminateur dans la journée : Aristote et Eudoxe, Maurolycus, Cassini.

13 01 **Latitude nord maximale pour Mercure : 7°** (longitude héliocentrique : 138,3°).

13 04 La comète **C/2022 E3 ZTF** passe au plus près du Soleil (périhélie) à 167 millions de kilomètres. Son éclat pourrait

Durant une quinzaine de jours, jusqu'à l'arrivée du croissant lunaire au crépuscule, de bonnes conditions météorologiques et un site offrant un ciel suffisamment noir vous permettront d'admirer le splendide fuseau de la lumière zodiacale qui se dresse fièrement au-dessus de l'horizon ouest-sud-ouest à la fin du crépuscule. Saturne brille à sa base et Jupiter vers son sommet, et il traverse les constellations du Verseau et des Poissons. Contemplez et photographiez l'apostrophe de la lumière zodiacale entre les parenthèses de la Voie lactée qui l'encadrent au nord-ouest et au sud-est ; allez consulter ma lettre n° 158 pour voir une image panoramique d'une telle scène. Voir également le 23 octobre 2022.

atteindre la magnitude 5. Découverte le 2 mars 2022 avec le télescope de Schmidt de 1,2 m de l'observatoire du mont Palomar (Californie), dans le cadre du programme « Zwicky Transient Facility », cette comète pourrait offrir un beau spectacle dans l'hémisphère Nord, avec un instrument et photographiquement, entre décembre 2022 et février 2023. Son orbite devrait en effet la faire passer à moins de 0,29 ua de la Terre début février 2023, une quinzaine de jours après son passage au périhélie. En France métropolitaine, C/2022 E3 ZTF sera circumpolaire durant la seconde quinzaine de janvier et elle sera donc bien placée pour l'observation en cours de nuit.

14 12 Premier jour de l'année 2023 dans le calendrier julien ; à midi, début du jour julien 2 459 959.

14 14 Mercure et Saturne sont en opposition héliocentrique.

15 00 Dimanche. 15e jour de l'année ; il reste 350 jours jusqu'au 31 décembre.

15 00 Formations lunaires proches du terminateur dans la journée : Mur droit, Moretus, Platon, Ératosthène, Tycho, Clavius.

15 02 **Dernier Quartier de Lune à 2 h 10 m (Vir).** Distance : 387 530 km, soit 60,76 rayons terrestres.

15 23 L'étoile **Procyon** du Petit Chien passe au méridien à minuit. Sa hauteur est alors de 50° sud.

3e SEMAINE

16 00 Lundi (16-349). Il ne reste plus qu'un mince croissant vieillissant en fin de nuit cette semaine, la longue chasse aux objets du ciel profond est donc ouverte ! Constellation de la Lune chaque jour à 0 h pour 45° de latitude nord et 0° de longitude : L-Vir, M-Lib, M-Sco, J-Oph, V-Sgr, S-Sgr, D-Cap.

16 00 TSMG (voir p. 17) : 7 h 40 m 42 s.

16 06 La Lune passe au nœud descendant à 6 h 32 m (longitude moyenne : 220,1°). Distance : 380 447 km.

16 12 À midi, début du jour julien 2 459 961.

16 12 Le **Soleil** franchit le méridien au zénith à La Réunion.

16 14 **Callisto est en conjonction inférieure** à 14 h 27 m. Elle est observable à proximité apparente du pôle Sud jovien.

16 19 En début de nuit, **Europe, Ganymède et Callisto** dessinent un petit triangle à l'ouest de Jupiter.

16 23 L'étoile **Pollux** des Gémeaux passe au méridien à minuit. Sa hauteur est alors de 73° sud.

17 11 Mardi (17-348). **Latitude sud maximale pour Vénus : - 3,4°** (longitude héliocentrique : 346,6°).

18 00 Mercredi (18-347). Pluton est en conjonction avec le Soleil.

18 10 **Conjonction géocentrique en longitude entre la Lune (Oph) et Antarès** à 10 h 36 m (séparation : 2,1°).

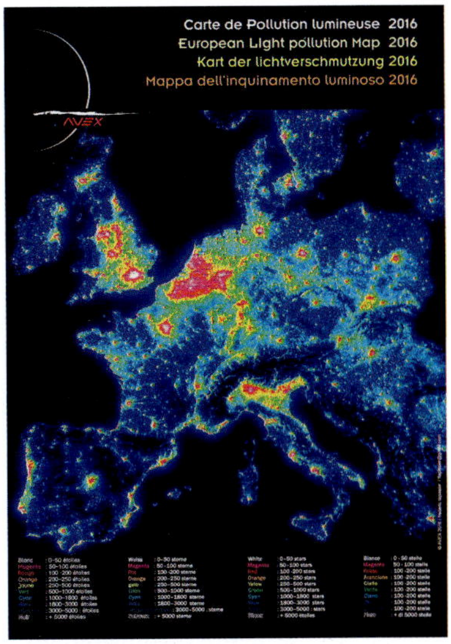

Au cœur de l'hiver, alors que le temps est souvent incertain et les nuits d'observation plutôt rares, vous préparez peut-être déjà vos virées printanières ou estivales sous la voûte céleste. L'un des éléments clés d'une observation réussie est sans aucun doute le choix d'un bon site astronomique, c'est-à-dire un site éloigné des sources de pollution lumineuse. J'ai souvent publié dans mes différents ouvrages **la carte de France de la pollution lumineuse créée et affinée régulièrement par Frédéric Tapissier ;** vous trouverez sa version la plus récente en grand format dans mon *Calendrier astronomique 2021*, mais vous pouvez également la télécharger sur le site www.avex-asso.org et l'intégrer comme une couche d'informations supplémentaires dans le logiciel Google Earth. Elle vous permettra de repérer rapidement les régions d'où la Voie lactée et des milliers d'étoiles sont encore bien visibles à l'œil nu et vous n'aurez plus qu'à trouver un bon gîte pour vous installer loin des agglomérations.

Les phénomènes astronomiques au jour le jour

18 12 Cette semaine, le **Soleil** franchit le méridien à 24° de hauteur.

18 13 **Mercure est stationnaire** en ascension droite et termine sa rétrogradation ; elle circulera vers l'est de l'écliptique durant 93 jours.

18 16 **Maximum de l'essaim météoritique des Gamma Ursae Minorides** (404 GUM). La période d'activité de cet essaim nouvellement détecté s'étendrait du 10 au 22 janvier. Longitude héliocentrique prévue pour le maximum (équinoxe 2000.0) : 298°. Vitesse de pénétration atmosphérique : 31 km/s. Taux horaire moyen au zénith : 3.

19 05 Jeudi (19-346). Durant une quinzaine de jours, jusqu'à l'arrivée de la Lune gibbeuse vers le 3 février, **cherchez la lumière zodiacale, le matin avant l'aube au-dessus de l'horizon sud-est.** Elle traverse actuellement le nord du Scorpion, la Balance et la Vierge. Aux latitudes européennes, l'angle qu'elle fait avec l'horizon se referme jour après jour et sa portion la plus lumineuse se noie dans l'éclat de la Voie lactée entre le Scorpion et Ophiuchus, c'est donc une observation bien plus délicate que les mois derniers. Il faut un ciel bien protégé de la pollution lumineuse pour parvenir à la distinguer ou à la photographier, mais si les conditions météorologiques s'y prêtent, cela vaut le coup de tenter votre chance. Voir également le 23 octobre 2022.

19 16 La petite planète **6 Hébé** passe au périgée à 1,486 ua. Sa magnitude est proche de 8,8.

19 16 Mercure et Vénus sont en opposition héliocentrique.

19 23 Formation lunaire proche du terminateur dans la journée : Grimaldi.

20 07 Vendredi (20-345). Ce matin à l'aube, guettez un fin croissant lunaire de 3,9 %. À 7 h 05 m, il est âgé de 38 heures avant la Nouvelle Lune et est donc facile à voir à l'œil nu, mais, à cause de l'inclinaison de l'écliptique, il se situe à 2° de hauteur seulement et à 135° d'azimut, alors que le Soleil se situe à 5° sous l'horizon.

20 07 **Le Soleil entre dans le Capricorne** (300°) à 7 h 45 m.

20 08 **Le Soleil entre dans le signe astrologique du Verseau** (300°) à 8 h 29 m, mais, dans la réalité, il vient d'entrer dans la constellation du Capricorne.

20 11 **Jupiter est au plus près du Soleil** (périhélie) à 4,951 ua, soit près de 741 millions de kilomètres.

21 00 Samedi (21-344). **Pluton est à l'apogée** à 35,673 ua de la Terre, soit près de 5,3 milliards de kilomètres.

21 17 La petite planète **2 Pallas** passe au périgée à 1,413 ua. Sa magnitude est proche de 7,6.

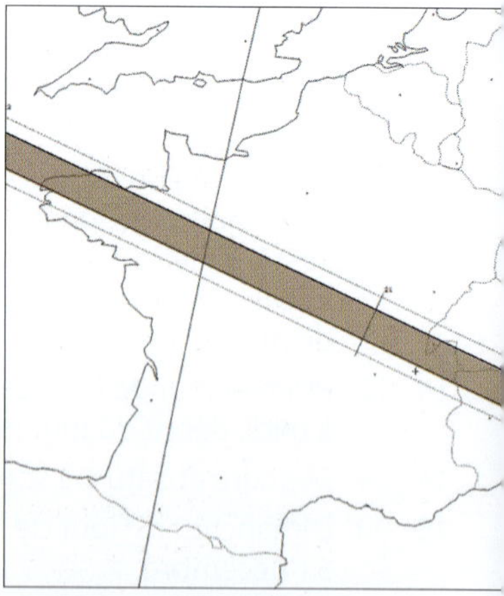

Durant la nuit du 17 au 18 janvier, entre 22 h 11 et 22 h 27 m, la petite planète **891 Gunhild** (diamètre 59 km ; magnitude 14) occulte une étoile de magnitude 11 (TYC 1895-01282-1) ; ascension droite : 7 h 06 m 25 s ; déclinaison : 23° 51′ 25″) dans la constellation des Gémeaux. La diminution d'éclat devrait atteindre 3,1 magnitudes et durer près de 5 secondes au maximum sur la bande de centralité du phénomène, qui balaye le sud de la Suisse et le centre de la France des Alpes à la Bretagne. Calculs d'Éric Frappa (www.euraster.net).

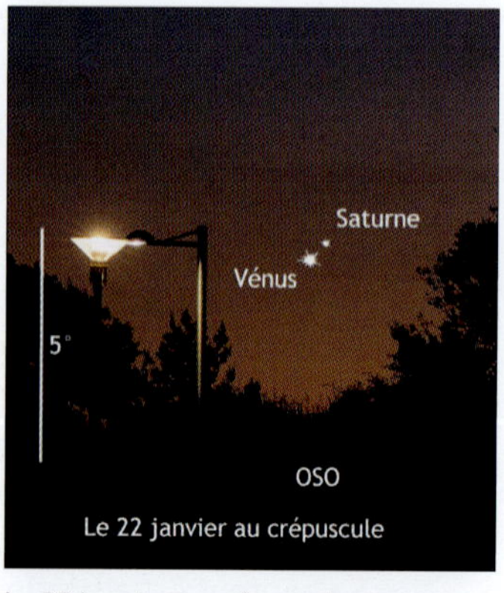

Le 22 janvier au crépuscule, un peu plus d'une heure après le départ du Soleil, Vénus et Saturne sont serrées l'une contre l'autre à quelques degrés de hauteur au-dessus de l'horizon ouest-sud-ouest, qu'il faut donc choisir parfaitement dégagé.

21 20 **Nouvelle Lune à 20 h 53 m (Cap).**

21 20 La Lune passe au périgée à 20 h 57 m.
Distance : 356 569 km, soit 55,90 rayons terrestres.

22 00 Dimanche. 22e jour de l'année.

22 00 **Nouvel An chinois ; ouverture de l'année du lapin.** Le prochain Nouvel An chinois se produira le 10 février 2024 (année du dragon).

22 00 **Uranus est stationnaire** en ascension droite dans le Bélier et termine sa rétrogradation ; elle circulera vers l'est de l'écliptique durant près de 218 jours (29 août 2023).

22 17 **Ce soir au crépuscule, guettez un fin croissant lunaire de 1,3 %.** À 17 h 10 m, il est âgé de 20 heures et des jumelles seront peut-être nécessaires pour le repérer ; il se situe à 2,5° de hauteur et à 235° d'azimut, alors que le Soleil se situe à 4° sous l'horizon.

22 22 **Conjonction géocentrique en longitude entre Vénus (Cap) et Saturne** à 22 h 13 m (séparation : 0,3°). .

4e SEMAINE

23 00 Lundi (23-342). La jeune Lune vient effacer la lumière zodiacale en début de nuit. Depuis les meilleurs sites, il est plaisant de voir apparaître la Voie lactée estivale juste avant l'aube. Constellation de la Lune chaque jour à 0 h pour 45° de latitude nord et 0° de longitude : L-Cap, M-Aqr, M-Aqr, J-Psc, V-Psc, S-Psc, D-Ari.

23 00 TSMG (voir p. 17) : 8 h 08 m 18 s.

23 09 **Conjonction géocentrique en longitude entre la Lune (Cap) et Saturne** à 9 h 25 m (séparation : 3,6°).

23 10 **Conjonction géocentrique en longitude entre la Lune (Cap) et Vénus** à 10 h 19 m (séparation : 3,2°).

23 12 À midi, début du jour julien 2 459 968.

23 13 **En plein jour.** Avant d'observer la très belle conjonction des planètes Vénus et Saturne avec le jeune croissant lunaire dans le ciel crépusculaire ce soir, vous pouvez tenter de repérer ce trio aux jumelles en plein jour.

24 07 Mardi (24-341). Formations lunaires proches du terminateur dans la journée : Langrenus et Petavius.

24 15 **Premier quartier de Mercure.**

24 21 **Vénus** entre dans la constellation du Verseau.

25 00 Mercredi (25-340). **Callisto est en conjonction supérieure** à 0 h 28 m. Elle est observable à proximité apparente du pôle Nord jovien.

25 12 Le **Soleil** franchit le méridien à 26° de hauteur.

25 18 En début de nuit, les quatre lunes galiléennes – **Io, Europe, Ganymède et Callisto** – s'alignent dans leur ordre naturel à l'est du disque jovien.

25 21 Mercure et Jupiter sont en opposition héliocentrique.

Le 23 janvier, tentez de repérer Vénus, la Lune et Saturne aux jumelles en plein jour. Ces trois astres franchissent le méridien vers 13 h 45 m à une trentaine de degrés de hauteur – ils sont un peu moins hauts si vous vous situez dans le nord de l'Europe – et rentrent alors dans un champ de jumelles d'au moins 5° de diamètre. Attention au Soleil à un peu plus de 20° à l'ouest, qu'il ne faut bien sûr jamais pointer avec un instrument optique sans filtre adéquat.

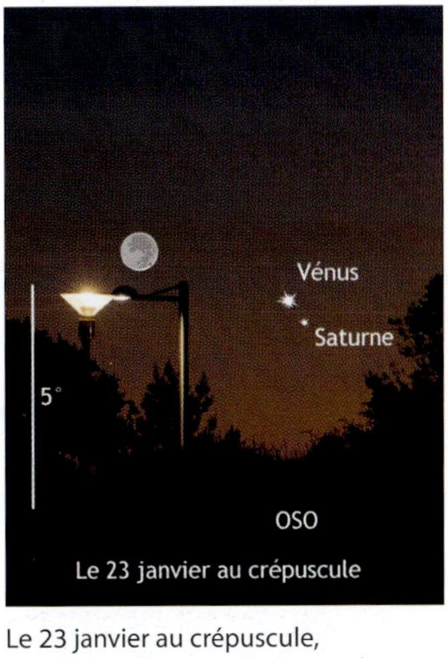

Le 23 janvier au crépuscule, une bonne heure après le coucher du Soleil, le mince croissant lunaire est magnifique à gauche du couple Vénus-Saturne. La scène se déroule juste au-dessus de l'horizon ouest-sud-ouest.

Les phénomènes astronomiques au jour le jour

26 03 Jeudi (26-339). **Conjonction géocentrique en longitude entre la Lune (Psc) et Jupiter** à 3 h 18 m (séparation : 1,6°).

26 09 **Opposition de la petite planète 6 Hébé.** Prochaine opposition le 22 avril 2024.

26 23 Le Soleil se lève sur la région de **Posidonius** (1-48) et, autour de 23 h 46 m, vous pouvez tenter d'observer avec un instrument une ou plusieurs raies lumineuses dans cette formation.

27 08 Vendredi (27-338). Formations lunaires proches du terminateur dans la journée : Theophilus, Cyrillus et Catherina.

28 00 Samedi (28-337). Période de libration maximale en longitude pour la Lune (l = 7,8°).

28 01 Formations lunaires proches du terminateur dans la journée : Aristote et Eudoxe, Maurolycus, Cassini, Triesnecker.

28 15 **Premier Quartier de Lune à 15 h 19 m (Ari).**

28 16 La Lune passe au nœud ascendant à 16 h 03 m (longitude moyenne : 38,8°). Distance : 387 580 km.

28 17 Début de la 2267e rotation synodique du Soleil.

28 23 Pointez un instrument vers le quartier de Lune juste avant son coucher pour tenter de voir le « **X lunaire** » révélé par le Soleil rasant à l'intersection des cratères La Caille, Blanchinus et Purbach. Voir le 6 juin 2022.

29 00 Dimanche. 29e jour de l'année.

29 03 Conjonction géocentrique en longitude entre la Lune (Ari) et Uranus à 3 h 37 m (séparation : 0,9°).

29 03 Occultation d'Uranus par la Lune. Zone de visibilité : Alaska, Groenland, nord-est de l'Asie, Japon, régions arctiques.

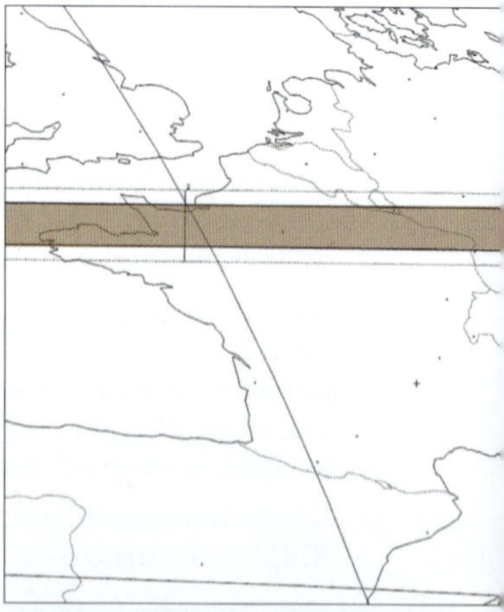

Le 29 janvier, entre 3 h 59 m et 4 h 12 m, la petite planète **1001 Gaussia** (diamètre 75 km ; magnitude 15) occulte une étoile de magnitude 10 (TYC 4916-01034-1 ; ascension droite : 10 h 41 m 32 s ; déclinaison : - 4° 47′ 45″) dans la constellation du Sextant. La diminution d'éclat devrait atteindre 5 magnitudes et durer près de 8 secondes au maximum sur la bande de centralité du phénomène, qui balaye la France de l'Alsace à la Bretagne. Calculs d'Éric Frappa (www.euraster.net).

5e SEMAINE

30 00 Lundi (30-335). La semaine prendra fin avec la Pleine Lune et les nuits sont copieusement éclairées par ce lampadaire naturel. Constellation de la Lune chaque jour à 0 h pour 45° de latitude nord et 0° de longitude : L-Ari, M-Tau, M-Tau, J-Gem, V-Gem, S-Gem, D-Cnc.

30 00 TSMG (voir p. 17) : 8 h 35 m 54 s.

30 05 **Mercure atteint son élongation maximale à l'ouest : 25°.**

30 08 **Conjonction géocentrique en longitude entre la Lune (Tau) et les Pléiades** à 8 h 59 m (séparation : 2,3°).

30 12 À midi, début du jour julien 2 459 975.

30 12 Le **Soleil** franchit le méridien au zénith à Papeete.

La comète 96P Machholz dans le champ du coronographe LASCO C3 de la sonde *SOHO* en octobre 2017.
Crédits : NASA/ESA/SOHO/LASCO/Barbara Thompson

30 23 **L'amas de la Crèche passe au méridien à minuit.** Sa hauteur est alors de 65° sud.

31 00 Mardi (31-334). Formations lunaires proches du terminateur dans la journée : Copernic et la chaîne de montagnes des Carpathes, Longomontanus, Klaproth, golfe des Iris.

31 02 La comète **96P Machholz** (période de 5,28 années) passe au plus près du Soleil (périhélie) à 17 millions de kilomètres. Son éclat pourrait atteindre la magnitude 2, mais elle est bien trop proche de la position apparente du Soleil pour être observable puisqu'elle passe pratiquement devant lui vue de la Terre. Elle devrait cependant être visible dans le champ du coronographe LASCO C3 de la sonde *SOHO*, qu'elle traverse entre le 29 janvier et le 2 février. Lors de son précédent passage, en octobre 2017, la queue de cette comète était superbe sur le bord du champ de LASCO C3 ; sur mon blog Autour du Ciel, vous pouvez lire l'article que j'avais consacré à cette observation le 27 octobre 2017. Une semaine après son périhélie, la comète 96P Machholz sera repérable au sud de la constellation de l'Aigle à l'orée de l'aube dans l'hémisphère Nord, mais son éclat aura déjà beaucoup diminué.

31 04 **Conjonction géocentrique en longitude entre la Lune (Tau) et Mars** à 4 h 27 m (séparation : 0,1°).

31 04 Occultation de Mars par la Lune. Zone de visibilité : océan Pacifique, sud de l'Amérique du Nord, Amérique centrale, nord-ouest de l'Amérique du Sud, Cuba, Haïti.

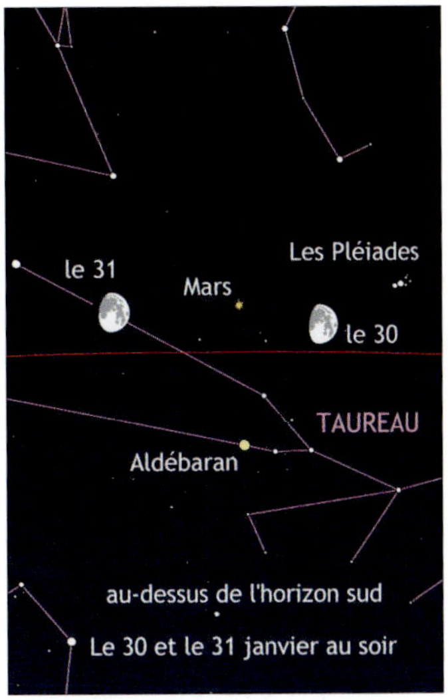

Le 30 et le 31 janvier au soir, deux bonnes heures après le coucher du Soleil, la Lune gibbeuse croissante encadre Mars au méridien à plus de 65° de hauteur.

Une couronne lunaire à travers des branches enneigées.
© Guillaume Cannat

JANVIER 2023

Le Soleil et les planètes

	JOUR	ASCENSION DROITE	DÉCLINAISON	CONSTELLATION	Ø APPARENT	ÉQUATION DU TEMPS	DISTANCE	DISTANCE LUMIÈRE	LEVER	MÉRIDIEN	HAUTEUR	COUCHER
		h m s	° ′ ″			m s	ua	m s	h m	h m		h m
Soleil	2	18 49 10	- 22 57 26	Sgr	32′ 32″	+ 3 41	0,9834	8 11	07 38	12 04	22°	16 30
	6	19 06 45	- 22 33 06	Sgr	32′ 32″	+ 5 30	0,9833	8 11	07 38	12 06	23°	16 34
	10	19 24 13	- 22 01 38	Sgr	32′ 32″	+ 7 13	0,9834	8 11	07 37	12 07	23°	16 38
	14	19 41 33	- 21 23 19	Sgr	32′ 31″	+ 8 46	0,9836	8 11	07 35	12 09	24°	16 43
	18	19 58 43	- 20 38 23	Sgr	32′ 31″	+ 10 10	0,9839	8 11	07 33	12 10	24°	16 48
	22	20 15 41	- 19 47 10	Cap	32′ 30″	+ 11 22	0,9842	8 11	07 30	12 11	25°	16 53
	26	20 32 28	- 18 50 03	Cap	32′ 29″	+ 12 23	0,9846	8 11	07 27	12 12	26°	16 59
	30	20 49 01	- 17 47 27	Cap	32′ 28″	+ 13 10	0,9850	8 12	07 22	12 13	27°	17 04

	JOUR	ASCENSION DROITE	DÉCLINAISON	CONSTELLATION	MAGNITUDE	Ø APPARENT	ÉLONGATION	DISTANCE	FRACTION ÉCLAIRÉE	LEVER	MÉRIDIEN	HAUTEUR	COUCHER
		h m s	° ′ ″					ua		h m	h m		h m
Mercure	2	19 38 52	- 20 17 18	Sgr	2,5	9,2	11,8° E	0,7302	12 %	08 14	12 49	25°	17 26
	6	19 20 46	- 19 42 01	Sgr	3,7	9,9	3,6° E	0,6789	2 %	07 37	12 15	25°	16 53
	10	18 58 10	- 19 32 43	Sgr	3,6	10	5,7° O	0,6743	3 %	06 58	11 37	25°	16 15
	14	18 41 12	- 19 44 45	Sgr	2,4	9,4	13,8° O	0,7116	15 %	06 27	11 05	25°	15 43
	18	18 34 44	- 20 11 44	Sgr	1,4	8,7	19,4° O	0,7748	29 %	06 08	10 44	25°	15 20
	22	18 38 02	- 20 44 47	Sgr	0,8	7,9	22,8° O	0,8488	43 %	05 59	10 33	24°	15 07
	26	18 48 34	- 21 14 56	Sgr	0,4	7,3	24,4° O	0,9242	53 %	05 56	10 28	24°	15 00
	30	19 04 04	- 21 35 23	Sgr	0,3	6,7	24,9° O	0,9962	62 %	05 58	10 28	23°	14 59
Vénus	2	20 04 16	- 21 48 18	Sgr	- 3,9	10,5	17,3° E	1,6046	96 %	08 49	13 20	23°	17 50
	6	20 25 17	- 20 46 15	Cap	- 3,9	10,6	18,3° E	1,5926	95 %	08 49	13 25	24°	18 01
	10	20 45 59	- 19 34 30	Cap	- 3,9	10,6	19,2° E	1,5800	95 %	08 49	13 30	26°	18 11
	14	21 06 21	- 18 13 47	Cap	- 3,9	10,7	20,1° E	1,5669	94 %	08 47	13 34	27°	18 22
	18	21 26 21	- 16 44 51	Cap	- 3,9	10,8	21,0° E	1,5531	94 %	08 44	13 38	29°	18 33
	22	21 46 01	- 15 08 31	Cap	- 3,9	10,9	22,0° E	1,5388	93 %	08 41	13 42	30°	18 44
	26	22 05 20	- 13 25 38	Aqr	- 4,0	11	22,9° E	1,5238	93 %	08 37	13 46	32°	18 56
	30	22 24 20	- 11 37 03	Aqr	- 4,0	11,2	23,8° E	1,5083	92 %	08 32	13 49	34°	19 06
Mars	6	4 24 50	+ 24 30 47	Tau	- 1,2	14	143,1° E	0,6694	96 %	13 29	21 20	70°	05 15
	14	4 23 32	+ 24 27 40	Tau	- 0,9	12,9	134,6° E	0,7257	95 %	12 56	20 47	69°	04 42
	22	4 25 45	+ 24 30 08	Tau	- 0,7	11,9	127,0° E	0,7891	93 %	12 27	20 19	70°	04 13
	30	4 31 08	+ 24 37 45	Tau	- 0,4	10,9	120,1° E	0,8579	92 %	12 01	19 53	70°	03 48
Jupiter	6	0 08 44	- 0 26 06	Psc	- 2,4	38,7	76,5° E	5,0883	99 %	11 04	17 05	45°	23 06
	14	0 12 53	+ 0 02 52	Psc	- 2,3	37,8	69,4° E	5,2099	99 %	10 35	16 38	45°	22 41
	22	0 17 34	+ 0 35 07	Psc	- 2,3	37	62,6° E	5,3264	99 %	10 06	16 11	46°	22 16
	30	0 22 44	+ 1 10 14	Psc	- 2,2	36,2	55,9° E	5,4360	99 %	09 38	15 45	46°	21 52
Saturne	6	21 42 46	- 15 02 49	Cap	0,8	15,6	37,6° E	10,5960	100 %	09 39	14 39	30°	19 40
	14	21 46 07	- 14 45 50	Cap	0,8	15,5	30,3° E	10,6690	100 %	09 10	14 11	30°	19 13
	22	21 49 37	- 14 27 55	Cap	0,8	15,4	23,0° E	10,7290	100 %	08 40	13 43	31°	18 46
	30	21 53 14	- 14 09 17	Cap	0,8	15,4	15,8° E	10,7720	100 %	08 11	13 15	31°	18 20
Uranus	6	2 50 50	+ 16 00 54	Ari	5,7	3,7	119,7° E	19,1640	100 %	12 37	19 46	61°	02 59
	18	2 50 23	+ 15 59 12	Ari	5,7	3,6	107,3° E	19,3520	100 %	11 50	18 59	61°	02 12
	30	2 50 25	+ 15 59 42	Ari	5,7	3,6	95,2° E	19,5530	100 %	11 03	18 12	61°	01 24
Neptune	6	23 36 00	- 3 52 59	Aqr	7,9	2,2	67,6° E	30,2740	100 %	10 45	16 32	41°	22 19
	18	23 36 57	- 3 46 34	Aqr	7,9	2,2	55,6° E	30,4570	100 %	09 59	15 46	41°	21 33
	30	23 38 08	- 3 38 37	Aqr	7,9	2,2	43,7° E	30,6160	100 %	09 12	15 00	41°	20 48

Les éphémérides du Soleil, des planètes et de la Lune proposées sur ces deux pages sont calculées à 0 h TU pour une latitude de 45° nord et une longitude de 0°.

La Lune

	JOUR	ASCENSION DROITE	DÉCLINAISON	CONSTELLATION	Ø APPARENT	PARALLAXE HORIZONTALE	FRACTION ÉCLAIRÉE	JOUR	ÉLONGATION	DISTANCE	LEVER	MÉRIDIEN	HAUTEUR	COUCHER
		h m s	° ′ ″							km	h m	h m		h m
D 1	1	2 06 39	12 03 14	Ari	30′ 40″	56′ 17″	69 %	8,6	113° E	389 548	12 h 48	20 h 02	61°	2 h 20
L 2	2	2 54 36	17 04 35	Ari	30′ 21″	55′ 41″	78 %	9,6	124° E	393 815	13 h 12	20 h 48	65°	3 h 30
M 3	3	3 44 04	21 17 21	Tau	30′ 04″	55′ 10″	86 %	10,6	136° E	397 456	13 h 40	21 h 37	69°	4 h 38
M 4	4	4 35 20	24 30 38	Tau	29′ 50″	54′ 45″	92 %	11,6	147° E	400 459	14 h 15	22 h 28	71°	5 h 45
J 5	5	5 28 10	26 35 00	Tau	29′ 40″	54′ 26″	96 %	12,6	158° E	402 842	14 h 59	23 h 19	72°	6 h 46
V 6	6	6 21 52	27 23 59	Gem	29′ 32″	54′ 11″	99 %	13,6	169° E	404 628	15 h 50			7 h 41
S 7	7	7 15 23	26 55 45	Gem	29′ 27″	54′ 02″	100 %	14,6	180° O	405 824	16 h 49	0 h 11	72°	8 h 26
D 8	8	8 07 38	25 13 33	Cnc	29′ 24″	53′ 57″	99 %	15,6	169° O	406 407	17 h 52	1 h 00	70°	9 h 03
L 9	9	8 57 54	22 25 06	Cnc	29′ 24″	53′ 58″	96 %	16,6	158° O	406 326	18 h 57	1 h 48	67°	9 h 32
M 10	10	9 45 53	18 40 40	Leo	29′ 28″	54′ 04″	92 %	17,6	147° O	405 504	20 h 03	2 h 33	63°	9 h 57
M 11	11	10 31 48	14 11 21	Leo	29′ 35″	54′ 18″	86 %	18,6	136° O	403 852	21 h 07	3 h 16	58°	10 h 17
J 12	12	11 16 11	9 07 55	Leo	29′ 47″	54′ 39″	78 %	19,6	124° O	401 292	22 h 12	3 h 58	53°	10 h 36
V 13	13	11 59 50	3 40 27	Vir	30′ 02″	55′ 07″	70 %	20,6	113° O	397 779	23 h 18	4 h 39	47°	10 h 53
S 14	14	12 43 46	- 2 01 14	Vir	30′ 23″	55′ 45″	60 %	21,6	102° O	393 329		5 h 20	41°	11 h 10
D 15	15	13 29 05	- 7 46 30	Vir	30′ 48″	56′ 30″	50 %	22,6	90° O	388 042	0 h 26	6 h 03	35°	11 h 30
L 16	16	14 17 00	- 13 22 30	Vir	31′ 16″	57′ 23″	40 %	23,6	78° O	382 126	1 h 37	6 h 49	29°	11 h 52
M 17	17	15 08 47	- 18 32 23	Lib	31′ 47″	58′ 20″	30 %	24,6	66° O	375 904	2 h 52	7 h 40	24°	12 h 20
M 18	18	16 05 27	- 22 54 02	Sco	32′ 19″	59′ 18″	20 %	25,6	53° O	369 805	4 h 11	8 h 37	20°	12 h 57
J 19	19	17 07 20	- 26 00 37	Oph	32′ 48″	60′ 11″	12 %	26,6	40° O	364 338	5 h 30	9 h 39	17°	13 h 46
V 20	20	18 13 31	- 27 25 05	Sgr	33′ 11″	60′ 54″	5 %	27,6	26° O	360 029	6 h 41	10 h 46	17°	14 h 51
S 21	21	19 21 35	- 26 49 04	Sgr	33′ 26″	61′ 22″	1 %	28,6	12° O	357 342	7 h 41	11 h 53	18°	16 h 10
D 22	22	20 28 28	- 24 11 39	Cap	33′ 31″	61′ 30″	0 %	0,1	2° E	356 585	8 h 26	12 h 57	22°	17 h 36
L 23	23	21 31 44	- 19 50 45	Cap	33′ 23″	61′ 17″	2 %	1,1	16° E	357 850	9 h 01	13 h 56	27°	19 h 02
M 24	24	22 30 24	- 14 16 03	Aqr	33′ 06″	60′ 45″	7 %	2,1	30° E	360 985	9 h 28	14 h 50	34°	20 h 24
M 25	25	23 24 47	- 7 59 32	Aqr	32′ 41″	59′ 58″	14 %	3,1	43° E	365 633	9 h 51	15 h 40	41°	21 h 42
J 26	26	0 15 54	- 1 29 16	Psc	32′ 11″	59′ 03″	23 %	4,1	57° E	371 306	10 h 11	16 h 27	47°	22 h 57
V 27	27	1 05 01	4 52 33	Psc	31′ 39″	58′ 05″	32 %	5,1	69° E	377 476	10 h 31	17 h 13	54°	
S 28	28	1 53 21	10 48 55	Ari	31′ 09″	57′ 09″	43 %	6,1	82° E	383 652	10 h 51	17 h 59	59°	0 h 09
D 29	29	2 41 55	16 06 31	Ari	30′ 41″	56′ 18″	53 %	7,1	93° E	389 430	11 h 15	18 h 46	64°	1 h 20
L 30	30	3 31 32	20 34 08	Tau	30′ 17″	55′ 35″	63 %	8,1	105° E	394 518	11 h 42	19 h 34	68°	2 h 30
M 31	31	4 22 36	24 01 55	Tau	29′ 58″	54′ 59″	72 %	9,1	116° E	398 739	12 h 15	20 h 24	71°	3 h 38

La Lune des spécialistes

	Libration		Angle de position	
	l	b	axe	phase
1	7,0°	0,9°	341,7°	249,6°
2	6,4°	- 0,6°	344,8°	253,2°
3	5,6°	- 2,0°	348,6°	258,2°
4	4,6°	- 3,3°	353,1°	264,9°
5	3,5°	- 4,4°	358,0°	274,3°
6	2,3°	- 5,3°	3,1°	291,5°
7	1,0°	- 6,0°	8,0°	13,4°
8	- 0,2°	- 6,4°	12,5°	80,5°
9	- 1,5°	- 6,6°	16,2°	95,0°
10	- 2,8°	- 6,4°	19,1°	102,6°
11	- 4,0°	- 6,0°	21,1°	107,4°
12	- 5,2°	- 5,3°	22,1°	110,5°
13	- 6,2°	- 4,4°	22,3°	112,2°
14	- 7,0°	- 3,2°	21,7°	112,5°
15	- 7,6°	- 1,9°	20,1°	111,5°
16	- 7,8°	- 0,4°	17,7°	109,0°
17	- 7,6°	1,1°	14,2°	104,9°
18	- 6,9°	2,7°	9,6°	99,0°
19	- 5,7°	4,1°	4,0°	90,9°
20	- 4,1°	5,3°	357,7°	79,8°
21	- 2,1°	6,1°	351,5°	60,4°
22	0,2°	6,5°	345,9°	328,3°
23	2,4°	6,4°	341,7°	269,5°
24	4,4°	5,9°	339,0°	256,9°
25	6,0°	5,0°	337,8°	251,3°
26	7,1°	3,8°	337,8°	248,8°
27	7,7°	2,5°	339,0°	248,3°
28	7,8°	1,0°	341,0°	249,5°
29	7,5°	- 0,5°	343,9°	252,2°
30	6,8°	- 1,9°	347,6°	256,2°
31	5,9°	- 3,2°	351,9°	261,3°

Phases et distances

Jour	Heure en TU	Distance en km	Ø apparent
6*	PL à 23 h 08 m	405 791	29,4
15	DQ à 2 h 10 m	387 530	30,8
21	NL à 20 h 53 m	356 569	33,5
28	PQ à 15 h 19 m	387 406	30,8
8	Apogée à 9 h 19 m	406 458	29,4
21	Périgée à 20 h 57 m	356 569	33,5

* le 7 en heure légale à Paris

Reportez-vous pages 7 à 15 pour trouver des renseignements détaillés sur l'utilisation de ces différentes informations.
Consultez les tableaux de corrections horaires (pages 340 et 341) pour adapter les heures de lever, de passage au méridien et de coucher en fonction de votre lieu d'observation.

FÉVRIER 2023

1re quinzaine vers 22 h TU - 2e quinzaine vers 21 h TU

Pour	Utilisez la carte de
17-18 h	décembre
19-20 h	janvier
23-0 h	mars
1-2 h	avril
3-4 h	mai
5-6 h	juin

Vous pouvez également utiliser cette carte en :
mars vers 19-20 h
avril vers 17-18 h
octobre vers 5-6 h
novembre vers 3-4 h
décembre vers 1-2 h
janvier vers 23-0 h
(valable uniquement pour les étoiles)

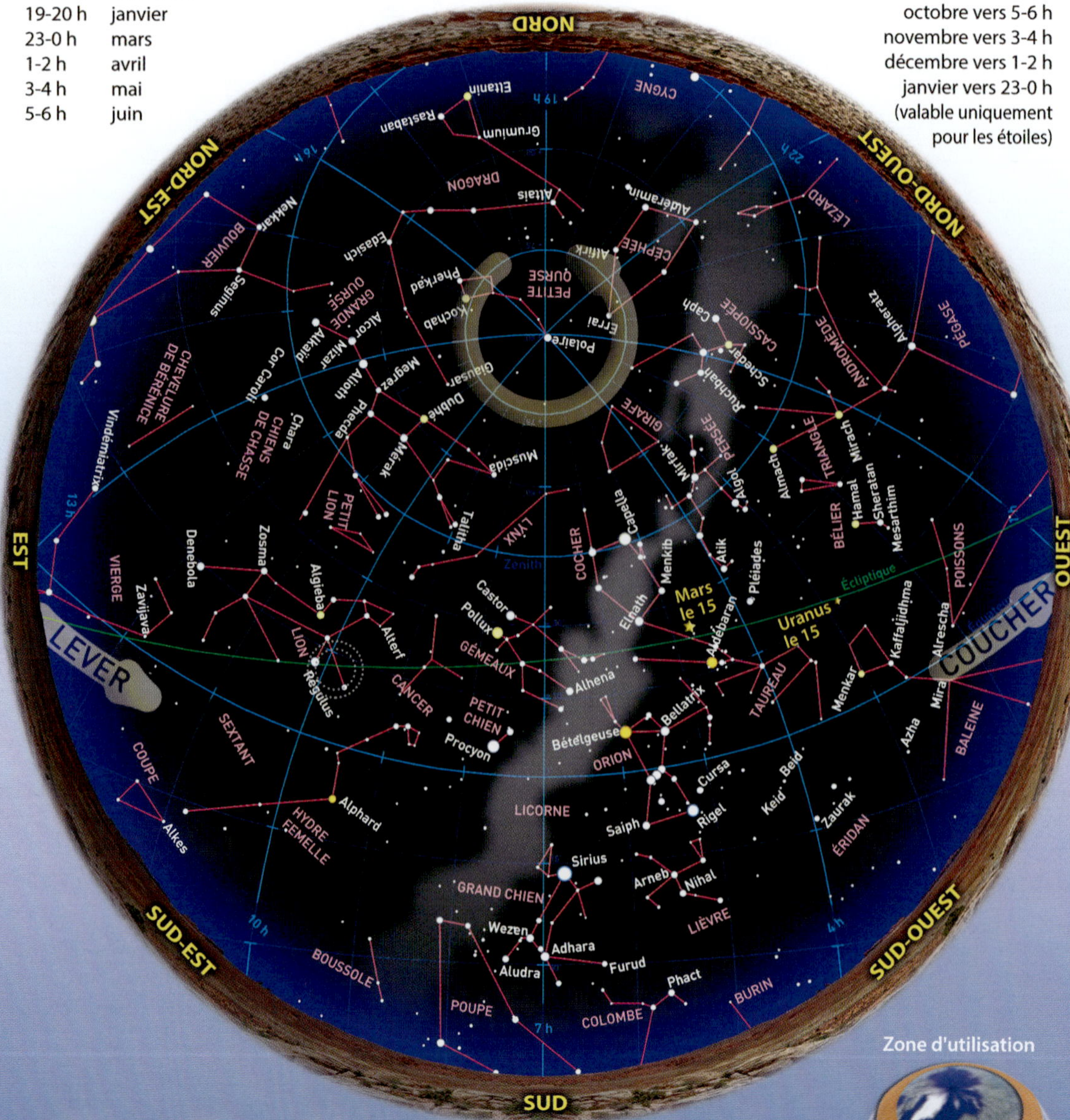

5 février	13 février	20 février	27 février
Pleine Lune	Dernier Quartier	Nouvelle Lune	Premier Quartier
Lion	*Balance*	*Verseau*	*Taureau*

Magnitudes
-1 0 1 2 3 4 4,5 et +

Zone d'utilisation

38° à 52° nord

À L'ORÉE DE L'AUBE EN FÉVRIER 2023

Zone d'utilisation

38° à 52° nord

Vous trouverez des conseils pour l'utilisation de ces cartes en début d'ouvrage.

La Lune et les planètes

Mercure

Nord. Elle se lève plus d'une heure et vingt minutes avant le Soleil le 1er février et sa magnitude proche de zéro nous permet de la repérer à l'œil nu ou aux jumelles au ras de l'horizon est-sud-est une heure avant le jour. Avec un ciel hivernal glacé et limpide, il est possible de saisir l'éclat de cette petite perle planétaire à l'aube durant au moins une semaine, mais son élongation solaire diminue inexorablement et elle disparaît dans la clarté du jour naissant avant le 15.
Tropiques. Les conditions d'observation à l'aube sont bien meilleures qu'en Europe sous le tropique du Cancer et elles sont optimales sous le tropique du Capricorne, où l'on peut repérer Mercure jusqu'à la fin du mois.

Vénus

Nord. Elle se couche deux heures après le Soleil le 1er et deux heures et demie après le 28 (avec Jupiter juste à côté d'elle). Son élongation solaire dépasse alors 30° et sa magnitude est de - 4, ce qui fait d'elle l'astre ponctuel le plus brillant du ciel. Cet éclat exceptionnel est mis en évidence le 15 lors de sa conjonction serrée (0,3°) avec Neptune, la plus lointaine planète du Système solaire, qui est 60 000 fois moins lumineuse. Cet hiver, les observateurs de la lumière zodiacale ne manqueront pas de noter la présence imposante de Vénus et de Jupiter au cœur de ce fuseau diffus qui se déploie au-dessus de l'horizon ouest au début des belles nuits sans Lune.
Tropiques. Excellentes conditions d'observation.

Mars

Nord. Elle s'éloigne de la Terre et sa magnitude redevient positive avant la mi-février. Son diamètre apparent repasse en dessous de 10", mais elle grimpe toujours très haut sur la voûte céleste dans le Taureau, je vous engage donc à profiter au mieux de ces dernières semaines pour l'observer et la photographier dans de belles conditions. Le 11 à la fin du crépuscule, Mars vient juste de passer le méridien et, si vous pointez un instrument vers elle, vous devriez pouvoir repérer la comète C/2022 E3 ZTF à près de 0,5° d'elle (voir le 13 janvier 2023) ; sa magnitude pourrait être proche de 6, mais il n'y a aucune garantie à ce jour.
Tropiques. Très bonnes conditions d'observation.

Jupiter

Nord. Dans les Poissons en début de mois, elle fait un bref passage dans la Baleine entre le 5 et le 19, avant d'y revenir pour quelques mois. Elle se couche près de quatre heures et quarante-cinq minutes après le Soleil le 1er et deux heures plus tôt le 28. Cela signifie que nous arrivons à la fin de sa belle période d'observation puisqu'elle n'est plus qu'à une dizaine de degrés de hauteur à la fin du crépuscule le 28. La turbulence est toujours plus forte à cette hauteur, surtout l'hiver, et les images sont fortement dégradées dans les instruments. Heureusement, l'éclat jovien (magnitude - 2,2) est suffisant pour nous ravir à l'œil nu lorsqu'il brille au cœur de la lumière zodiacale entre le 7 et le 22 et lorsqu'il s'approche de Vénus en fin février. Ne manquez pas le magnifique paysage crépusculaire engendré par l'arrivée de la jeune Lune entre ces deux planètes le 22. Ce jour-là, en début d'après-midi, vous pouvez même tenter de repérer Jupiter et Vénus en plein jour au méridien grâce à ce mince croissant.
Tropiques. Les conditions d'observation sont meilleures sous le tropique du Cancer que sous celui du Capricorne.

Saturne

Nord et tropiques. Elle quitte le Capricorne pour le Verseau le 13, juste avant sa conjonction avec le Soleil le 16, et reste inobservable tout le mois. Elle circulera dans le Verseau jusqu'au 19 avril 2025.

Uranus (Bélier) est en quadrature à l'est du Soleil le 4 et elle brille alors à près de 60° de hauteur au-dessus de l'horizon sud-sud-ouest à la fin du crépuscule. Le 28, elle surplombe l'horizon ouest-sud-ouest de 40° au même instant. Son repérage à l'œil nu dans les bons sites est toujours possible par les nuits sans Lune.
Le 15, Neptune (Verseau) n'est plus qu'à 7° de hauteur au-dessus de l'horizon ouest-sud-ouest à la fin du crépuscule, mais sa conjonction très serrée avec Vénus (0,3°) vaut le détour avec un instrument.

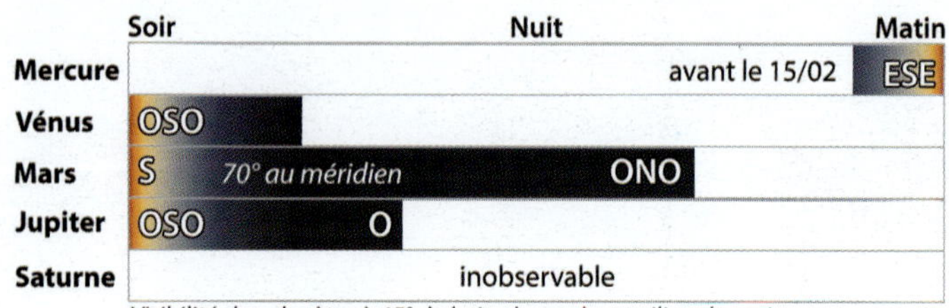

Visibilité des planètes à 45° de latitude nord, en milieu de mois.

Planétaire

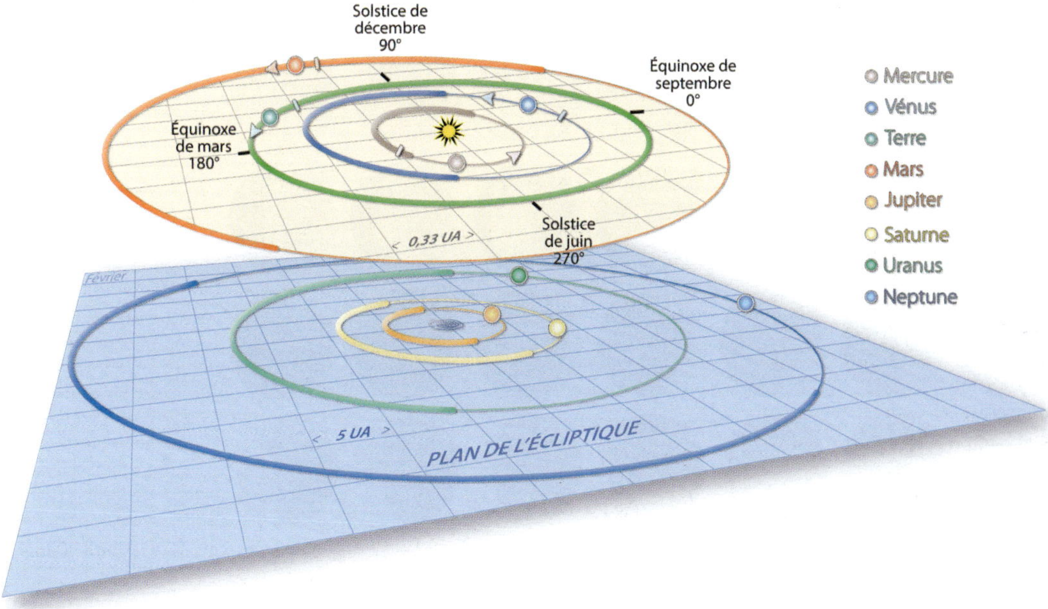

Vous trouverez en pages 67 et 69 des explications complètes sur ces deux schémas.

Le calendrier lunaire

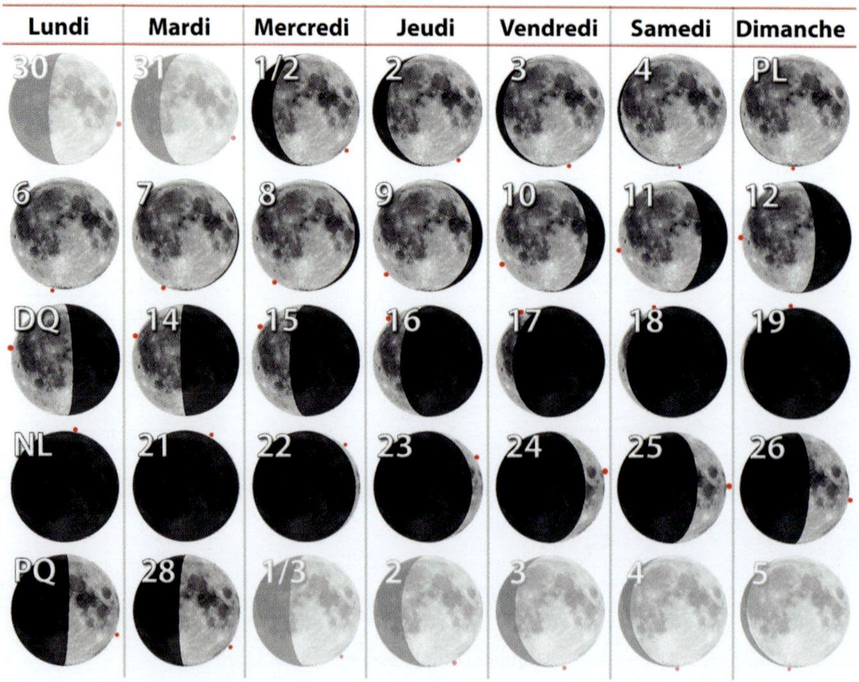

Longitude du terminateur

	Soleil levant	Soleil couchant
1er/02	33°	
2	46°	
3	58°	
4	70°	
5	82°	
6		94°
7		106°
8		118°
9		130°
10		143°
11		155°
12		167°
13		179°
14		191°
15		203°
16		216°
17		228°
18		240°
19		252°
20		264°
21	277°	
22	289°	
23	301°	
24	313°	
25	325°	
26	338°	
27	350°	
28	2°	

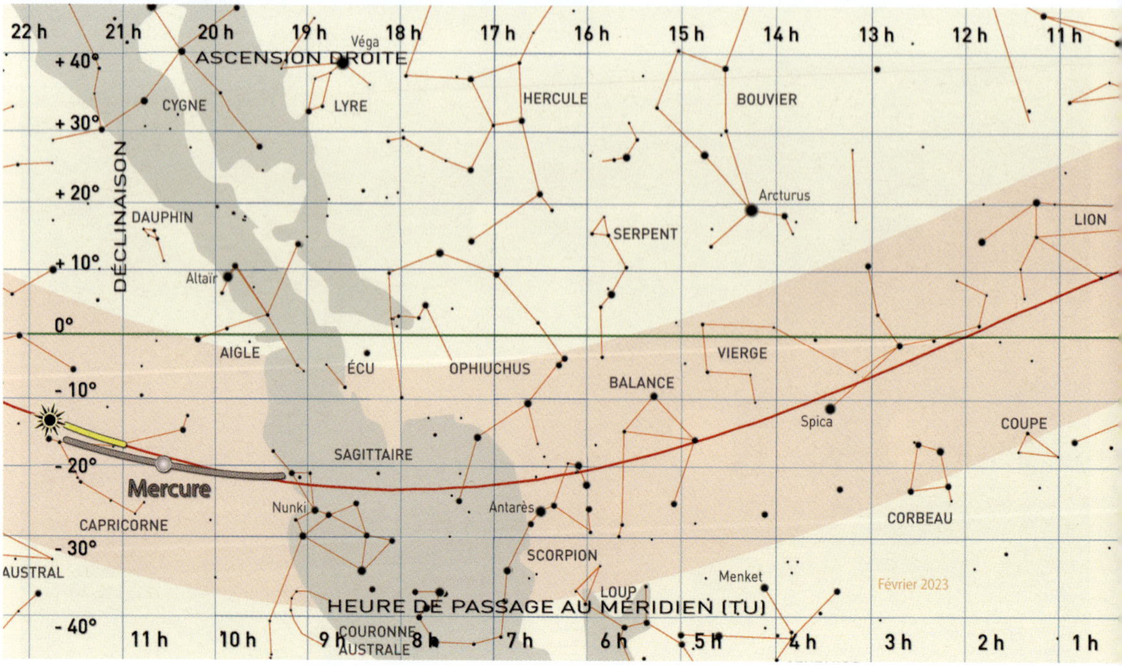

Hauteur mensuelle de la Lune

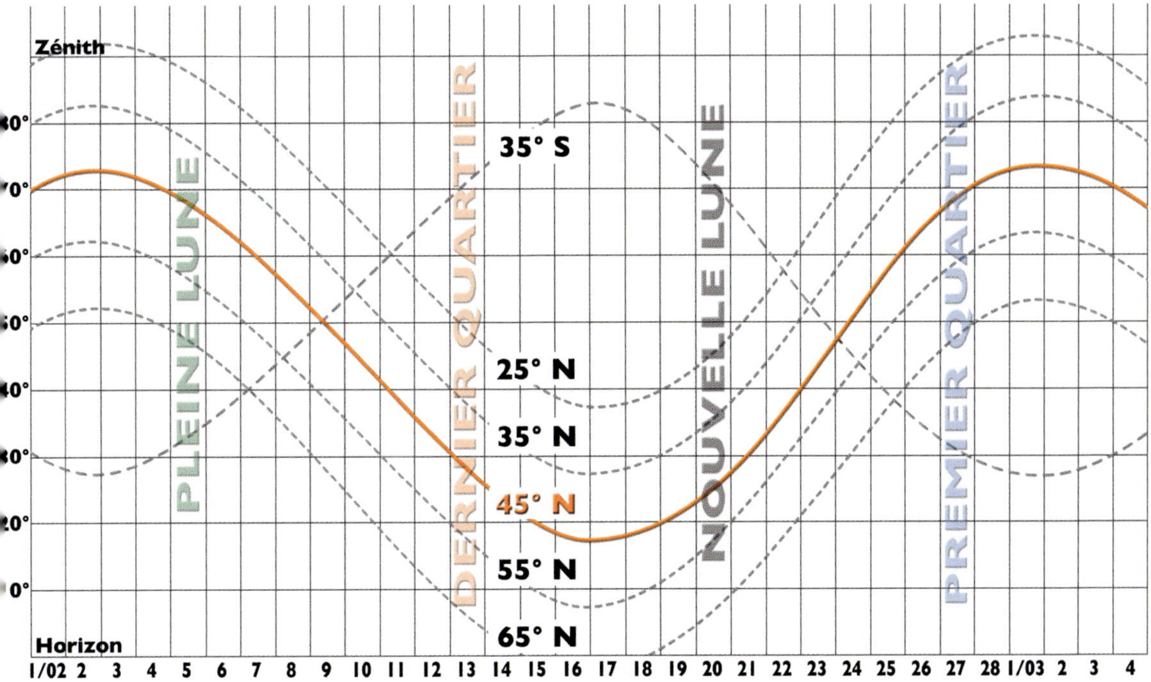

Le 1er février à 0 h TU, la Lune est âgée de 10,1 jours.

La Lune atteint sa plus grande déclinaison vers le nord le 2 (27,5°) et sa plus grande déclinaison vers le sud le 16 (- 27,6°).

Vous trouverez en pages 35, 69, 70 et 71 des explications complètes sur ces trois schémas et ce tableau.

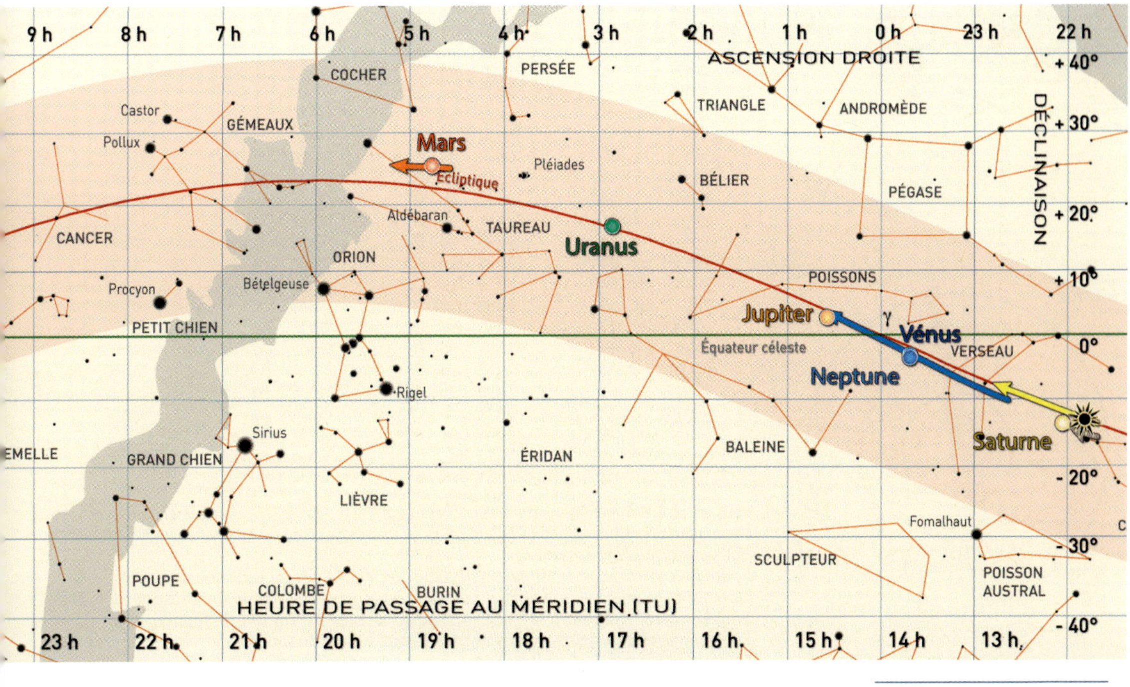

FÉVRIER 2023

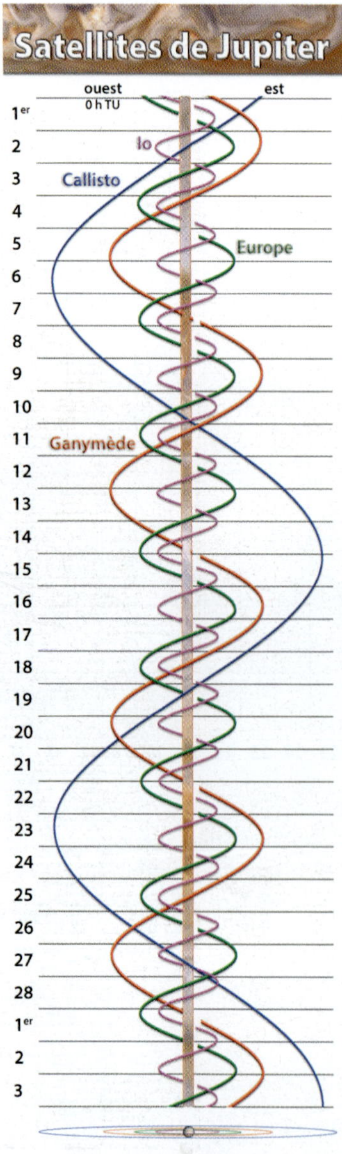

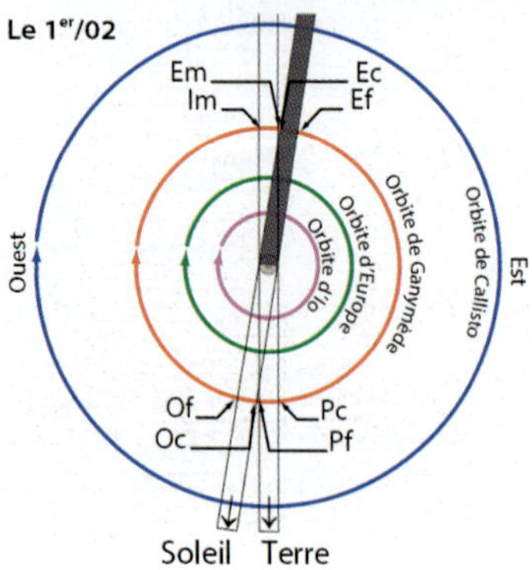

Passages de la tache rouge de Jupiter au méridien central

1er/02 : 1 h 09 ; 11 h 04 ; 20 h 59.
2 : 6 h 59 ; 16 h 55.
3 : 2 h 51 ; 12 h 46 ; 22 h 42.
4 : 8 h 38 ; 18 h 34.
5 : 4 h 30 ; 14 h 26.
6 : 0 h 22 ; 10 h 17 ; 20 h 13.
7 : 6 h 09 ; 16 h 05.
8 : 2 h 01 ; 11 h 57 ; 21 h 52.
9 : 7 h 48 ; 17 h 44.
10 : 3 h 40 ; 13 h 36 ; 23 h 31.
11 : 9 h 28 ; 19 h 23.
12 : 5 h 19 ; 15 h 15.
13 : 1 h 11 ; 11 h 07 ; 21 h 02.
14 : 6 h 59 ; 16 h 54.
15 : 2 h 50 ; 12 h 46 ; 22 h 42.
16 : 8 h 38 ; 18 h 33.
17 : 4 h 30 ; 14 h 25.
18 : 0 h 21 ; 10 h 17 ; 20 h 13.
19 : 6 h 09 ; 16 h 04.
20 : 2 h 01 ; 11 h 56 ; 21 h 52.
21 : 7 h 48 ; 17 h 44.
22 : 3 h 40 ; 13 h 35 ; 23 h 31.
23 : 9 h 27 ; 19 h 23.
24 : 5 h 19 ; 15 h 15.
25 : 1 h 11 ; 11 h 06 ; 21 h 02.
26 : 6 h 58 ; 16 h 54.
27 : 2 h 50 ; 12 h 46 ; 22 h 41.
28 : 8 h 38 ; 18 h 33.

Longitude estimée du centre de la tache rouge en début de mois : 33,5°.

Phénomènes des satellites de Jupiter

	Heure	Sat.	Phé.												
					21h18	Gan.	Ef	15	1h19	Gan.	Ef		5h21	Gan.	Ef
1er/02	3h10	Io	Im	8	5h10	Io	Im		7h11	Io	Im		9h13	Io	Im
	6h28	Io	Ef		8h24	Io	Ef		10h19	Io	Ef		12h14	Io	Ef
	11h59	Eur.	Im		14h48	Eur.	Im		17h37	Eur.	Im		20h27	Eur.	Im
	16h42	Eur.	Ef		19h19	Eur.	Ef**		21h56	Eur.	Ef	23	0h33	Eur.	Ef
2	0h31	Io	Pc	9	2h32	Io	Pc	16	4h33	Io	Pc		6h35	Io	Pc
	1h37	Io	Oc		3h33	Io	Oc		5h28	Io	Oc		7h24	Io	Oc
	2h45	Io	Pf		4h46	Io	Pf		6h46	Io	Pf		8h48	Io	Pf
	3h49	Io	Of		5h45	Io	Of		7h40	Io	Of		9h36	Io	Of
	10h21	Cal.	Ci		23h40	Io	Im	17	1h42	Io	Im	24	3h44	Io	Im
	21h39	Io	Im	10	2h52	Io	Ef		4h48	Io	Ef		6h43	Io	Ef
3	0h57	Io	Ef		9h02	Eur.	Pc		11h51	Eur.	Pc		14h41	Eur.	Pc
	6h14	Eur.	Pc		11h04	Eur.	Oc		13h41	Eur.	Oc		16h19	Eur.	Oc
	8h26	Eur.	Oc		11h34	Eur.	Pf		14h24	Eur.	Pf		17h13	Eur.	Pf
	8h47	Eur.	Pf		13h30	Eur.	Of		16h07	Eur.	Of		18h44	Eur.	Of**
	10h52	Eur.	Of		20h32	Cal.	Cs**		23h04	Io	Pc	25	1h05	Io	Pc
	19h01	Io	Pc**		21h02	Io	Pc		23h57	Io	Oc		1h53	Io	Oc
	20h06	Io	Oc**		22h02	Io	Oc	18	1h17	Io	Pf		3h18	Io	Pf
	21h15	Io	Pf**		23h16	Io	Pf		2h09	Io	Of		4h04	Io	Of
	22h18	Io	Of	11	0h13	Io	Of		9h24	Gan.	Pc		13h53	Gan.	Pc
4	0h33	Gan.	Pc		4h57	Gan.	Pc		12h13	Gan.	Pf		16h40	Gan.	Pf
	3h26	Gan.	Pf		7h48	Gan.	Pf		13h09	Gan.	Oc		17h11	Gan.	Oc
	5h04	Gan.	Oc		9h06	Gan.	Oc		15h33	Gan.	Of		19h34	Gan.	Of**
	7h31	Gan.	Of		11h32	Gan.	Of		20h12	Io	Im**		22h14	Io	Im
	16h10	Io	Im		18h10	Io	Im**		23h16	Io	Ef	26	1h12	Io	Ef
	19h25	Io	Ef**		21h21	Io	Ef	19	6h46	Cal.	Ci		9h53	Eur.	Im
5	1h25	Eur.	Im	12	4h13	Eur.	Im		7h02	Eur.	Im		13h51	Eur.	Ef
	6h00	Eur.	Ef		8h38	Eur.	Ef		11h14	Eur.	Ef		19h36	Io	Pc**
	13h31	Io	Pc		15h33	Io	Pc		17h34	Io	Pc		20h22	Io	Oc
	14h35	Io	Oc		16h30	Io	Oc		18h26	Io	Oc**		21h49	Io	Pf
	15h45	Io	Pf		17h46	Io	Pf		19h48	Io	Pf**		22h33	Io	Of
	16h47	Io	Of		18h42	Io	Of**		20h37	Io	Of	27	16h44	Io	Im
6	10h40	Io	Im	13	12h41	Io	Im	20	14h42	Io	Im		17h03	Cal.	Cs
	13h54	Io	Ef		15h50	Io	Ef		17h45	Io	Ef		19h41	Io	Ef**
	19h38	Eur.	Pc**		22h26	Eur.	Pc	21	1h16	Eur.	Pc	28	4h06	Eur.	Pc
	21h45	Eur.	Oc	14	0h22	Eur.	Oc		2h59	Eur.	Oc		5h37	Eur.	Oc
	22h11	Eur.	Pf		0h59	Eur.	Pf		3h48	Eur.	Pf		6h38	Eur.	Pf
7	0h10	Eur.	Of		2h48	Eur.	Of		5h25	Eur.	Of		8h03	Eur.	Of
	8h01	Io	Pc		10h03	Io	Pc		12h05	Io	Pc		14h06	Io	Pc
	9h04	Io	Oc		10h59	Io	Oc		12h55	Io	Oc		14h50	Io	Oc
	10h15	Io	Pf		12h16	Io	Pf		14h18	Io	Pf		16h20	Io	Pf
	11h16	Io	Of		13h11	Io	Of		15h06	Io	Of		17h01	Io	Of
	14h32	Gan.	Im		18h58	Gan.	Im**		23h27	Gan.	Im				
	17h25	Gan.	Em		21h49	Gan.	Em	22	2h16	Gan.	Em				
	18h52	Gan.	Ec**		22h54	Gan.	Ec		2h58	Gan.	Ec				

Tous les phénomènes des satellites galiléens sont listés ci-dessus ; vous devez tenir compte des heures de lever et de coucher de Jupiter pour votre site d'observation afin de déterminer ceux que vous pourrez observer.
Pc et Pf = commencement et fin du passage du satellite devant le disque de Jupiter.
Oc et Of = commencement et fin du passage de l'ombre du satellite sur le disque de Jupiter.
Ec et Ef = commencement et fin de l'éclipse du satellite par l'ombre de Jupiter. Im et Em = immersion (disparition) et émersion (réapparition) du satellite derrière le disque jovien.
* Visible à 45° nord et 0° de longitude.

Les phénomènes astronomiques au jour le jour

À NE PAS MANQUER CE MOIS-CI !

Le 1er, la comète C/2022 E3 ZTF au périgée.
Du 7 au 22, lumière zodiacale le soir.
Le 15, Vénus et Neptune à 15'.
Le 22, Vénus, la Lune et Jupiter.
Le 26, la Lune et les Pléiades.
Le 27, X et V lunaires.
Le 27 et le 28, Mars et la Lune.

Crédit : NASA's Scientific Visualization Studio

JJ TU

01 00 Mercredi (32-333). Heure de début et de fin du crépuscule astronomique à 45° de latitude nord et 0° de longitude : le 1er (5 h 39 m/18 h 48 m) ; le 15 (5 h 23 m/19 h 06 m). La durée du jour est de 9 heures et 47 minutes le 1er et de 11 heures et 6 minutes le 28 ; le dernier jour du mois, le Soleil se lève 40 minutes plus tôt et se couche 39 minutes plus tard que le premier. La durée du crépuscule astronomique passe de 101 à 97 minutes sur le mois.

01 00 Le Soleil se lève sur la région du **golfe des Iris** (3) et, autour de 0 h 46 m, vous pouvez tenter d'observer avec un instrument une ou plusieurs raies lumineuses dans cette formation.

01 02 Aux jumelles, remarquez le splendide arc lumineux du **golfe des Iris**, visible au nord du terminateur lunaire.

01 20 La comète **C/2022 E3 ZTF** passe au plus près de la Terre à un peu moins de 0,29 ua – 43 millions de kilomètres tout de même ! – et circule cette nuit dans la constellation de la Girafe ; son déplacement apparent dépasse 6° dans la journée. Elle est circumpolaire et sa magnitude devrait encore la mettre à la portée des instruments des amateurs et des photographes (voir le 13 janvier 2023).

01 06 **Maximum d'éclat de l'étoile Delta Cephei** à 6 h. Sa magnitude varie de 3,5 à 4,4 au cours d'un cycle de 5,366 jours. Les autres maxima du mois se produisent le 6 à 15 h, le 12 à 0 h, le 17 à 8 h, le 22 à 17 h et le 28 à 2 h. Voir également le 2 novembre 2022.

01 11 Formations lunaires proches du terminateur dans la journée : Kepler, Schiller, Gassendi, Doppelmayer.

01 12 À midi, début du jour julien 2 459 977.

01 12 Cette semaine, le **Soleil** franchit le méridien à 28° de hauteur.

01 17 À 45° de latitude nord, l'étoile **Sirius** du Grand Chien se lève au moment du coucher du Soleil – on parle de lever achronique – et, dans un ciel limpide, il est possible de la repérer aux jumelles une vingtaine de minutes plus tard

FÉVRIER 2023

Les phénomènes astronomiques au jour le jour

vers 115° d'azimut et 3° de hauteur.

01 18 L'étoile **Deneb** domine l'horizon nord-ouest de 23° à la fin du crépuscule astronomique à 45° de latitude nord.

01 18 Ce soir, avec un instrument, suivez le magnifique **ballet des quatre lunes galiléennes** à l'est du disque de Jupiter.

01 20 **Minimum d'éclat de l'étoile variable Sheliak** (Bêta de la Lyre) à 20 h. Sa magnitude varie de 3,3 à 4,3 au cours d'un cycle de 12,941 jours. Les autres minima du mois se produisent le 14 à 19 h et le 27 à 18 h. Voir également le 3 novembre 2022.

01 23 Maximum de l'essaim météoritique diurne des Sagittarides (115 DSC), dont la période d'activité s'étend du 13 janvier au 4 février. Longitude héliocentrique prévue pour le maximum (équinoxe 2000.0) : 312,5°.

02 00 Jeudi (33-332). **L'inclinaison apparente des anneaux de Saturne** passe de 12,2° à 10,7° au cours du mois, mais cette planète est trop proche de la position apparente du Soleil pour être observable.

02 00 Début février, à la fin du crépuscule, la **Voie lactée** est suspendue au zénith par l'arc de Persée et elle ruisselle vers le Grand Chien au sud-est et vers le Cygne au nord-ouest, mais l'éclat lunaire imposant nous prive de son spectacle durant la première décade. Vers minuit, la Voie lactée est globalement orientée nord-sud et elle fait

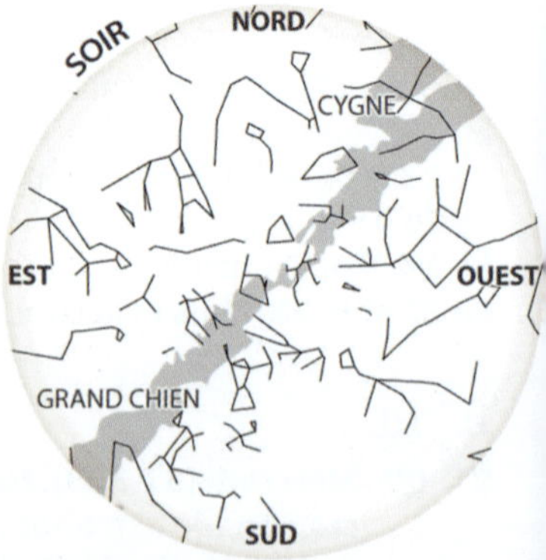

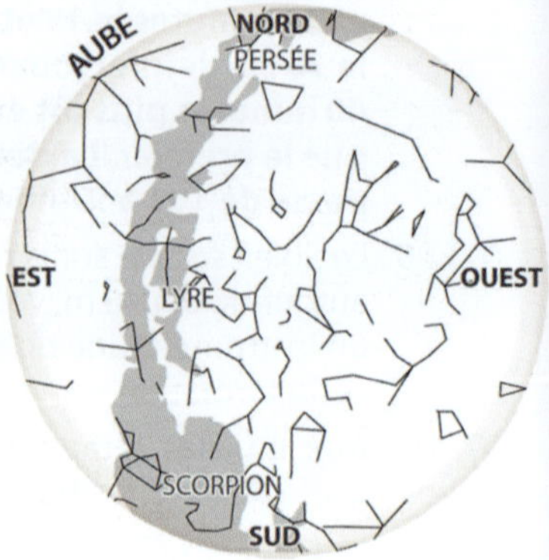

Orientation de la Voie lactée début février à la fin du crépuscule astronomique et à l'orée de l'aube.

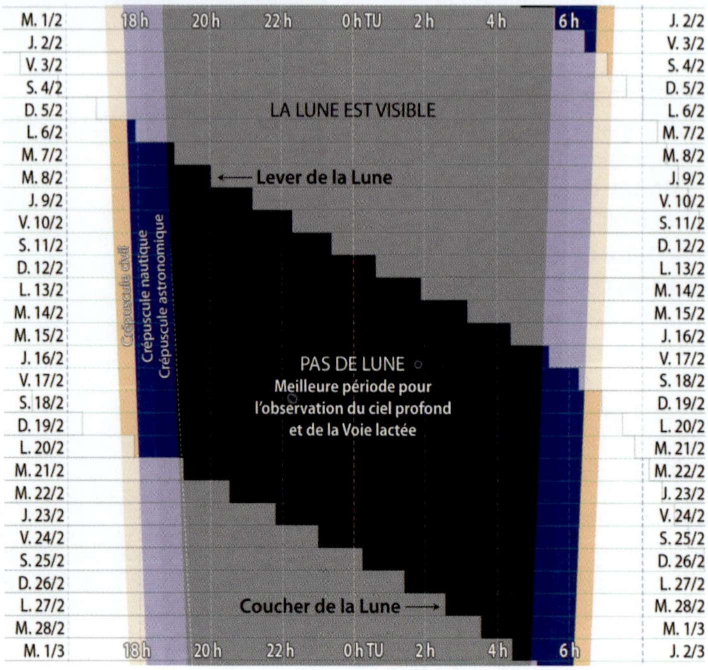

une arche au-dessus de l'horizon ouest, de Céphée à la Poupe. Juste avant l'aube, le Triangle d'été fait son retour au-dessus de l'est et la Voie lactée repose sur Cassiopée au nord et sur le Scorpion au sud-sud-est. À partir de la mi-février, les observateurs matinaux peuvent admirer le retour de la Voie lactée estivale avant l'aube, la belle Antarès du Scorpion marquant l'horizon sud de son éclat rougeoyant ; l'arche galactique devient progressivement photographiable.

02 01 Formations lunaires proches du terminateur dans la journée : Harpalus, Aristarque, Hérodote et la vallée de Schröter, Schickard.

02 10 **Callisto est en conjonction inférieure** à 10 h 21 m. Elle est observable à proximité apparente du pôle Sud jovien.

02 14 **Minimum d'éclat de l'étoile variable Algol de Persée** (Bêta Persei) à 14 h ; sa magnitude est proche de 3,3. Les autres minima du mois se produisent le 5 à 11 h, le 8 à 7 h, le 11 à 4 h, le 14 à 1 h, le 16 à 22 h, le 19 à 19 h, le 22 à 15 h, le 25 à 12 h et le 28 à 9 h. Voir également le 2 octobre 2022.

03 03 Vendredi (34-331). Le Soleil se lève sur la région de **Vieta** (4-325) et, autour de 3 h 25 m, vous pouvez tenter d'observer avec un instrument une ou plusieurs raies lumineuses dans cette formation.

03 18 À 18 h 08 m, l'étoile 76 Gem (Gem - magnitude 5,3) est occultée par la Lune ; elle réapparaît à 19 h 19 m. Les deux astres sont alors à 44° au-dessus de l'horizon et la fraction éclairée de notre satellite est de 97 %.

03 19 **Conjonction géocentrique en longitude entre la Lune (Gem) et Pollux** à 19 h 44 m (séparation : 1,9°). À l'heure de cette conjonction, la Lune pratiquement pleine (97 %) surplombe l'horizon sud-est de plus de 50° et il faut la cacher du bout du doigt pour repérer Castor et Pollux.

03 22 Formation lunaire proche du terminateur dans la journée : Grimaldi.

04 00 Samedi (35-330). **Uranus est en quadrature** à l'est du Soleil.

04 08 La Lune passe à l'apogée à 8 h 55 m. Distance : 406 476 km, soit 63,73 rayons terrestres.

04 12 Vénus et Jupiter sont en conjonction héliocentrique.

05 00 Dimanche. 36e jour de l'année ; il reste 329 jours jusqu'au 31 décembre.

05 00 Période de libration minimale en latitude pour la Lune (b = - 6,5°).

05 00 Période du maximum d'éclat de l'étoile variable R LMi (0939+34). R LMi est une variable de type Mira (variable à longue période) dont la magnitude oscille entre 6,3 et 13,2 ; sa période est de 372,19 jours.

05 11 Mercure passe au nœud descendant de son orbite

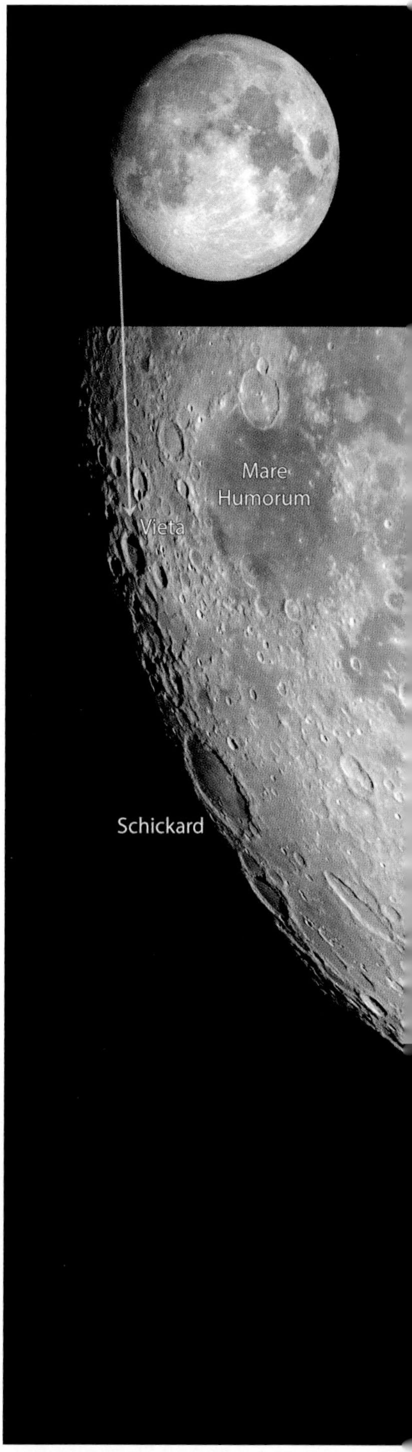

Crédit : NASA's Scientific Visualization Studio

(longitude héliocentrique : 228,3°).

05 18 **Pleine Lune à 18 h 28 m (Leo).** Distance : 405 830 km, soit 63,63 rayons terrestres. Juste avant la Saint-Valentin, voici la Pleine Lune de l'amour qui, avec un diamètre apparent de 29,4′, est pratiquement aussi petite que celle de janvier. Le 5 à l'aube, la bille lunaire bien ronde (99,6 %) roule sur l'horizon ouest-nord-ouest au lever du Soleil et, le soir venu, nous la retrouvons au ras de l'horizon est-nord-est au coucher du Soleil. Elle se situe alors juste à la frontière entre le Cancer et le Lion et s'apprête à traverser la voûte céleste en près de quinze heures. Le 6 au lever du Soleil, l'éclat de la face lunaire (99,6 %) s'estompe à l'ouest-nord-ouest dans la brume qui ourle souvent l'horizon hivernal.

05 23 **Jupiter** entre dans la constellation de la Baleine.

05 23 La Pleine Lune franchit le méridien à près de 58° de l'horizon sud à Lille et à près de 66° à Perpignan.

6e SEMAINE

06 00 Lundi (37-328). La Lune gibbeuse décroissante s'éloigne du soir et permet à la lumière zodiacale d'apparaître dans le ciel des sites protégés des excès de la pollution lumineuse. Constellation de la Lune chaque jour à 0 h pour 45° de latitude nord et 0° de longitude : L-Leo, M-Leo, M-Leo, J-Vir, V-Vir, S-Vir, D-Vir.

06 00 TSMG (voir p. 17) : 9 h 03 m 30 s.

06 07 Juste avant de se coucher, **la Lune encore pratiquement pleine (99,7 %) passe dans l'arche de l'Arc de triomphe** vers 7 h 48 m. Il faut se placer au niveau du rond-point des Champs-Élysées pour observer ou photographier cette scène.

06 12 À midi, début du jour julien 2 459 982.

07 00 Mardi (38-327). Le diamètre apparent martien repasse sous 10″.

07 08 **Maximum d'éclat de l'étoile variable Êta Aquilae** (Aigle) à 8 h. Il s'agit d'une étoile de type céphéide dont la magnitude passe de 3,5 à 4,4 au cours d'un cycle de 7,177 jours. Les autres maxima du mois se produisent le 14 à 13 h, le 21 à 17 h et le 28 à 21 h. Êta Aquilae se situe pratiquement 8° au sud d'Altaïr, au ras de l'équateur céleste.

07 12 Du 7 au 26 février, **Saturne** traverse d'est en ouest le champ du coronographe LASCO C3 de la sonde *SOHO*.

07 19 Durant une quinzaine de jours, jusqu'au retour de la jeune Lune, **tentez de voir la lumière zodiacale en Europe le**

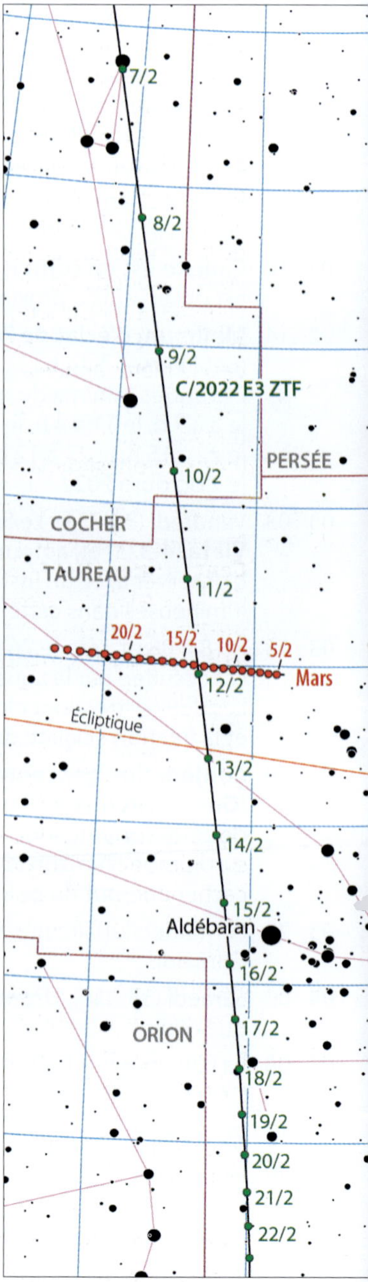

Trajectoire de la comète C/2022 E3 ZTF du 7 au 22 février 2023.

soir à la fin du crépuscule. Elle s'élève majestueusement au-dessus de l'horizon ouest dans les constellations des Poissons et du Bélier et pointe vers les Pléiades ; Vénus et Jupiter sont resplendissantes au sein de ce coup de projecteur extraterrestre. Depuis les meilleurs sites, vous verrez le pinceau de la lumière zodiacale se fondre dans la Voie lactée au niveau des Pléiades et du Taureau. Mon expérience d'observateur dans les Cévennes et en d'autres lieux moins privilégiés me pousse à rappeler que la lumière zodiacale est plus facile à observer et à photographier qu'on ne le pense habituellement. Si, le mois dernier, la Voie lactée hivernale dessinait des parenthèses autour de la lumière zodiacale, elle commence à présent à se voûter avant de tracer une magnifique arche qui enchâsse cette trace phosphorescente ; allez regarder sur ma chaîne YouTube les vidéos de la lumière zodiacale que j'ai réalisées ces dernières années.

08 04 Mercredi (39-326). Formations lunaires proches du terminateur dans la journée : Endymion, l'albatros (bordure ouest de la mer des Crises).

08 12 Le **Soleil** franchit le méridien à 30° de hauteur.

08 13 **Maximum de l'essaim météoritique des Alpha Centaurides** (102 ACE), dont la période d'activité s'étend du 28 janvier au 21 février. Longitude héliocentrique prévue pour le maximum de l'essaim (équinoxe 2000.0) : 319,2°. Vitesse de pénétration atmosphérique : 56 km/s. Taux horaire moyen au zénith : 5, avec des pics très brefs jusqu'à 30 en 1974 et 1980. Cet essaim est l'un des plus beaux visibles dans l'hémisphère austral ; il produit généralement de nombreuses étoiles filantes brillantes et quelques bolides d'un éclat supérieur à celui de Vénus. Dans le sud de l'Europe, il est parfois possible d'admirer quelques étoiles filantes au ras d'un horizon sud parfaitement dégagé et exempt de pollution lumineuse. En 2023, le maximum se produit en période de Lune gibbeuse croissante.

09 05 Jeudi (40-325). Formation lunaire proche du terminateur dans la journée : Atlas.

09 07 **Élongation maximale de Titan** à l'ouest de Saturne à 7 h 21 m (157″). Saturne est inobservable en Europe en février.

10 02 Vendredi (41-324). Le Soleil se couche sur la région de **Stiborius** (2-158) et, autour de 2 h 27 m, vous pouvez tenter d'observer avec un instrument une ou plusieurs raies lumineuses dans cette formation.

10 20 **Callisto est en conjonction supérieure** à 20 h 32 m. Elle est observable à proximité apparente du pôle Nord jovien. Visible en Europe.

11 01 Samedi (42-323). Formations lunaires proches du terminateur dans la journée : Theophilus, Cyrillus et Catherina, Aristote et Eudoxe.

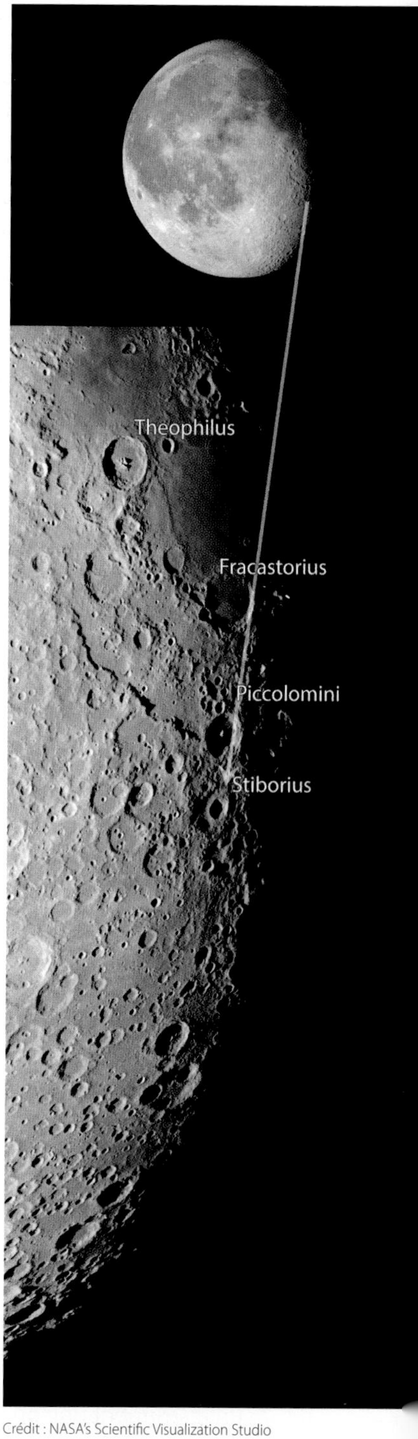

Crédit : NASA's Scientific Visualization Studio

Les phénomènes astronomiques au jour le jour

11 02 Le Soleil se couche sur la région d'**Aristoteles** (1-24) et, autour de 2 h 10 m, vous pouvez tenter d'observer avec un instrument une ou plusieurs raies lumineuses dans cette formation.

11 07 **Conjonction géocentrique en longitude entre la Lune (Vir) et Spica** à 7 h 31 m (séparation : 3,2°). À l'orée de l'aube, ces deux astres sont visibles sans peine à une trentaine de degrés au-dessus de l'horizon sud-sud-ouest.

11 08 **Mercure** entre dans la constellation du Capricorne.

11 12 **L'équation du temps atteint son premier maximum** positif de l'année à + 14 m 10 s.

12 00 Dimanche. 43e jour de l'année ; il reste 322 jours jusqu'au 31 décembre.

12 00 **La comète C/2022 E3 ZTF passe à 0,5° de Mars.**

12 03 Le Soleil se couche sur la région de **Lilius** (2-178) et, autour de 3 h 07 m, vous pouvez tenter d'observer avec un instrument une ou plusieurs raies lumineuses dans cette formation.

12 07 La Lune passe au nœud descendant à 7 h 32 m (longitude moyenne : 216,9°). Distance : 386 801 km.

12 22 Entre 22 h 45 m et 22 h 58 m, la petite planète **80 Sappho** (diamètre 73 km ; magnitude 11,7) occulte une étoile de magnitude 9,1 (TYC 228-02046-1 ; ascension droite : 9 h 27 m 42 s ; déclinaison : 0° 55′ 38″) dans la constellation de l'Hydre femelle. La diminution d'éclat devrait atteindre près de 3 magnitudes et durer près de 6 secondes au maximum sur la bande de centralité du phénomène, qui balaye le sud de la France de la Corse à Bordeaux. Calculs d'Éric Frappa (www.euraster.net).

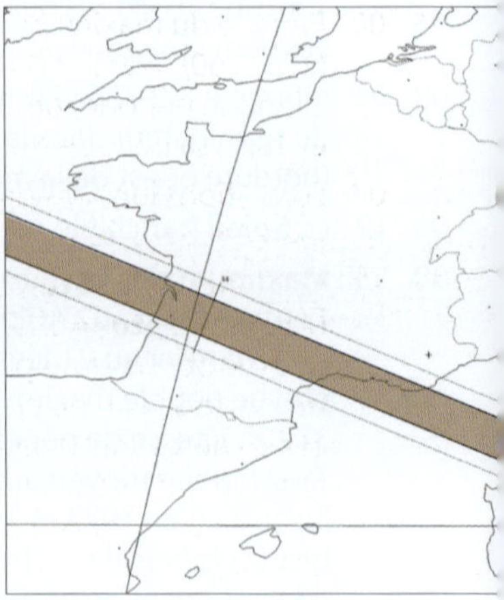

Durant la nuit du 12 au 13 février, la petite planète 80 Sappho occulte une étoile de l'Hydre femelle.

7e SEMAINE

13 00 Lundi (44-321). Du Taureau à la Balance, les constellations zodiacales et leurs pépites défilent au méridien au fil des longues nuits de cette semaine progressivement débarrassée de l'éclairage lunaire. Constellation de la Lune chaque jour à 0 h pour 45° de latitude nord et 0° de longitude : L-Lib, M-Sco, M-Sco, J-Sgr, V-Sgr, S-Sgr, D-Cap.

13 00 TSMG (voir p. 17) : 9 h 31 m 06 s.

13 00 Période de libration minimale en longitude pour la Lune (l = - 7,4°).

13 04 Le Soleil se couche sur la région d'**Archimedes** (3-243) et, autour de 4 h 20 m, vous pouvez tenter d'observer avec un instrument une ou plusieurs raies lumineuses dans cette formation.

13 12 À midi, début du jour julien 2 459 989.

13 13 **Saturne** entre dans la constellation du Verseau.

13 16 **Dernier Quartier de Lune à 16 h 01 m (Lib).** Distance : 379 817 km, soit 59,55 rayons terrestres.

14 08 Mardi (45-320). Formations lunaires proches du terminateur dans la journée : Clavius, Copernic et la chaîne de montagnes des Carpathes, Longomontanus.

14 19 **Conjonction géocentrique en longitude entre la Lune (Oph) et Antarès** à 19 h 12 m (séparation : 1,8°). Le 14 et le 15 à l'orée de l'aube, le croissant lunaire encadre Antarès à une douzaine de degrés de hauteur au-dessus de l'horizon sud-sud-est.

15 00 Mercredi (46-319). La comète **C/2022 E3 ZTF** passe à près de 2° à l'est d'Aldébaran et de l'amas ouvert des Hyades.

15 00 Période du maximum d'éclat de l'étoile variable T UMa (1231+60). T UMa est une variable de type Mira (variable à longue période) dont la magnitude oscille entre 6,6 et 13,5 ; sa période est de 256,6 jours.

15 07 Formations lunaires proches du terminateur dans la journée : Klaproth, golfe des Iris.

15 12 **Conjonction géocentrique en longitude entre Vénus (Aqr) et Neptune** à 12 h 26 m (séparation : 0,3°). Vous pouvez observer ou photographier ce rapprochement très serré à la fin du crépuscule astronomique alors que ces planètes surplombent l'horizon ouest-sud-ouest de moins d'une dizaine de degrés. La différence d'éclat est énorme puisque Vénus est 60 000 fois plus éclatante que Neptune !

15 12 Cette semaine, le **Soleil** franchit le méridien à 32° de hauteur.

15 20 **Mercure est à l'aphélie** à 0,467 ua du Soleil, soit près de 70 millions de kilomètres.

16 00 Jeudi (47-318). **Vénus** entre dans la constellation des Poissons.

16 01 **Maximum de l'essaim météoritique des Alpha Corvides** (1101 FAC), découvert récemment et dont la période d'activité s'étend du 14 au 19 février. Longitude héliocentrique prévue pour le maximum (équinoxe 2000.0) : 326,8°. Vitesse de pénétration atmosphérique : 55 km/s. Ce petit essaim semble associé à une comète à longue période encore inconnue qui est passée à proximité de l'orbite de la Terre lors d'un précédent passage au périhélie.

16 02 Formations lunaires proches du terminateur dans la journée : Kepler, Gassendi, Schiller, Doppelmayer, Harpalus, Aristarque, Hérodote et la vallée de Schröter.

16 12 **Saturne est à l'apogée** à 10,811 ua, soit près de 1,617 milliard de kilomètres.

16 17 **Saturne est en conjonction avec le Soleil** et passe à 1,3° du centre du disque solaire.

Le 14 et le 15 février à l'orée de l'aube, le croissant de la vieille Lune rend visite à Antarès du Scorpion.

Les phénomènes astronomiques au jour le jour

16 18 **Le Soleil entre dans la constellation du Verseau** (327,8°) à 18 h 19 m.

17 14 Vendredi (48-317). Formation lunaire proche du terminateur dans la journée : Schickard.

17 19 **Un petit défi photographique** qui nécessite un très bon ciel : ce soir et durant quelques jours, pourquoi ne pas tenter de photographier la lumière zodiacale et le gegenschein à la fin du crépuscule astronomique ? La lumière zodiacale se dresse à l'ouest autour de Vénus et de Jupiter et le gegenschein luit faiblement de l'autre côté de la Voie lactée, au-dessus de l'horizon est, juste à côté de Régulus du Lion.

18 06 Samedi (49-316). La comète **C/2022 A2 PANSTARRS** passe au plus près du Soleil (périhélie) à 260 millions de kilomètres. Son éclat pourrait atteindre la magnitude 12.

18 22 Conjonction géocentrique en longitude entre la Lune (Cap) et Mercure à 22 h 35 m (séparation : 3,5°). Inobservable en Europe.

18 22 **Le Soleil entre dans le signe astrologique des Poissons** (330°) à 22 h 34 m, mais, dans la réalité, il est entré dans la constellation du Verseau le 16.

19 00 Dimanche. 50e jour de l'année.

19 05 **Jupiter** entre dans la constellation des Poissons.

19 06 **Callisto est en conjonction inférieure** à 6 h 46 m. Elle est observable à proximité apparente du pôle Sud jovien.

19 09 La Lune passe au périgée à 9 h 06 m. Distance : 358 267 km, soit 56,17 rayons terrestres.

19 17 Le plus vieux croissant de la lunaison peut être observé avec un instrument optique en Nouvelle-Zélande.

8e SEMAINE

20 00 Lundi (51-314). La période de nuit noire diminue et glisse vers l'aube alors que la jeune Lune grimpe chaque soir un peu plus haut sur la voûte céleste. Constellation de la Lune chaque jour à 0 h pour 45° de latitude nord et 0° de longitude : L-Aqr, M-Aqr, M-Aqr, J-Cet, V-Psc, S-Ari, D-Ari.

20 00 TSMG (voir p. 17) : 9 h 58 m 42 s.

20 00 Période du maximum d'éclat de l'étoile variable R Vir (1233+07). R Vir est une variable de type Mira (variable à longue période) dont la magnitude oscille entre 6,1 et 12,1 ; sa période est de 145,63 jours.

20 07 **Nouvelle Lune à 7 h 06 m (Aqr).** Distance : 359 064 km, soit 56,30 rayons terrestres.

20 12 À midi, début du jour julien 2 459 996.

Le 23 février au crépuscule, pointez un instrument vers le croissant lunaire pour admirer l'envol de l'albatros. Sur la bordure ouest de la mer des Crises, l'éclairage horizontal du Soleil levant fait naître un relief bourgeonnant au-dessus duquel plane un albatros aux ailes de géant. Son corps doublement arqué s'appuie sur la paroi ouest du cratère Yerkes et sur le promontoire Lavinium qui s'avance vers un petit cratère posé à quelques encablures au nord de Yerkes. Pendant les premiers jours de la lunaison, l'albatros déploie des ailes noires sur le plancher gris de la mer des Crises, puis il s'efface progressivement alors que le Soleil grimpe dans son ciel, avant de réapparaître en blanc sur la couverture noire de la mer vers le dix-septième jour, lorsque la paroi ouest de Yerkes et son prolongement septentrional réfléchissent directement l'éclat du Soleil couchant. Il s'écoule alors quelques heures magiques durant lesquelles l'albatros est encore illuminé alors que la mer des Crises s'enfonce dans la nuit. Le corps du prince des nuées semble ensuite fondre comme neige au Soleil et il ne reste bientôt qu'un étroit pont de lumière au nord de Yerkes, puis plus rien.

21 18 Mardi (52-313). Ce soir au crépuscule, guettez un fin croissant lunaire de 3,3 %. À 18 h, il est âgé de 35 heures ; il se situe à 10° de hauteur et à 250° d'azimut, alors que le Soleil se situe à 6° sous l'horizon.

21 19 En début de nuit, les quatre lunes galiléennes s'alignent dans cet ordre à l'ouest du disque jovien : **Ganymède, Io, Europe et Callisto**.

21 22 Le plus jeune croissant de la lunaison peut être observé avec un instrument optique en Argentine.

22 09 Mercredi (53-312). **Conjonction géocentrique en longitude entre la Lune (Psc) et Vénus** à 9 h 26 m (séparation : 1,9°).

22 14 **En plein jour.** Lors de son passage au méridien vers 14 h, Vénus se situe à plus de 45° de hauteur et à une trentaine de degrés à l'est du Soleil. Dans un ciel limpide, un mince croissant lunaire devrait être visible à l'œil nu à 3° au sud-est de la planète, donc dans le même champ de jumelles si vous ne le repérez pas à l'œil nu. En décalant ensuite le croissant en bas à droite du champ, vous devriez voir apparaître l'éclat de Jupiter en haut à gauche, à moins de 6° de la Lune. Ces trois astres nous donnent rendez-vous ce soir pour un très beau paysage crépusculaire rehaussé par l'éclat délicat de la lumière zodiacale dans les meilleurs sites.

22 22 **Conjonction géocentrique en longitude entre la Lune (Cet) et Jupiter** à 22 h 48 m (séparation : 1,1°). Le 23 à la fin du crépuscule, le croissant lunaire est déjà à plus de 10° au-dessus de Jupiter.

22 23 Occultation de Jupiter par la Lune. Zone de visibilité : sud de l'Amérique du Sud, portion de l'Antarctique.

22 23 Passage au méridien à minuit de la constellation du **Sextant**.

22 24 L'étoile **Régulus** du Lion passe au méridien à minuit. Sa hauteur est alors de 57° sud.

23 07 Jeudi (54-311). Formations lunaires proches du terminateur dans la journée : Endymion, l'albatros (bordure ouest de la mer des Crises).

23 21 **Maximum du petit essaim météoritique des Delta Léonides nord** (112 NDL), qui est actif du 15 février au 10 mars. Longitude héliocentrique prévue pour le maximum de l'essaim (équinoxe 2000.0) : 334,7°. Pas plus de 2 à 3 étoiles filantes par heure ; vitesse de pénétration atmosphérique lente : 23 km/s. Un essaim à observer préférentiellement aux jumelles car ses étoiles filantes sont peu lumineuses.

23 23 Passage au méridien à minuit de la constellation du **Petit Lion**.

24 06 Vendredi (55-310). Formation lunaire proche du terminateur dans la journée : Atlas.

24 18 La Lune passe au nœud ascendant à 18 h 57 m (longitude moyenne : 35,8°). Distance : 380 611 km, soit 59,7 rayons terrestres.

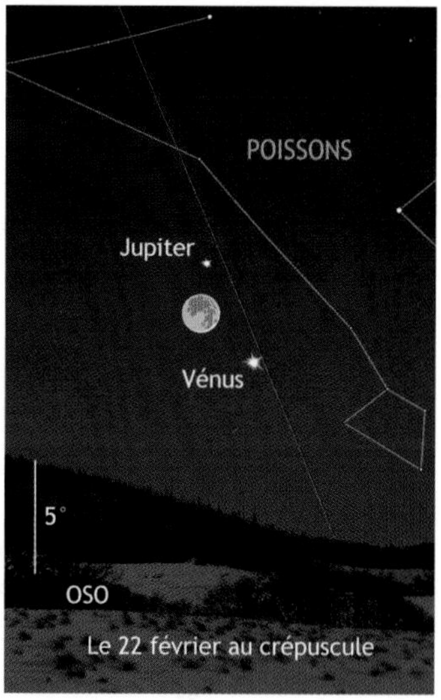

Le 22 février au crépuscule, une heure et demie après le coucher du Soleil, le jeune croissant lunaire prend la pose entre Vénus et Jupiter à une douzaine de degrés de hauteur au-dessus de l'horizon ouest-sud-ouest. L'écart apparent entre les deux planètes les plus brillantes du ciel est légèrement inférieur à 8° ce soir, mais il va fondre durant les prochains jours pour atteindre 0,5° début mars.

Les phénomènes astronomiques au jour le jour

25 00 Samedi (56-309). Période de libration maximale en longitude pour la Lune (l = 7,3°).

25 01 Début de la 2268e rotation synodique du Soleil.

25 04 Formations lunaires proches du terminateur dans la journée : Fracastor, Piccolomini, Posidonius, Theophilus, Cyrillus et Catherina.

25 12 **Conjonction géocentrique en longitude entre la Lune (Ari) et Uranus** à 12 h 24 m (séparation : 1,2°). Deux heures après le coucher du Soleil, Uranus et le gros croissant sont à plus de 40° de hauteur au-dessus de l'horizon ouest-sud-ouest et tiennent dans le même champ de jumelles.

25 12 Occultation d'Uranus par la Lune. Zone de visibilité : Groenland, extrême nord-est du Canada.

25 18 Le Soleil se lève sur la région de **Torricelli** (2-102) et, autour de 18 h 52 m, vous pouvez tenter d'observer avec un instrument une ou plusieurs raies lumineuses dans cette formation.

25 19 En début de nuit, les quatre lunes galiléennes s'alignent dans cet ordre à l'ouest du disque jovien : **Ganymède, Io, Europe et Callisto**.

25 22 À 22 h 30 m, l'étoile 54 Ari (Ari - magnitude 6,2) est occultée par la Lune ; elle réapparaît à 22 h 58 m. Les deux astres sont alors à 11° au-dessus de l'horizon et la fraction éclairée de notre satellite est de 36 %.

26 00 Dimanche. 57e jour de l'année ; il reste 308 jours jusqu'au 31 décembre.

26 03 **Vénus** entre dans la constellation de la Baleine.

26 15 Formations lunaires proches du terminateur dans la journée : Aristote et Eudoxe, Maurolycus.

26 16 **Conjonction géocentrique en longitude entre la Lune (Tau) et les Pléiades** à 16 h 12 m (séparation : 2°). À la fin du crépuscule, les Pléiades sont magnifiques à moins de 2,5° du presque Premier Quartier. Ces astres surplombent l'horizon ouest-sud-ouest de plus de 50°.

26 20 À 20 h 16 m, l'étoile 32 Tau (Tau - magnitude 5,6) est occultée par la Lune ; elle réapparaît à 21 h 31 m. Les deux astres sont alors à 37° au-dessus de l'horizon et la fraction éclairée de notre satellite est de 45 %.

26 22 Le Soleil se lève sur la région de **Stöfler** (2-165) et, autour de 22 h 22 m, vous pouvez tenter d'observer avec un instrument une ou plusieurs raies lumineuses dans cette formation.

Le 28 février au crépuscule, une heure après le coucher du Soleil, Vénus et Jupiter brillent magnifiquement dans le ciel encore coloré au-dessus de l'horizon l'ouest.

9e SEMAINE

27 00 Lundi (58-307). L'éclat de la Lune gibbeuse croissante envahit progressivement toute la nuit cette semaine.

Constellation de la Lune chaque jour à 0 h pour 45° de latitude nord et 0° de longitude : L-Tau, M-Tau, M-Tau, J-Gem, V-Gem, S-Cnc, D-Cnc.

27 12 À midi, début du jour julien 2 460 003.

27 00 TSMG (voir p. 17) : 10 h 26 m 18 s.

27 08 **Premier Quartier de Lune à 8 h 06 m (Tau).** Distance : 395 297 km, soit 61,98 rayons terrestres.

27 12 Formations lunaires proches du terminateur dans la journée : Cassini, Triesnecker, centre de la chaîne des Apennins.

27 12 **Vénus** entre dans la constellation des Poissons.

27 15 Si le ciel hivernal est limpide, pointez un instrument vers le quartier de Lune en fin d'après-midi pour tenter de voir le « **X lunaire** » révélé par le Soleil rasant à l'intersection des cratères La Caille, Blanchinus et Purbach. Le **V** lumineux qui se déploie dans le cratère Ukert est bien visible, lui, après le coucher du Soleil. Voir le 6 juin 2022.

27 17 **Callisto est en conjonction supérieure** à 17 h 03 m. Elle est observable à proximité apparente du pôle Nord jovien.

28 03 Mardi (59-306). Formations lunaires proches du terminateur dans la journée : Ptolémée, Alphonse et Arzachel, Archimède, Moretus, Maginus, Mur droit, Platon, Ératosthène, Tycho.

28 04 Occultation de Mars par la Lune. Zone de visibilité : Islande, nord de l'Europe, nord de l'Asie, régions arctiques.

28 04 **Conjonction géocentrique en longitude entre la Lune (Tau) et Mars** à 4 h 21 m (séparation : 1,1°). Le 27 et le 28 au soir, deux heures après le coucher du Soleil, alors que Vénus et Jupiter brillent côte à côte à moins de 10° de hauteur au-dessus de l'horizon ouest, inclinez la tête loin en arrière pour retrouver la Lune à peine ovalisée dans le Taureau à quelques degrés de l'éclat martien rougeoyant.

28 19 **Io, Ganymède et Europe** dessinent un long triangle aplati à l'ouest de Jupiter ce soir.

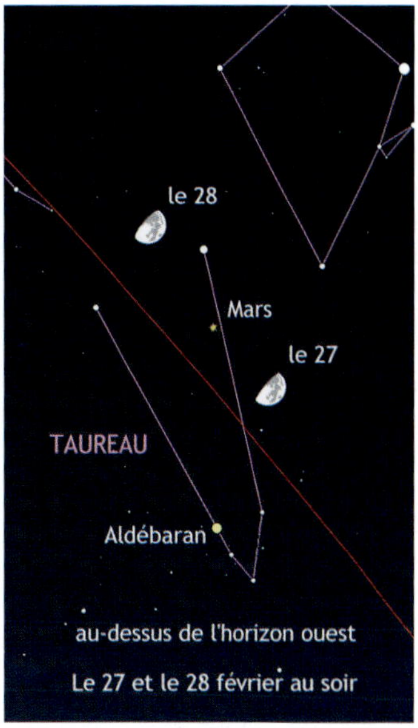

Le 27 et le 28 février au soir, plus de deux heures après le départ du Soleil, le gros quartier lunaire éclaire le voisinage de Mars dans le Taureau. Ces astres brillent loin au-dessus de l'horizon ouest.

Le miroir de glace du lac des Pises éclairé par la Lune réfléchit le ciel étoilé.

FÉVRIER 2023

Le Soleil et les planètes

	JOUR	ASCENSION DROITE	DÉCLINAISON	CONSTELLATION	Ø APPARENT	ÉQUATION DU TEMPS	DISTANCE	DISTANCE LUMIÈRE	LEVER	MÉRIDIEN	HAUTEUR	COUCHER
		h m s	° ′ ″			m s	ua	m s	h m	h m		h m
Soleil	2	21 01 17	- 16 57 09	Cap	32′ 28″	+ 13 37	0,9854	8 12	07 19	12 14	28°	17 09
	6	21 17 27	- 15 45 58	Cap	32′ 27″	+ 14 01	0,9860	8 12	07 14	12 14	29°	17 14
	10	21 33 25	- 14 30 29	Cap	32′ 25″	+ 14 13	0,9867	8 12	07 09	12 14	31°	17 20
	14	21 49 10	- 13 11 06	Cap	32′ 24″	+ 14 12	0,9874	8 13	07 03	12 14	32°	17 26
	18	22 04 44	- 11 48 14	Aqr	32′ 22″	+ 13 59	0,9882	8 13	06 57	12 14	33°	17 32
	22	22 20 06	- 10 22 22	Aqr	32′ 20″	+ 13 34	0,9891	8 14	06 50	12 13	35°	17 37
	26	22 35 19	- 8 53 57	Aqr	32′ 19″	+ 12 60	0,9900	8 14	06 44	12 13	36°	17 43

	JOUR	ASCENSION DROITE	DÉCLINAISON	CONSTELLATION	MAGNITUDE	Ø APPARENT	ÉLONGATION	DISTANCE	FRACTION ÉCLAIRÉE	LEVER	MÉRIDIEN	HAUTEUR	COUCHER
		h m s	° ′ ″					ua		h m	h m		h m
Mercure	2	19 17 57	- 21 41 34	Sgr	0,2	6,4	24,8° O	1,0466	67 %	06 01	10 31	23°	15 01
	6	19 38 34	- 21 35 12	Sgr	0,1	6,1	24,1° O	1,1083	73 %	06 05	10 36	23°	15 07
	10	20 00 54	- 21 10 25	Sgr	0,0	5,8	23,0° O	1,1636	78 %	06 09	10 42	24°	15 16
	14	20 24 26	- 20 26 01	Cap	- 0,1	5,5	21,5° O	1,2125	82 %	06 13	10 50	25°	15 28
	18	20 48 49	- 19 21 19	Cap	- 0,2	5,4	19,7° O	1,2551	85 %	06 17	10 59	26°	15 42
	22	21 13 50	- 17 55 57	Cap	- 0,3	5,2	17,6° O	1,2915	88 %	06 19	11 08	27°	15 58
	26	21 39 19	- 16 09 43	Cap	- 0,5	5,1	15,3° O	1,3216	91 %	06 21	11 18	29°	16 16
Vénus	2	22 38 23	- 10 12 23	Aqr	- 4,0	11,2	24,5° E	1,4962	91 %	08 28	13 51	35°	19 15
	6	22 56 54	- 8 15 52	Aqr	- 4,0	11,4	25,4° E	1,4795	91 %	08 23	13 54	37°	19 25
	10	23 15 11	- 6 15 57	Aqr	- 4,0	11,5	26,3° E	1,4623	90 %	08 17	13 56	39°	19 36
	14	23 33 16	- 4 13 27	Aqr	- 4,0	11,6	27,2° E	1,4444	89 %	08 11	13 59	41°	19 47
	18	23 51 13	- 2 09 08	Psc	- 4,0	11,8	28,1° E	1,4259	88 %	08 05	14 01	43°	19 57
	22	0 09 04	- 0 03 49	Psc	- 4,0	12	29,0° E	1,4068	87 %	07 59	14 03	45°	20 08
	26	0 26 51	+ 2 01 43	Psc	- 4,0	12,1	29,9° E	1,3869	87 %	07 53	14 05	47°	20 18
Mars	6	4 38 02	+ 24 47 27	Tau	- 0,2	10,2	114,5° E	0,9215	92 %	11 39	19 32	70°	03 28
	14	4 48 03	+ 25 00 20	Tau	0,0	9,4	108,7° E	0,9971	91 %	11 17	19 11	70°	03 08
	22	4 59 59	+ 25 13 23	Tau	0,2	8,7	103,4° E	1,0750	90 %	10 56	18 52	70°	02 50
	26	5 06 35	+ 25 19 26	Tau	0,3	8,4	100,8° E	1,1146	90 %	10 46	18 42	70°	02 41
Jupiter	6	0 27 36	+ 1 42 58	Cet	- 2,2	35,6	50,1° E	5,5253	99 %	09 13	15 22	47°	21 32
	14	0 33 30	+ 2 22 16	Cet	- 2,2	35	43,6° E	5,6188	100 %	08 44	14 57	47°	21 09
	22	0 39 44	+ 3 03 17	Psc	- 2,1	34,5	37,2° E	5,7023	100 %	08 16	14 31	48°	20 46
	26	0 42 57	+ 3 24 18	Psc	- 2,1	34,3	34,1° E	5,7399	100 %	08 03	14 19	48°	20 35
Saturne	6	21 56 28	- 13 52 31	Cap	0,8	15,3	9,5° E	10,7970	100 %	07 46	12 51	31°	17 57
	14	22 00 12	- 13 33 04	Aqr	0,8	15,3	2,4° E	10,8110	100 %	07 16	12 23	31°	17 30
	22	22 03 57	- 13 13 26	Aqr	0,8	15,3	4,7° O	10,8080	100 %	06 47	11 56	32°	17 04
	26	22 05 49	- 13 03 37	Aqr	0,8	15,3	8,3° O	10,8000	100 %	06 33	11 42	32°	16 51
Uranus	6	2 50 40	+ 16 01 01	Ari	5,8	3,6	88,1° E	19,6720	100 %	10 35	17 44	61°	00 57
	18	2 51 30	+ 16 04 58	Ari	5,8	3,5	76,2° E	19,8750	100 %	09 49	16 58	61°	00 11
	26	2 52 18	+ 16 08 44	Ari	5,8	3,5	68,3° E	20,0060	100 %	09 18	16 27	61°	23 37
Neptune	6	23 38 55	- 3 33 25	Aqr	7,9	2,2	36,8° E	30,6950	100 %	08 45	14 33	41°	20 21
	18	23 40 24	- 3 23 43	Aqr	8,0	2,2	25,1° E	30,8030	100 %	07 59	13 47	42°	19 36
	26	23 41 27	- 3 16 51	Aqr	8,0	2,2	17,3° E	30,8550	100 %	07 28	13 17	42°	19 06

Les éphémérides du Soleil, des planètes et de la Lune proposées sur ces deux pages sont calculées à 0 h TU pour une latitude de 45° nord et une longitude de 0°.

La Lune

	JOUR	ASCENSION DROITE	DÉCLINAISON	CONSTELLATION	Ø APPARENT	PARALLAXE HORIZONTALE	FRACTION ÉCLAIRÉE	JOUR	ÉLONGATION	DISTANCE	LEVER	MÉRIDIEN	HAUTEUR	COUCHER
		h m s	° ′ ″							km	h m	h m		h m
M 1	32	5 15 06	26 21 23	Tau	29′ 43″	54′ 33″	81 %	10,1	128° E	402 015	12 h 55	21 h 15	72°	4 h 41
J 2	33	6 08 31	27 26 26	Gem	29′ 33″	54′ 14″	88 %	11,1	139° E	404 347	13 h 45	22 h 06	72°	5 h 37
V 3	34	7 01 58	27 14 34	Gem	29′ 27″	54′ 02″	93 %	12,1	150° E	405 791	14 h 41	22 h 57	71°	6 h 25
S 4	35	7 54 29	25 47 46	Gem	29′ 24″	53′ 57″	97 %	13,1	161° E	406 428	15 h 43	23 h 45	68°	7 h 04
D 5	36	8 45 14	23 12 19	Cnc	29′ 24″	53′ 58″	99 %	14,1	172° E	406 342	16 h 49			7 h 36
L 6	37	9 33 51	19 37 39	Leo	29′ 28″	54′ 04″	100 %	15,1	177° O	405 605	17 h 54	0 h 31	64°	8 h 01
M 7	38	10 20 21	15 14 48	Leo	29′ 33″	54′ 14″	98 %	16,1	166° O	404 258	19 h 00	1 h 15	60°	8 h 23
M 8	39	11 05 09	10 15 11	Leo	29′ 42″	54′ 30″	95 %	17,1	155° O	402 314	20 h 05	1 h 57	54°	8 h 41
J 9	40	11 48 55	4 49 59	Vir	29′ 53″	54′ 51″	90 %	18,1	144° O	399 761	21 h 10	2 h 38	49°	8 h 59
V 10	41	12 32 30	- 0 49 55	Vir	30′ 08″	55′ 17″	84 %	19,1	133° O	396 577	22 h 16	3 h 19	43°	9 h 16
S 11	42	13 16 55	- 6 33 26	Vir	30′ 25″	55′ 50″	76 %	20,1	121° O	392 752	23 h 25	4 h 01	37°	9 h 34
D 12	43	14 03 13	- 12 08 16	Vir	30′ 46″	56′ 28″	67 %	21,1	109° O	388 310		4 h 45	31°	9 h 54
L 13	44	14 52 32	- 17 19 53	Lib	31′ 10″	57′ 12″	57 %	22,1	97° O	383 342	0 h 37	5 h 32	26°	10 h 19
M 14	45	15 45 56	- 21 50 10	Lib	31′ 37″	58′ 00″	46 %	23,1	85° O	378 024	1 h 52	6 h 25	21°	10 h 50
M 15	46	16 44 00	- 25 17 11	Sco	32′ 04″	58′ 51″	35 %	24,1	72° O	372 630	3 h 08	7 h 23	18°	11 h 32
J 16	47	17 46 32	- 27 16 58	Sgr	32′ 31″	59′ 40″	25 %	25,1	59° O	367 533	4 h 21	8 h 25	17°	12 h 28
V 17	48	18 52 06	- 27 28 55	Sgr	32′ 54″	60′ 23″	16 %	26,1	46° O	363 171	5 h 25	9 h 30	17°	13 h 39
S 18	49	19 58 14	- 25 43 16	Sgr	33′ 12″	60′ 55″	8 %	27,1	32° O	359 997	6 h 15	10 h 34	20°	15 h 00
D 19	50	21 02 26	- 22 06 18	Cap	33′ 20″	61′ 11″	3 %	28,1	18° O	358 402	6 h 55	11 h 36	24°	16 h 27
L 20	51	22 03 07	- 16 59 02	Aqr	33′ 19″	61′ 09″	0 %	29,1	4° O	358 633	7 h 25	12 h 33	30°	17 h 52
M 21	52	22 59 55	- 10 50 46	Aqr	33′ 07″	60′ 47″	1 %	0,7	10° E	360 735	7 h 50	13 h 25	37°	19 h 14
M 22	53	23 53 25	- 4 12 04	Aqr	32′ 47″	60′ 09″	4 %	1,7	23° E	364 533	8 h 12	14 h 15	44°	20 h 33
J 23	54	0 44 40	2 29 42	Cet	32′ 19″	59′ 19″	10 %	2,7	37° E	369 663	8 h 32	15 h 03	51°	21 h 49
V 24	55	1 34 45	8 52 01	Psc	31′ 49″	58′ 22″	18 %	3,7	49° E	375 640	8 h 53	15 h 51	57°	23 h 03
S 25	56	2 24 44	14 37 10	Ari	31′ 17″	57′ 25″	26 %	4,7	62° E	381 938	9 h 16	16 h 39	63°	
D 26	57	3 15 25	19 31 14	Ari	30′ 47″	56′ 30″	36 %	5,7	74° E	388 066	9 h 42	17 h 28	67°	0 h 16
L 27	58	4 07 14	23 23 12	Tau	30′ 21″	55′ 42″	46 %	6,7	85° E	393 613	10 h 13	18 h 18	70°	1 h 27
M 28	59	5 00 14	26 04 37	Tau	30′ 00″	55′ 03″	56 %	7,7	97° E	398 275	10 h 51	19 h 10	72°	2 h 33

La Lune des spécialistes

	Libration		Angle de position	
	l	b	axe	phase
1	4,7°	- 4,3°	356,7°	267,6°
2	3,5°	- 5,3°	1,8°	274,8°
3	2,3°	- 6,0°	6,8°	283,1°
4	1,0°	- 6,4°	11,4°	293,6°
5	- 0,3°	- 6,5°	15,3°	314,2°
6	- 1,6°	- 6,4°	18,4°	49,6°
7	- 2,8°	- 6,0°	20,6°	94,6°
8	- 3,9°	- 5,3°	21,9°	105,0°
9	- 4,9°	- 4,4°	22,3°	109,4°
10	- 5,9°	- 3,3°	21,9°	111,3°
11	- 6,6°	- 1,9°	20,6°	111,4°
12	- 7,2°	- 0,5°	18,4°	109,9°
13	- 7,4°	1,0°	15,4°	106,8°
14	- 7,3°	2,5°	11,3°	102,2°
15	- 6,8°	3,9°	6,2°	96,1°
16	- 5,9°	5,0°	0,3°	88,5°
17	- 4,5°	5,9°	354,2°	79,8°
18	- 2,7°	6,5°	348,3°	70,1°
19	- 0,6°	6,6°	343,5°	57,4°
20	1,5°	6,2°	340,1°	20,0°
21	3,4°	5,4°	338,2°	272,6°
22	5,1°	4,2°	337,7°	255,0°
23	6,3°	2,8°	338,4°	250,5°
24	7,0°	1,3°	340,2°	249,8°
25	7,3°	- 0,3°	342,8°	251,3°
26	7,1°	- 1,8°	346,3°	254,4°
27	6,5°	- 3,2°	350,5°	258,8°
28	5,6°	- 4,3°	355,3°	264,2°

Phases et distances

Jour	Heure en TU	Distance en km	Ø apparent
5	PL à 18 h 28 m	405 830	29,4
13	DQ à 16 h 01 m	379 817	31,5
20	NL à 7 h 06 m	359 064	33,3
27	PQ à 8 h 06 m	395 297	30,2
4	Apogée à 8 h 55 m	406 476	29,4
19	Périgée à 9 h 06 m	358 267	33,4

Reportez-vous pages 7 à 15 pour trouver des renseignements détaillés sur l'utilisation de ces différentes informations.
Consultez les tableaux de corrections horaires (pages 340 et 341) pour adapter les heures de lever, de passage au méridien et de coucher en fonction de votre lieu d'observation.

MARS 2023

1re quinzaine vers 22 h TU - 2e quinzaine vers 21 h TU

Pour	Utilisez la carte de
17-18 h	*janvier*
19-20 h	février
23-0 h	avril
1-2 h	mai
3-4 h	juin
5-6 h	*juillet*

Vous pouvez également utiliser cette carte en :
avril vers 19-20 h
mai vers 17-18 h
novembre vers 5-6 h
décembre vers 3-4 h
janvier vers 1-2 h
février vers 23-0 h
(valable uniquement pour les étoiles)

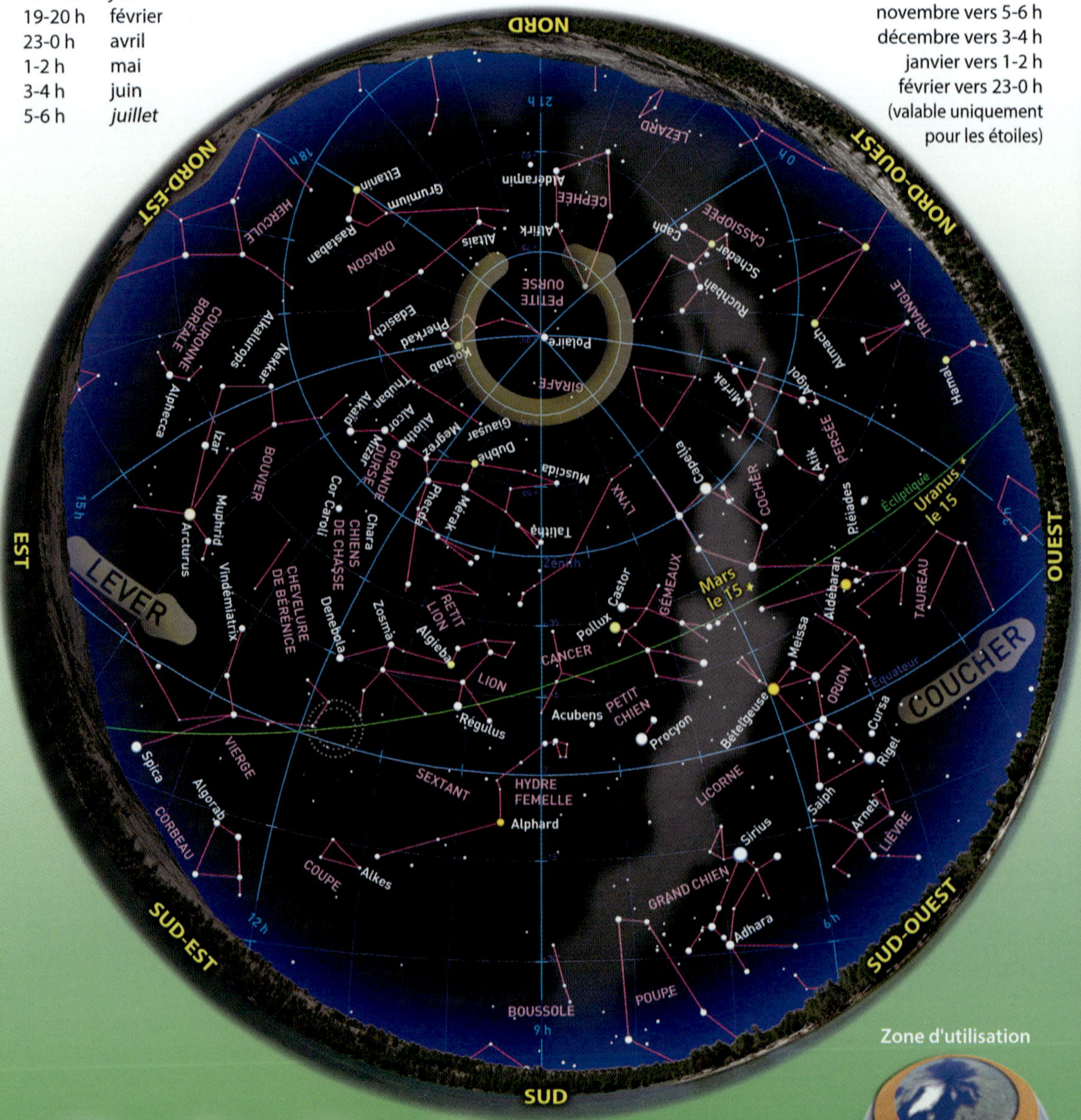

7 mars
Pleine Lune
Lion

15 mars
Dernier Quartier
Ophiuchus

21 mars
Nouvelle Lune
Poissons

29 mars
Premier Quartier
Gémeaux

Magnitudes
-1 0 1 2 3 4 4,5 et +

Zone d'utilisation

38° à 52° nord

À L'ORÉE DE L'AUBE EN MARS 2023

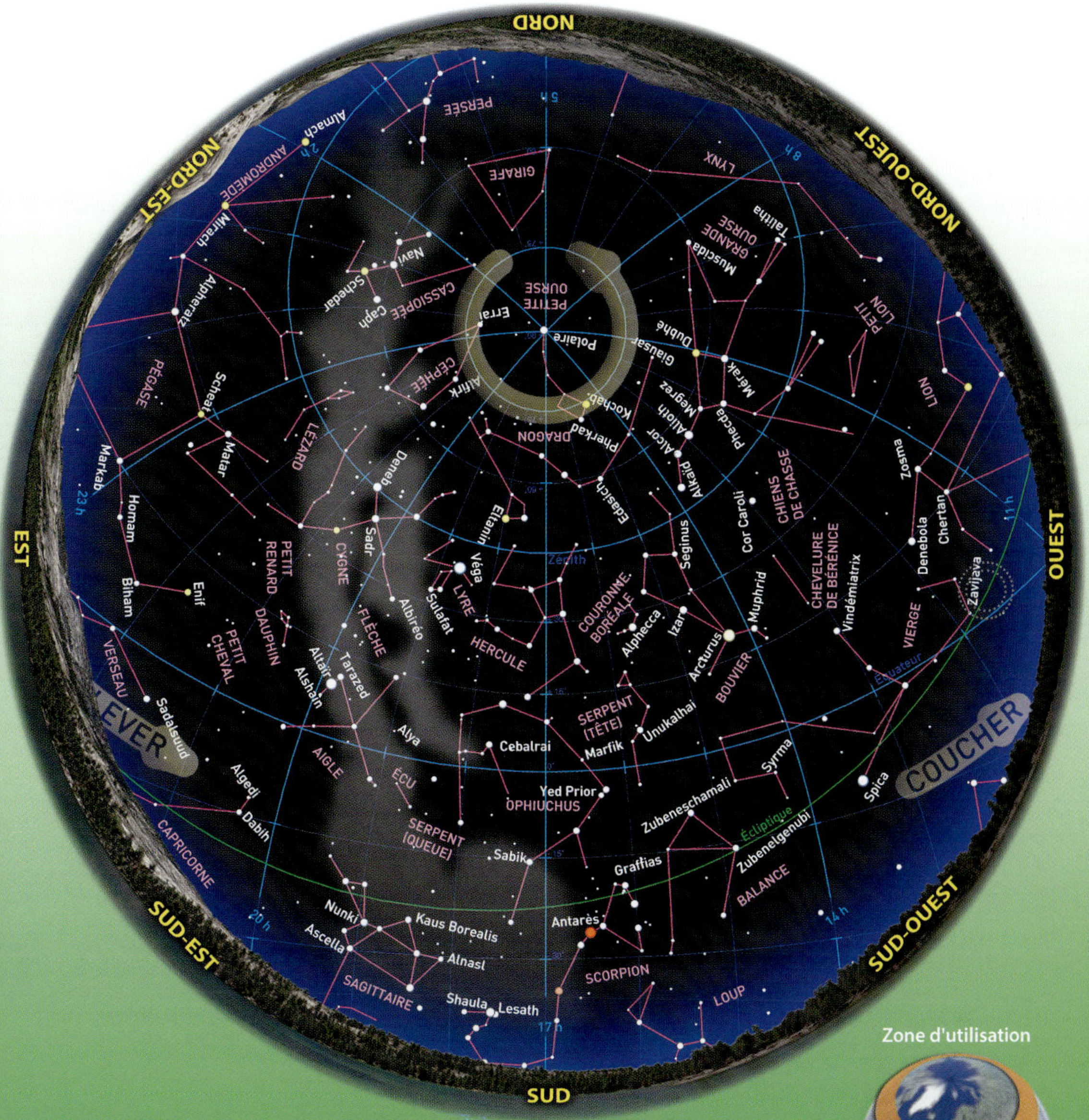

Vous trouverez des conseils pour l'utilisation de ces cartes en début d'ouvrage.

MARS 2023

La Lune et les planètes

Mercure

Nord. En conjonction supérieure le 17 mars, elle est inobservable une grande partie du mois.
Sa conjonction serrée avec Jupiter le 27 est l'occasion de la rechercher aux jumelles au ras de l'horizon ouest une quarantaine de minutes après le coucher du Soleil.
Sa magnitude est alors fortement négative et la présence d'une planète encore plus éclatante à son côté devrait faciliter son repérage malgré sa très faible hauteur et la luminosité crépusculaire.
Son élongation augmente et c'est le début d'une très belle fenêtre de visibilité en soirée.
Tropiques. Elle est encore visible à l'aube lors de sa conjonction serrée avec Saturne le 2, puis elle revient dans le ciel du soir en fin de mois pour une belle période d'observation, particulièrement sous le tropique du Cancer.

Vénus

Nord. Elle commence le mois en compagnie de Jupiter, qui brille à moins de 1° d'elle dans le ciel le 1er et le 2 mars. Une heure après le départ du Soleil, ce couple éphémère est installé à plus de 15° de hauteur au-dessus de l'horizon ouest et il se couche plus de deux heures et demie après le disque solaire. L'élongation de Vénus est de 37° le 31 et elle brille sur la voûte nocturne pendant plus d'une heure et demie après la fin du crépuscule astronomique, ce qui met en valeur l'intensité de son éclat ; dans un ciel sombre, remarquez les Pléiades juste au-dessus d'elle.
Tropiques. Excellentes conditions d'observation.

Mars

Nord. En quadrature le 16, Mars brille à près de 70° de hauteur au méridien au coucher du Soleil et nous la retrouvons loin au-dessus de l'horizon sud-ouest à la fin du crépuscule. Son éclat est en baisse rapide et comparable à celui d'Aldébaran (magnitude 0,9) avant la fin du mois. Quant à son diamètre apparent, il retombe sous les 7" et cela signale la fin de la bonne période d'observation et de photographie de cette planète. Le 26, la planète rouge quitte enfin le Taureau pour s'avancer dans les Gémeaux et, le 29 et le 30 au soir, utilisez des jumelles ou un oculaire à grand champ sur une lunette pour admirer son beau voisinage avec l'amas ouvert Messier 35.
Tropiques. Bonnes conditions d'observation.

Jupiter

Nord. Blottie contre Vénus le 1er et le 2, Jupiter (Poissons) brille encore intensément (magnitude - 2,1) dans le ciel crépusculaire et en tout début de nuit à l'ouest.
Mi-mars, elle est visible à la base de la lumière zodiacale avec le phare vénusien une dizaine de degrés au-dessus d'elle. Elle glisse ensuite chaque soir un peu plus dans la zone crépusculaire et, le 27, c'est moins d'une heure après le coucher du Soleil qu'il faut tenter de la repérer à côté de Mercure, juste au-dessus d'un horizon ouest parfaitement dégagé et limpide.
Tropiques. Les conditions d'observation sont meilleures sous le tropique du Cancer que sous celui du Capricorne.

Saturne

Nord. Dans le Verseau, elle se lève un quart d'heure avant le Soleil le 1er et une heure et quart avant le 31. Son élongation atteint 37° le 31, mais l'inclinaison de l'écliptique la maintient au ras de l'horizon est-sud-est durant l'aube. Le 19, utilisez des jumelles pour tenter de la repérer à 8° sur la gauche du vieux croissant lunaire au ras de l'horizon est-sud-est. En fin de mois, un ciel limpide de moyenne montagne peut vous permettre de la distinguer à l'œil nu un peu plus d'une heure avant le jour, mais, en plaine, il faut attendre une semaine ou deux avant de pouvoir la trouver facilement.
Tropiques. Dès le 10 sous le tropique du Capricorne et le 15 sous celui du Cancer, Saturne se lève avant le début de l'aube et les conditions d'observation s'améliorent rapidement.

En début de mois, Uranus (Bélier) se situe encore à près de 40° de hauteur au-dessus de l'horizon ouest-sud-ouest à la fin du crépuscule et, le 31, elle n'est plus qu'à une quinzaine de degrés de l'horizon ouest-nord-ouest au même moment. Nous arrivons donc à la fin de sa période de visibilité en soirée, d'autant plus que, lors des nuits sans éclairage lunaire, la lumière zodiacale gomme tout son lustre. En conjonction avec le Soleil le 15, Neptune (Poissons) est inobservable ce mois-ci.

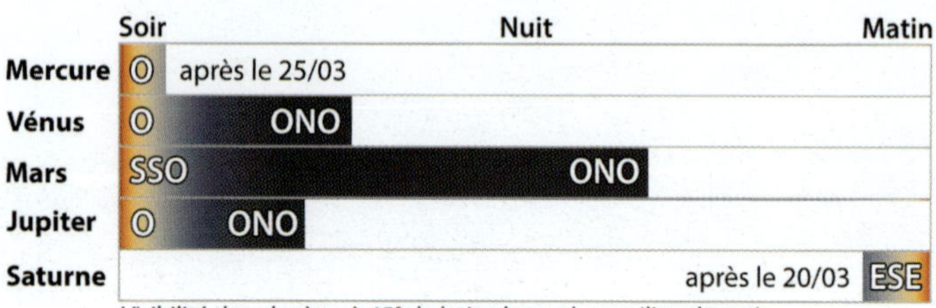

Visibilité des planètes à 45° de latitude nord, en milieu de mois.

Planétaire

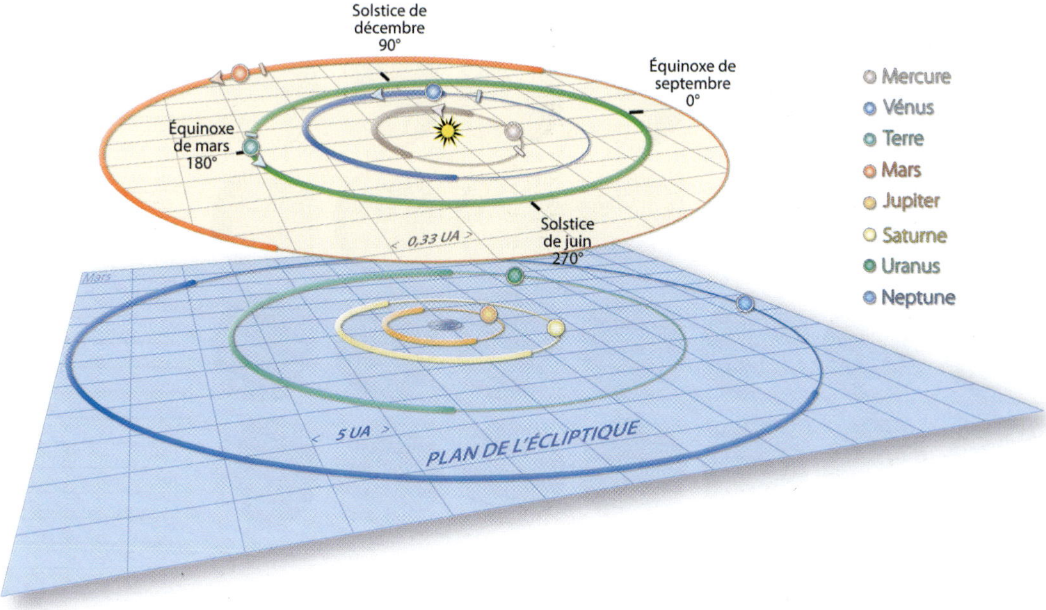

Vous trouverez en pages 67 et 69 des explications complètes sur ces deux schémas.

Le calendrier lunaire

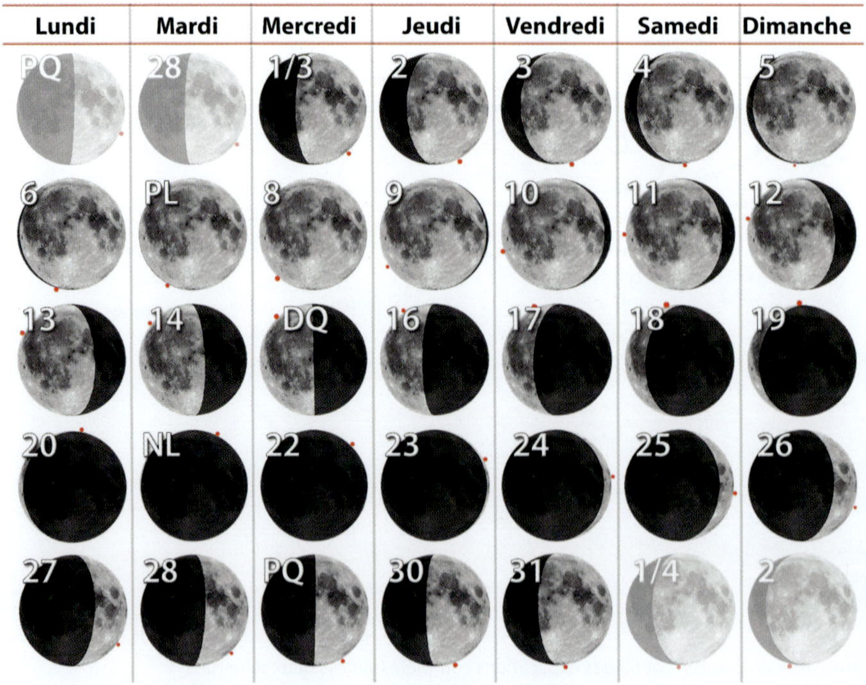

Longitude du terminateur

	Soleil levant	Soleil couchant
1er/03	14°	
2	26°	
3	38°	
4	51°	
5	63°	
6	75°	
7	87°	
8		99°
9		111°
10		123°
11		136°
12		148°
13		160°
14		172°
15		184°
16		196°
17		209°
18		221°
19		233°
20		245°
21		257°
22		270°
23	282°	
24	294°	
25	306°	
26	319°	
27	331°	
28	343°	
29	355°	
30	7°	
31	19°	

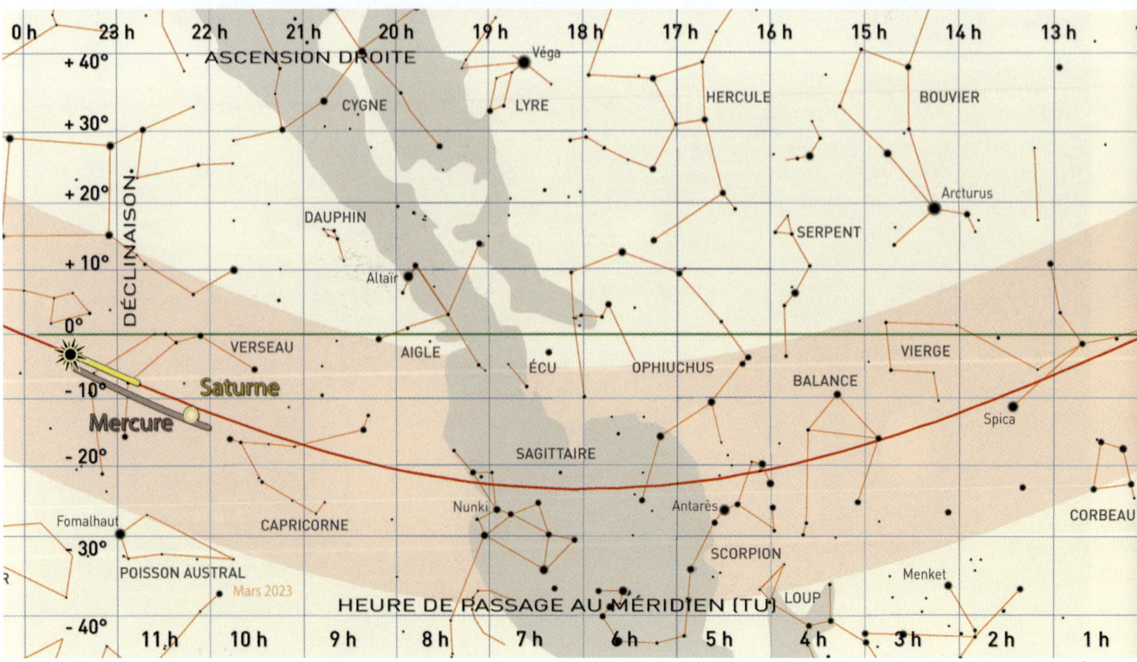

Hauteur mensuelle de la Lune

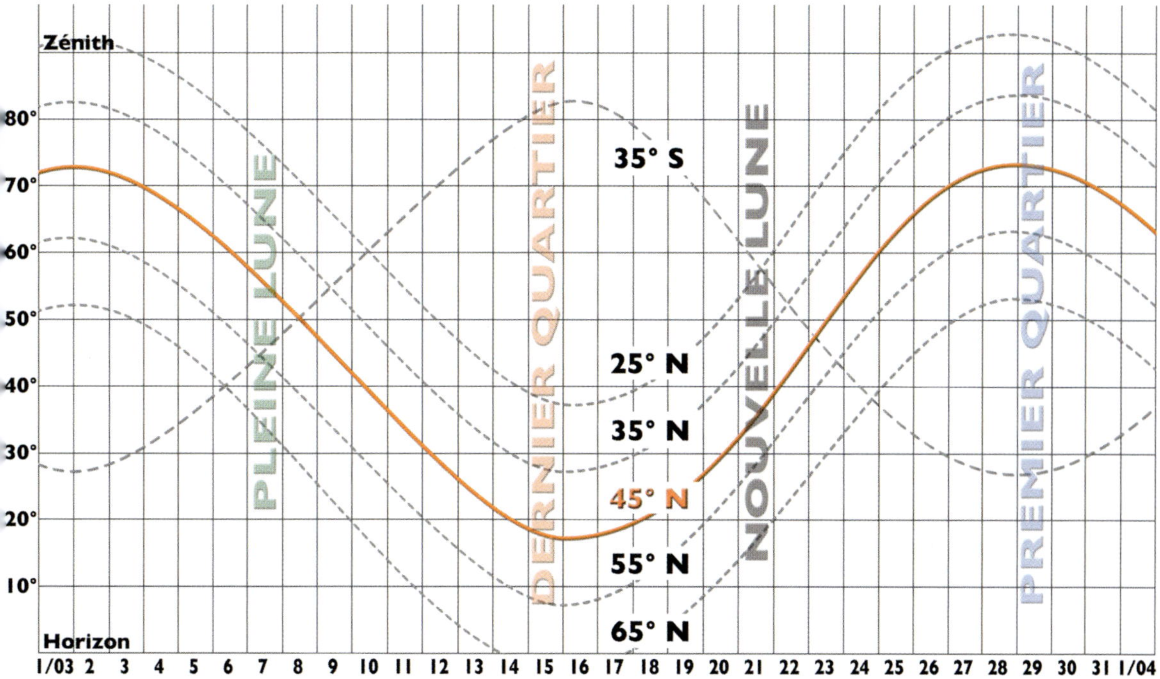

Le 1er mars à 0 h TU, la Lune est âgée de 8,7 jours.

La Lune atteint sa plus grande déclinaison vers le nord le 1er (27,7°) et le 29 (27,9°) et sa plus grande déclinaison vers le sud le 16 (- 27,8°).

Vous trouverez en pages 35, 69, 70 et 71 des explications complètes sur ces trois schémas et ce tableau.

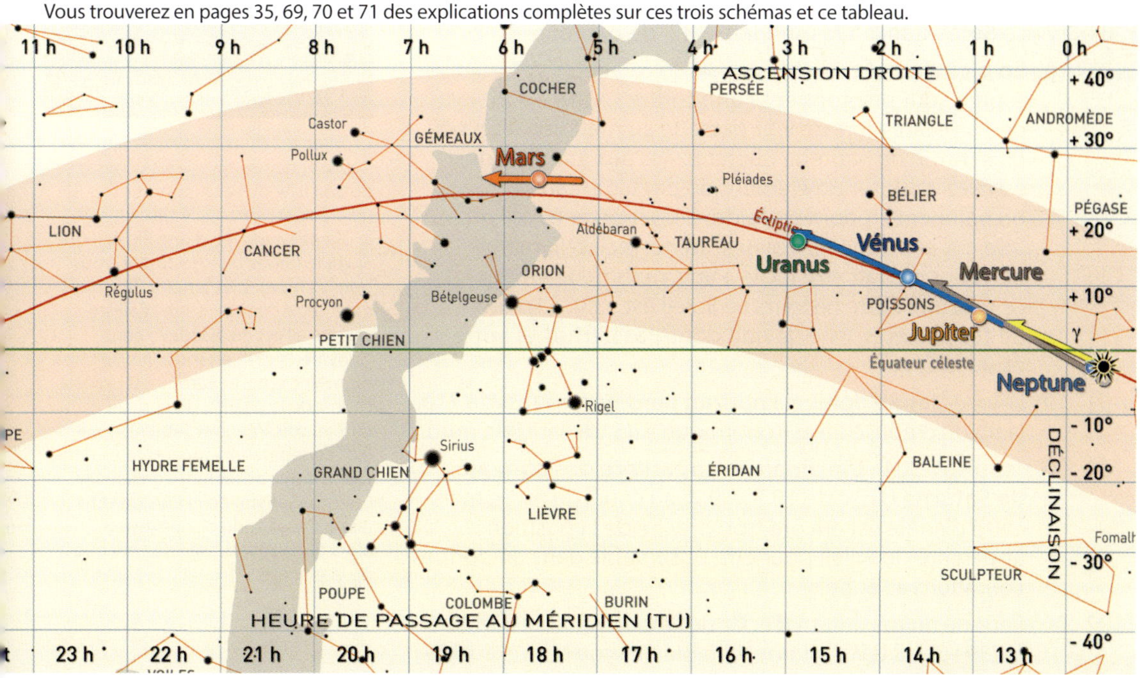

MARS 2023

Les phénomènes astronomiques au jour le jour

À NE PAS MANQUER CE MOIS-CI !

Le 1er et le 2, Vénus et Jupiter en plein jour et au crépuscule.
Du 9 au 23, la lumière zodiacale le soir.
Mi-mars, le gegenschein.
Nuit du 18 au 19, marathon de Messier.
Le 22, Jupiter et le croissant.
Le 23 et le 24, Vénus et le croissant.
Le 24, Uranus et le croissant.
Le 28, Mercure et Jupiter.
Le 28, Mars et la Lune.
Le 30, Vénus et Uranus.

JJ TU

01 01 Mercredi (60-305). Heure de début et de fin du crépuscule astronomique à 45° de latitude nord et 0° de longitude : le 1er (5 h 01 m/19 h 24 m) ; le 15 (4 h 35 m/19 h 44 m). La durée du jour est de 11 heures et 8 minutes le 1er et de 12 heures et 43 minutes le 31 ; le dernier jour du mois, le Soleil se lève 56 minutes plus tôt et se couche 39 minutes plus tard que le premier. La durée du crépuscule astronomique passe de 97 à 102 minutes sur le mois.

01 04 **Mercure** entre dans la constellation du Verseau.

01 08 Mercure et Mars sont en opposition héliocentrique.

01 12 À midi, début du jour julien 2 460 005.

01 12 Le **Soleil** franchit le méridien à 37° de hauteur.

01 14 **En plein jour.** Le 1er et le 2 mars, les planètes Vénus et Jupiter sont pelotonnées l'une contre l'autre – à moins de 1° d'écart – lors de leur passage au méridien à un peu plus de 45° de hauteur. Cherchez-les aux jumelles puis essayez d'utiliser un élément du paysage – arbre ou bâtiment – pour vous aider à les repérer à l'œil nu. Si le ciel est d'un beau bleu limpide, l'éclat diamanté de Vénus devrait être facile à voir, mais pour Jupiter ce sera une autre histoire. Le Soleil est à 30° à l'ouest de ces planètes, il ne devrait donc pas perturber votre observation.

01 19 L'étoile **Deneb** domine l'horizon nord-nord-ouest de 7° à la fin du crépuscule astronomique à 45° de latitude nord.

02 00 Jeudi (61-304). **L'inclinaison apparente des anneaux de Saturne** passe de 10,7° à 9,2° au cours du mois, mais cette planète est encore trop proche de la position apparente du Soleil pour être observable dans de bonnes conditions à l'aube.

02 00 Période du maximum d'éclat de l'étoile variable S UMa (1239+61). S UMa est une variable de type Mira (variable

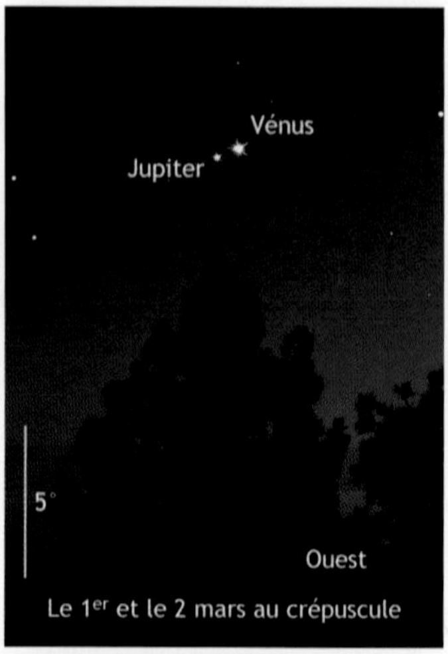

Le 1er et le 2 mars au crépuscule, une heure et demie après le coucher du Soleil, Vénus et Jupiter sont resplendissantes à 0,5° d'écart, soit le diamètre moyen d'une Pleine Lune. Si vous utilisez un instrument, vous pouvez repérer les lunes galiléennes dans cette configuration : Callisto est loin à l'est du disque jovien, Ganymède et Io en sont plus proches du même côté, et Europe est isolée à l'ouest de la géante, du côté de Vénus. Le 2 au soir, Vénus et Jupiter sont à 0,8° de séparation apparente et, dans un instrument, les lunes galiléennes Callisto, Ganymède et Europe sont alignées à l'est du disque jovien, alors que Io est passée du côté ouest de la planète.

à longue période) dont la magnitude oscille entre 7,1 et 12,7 ; sa période est de 225,87 jours. Elle est d'une belle coloration rouge-orangé.

02 00 Début mars, à la fin du crépuscule, la **Voie lactée** s'étire du sud-sud-est au nord-nord-ouest, de la Poupe au Lézard ; à l'ouest du zénith, le Cocher est au cœur de sa portion la plus étroite. L'éclat lunaire est gênant durant la première quinzaine. Vers minuit, la Voie lactée va du sud-sud-ouest au nord et elle surplombe l'horizon occidental avec les Gémeaux au-dessus de l'horizon ouest. Avant l'aube, le Triangle d'été dessiné par Véga, Deneb et Altaïr se tient au-dessus de l'est et la Voie lactée repose sur Persée au nord et sur le Sagittaire et le Scorpion au sud-sud-est. Le mois de mars marque vraiment le début de la saison des arches galactiques estivales pour les amateurs de beaux panoramas nocturnes. Centrées sur Deneb, qui se hisse au-dessus de l'horizon est, elles sont de plus en plus voûtées à l'orée de l'aube. C'est parfois l'occasion de photographier la région du centre galactique, du Sagittaire au Scorpion, au-dessus de paysages enneigés.

02 01 Le Soleil se lève sur la région de **Lubiniezky** E (4-315) et, autour de 1 h 47 m, vous pouvez tenter d'observer avec un instrument une ou plusieurs raies lumineuses dans cette formation. Observez ensuite la région de **Mercator** (4-333) autour de 2 h 50 m, puis celle de **Palus Epidemiarum** (4) autour de 3 h 11 m.

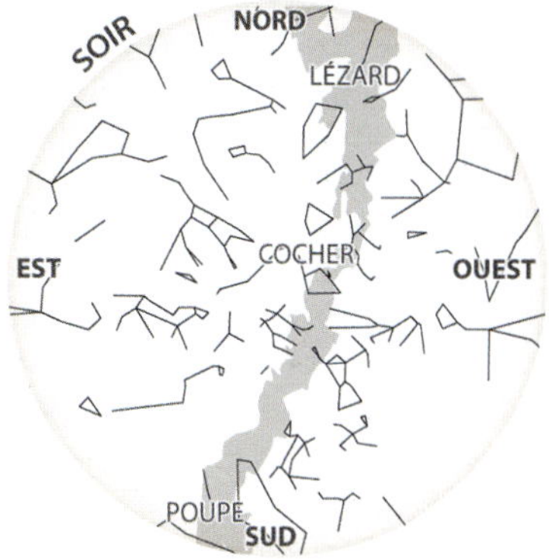

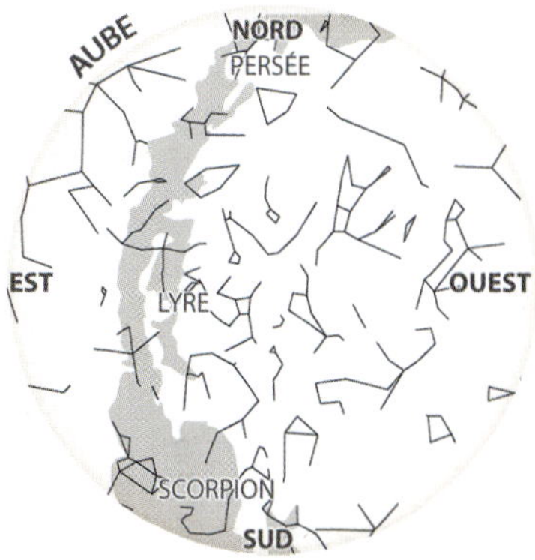

Orientation de la Voie lactée début mars à la fin du crépuscule astronomique et à l'orée de l'aube.

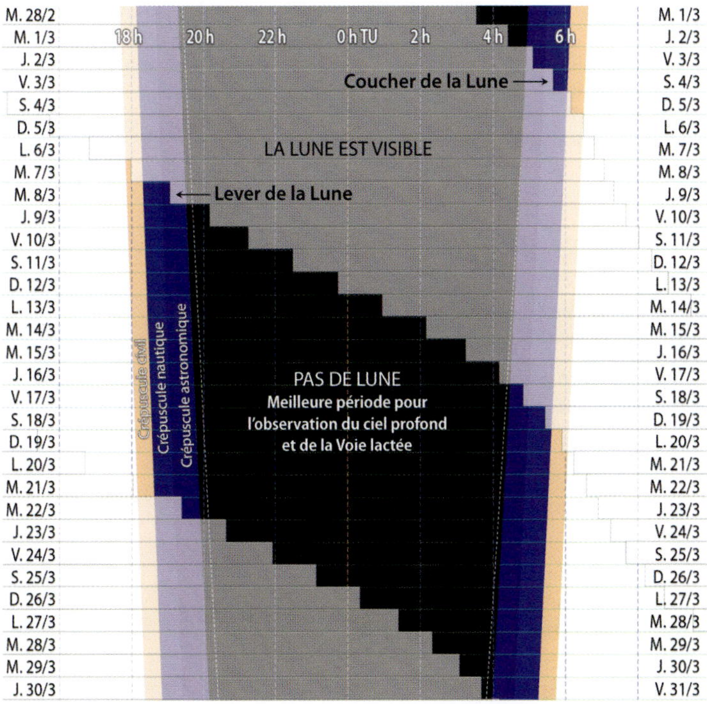

MARS 2023

Les phénomènes astronomiques au jour le jour

02 05 **Conjonction géocentrique en longitude entre Vénus (Psc) et Jupiter** à 5 h 36 m (séparation : 0,5°). .

02 18 Aux jumelles, remarquez le splendide arc lumineux du **golfe des Iris** visible au nord du terminateur lunaire.

02 19 **Aux latitudes boréales, le mois de mars est toujours une bonne période pour l'observation des aurores polaires** car, même lorsque l'activité solaire est peu intense, il se produit toujours beaucoup plus d'orages magnétiques à l'approche des équinoxes. L'analyse des observations réalisées depuis près de 75 ans montrent ainsi que les mois de mars et d'avril et les mois de septembre et d'octobre connaissent en moyenne près de deux fois plus de perturbations magnétiques que les autres mois de l'année.

03 01 Vendredi (62-303). Formations lunaires proches du terminateur dans la journée : Kepler, Schiller, Gassendi, Doppelmayer, Harpalus, Aristarque, Hérodote et la vallée de Schröter.

03 02 Conjonction géocentrique en longitude entre la Lune (Gem) et Pollux à 2 h 10 m (séparation : 1,7°).

03 02 Le Soleil se lève sur la région de **Casatus** (4-373) et, autour de 2 h 08 m, vous pouvez tenter d'observer avec un instrument une ou plusieurs raies lumineuses dans cette formation.

03 06 **Minimum d'éclat de l'étoile variable Algol de Persée** (Bêta Persei) à 6 h ; sa magnitude est proche de 3,3. Les autres minima du mois se produisent le 6 à 3 h, le 9 à 0 h, le 11 à 20 h, le 14 à 17 h, le 17 à 14 h, le 20 à 11 h, le 23 à 8 h, le 26 à 5 h, le 29 à 1 h et le 31 à 22 h. Voir également le 2 octobre 2022.

03 18 La Lune passe à l'apogée à 18 h 00 m. Distance : 405 889 km, soit 63,64 rayons terrestres.

04 00 Samedi (63-302). Le Soleil se lève sur la région de **Schiller C** (4-357) et, autour de 0 h 55 m, vous pouvez tenter d'observer avec un instrument une ou plusieurs raies lumineuses dans cette formation.

04 20 **Neptune** entre dans la constellation des Poissons.

05 00 Dimanche. 64e jour de l'année.

05 00 Le Soleil se lève sur la région de **Babbage** (3-213) et, autour de 0 h 36 m, vous pouvez tenter d'observer avec un instrument une ou plusieurs raies lumineuses dans cette formation.

05 01 Entre 1 h 03 m et 1 h 16 m, la petite planète **221 Eos** (diamètre 102 km ; magnitude 13) occulte une étoile de magnitude 10,5 (TYC 1393-00914-1 ; ascension droite : 8 h 48 m 19 s ; déclinaison : 17° 13′ 31″) dans la

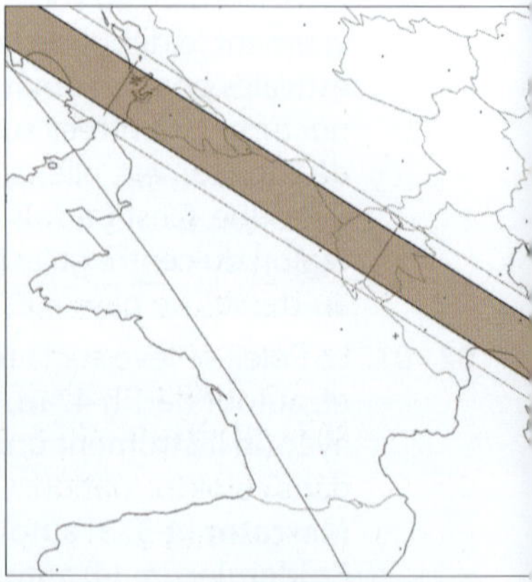

Durant la nuit du 4 au 5 mars, la petite planète 221 Eos occulte une étoile du Cancer pour les observateurs situés sous la bande sombre.

constellation du Cancer. La diminution d'éclat devrait atteindre 2,6 magnitudes et durer près de 10 secondes au maximum sur la bande de centralité du phénomène, qui balaye la Suisse et le nord-est de la France. Calculs d'Éric Frappa (www.euraster.net).

05 04 **Élongation maximale de Titan** à l'est de Saturne à 4 h 59 m (159"). Saturne est inobservable dans de bonnes conditions en Europe en mars.

05 11 **Maximum d'éclat de l'étoile Delta Cephei** à 11 h. Sa magnitude varie de 3,5 à 4,4 au cours d'un cycle de 5,366 jours. Les autres maxima du mois se produisent le 10 à 20 h, le 16 à 4 h, le 21 à 13 h et le 26 à 22 h. Voir également le 2 novembre 2022.

05 20 L'étoile principale du Lion, **Régulus**, brille à proximité de la Lune gibbeuse croissante cette nuit.

10e SEMAINE

06 00 Lundi (65-300). Après la Pleine Lune en début de semaine, nos soirées retrouvent progressivement suffisamment d'obscurité pour que la lumière zodiacale s'affirme au-dessus de l'horizon ouest. Constellation de la Lune chaque jour à 0 h pour 45° de latitude nord et 0° de longitude : L-Leo, M-Leo, M-Leo, J-Vir, V-Vir, S-Vir, D-Lib.

06 00 TSMG (voir p. 17) : 10 h 53 m 53 s.

06 00 **Le pôle Sud du Soleil est à son maximum d'inclinaison vers la Terre : 7,25°.**

06 12 À midi, début du jour julien 2 460 010.

07 12 Mardi (66-299). **Pleine Lune à 12 h 40 m (Leo).** Distance : 400 436 km, soit 62,78 rayons terrestres. Pleine Lune de l'eau, élément indispensable à la vie dont nous célébrons la journée mondiale chaque année le 22 mars. Le 7 à l'aube, le disque lunaire (99,8 %) surplombe l'horizon ouest-nord-ouest et, le soir venu, il faut guetter son apparition à l'est-nord-est juste après le coucher du Soleil. Notre satellite naturel passe du Lion à la Vierge en cours de nuit et, le 8 à l'aube, il brille joliment au-dessus de l'horizon ouest.

07 12 Du 7 au 24 mars, **Neptune** traverse d'est en ouest le champ du coronographe LASCO C3 de la sonde *SOHO*.

07 23 La Pleine Lune franchit le méridien à près de 45° de l'horizon sud à Lille et à près de 53° à Perpignan.

08 00 Mercredi (67-298). Période du maximum d'éclat de l'étoile variable R CVn (1344+40). R CVn est une variable de type Mira (variable à longue période) dont la magnitude oscille entre 6,5 et 12,9 ; sa période est de 328,53 jours.

08 01 **Maximum d'éclat de l'étoile variable Êta Aquilae** (Aigle) à 1 h. Il s'agit d'une étoile de type céphéide dont la magnitude passe de 3,5 à 4,4 au cours d'un cycle de 7,177 jours. Les autres maxima du mois se produisent

Le mois de mars est toujours une bonne période pour admirer des aurores boréales aux latitudes septentrionales. L'augmentation de l'activité solaire à l'approche du maximum (voir p. 18) devrait accroître les chances de voir ces draperies merveilleuses à des latitudes plus australes.
Crédits : USAF/Joshua Strang

Les phénomènes astronomiques au jour le jour

le 15 à 6 h, le 22 à 10 h et le 29 à 14 h. Voir également le 7 février 2023.

08 02 **Latitude sud maximale pour Mercure : - 7°** (longitude héliocentrique : 318,3°).

08 03 **Callisto est en conjonction inférieure** à 3 h 34 m. Elle est observable à proximité apparente du pôle Sud jovien.

08 12 Du 8 au 26 mars, **Mercure** traverse d'ouest en est le champ du coronographe LASCO C3 de la sonde *SOHO*.

08 12 Le Soleil franchit le méridien à 40° de hauteur.

08 19 Jupiter est de plus en plus proche de l'horizon à la fin du crépuscule astronomique et la belle disposition des lunes galiléennes visible ce soir dans un instrument est l'une des dernières observables. **Ganymède et Io** à l'est du disque jovien et **Europe et Callisto** à l'ouest forment deux paires maltraitées par la turbulence.

Profitez de ce bel agencement des lunes galiléennes car nous arrivons à la fin de la période d'observation de Jupiter dans le ciel du soir.

09 13 Jeudi (68-297). Formations lunaires proches du terminateur dans la journée : Langrenus et Petavius, Endymion.

09 19 Encadrée par la Voie lactée, **la lumière zodiacale se dresse magnifiquement au-dessus de l'horizon ouest-nord-ouest à la fin du crépuscule** jusqu'au retour de la jeune Lune vers le 23 mars. Jupiter et Vénus brillent à sa base et elle s'enfonce dans l'arche galactique au niveau des Pléiades. Aux latitudes européennes, c'est sans doute la plus belle période pour photographier la lumière zodiacale et l'arche galactique au-dessus d'un beau paysage nocturne.

10 00 Vendredi (69-296). Période du maximum d'éclat de l'étoile variable RU Vir (1242+04). RU Vir est une variable de type Mira (variable à longue période) dont la magnitude oscille entre 8,1 et 14,2 ; sa période est de 434 jours.

10 13 **Conjonction géocentrique en longitude entre la Lune (Vir) et Spica** à 13 h 05 m (séparation : 3°). Les deux astres dominent l'horizon sud-ouest d'une vingtaine de degrés à l'orée de l'aube.

10 18 Mercure et Saturne sont en conjonction héliocentrique.

11 01 Samedi (70-295). **Mercure est à l'apogée** à 1,369 ua de la Terre, soit près de 205 millions de kilomètres.

11 08 La Lune passe au nœud descendant à 8 h 53 m (longitude moyenne : 214,7°). Distance : 388 402 km.

11 19 Comme le mois dernier, vous pouvez tenter ce soir et durant quelques jours de photographier **la lumière zodiacale et le gegenschein** à la fin du crépuscule astronomique. La lumière zodiacale est surmontée à l'ouest par l'arche de la Voie lactée et le gegenschein

luit au-dessus de l'horizon est-sud-est entre le Lion et la Vierge.

12 00 Dimanche. 71e jour de l'année.

12 03 Formations lunaires proches du terminateur dans la journée : Posidonius, Theophilus, Cyrillus et Catherina.

12 16 **Minimum d'éclat de l'étoile variable Sheliak** (Bêta de la Lyre) à 16 h. Sa magnitude varie de 3,3 à 4,3 au cours d'un cycle de 12,941 jours. L'autre minimum du mois se produit le 25 à 15 h. Voir également le 3 novembre 2022.

12 19 Le Soleil entre dans la constellation des Poissons (352°) à 19 h 47 m.

11e SEMAINE

13 00 Lundi (72-293). Avec Jupiter à sa base, Vénus en plein cœur et les Pléiades à son sommet, le fuseau de la lumière zodiacale est magnifique lors des dernières soirées de l'hiver et il est suivi de longues heures de nuit noire. Constellation de la Lune chaque jour à 0 h pour 45° de latitude nord et 0° de longitude : L-Lib, M-Sco, M-Oph, J-Sgr, V-Sgr, S-Cap, D-Cap.

13 00 TSMG (voir p. 17) : 11 h 21 m 29 s.

13 00 Période de libration minimale en longitude pour la Lune (l = - 6,3°).

13 05 Formations lunaires proches du terminateur dans la journée : Aristote et Eudoxe, Maurolycus.

13 12 À midi, début du jour julien 2 460 017.

13 23 Passage au méridien à minuit de la constellation de la **Coupe**.

14 01 Mardi (73-292). **Conjonction géocentrique en longitude entre la Lune (Sco) et Antarès** à 1 h 22 m (séparation : 1,6°). Une heure et demie avant le lever du Soleil, la Lune gibbeuse décroissante et Antarès sont à une vingtaine de degrés de hauteur au méridien.

14 03 Le Soleil se couche sur la région de **Fernelius** (2-151) et, autour de 3 h 16 m, vous pouvez tenter d'observer avec un instrument une ou plusieurs raies lumineuses dans cette formation.

14 18 **Vénus passe au nœud ascendant** de son orbite (longitude héliocentrique : 76,6°).

14 23 **Tentez d'observer ou de photographier la très faible lueur du gegenschein** par une nuit sans Lune depuis un site protégé de la pollution lumineuse. Il faut chercher le gegenschein entre le Lion et la Vierge ; il franchit le méridien à près de 50° de hauteur en milieu de nuit. Voir également le 20 octobre 2022.

15 00 Mercredi (74-291). **Neptune est en conjonction avec le Soleil** et passe à 1,2° du centre du disque solaire.

15 02 Dernier Quartier de Lune à 2 h 08 m (Oph). Distance : 373 924 km, soit 58,63 rayons terrestres.

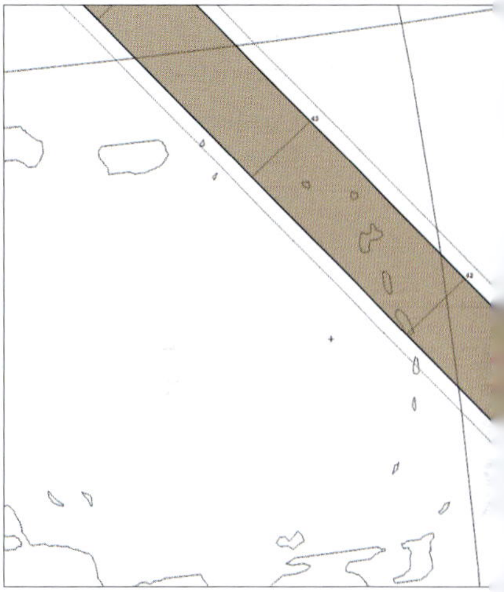

Durant la nuit du 12 au 13 mars, entre 3 h 33 m et 4 h 00 m, la petite planète **59 Elpis** (diamètre 164 km ; magnitude 12,6) occulte une étoile de magnitude 9,6 (TYC 813- 01352- 1 ; ascension droite : 8 h 49 m 41 s ; déclinaison : 12° 17' 24") dans la constellation du Cancer. La diminution d'éclat devrait atteindre 3,1 magnitudes et durer près de 22 secondes au maximum sur la bande de centralité du phénomène, qui balaye les Antilles. Calculs d'Éric Frappa (www.euraster.net).

Les phénomènes astronomiques au jour le jour

15 02 Formations lunaires proches du terminateur dans la journée : Maginus, Moretus, Mur droit, Platon, Ératosthène, Tycho, Clavius.

15 12 Le **Soleil** franchit le méridien à 43° de hauteur.

16 03 Jeudi (75-290). **Vénus** entre dans le Bélier.

16 04 Formations lunaires proches du terminateur dans la journée : Copernic et la chaîne de montagnes des Carpathes, Longomontanus, Klaproth, golfe des Iris.

16 05 **Mars est en quadrature** à l'est du Soleil.

16 17 **Conjonction géocentrique en longitude entre Mercure (Aqr) et Neptune** à 17 h 13 m (séparation : 0,4°). Ces deux planètes sont visibles dans le coronographe LASCO C3 de la sonde *SOHO*.

16 21 **Mercure** entre dans la constellation des Poissons.

17 10 Vendredi (76-289). **Mercure est en conjonction supérieure** à 1,5° du centre du disque solaire.

18 00 Samedi (77-288). Formations lunaires proches du terminateur dans la journée : Harpalus, Doppelmayer, Aristarque, Hérodote et la vallée de Schröter.

18 00 Période de libration maximale en latitude pour la Lune (b = 6,7°).

19 00 Dimanche. 78e jour de l'année.

19 15 La Lune passe au périgée à 15 h 12 m. Distance : 362 696 km, soit 56,87 rayons terrestres.

19 17 **Conjonction géocentrique en longitude entre la Lune (Aqr) et Saturne** à 17 h 28 m (séparation : 3,3°).

12e SEMAINE

20 00 Lundi (79-286). La jeune Lune escalade l'écliptique et se couche de plus en plus tard cette semaine, mais il reste encore de belles heures d'observation jusqu'à l'aube pour les galaxies du printemps. Constellation de la Lune chaque jour à 0 h pour 45° de latitude nord et 0° de longitude : L-Aqr, M-Aqr, M-Psc, J-Psc, V-Ari, S-Ari, D-Tau.

20 00 TSMG (voir p. 17) : 11 h 49 m 05 s.

20 04 Heure de début et de fin du crépuscule astronomique le jour de l'équinoxe de mars à 0° de longitude : à 40° de latitude nord (4 h 33 m/19 h 42 m) ; à 45° de latitude nord (4 h 25 m/19 h 51 m) ; à 50° de latitude nord (4 h 14 m/20 h 02 m).

20 12 À midi, début du jour julien 2 460 024.

20 21 **Équinoxe de mars sur Terre à 21 h 24 m ;** début du printemps dans l'hémisphère Nord. En 2024, l'équinoxe

Les conditions d'observation sont excellentes en cette fin de semaine pour tenter le **marathon de Messier**, un parcours visuel qui consiste à pointer avec un instrument le plus grand nombre d'objets du catalogue de Charles Messier entre le coucher et le lever du Soleil. Galaxies, amas ouverts et globulaires, nébuleuses, nébuleuses planétaires et restes d'une supernova, il y en a pour tous les goûts dans la liste concoctée au XVIIIe siècle par l'astronome et chasseur de comètes français. Bien sûr, il s'élèvera toujours des voix pour dire que ce n'est pas cela, observer le ciel, que ce n'est pas en courant d'un objet au suivant que l'on apprécie chacun. Pourtant, l'intérêt d'un tel marathon est de se forcer à repérer tous les objets, ce que les observateurs font rarement, remettant toujours à une nuit plus transparente l'observation de nombreux objets et ne les observant finalement jamais. Et puis, tout le monde sait bien qu'il convient de temps à autre de se fixer des objectifs pour progresser dans sa découverte du ciel et une petite compétition amicale au sein des observateurs d'un même club est toujours la bienvenue ! Pendant une quinzaine de jours autour de l'équinoxe de printemps, les observateurs de l'hémisphère boréal, notamment ceux installés entre 25° et 40° de latitude nord, ont la possibilité de tous les observer en quelques heures lorsque la Lune ne vient pas illuminer trop violemment la nuit ; les observateurs plus septentrionaux sont privés d'un ou deux objets en fonction de la date de leur tentative. Pour plus de détails sur ce marathon, consultez l'article qui lui est consacré dans le *Guide du Ciel 2012-2013* (p. 280-283).

de mars se produira le 20 à 3 h 06 m. Au XXe siècle, l'équinoxe de mars s'est toujours produit le 20 ou le 21 (en temps universel). Depuis 2008, il se produit le 20 et cela restera la règle jusqu'en 2044, où il commencera à se produire aussi le 19 régulièrement.

20 21 **Le Soleil entre dans le signe astrologique du Bélier** (0°) à 21 h 24 m, mais, dans la réalité, il est dans la constellation des Poissons jusqu'au 19 avril.

21 03 Mardi (80-285). Le plus vieux croissant de la lunaison peut être observé avec un instrument optique au sud de Madagascar et à La Réunion.

21 03 La planète naine **Cérès** passe au périgée à 1,599 ua. Sa magnitude est proche de 6,9.

21 08 **Opposition de la planète naine Cérès.** Prochaine opposition le 5 juillet 2024.

21 08 Entre 8 h et 8 h 10 m, la petite planète **34 Circe** (diamètre 119 km ; magnitude 13,9) occulte une étoile de magnitude 10,9 (TYC 6269-00541-1 ; ascension droite : 18 h 18 m 01 s ; déclinaison : - 18° 01′ 51″) dans la constellation du Sagittaire. La diminution d'éclat devrait atteindre 3 magnitudes et durer près de 6 secondes au maximum sur la bande de centralité du phénomène, qui balaye les Antilles. Calculs d'Éric Frappa (www.euraster.net).

21 17 **Nouvelle Lune à 17 h 23 m (Psc).** Distance : 365 978 km.

22 02 Mercredi (81-284). Mercure et Jupiter sont en conjonction héliocentrique.

22 07 Le plus jeune croissant de la lunaison peut être observé avec un instrument optique en Papouasie-Nouvelle-Guinée.

22 12 Le **Soleil** franchit le méridien à 46° de hauteur.

22 12 Le **Soleil** franchit le méridien au zénith au Nyota Observatory (Kenya).

22 18 Ce soir au crépuscule, guettez un fin croissant lunaire de 1,6 %. À 18 h 45 m, il est âgé de 25 heures ; il se situe à 6° de hauteur et à 270° d'azimut, alors que le Soleil se situe à 6° sous l'horizon.

22 18 Mercure entre dans la constellation de la Baleine.

22 20 **Conjonction géocentrique en longitude entre la Lune (Psc) et Jupiter** à 20 h 17 m (séparation : 0,5°).

22 20 Occultation de Jupiter par la Lune. Zone de visibilité : sud de l'océan Pacifique, Amérique du Sud.

23 00 Jeudi (82-283). **Premier jour théorique du mois de Ramadan** de l'an 1444 de l'hégire (voir le 30 juillet 2022). Comme les autres jours du calendrier musulman, il débute la veille au coucher du Soleil et, comme les autres mois de ce calendrier, le premier jour du mois de Ramadan est déterminé par l'observation du très fin croissant de la jeune Lune et peut varier en fonction de

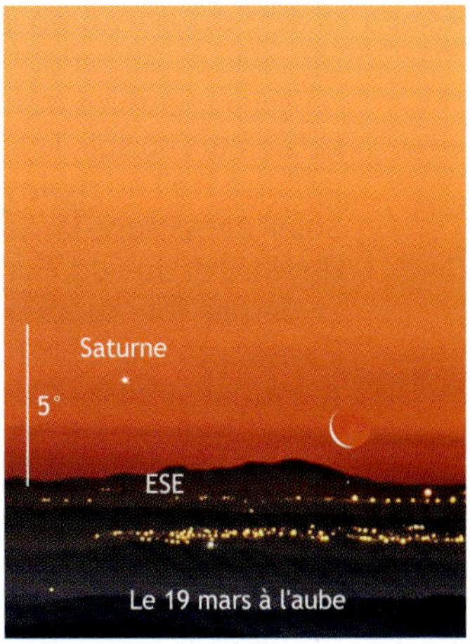

Le 19 mars à l'aube, moins de quarante minutes avant l'arrivée du Soleil, le croissant lunaire est visible au ras de l'horizon est-sud-est, mais il faut des jumelles pour essayer de voir Saturne à 8° sur sa gauche dans un ciel déjà très clair.

Le 22 mars au crépuscule, une heure après le coucher du Soleil, l'éclat jovien surgit dans les lueurs crépusculaires, juste au-dessus de la fine barque de Séléné. Un horizon ouest limpide et dégagé est indispensable pour observer cette ultime conjonction lunaire de Jupiter avant son plongeon dans le brasier solaire.

Les phénomènes astronomiques au jour le jour

la date d'observation de celui-ci. Pour connaître la date officielle du début du mois de Ramadan, il convient de se renseigner auprès des instances religieuses musulmanes. Le 22 mars au soir, le jeune croissant lunaire est aisément visible à l'œil nu moins d'une heure après le coucher du Soleil depuis une large portion de la planète : Amérique du Nord et du Sud, Europe, Afrique et Moyen-Orient. Le dernier jour théorique du mois de Ramadan sera le 21 avril prochain. En 2024, le mois de Ramadan durera théoriquement du 11 mars au 9 avril.

23 11 **Mercure** entre dans la constellation des Poissons.

24 02 Vendredi (83-282). La Lune passe au nœud ascendant à 2 h 07 m (longitude moyenne : 34,2°). Distance : 376 544 km, soit 59 rayons terrestres.

24 08 Début de la 2269e rotation synodique du Soleil.

24 10 **Conjonction géocentrique en longitude entre la Lune (Ari) et Vénus** à 10 h 31 m (séparation : 0,1°).

24 10 **En plein jour.** Le beau croissant lunaire rate Vénus de peu en Europe ce matin : vers 10 h, Vénus est à moins de 1° du limbe lunaire et ces deux astres surplombent alors l'horizon est d'une trentaine de degrés. Le Soleil est à plus de 35° à l'ouest et ne devrait donc pas vous gêner si vous tentez de repérer la Lune et Vénus à l'œil nu et aux jumelles.

24 11 Formations lunaires proches du terminateur dans la journée : Langrenus et Petavius, Endymion.

24 11 Occultation de Vénus par la Lune. Zone de visibilité : sud et est de l'Afrique, Madagascar, sud de l'Arabie, sud de l'Asie.

24 23 **Conjonction géocentrique en longitude entre la Lune (Ari) et Uranus** à 23 h 52 m (séparation : 1,4°).

25 00 Samedi (84-281). Période de libration maximale en longitude pour la Lune (l = 6,2°).

25 05 Formations lunaires proches du terminateur dans la journée : l'albatros (bordure ouest de la mer des Crises).

25 05 **Maximum des Virginides.** L'activité de cet essaim météoritique, qui possède de nombreux radiants successifs, couvre la période allant du 25 janvier au 15 avril. Longitude héliocentrique prévue pour le maximum (équinoxe 2000.0) : 4°. Il s'agit vraisemblablement d'un très vieil essaim qui s'est scindé en plusieurs zones plus ou moins riches en poussières. Si le nombre des Virginides n'est jamais très important, ces étoiles filantes sont en revanche fréquemment très brillantes – jusqu'à la magnitude - 4 – et laissent parfois derrière elles des traînées perceptibles pendant plusieurs secondes, voire

Le 23 et le 24 mars au crépuscule, une heure après le coucher du Soleil, l'arche lunaire vogue non loin de Vénus à plus de 12° de hauteur au-dessus de l'horizon ouest. Au ras de l'horizon, surveillez les derniers sursauts de l'éclat jovien.

plusieurs minutes aux jumelles. Elles sont assez lentes (vitesse de 30 km/s).

25 19 Les conditions d'observation sont favorables en cette fin de semaine pour tenter le **marathon de Messier**, mais le meilleur week-end devrait être celui du 18 mars si les conditions météorologiques sont clémentes (plus d'informations à cette date).

26 00 Dimanche. 85e jour de l'année.

26 01 **Passage à l'heure d'été** dans les pays de la Communauté européenne (voir le texte du 30 octobre 2022). L'heure d'été court du dernier dimanche de mars (à 2 heures du matin, il est 3 heures) au dernier dimanche d'octobre (à 3 heures du matin, il est 2 heures), c'est-à-dire, en 2023, du dimanche 26 mars au dimanche 29 octobre.

26 01 **Conjonction géocentrique en longitude entre la Lune (Tau) et les Pléiades** à 1 h 05 m (séparation : 1,8°). Le 25 au soir, deux heures après le coucher du Soleil, le croissant lunaire (20 %) est installé à moins de 5° sous les Pléiades, à une trentaine de degrés de hauteur au-dessus de l'horizon ouest.

26 11 **Mars** entre dans la constellation des Gémeaux.

26 18 Formations lunaires proches du terminateur dans la journée : Fracastor, Piccolomini, Posidonius.

Le 27 mars au crépuscule, une quarantaine de minutes après le coucher du Soleil, utilisez des jumelles pour observer Mercure et Jupiter côte à côte à 1,4° d'écart au ras de l'horizon ouest. Le succès n'est pas garanti car ces planètes sont à moins de 2° de hauteur, mais l'éclat de Mercure est à peine 1,5 fois moins intense que celui de Jupiter.

13e SEMAINE

27 00 Lundi (86-279). La Lune devient gibbeuse et son éclat asperge pratiquement toute la voûte céleste cette semaine. Constellation de la Lune chaque jour à 0 h pour 45° de latitude nord et 0° de longitude : L-Tau, M-Tau, M-Gem, J-Gem, V-Cnc, S-Cnc, D-Leo.

27 00 TSMG (voir p. 17) : 12 h 16 m 41 s.

27 03 Mercure passe au nœud ascendant de son orbite (longitude héliocentrique : 48,3°).

27 10 Formations lunaires proches du terminateur dans la journée : Theophilus, Cyrillus et Catherina.

27 12 À midi, début du jour julien 2 460 031.

28 03 Mardi (87-278). Formations lunaires proches du terminateur dans la journée : Aristote et Eudoxe, Maurolycus.

28 06 **Conjonction géocentrique en longitude entre Mercure (Psc) et Jupiter** à 6 h 50 m (séparation : 1,3°).

28 13 **Conjonction géocentrique en longitude entre la Lune (Gem) et Mars** à 13 h 19 m (séparation : 2,3°).

28 23 Le Soleil se lève sur la région d'**Halley** (2-97) et, autour de 23 h 08 m, vous pouvez tenter d'observer avec un instrument une ou plusieurs raies lumineuses dans cette formation. Observez ensuite la région d'**Hipparchus** (2-95) autour de 23 h 27 m.

28 23 Passage au méridien à minuit de la constellation du **Corbeau**.

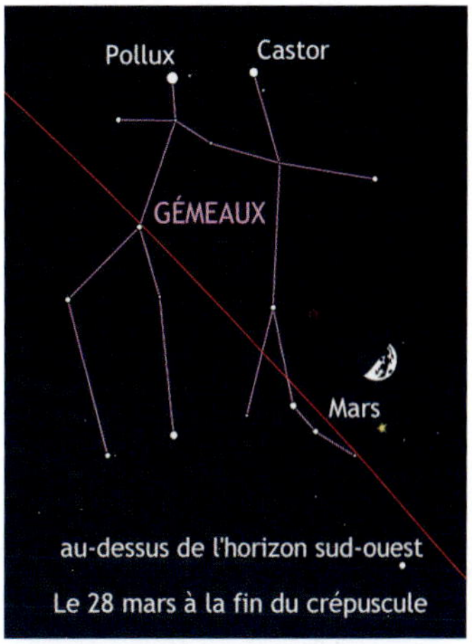

Le 28 mars à la fin du crépuscule, une heure et demie après la fin du jour, le quartier lunaire et la planète rouge sont aisément visibles à l'œil nu à près de 60° de hauteur au-dessus de l'horizon sud-ouest. L'éclat martien est à présent comparable à celui d'Aldébaran du Taureau, qui brille à une vingtaine de degrés sur sa droite ; les deux astres présentent une coloration orangée perceptible à l'œil nu, mais le diamètre apparent de la planète devrait lui permettre d'être moins sensible à la turbulence.

MARS 2023

Les phénomènes astronomiques au jour le jour

29 00 Mercredi (88-277). En milieu de nuit, si vous pointez un instrument vers le cratère **Barrow** au nord du quartier lunaire, vous verrez le faisceau de lumière projeté par le soleil levant sur le fond de son arène encore plongée dans l'obscurité. Voir le 30 novembre 2022.

29 01 Formations lunaires proches du terminateur dans la journée : Cassini, Triesnecker, centre de la chaîne des Apennins, Ptolémée, Alphonse et Arzachel, Archimède, Maginus, Moretus.

29 02 **Premier Quartier de Lune à 2 h 32 m (Gem).** Distance : 401 437 km, soit 62,94 rayons terrestres.

29 12 Le **Soleil** franchit le méridien à 48° de hauteur.

29 13 Mars devrait occulter une étoile de magnitude 9,9 (PPM 95425) entre 13 h 28 m et 13 h 33 m. Inobservable en Europe.

29 21 À 21 h 50 m, l'étoile HD 56176 (Gem - magnitude 6,4) est occultée par la Lune ; elle réapparaît à 22 h 42 m. Les deux astres sont alors à 41° au-dessus de l'horizon et la fraction éclairée de notre satellite est de 58 %.

29 23 Le Soleil se lève sur la région de **Maginus** (4-359) et, autour de 23 h 58 m, vous pouvez tenter d'observer avec un instrument une ou plusieurs raies lumineuses dans cette formation.

30 00 Jeudi (89-276). Formations lunaires proches du terminateur dans la journée : Mur droit, Platon, Tycho, Ératosthène, Clavius.

30 00 **Mars est à 1,2° au nord de l'amas ouvert Messier 35** dans les Gémeaux.

30 09 Conjonction géocentrique en longitude entre la Lune (Gem) et Pollux à 9 h 27 m (séparation : 1,6°).

30 18 À 45° de latitude nord, l'étoile **Arcturus** du Bouvier se lève au moment du coucher du Soleil – on parle de lever achronique – et, dans un ciel limpide, il est possible de la repérer aux jumelles une vingtaine de minutes plus tard vers 65° d'azimut et 3° de hauteur.

30 19 Pointez un instrument vers la Lune gibbeuse croissante et repérez le cratère **Pitatus** (4-334) au sud de la mer des Nuées pour tenter de distinguer le mince faisceau de lumière qui s'étend de Pitatus à son voisin Hesiodus. Voir le 2 novembre 2022.

30 22 **Conjonction géocentrique en longitude entre Vénus (Ari) et Uranus** à 22 h 25 m (séparation : 1,2°).

31 00 Vendredi (90-275). Période de libration minimale en latitude pour la Lune (b = - 6,8°).

31 00 Période du maximum d'éclat de l'étoile variable SS Her (1628+07A). SS Her est une variable de type Mira

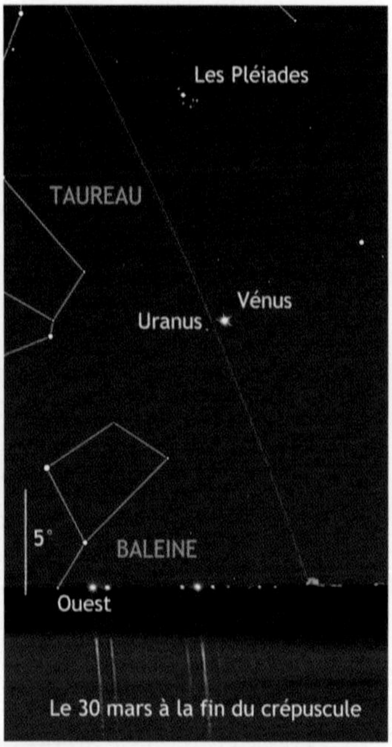

Le 30 mars à la fin du crépuscule astronomique, Vénus et Uranus sont encore à plus de 14° de hauteur au-dessus de l'horizon ouest-nord-ouest. Même dans un bon site, il peut être difficile de repérer Uranus à l'œil nu à cette hauteur à cause de l'absorption atmosphérique, mais vous la verrez sans problème avec des jumelles. L'éclat apparent d'Uranus est actuellement près de 10 000 fois plus faible que celui de Vénus.

(variable à longue période) dont la magnitude oscille entre 8,5 et 13,5 ; sa période est de 114,2 jours.

31 03 Formations lunaires proches du terminateur dans la journée : Copernic et la chaîne de montagnes des Carpathes, Longomontanus, Klaproth.

31 11 La Lune passe à l'apogée à 11 h 17 m.
Distance : 404 919 km, soit 63,49 rayons terrestres.

31 12 Du 31 mars au 23 avril, **Jupiter** traverse d'est en ouest le champ du coronographe LASCO C3 de la sonde *SOHO*.

31 19 **Mercure est au périhélie** à 0,307 ua du Soleil, soit près de 46 millions de kilomètres.

31 20 Le Soleil se lève sur la région de **Lacus Timoris** (4) et, autour de 20 h, vous pouvez tenter d'observer avec un instrument une ou plusieurs raies lumineuses dans cette formation. Deux heures plus tard, faites le même genre d'observation dans la région de **Campanus** (4-332).

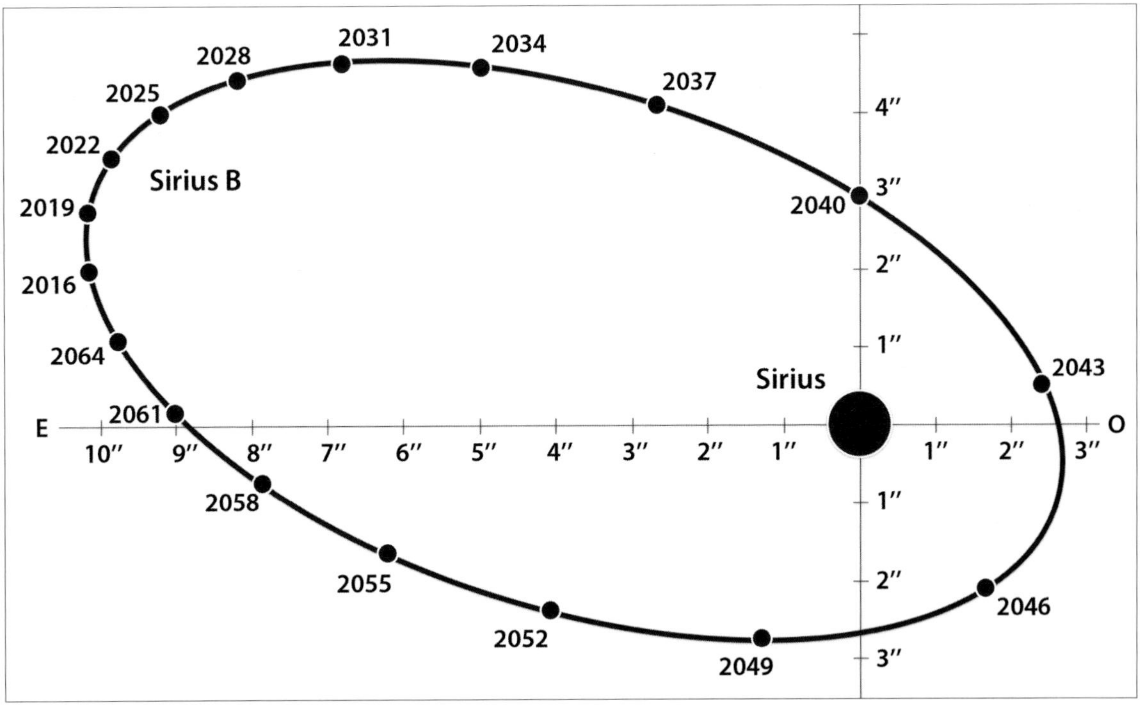

Sirius B est la compagne de Sirius, l'étoile la plus brillante de la sphère céleste (magnitude - 1,46) et, en 2023, la séparation apparente entre ces deux étoiles culmine à près de 11″. Même lors d'une période aussi favorable, distinguer Sirius B est une observation délicate car la diffusion de l'éclat de Sirius peut s'étendre jusqu'à elle et la gommer. La meilleure technique est de grossir fortement – au moins 300 fois pour agrandir leur écart apparent dans le champ – et de centrer la zone où se situe Sirius B – soit près de 11″ à l'est-nord-est de Sirius actuellement – tout en faisant sortir Sirius du champ ou en l'occultant avec un petit cache fixé dans l'oculaire. Pour avoir une image de bonne qualité avec un grossissement aussi puissant, il faut un instrument bien collimaté d'au moins 200 mm de diamètre et une nuit avec peu de turbulence.

Crédit : d'après un schéma réalisé par Jerry Lodriguss.

Le Soleil et les planètes

	JOUR	ASCENSION DROITE	DÉCLINAISON	CONSTELLATION	Ø APPARENT	ÉQUATION DU TEMPS	DISTANCE	DISTANCE LUMIÈRE	LEVER	MÉRIDIEN	HAUTEUR	COUCHER
		h m s	° ′ ″			m s	ua	m s	h m	h m		h m
Soleil	2	22 50 22	- 7 23 26	Aqr	32′ 17″	+ 12 16	0,9909	8 14	06 37	12 12	38°	17 48
	6	23 05 17	- 5 51 15	Aqr	32′ 15″	+ 11 25	0,9919	8 15	06 30	12 11	39°	17 54
	10	23 20 05	- 4 17 48	Aqr	32′ 13″	+ 10 26	0,9929	8 15	06 22	12 10	41°	17 59
	14	23 34 48	- 2 43 29	Psc	32′ 11″	+ 9 23	0,9940	8 16	06 15	12 09	42°	18 04
	18	23 49 26	- 1 08 39	Psc	32′ 09″	+ 8 15	0,9951	8 17	06 08	12 08	44°	18 09
	22	0 04 02	+ 0 26 16	Psc	32′ 07″	+ 7 04	0,9962	8 17	06 00	12 07	46°	18 15
	26	0 18 37	+ 2 00 53	Psc	32′ 04″	+ 5 52	0,9973	8 18	05 53	12 06	47°	18 20
	30	0 33 11	+ 3 34 46	Psc	32′ 02″	+ 4 40	0,9984	8 18	05 45	12 05	49°	18 25

	JOUR	ASCENSION DROITE	DÉCLINAISON	CONSTELLATION	MAGNITUDE	Ø APPARENT	ÉLONGATION	DISTANCE	FRACTION ÉCLAIRÉE	LEVER	MÉRIDIEN	HAUTEUR	COUCHER
		h m s	° ′ ″					ua		h m	h m		h m
Mercure	2	22 05 14	- 14 02 38	Aqr	- 0,7	5	12,7° O	1,3451	93 %	06 22	11 28	31°	16 36
	6	22 31 35	- 11 34 48	Aqr	- 0,9	4,9	9,9° O	1,3613	96 %	06 22	11 39	34°	16 58
	10	22 58 23	- 8 46 34	Aqr	- 1,1	4,9	6,7° O	1,3689	98 %	06 21	11 50	37°	17 21
	14	23 25 43	- 5 38 47	Aqr	- 1,4	4,9	3,2° O	1,3662	99 %	06 20	12 02	40°	17 46
	18	23 53 39	- 2 13 18	Psc	- 1,6	5	0,5° E	1,3504	100 %	06 18	12 14	43°	18 12
	22	0 22 05	+ 1 26 06	Psc	- 1,7	5,1	4,5° E	1,3182	99 %	06 16	12 27	47°	18 40
	26	0 50 43	+ 5 12 27	Psc	- 1,6	5,3	8,6° E	1,2666	94 %	06 14	12 40	51°	19 08
	30	1 18 51	+ 8 54 42	Psc	- 1,3	5,6	12,5° E	1,1943	86 %	06 11	12 52	54°	19 35
Vénus	2	0 44 37	+ 4 06 39	Psc	- 4,0	12,3	30,7° E	1,3664	86 %	07 46	14 07	49°	20 28
	6	1 02 24	+ 6 10 12	Psc	- 4,0	12,5	31,6° E	1,3453	85 %	07 40	14 09	51°	20 39
	10	1 20 15	+ 8 11 37	Psc	- 4,0	12,7	32,5° E	1,3235	84 %	07 34	14 11	53°	20 49
	14	1 38 11	+ 10 10 07	Psc	- 4,0	12,9	33,3° E	1,3010	83 %	07 28	14 13	55°	21 00
	18	1 56 17	+ 12 04 57	Ari	- 4,0	13,2	34,2° E	1,2779	82 %	07 22	14 15	57°	21 10
	22	2 14 32	+ 13 55 23	Ari	- 4,0	13,4	35,0° E	1,2541	80 %	07 16	14 18	59°	21 21
	26	2 32 59	+ 15 40 37	Ari	- 4,0	13,7	35,8° E	1,2297	79 %	07 11	14 21	61°	21 31
	30	2 51 39	+ 17 19 52	Ari	- 4,0	14	36,6° E	1,2045	78 %	07 07	14 24	63°	21 42
Mars	6	5 20 48	+ 25 29 27	Tau	0,5	7,8	96,0° E	1,1943	90 %	10 28	18 25	71°	02 25
	14	5 36 13	+ 25 35 27	Tau	0,7	7,3	91,5° E	1,2744	90 %	10 11	18 09	71°	02 09
	22	5 52 36	+ 25 36 11	Tau	0,8	6,9	87,2° E	1,3545	90 %	09 56	17 54	71°	01 54
	30	6 09 46	+ 25 30 33	Gem	1,0	6,5	83,2° E	1,4341	90 %	09 43	17 40	70°	01 39
Jupiter	6	0 49 33	+ 4 07 07	Psc	- 2,1	33,9	27,9° E	5,8066	100 %	07 35	13 54	49°	20 13
	14	0 56 22	+ 4 50 41	Psc	- 2,1	33,6	21,7° E	5,8614	100 %	07 07	13 29	50°	19 51
	22	1 03 20	+ 5 34 41	Psc	- 2,0	33,3	15,6° E	5,9040	100 %	06 40	13 05	51°	19 30
	30	1 10 26	+ 6 18 47	Psc	- 2,0	33,2	9,6° E	5,9338	100 %	06 12	12 40	51°	19 08
Saturne	6	22 09 30	- 12 44 09	Aqr	0,9	15,4	15,3° O	10,7720	100 %	06 04	11 14	32°	16 24
	14	22 13 05	- 12 25 05	Aqr	0,9	15,4	22,4° O	10,7290	100 %	05 34	10 46	33°	15 58
	22	22 16 34	- 12 06 35	Aqr	0,9	15,5	29,4° O	10,6700	100 %	05 05	10 18	33°	15 31
	30	22 19 53	- 11 48 55	Aqr	0,9	15,6	36,5° O	10,5970	100 %	04 36	09 50	33°	15 04
Uranus	6	2 53 18	+ 16 13 19	Ari	5,8	3,5	60,6° E	20,1290	100 %	08 47	15 57	61°	23 07
	18	2 55 09	+ 16 21 32	Ari	5,8	3,5	49,0° E	20,2970	100 %	08 01	15 12	61°	22 22
	30	2 57 19	+ 16 31 07	Ari	5,8	3,4	37,7° E	20,4370	100 %	07 15	14 27	62°	21 38
Neptune	6	23 42 32	- 3 09 47	Psc	8,0	2,2	9,6° E	30,8880	100 %	06 57	12 47	42°	18 36
	18	23 44 12	- 2 59 01	Psc	8,0	2,2	1,9° O	30,9050	100 %	06 11	12 01	42°	17 52
	30	23 45 52	- 2 48 24	Psc	8,0	2,2	13,4° O	30,8810	100 %	05 25	11 16	42°	17 07

Les éphémérides du Soleil, des planètes et de la Lune proposées sur ces deux pages sont calculées à 0 h TU pour une latitude de 45° nord et une longitude de 0°.

La Lune

	JOUR	ASCENSION DROITE	DÉCLINAISON	CONSTELLATION	Ø APPARENT	PARALLAXE HORIZONTALE	FRACTION ÉCLAIRÉE	JOUR	ÉLONGATION	DISTANCE	LEVER	MÉRIDIEN	HAUTEUR	COUCHER
		h m s	° ′ ″							km	h m	h m		h m
M 1	60	5 54 00	27 29 50	Tau	29′ 44″	54′ 34″	66 %	8,7	108° E	401 866	11 h 38	20 h 01	72°	3 h 33
J 2	61	6 47 47	27 36 45	Gem	29′ 33″	54′ 14″	74 %	9,7	119° E	404 306	12 h 33	20 h 52	71°	4 h 23
V 3	62	7 40 40	26 27 14	Gem	29′ 28″	54′ 04″	82 %	10,7	130° E	405 609	13 h 34	21 h 41	69°	5 h 05
S 4	63	8 31 53	24 06 59	Cnc	29′ 26″	54′ 02″	89 %	11,7	141° E	405 859	14 h 38	22 h 28	66°	5 h 39
D 5	64	9 21 03	20 44 35	Cnc	29′ 29″	54′ 07″	94 %	12,7	152° E	405 189	15 h 44	23 h 13	61°	6 h 06
L 6	65	10 08 08	16 30 16	Leo	29′ 36″	54′ 19″	98 %	13,7	163° E	403 754	16 h 50	23 h 56	56°	6 h 28
M 7	66	10 53 30	11 35 05	Leo	29′ 45″	54′ 35″	100 %	14,7	174° E	401 711	17 h 56			6 h 48
M 8	67	11 37 44	6 10 18	Leo	29′ 56″	54′ 56″	100 %	15,7	174° O	399 198	19 h 02	0 h 37	50°	7 h 05
J 9	68	12 21 38	0 27 27	Vir	30′ 09″	55′ 20″	98 %	16,7	163° O	396 321	20 h 08	1 h 18	45°	7 h 22
V 10	69	13 06 05	- 5 21 27	Vir	30′ 24″	55′ 46″	94 %	17,7	151° O	393 151	21 h 17	2 h 00	38°	7 h 40
S 11	70	13 52 04	- 11 03 14	Vir	30′ 40″	56′ 16″	88 %	18,7	140° O	389 728	22 h 28	2 h 43	33°	7 h 59
D 12	71	14 40 35	- 16 23 04	Lib	30′ 57″	56′ 48″	81 %	19,7	128° O	386 078	23 h 42	3 h 30	27°	8 h 22
L 13	72	15 32 33	- 21 03 37	Lib	31′ 16″	57′ 22″	72 %	20,7	115° O	382 233		4 h 20	22°	8 h 51
M 14	73	16 28 34	- 24 45 07	Oph	31′ 35″	57′ 58″	61 %	21,7	103° O	378 257	0 h 57	5 h 15	19°	9 h 28
M 15	74	17 28 33	- 27 06 38	Oph	31′ 56″	58′ 35″	51 %	22,7	90° O	374 273	2 h 09	6 h 14	17°	10 h 17
J 16	75	18 31 30	- 27 49 39	Sgr	32′ 15″	59′ 11″	39 %	23,7	78° O	370 470	3 h 15	7 h 16	16°	11 h 20
V 17	76	19 35 30	- 26 43 21	Sgr	32′ 33″	59′ 44″	29 %	24,7	64° O	367 113	4 h 08	8 h 19	18°	12 h 35
S 18	77	20 38 25	- 23 48 53	Cap	32′ 47″	60′ 09″	19 %	25,7	51° O	364 511	4 h 51	9 h 19	22°	13 h 57
D 19	78	21 38 42	- 19 19 47	Cap	32′ 55″	60′ 25″	11 %	26,7	37° O	362 984	5 h 23	10 h 17	27°	15 h 21
L 20	79	22 35 43	- 13 38 30	Aqr	32′ 56″	60′ 26″	4 %	27,7	24° O	362 796	5 h 50	11 h 10	33°	16 h 44
M 21	80	23 29 48	- 7 11 36	Aqr	32′ 49″	60′ 13″	1 %	28,7	10° O	364 099	6 h 12	12 h 01	40°	18 h 04
M 22	81	0 21 46	- 0 25 57	Psc	32′ 34″	59′ 46″	0 %	0,3	3° E	366 888	6 h 33	12 h 50	48°	19 h 22
J 23	82	1 12 40	6 13 36	Psc	32′ 13″	59′ 06″	2 %	1,3	17° E	370 985	6 h 53	13 h 38	54°	20 h 39
V 24	83	2 03 27	12 25 16	Ari	31′ 46″	58′ 18″	7 %	2,3	29° E	376 063	7 h 15	14 h 27	60°	21 h 54
S 25	84	2 54 58	17 50 49	Ari	31′ 18″	57′ 27″	13 %	3,3	42° E	381 697	7 h 40	15 h 17	65°	23 h 08
D 26	85	3 47 40	22 15 30	Tau	30′ 51″	56′ 36″	21 %	4,3	54° E	387 427	8 h 10	16 h 08	69°	
L 27	86	4 41 35	25 28 10	Tau	30′ 25″	55′ 49″	30 %	5,3	66° E	392 809	8 h 46	17 h 01	72°	0 h 19
M 28	87	5 36 19	27 21 46	Tau	30′ 04″	55′ 10″	39 %	6,3	77° E	397 468	9 h 30	17 h 54	73°	1 h 23
M 29	88	6 31 01	27 53 45	Gem	29′ 47″	54′ 40″	49 %	7,3	88° E	401 118	10 h 22	18 h 46	72°	2 h 18
J 30	89	7 24 46	27 06 09	Gem	29′ 36″	54′ 20″	58 %	8,3	99° E	403 582	11 h 21	19 h 36	70°	3 h 04
V 31	90	8 16 45	25 04 59	Cnc	29′ 31″	54′ 10″	67 %	9,3	110° E	404 785	12 h 25	20 h 23	67°	3 h 40

La Lune des spécialistes

	Libration		Angle de position	
	l	b	axe	phase
1	4,5°	- 5,3°	0,4°	270,3°
2	3,3°	- 6,0°	5,4°	276,8°
3	2,0°	- 6,5°	10,2°	283,4°
4	0,7°	- 6,6°	14,3°	289,8°
5	- 0,6°	- 6,5°	17,6°	296,3°
6	- 1,7°	- 6,1°	20,1°	304,2°
7	- 2,8°	- 5,5°	21,6°	325,3°
8	- 3,8°	- 4,6°	22,3°	85,6°
9	- 4,6°	- 3,4°	22,0°	106,7°
10	- 5,3°	- 2,1°	21,0°	110,5°
11	- 5,9°	- 0,6°	19,0°	110,6°
12	- 6,2°	0,9°	16,2°	108,6°
13	- 6,3°	2,4°	12,4°	104,8°
14	- 6,1°	3,8°	7,6°	99,5°
15	- 5,6°	5,0°	2,1°	92,9°
16	- 4,8°	5,9°	356,1°	85,4°
17	- 3,7°	6,5°	350,3°	77,8°
18	- 2,2°	6,7°	345,2°	70,4°
19	- 0,6°	6,5°	341,4°	63,7°
20	1,1°	5,8°	338,9°	56,8°
21	2,7°	4,7°	337,8°	44,3°
22	4,1°	3,4°	338,0°	289,7°
23	5,2°	1,8°	339,3°	254,4°
24	5,9°	0,2°	341,6°	251,3°
25	6,2°	- 1,4°	344,8°	252,6°
26	6,1°	- 2,9°	348,9°	256,1°
27	5,6°	- 4,2°	353,6°	260,9°
28	4,8°	- 5,2°	358,7°	266,6°
29	3,8°	- 6,0°	3,8°	272,7°
30	2,6°	- 6,5°	8,8°	278,8°
31	1,4°	- 6,8°	13,1°	284,5°

Phases et distances

Jour	Heure en TU	Distance en km	Ø apparent
7	PL à 12 h 40 m	400 436	29,8
15	DQ à 2 h 08 m	373 924	32,0
21	NL à 17 h 23 m	365 978	32,7
29	PQ à 2 h 32 m	401 437	29,8
3	Apogée à 18 h 00 m	405 889	29,4
19	Périgée à 15 h 12 m	362 696	32,9
31	Apogée à 11 h 17 m	404 919	29,5

Reportez-vous pages 7 à 15 pour trouver des renseignements détaillés sur l'utilisation de ces différentes informations.
Consultez les tableaux de corrections horaires (pages 340 et 341) pour adapter les heures de lever, de passage au méridien et de coucher en fonction de votre lieu d'observation.

AVRIL 2023

1re quinzaine vers 22 h TU - 2e quinzaine vers 21 h TU

Pour	Utilisez la carte de
17-18 h	*février*
19-20 h	mars
23-0 h	mai
1-2 h	juin
3-4 h	juillet
5-6 h	*août*

Vous pouvez également utiliser cette carte en :
mai vers 19-20 h
juin vers 17-18 h
décembre vers 5-6 h
janvier vers 3-4 h
février vers 1-2 h
mars vers 23-0 h
(valable uniquement pour les étoiles)

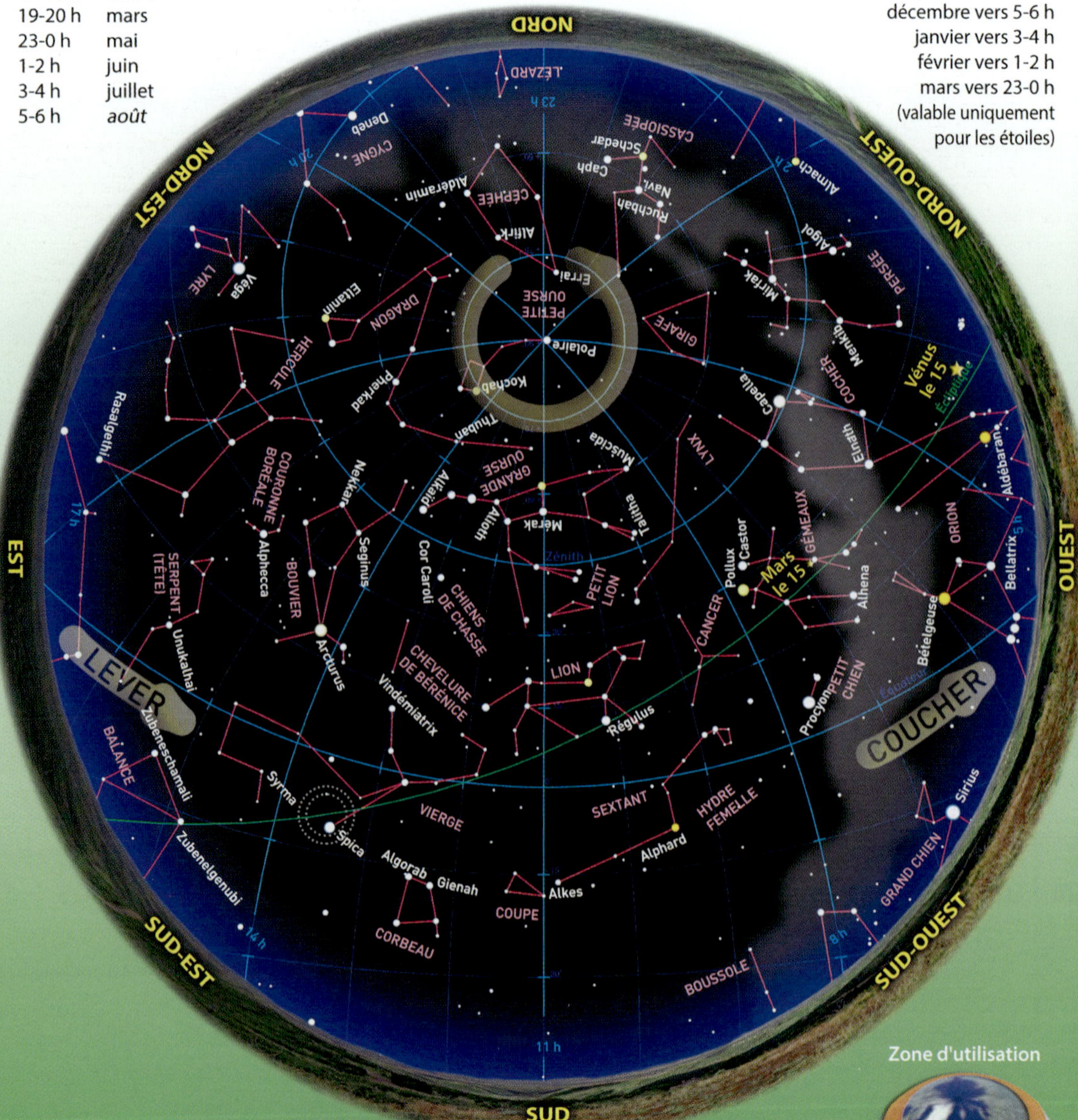

6 avril
Pleine Lune
Vierge

13 avril
Dernier Quartier
Sagittaire

20 avril
Nouvelle Lune
Poissons

27 avril
Premier Quartier
Cancer

Magnitudes
-1 0 1 2 3 4 4,5 et +

Zone d'utilisation

38° à 52° nord

À L'ORÉE DE L'AUBE EN AVRIL 2023

Zone d'utilisation

38° à 52° nord

Vous trouverez des conseils pour l'utilisation de ces cartes en début d'ouvrage.

La Lune et les planètes

Mercure

Nord. Elle atteint son élongation maximale à l'est le 11 avril à 19,5° et elle est facile à repérer à l'œil nu à quelques degrés de hauteur au-dessus de l'horizon ouest-nord-ouest une heure après le départ du Soleil. Le passage du jeune croissant lunaire non loin d'elle le 21 nous donne sans doute la dernière occasion de la retrouver aux jumelles car son éclat est en baisse rapide à l'approche de sa conjonction inférieure et elle se fond dans le brasier solaire.
Tropiques. Excellente fenêtre d'observation en soirée également sous le tropique du Cancer, mais des conditions moins favorables plus au sud.

Vénus

Nord. Son élongation solaire progresse de 37° à 42° dans le mois : elle se couche trois heures et vingt minutes après le Soleil le 1er et presque quatre heures après le 30. Même s'il est plus éloigné que celui du début avril 2020, ne manquez pas le beau passage de Vénus à côté des Pléiades entre le 10 et le 12. Le 23, la Lune nous offre une nouvelle occasion de repérer Vénus en plein jour. À la fin du mois, Vénus brille encore près de deux heures dans le ciel après la fin du crépuscule et, en heure légale d'été, elle se couche après minuit. Son éclat augmente légèrement (magnitude - 4,1) et elle présente une phase gibbeuse décroissante dans un instrument.
Tropiques. Excellentes conditions d'observation sous le tropique du Cancer et conditions un peu moins bonnes qu'en Europe sous celui du Capricorne.

Mars

Nord. Avec une magnitude proche de 1,5 et un diamètre apparent à peine supérieur à 5″ en fin de mois, Mars n'est plus une cible attractive au télescope, mais son éclat orangé va agrémenter le début de la nuit puis le crépuscule durant encore plusieurs semaines. Le 1er, une heure et demie après le coucher du Soleil, elle brille dans les Gémeaux à plus de 50° de hauteur au-dessus de l'horizon ouest-sud-ouest. Le 30, au même moment, nous la retrouvons à 35° de hauteur au-dessus de l'horizon ouest, juste en dessous de Castor et Pollux.
Tropiques. Les conditions d'observation sont meilleures qu'en Europe sous le tropique du Cancer et comparables sous celui du Capricorne.

Jupiter

Nord et tropiques. Son éclat est effacé par les lueurs crépusculaires dès le début du mois et elle est en conjonction avec le Soleil le 11. Le 13, elle passe à l'apogée à 5,95 ua de la Terre, soit plus de 891 millions de kilomètres (50 minutes-lumière). Elle revient ensuite dans le ciel de l'aube, mais elle se situe trop près de la position apparente de notre étoile pour être observable en Europe, d'autant plus que l'inclinaison de l'écliptique n'est pas favorable et qu'elle circule au sud de cette ligne. Sous les tropiques, Jupiter profite d'une bien meilleure orientation de l'écliptique pour réapparaître à l'aube, une heure avant le lever du Soleil, quelques matins avant la fin du mois.

Saturne

Nord. Dans le Verseau, elle se lève une heure et quart avant le Soleil le 1er et près de deux heures et quart avant lui le 30. Son élongation passe de 38° à 64° dans le mois et il est facile de la repérer à l'œil nu juste au-dessus de l'horizon est-sud-est après le 15, mais elle est encore trop basse pour que l'observation aux instruments donne de bons résultats. La turbulence transforme le disque et les anneaux en un bouillonnement flou à moins de 5° de hauteur, sauf en cas de stabilité atmosphérique exceptionnelle. Sa magnitude est seulement de 1 car l'inclinaison des anneaux est de plus en plus faible vue de la Terre : 8° seulement en fin de mois. Consultez le schéma de l'inclinaison des anneaux de Saturne de 2005 à 2045 de la p. 50, ainsi que le graphique de l'aspect de l'inclinaison de Saturne en 2022-2023 de la p. 51.
Tropiques. Conditions d'observation aux instruments déjà excellentes.

Uranus (Bélier) plonge vers le Soleil dans le ciel du soir et disparaît rapidement dans les lueurs crépusculaires. L'élongation solaire de Neptune (Poissons) dépasse 40° en fin de mois, mais, en Europe, l'inclinaison de l'écliptique la plaque contre l'horizon est à l'aube.

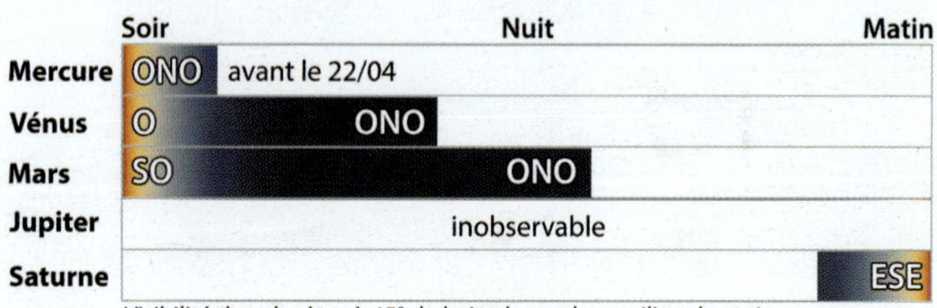

Visibilité des planètes à 45° de latitude nord, en milieu de mois.

Planétaire

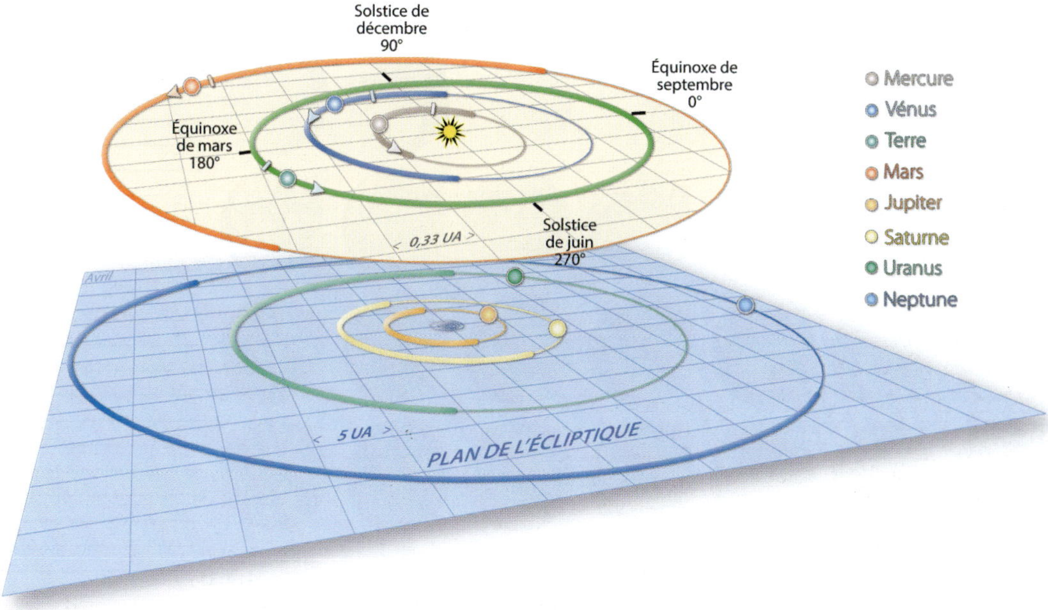

Vous trouverez en pages 67 et 69 des explications complètes sur ces deux schémas.

Le calendrier lunaire

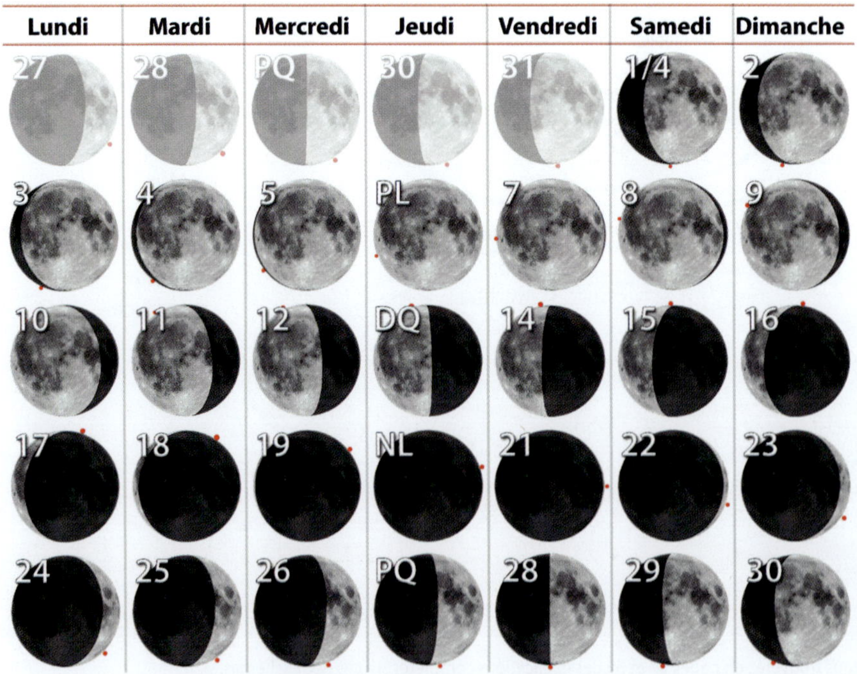

Longitude du terminateur	Soleil levant	Soleil couchant
1er/04	32°	
2	44°	
3	56°	
4	68°	
5	80°	
6		92°
7		105°
8		117°
9		129°
10		141°
11		153°
12		166°
13		178°
14		190°
15		202°
16		214°
17		227°
18		239°
19		251°
20		263°
21	275°	
22	288°	
23	300°	
24	312°	
25	324°	
26	337°	
27	349°	
28	1°	
29	13°	
30	25°	

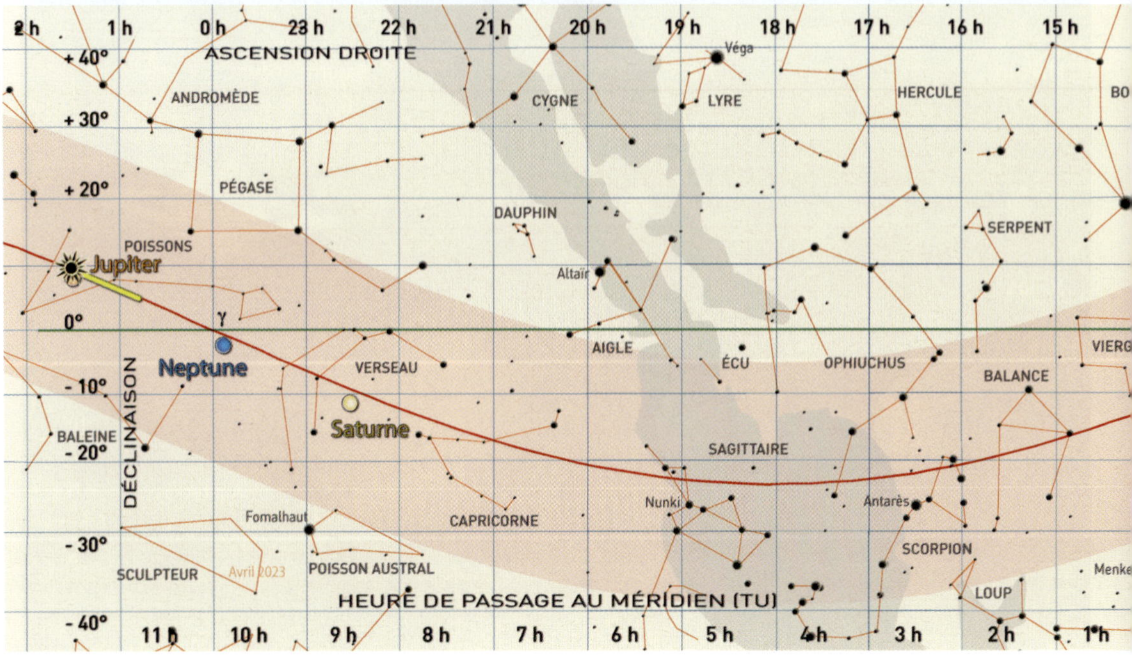

Hauteur mensuelle de la Lune

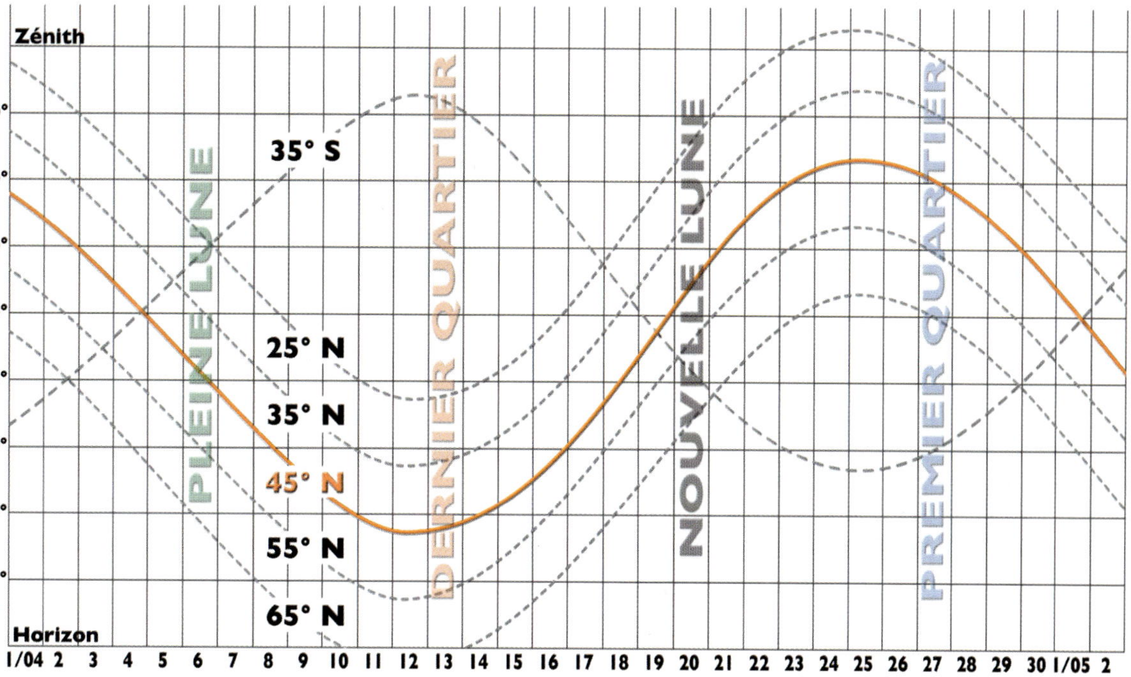

Le 1er avril à 0 h TU, la Lune est âgée de 10,3 jours.

La Lune atteint sa plus grande déclinaison vers le nord le 25 (28°) et sa plus grande déclinaison vers le sud le 12 (- 28°).

Vous trouverez en pages 35, 69, 70 et 71 des explications complètes sur ces trois schémas et ce tableau.

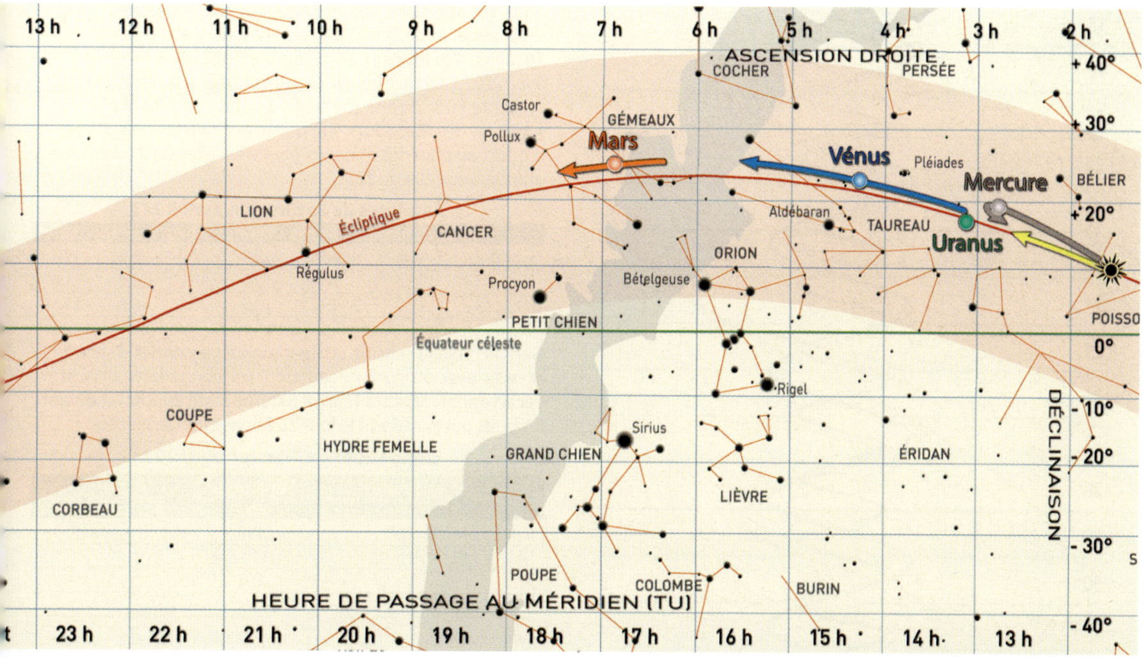

Satellites de Saturne

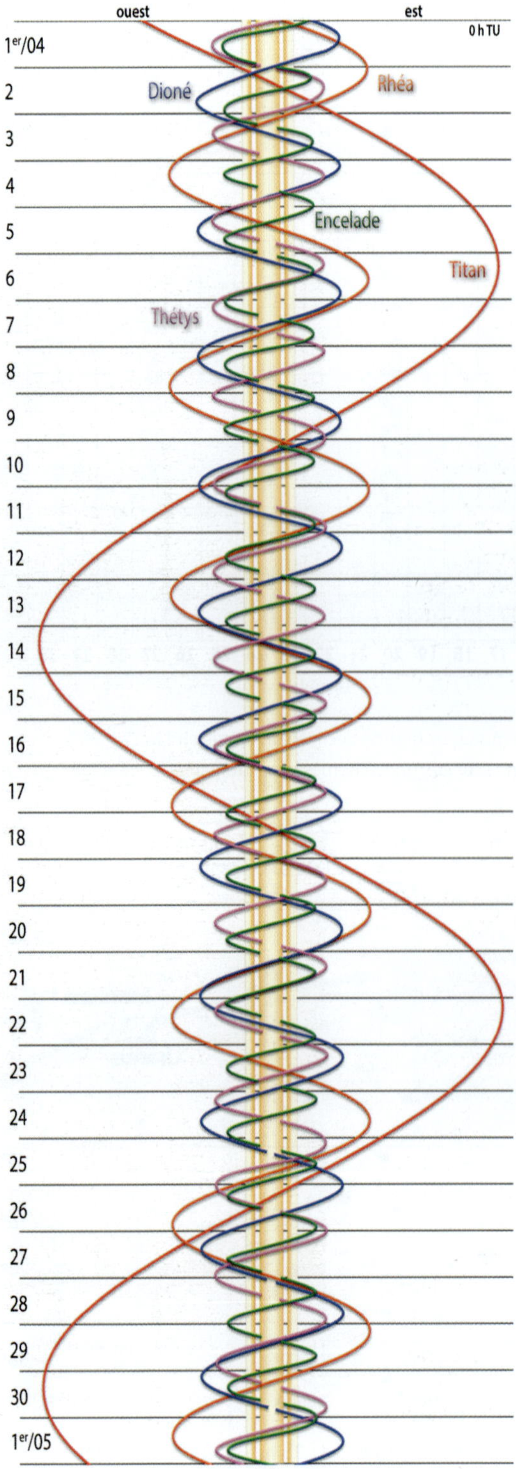

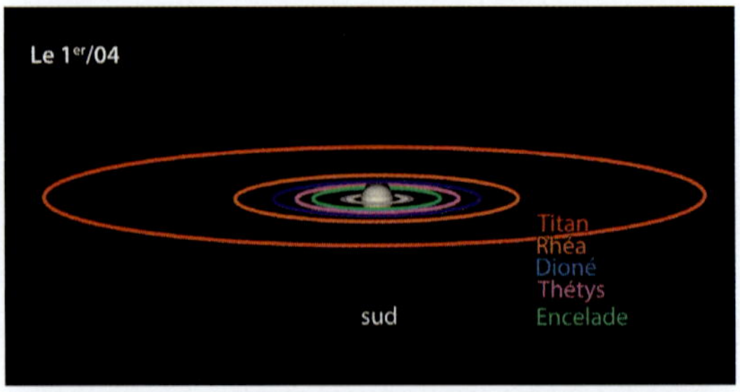

Les courbes ci-contre représentent les trajectoires apparentes des principales lunes de Saturne visibles dans les instruments d'amateurs : Encelade est en vert, Téthys en cyan, Dioné en violet, Rhéa en orange et Titan en rouge. La triple bande centrale symbolise le disque et les anneaux de cette planète à la même échelle. La barre horizontale au-dessus de chaque date indique 0 h TU ce jour. Le nord est en haut, l'est à droite et l'ouest à gauche ; si vous ne savez plus comment est orienté le champ de votre instrument, lisez le petit texte d'explication de la page 67. Le petit tableau ci-dessous donne la magnitude de ces lunes, plus Japet, dont l'orbite est trop grande pour être représentée ; cette lune peut s'éloigner à près de 10′ de Saturne. Japet a en outre la particularité de posséder un hémisphère très brillant et l'autre extrêmement sombre, et de présenter toujours la même face à Saturne, si bien que sa magnitude varie en fonction de sa position : elle atteint 10,2 lorsque Japet est à l'ouest de Saturne et que la partie la plus brillante nous regarde (albédo 0,5), et 11,7 quand elle se situe à l'est et que la portion aussi noire que du charbon prédomine (albédo 0,05). Pendant la période couverte par cette édition, vous pouvez observer Japet au nord de Saturne les 9 juin, 27 août et 14 novembre 2022 et les 2 février et 24 avril 2023. Japet est au sud de Saturne les 18 juillet, 4 octobre et 23 décembre 2022 et les 14 mars et 8 juin 2023. Sa magnitude est alors moyenne puisqu'il nous présente 50 % de chaque face. La période de révolution de Japet est de 79,33 jours, son orbite est inclinée de 15° par rapport au plan des anneaux et elle est près de 2,9 fois plus grande que celle de Titan.

Satellites de Saturne en avril 2023

	Mimas	Encelade	Téthys	Dioné	Rhéa	Titan	Japet
5	13,4	12,3	10,8	10,9	10,2	8,9	11,6
15	13,4	12,3	10,8	10,9	10,2	8,9	11,6
25	13,3	12,2	10,7	10,8	10,1	8,8	11,5

Dans le tableau suivant, la séparation en secondes d'arc est donnée avec un signe négatif pour les élongations à l'ouest. L'écart apparent entre Titan et Saturne reste important durant les nuits qui encadrent le jour de l'élongation maximale.

Élongations de Titan en avril 2023

Date	Heure	Séparation en ″
6	5 h 51	159
14	9 h 18	- 162
22	5 h 58	163
30	9 h 18	- 166

Diamètre apparent le 15 : 0,68″

Les phénomènes astronomiques au jour le jour

À NE PAS MANQUER CE MOIS-CI !

Le 6, Mercure, Vénus et Mars le soir.
Du 8 au 20, lumière zodiacale le soir.
Le 11, Vénus et les Pléiades.
Le 16, Saturne et la Lune.
Le 20, éclipse annulaire-totale de Soleil.
Le 21, Mercure et le croissant.
Le 22, les Pléiades et le croissant.
Le 24, Vénus et le croissant.
Le 26, Mars et la Lune.
Le 27, X et V lunaires.

Un ciel de printemps maculé d'airglow verdâtre et traversé par des cirrus jaunis par la pollution lumineuse de la côte méditerranéenne.

JJ TU

01 00 Samedi (91-274). Heure de début et de fin du crépuscule astronomique à 45° de latitude nord et 0° de longitude : le 1er (4 h/20 h 09 m) ; le 15 (3 h 29 m/20 h 33 m). La durée du jour est de 12 heures et 46 minutes le 1er et de 14 heures et 13 minutes le 30 ; le dernier jour du mois, le Soleil se lève 50 minutes plus tôt et se couche 37 minutes plus tard que le premier. La durée du crépuscule astronomique passe de 102 à 118 minutes sur le mois.

01 02 Le Soleil se lève sur la région du **golfe des Iris** (3) et, autour de 2 h 28 m, vous pouvez tenter d'observer avec un instrument une ou plusieurs raies lumineuses dans cette formation.

01 07 **Maximum d'éclat de l'étoile Delta Cephei** à 7 h. Sa magnitude varie de 3,5 à 4,4 au cours d'un cycle de 5,366 jours. Les autres maxima du mois se produisent le 6 à 16 h, le 12 à 0 h, le 17 à 9 h, le 22 à 18 h et le 28 à 3 h. Voir également le 2 novembre 2022.

01 12 À midi, début du jour julien 2 460 036.

01 20 L'étoile **Deneb** domine l'horizon nord de 1° à la fin du crépuscule astronomique à 45° de latitude nord.

02 00 Dimanche. 92e jour de l'année.

02 00 **L'inclinaison apparente des anneaux de Saturne** passe de + 9,2° à + 8° au cours du mois. Cette planète s'écarte de la position apparente du Soleil et elle redevient une cible intéressante dans les instruments des amateurs.

02 05 Formations lunaires proches du terminateur dans la journée : Harpalus, Aristarque, Hérodote et la vallée de Schröter, Schickard.

02 11 Conjonction géocentrique en longitude entre la Lune (Leo) et Régulus à 11 h 16 m (séparation : 4,2°). Le 1er et le 2 au soir, Régulus est l'étoile la plus brillante visible à côté de la Lune gibbeuse croissante.

AVRIL 2023

Les phénomènes astronomiques au jour le jour

02 23 Passage au méridien à minuit de la constellation de la **Chevelure de Bérénice**.

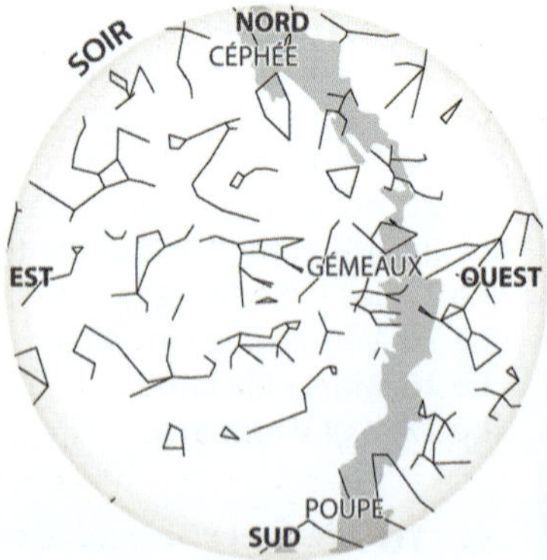

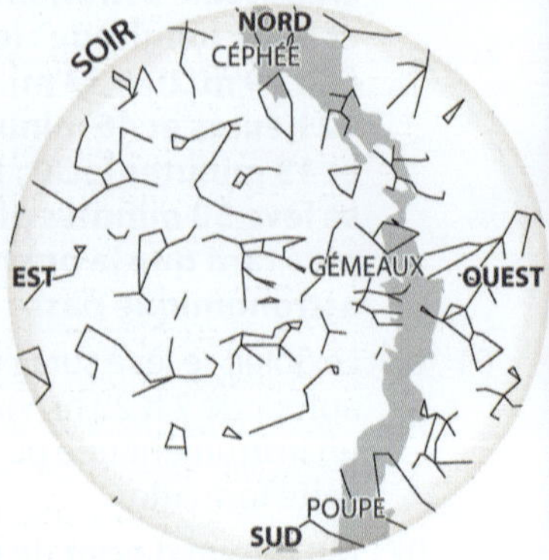

Début avril, à la fin du crépuscule, la **Voie lactée** s'étire du sud-sud-ouest au nord, de la Poupe à Céphée ; à l'ouest du zénith, les Gémeaux et le Cocher surplombent l'horizon d'une cinquantaine de degrés. L'éclat lunaire est gênant durant la première quinzaine. Vers minuit, la Voie lactée surligne l'horizon du sud-ouest au nord-est, avec Cassiopée juste au-dessus de l'horizon nord, et elle n'est visible que dans les très bons sites. Avant l'aube, le Triangle d'été est déjà loin au-dessus de l'est et la Voie lactée repose sur Persée au nord et sur le Scorpion au sud. L'arche galactique hivernale s'affaisse sur l'ouest en début de nuit, mais, avant l'aube, la plus belle portion de la Voie lactée estivale, du Cygne au Scorpion, s'arque au-dessus de l'horizon est à sud.

14e SEMAINE

03 00 Lundi (93-272). Une semaine qui déborde de Lune ! Il faut attendre le week-end prochain pour retrouver un peu de ciel noir en début de nuit. Constellation de la Lune chaque jour à 0 h pour 45° de latitude nord et 0° de longitude : L-Leo, M-Leo, M-Vir, J-Vir, V-Vir, S-Lib, D-Lib.

03 00 TSMG (voir p. 17) : 12 h 44 m 17 s.

03 00 Période du maximum d'éclat de l'étoile variable X Cam (0432+74). X Cam est une variable de type Mira (variable à longue période) dont la magnitude oscille entre 7,4 et 14,1 ; sa période est de 143,56 jours.

03 09 **Mercure** entre dans la constellation du Bélier.

03 12 À midi, début du jour julien 2 460 038.

03 19 **Minimum d'éclat de l'étoile variable Algol de Persée** (Bêta Persei) à 19 h ; sa magnitude est proche de 3,3. Les autres minima du mois se produisent le 6 à 16 h, le 9 à 13 h, le 12 à 9 h, le 15 à 6 h, le 18 à 3 h, le 21 à 0 h, le 23 à 21 h, le 26 à 18 h et le 29 à 14 h. Voir également le 2 octobre 2022.

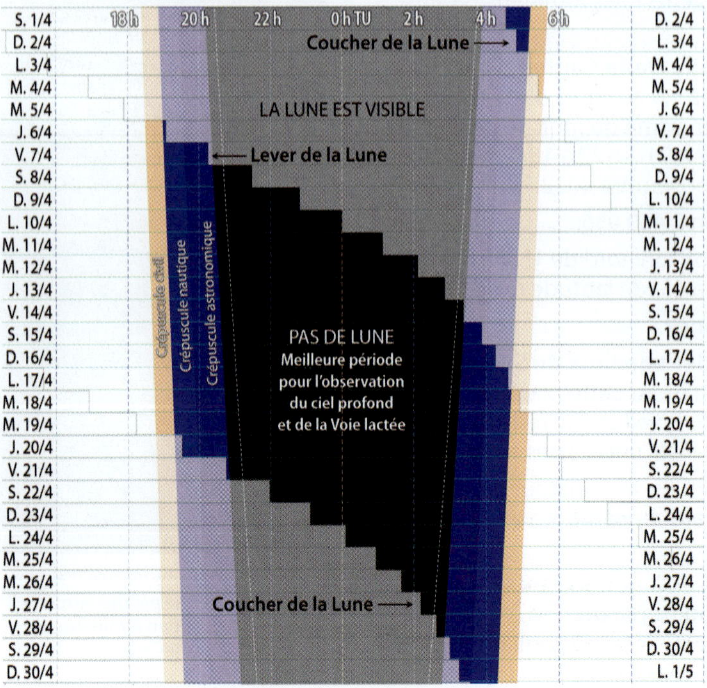

04 01 Mardi (94-271). Formation lunaire proche du terminateur dans la journée : Grimaldi.

04 14 À 14 h 16 m, la Terre passe exactement à 1 ua du Soleil, soit 149 597 870,691 km ou 8,316 746 minutes-lumière.

05 12 Mercredi (95-270). Cette semaine, le **Soleil** franchit le méridien à 51° de hauteur.

05 18 **Maximum d'éclat de l'étoile variable Êta Aquilae** (Aigle) à 18 h. Il s'agit d'une étoile de type céphéide dont la magnitude passe de 3,5 à 4,4 au cours d'un cycle de 7,177 jours. Les autres maxima du mois se produisent le 12 à 22 h, le 20 à 3 h et le 27 à 7 h. Voir également le 7 février 2023.

06 00 Jeudi (96-269). Pâque israélite (15 nissan 5783).

06 00 La Pleine Lune franchit le méridien à près de 35° de l'horizon sud à Lille et à près de 43° à Perpignan.

06 04 **Pleine Lune à 4 h 34 m (Vir).** Distance : 391 136 km, soit 61,32 rayons terrestres. Le 7 avril 2011, l'Assemblée générale des Nations unies a déclaré que le 12 avril serait dorénavant la Journée internationale du vol spatial habité en l'honneur du premier vol spatial habité (12 avril 1961, Youri Gagarine), je propose donc de parler en avril de la Pleine Lune de l'Espace. Le 5 à l'aube, une belle Lune encore à peine gibbeuse croissante (99 %) est observable au-dessus de l'horizon ouest et, une belle journée ensoleillée plus tard, son disque bien rond (99,8 %) surplombe l'horizon est-sud-est après le coucher du Soleil. Au cœur de la Vierge, la Pleine Lune reste un peu plus de onze heures dans le ciel nocturne pour se retrouver au ras de l'horizon ouest-sud-ouest le 6 juste avant le lever du Soleil. En observant l'ombre de la Terre qui entoure alors la Pleine Lune à l'opposé du Soleil, vous pouvez la prolonger dans l'espace par la pensée et imaginer qu'elle frôle notre satellite naturel, qui chemine malheureusement un tout petit peu trop au nord de l'écliptique pour qu'il se produise une éclipse.

06 05 **Élongation maximale de Titan** à l'ouest de Saturne à 5 h 51 m (159″). Retrouvez les autres élongations de Titan en avril à la page consacrée aux satellites de Saturne en début de mois.

06 16 Mercure et Vénus sont en conjonction héliocentrique.

06 19 **Conjonction géocentrique en longitude entre la Lune (Vir) et Spica** à 19 h 39 m (séparation : 3°). Cette nuit, il faut cacher la lampe lunaire du bout du doigt pour voir Spica juste à côté d'elle.

06 20 Du 6 au 15 avril, **Vénus est à moins de 6° de l'amas ouvert des Pléiades.**

06 22 Entre 22 h 19 m et 22 h 40 m, la petite planète **294 Felicia** (diamètre 56 km ; magnitude 15,1) occulte une étoile de magnitude 11,3 (TYC 5580-00821-1 ; ascension droite : 15 h 09 m 36 s ; déclinaison : - 8° 41′ 39″) dans la

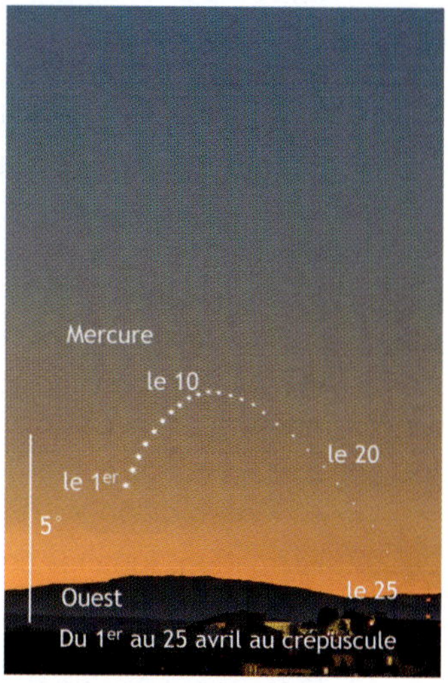

Profitez de la belle élongation de Mercure dans le ciel du soir pour la repérer au crépuscule durant quelques jours. Un peu plus d'une heure et quart après le coucher du Soleil, elle brille joliment à quelques degrés de hauteur au-dessus de l'horizon ouest-nord-ouest. En redressant la tête, l'éclat vénusien s'impose et, encore plus haut, repérez Mars, dont l'éclat orangé est à présent bien timide.

Les phénomènes astronomiques au jour le jour

constellation de la Balance. La diminution d'éclat devrait atteindre 3,9 magnitudes et durer près de 6 secondes au maximum sur la bande de centralité du phénomène, qui balaye la Suisse et la moitié nord de la France. Calculs d'Éric Frappa (www.euraster.net).

07 04 Vendredi (97-268). **Vénus** entre dans la constellation du Taureau.

07 13 La Lune passe au nœud descendant à 13 h 52 m (longitude moyenne : 214,0°). Distance : 386 185 km.

07 13 **Minimum d'éclat de l'étoile variable Sheliak** (Bêta de la Lyre) à 13 h. Sa magnitude varie de 3,3 à 4,3 au cours d'un cycle de 12,941 jours. L'autre minimum du mois se produit le 20 à 12 h. Voir également le 3 novembre 2022.

07 23 Passage au méridien à minuit de la constellation des **Chiens de chasse**.

08 00 Samedi (98-267). Période de libration minimale en longitude pour la Lune (l = - 5,3°).

08 02 Formations lunaires proches du terminateur dans la journée : Langrenus et Petavius, Endymion, l'albatros (bordure ouest de la mer des Crises).

08 19 Durant une dizaine de jours, profitez des dernières soirées pour admirer **la lumière zodiacale à la fin du crépuscule**. Elle luit autour de Vénus et des Pléiades à l'ouest-nord-ouest et – selon la qualité de votre site – elle est prise en sandwich entre les lueurs envahissantes de la pollution lumineuse et la Voie lactée qui se couche de plus en plus tôt. Je vous conseille de prendre de l'altitude et de guetter un ciel limpide pour tenter votre chance. Aux latitudes européennes, nous retrouverons la lumière zodiacale à l'aube à la fin de l'été.

09 00 Dimanche. 99e jour de l'année.

09 00 **Dimanche de Pâques.** Éléments du comput ecclésiastique grégorien pour 2023 : cycle solaire = 16 ; indiction romaine = 1 ; nombre d'or = 10 ; lettre dominicale = A ; épacte = 8. En 2024, le dimanche de Pâques sera le 31 mars.

09 03 **Dernier quartier de Mercure.**

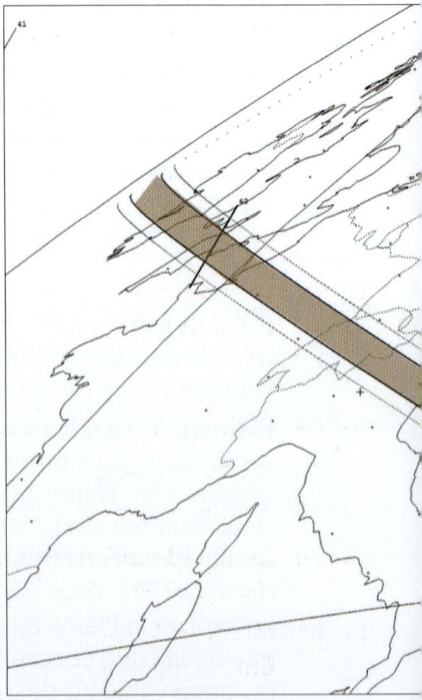

Durant la nuit du 6 au 7 avril, la petite planète 294 Felicia occulte une étoile de la Balance.

15e SEMAINE

10 00 Lundi (100-265). Le ciel d'hiver tire sa révérence et plonge vers l'ouest chaque soir un peu plus tôt ; quant au ciel d'été qui arrive en seconde partie de nuit, il est traversé par l'éclat lunaire. Constellation de la Lune chaque jour à 0 h pour 45° de latitude nord et 0° de longitude : L-Sco, M-Oph, M-Sgr, J-Sgr, V-Cap, S-Cap, D-Aqr.

10 00 TSMG (voir p. 17) : 13 h 11 m 53 s.

10 02 À 2 h 41 m, l'étoile 20 Sco (Sco - magnitude 2,9) est occultée par la Lune ; elle réapparaît à 3 h 33 m. Les deux astres sont alors à 19° au-dessus de l'horizon et la fraction éclairée de notre satellite est de 83 %.

10 02 Le Soleil se couche sur la région de **Maskelyne P et F** (1-86) entre 2 h et 3 h, et vous pouvez tenter d'observer avec un instrument une ou plusieurs raies lumineuses dans cette formation. Un peu plus tard, c'est au tour de **Stiborius** (2-158).

10 05 Mercure et Mars sont en conjonction héliocentrique.

10 06 **Conjonction géocentrique en longitude entre la Lune (Sco) et Antarès** à 6 h 49 m (séparation : 1,5°). À l'orée de l'aube, la Lune gibbeuse décroissante (83 %) est éblouissante au méridien juste à côté d'Antarès.

10 09 Formations lunaires proches du terminateur dans la journée : Fracastor, Piccolomini, Posidonius.

10 12 À midi, début du jour julien 2 460 045.

10 20 Ce soir et demain soir, **Vénus** brille à près de 2,5° au sud des Pléiades.

11 01 Mardi (101-264). Le Soleil se couche sur la région de **Catharina** (2-125) et, autour de 1 h 47 m, vous pouvez tenter d'observer avec un instrument une ou plusieurs raies lumineuses dans cette formation.

11 01 **Latitude nord maximale pour Mercure :** 7° (longitude héliocentrique : 138,3°).

11 03 À 3 h 19 m, l'étoile 43 Oph (Oph - magnitude 5,3) est occultée par la Lune ; elle réapparaît à 4 h 30 m. Les deux astres sont alors à 17° au-dessus de l'horizon et la fraction éclairée de notre satellite est de 74 %.

11 03 Formations lunaires proches du terminateur dans la journée : Theophilus, Cyrillus et Catherina, Aristote et Eudoxe.

11 08 **Conjonction géocentrique en longitude entre Vénus (Tau) et les Pléiades** à 8 h 59 m (séparation : 2,6°).

11 22 **Jupiter est en conjonction avec le Soleil** et passe à 1,1° du centre du disque solaire.

11 22 **Mercure atteint son élongation maximale à l'est : 19,5°.**

12 00 Mercredi (102-263). Formations lunaires proches du terminateur dans la journée : Maurolycus, Cassini, Triesnecker.

12 02 Le Soleil se couche sur la région de **Tempel** (1-79) et, autour de 2 h 06 m, vous pouvez tenter d'observer avec un instrument une ou plusieurs raies lumineuses dans cette formation. Un peu plus tard, c'est la région de **Lilius** (2-178) qu'il faut observer.

12 12 Le **Soleil** franchit le méridien à 54° de hauteur.

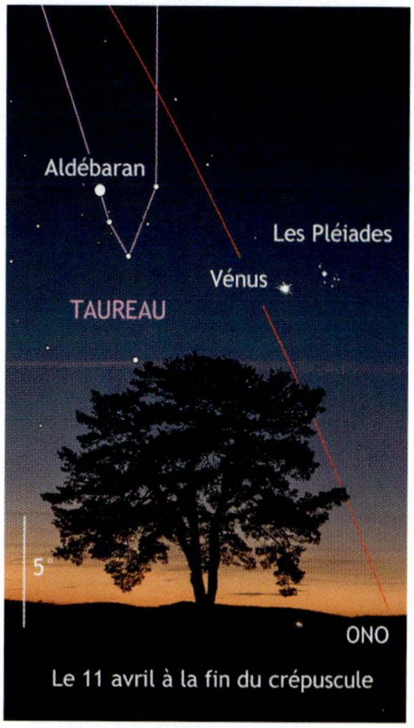

Le 11 avril à la fin du crépuscule, une heure et demie après le coucher du Soleil, les Pléiades apparaissent haut dans le ciel, à l'ouest-nord-ouest, juste à côté de l'éclat diamanté de Vénus, et ce groupe nous tient compagnie jusqu'à plus de minuit en heure légale.

Les phénomènes astronomiques au jour le jour

13 00 Jeudi (103-262). Formations lunaires proches du terminateur dans la journée : centre de la chaîne des Apennins, Ptolémée, Alphonse et Arzachel, Archimède, Moretus, Maginus, Mur droit, Platon.

13 03 Mercure et Saturne sont en opposition héliocentrique.

13 09 **Dernier Quartier de Lune à 9 h 11 m (Sgr).** Distance : 370 561 km, soit 58,10 rayons terrestres.

13 14 **Jupiter est au plus loin de la Terre** (apogée) à 5,955 ua, soit près de 891 millions de kilomètres.

13 23 L'étoile **Spica** de la Vierge passe au méridien à minuit. Sa hauteur est alors de 34° sud.

14 00 Vendredi (104-261). Formations lunaires proches du terminateur dans la journée : Ératosthène, Tycho, Clavius, Copernic et la chaîne de montagnes des Carpathes, Longomontanus.

14 00 Période de libration maximale en latitude pour la Lune (b = 6,8°).

14 03 À 3 h 51 m, l'étoile HD 195549 (Cap - magnitude 6,4) est occultée par la Lune ; elle réapparaît à 4 h 10 m. Les deux astres sont alors à 9° au-dessus de l'horizon et la fraction éclairée de notre satellite est de 41 %.

14 18 À 45° de latitude nord, l'étoile **Spica** de la Vierge se lève au moment du coucher du Soleil – on parle de lever achronique – et, dans un ciel limpide, il est possible de la repérer aux jumelles une trentaine de minutes plus tard vers 95° d'azimut et 3° de hauteur.

15 00 Samedi (105-260). Période du maximum d'éclat de l'étoile variable S Vir (1327-06). S Vir est une variable de type Mira (variable à longue période) dont la magnitude oscille entre 6,3 et 13,2 ; sa période est de 375,1 jours.

15 00 Période du maximum d'éclat de l'étoile variable X Mon (0652-08). X Mon est une variable semi-régulière dont la magnitude oscille entre 6,8 et 10,2 ; sa période est de 155,8 jours.

15 06 **Saturne occulte une étoile** de magnitude 9 (PPM 240229) entre 5 h 49 m et 6 h 58 m. L'occultation n'est pas observable en Europe, mais, à l'aube, juste après le lever de Saturne, l'étoile est visible à proximité de la planète aux anneaux.

15 08 Formations lunaires proches du terminateur dans la journée : Klaproth, golfe des Iris.

15 12 **L'équation du temps est nulle.**

15 16 Vénus devrait frôler ou occulter une étoile de magnitude 10,2 (PPM 93300) entre 16 h 17 m et 16 h 22 m. Inobservable en Europe.

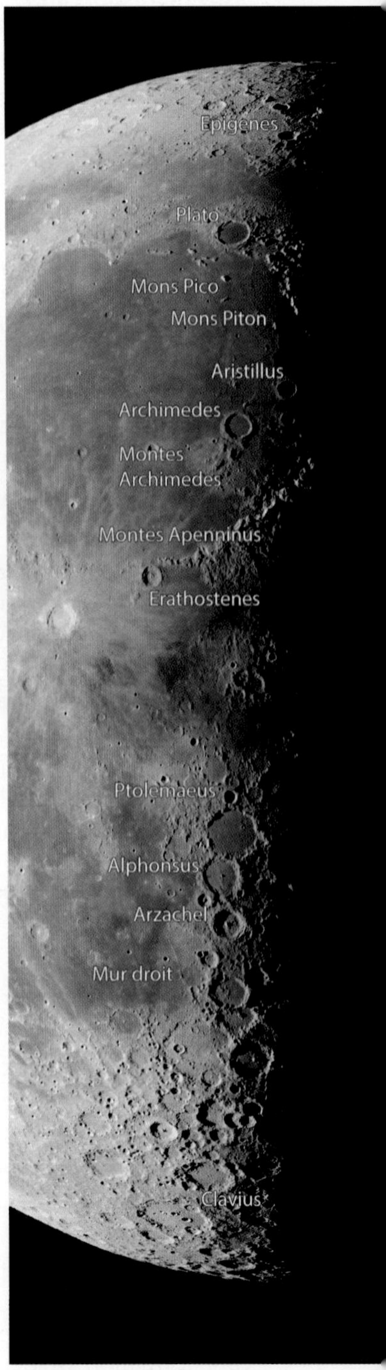

Crédit : NASA's Scientific Visualization Studio

16 00 Dimanche. 106e jour de l'année .

16 00 Pâque orthodoxe (3 avril 2023 dans le calendrier julien).

16 02 La Lune passe au périgée à 2 h 24 m. Distance : 367 968 km, soit 57,69 rayons terrestres.

16 05 **Conjonction géocentrique en longitude entre la Lune (Aqr) et Saturne** à 5 h 58 m (séparation : 3,2°). À l'aube, près d'une heure et quart avant le lever du Soleil, le croissant lunaire émerge de l'horizon est-sud-est juste en dessous de Saturne.

16 05 Formations lunaires proches du terminateur dans la journée : Kepler, Gassendi, Schiller, Doppelmayer, Harpalus, Aristarque, Hérodote et la vallée de Schröter.

16 15 Entre 15 h 21 m et 15 h 27 m, la petite planète **121 Hermione** (diamètre 185 km ; magnitude 13,8) occulte une étoile de magnitude 10,1 (TYC 1872-02076-1 ; ascension droite : 6 h 04 m 37 s ; déclinaison : 27° 17′ 17″) dans la constellation des Gémeaux. La diminution d'éclat devrait atteindre 3,7 magnitudes et durer près de 7 secondes au maximum sur la bande de centralité du phénomène, qui balaye La Réunion. Calculs d'Éric Frappa (www.euraster.net).

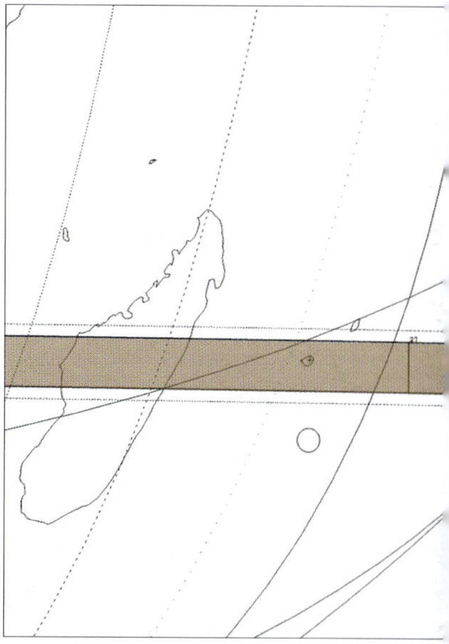

Le 16 avril, la petite planète 121 Hermione occulte une étoile des Gémeaux à La Réunion.

16e SEMAINE

17 00 Lundi (107-258). De belles nuits printanières sans la Lune en début de semaine, puis l'arrivée du jeune croissant qui éclaire le ciel du soir. Constellation de la Lune chaque jour à 0 h pour 45° de latitude nord et 0° de longitude : L-Aqr, M-Psc, M-Psc, J-Psc, V-Ari, S-Ari, D-Tau.

17 00 TSMG (voir p. 17) : 13 h 39 m 29 s.

17 12 À midi, début du jour julien 2 460 052.

17 13 **Vénus passe au périhélie** à 0,718 ua du Soleil, soit près de 107,5 millions de kilomètres.

17 16 Formation lunaire proche du terminateur dans la journée : Schickard.

18 04 Mardi (108-257). Ce matin à l'aube, guettez un fin croissant lunaire de 5 %. À 4 h 50 m, il est âgé de 47 heures avant la Nouvelle Lune et il est donc facile à voir à l'œil nu, mais, à cause de l'inclinaison de l'écliptique, il se situe à 2° de hauteur seulement et à 95° d'azimut, alors que le Soleil se situe à 4° sous l'horizon.

18 16 Formation lunaire proche du terminateur dans la journée : Grimaldi.

19 07 Mercredi (109-256). **Le Soleil entre dans la constellation du Bélier** (29°) à 7 h 43 m.

19 12 Cette semaine, le **Soleil** franchit le méridien à 56° de hauteur.

19 14 Le plus vieux croissant de la lunaison peut être observé avec un instrument optique au Pérou.

AVRIL 2023

Les phénomènes astronomiques au jour le jour

20 00 Jeudi (110-255). Pluton est en quadrature à l'ouest du Soleil.

20 04 **Nouvelle Lune à 4 h 12 m (Psc).** Distance : 375 903 km, soit 58,94 rayons terrestres.

20 04 **Éclipse annulaire-centrale totale de Soleil.** Durée de la totalité au maximum : 1 minute et 16 secondes. Magnitude au maximum : 1,0132. Zone de visibilité de l'éclipse partielle : sud-est de l'Asie, est de l'Inde, Australie, Philippines et Nouvelle-Zélande. Zone de visibilité de l'éclipse hybride annulaire-totale : Indonésie, Australie, Papouasie-Nouvelle-Guinée. Prochaine éclipse centrale de Soleil (annulaire d'une durée de 5 minutes et 17 secondes au maximum) le 14 octobre 2023 ; voir la carte p. 335.

L'éclipse totale de Soleil du 20 avril est visible de l'Australie à la Papouasie-Nouvelle-Guinée.

© Guillaume Cannat

20 08 **Le Soleil entre dans le signe astrologique du Taureau** (30°) à 8 h 13 m, mais, dans la réalité, il est entré hier dans la constellation du Bélier.

20 11 La Lune passe au nœud ascendant à 11 h 30 m (longitude moyenne : 34,0°). Distance : 377 113 km, soit 59,1 rayons terrestres.

20 15 Début de la 2270e rotation synodique du Soleil.

20 23 Maximum de l'essaim météoritique diurne des Piscides (144 APS), dont la période d'activité s'étend du 8 au 29 avril. Cet essaim ne peut être observé que par des techniques radio ou par radar. Longitude héliocentrique prévue pour le maximum de l'essaim (équinoxe 2000.0) : 30,3°.

21 00 Vendredi (111-254). **Dernier jour théorique du mois de Ramadan** de l'an 1444 de l'hégire, qui a théoriquement débuté le 23 mars ; pour connaître la date officielle du début du mois de Ramadan, il convient de se renseigner auprès des instances religieuses musulmanes. Le 20 avril au soir, le jeune croissant lunaire est visible à l'œil nu dans un ciel limpide depuis les États-Unis et l'Amérique centrale ; le 21 avril au soir, le jeune croissant est facile à voir à l'œil nu sur une très large portion de la planète. En 2024, le mois de Ramadan durera théoriquement du 11 mars au 9 avril.

21 08 **Conjonction géocentrique en longitude entre la Lune (Ari) et Mercure** à 8 h 06 m (séparation : 1,8°). Une heure après le coucher du Soleil, le croissant lunaire est bien visible à l'œil nu au-dessus de l'horizon ouest-nord-ouest, mais l'éclat de Mercure a fondu ces derniers jours et son repérage, même avec un instrument, est très délicat.

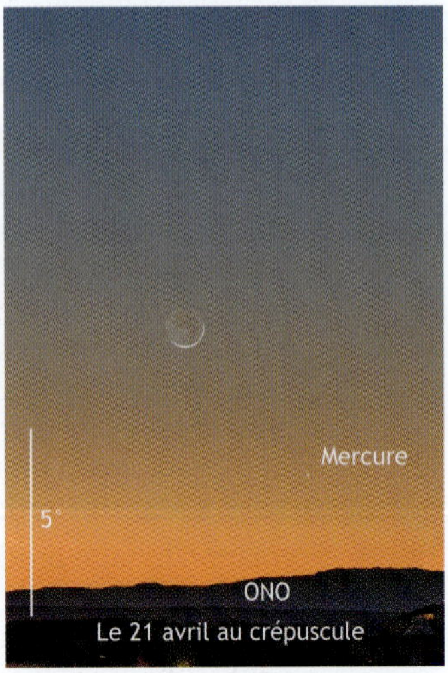

Le 21 avril au crépuscule, une heure après le coucher du Soleil, utilisez des jumelles pour tenter de repérer Mercure au ras de l'horizon ouest-nord-ouest, non loin du mince croissant lunaire.

21 16 **Mercure est stationnaire** en ascension droite puis elle rétrograde pendant 23 jours.

22 00 Samedi (112-253). Période de libration maximale en longitude pour la Lune (l = 5,1°).

22 10 **Conjonction géocentrique en longitude entre la Lune (Tau) et les Pléiades** à 10 h 34 m (séparation : 1,8°). Une heure et demie après le départ du Soleil, la fine barque lunaire est magnifique sur la gauche des Pléiades, à plus de 12° de hauteur au-dessus de l'horizon ouest-nord-ouest.

22 10 Vénus et Mars sont en conjonction héliocentrique.

22 20 À la fin du crépuscule, au-dessus de l'horizon ouest-nord-ouest, le mince croissant lunaire (8 %) expose sa douce lumière cendrée entre les Pléiades et Vénus.

22 21 **Latitude nord maximale pour Mars :** 1,8° (longitude héliocentrique : 139,5°).

22 22 Formations lunaires proches du terminateur dans la journée : Langrenus et Petavius.

23 00 Dimanche. 113e jour de l'année ; il reste 252 jours jusqu'au 31 décembre.

23 01 **Maximum de l'essaim météoritique des Lyrides** (006 LYR) – période d'activité du 14 au 30 avril. Rapides – environ 50 km/s au moment de leur entrée dans la haute atmosphère –, les Lyrides laissent fréquemment des traînées éclatantes visibles pendant plusieurs secondes. Leur radiant est proche de l'étoile Véga de la Lyre. Longitude héliocentrique prévue pour le maximum (équinoxe 2000.0) : 32,32°, mais, d'une année à l'autre, le maximum se produit entre 32° et 32,45° ; pour 2023, cela correspond à une période comprise entre 17 h le 22 avril et 4 h le 23 avril. Dans des conditions parfaites, le taux moyen d'étoiles filantes par heure constaté au cours de ces dernières années est proche de 20 pendant une bonne vingtaine d'heures autour du maximum. Cependant, les rapports d'observation montrent qu'il peut y avoir un taux bien supérieur – jusqu'à 250 ! – durant de courtes périodes, comme en 1982. Comme pour tous les essaims, la répartition dans l'espace des grains de matière qui créent les Lyrides est loin d'être parfaitement connue, si bien qu'il est fortement conseillé d'observer dans les nuits qui précèdent et suivent le jour du maximum annoncé. L'augmentation de l'activité annoncée pour le 22 avril 2006 vers 9 h 25 m (Lyytinen) n'a pas été observée. C'est le mathématicien Johann Galle qui, en comparant l'orbite de la comète périodique C/1861 G1 Thacher et celle qu'il avait calculée pour l'essaim, démontra que les poussières de ce dernier étaient issues de la première. Cette comète revient à proximité du Soleil tous les 410 ans, elle est ainsi l'astre chevelu associé à un essaim météoritique régulier possédant la plus longue période. En 2023, le maximum se produit en tout début de lunaison et l'éclat de notre satellite n'est donc pas dérangeant.

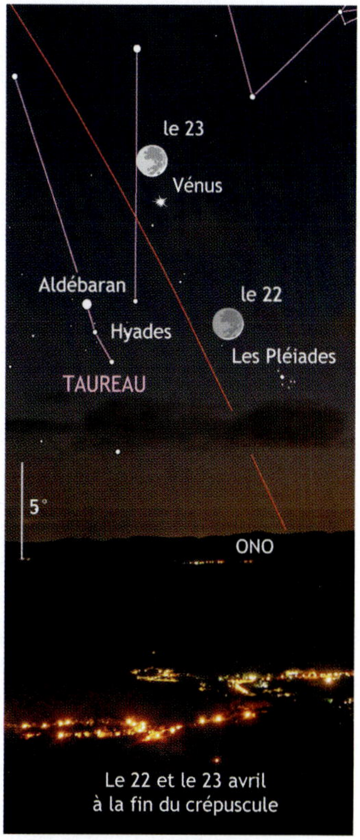

Le 22 et le 23 avril à la fin du crépuscule, une heure et demie après le départ du Soleil, la jeune Lune rend visite aux Pléiades et à Vénus au-dessus de l'horizon ouest-nord-ouest.

Les phénomènes astronomiques au jour le jour

23 06 Formations lunaires proches du terminateur dans la journée : Endymion, l'albatros (bordure ouest de la mer des Crises).

23 12 **Conjonction géocentrique en longitude entre la Lune (Tau) et Vénus** à 12 h 43 m (séparation : 1,3°). Le 22 et le 23, une heure et demie après le coucher du Soleil, la scène visible au-dessus de l'horizon ouest-nord-ouest est vraiment superbe : Vénus, le croissant lunaire et sa lumière cendrée, les Pléiades, Aldébaran et les Hyades embellissent le ciel crépusculaire.

23 14 **En plein jour.** Si vous parvenez à repérer le croissant lunaire à près de 70° de hauteur lors de son passage au méridien, l'éclat de Vénus devrait attirer votre regard à moins de 2° du limbe lunaire. Aux jumelles, en plaçant la Lune au centre, Vénus brillera en bas à droite du champ. Vu la hauteur du couple, la meilleure solution est de vous allonger au sol avec un petit coussin pour légèrement redresser votre tête. Le Soleil brille à plus de 40° à l'ouest de Vénus.

23 18 À 45° de latitude nord, l'étoile **Véga** de la Lyre se lève au moment du coucher du Soleil – on parle de lever achronique – et, dans un ciel limpide, il est possible de la repérer aux jumelles une vingtaine de minutes plus tard vers 30° d'azimut et 3° de hauteur.

Le 23 avril dans l'après-midi, Vénus et le croissant lunaire sont à moins de 1,3° d'écart et il faut tenter de les repérer aux jumelles dans le ciel bleu, très loin au-dessus de l'horizon sud.

17ᵉ SEMAINE

24 00 Lundi (114-251). L'éclat de la Lune croissante puis gibbeuse étreint progressivement la nuit entière cette semaine. Constellation de la Lune chaque jour à 0 h pour 45° de latitude nord et 0° de longitude : L-Tau, M-Gem, M-Gem, J-Gem, V-Cnc, S-Leo, D-Leo.

24 00 TSMG (voir p. 17) : 14 h 07 m 05 s.

24 06 **Maximum de l'essaim météoritique des Pi Puppides** (137 PPU), dont la période d'activité s'étend du 15 au 28 avril. Longitude héliocentrique prévue pour le maximum de l'essaim (équinoxe 2000.0) : 33,5°. Vitesse de pénétration atmosphérique : 18 km/s. Il s'agit d'un jeune essaim produit par la comète périodique 26P Grigg-Skjellerup (période de 5,3 années ; prochain passage au périhélie le 25 décembre 2023). Son activité a été détectée pour la première fois en 1972 et le nombre d'étoiles filantes par heure a varié d'une dizaine à plus de quarante ces dernières années. Étant donné la position du radiant dans la constellation de la Poupe, les observateurs des tropiques et de l'hémisphère austral sont aux premières loges ! Les Pi Puppides sont relativement lentes et lumineuses.

24 10 **Milieu de la saison d'éclipses :** le Soleil est à la même longitude que le nœud ascendant de la Lune (34°).

24 12 À midi, début du jour julien 2 460 059.

24 21 À 21 h 01 m, l'étoile HD 40589 (Gem - magnitude 6,0) est occultée par la Lune ; elle réapparaît à 21 h 28 m. Les deux astres sont alors à 23° au-dessus de l'horizon et la fraction éclairée de notre satellite est de 22 %.

25 05 Mardi (115-250). Formations lunaires proches du terminateur dans la journée : Fracastor, Piccolomini, Posidonius, Theophilus, Cyrillus et Catherina.

25 21 Le Soleil se lève sur la région de **Torricelli** (2-102) et, autour de 21 h 02 m, vous pouvez tenter d'observer avec un instrument une ou plusieurs raies lumineuses dans cette formation.

25 23 L'étoile **Arcturus** du Bouvier passe au méridien à minuit. Sa hauteur est alors de 64° sud.

26 03 Mercredi (116-249). **Conjonction géocentrique en longitude entre la Lune (Gem) et Mars** à 3 h 08 m (séparation : 3,2°). Le 25 au soir, deux heures après le coucher du Soleil, Mars et le gros croissant lunaire brillent au cœur des Gémeaux, à plus de 35° de hauteur au-dessus de l'horizon ouest.

26 06 Mercure et Jupiter sont en opposition héliocentrique.

26 12 Cette semaine, le **Soleil** franchit le méridien à 59° de hauteur.

26 14 Formations lunaires proches du terminateur dans la journée : Aristote et Eudoxe, Maurolycus.

26 17 **Conjonction géocentrique en longitude entre la Lune (Gem) et Pollux** à 17 h 30 m (séparation : 1,5°). Un bel alignement Castor, Pollux, Lune est visible de l'ouest au nord-ouest en première partie de nuit.

27 00 Jeudi (117-248). Période de libration minimale en latitude pour la Lune (b = - 6,8°).

27 00 Du 27 avril au 7 mai, **Mercure** traverse d'est en ouest le champ du coronographe LASCO C3 de la sonde *SOHO*.

27 12 Formations lunaires proches du terminateur dans la journée : Cassini, Triesnecker, centre de la chaîne des Apennins.

27 18 Au coucher du Soleil, pointez un instrument vers le quartier de Lune pour tenter de voir le « **X lunaire** » révélé par le Soleil rasant à l'intersection des cratères La Caille, Blanchinus et Purbach. Un peu plus tard, guettez le développement du **V** lumineux qui se déploie dans le cratère Ukert, pratiquement au centre de la Lune. Voir le 6 juin 2022.

27 21 Le Soleil se lève sur la région de la **vallée des Alpes** (1-22) et, autour de 21 h 39 m, vous pouvez tenter d'observer avec un instrument une ou plusieurs raies lumineuses dans cette formation.

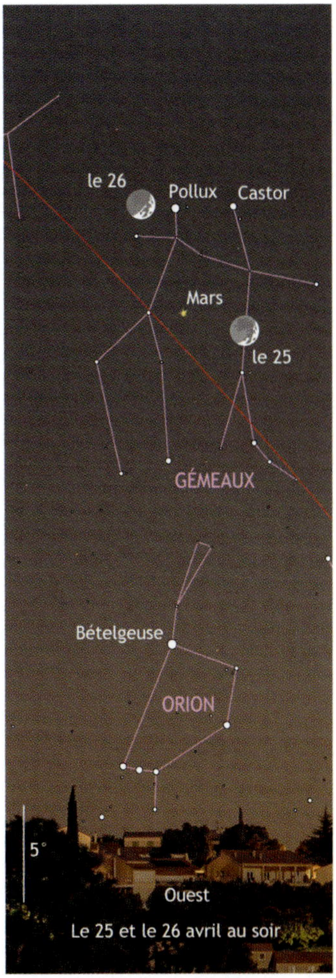

Le 25 et le 26 avril au soir, deux heures après le coucher du Soleil, Mars accueille la Lune dans les Gémeaux à plus de 35° de hauteur au-dessus de l'horizon ouest.

AVRIL 2023

Les phénomènes astronomiques au jour le jour

27 21 **Premier Quartier de Lune à 21 h 20 m (Cnc).** Distance : 404 200 km, soit 63,37 rayons terrestres.

27 22 Le Soleil se lève sur la région de **Walter** (2-150) et, autour de 22 h 55 m, vous pouvez tenter d'observer avec un instrument une ou plusieurs raies lumineuses dans cette formation. Même chose dans l'heure qui suit dans la région de **La Caille** (2-136).

28 00 Vendredi (118-247). Entre 0 h 50 m et 1 h 17 m, la petite planète **432 Pythia** (diamètre 47 km ; magnitude 12,1) occulte une étoile de magnitude 10 (TYC 1446-01948-1 ; ascension droite : 12 h 44 m 49 s ; déclinaison : 16° 19′ 17″) dans la constellation de la Chevelure de Bérénice. La diminution d'éclat devrait atteindre 2,3 magnitudes et durer près de 6 secondes au maximum sur la bande de centralité du phénomène, qui balaye le sud de la Suisse et le centre de la France d'est en ouest. Calculs d'Éric Frappa (www.euraster.net).

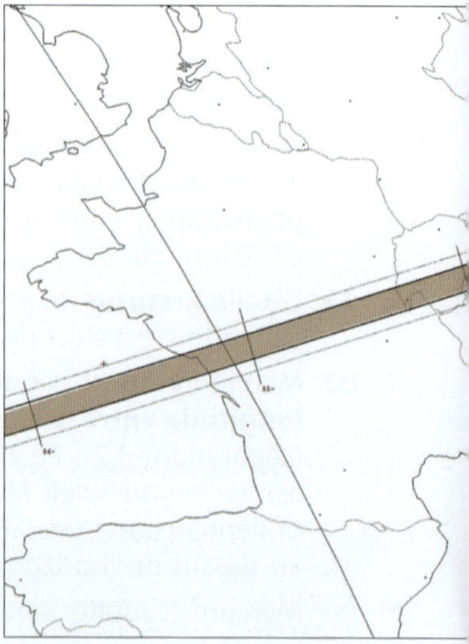

Durant la nuit du 27 au 28 avril, la petite planète 432 Pythia occulte une étoile de la Chevelure de Bérénice.

28 06 Formations lunaires proches du terminateur dans la journée : Ptolémée, Alphonse et Arzachel, Archimède, Maginus, Moretus, Mur droit, Platon, Tycho, Ératosthène.

28 06 La Lune passe à l'apogée à 6 h 43 m. Distance : 404 299 km, soit 63,39 rayons terrestres.

28 19 Vénus et Saturne sont en opposition héliocentrique.

29 00 Samedi (119-246). Le Soleil se lève sur la région d'**Epigenes** (3-204) et, autour de 0 h 11 m, vous pouvez tenter d'observer avec un instrument une ou plusieurs raies lumineuses dans cette formation.

29 03 Formations lunaires proches du terminateur dans la journée : Clavius, Copernic et la chaîne de montagnes des Carpathes, Longomontanus.

29 12 Le **Soleil** franchit le méridien au zénith à la Martinique.

29 19 **Conjonction géocentrique en longitude entre la Lune (Leo) et Régulus** à 19 h 17 m (séparation : 4,3°). Dès la fin du crépuscule nautique, Régulus est visible juste en dessous de la Lune gibbeuse croissante.

30 00 Dimanche. 120e jour de l'année.

30 16 **En plein jour.** Dans un ciel bleu limpide, vous pouvez admirer aux jumelles la parenthèse lumineuse du **golfe des Iris** visible au nord du terminateur lunaire.

30 16 **Opposition de la petite planète 7 Iris.** Prochaine opposition le 6 août 2024.

30 17 La comète **C/2021 Y1 ATLAS** passe au plus près du Soleil (périhélie) à 304 millions de kilomètres. Son éclat pourrait atteindre la magnitude 12.

30 18 La petite planète **7 Iris passe au périgée** à 1,927 ua. Sa magnitude est proche de 9,5.

L'éclipse hybride de Soleil du 20 avril 2023

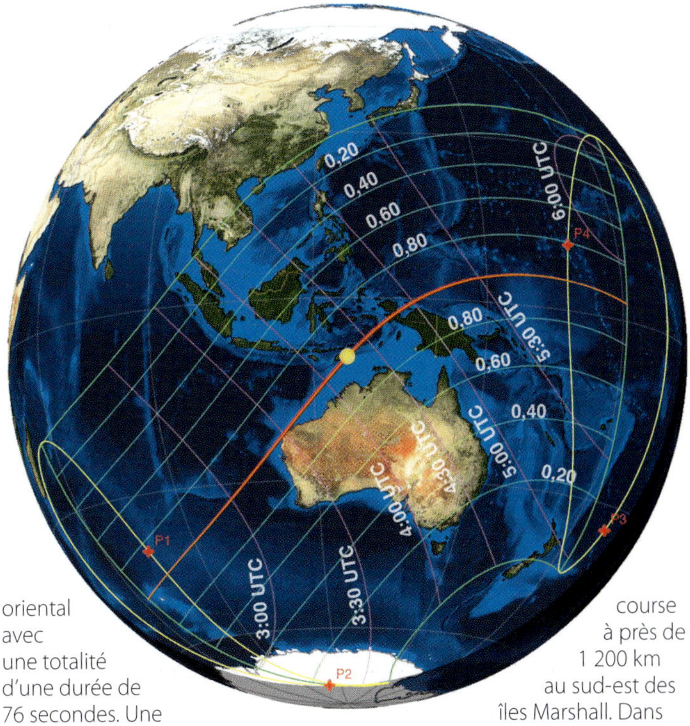

La première des deux éclipses centrales de Soleil en 2023 se déroule le jeudi 20 avril de l'océan Indien à l'océan Pacifique. L'ombre lunaire touche la Terre à 380 km à l'ouest des îles Kerguelen, où une éclipse partielle à plus de 92 % est visible au lever du Soleil. La distance de la Lune est un peu trop grande pour que son diamètre apparent puisse cacher totalement celui du Soleil et, durant les premières dizaines de secondes du phénomène, c'est une éclipse centrale annulaire extrêmement courte qui peut être observée dans l'étroite bande de centralité. L'ombre lunaire file ensuite dans le sud de l'océan Indien durant près d'une heure avant d'effleurer l'Australie au niveau du cap du Nord-Ouest et de la petite ville d'Exmouth : une éclipse totale de près d'une minute est observable depuis cette étroite bande de Terre qui risque d'être inhabituellement surpeuplée ! Vient ensuite le tour du parc marin de Ningaloo et de plusieurs îles, dont celle de Barrow, où la totalité atteint 65 secondes, puis l'ombre file vers la mer de Timor. Le maximum de l'éclipse se produit à une quarantaine de kilomètres au sud de l'île du Timor oriental avec une totalité d'une durée de 76 secondes. Une demi-heure plus tard, l'ombre traverse la Papouasie occidentale et son cortège d'îles où l'on peut observer une éclipse totale de pratiquement 70 secondes. Il s'agit des dernières terres balayées par l'ombre, qui file dans le sud de l'océan Pacifique pour terminer sa course à près de 1 200 km au sud-est des îles Marshall. Dans la dernière minute de son parcours, l'éclipse centrale est de nouveau annulaire. Durant l'éclipse, les planètes Jupiter, à 6° à l'ouest du Soleil, et Vénus, à 40° à l'est, seront bien visibles à l'œil nu. L'ombre est en contact avec la Terre pendant plus de 3 heures et 20 minutes et sa trajectoire mesure près de 13 820 km.

Il s'agit de la 52e éclipse du saros n° 129, qui a commencé le 3 octobre 1103 et prendra fin le 21 février 2528. Ce saros contient 80 éclipses : 39 partielles, 29 annulaires, 9 totales et 3 hybrides. La précédente éclipse de ce saros était celle du 8 avril 2005 (H) et la prochaine se déroulera le 30 avril 2041 (T).

Source : Fred Espenak avec un Delta T égal à 80,2 secondes.

CHRONOLOGIE EN TU

16 avril

2 h 24 m La Lune passe au périgée à 367 968 km.

20 avril

1 h 34 m Premier contact de la pénombre de la Lune avec le globe terrestre ; début de l'éclipse partielle (P1).

2 h 37 m Premier contact de l'ombre lunaire avec le globe terrestre au sud de l'océan Indien à 380 km à l'ouest des Kerguelen ; début de l'éclipse centrale (U1).

4 h 12 m Nouvelle Lune dans les Poissons ; la Lune est à 375 903 km. La Lune et le Soleil ont la même longitude sur l'écliptique : le centre de la Lune est exactement au sud du centre du Soleil mesuré perpendiculairement à l'écliptique.

4 h 16 m 37 s Maximum de l'éclipse ; magnitude 1,0132, c'est-à-dire que le diamètre apparent du disque lunaire est 1,0132 fois plus grand que le diamètre apparent du disque solaire (valeurs topocentriques) ; diamètre apparent du Soleil au maximum : 31′51″ ; diamètre apparent de la Lune au maximum : 32′17″ ; gamma = - 0,3951, c'est-à-dire que l'axe de l'ombre lunaire passe à 0,3951 rayon terrestre au sud du centre de la Terre, soit à 2 520 km du centre. La durée maximale de l'éclipse totale est de 1 minute et 16 secondes au sud du Timor oriental par 9° 35,4′S, 125° 48,4′E ; le Soleil est à 67° de hauteur (azimut 334°) ; la largeur de la bande de centralité est de 49 km.

5 h 56 m Dernier contact de l'ombre lunaire avec le globe terrestre à 1 200 km au sud-est des îles Marshall (océan Pacifique) ; fin de l'éclipse totale (U4).

6 h 59 m Dernier contact de la pénombre avec le globe terrestre au sud de l'océan Pacifique ; fin de l'éclipse partielle (P4).

11 h 30 m La Lune passe au nœud ascendant.

24 avril

Milieu de la saison d'éclipses.

28 avril

6 h 43 m La Lune passe à l'apogée à 404 299 km.

Sur le web

Pour plus de renseignements sur cette éclipse, ses horaires, la météorologie des régions concernées, des cartes précises, tapez l'un des mots-clés suivants dans un moteur de recherche : IMCCE ; Fred Espenak ; Jay Anderson ; Xavier Jubier.

Le Soleil et les planètes

	JOUR	ASCENSION DROITE	DÉCLINAISON	CONSTELLATION	Ø APPARENT	ÉQUATION DU TEMPS	DISTANCE	DISTANCE LUMIÈRE	LEVER	MÉRIDIEN	HAUTEUR	COUCHER
		h m s	° ′ ″			m s	ua	m s	h m	h m		h m
Soleil	2	0 44 07	+ 4 44 28	Psc	32′ 01″	+ 3 46	0,9993	8 19	05 40	12 04	50°	18 29
	6	0 58 43	+ 6 16 10	Psc	31′ 58″	+ 2 36	1,0004	8 19	05 32	12 02	51°	18 34
	10	1 13 22	+ 7 46 08	Psc	31′ 56″	+ 1 30	1,0016	8 20	05 25	12 01	53°	18 39
	14	1 28 06	+ 9 14 02	Psc	31′ 54″	+ 0 27	1,0027	8 20	05 18	12 00	54°	18 44
	18	1 42 55	+ 10 39 30	Psc	31′ 52″	- 0 30	1,0039	8 21	05 11	11 59	56°	18 49
	22	1 57 50	+ 12 02 11	Ari	31′ 50″	- 1 21	1,0050	8 21	05 04	11 59	57°	18 54
	26	2 12 53	+ 13 21 41	Ari	31′ 48″	- 2 05	1,0061	8 22	04 58	11 58	59°	18 59
	30	2 28 03	+ 14 37 38	Ari	31′ 46″	- 2 41	1,0071	8 23	04 51	11 57	60°	19 04

	JOUR	ASCENSION DROITE	DÉCLINAISON	CONSTELLATION	MAGNITUDE	Ø APPARENT	ÉLONGATION	DISTANCE	FRACTION ÉCLAIRÉE	LEVER	MÉRIDIEN	HAUTEUR	COUCHER
		h m s	° ′ ″					ua		h m	h m		h m
Mercure	2	1 38 55	+ 11 30 10	Psc	- 0,9	6	15,1° E	1,1278	77 %	06 08	13 00	57°	19 54
	6	2 03 09	+ 14 31 09	Ari	- 0,3	6,5	17,8° E	1,0281	62 %	06 03	13 08	60°	20 14
	10	2 23 11	+ 16 52 11	Ari	0,4	7,3	19,2° E	0,9239	47 %	05 57	13 12	62°	20 28
	14	2 37 56	+ 18 27 02	Ari	1,2	8,2	19,1° E	0,8239	33 %	05 48	13 10	64°	20 32
	18	2 46 39	+ 19 12 50	Ari	2,1	9,1	17,3° E	0,7349	21 %	05 37	13 02	64°	20 26
	22	2 49 09	+ 19 08 53	Ari	3,0	10,2	14,0° E	0,6614	11 %	05 24	12 48	64°	20 11
	26	2 46 03	+ 18 17 31	Ari	3,8	11,1	9,1° E	0,6067	4 %	05 09	12 28	63°	19 46
	30	2 38 57	+ 16 47 30	Ari	4,2	11,7	3,2° E	0,5726	1 %	04 54	12 05	62°	19 15
Vénus	2	3 05 47	+ 18 29 56	Ari	- 4,0	14,2	37,2° E	1,1853	77 %	07 03	14 26	64°	21 50
	6	3 24 50	+ 19 56 57	Ari	- 4,1	14,5	38,0° E	1,1590	76 %	07 00	14 29	65°	22 00
	10	3 44 05	+ 21 16 02	Tau	- 4,1	14,9	38,7° E	1,1321	74 %	06 57	14 33	66°	22 10
	14	4 03 31	+ 22 26 34	Tau	- 4,1	15,2	39,5° E	1,1047	73 %	06 54	14 36	68°	22 19
	18	4 23 09	+ 23 27 58	Tau	- 4,1	15,6	40,2° E	1,0766	72 %	06 53	14 40	69°	22 29
	22	4 42 53	+ 24 19 44	Tau	- 4,1	16	40,9° E	1,0480	70 %	06 52	14 44	69°	22 37
	26	5 02 43	+ 25 01 27	Tau	- 4,1	16,5	41,5° E	1,0188	69 %	06 53	14 48	70°	22 45
	30	5 22 33	+ 25 32 49	Tau	- 4,1	17	42,1° E	0,9891	67 %	06 54	14 52	71°	22 52
Mars	6	6 25 19	+ 25 19 43	Gem	1,1	6,2	79,8° E	1,5028	90 %	09 32	17 28	70°	01 26
	14	6 43 32	+ 24 59 59	Gem	1,2	5,9	76,1° E	1,5801	90 %	09 20	17 15	70°	01 11
	22	7 02 08	+ 24 32 02	Gem	1,3	5,7	72,5° E	1,6558	91 %	09 10	17 02	69°	00 55
	30	7 20 59	+ 23 55 31	Gem	1,5	5,4	69,0° E	1,7295	91 %	09 01	16 49	69°	00 40
Jupiter	6	1 16 42	+ 6 57 12	Psc	- 2,0	33,1	4,4° E	5,9494	100 %	05 48	12 19	52°	18 50
	14	1 23 55	+ 7 40 40	Psc	- 2,0	33,1	1,5° O	5,9551	100 %	05 21	11 55	53°	18 29
	22	1 31 09	+ 8 23 26	Psc	- 2,0	33,1	7,4° O	5,9481	100 %	04 54	11 31	53°	18 07
	30	1 38 21	+ 9 05 11	Psc	- 2,0	33,2	13,3° O	5,9283	100 %	04 27	11 06	54°	17 46
Saturne	6	22 22 39	- 11 34 18	Aqr	1,0	15,7	42,7° O	10,5230	100 %	04 10	09 25	33°	14 41
	14	22 25 35	- 11 18 43	Aqr	1,0	15,9	49,8° O	10,4260	100 %	03 40	08 57	34°	14 13
	22	22 28 17	- 11 04 34	Aqr	1,0	16	56,9° O	10,3190	100 %	03 10	08 28	34°	13 45
	30	22 30 42	- 10 52 03	Aqr	1,0	16,2	64,1° O	10,2030	100 %	02 41	07 59	34°	13 17
Uranus	6	2 58 43	+ 16 37 11	Ari	5,8	3,4	31,1° E	20,5050	100 %	06 49	14 00	62°	21 12
	18	3 01 17	+ 16 48 11	Ari	5,9	3,4	20,0° E	20,5940	100 %	06 03	13 16	62°	20 29
	30	3 04 00	+ 16 59 37	Ari	5,9	3,4	9,0° E	20,6460	100 %	05 18	12 31	62°	19 45
Neptune	6	23 46 49	- 2 42 24	Psc	8,0	2,2	20,0° O	30,8480	100 %	04 58	10 49	42°	16 41
	18	23 48 22	- 2 32 41	Psc	8,0	2,2	31,4° O	30,7620	100 %	04 11	10 03	42°	15 55
	30	23 49 46	- 2 23 56	Psc	7,9	2,2	42,7° O	30,6420	100 %	03 25	09 18	43°	15 10

Les éphémérides du Soleil, des planètes et de la Lune proposées sur ces deux pages sont calculées à 0 h TU pour une latitude de 45° nord et une longitude de 0°.

La Lune

	JOUR	ASCENSION DROITE	DÉCLINAISON	CONSTELLATION	Ø APPARENT	PARALLAXE HORIZONTALE	FRACTION ÉCLAIRÉE	JOUR	ÉLONGATION	DISTANCE	LEVER	MÉRIDIEN	HAUTEUR	COUCHER
		h m s	° ′ ″							km	h m	h m		h m
S 1	91	9 06 33	21 58 58	Cnc	29′ 31″	54′ 10″	76 %	10,3	121° E	404 754	13 h 31	21 h 09	63°	4 h 09
D 2	92	9 54 09	17 58 01	Leo	29′ 36″	54′ 20″	84 %	11,3	132° E	403 600	14 h 37	21 h 52	58°	4 h 33
L 3	93	10 39 56	13 12 34	Leo	29′ 46″	54′ 37″	90 %	12,3	144° E	401 502	15 h 43	22 h 34	53°	4 h 53
M 4	94	11 24 30	7 53 07	Leo	29′ 58″	54′ 59″	95 %	13,3	155° E	398 681	16 h 49	23 h 15	47°	5 h 11
M 5	95	12 08 39	2 10 34	Vir	30′ 13″	55′ 28″	99 %	14,3	166° E	395 377	17 h 56	23 h 57	41°	5 h 28
J 6	96	12 53 16	- 3 43 16	Vir	30′ 30″	55′ 58″	100 %	15,3	178° E	391 823	19 h 05			5 h 46
V 7	97	13 39 20	- 9 34 56	Vir	30′ 47″	56′ 29″	99 %	16,3	170° O	388 222	20 h 17	0 h 41	35°	6 h 05
S 8	98	14 27 50	- 15 08 43	Lib	31′ 03″	56′ 59″	96 %	17,3	158° O	384 733	21 h 31	1 h 27	29°	6 h 26
D 9	99	15 19 38	- 20 06 16	Lib	31′ 19″	57′ 29″	91 %	18,3	146° O	381 456	22 h 47	2 h 16	24°	6 h 53
L 10	100	16 15 18	- 24 06 58	Sco	31′ 34″	57′ 56″	84 %	19,3	133° O	378 449		3 h 11	20°	7 h 28
M 11	101	17 14 42	- 26 49 38	Oph	31′ 48″	58′ 22″	75 %	20,3	120° O	375 733	0 h 02	4 h 09	17°	8 h 13
M 12	102	18 16 53	- 27 56 11	Sgr	32′ 00″	58′ 44″	65 %	21,3	107° O	373 322	1 h 09	5 h 10	16°	9 h 11
J 13	103	19 20 01	- 27 16 23	Sgr	32′ 11″	59′ 04″	54 %	22,3	94° O	371 251	2 h 06	6 h 11	17°	10 h 21
V 14	104	20 22 02	- 24 51 09	Cap	32′ 20″	59′ 20″	43 %	23,3	81° O	369 587	2 h 50	7 h 11	20°	11 h 40
S 15	105	21 21 27	- 20 52 22	Cap	32′ 26″	59′ 31″	32 %	24,3	68° O	368 445	3 h 25	8 h 08	25°	13 h 01
D 16	106	22 17 41	- 15 39 21	Aqr	32′ 28″	59′ 35″	21 %	25,3	55° O	367 972	3 h 52	9 h 01	31°	14 h 22
L 17	107	23 11 02	- 9 34 46	Aqr	32′ 26″	59′ 32″	13 %	26,3	42° O	368 327	4 h 15	9 h 51	37°	15 h 40
M 18	108	0 02 17	- 3 01 56	Psc	32′ 20″	59′ 19″	6 %	27,3	28° O	369 636	4 h 36	10 h 39	44°	16 h 57
M 19	109	0 52 29	3 36 32	Psc	32′ 08″	58′ 57″	2 %	28,3	15° O	371 956	4 h 56	11 h 27	51°	18 h 14
J 20	110	1 42 42	9 59 15	Psc	31′ 51″	58′ 26″	0 %	29,3	3° O	375 240	5 h 16	12 h 15	58°	19 h 30
V 21	111	2 33 47	15 46 22	Ari	31′ 30″	57′ 48″	1 %	0,8	10° E	379 330	5 h 39	13 h 05	63°	20 h 45
S 22	112	3 26 21	20 40 08	Ari	31′ 07″	57′ 06″	4 %	1,8	22° E	383 964	6 h 07	13 h 56	68°	21 h 59
D 23	113	4 20 32	24 25 44	Tau	30′ 44″	56′ 24″	9 %	2,8	34° E	388 808	6 h 40	14 h 49	71°	23 h 08
L 24	114	5 15 55	26 52 31	Tau	30′ 22″	55′ 43″	15 %	3,8	46° E	393 494	7 h 21	15 h 43	72°	
M 25	115	6 11 39	27 55 14	Gem	30′ 03″	55′ 08″	23 %	4,8	58° E	397 659	8 h 11	16 h 36	73°	0 h 08
M 26	116	7 06 34	27 34 33	Gem	29′ 48″	54′ 41″	32 %	5,8	69° E	400 989	9 h 08	17 h 28	71°	0 h 59
J 27	117	7 59 41	25 56 18	Gem	29′ 38″	54′ 23″	41 %	6,8	80° E	403 237	10 h 11	18 h 17	69°	1 h 39
V 28	118	8 50 24	23 09 49	Cnc	29′ 34″	54′ 15″	51 %	7,8	91° E	404 248	11 h 16	19 h 03	65°	2 h 11
S 29	119	9 38 39	19 25 43	Leo	29′ 35″	54′ 17″	60 %	8,8	102° E	403 964	12 h 22	19 h 47	60°	2 h 36
D 30	120	10 24 47	14 54 41	Leo	29′ 42″	54′ 29″	69 %	9,8	113° E	402 428	13 h 28	20 h 29	55°	2 h 58

La Lune des spécialistes

	Libration		Angle de position	
	l	b	axe	phase
1	0,1°	- 6,7°	16,7°	289,5°
2	- 1,2°	- 6,4°	19,4°	293,7°
3	- 2,3°	- 5,8°	21,2°	297,1°
4	- 3,3°	- 4,9°	22,1°	299,8°
5	- 4,1°	- 3,7°	22,2°	302,5°
6	- 4,7°	- 2,4°	21,4°	323,5°
7	- 5,1°	- 0,9°	19,6°	111,1°
8	- 5,3°	0,6°	17,0°	111,4°
9	- 5,2°	2,2°	13,4°	108,2°
10	- 5,0°	3,6°	8,8°	103,2°
11	- 4,5°	4,9°	3,4°	96,9°
12	- 3,8°	5,9°	357,5°	89,7°
13	- 2,9°	6,5°	351,7°	82,3°
14	- 1,9°	6,8°	346,5°	75,4°
15	- 0,7°	6,7°	342,4°	69,5°
16	0,5°	6,1°	339,6°	65,0°
17	1,7°	5,2°	338,1°	61,7°
18	2,9°	3,9°	337,8°	59,7°
19	3,8°	2,4°	338,6°	57,9°
20	4,6°	0,8°	340,5°	40,7°
21	5,0°	- 0,8°	343,4°	252,4°
22	5,1°	- 2,4°	347,1°	253,0°
23	5,0°	- 3,8°	351,7°	257,1°
24	4,5°	- 4,9°	356,7°	262,5°
25	3,7°	- 5,8°	2,0°	268,5°
26	2,8°	- 6,5°	7,1°	274,6°
27	1,6°	- 6,8°	11,7°	280,4°
28	0,4°	- 6,8°	15,6°	285,5°
29	- 0,9°	- 6,6°	18,6°	289,7°
30	- 2,1°	- 6,0°	20,7°	292,9°

Phases et distances

Jour	Heure en TU	Distance en km	Ø apparent
6	PL à 4 h 34 m	391 136	30,6
13	DQ à 9 h 11 m	370 561	32,2
20	NL à 4 h 12 m	375 903	31,8
27	PQ à 21 h 20 m	404 200	29,6
16	Périgée à 2 h 24 m	367 968	32,5
28	Apogée à 6 h 43 m	404 299	29,6

Reportez-vous pages 7 à 15 pour trouver des renseignements détaillés sur l'utilisation de ces différentes informations.
Consultez les tableaux de corrections horaires (pages 340 et 341) pour adapter les heures de lever, de passage au méridien et de coucher en fonction de votre lieu d'observation.

MAI 2023

1re quinzaine vers 22 h TU - 2e quinzaine vers 21 h TU

Pour	Utilisez la carte de
17-18 h	*mars*
19-20 h	*avril*
23-0 h	juin
1-2 h	juillet
3-4 h	*août*
5-6 h	*septembre*

Vous pouvez également utiliser cette carte en :
juin vers 19-20 h
juillet vers 17-18 h
janvier vers 5-6 h
février vers 3-4 h
mars vers 1-2 h
avril vers 23-0 h
(valable uniquement pour les étoiles)

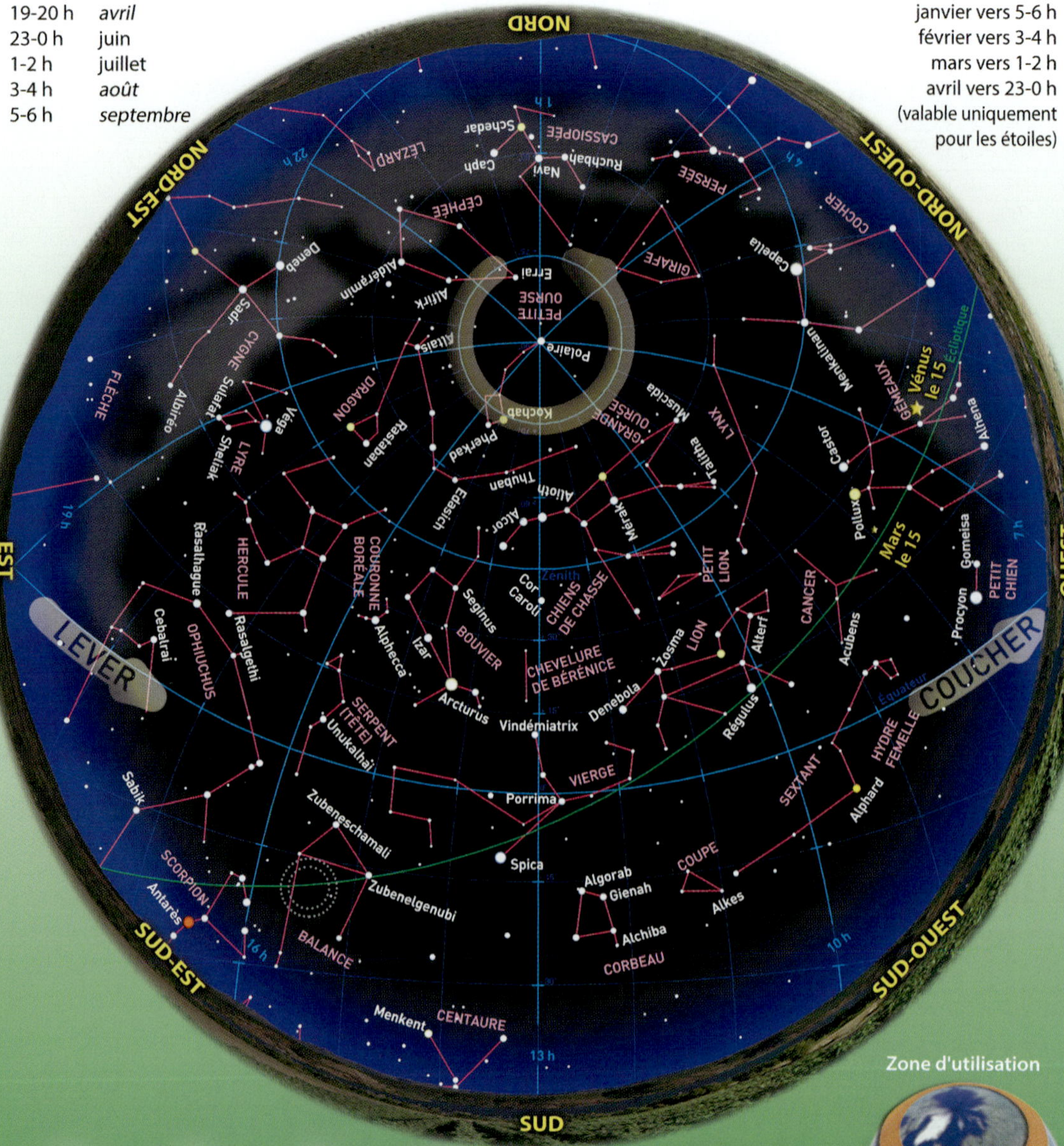

5 mai	12 mai	19 mai	27 mai
Pleine Lune	**Dernier Quartier**	**Nouvelle Lune**	**Premier Quartier**
Balance	*Capricorne*	*Taureau*	*Lion*

Magnitudes
-1 0 1 2 3 4 4,5 et +

Zone d'utilisation

38° à 52° nord

À L'ORÉE DE L'AUBE EN MAI 2023

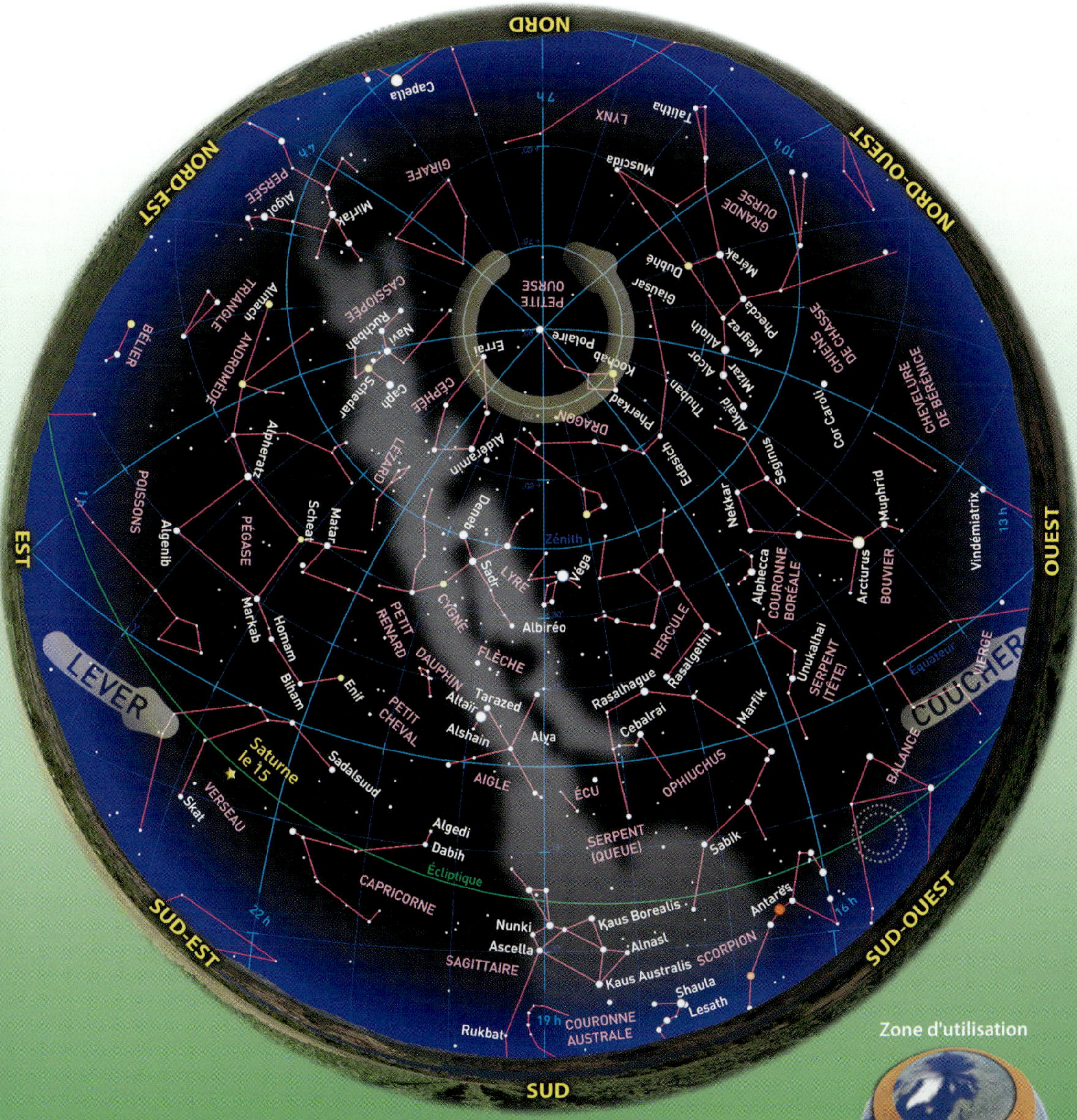

Vous trouverez des conseils pour l'utilisation de ces cartes en début d'ouvrage.

38° à 52° nord

MAI 2023

La Lune et les planètes

Mercure

Nord. En conjonction inférieure le 1er mai, elle revient dans le ciel de l'aube lors des matins suivants, mais son passage au sud de l'écliptique et l'inclinaison de cette ligne dans le ciel de l'aube nous empêchent de la repérer dans de bonnes conditions.
Tropiques. Elle est visible à l'aube durant la seconde quinzaine du mois et l'augmentation de son éclat permet de la repérer de plus en plus facilement.

Vénus

Nord. Elle atteindra son élongation maximale à l'est le 4 juin prochain (45,4°) et, durant le mois de mai, elle semble pratiquement à l'arrêt dans le ciel. La petite augmentation de son élongation – 42,5° à 45,3° – semble en effet compenser presque parfaitement la variation de l'inclinaison de l'écliptique et le glissement du coucher du Soleil vers le nord-ouest : si vous repérez précisément sa position par rapport à un arbre ou à un bâtiment deux heures après le coucher du Soleil le 1er, par exemple, vous la retrouverez pratiquement à la même place au même instant pendant plus de trois semaines ! Bien sûr, pendant ce temps, le ciel défile et Vénus glisse du Taureau aux Gémeaux. Dans un instrument, Vénus est au dernier quartier début juin et son diamètre apparent dépasse 23″.
Tropiques. Excellentes conditions d'observation.

Mars

Nord. Elle brille à plus de 20° au-dessus de l'horizon ouest à la fin du crépuscule le 15 mai et à moins de 5° de hauteur au-dessus de l'horizon ouest-nord-ouest le 15 juin. Elle passe des Gémeaux au Cancer le 17 mai. Le 30 mai, Mars atteint l'aphélie, le point de son orbite le plus éloigné du Soleil, à 1,66 ua, soit près de 249 millions de kilomètres. Elle se situe alors à près de 2 ua de la Terre et sa magnitude est proche de 1,8.
Le 20 juin, elle entre dans le Lion et se couche moins de trois heures après le Soleil. En mai et en juin, suivez la parade de Mars et de Vénus dans le ciel crépusculaire : leur séparation apparente diminue jusqu'à 3° 34′ le 1er juillet, mais elles ne sont jamais en conjonction en ascension droite.
Tropiques. Les conditions d'observation sont meilleures qu'en Europe sous le tropique du Cancer et comparables sous celui du Capricorne.

Jupiter

Nord. Son élongation est proche de 14° le 1er et elle se lève moins d'une demi-heure avant le Soleil. Il faut attendre une bonne quinzaine de jours pour la repérer aux jumelles à l'aube. Le 18, elle quitte enfin les Poissons pour le Bélier. Elle ne se lève avant l'aube qu'après le 20 juin et il lui faut encore une paire de semaines pour prendre de la hauteur et redevenir une cible potentielle pour les instruments d'amateur.
Tropiques. Les conditions d'observation redeviennent correctes dès la fin du mois de mai.

Saturne

Nord. Dans le Verseau, elle se lève deux heures et quart avant le Soleil le 1er, trois heures et demie avant lui le 31 mai et près de quatre heures et demie avant le 15 juin. Dès la mi-mai, elle atteint 10° de hauteur au-dessus de l'horizon est-sud-est au début de l'aube dans un ciel suffisamment sombre pour faire des observations aux instruments. Les conditions de turbulence ne sont pas encore idéales, mais cela permet enfin de constater de visu la fermeture de notre angle de vision sur les anneaux, qui n'est plus que de 7,4° en fin de mois. Le rapprochement de Saturne permet de compenser la perte de luminosité causée par cette faible inclinaison et sa magnitude est de 0,9 le 31 mai pour un diamètre apparent équatorial de 17″ et un diamètre des anneaux de 38,7″. Cette planète est en quadrature ouest le 28 mai et stationnaire le 17 juin. Elle commence alors sa rétrogradation annuelle et sera à l'opposition le 27 août.
Tropiques. Conditions d'observation excellentes.

En conjonction avec le Soleil le 9 mai, Uranus (Bélier) demeure inobservable jusqu'à la mi-juillet en Europe. Neptune (Poissons) s'éloigne de la position apparente du Soleil, mais l'inclinaison de l'écliptique la maintient au ras de l'horizon est-sud-est à l'orée de l'aube ; elle est en quadrature le 19 juin et entame sa rétrogradation annuelle le 30 juin.

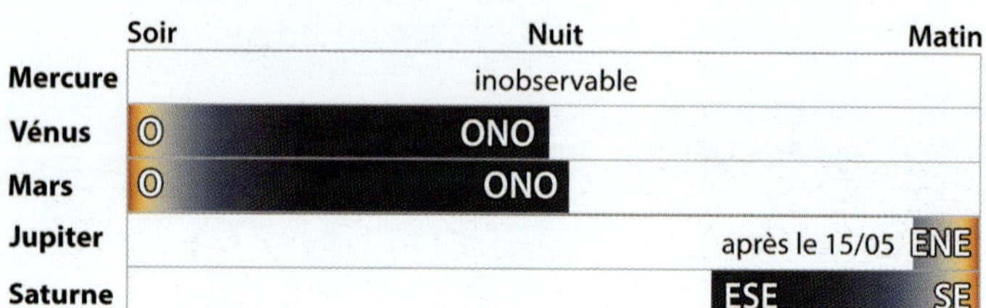

Visibilité des planètes à 45° de latitude nord, en milieu de mois.

Planétaire

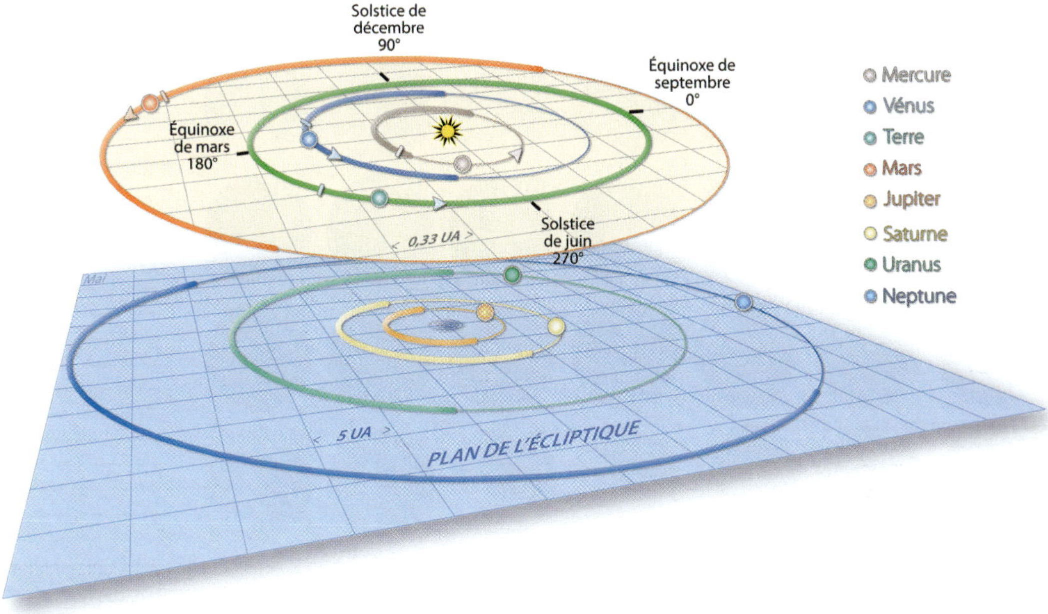

Vous trouverez en pages 67 et 69 des explications complètes sur ces deux schémas.

MAI 2023

Le calendrier lunaire

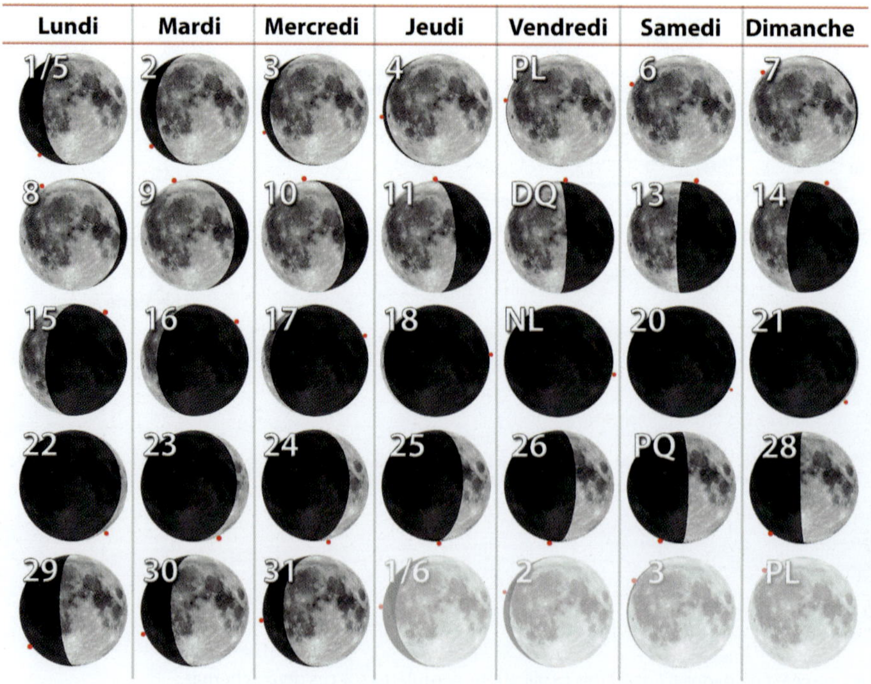

Longitude du terminateur	Soleil levant	Soleil couchant
1er/05	38°	
2	50°	
3	62°	
4	74°	
5	86°	
6		98°
7		111°
8		123°
9		135°
10		147°
11		159°
12		172°
13		184°
14		196°
15		208°
16		220°
17		233°
18		245°
19		257°
20		269°
21	282°	
22	294°	
23	306°	
24	318°	
25	331°	
26	343°	
27	355°	
28	7°	
29	20°	
30	32°	
31	44°	

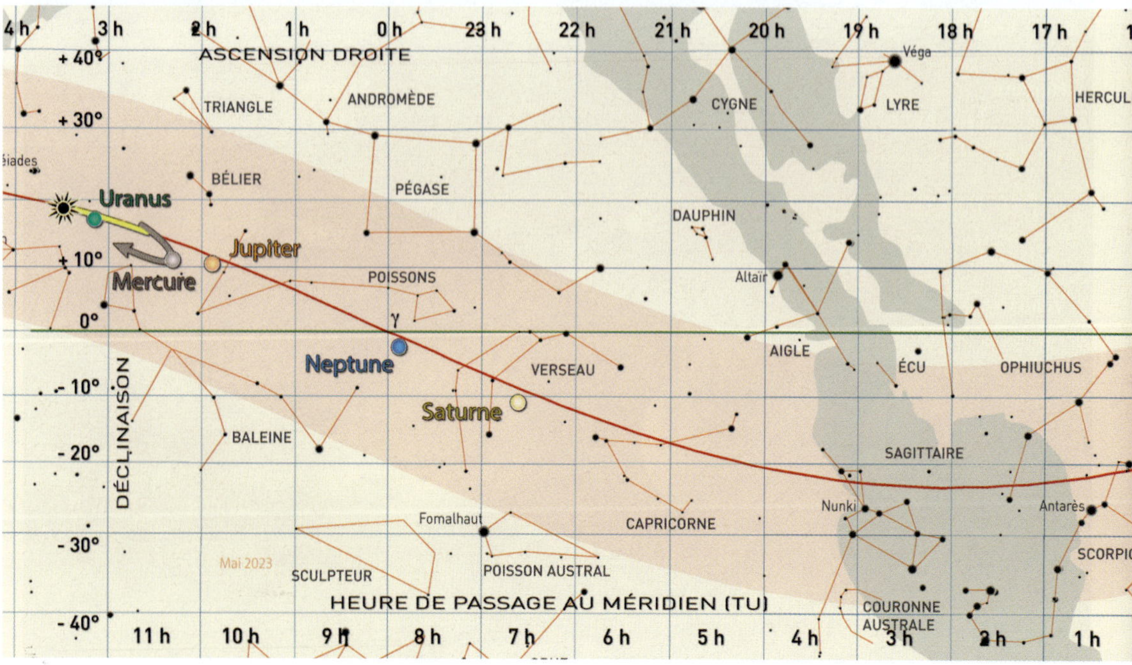

Hauteur mensuelle de la Lune

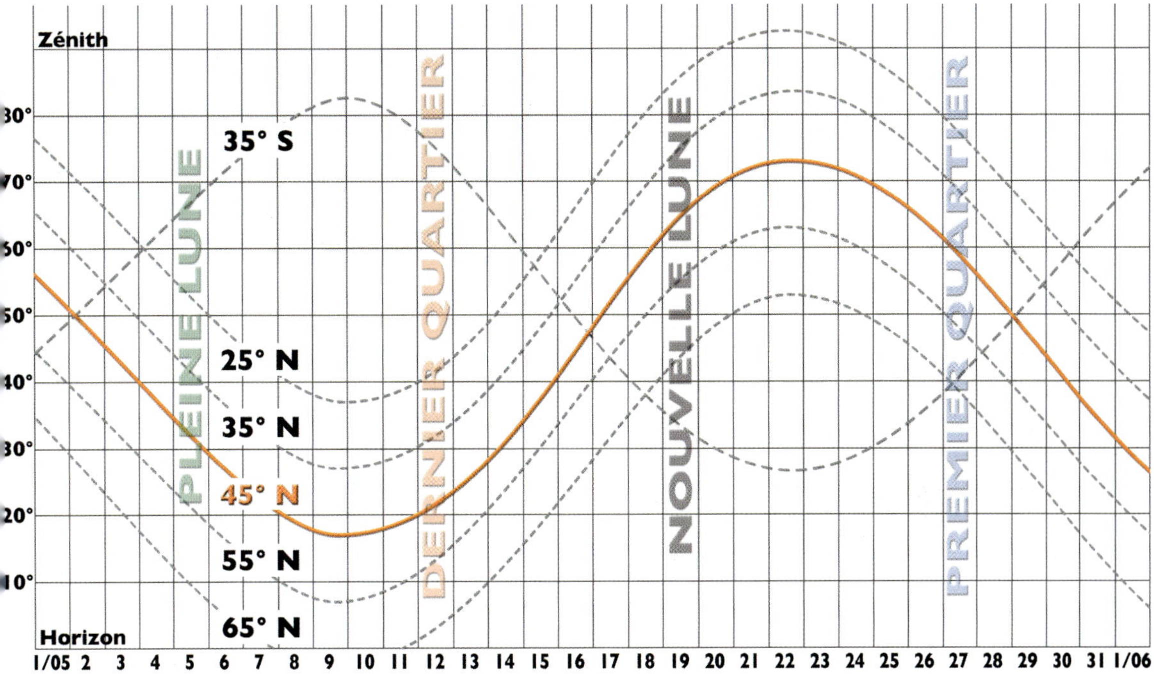

Le 1er mai à 0 h TU, la Lune est âgée de 10,8 jours.

La Lune atteint sa plus grande déclinaison vers le nord le 22 (27,9°) et sa plus grande déclinaison vers le sud le 9 (- 28°).

Vous trouverez en pages 35, 69, 70 et 71 des explications complètes sur ces trois schémas et ce tableau.

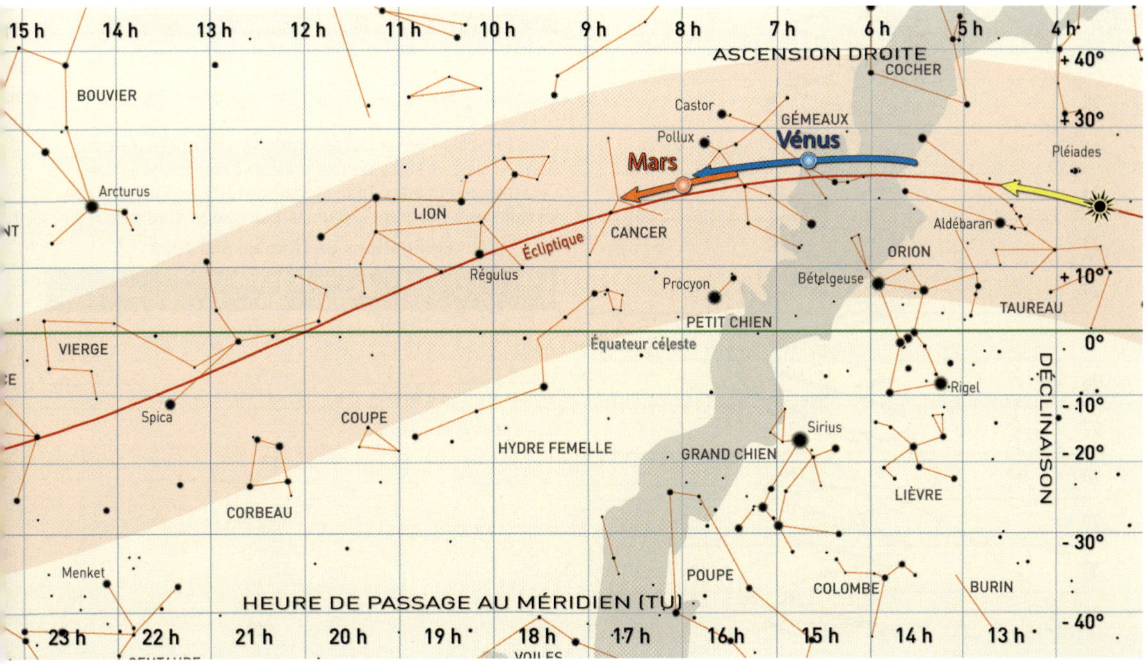

Satellites de Saturne

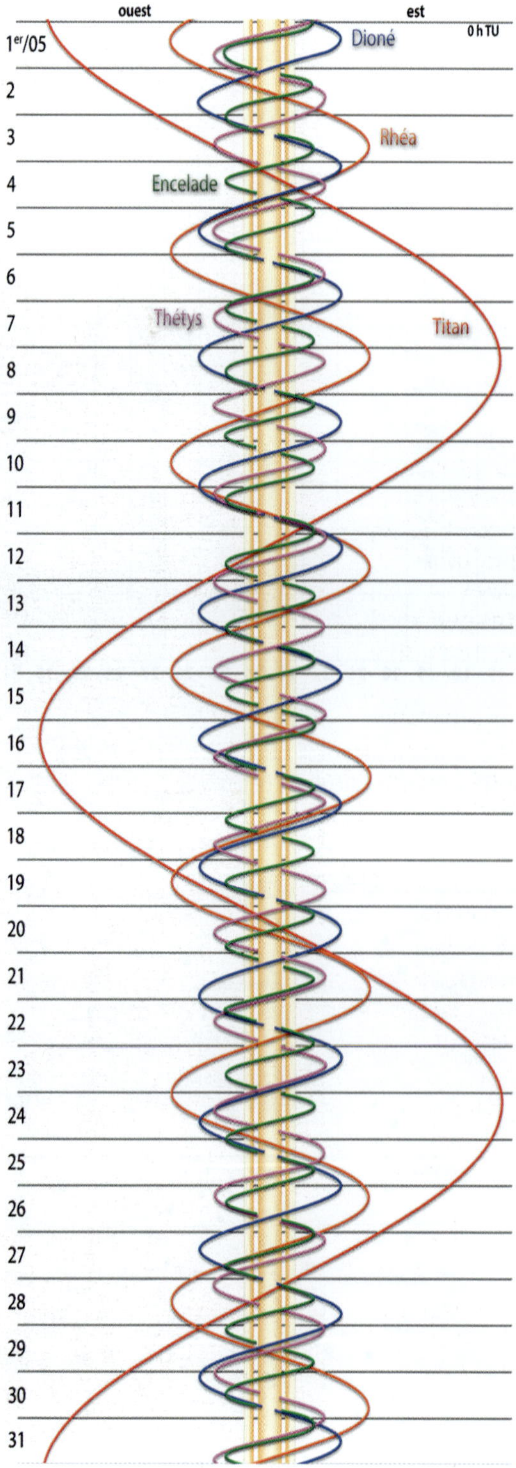

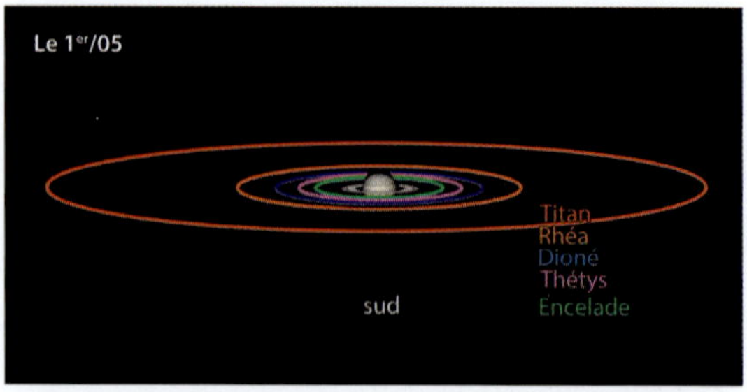

Les courbes ci-contre représentent les trajectoires apparentes des principales lunes de Saturne visibles dans les instruments d'amateur : Encelade est en vert, Téthys en cyan, Dioné en violet, Rhéa en orange et Titan en rouge. La triple bande centrale symbolise le disque et les anneaux de cette planète à la même échelle. La barre horizontale au-dessus de chaque date indique 0 h TU ce jour. Le nord est en haut, l'est à droite et l'ouest à gauche ; si vous ne savez plus comment est orienté le champ de votre instrument, lisez le petit texte d'explication de la page 67. Les satellites de Saturne tournent autour de leur planète dans le sens direct, c'est-à-dire dans le sens inverse des aiguilles d'une montre vu du nord. Ils passent donc entre la planète et nous dans le sens est-ouest et au-delà de la planète dans le sens ouest-est. Selon l'inclinaison du système de Saturne vu depuis la Terre (représentée ci-dessus), certaines des lunes peuvent alors être occultées ou éclipsées par le disque ou les anneaux de la planète. Le petit tableau ci-dessous donne la magnitude de ces lunes, plus Japet, dont l'orbite est trop grande pour être représentée (voir p. 294).

Satellites de Saturne en mai 2023

	Mimas	Encelade	Téthys	Dioné	Rhéa	Titan	Japet
5	13,3	12,2	10,7	10,8	10,1	8,8	11,5
15	13,3	12,2	10,7	10,8	10,1	8,8	11,5
25	13,2	12,1	10,6	10,7	10	8,7	11,4

Dans le tableau suivant, la séparation en secondes d'arc est donnée avec un signe négatif pour les élongations à l'ouest. L'écart apparent entre Titan et Saturne reste important durant les nuits qui encadrent le jour de l'élongation maximale.

Élongations de Titan en mai 2023

Date	Heure	Séparation en ″
6	0 h 49	167
14	3 h 44	- 172
22	0 h 03	172
30	2 h 46	- 177

Diamètre apparent le 15 : 0,71‴

Les phénomènes astronomiques au jour le jour

À NE PAS MANQUER CE MOIS-CI !

Le 5, éclipse partielle de Lune.
Le 10, le Soleil dans l'Arc de triomphe.
Le 13 et le 14, Saturne et la Lune.
Le 17, Jupiter et la Lune.
Le 23, Vénus et le croissant.
Le 24, Mars et le croissant.
Le 29, Vénus et Pollux.

JJ TU

18e SEMAINE

01 00 Lundi (121-244). Heure de début et de fin du crépuscule astronomique à 45° de latitude nord et 0° de longitude : le 1er (2 h 53 m/21 h 03 m) ; le 15 (2 h 23 m/21 h 31 m). La durée du jour est de 14 heures et 15 minutes le 1er et de 15 heures et 21 minutes le 31 ; le dernier jour du mois, le Soleil se lève 33 minutes plus tôt et se couche 33 minutes plus tard que le premier. La durée du crépuscule astronomique passe de 118 à 144 minutes sur le mois.

01 00 Il n'y a pas de nuit noire lors de cette semaine marquée par la présence de la Pleine Lune. Constellation de la Lune chaque jour à 0 h pour 45° de latitude nord et 0° de longitude : L-Leo, M-Vir, M-Vir, J-Vir, V-Vir, S-Lib, D-Sco.

01 00 TSMG (voir p. 17) : 14 h 34 m 41 s.

01 00 **Pluton est stationnaire** en ascension droite dans le Sagittaire et commence sa rétrogradation annuelle.

01 00 Du 1er au 19 mai, **Uranus** traverse d'est en ouest le champ du coronographe LASCO C3 de la sonde *SOHO*. Elle fait un passage entre le 9 et le 10 mai dans le champ plus restreint du coronographe LASCO C2.

01 02 Formations lunaires proches du terminateur dans la journée : Kepler, Schiller, Gassendi, Doppelmayer, Harpalus, Aristarque, Hérodote et la vallée de Schröter.

01 12 À midi, début du jour julien 2 460 066.

01 21 L'étoile **Deneb** domine l'horizon nord-nord-est de 8° à la fin du crépuscule astronomique à 45° de latitude nord.

01 22 Le Soleil se lève sur la région de **Mersenius P** (4-310) et, autour de 22 h 26 m, vous pouvez tenter d'observer avec un instrument une ou plusieurs raies lumineuses dans cette formation.

01 23 **Mercure est en conjonction inférieure** à 42,1′ du centre du disque solaire.

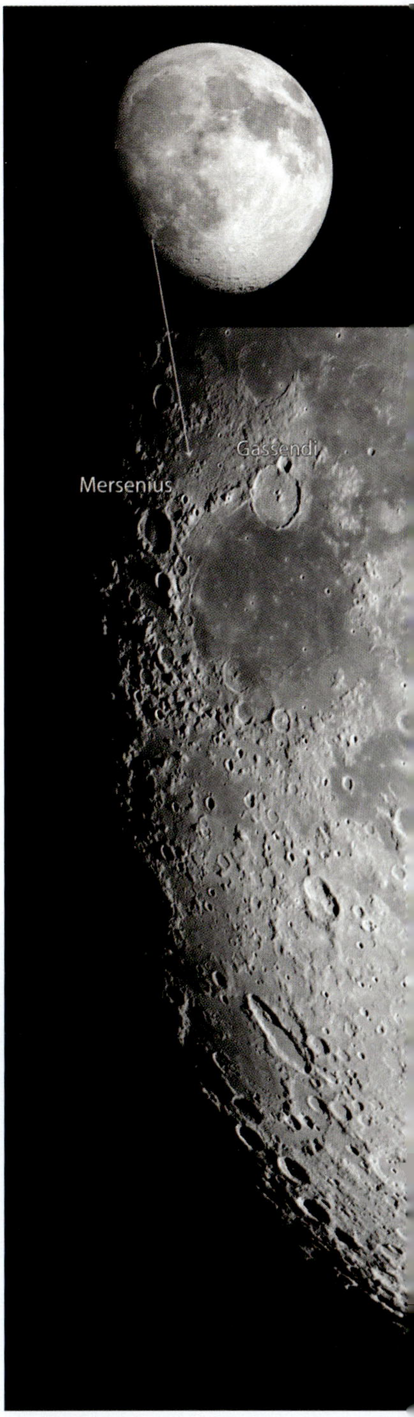

Crédit : NASA's Scientific Visualization Studio

MAI 2023

Les phénomènes astronomiques au jour le jour

02 00 Mardi (122-243). **L'inclinaison apparente des anneaux de Saturne** passe de + 8° à + 7,4° au cours du mois.

02 20 Le Soleil se lève sur la région de **Vieta** (4-325) et, autour de 20 h 57 m, vous pouvez tenter d'observer avec un instrument une ou plusieurs raies lumineuses dans cette formation. Plus tard, autour de 23 h 30 m, il faut observer la région de **Lacroix G** (4-329).

03 10 Mercredi (123-242). **Minimum d'éclat de l'étoile variable Sheliak** (Bêta de la Lyre) à 10 h. Sa magnitude varie de 3,3 à 4,3 au cours d'un cycle de 12,941 jours. Les autres minima du mois se produisent le 16 à 9 h et le 29 à 7 h. Voir également le 3 novembre 2022.

03 12 Le **Soleil** franchit le méridien à 61° de hauteur.

03 12 Le **Soleil** franchit le méridien au zénith à la Guadeloupe.

03 12 **Maximum d'éclat de l'étoile Delta Cephei** à 12 h. Sa magnitude varie de 3,5 à 4,4 au cours d'un cycle de 5,366 jours. Les autres maxima du mois se produisent le 8 à 20 h, le 14 à 5 h, le 19 à 14 h, le 24 à 23 h et le 30 à 7 h. Voir également le 2 novembre 2022.

04 03 Jeudi (124-241). **Conjonction géocentrique en longitude entre la Lune (Vir) et Spica** à 3 h 49 m

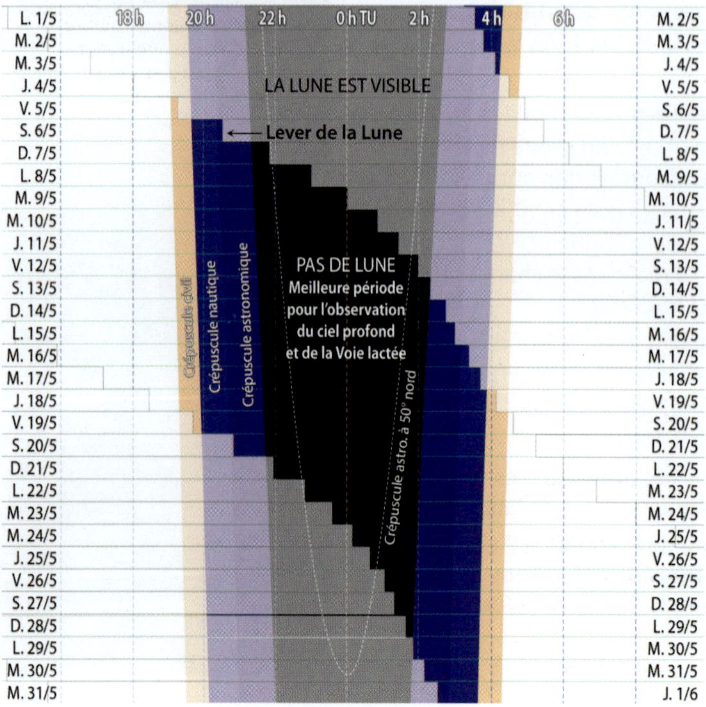

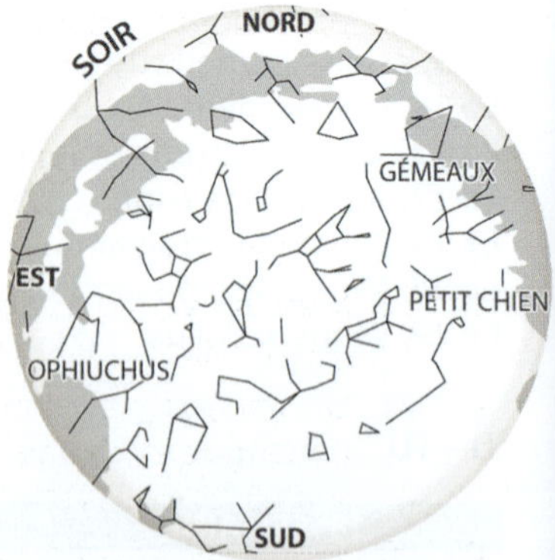

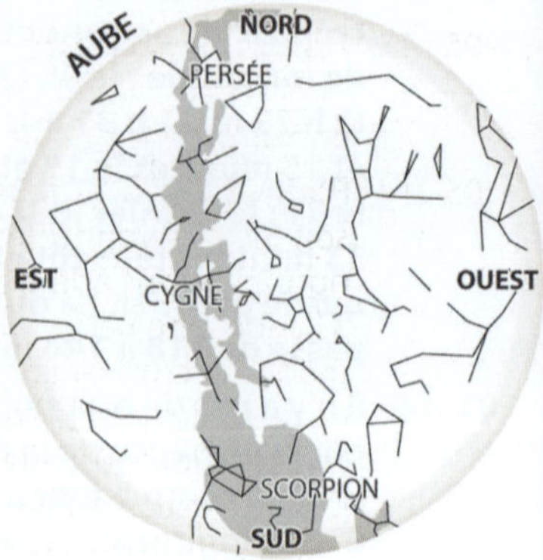

Début mai, à la fin du crépuscule, la **Voie lactée** n'est visible que dans un ciel très noir car elle longe l'horizon du sud-ouest à l'est, du Petit Chien à Ophiuchus ; au nord-est, la Lyre et le Cygne commencent à peine leur ascension de la voûte nocturne. Cette année, le lampadaire lunaire nous empêche de profiter de ce spectacle durant la première semaine du mois, mais, ensuite, tentez de suivre à la fin du crépuscule le cheminement de Vénus dans la Voie lactée entre le Taureau et les Gémeaux. Vers le milieu de la nuit, notre galaxie s'allonge du nord au sud, de l'arc de Persée au Scorpion, voire jusqu'à la tête du Loup et le haut du Centaure dans les meilleurs sites du sud de la France métropolitaine. Avant l'aube, le Cygne est à une cinquantaine de degrés de hauteur au-dessus de l'horizon est, Persée est toujours en train d'apparaître au nord-nord-est et le Scorpion trône au méridien.

(séparation : 3°). Ces deux astres passent la nuit du 3 au 4 à proximité l'un de l'autre.

04 10 Mercure passe au nœud descendant de son orbite (longitude héliocentrique : 228,3°).

04 11 **Maximum d'éclat de l'étoile variable Êta Aquilae** (Aigle) à 11 h. Il s'agit d'une étoile de type céphéide dont la magnitude passe de 3,5 à 4,4 au cours d'un cycle de 7,177 jours. Les autres maxima du mois se produisent le 11 à 15 h, le 18 à 20 h et le 26 à 0 h. Voir également le 7 février 2023.

04 14 **Mercure est au périgée** à 0,560 ua de la Terre, soit près de 84 millions de kilomètres.

04 21 La Lune passe au nœud descendant à 21 h 56 m (longitude moyenne : 214,0°). Distance : 383 594 km, soit 60,1 rayons terrestres.

05 00 Vendredi (125-240). Période de libration minimale en longitude pour la Lune (l = - 5,4°).

05 17 **Éclipse partielle de Lune par la pénombre** de la Terre (magnitude : 0,96) visible au lever de la Pleine Lune en Europe.

05 17 **Pleine Lune à 17 h 34 m (Lib).** Distance : 380 202 km, soit 59,61 rayons terrestres. Au cœur du printemps, nous pouvons admirer la Pleine Lune des fleurs. Le 5 à l'aube, une heure avant le lever du Soleil, la Lune gibbeuse croissante bientôt pleine (99,6 %) est située juste au-dessus de l'horizon ouest-sud-ouest. Le 5 en fin de journée, elle se lève pratiquement quand le Soleil se couche et elle glisse alors sur la bordure externe de la pénombre terrestre. Cette éclipse infime est théoriquement observable en Europe, mais, dans la pratique, il y a peu de chances qu'un si léger obscurcissement du limbe lunaire soit visible dans ces conditions. La Pleine Lune passe près de neuf heures sur la voûte céleste et se couche à l'ouest-sud-ouest le 6, quelques minutes après le lever du Soleil.

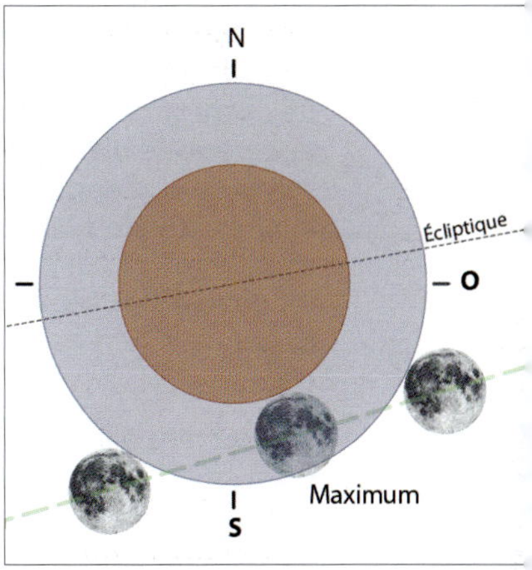

Le 5 mai, la Pleine Lune se lève partiellement éclipsée par la pénombre qui entoure l'ombre de la Terre, mais la diminution de son éclat est à peine perceptible en France métropolitaine.

05 23 La Pleine Lune franchit le méridien à près de 20° de l'horizon sud à Lille et à près de 28° à Perpignan.

06 00 Samedi (126-239). Période du maximum d'éclat de l'étoile variable R UMa (1037+69). R UMa est une variable de type Mira (variable à longue période) dont la magnitude oscille entre 6,5 et 13,7 ; sa période est de 301,62 jours.

06 14 **Maximum de l'essaim des Êta Aquarides** (031 ETA), actif du 19 avril au 28 mai. Longitude héliocentrique prévue pour le maximum (équinoxe 2000.0) : 45,5°. Vitesse de pénétration : 66 km/s. Il intéresse essentiellement les observateurs de l'hémisphère Sud, le Verseau se situant très bas sur l'horizon sud-est en fin de nuit dans l'hémisphère boréal. En 2023, le maximum se produit en période de Pleine Lune.

MAI 2023

Les phénomènes astronomiques au jour le jour

06 23 **L'étoile Polaire passe au méridien à minuit.** À 45° de latitude nord, sa hauteur est alors de 44° 21′ 41″, ce qui rappelle qu'elle n'est pas exactement sur le pôle Nord de la sphère céleste.

07 00 Dimanche. 127e jour de l'année.

07 13 Conjonction géocentrique en longitude entre la Lune (Sco) et Antarès à 13 h 33 m (séparation : 1,5°).

19e SEMAINE

08 00 Lundi (128-237). La phase gibbeuse décroissante de notre satellite naturel nous permet de retrouver une période d'obscurité de plus en plus longue cette semaine et d'apprécier le redressement de la Voie lactée estivale avant l'aube. Constellation de la Lune chaque jour à 0 h pour 45° de latitude nord et 0° de longitude : L-Oph, M-Sgr, M-Sgr, J-Cap, V-Cap, S-Aqr, D-Aqr.

08 00 TSMG (voir p. 17) : 15 h 02 m 16 s.

08 01 **Vénus** entre dans la constellation des Gémeaux.

08 05 **Élongation maximale de Titan** à l'est de Saturne à 5 h 48 m (166″). Retrouvez les autres élongations de Titan en mai à la page consacrée aux satellites de Saturne en début de mois.

08 12 À midi, début du jour julien 2 460 073.

08 12 La comète **C/2020 V2 ZTF** passe au plus près du Soleil (périhélie) à 333 millions de kilomètres. Son éclat pourrait atteindre la magnitude 9.

09 00 Mardi (129-236). Formations lunaires proches du terminateur dans la journée : Atlas, Fracastor.

09 00 **Uranus est en conjonction avec le Soleil ;** elle passe à 18,8′ du centre du disque solaire.

09 01 La comète **C/2020 K1 PANSTARRS** passe au plus près du Soleil (périhélie) à 460 millions de kilomètres. Son éclat pourrait atteindre la magnitude 11.

09 04 **Conjonction géocentrique en longitude entre Mars (Gem) et Pollux** à 4 h 33 m (séparation : 5°).

09 07 **Latitude nord maximale pour Vénus : 3,4°** (longitude héliocentrique : 166,6°).

09 21 Maximum de l'essaim météoritique diurne des Epsilon Ariétides (154 DEA), dont la période d'activité s'étend du 24 avril au 27 mai (découvert en 1961). Longitude héliocentrique prévue pour le maximum (équinoxe 2000.0) : 48,7°.

09 21 **Vénus brille à près de 1,7° au nord du bel amas ouvert Messier 35** dans les Gémeaux.

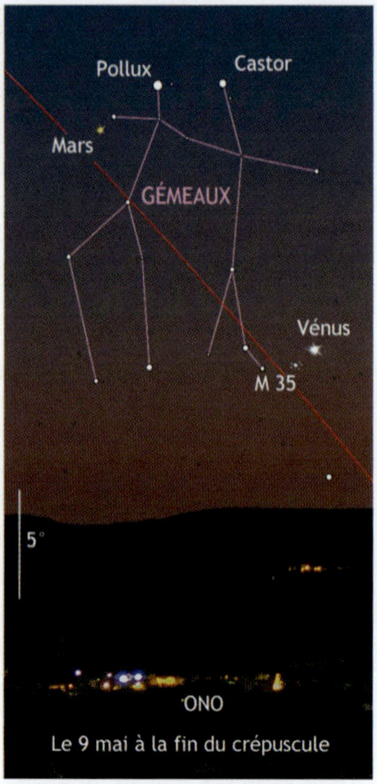

Le 9 mai à la fin du crépuscule, deux heures après le coucher du Soleil, pointez Vénus avec un instrument pour voir l'amas ouvert Messier 35 juste à côté d'elle. Durant les prochaines soirées, suivez le déplacement de Mars qui s'aligne avec Castor et Pollux des Gémeaux.

10 00 Mercredi (130-235). La petite planète **6 Hébé** passe au ras de l'amas ouvert Messier 44 dans le Cancer.

10 03 **Uranus est à l'apogée** à 20,660 ua, soit près de 3,091 milliards de kilomètres.

10 05 **Maximum possible d'un petit essaim météoritique observé depuis quelques années seulement, les Êta Lyrides** (145 ELY), dont la période d'activité s'étendrait du 3 au 14 mai. Les Êta Lyrides seraient associées à la comète C/1983 H1 IRAS-Araki-Alcock, qui est passée à proximité du Soleil en mai 1983. Longitude héliocentrique prévue pour le maximum (équinoxe 2000.0) : entre 49° et 50°. Vitesse de pénétration atmosphérique : 43 km/s. Taux horaire moyen au zénith : 3.

10 12 Le **Soleil** franchit le méridien à 63° de hauteur.

10 19 Comme chaque année à cette époque et vers début août, **le Soleil passe au centre de l'arche de l'Arc de triomphe** vers 19 h 02 m TU, juste avant son coucher, vu du rond-point des Champs-Élysées. La veille, il passe plus bas dans l'arche et, le lendemain, plus haut. Vous pouvez utiliser l'application The Photographer's Ephemeris – version gratuite en ligne ou payante pour téléphones ou tablettes – pour trouver les alignements du coucher et du lever du Soleil ou de la Lune avec des formations ou des bâtiments particuliers. Elle est très graphique et facile à comprendre même si vous ne maîtrisez pas bien l'anglais.

11 00 Jeudi (131-234). Période de libration maximale en latitude pour la Lune (b = 6,8°).

11 05 La Lune passe au périgée à 5 h 05 m. Distance : 369 343 km, soit 57,91 rayons terrestres.

11 12 Le **Soleil** franchit le méridien au zénith à Haïti.

12 04 Vendredi (132-233). Formations lunaires proches du terminateur dans la journée : Cassini, Triesnecker, centre de la chaîne des Apennins, Ptolémée, Alphonse et Arzachel, Archimède.

12 14 **Dernier Quartier de Lune à 14 h 28 m (Cap).** Distance : 369 885 km, soit 57,99 rayons terrestres.

13 00 Samedi (133-232). Période du maximum d'éclat de l'étoile variable R Vul (2059+23A). R Vul est une variable de type Mira (variable à longue période) dont la magnitude oscille entre 7 et 14,3 ; sa période est de 136,73 jours.

13 01 Formations lunaires proches du terminateur dans la journée : Moretus, Maginus, Mur droit, Platon, Ératosthène, Tycho, Clavius.

13 15 **Conjonction géocentrique en longitude entre la Lune (Aqr) et Saturne** à 15 h 12 m (séparation : 3°). Le 13 et le 14 à l'aube, une heure et demie avant le lever du Soleil, le gros croissant lunaire passe d'ouest en est de Saturne à une dizaine de degrés de hauteur au-dessus de l'horizon est-sud-est.

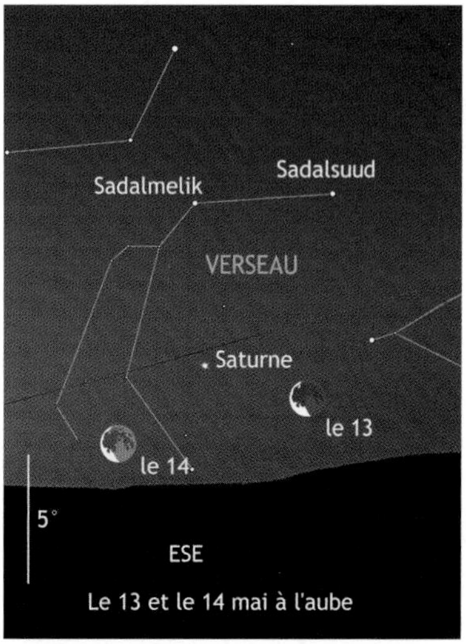

Le 13 et le 14 mai à l'aube, une heure et demie avant le lever du Soleil, le gros croissant lunaire vogue sous Saturne à l'est-sud-est.

MAI 2023

Les phénomènes astronomiques au jour le jour

14 00 Dimanche. 134e jour de l'année.

14 00 La comète **364P PANSTARRS** (période de 4,89 années) passe au plus près du Soleil (périhélie) à 120 millions de kilomètres. Son éclat pourrait atteindre la magnitude 11.

14 00 **Les Pléiades** font leur entrée à l'est du champ du coronographe LASCO C3 de la sonde *SOHO* ; elles y sont exposées jusqu'au 29 mai.

14 06 Formations lunaires proches du terminateur dans la journée : Copernic et la chaîne de montagnes des Carpathes, Longomontanus, Klaproth.

14 12 **L'équation du temps** atteint son premier maximum négatif de l'année à - 3 m 40 s.

14 16 La comète **237P LINEAR** (période de 6,58 années) passe au plus près du Soleil (périhélie) à 297 millions de kilomètres. Son éclat pourrait atteindre la magnitude 10.

14 19 **Mercure est à l'aphélie** à 0,467 ua du Soleil, soit près de 70 millions de kilomètres.

14 19 **Le Soleil entre dans la constellation du Taureau** (53,7°) à 19 h 06 m.

20e SEMAINE

15 00 Lundi (135-230). C'est une semaine de Nouvelle Lune, mais, un mois avant le solstice de juin, la durée de la nuit noire diminue comme neige au Soleil. Profitez-en pour passer une nuit entière à déambuler entre les étoiles ! Constellation de la Lune chaque jour à 0 h pour 45° de latitude nord et 0° de longitude : L-Aqr, M-Cet, M-Psc, J-Ari, V-Ari, S-Tau, D-Tau.

15 00 TSMG (voir p. 17) : 15 h 29 m 52 s.

15 01 Formations lunaires proches du terminateur dans la journée : golfe des Iris, Kepler, Schiller, Gassendi.

15 02 Conjonction géocentrique en longitude entre la Lune (Aqr) et Neptune à 2 h 57 m (séparation : 2°).

15 03 **Mercure est stationnaire** en ascension droite et termine sa rétrogradation ; elle circulera vers l'est de l'écliptique durant 101 jours.

15 12 À midi, début du jour julien 2 460 080.

16 02 Mardi (136-229). Formations lunaires proches du terminateur dans la journée : Doppelmayer, Harpalus, Aristarque, Hérodote et la vallée de Schröter.

16 21 Pendant le crépuscule astronomique, admirez l'alignement Mars-Castor-Pollux parallèle à l'horizon ouest-nord-ouest.

17 03 Mercredi (137-228). Formation lunaire proche du terminateur dans la journée : Schickard.

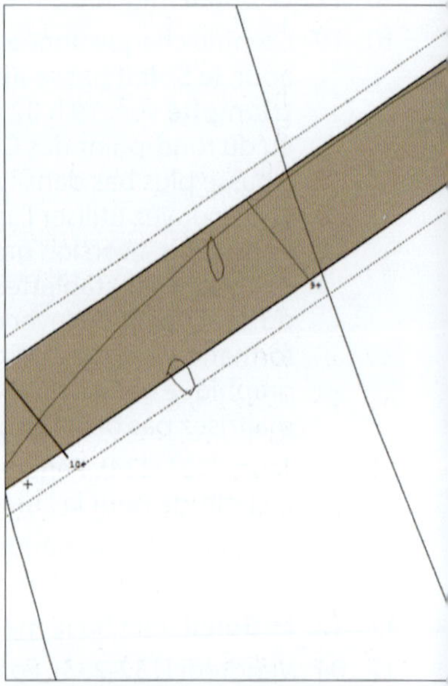

Le 14 mai, entre 17 h 39 m et 18 h 11 m, la petite planète **146 Lucina** (diamètre 137 km ; magnitude 12,4) occulte une étoile de magnitude 10 (TYC 6276-02098-1 ; ascension droite : 18 h 08 m 46 s ; déclinaison : - 21° 15′ 01″) dans la constellation du Sagittaire. La diminution d'éclat devrait atteindre 2,5 magnitudes et durer près de 22 secondes au maximum sur la bande de centralité du phénomène, qui balaye La Réunion. Calculs d'Éric Frappa (www.euraster.net).

17 03 **Mars** entre dans la constellation du Cancer.

17 07 Mars et Saturne sont en opposition héliocentrique.

17 11 De 11 h 52 m à 12 h 57 m, Europe et Io projettent leur ombre sur Jupiter. Invisible en Europe.

17 12 De 12 h 28 m à 14 h 13 m, Europe et Io passent simultanément devant le disque de Jupiter. Invisible en Europe.

17 12 Le **Soleil** franchit le méridien à 64° de hauteur.

17 12 **Conjonction géocentrique en longitude entre la Lune (Ari) et Jupiter** à 12 h 47 m (séparation : 0,7°).

17 13 Occultation de Jupiter par la Lune. Zone de visibilité : Amérique du Nord, Groenland, Islande, nord de l'Europe, régions arctiques.

17 14 **En plein jour.** Jupiter brille à moins de 20' du limbe lunaire austral. Ce couple est alors à près de 30° de hauteur au-dessus de l'horizon ouest et le Soleil brille à 25° d'écart. Le croissant lunaire est mince (fraction éclairée de 5 %) et il faut vraiment un ciel très pur pour le repérer sans peine à l'œil nu. Des jumelles ou une lunette sont indispensables pour distinguer Jupiter.

17 19 La Lune passe au nœud ascendant à 19 h 35 m (longitude moyenne : 34,0°). Distance : 380 304 km.

17 21 Début de la 2271e rotation synodique du Soleil.

17 23 Conjonction géocentrique en longitude entre la Lune (Ari) et Mercure à 23 h 27 m (séparation : 3,3°). Inobservable en Europe.

18 04 Jeudi (138-227). Ce matin à l'aube, guettez un fin croissant lunaire de 2,6 %. À 4 h, il est âgé de 35 heures avant la Nouvelle Lune ; il se situe à 2,5° de hauteur et à 72° d'azimut, alors que le Soleil se situe à 5° sous l'horizon.

18 23 **Jupiter** entre dans la constellation du Bélier.

19 00 Vendredi (139-226). Le plus vieux croissant de la lunaison peut être observé avec un instrument optique à Sumatra et en Malaisie.

19 00 Période de libration maximale en longitude pour la Lune (l = 4,7°).

19 15 **Nouvelle Lune à 15 h 53 m (Tau).** Distance : 386 914 km.

19 23 Passage au méridien à minuit de la constellation de la **Couronne boréale**.

20 06 Samedi (140-225). Le plus jeune croissant de la lunaison peut être observé avec un instrument optique au nord du Japon.

20 19 Ce soir au crépuscule, guettez un fin croissant lunaire de 1,6 %. À 19 h 50 m, il est âgé de 27 heures ; il se situe à 7° de hauteur et à 299° d'azimut, alors que le Soleil se situe à 5° sous l'horizon.

20 21 **Maximum de l'essaim météoritique diurne des Omicron Cétides** (293 DCE), dont la période d'activité s'étend du 5 mai au 2 juin. Longitude héliocentrique

Le 17 mai à l'aube, moins d'une heure avant le lever du Soleil, vous pouvez essayer de repérer Jupiter à 5° du croissant de la vieille Lune. L'inclinaison de l'écliptique ne facilite pas les choses en plaquant ces astres au ras de l'horizon est-nord-est malgré leur élongation de plus de 25°.

prévue pour le maximum de l'essaim (équinoxe 2000.0) : 59,3°. Il a été identifié en mai 1950 avec le radiotélescope de Jodrell Bank. Cet essaim peut être observé par des techniques radio ou par radar ; ces dernières années, des amateurs situés sous les tropiques et dans l'hémisphère Sud ont signalé quelques observations d'étoiles filantes nocturnes semblant appartenir à cet essaim.

21 00 Dimanche. 141e jour de l'année ; il reste 224 jours jusqu'au 31 décembre.

21 07 **Le Soleil entre dans le signe astrologique des Gémeaux** (60°) à 7 h 09 m, mais, dans la réalité, il est dans la constellation du Taureau pour un mois encore.

21e SEMAINE

22 00 Lundi (142-223). La Lune croissante est de retour et son éclat s'étale sur pratiquement toute la nuit en fin de semaine. Constellation de la Lune chaque jour à 0 h pour 45° de latitude nord et 0° de longitude : L-Tau, M-Gem, M-Gem, J-Cnc, V-Cnc, S-Leo, D-Leo.

22 00 TSMG (voir p. 17) : 15 h 57 m 28 s.

22 10 Formations lunaires proches du terminateur dans la journée : Langrenus et Petavius, Endymion.

22 12 À midi, début du jour julien 2 460 087.

22 19 De 19 h 17 m à 19 h 42 m, Ganymède et Io projettent leur ombre sur Jupiter. Invisible en Europe.

22 20 De 20 h 23 m à 22 h 10 m, Io et Ganymède passent simultanément devant le disque de Jupiter. Invisible en Europe.

23 00 Mardi (143-222). Période du maximum d'éclat de l'étoile variable S Boo (1419+54). S Boo est une variable de type Mira (variable à longue période) dont la magnitude oscille entre 7,8 et 13,8 ; sa période est de 270,73 jours.

23 01 **Callisto est en conjonction supérieure** à 1 h 32 m. Elle est observable à proximité apparente du pôle Nord jovien.

23 05 Formations lunaires proches du terminateur dans la journée : l'albatros (bordure ouest de la mer des Crises), Atlas.

23 12 **Conjonction géocentrique en longitude entre la Lune (Gem) et Vénus** à 12 h 45 m (séparation : 2,2°).

23 15 **En plein jour.** Vénus et un beau croissant lunaire franchissent le méridien en voisins à plus de 70° de hauteur ; ces deux astres sont à près de 2° d'écart et, dans un ciel pur et bien bleu, ils devraient être faciles à repérer à l'œil nu et aux jumelles. Le Soleil est à plus de 45° d'écart.

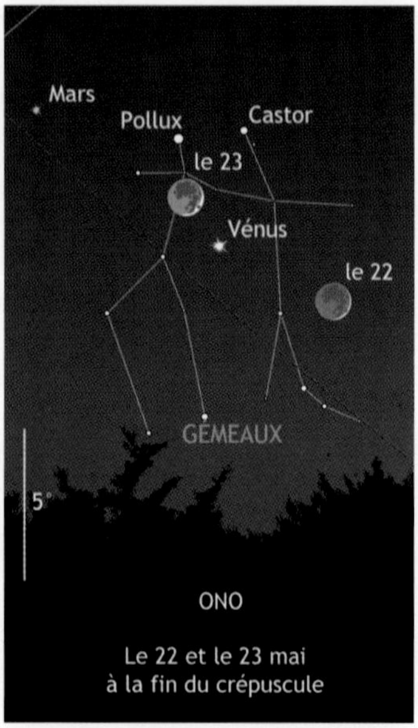

Le 22 et le 23 mai au crépuscule, deux heures après le coucher du Soleil, la lumière cendrée du jeune croissant est superbe et le paysage céleste composé avec Vénus, Mars et les étoiles Castor et Pollux vaut vraiment le coup d'œil au-dessus de l'horizon ouest-nord-ouest.

23 19 **Sirius** se couche en même temps que le Soleil – on parle de coucher cosmique.

24 00 Mercredi (144-221). Période de libration minimale en latitude pour la Lune (b = - 6,8°).

24 12 Le **Soleil** franchit le méridien à 66° de hauteur.

24 13 De 13 h 46 m à 15 h 35 m, Europe et Io projettent leur ombre sur Jupiter. Invisible en Europe.

24 14 De 14 h 41 m à 16 h 39 m, Io et Europe passent simultanément devant le disque de Jupiter. Invisible en Europe.

24 17 Formations lunaires proches du terminateur dans la journée : Fracastor, Piccolomini, Posidonius.

24 19 **Conjonction géocentrique en longitude entre la Lune (Cnc) et Mars** à 19 h 21 m (séparation : 3,7°).

25 00 Jeudi (145-220). **Aldébaran et les étoiles de l'amas ouvert des Hyades** apparaissent au sud-est du champ du coronographe LASCO C3 de la sonde *SOHO*. Durant une paire de jours, elles y côtoient les Pléiades. Aldébaran quitte le champ le 7 juin.

25 00 Période du maximum d'éclat de l'étoile variable T Cep (2108+68). T Cep est une variable de type Mira (variable à longue période) dont la magnitude oscille entre 5,2 et 11,3 ; sa période est de 388,14 jours.

25 10 Formations lunaires proches du terminateur dans la journée : Theophilus, Cyrillus et Catherina.

26 01 Vendredi (146-219). La Lune passe à l'apogée à 1 h 39 m. Distance : 404 509 km, soit 63,42 rayons terrestres.

26 03 Formations lunaires proches du terminateur dans la journée : Aristote et Eudoxe, Maurolycus.

26 19 Vénus devrait frôler ou occulter une étoile de magnitude 9,2 (PPM 97553) entre 19 h 54 m et 20 h 03 m. Théoriquement observable en Europe au début du crépuscule.

26 23 Le Soleil se lève sur la région d'**Hipparchus** (2-95) et, autour de 23 h 48 m, vous pouvez tenter d'observer avec un instrument une ou plusieurs raies lumineuses dans cette formation.

27 01 Samedi (147-218). Formations lunaires proches du terminateur dans la journée : Cassini, Triesnecker, centre de la chaîne des Apennins, Ptolémée, Alphonse et Arzachel, Archimède, Maginus.

27 03 **Conjonction géocentrique en longitude entre la Lune (Leo) et Régulus** à 3 h 23 m (séparation : 4,2°). Le 26 au soir, le quartier de Lune accompagne Régulus jusqu'à son coucher, de l'ouest à l'ouest-nord-ouest.

27 15 **Premier Quartier de Lune à 15 h 22 m (Leo).** Distance : 402 943 km, soit 63,18 rayons terrestres.

28 00 Dimanche. 148e jour de l'année.

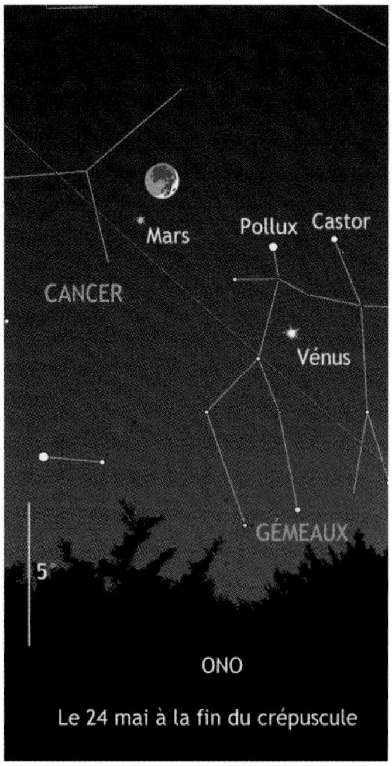

Le 24 mai au crépuscule, près de deux heures après la fin du jour, Mars et le croissant lunaire sont suspendus à une vingtaine de degrés de hauteur au-dessus de l'horizon ouest.

Les phénomènes astronomiques au jour le jour

28 00 Formations lunaires proches du terminateur dans la journée : Mur droit, Moretus, Platon, Ératosthène, Tycho.

28 02 **De 2 h 43 m à 4 h 53 m, Europe et Io projettent leur ombre sur Jupiter. Partiellement visible en Europe.**

28 04 De 4 h 07 m à 5 h 40 m, Io et Europe passent simultanément devant le disque de Jupiter. Invisible en Europe.

28 12 **Saturne est en quadrature** à l'ouest du Soleil.

28 20 Pointez un instrument vers la Lune gibbeuse croissante avant son coucher et repérez le cratère **Pitatus** au sud de la mer des Nuées pour tenter de distinguer le mince faisceau de lumière qui s'étend de Pitatus à son voisin Hesiodus. Voir le 2 novembre 2022.

22e SEMAINE

29 00 Lundi (149-216). Avec une semaine qui se termine juste avant la Pleine Lune, il est vraiment ardu de parvenir à distinguer le voile lacté entre le crépuscule et l'aube. Constellation de la Lune chaque jour à 0 h pour 45° de latitude nord et 0° de longitude : L-Leo, M-Vir, M-Vir, J-Vir, V-Lib, S-Lib, D-Sco.

29 00 TSMG (voir p. 17) : 16 h 25 m 04 s.

29 00 **Période de maximum d'éclat de l'étoile variable Khi du Cygne :** sa magnitude devrait être proche de 4,2. Khi du Cygne se situe entre les étoiles Albiréo et Êta Cygni, et sa coloration rouge-orangé permet de l'identifier sans ambiguïté aux jumelles. Son éclat minimal est voisin de la magnitude 14 et son éclat maximal proche de 4 peut varier de plus de 1 magnitude en plus ou en moins : 3,7 en août 2006 et seulement 6,5 en 2015. Le prochain maximum devrait avoir lieu en juillet 2024. Cette étoile est repérable toute la nuit actuellement aux latitudes européennes : elle est pratiquement au méridien à près de 70° de hauteur à l'orée de l'aube.

29 02 Formations lunaires proches du terminateur dans la journée : Copernic et la chaîne de montagnes des Carpathes, Longomontanus, Klaproth, golfe des Iris.

29 05 **Mercure atteint son élongation maximale à l'ouest : 24,9°.**

29 12 À midi, début du jour julien 2 460 094.

29 21 Le Soleil se lève sur la région de **la Condamine** (3-218) et, autour de 21 h 12 m, vous pouvez tenter d'observer avec un instrument une ou plusieurs raies lumineuses dans cette formation.

29 22 **Conjonction géocentrique en longitude entre Vénus (Gem) et Pollux** à 22 h 30 m (séparation : 4°).

La tache rouge de Jupiter

Lorsque la planète Jupiter est observable aux latitudes européennes, vous pouvez trouver au début du mois les heures des passages de **la grande tache rouge** au méridien central, c'est-à-dire sous le méridien passant au centre du disque jovien visible depuis la Terre. Ces heures sont calculées pour le milieu de cette formation nuageuse visible dans les instruments des amateurs et qui est actuellement d'une coloration plus saumonée que rougeâtre, ce qui rend son repérage avec les petits instruments plus délicate qu'il y a quelques décennies, et cela d'autant plus que son extension en longitude semble diminuer régulièrement. Je rappelle que la grande tache rouge est un système anticyclonique centré sur la latitude jovienne 20° sud et que son étendue en longitude est passée de près de 40 000 km à la fin du XIXe siècle à 15 000 km actuellement. Des mesures récentes liées à la mission *Juno* confirment cependant que ce changement n'est qu'apparent et qu'en profondeur l'énergie du système anticyclonique est toujours aussi importante, voire en augmentation ; la grande tache rouge ne devrait donc pas disparaître du jour au lendemain. La longitude du centre de la grande tache rouge ayant tendance à croître rapidement ces dernières années, je me fonde sur une estimation de cette augmentation mensuelle pour calculer les horaires indiqués ; en moyenne, cette longitude augmente de 1,75° par mois. Il est possible que, au cours de l'année, la dérive soit plus ou moins rapide, voire qu'elle s'arrête durant plusieurs mois. Cela influe naturellement sur la précision de mes prévisions, mais, fort heureusement, la principale caractéristique de la grande tache rouge de Jupiter est justement qu'elle est grande ! Si bien que, même si la dérive constatée ne correspond pas parfaitement à la dérive estimée, le décalage du passage au méridien central ne dépasse pas quelques minutes et la tache rouge est parfaitement

29 23 L'étoile **Antarès** du Scorpion passe au méridien à minuit. Sa hauteur est alors de 19° sud.

30 01 Mardi (150-215). **À 1 h 22 m, l'étoile Zaniah (Vir - magnitude 3,9) est occultée par la Lune.** Les deux astres sont alors à 5° au-dessus de l'horizon et la fraction éclairée de notre satellite est de 73 %.

30 21 **Mars passe à l'aphélie** à 1,666 ua du Soleil, soit près de 249 millions de kilomètres.

31 01 Mercredi (151-214). Formations lunaires proches du terminateur dans la journée : Harpalus, Aristarque, Hérodote et la vallée de Schröter, Schickard.

31 11 **Maximum de l'essaim météoritique des Tau Herculides** (061 TAH), qui peut être actif de fin mai à début juin. Longitude héliocentrique prévue pour le maximum (équinoxe 2000.0) : révisée à 69,45° en 2022 par l'IMO. Vitesse de pénétration atmosphérique : 16 km/s. Taux horaire moyen au zénith : variable. Cet essaim est associé à la comète 73P Schwassmann-Wachmann 3 (période de 5,3 années ; dernier passage au périhélie le 25 août 2022). En 2023, la Lune gibbeuse croissante éclaire la voûte céleste pratiquement jusqu'à l'aube et gomme les étoiles filantes les moins lumineuses.

31 12 **Callisto est en conjonction inférieure** à 12 h 36 m. Elle est observable à proximité apparente du pôle Sud jovien.

31 12 **Conjonction géocentrique en longitude entre la Lune (Vir) et Spica** à 12 h 58 m (séparation : 2,9°). À la fin du crépuscule, la Lune gibbeuse croissante et la belle Spica brillent côte à côte à une trentaine de degrés de hauteur au méridien.

31 12 Le **Soleil** franchit le méridien à 67° de hauteur.

31 15 De 15 h 51 m à 17 h 50 m, Io et Europe projettent leur ombre sur Jupiter. Invisible en Europe.

31 17 De 17 h 32 m à 18 h 39 m, Io et Europe passent simultanément devant le disque de Jupiter. Invisible en Europe.

observable. J'indique, à chaque fois, la longitude estimée que j'ai utilisée pour réaliser le calcul ; un décalage d'un degré par rapport à la réalité induit un décalage horaire d'un peu moins de deux minutes. Un très bon site pour avoir les dernières indications de la valeur de la longitude de la grande tache rouge est celui d'Hans-Jörg Mettig : jupos.privat.t-online.de/rGrs.htm. Dans tous les cas, il faut garder en mémoire que la tache rouge est bien visible durant une fenêtre de près de quatre heures, centrée sur l'heure de passage au méridien ; cela donne du temps pour la repérer et l'observer ou la photographier avec un instrument.

JUIN 2023

Les phénomènes astronomiques au jour le jour

À NE PAS MANQUER CE MOIS-CI !

Guettez les nuages noctiluques.
Du 1er au 3, Mars dans l'amas de la Crèche.
Le 4, élongation maximale de Vénus.
Le 9, Saturne et la Lune.
Le 14, Jupiter et la Lune.
Le 16, Mercure et la Lune.
Le 22, Vénus, Mars et le croissant.
Le 25, X et V lunaires.
Le 28, Mira de la Baleine.

Cette version réduite des phénomènes du mois de juin vous permettra de faire la jonction plus aisément avec l'édition suivante du *Guide du Ciel*, généralement disponible dès la fin du mois de mai en librairie.

JJ TU

01 01 Jeudi (152-213). Heure de début et de fin du crépuscule astronomique à 45° de latitude nord et 0° de longitude : le 1er (1 h 53 m/22 h 03 m) ; le 15 (1 h 40 m/22 h 21 m). La durée du jour est de 15 heures et 22 minutes le 1er et de 15 heures et 35 minutes le 30 ; le dernier jour du mois, le Soleil se lève à la même heure et se couche 11 minutes plus tard que le premier. La durée du crépuscule astronomique passe de 144 à 151 minutes sur le mois.

01 06 La Lune passe au nœud descendant à 6 h 22 m (longitude moyenne : 213,6°). Distance : 383 492 km, soit 60,1 rayons terrestres.

01 08 **Élongation maximale de Titan** à l'ouest de Saturne à 8 h 15 m (175″). Retrouvez les autres élongations de Titan en juin à la page consacrée aux satellites de Saturne en début de mois.

01 12 À midi, début du jour julien 2 460 097.

01 22 L'étoile **Deneb** domine l'horizon nord-est de 30° à la fin du crépuscule astronomique à 45° de latitude nord.

01 22 Du 1er au 3 juin, **Mars traverse l'amas ouvert de la Crèche** ; à observer aux jumelles ou dans une lunette à la fin du crépuscule astronomique au-dessus de l'horizon ouest-nord-ouest.

02 00 Vendredi (153-212). **L'inclinaison apparente des anneaux de Saturne** reste proche de + 7,4° au cours du mois.

02 04 **Maximum d'éclat de l'étoile variable Êta Aquilae** (Aigle) à 4 h. Il s'agit d'une étoile de type céphéide dont la magnitude passe de 3,5 à 4,4 au cours d'un cycle

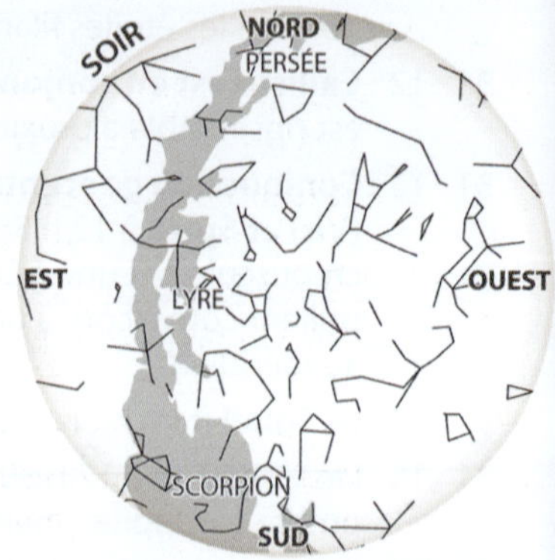

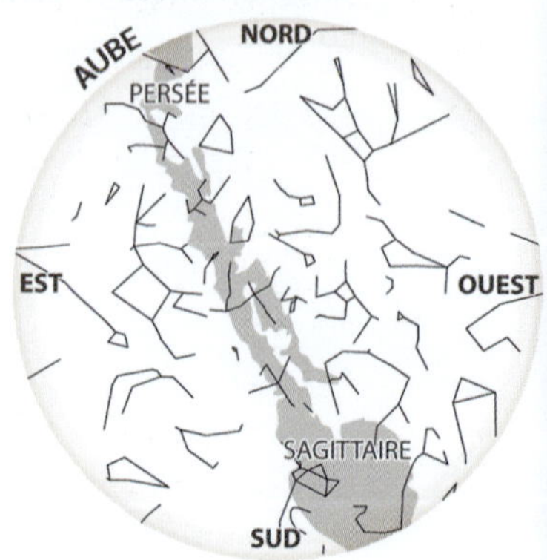

Orientation de la Voie lactée début juin à la fin du crépuscule astronomique et à l'orée de l'aube.

de 7,177 jours. Les autres maxima du mois se produisent le 9 à 8 h, le 16 à 12 h, le 23 à 17 h et le 30 à 21 h. Voir également le 7 février 2023.

02 16 Vénus et Jupiter sont en opposition héliocentrique.

02 21 **Vénus s'aligne avec les étoiles Castor et Pollux** dans le ciel crépusculaire.

02 22 **Nous entrons dans la bonne période pour guetter l'apparition des nuages noctiluques** à la fin du crépuscule et à l'orée de l'aube (voir le 2 juin 2022).

03 00 **Minimum d'éclat de l'étoile variable Algol de Persée** (Bêta Persei) à 0 h ; sa magnitude est proche de 3,3. Les autres minima du mois se produisent le 5 à 21 h, le 8 à 18 h, le 11 à 15 h, le 14 à 11 h, le 17 à 8 h, le 20 à 5 h, le 23 à 2 h, le 25 à 23 h et le 28 à 19 h. Voir également le 2 octobre 2022.

03 07 Samedi (154-211). **Vénus** entre dans le Cancer.

03 22 **Conjonction géocentrique en longitude entre la Lune (Sco) et Antarès** à 22 h 17 m (séparation : 1,5°). À la fin du crépuscule, repérez Antarès du Scorpion tout contre le globe lunaire.

04 00 Dimanche. 155ᵉ jour de l'année.

04 00 La Pleine Lune franchit le méridien à près de 13° de l'horizon sud à Lille et à près de 21° à Perpignan.

04 01 **Latitude sud maximale pour Mercure : - 7°** (longitude héliocentrique : 318,3°).

04 03 **Pleine Lune à 3 h 42 m (Sco).** Distance : 369 884 km, soit 57,99 rayons terrestres. La Pleine Lune des astéroïdes (voir le 14 juin 2022) est visible au ras de l'horizon sud-est dès le coucher du Soleil le 3. Elle traverse le sud de la voûte céleste en près de huit heures et, le 4, elle brille au-dessus de l'horizon sud-ouest durant l'aube.

04 03 **Dernier quartier de Vénus.**

04 06 **Premier quartier de Mercure.**

04 11 **Vénus atteint son élongation maximale à l'est : 45,4°.**

04 16 **Maximum d'éclat de l'étoile Delta Cephei** à 16 h. Sa magnitude varie de 3,5 à 4,4 au cours d'un cycle de 5,366 jours. Les autres maxima du mois se produisent le 10 à 1 h, le 15 à 10 h, le 20 à 19 h et le 26 à 3 h. Voir également le 2 novembre 2022.

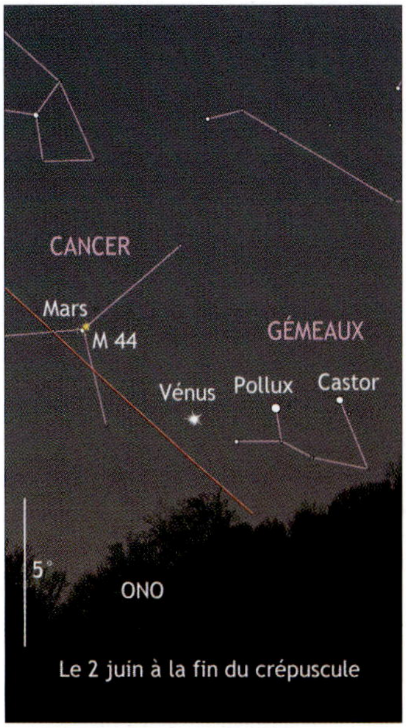

Le 2 juin à la fin du crépuscule, deux bonnes heures après le coucher du Soleil, regardez l'alignement Vénus-Pollux-Castor juste au-dessus de l'horizon ouest-nord-ouest. Un peu plus haut sur l'écliptique, Mars traverse l'amas ouvert de la Crèche (Messier 44) et il faut un instrument pour voir ce fourmillement stellaire.

23ᵉ SEMAINE

05 00 Lundi (156-209). La Lune gibbeuse décroissante glissant vers l'aube, nous récupérons un début de nuit plus sombre et quelques heures de Voie lactée cette semaine. Constellation de la Lune chaque jour à 0 h pour 45° de latitude nord et 0° de longitude : L-Oph, M-Sgr, M-Sgr, J-Cap, V-Cap, S-Aqr, D-Aqr.

05 00 TSMG (voir p. 17) : 16 h 52 m 40 s.

Les phénomènes astronomiques au jour le jour

05 12 À midi, début du jour julien 2 460 101.

06 17 Mardi (157-208). **Mercure** entre dans le Taureau.

06 23 La Lune passe au périgée à 23 h 06 m. Distance : 364 861 km, soit 57,20 rayons terrestres.

07 00 Mercredi (158-207). La Terre passe dans le plan équatorial du Soleil.

07 11 Mercure et Saturne sont en conjonction héliocentrique.

07 12 Le **Soleil** franchit le méridien à 68° de hauteur.

07 22 Maximum des Ariétides de juin (171 ARI), l'un des essaims météoritiques diurnes les plus actifs – en moyenne 60 enregistrements par heure ; la période d'activité révisée s'étendrait du 14 mai au 24 juin.

09 20 Vendredi (160-205). Mercure et Mars sont en opposition héliocentrique.

09 22 **Conjonction géocentrique en longitude entre la Lune (Aqr) et Saturne** à 22 h 16 m (séparation : 2,7°). Le 10 à l'aube, deux heures avant le lever du Soleil, ces deux astres sont visibles à une quinzaine de degrés de hauteur au-dessus de l'horizon sud-est.

10 00 Samedi (161-204). Maximum de l'essaim météoritique diurne des Dzêta Perséides (172 ZPE), dont la période d'activité s'étend du 20 mai au 5 juillet. Longitude héliocentrique prévue pour ce maximum (équinoxe 2000.0) : 78,6°.

10 04 Du 7 au 21 juin, levers les plus matinaux de l'année pour le Soleil à 40° nord : 4 h 31 m (arrondi à la minute). À 45° nord, les levers les plus matinaux ont lieu du 10 au 22 juin à 4 h 13 m. À 50° nord, ils se produisent entre le 14 et le 20 à 3 h 50 m.

10 19 **Dernier Quartier de Lune à 19 h 31 m (Aqr).** Distance : 371 883 km, soit 58,31 rayons terrestres.

11 00 Dimanche. 162e jour de l'année.

11 06 **Minimum d'éclat de l'étoile variable Sheliak** (Bêta de la Lyre) à 6 h. Sa magnitude varie de 3,3 à 4,3 au cours d'un cycle de 12,941 jours. L'autre minimum du mois se produit le 24 à 5 h. Voir également le 3 novembre 2022.

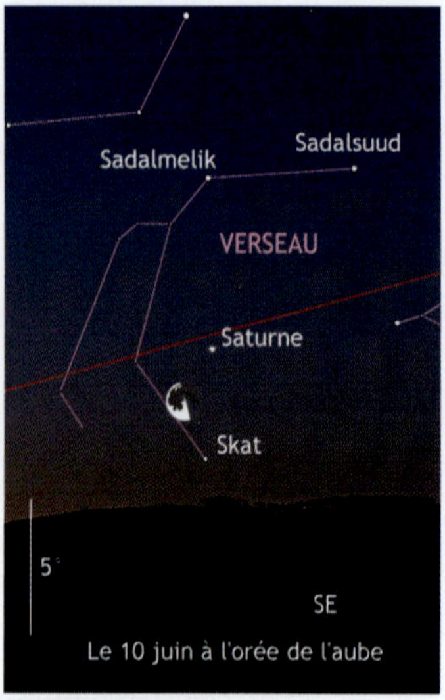

Le 10 juin à l'orée de l'aube, deux heures avant le lever du Soleil, Saturne et le Dernier Quartier s'élèvent au-dessus de l'horizon sud-est.

24e SEMAINE

12 00 Lundi (163-202). La nuit est très courte avant le solstice, mais la Lune ne l'éclaire pratiquement pas cette semaine. Constellation de la Lune chaque jour à 0 h pour 45° de latitude nord et 0° de longitude : L-Cet, M-Psc, M-Ari, J-Ari, V-Tau, S-Tau, D-Tau.

12 00 TSMG (voir p. 17) : 17 h 20 m 16 s.

12 12 À midi, début du jour julien 2 460 108.

13 12 Mardi (164-201). **L'équation du temps est nulle.**

13 22 Vénus frôle le nord de l'amas ouvert de la Crèche.

14 00 Mercredi (165-200). La Lune passe au nœud ascendant à 0 h 04 m (longitude moyenne : 33,1°). Distance : 382 671 km, soit 60 rayons terrestres.

14 02 Début de la 2272ᵉ rotation synodique du Soleil.

14 05 **Conjonction géocentrique en longitude entre la Lune (Ari) et Jupiter** à 5 h 40 m (séparation : 1,4°).

14 05 **En plein jour.** Pointez un instrument vers le croissant de la vieille Lune pour le voir glisser à moins de 0,5° de Jupiter.

14 12 Cette semaine, le **Soleil** franchit le méridien à 68° de hauteur.

16 02 Vendredi (167-198). Conjonction géocentrique en longitude entre la Lune (Tau) et les Pléiades à 2 h 09 m (séparation : 1,8°).

16 17 Maximum de l'essaim météoritique des Lyrides de juin (166 JLY), qui peut être actif du 11 au 21 juin. Longitude héliocentrique prévue pour le maximum (équinoxe 2000.0) : 85°.

16 19 **Conjonction géocentrique en longitude entre la Lune (Tau) et Mercure** à 19 h 12 m (séparation : 4,2°).

17 03 Samedi (168-197). Ce matin à l'aube, guettez un fin croissant lunaire de 1,2 %. À 3 h 45 m, il est âgé de 25 heures avant la Nouvelle Lune ; il se situe à 4° de hauteur et à 58° d'azimut, alors que le Soleil se situe à 5° sous l'horizon. Un peu plus de 41 heures séparent ce vieux croissant du très jeune croissant que vous pourrez tenter de repérer demain soir.

17 17 **Saturne est stationnaire** en ascension droite dans le Verseau, puis commence sa boucle de rétrogradation annuelle, qui prendra fin le 4 novembre prochain (140 jours).

18 00 Dimanche. 169ᵉ jour de l'année.

18 04 **Nouvelle Lune à 4 h 37 m (Tau).** Distance : 396 912 km, soit 62,23 rayons terrestres.

18 20 Ce soir au crépuscule, utilisez un instrument pour tenter de repérer un très fin croissant lunaire de 0,6 %. À 20 h 10 m, il est âgé de 16 heures ; il se situe à 3° de hauteur et à 306° d'azimut, alors que le Soleil se situe à 4° sous l'horizon.

25ᵉ SEMAINE

19 00 Lundi (170-195). Le croissant de la jeune Lune se couche assez vite en fin de semaine et nous pouvons déguster les nuits les plus courtes de l'année. Constellation de la Lune chaque jour à 0 h pour 45° de latitude nord et 0° de longitude : L-Gem, M-Gem, M-Cnc, J-Cnc, V-Leo, S-Leo, D-Leo.

Le 14 juin à l'aube, une heure et demie avant le lever du Soleil, le croissant et Jupiter sont l'un contre l'autre à moins de 10° de hauteur au-dessus de l'horizon est.

Le 17 juin à l'aube, moins d'une heure avant le lever du Soleil, utilisez des jumelles pour tenter de repérer Mercure à 5° sur la droite du croissant lunaire.

Les phénomènes astronomiques au jour le jour

19 00 TSMG (voir p. 17) : 17 h 47 m 52 s.

19 00 **Neptune est en quadrature** à l'ouest du Soleil.

19 12 À midi, début du jour julien 2 460 115.

19 13 Mercure et Jupiter sont en conjonction héliocentrique.

20 10 Mardi (171-194). **Mars** entre dans la constellation du Lion.

21 01 Mercredi (172-193). Heure de début et de fin du crépuscule astronomique le jour du solstice de juin à 0° de longitude : à 40° de latitude nord (2 h 28 m/21 h 36 m) ; à 45° de latitude nord (1 h 40 m/22 h 24 m, durée : 154 minutes) ; à plus de 48,5° de latitude nord, le crépuscule astronomique du soir fusionne avec celui du matin et il ne fait donc nuit noire à aucun moment durant une période d'autant plus longue de part et d'autre du solstice que votre latitude septentrionale est importante.

21 12 Cette semaine, le **Soleil** franchit le méridien à 68° de hauteur.

21 14 Déclinaison boréale maximale du Soleil pour l'année : + 23° 26′ 18″.

21 14 **Le Soleil entre dans le signe astrologique du Cancer** (90°) à 14 h 57 m, mais, dans la réalité, il est encore dans la constellation du Taureau pour quelques heures.

21 14 **Solstice de juin sur Terre à 14 h 57 m.** Le Soleil atteint son point le plus au nord par rapport à l'équateur terrestre ; dans l'hémisphère boréal, c'est le début de l'été. En 2024, le solstice de juin se produira le 20 à 20 h 51 m.

22 02 Jeudi (173-192). **Le Soleil entre dans la constellation des Gémeaux** (90,5°) à 2 h 30 m.

22 03 **Conjonction géocentrique en longitude entre la Lune (Cnc) et Vénus** à 3 h 08 m (séparation : 3,5°).

22 12 **Conjonction géocentrique en longitude entre la Lune (Leo) et Mars** à 12 h 41 m (séparation : 3,6°).

22 18 La Lune passe à l'apogée à 18 h 30 m. Distance : 405 385 km, soit 63,56 rayons terrestres.

22 19 Du 23 juin au 3 juillet, couchers les plus tardifs de l'année pour le Soleil à 40° nord : 19 h 33 m (arrondi à la minute). À 45° nord, les couchers les plus tardifs se produisent entre le 22 et le 30 juin à 19 h 51 m. À 50° nord, ils ont lieu du 19 juin au 1er juillet à 20 h 13 m.

23 03 Vendredi (174-191). **Mercure passe au nœud ascendant** de son orbite (longitude héliocentrique : 48,3°).

25 00 Dimanche. 176e jour de l'année.

25 10 Mercure et Vénus sont en opposition héliocentrique.

25 17 Une paire d'heures avant le coucher du Soleil, pointez un instrument vers le quartier de Lune qui brille au méridien

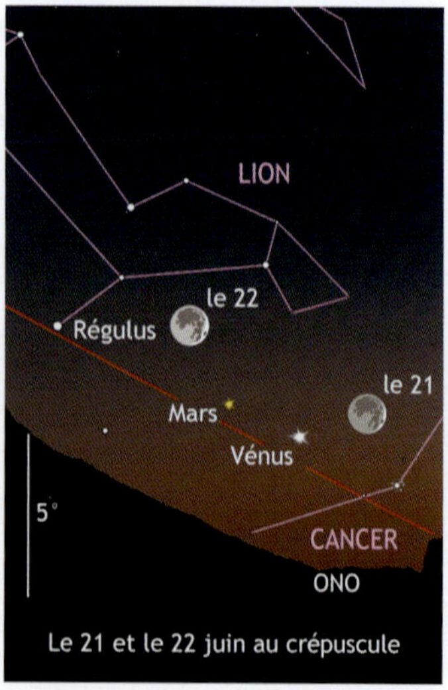

Le 21 et le 22 juin au crépuscule, deux heures après le coucher du Soleil, le croissant est installé à côté de Vénus et de Mars à plus de 5° de hauteur au-dessus de l'horizon ouest-nord-ouest.

pour tenter de voir le « **X lunaire** » révélé par le Soleil rasant à l'intersection des cratères La Caille, Blanchinus et Purbach, ainsi que le **V** lumineux qui se déploie dans le cratère Ukert, pratiquement au centre de la Lune. Voir le 6 juin 2022.

26e SEMAINE

26 00 Lundi (177-188). Il n'y a pratiquement pas de nuit noire cette semaine. Constellation de la Lune chaque jour à 0 h pour 45° de latitude nord et 0° de longitude : L-Vir, M-Vir, M-Vir, J-Vir, V-Lib, S-Sco, D-Oph.

26 00 TSMG (voir p. 17) : 18 h 15 m 28 s.

26 07 **Premier Quartier de Lune à 7 h 50 m (Vir).** Distance : 398 121 km, soit 62,42 rayons terrestres.

26 12 À midi, début du jour julien 2 460 122.

26 23 **Vénus** entre dans la constellation du Lion.

27 05 Mardi (178-187). **Mercure** entre dans la constellation des Gémeaux.

27 19 **Mercure est au périhélie** à 0,307 ua du Soleil, soit près de 46 millions de kilomètres.

27 22 **Maximum de l'essaim météorique des Bootides** de juin (170 JBO), qui peut être actif du 22 juin au 2 juillet. Longitude héliocentrique prévue pour le maximum (équinoxe 2000.0) : 95,7°. En 2023, le maximum se produit en Lune gibbeuse croissante.

28 02 Mercredi (179-186). L'éclat de l'étoile variable **Mira de la Baleine** (Omicron Ceti) atteint son maximum fin juin avec une magnitude comprise entre 2 et 3 : 2,1 lors de son maximum d'octobre 2011, 3 lors de celui de 2018. Durant quelques semaines, Mira est donc aussi brillante que l'étoile Polaire, mais elle n'est pas observable dans de bonnes conditions aux latitudes européennes actuellement puisqu'elle se lève durant l'aube. Le prochain maximum aura lieu environ un mois plus tôt, soit en mai 2024.

28 12 La Lune passe au nœud descendant à 12 h 23 m (longitude moyenne : 211,8°). Distance : 387 012 km, soit 60,7 rayons terrestres.

28 12 Le **Soleil** franchit le méridien à 68° de hauteur.

28 19 Au coucher du Soleil, vous pouvez admirer aux jumelles la parenthèse lumineuse du **golfe des Iris** visible au nord du terminateur lunaire.

30 00 Vendredi (181-184). **Neptune est stationnaire** en ascension droite dans les Poissons et commence sa rétrogradation, qui prendra fin dans 158 jours, le 6 décembre 2023.

La Voie lactée à l'orée de l'aube au-dessus des gorges du Tarn.

Les prochaines éclipses de Lune

Ces schémas montrent les régions du globe qui seront concernées par les prochaines éclipses partielles ou totales de la Lune par l'ombre de la Terre. Les éclipses de Lune uniquement par la pénombre ne sont pas représentées.

Les courbes vertes marquent les limites géographiques de visibilité de l'entrée et de la sortie du disque lunaire dans la zone de pénombre qui entoure l'ombre terrestre ; les courbes jaunes marquent les limites de son entrée et de sa sortie dans l'ombre ; les courbes rouges marquent les limites de visibilité de la phase de totalité.

Si vous vous trouvez à l'ouest (à gauche) d'une de ces courbes dans la partie « éclipse au lever de la Lune », l'instant qu'elle concerne se produit juste avant le lever de la Lune et vous ne pouvez pas l'observer ; si vous vous situez à l'est, en revanche, l'instant se produit juste après le lever de notre satellite et vous l'observez au ras de l'horizon. Le petit disque jaune indique le point géographique où la Pleine Lune se trouve au zénith au maximum de l'éclipse.

Sur le web

Ces schémas ont été créés avec le logiciel Lunar Eclipse Maestro de Xavier Jubier, disponible gratuitement sur son site.
Vous trouverez des informations complémentaires sur les éclipses de Lune passées et à venir sur ces sites :
eclipse.gsfc.nasa.gov ;
astro.ukho.gov.uk/eclipse/ ;
www.imcce.fr ; xjubier.free.fr.

28 octobre 2023 : éclipse partielle de Lune

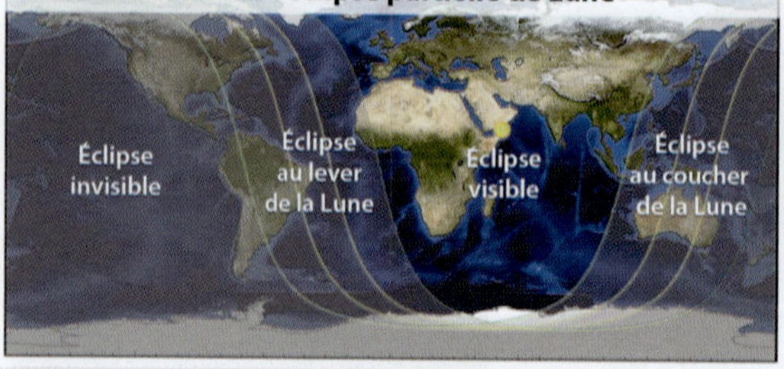

18 septembre 2024 : éclipse partielle de Lune

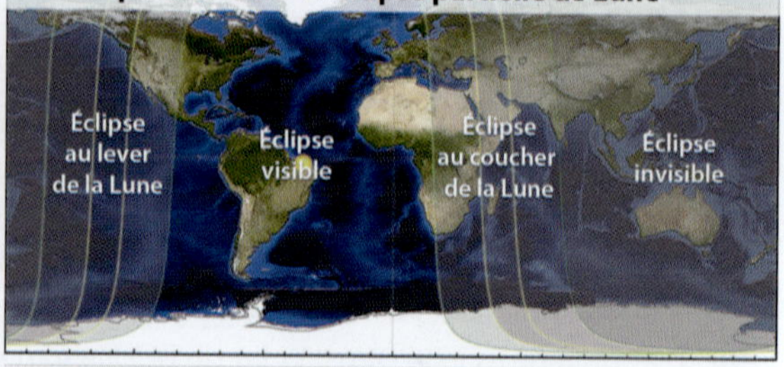

14 mars 2025 : éclipse totale de Lune

7 septembre 2025 : éclipse totale de Lune

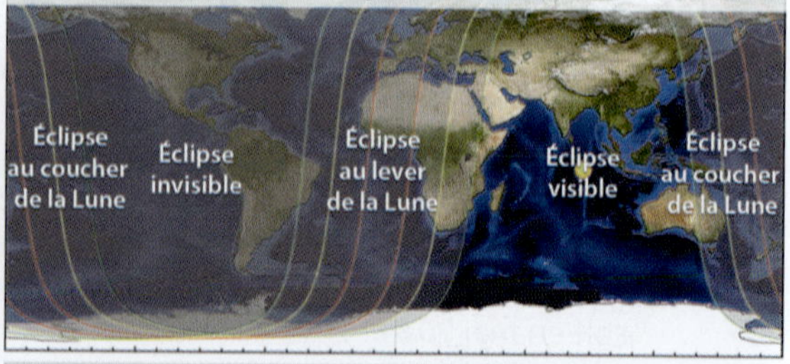

3 mars 2026 : éclipse totale de Lune

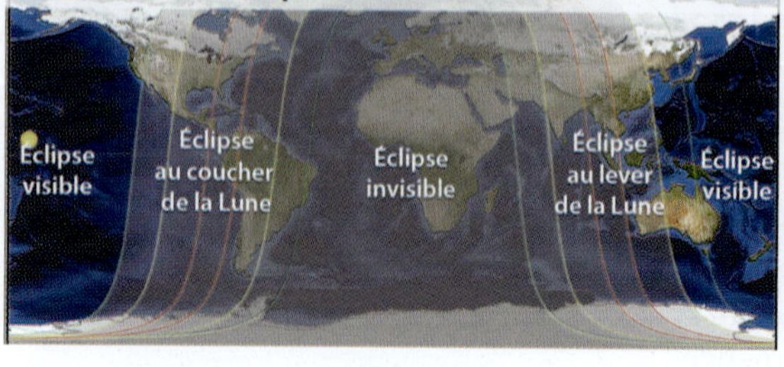

28 août 2026 : éclipse partielle de Lune

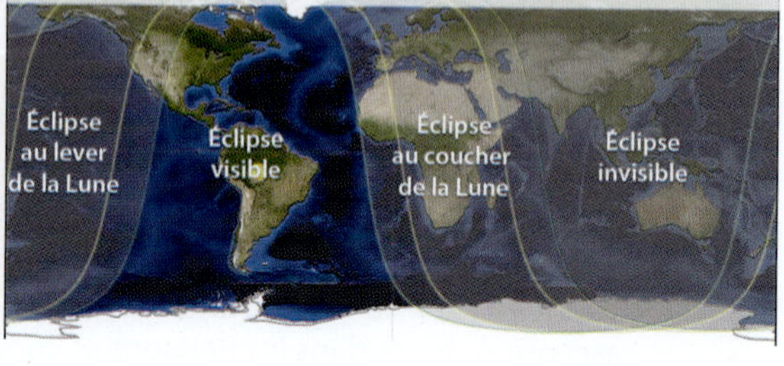

Les prochaines éclipses de Soleil

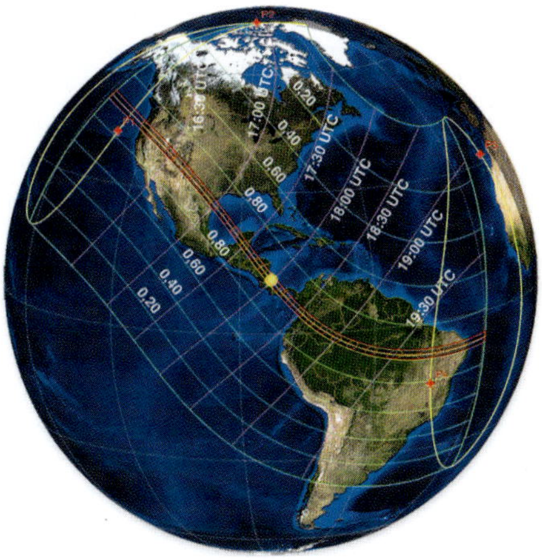

14 octobre 2023
Éclipse annulaire de Soleil
Magnitude au maximum : 0,952
Durée de la phase annulaire : **5 minutes et 17 secondes.**
Zone de visibilité de l'éclipse partielle : continent américain.
Zone de visibilité de l'éclipse annulaire : ouest des États-Unis, Amérique centrale, Colombie, Brésil.

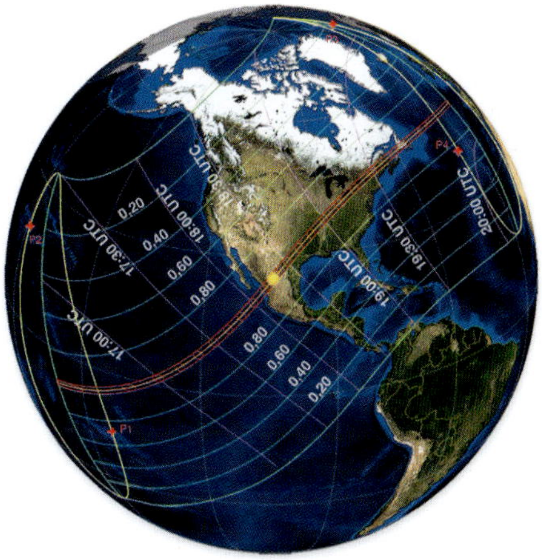

8 avril 2024
Éclipse totale de Soleil
Magnitude au maximum : 1,057
Durée de la phase de totalité : **4 minutes et 28 secondes.**
Zone de visibilité de l'éclipse partielle : Amérique du Nord et Amérique centrale.
Zone de visibilité de l'éclipse totale : Mexique, centre des États-Unis, est du Canada, Saint-Pierre-et-Miquelon.

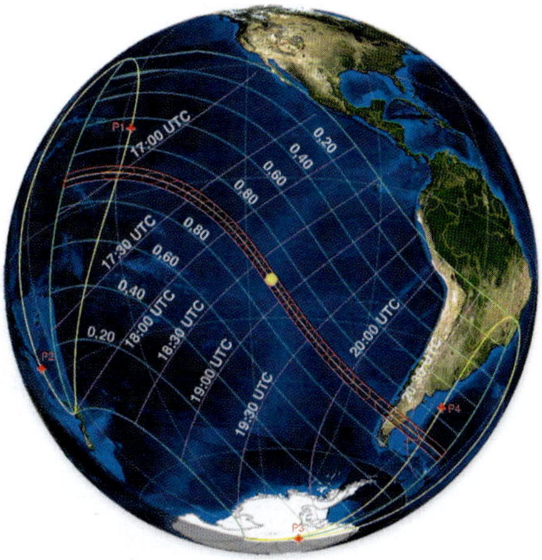

2 octobre 2024
Éclipse annulaire de Soleil
Magnitude au maximum : 0,933
Durée de la phase annulaire : **7 minutes et 25 secondes.**
Zone de visibilité de l'éclipse partielle : océan Pacifique et sud de l'Amérique du Sud.
Zone de visibilité de l'éclipse annulaire : sud du Chili et de l'Argentine.

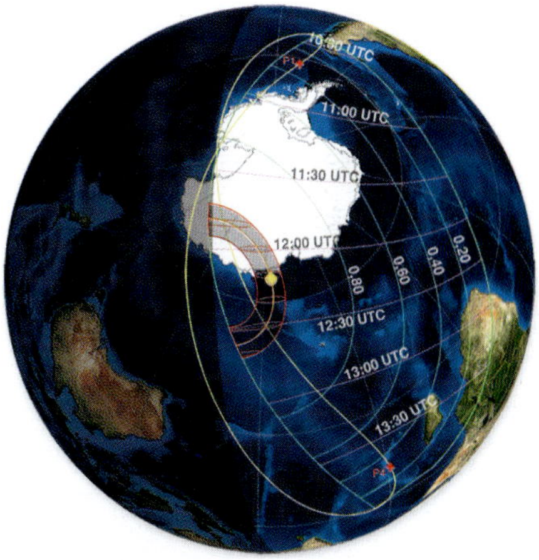

17 février 2026
Éclipse annulaire de Soleil
Magnitude au maximum : 0,963
Durée de la phase annulaire : **2 minutes et 20 secondes.**
Zone de visibilité de l'éclipse partielle : sud du Chili et de l'Argentine, sud de l'Afrique, Madagascar, La Réunion, Maurice, Antarctique.
Zone de visibilité de l'éclipse annulaire : Antarctique..

Sur le web
Ces schémas ont été créés avec le logiciel Solar Eclipse Maestro de Xavier Jubier ; xjubier.free.fr.

Le Soleil et les planètes

	JOUR	ASCENSION DROITE	DÉCLINAISON	CONSTELLATION	Ø APPARENT	ÉQUATION DU TEMPS	DISTANCE	DISTANCE LUMIÈRE	LEVER	MÉRIDIEN	HAUTEUR	COUCHER
		h m s	° ′ ″			m s	ua	m s	h m	h m		h m
Soleil	2	2 35 41	+ 15 14 10	Ari	31′ 45″	- 2 56	1,0076	8 23	04 49	11 57	60°	19 06
	6	2 51 04	+ 16 24 09	Ari	31′ 43″	- 3 19	1,0086	8 23	04 43	11 57	62°	19 11
	10	3 06 35	+ 17 29 47	Ari	31′ 41″	- 3 33	1,0095	8 24	04 38	11 56	63°	19 16
	14	3 22 16	+ 18 30 46	Ari	31′ 39″	- 3 39	1,0105	8 24	04 33	11 56	64°	19 21
	18	3 38 06	+ 19 26 46	Tau	31′ 38″	- 3 35	1,0114	8 25	04 28	11 56	65°	19 25
	22	3 54 06	+ 20 17 29	Tau	31′ 36″	- 3 22	1,0122	8 25	04 24	11 57	65°	19 30
	26	4 10 13	+ 21 02 38	Tau	31′ 35″	- 3 01	1,0129	8 25	04 21	11 57	66°	19 34
	30	4 26 28	+ 21 41 57	Tau	31′ 34″	- 2 32	1,0136	8 26	04 18	11 58	67°	19 38

	JOUR	ASCENSION DROITE	DÉCLINAISON	CONSTELLATION	MAGNITUDE	Ø APPARENT	ÉLONGATION	DISTANCE	FRACTION ÉCLAIRÉE	LEVER	MÉRIDIEN	HAUTEUR	COUCHER
		h m s	° ′ ″					ua		h m	h m		h m
Mercure	2	2 34 39	+ 15 53 10	Ari	4,3	11,9	0,0° O	0,5635	0 %	04 46	11 53	61°	18 59
	6	2 26 15	+ 14 00 06	Ari	4,1	12	6,4° O	0,5605	2 %	04 30	11 29	59°	18 27
	10	2 20 05	+ 12 20 22	Ari	3,6	11,7	12,3° O	0,5761	6 %	04 15	11 08	57°	17 59
	14	2 17 39	+ 11 11 06	Ari	3,1	11,1	17,1° O	0,6072	12 %	04 02	10 50	56°	17 37
	18	2 19 32	+ 10 39 57	Ari	2,5	10,3	20,7° O	0,6507	18 %	03 51	10 37	56°	17 22
	22	2 25 39	+ 10 46 54	Ari	2,0	9,5	23,0° O	0,7040	25 %	03 41	10 27	56°	17 14
	26	2 35 42	+ 11 27 48	Ari	1,5	8,8	24,3° O	0,7649	33 %	03 32	10 22	57°	17 13
	30	2 49 20	+ 12 36 52	Ari	1,1	8,1	24,6° O	0,8320	40 %	03 25	10 20	58°	17 16
Vénus	2	5 32 27	+ 25 44 34	Tau	- 4,1	17,3	42,4° E	0,9741	66 %	06 55	14 54	71°	22 55
	6	5 52 10	+ 26 00 07	Tau	- 4,1	17,8	43,0° E	0,9436	64 %	06 57	14 58	71°	23 00
	10	6 11 41	+ 26 05 10	Gem	- 4,2	18,4	43,5° E	0,9128	63 %	07 00	15 02	71°	23 04
	14	6 30 58	+ 25 59 51	Gem	- 4,2	19,1	44,0° E	0,8816	61 %	07 05	15 06	71°	23 06
	18	6 49 54	+ 25 44 28	Gem	- 4,2	19,8	44,4° E	0,8500	59 %	07 09	15 09	71°	23 08
	22	7 08 25	+ 25 19 26	Gem	- 4,2	20,6	44,8° E	0,8182	57 %	07 14	15 11	70°	23 08
	26	7 26 26	+ 24 45 18	Gem	- 4,2	21,4	45,0° E	0,7861	55 %	07 20	15 14	70°	23 07
	30	7 43 51	+ 24 02 41	Gem	- 4,3	22,3	45,2° E	0,7538	53 %	07 25	15 15	69°	23 04
Mars	6	7 35 13	+ 23 22 27	Gem	1,5	5,2	66,5° E	1,7833	92 %	08 54	16 40	68°	00 27
	14	7 54 17	+ 22 30 49	Gem	1,6	5,1	63,3° E	1,8530	92 %	08 46	16 27	67°	00 10
	22	8 13 24	+ 21 30 40	Cnc	1,7	4,9	60,1° E	1,9201	93 %	08 39	16 15	66°	23 50
	30	8 32 29	+ 20 22 14	Cnc	1,8	4,7	57,0° E	1,9844	93 %	08 32	16 02	65°	23 32
Jupiter	6	1 43 43	+ 9 35 41	Psc	- 2,0	33,3	17,7° O	5,9053	100 %	04 06	10 48	55°	17 30
	14	1 50 47	+ 10 15 07	Psc	- 2,1	33,6	23,6° O	5,8641	100 %	03 39	10 24	55°	17 08
	22	1 57 44	+ 10 52 56	Ari	- 2,1	33,9	29,5° O	5,8111	100 %	03 12	09 59	56°	16 46
	30	2 04 31	+ 11 28 53	Ari	- 2,1	34,3	35,4° O	5,7470	100 %	02 45	09 34	57°	16 24
Saturne	6	22 32 19	- 10 43 50	Aqr	1,0	16,4	69,5° O	10,1110	100 %	02 18	07 37	34°	12 56
	14	22 34 12	- 10 34 34	Aqr	1,0	16,6	76,7° O	9,9838	100 %	01 48	07 07	34°	12 27
	22	22 35 43	- 10 27 24	Aqr	0,9	16,8	84,0° O	9,8523	100 %	01 17	06 37	35°	11 57
	30	22 36 52	- 10 22 26	Aqr	0,9	17	91,4° O	9,7191	100 %	00 47	06 07	35°	11 27
Uranus	6	3 05 23	+ 17 05 23	Ari	5,9	3,4	3,5° E	20,6580	100 %	04 55	12 09	62°	19 23
	18	3 08 11	+ 17 16 50	Ari	5,9	3,4	7,4° O	20,6520	100 %	04 10	11 25	62°	18 40
	30	3 10 56	+ 17 27 54	Ari	5,9	3,4	18,3° O	20,6070	100 %	03 24	10 40	62°	17 56
Neptune	6	23 50 25	- 2 20 02	Psc	7,9	2,2	48,4° O	30,5700	100 %	03 02	08 55	43°	14 48
	18	23 51 32	- 2 13 15	Psc	7,9	2,2	59,6° O	30,4070	100 %	02 15	08 09	43°	14 02
	30	23 52 25	- 2 08 04	Psc	7,9	2,2	70,9° O	30,2240	100 %	01 29	07 22	43°	13 16

Les éphémérides du Soleil, des planètes et de la Lune proposées sur ces deux pages sont calculées à 0 h TU pour une latitude de 45° nord et une longitude de 0°.

La Lune

	JOUR	ASCENSION DROITE	DÉCLINAISON	CONSTELLATION	Ø APPARENT	PARALLAXE HORIZONTALE	FRACTION ÉCLAIRÉE	JOUR	ÉLONGATION	DISTANCE	LEVER	MÉRIDIEN	HAUTEUR	COUCHER
		h m s	° ′ ″							km	h m	h m		h m
L 1	121	11 09 26	9 46 46	Leo	29′ 53″	54′ 51″	78 %	10,8	124° E	399 776	14 h 34	21 h 10	49°	3 h 16
M 2	122	11 53 26	4 11 51	Vir	30′ 09″	55′ 20″	86 %	11,8	135° E	396 230	15 h 40	21 h 52	43°	3 h 34
M 3	123	12 37 45	- 1 39 38	Vir	30′ 29″	55′ 56″	92 %	12,8	147° E	392 073	16 h 48	22 h 34	37°	3 h 51
J 4	124	13 23 25	- 7 35 36	Vir	30′ 50″	56′ 34″	97 %	13,8	159° E	387 629	17 h 59	23 h 20	31°	4 h 09
V 5	125	14 11 30	- 13 21 08	Vir	31′ 11″	57′ 13″	99 %	14,8	171° E	383 225	19 h 14			4 h 29
S 6	126	15 02 59	- 18 37 45	Lib	31′ 31″	57′ 50″	100 %	15,8	176° O	379 161	20 h 31	0 h 09	26°	4 h 54
D 7	127	15 58 34	- 23 03 22	Sco	31′ 48″	58′ 22″	98 %	16,8	164° O	375 677	21 h 49	1 h 03	21°	5 h 26
L 8	128	16 58 18	- 26 14 10	Oph	32′ 02″	58′ 48″	93 %	17,8	151° O	372 928	23 h 01	2 h 01	18°	6 h 08
M 9	129	18 01 12	- 27 48 53	Sgr	32′ 13″	59′ 06″	87 %	18,8	137° O	370 978		3 h 03	16°	7 h 03
M 10	130	19 05 18	- 27 34 41	Sgr	32′ 19″	59′ 18″	78 %	19,8	124° O	369 811	0 h 02	4 h 05	17°	8 h 11
J 11	131	20 08 16	- 25 31 41	Sgr	32′ 21″	59′ 22″	68 %	20,8	111° O	369 357	0 h 51	5 h 06	19°	9 h 29
V 12	132	21 08 19	- 21 52 25	Cap	32′ 20″	59′ 20″	57 %	21,8	98° O	369 522	1 h 28	6 h 04	23°	10 h 49
S 13	133	22 04 44	- 16 57 17	Aqr	32′ 17″	59′ 14″	45 %	22,8	84° O	370 224	1 h 57	6 h 57	29°	12 h 09
D 14	134	22 57 47	- 11 09 09	Aqr	32′ 10″	59′ 02″	34 %	23,8	71° O	371 411	2 h 20	7 h 47	35°	13 h 26
L 15	135	23 48 21	- 4 50 13	Aqr	32′ 02″	58′ 47″	24 %	24,8	58° O	373 064	2 h 41	8 h 35	42°	14 h 42
M 16	136	0 37 32	1 39 03	Cet	31′ 51″	58′ 27″	15 %	25,8	46° O	375 194	3 h 00	9 h 21	49°	15 h 57
M 17	137	1 26 29	7 59 37	Psc	31′ 38″	58′ 02″	8 %	26,8	33° O	377 812	3 h 20	10 h 08	55°	17 h 11
J 18	138	2 16 16	13 53 19	Ari	31′ 22″	57′ 34″	3 %	27,8	20° O	380 907	3 h 42	10 h 56	61°	18 h 26
V 19	139	3 07 36	19 02 47	Ari	31′ 05″	57′ 02″	1 %	28,8	8° O	384 419	4 h 06	11 h 46	66°	19 h 40
S 20	140	4 00 53	23 11 53	Tau	30′ 47″	56′ 29″	0 %	0,3	4° E	388 224	4 h 37	12 h 38	70°	20 h 51
D 21	141	4 55 55	26 07 12	Tau	30′ 28″	55′ 55″	2 %	1,3	16° E	392 137	5 h 14	13 h 32	72°	21 h 55
L 22	142	5 51 53	27 39 55	Tau	30′ 11″	55′ 23″	6 %	2,3	27° E	395 920	6 h 01	14 h 26	73°	22 h 50
M 23	143	6 47 36	27 47 30	Gem	29′ 55″	54′ 55″	11 %	3,3	39° E	399 304	6 h 56	15 h 18	72°	23 h 35
M 24	144	7 41 48	26 33 56	Gem	29′ 43″	54′ 33″	18 %	4,3	50° E	402 018	7 h 57	16 h 09	70°	
J 25	145	8 33 36	24 08 09	Cnc	29′ 35″	54′ 18″	26 %	5,3	61° E	403 817	9 h 02	16 h 56	66°	0 h 10
V 26	146	9 22 43	20 41 33	Cnc	29′ 32″	54′ 12″	34 %	6,3	72° E	404 506	10 h 08	17 h 41	62°	0 h 38
S 27	147	10 09 20	16 25 47	Leo	29′ 35″	54′ 17″	44 %	7,3	83° E	403 961	11 h 13	18 h 24	57°	1 h 01
D 28	148	10 54 03	11 31 35	Leo	29′ 43″	54′ 32″	53 %	8,3	94° E	402 146	12 h 18	19 h 05	52°	1 h 20
L 29	149	11 37 42	6 08 41	Leo	29′ 56″	54′ 56″	63 %	9,3	105° E	399 124	13 h 23	19 h 45	46°	1 h 38
M 30	150	12 21 16	0 26 25	Vir	30′ 15″	55′ 30″	72 %	10,3	116° E	395 059	14 h 30	20 h 27	40°	1 h 55
M 31	151	13 05 52	- 5 25 05	Vir	30′ 37″	56′ 12″	81 %	11,3	128° E	390 209	15 h 39	21 h 11	34°	2 h 12

La Lune des spécialistes

	Libration		Angle de position	
	l	b	axe	phase
1	- 3,2°	- 5,2°	21,9°	295,0°
2	- 4,1°	- 4,1°	22,2°	295,9°
3	- 4,8°	- 2,9°	21,7°	295,4°
4	- 5,2°	- 1,4°	20,3°	292,7°
5	- 5,4°	0,1°	18,0°	283,8°
6	- 5,2°	1,7°	14,6°	136,8°
7	- 4,7°	3,2°	10,3°	112,7°
8	- 4,0°	4,6°	4,9°	103,7°
9	- 3,1°	5,7°	359,0°	95,3°
10	- 2,0°	6,4°	353,1°	87,2°
11	- 0,9°	6,8°	347,6°	79,8°
12	0,3°	6,7°	343,3°	73,6°
13	1,4°	6,2°	340,2°	68,8°
14	2,4°	5,4°	338,4°	65,6°
15	3,2°	4,2°	337,8°	64,0°
16	3,9°	2,8°	338,3°	63,9°
17	4,4°	1,3°	339,8°	65,5°
18	4,6°	- 0,3°	342,3°	69,2°
19	4,7°	- 1,9°	345,7°	78,3°
20	4,6°	- 3,3°	349,9°	235,0°
21	4,2°	- 4,5°	354,8°	254,3°
22	3,6°	- 5,5°	0,1°	262,5°
23	2,8°	- 6,2°	5,3°	269,6°
24	1,8°	- 6,6°	10,2°	276,0°
25	0,6°	- 6,8°	14,3°	281,7°
26	- 0,6°	- 6,6°	17,6°	286,4°
27	- 1,9°	- 6,1°	20,0°	290,0°
28	- 3,1°	- 5,4°	21,5°	292,6°
29	- 4,2°	- 4,4°	22,2°	294,0°
30	- 5,2°	- 3,2°	22,0°	294,2°
31	- 5,8°	- 1,9°	20,9°	293,0°

Phases et distances

Jour	Heure en TU	Distance en km	Ø apparent
5	PL à 17 h 34 m	380 202	31,4
12	DQ à 14 h 28 m	369 885	32,3
19	NL à 15 h 53 m	386 914	30,9
27	PQ à 15 h 22 m	402 943	29,7
11	Périgée à 5 h 05 m	369 343	32,4
26	Apogée à 1 h 39 m	404 509	29,5

Reportez-vous pages 7 à 15 pour trouver des renseignements détaillés sur l'utilisation de ces différentes informations.
Consultez les tableaux de corrections horaires (pages 340 et 341) pour adapter les heures de lever, de passage au méridien et de coucher en fonction de votre lieu d'observation.

Les constellations

Depuis la plus haute Antiquité, les hommes ont regroupé les étoiles les plus brillantes du ciel dans des figures appelées constellations, qu'ils se sont transmises de génération en génération et de civilisation en civilisation. Nous savons aujourd'hui que, dans l'immense majorité des cas, les étoiles d'une même constellation n'ont aucun lien physique ni même aucune origine commune et que leur réunion dans une figure est totalement arbitraire, ce n'est qu'une conséquence de leur proximité apparente dans le ciel de la Terre. La première liste raisonnée et systématique de constellations fut établie par Claude Ptolémée dans son ouvrage *L'Almageste* au milieu du IIe siècle après JC. Elle comptait 48 figures, héritées pour une bonne part des Égyptiens et des Mésopotamiens. La division du très vaste navire Argo en trois parties – la Poupe, la Carène et les Voiles – porta le nombre des constellations dites « antiques » à 50. Les constellations dites « modernes » sont en grande majorité des regroupements inventés entre le XVe et le XVIIIe siècle par les navigateurs qui découvrirent l'hémisphère austral. La Chevelure de Bérénice était manifestement déjà connue du temps de Ptolémée mais, pour une raison inconnue, il ne l'intégra pas dans sa liste. D'autres figures ont des origines diverses – l'Oiseau du Paradis viendrait d'Inde, son premier nom était Avis Indica –, et leurs formes et dénominations furent parfois adaptées par les navigateurs.
Enfin, quelques-unes portent aujourd'hui un nom simplifié par l'usage : l'Écu de Sobieski devient l'Écu ; l'Atelier du Sculpteur devient le Sculpteur ; le Chevalet du Peintre devient le Peintre.
Afin que les observateurs du monde entier puissent se référer au même ensemble de constellations, l'Union astronomique internationale adopta en 1930 une liste de leurs noms et un tracé définitif de leurs limites qui respectait au plus près celui des cartes accumulées au fil des siècles. Il fallut faire des choix et, au final, la sphère céleste fut découpée en 88 constellations.

Nom français	Nom latin	Abrév.	Situation	Visibilité	Origine	Superficie	S	F	L
Aigle	Aquila	Aql	E	Août	antique	652,47	22	1	3
Andromède	Andromeda	And	N	Nov.	antique	722,28	19	2	1
Atelier du Sculpteur	Sculptor	Scl	S	Nov.	Lacaille	474,76	36	3	81
Autel	Ara	Ara	CS	(Juil.)	antique	237,06	63	4	4
Balance	Libra	Lib	SE	Juin	antique	538,05	29	5	31
Baleine	Cetus	Cet	E	Oct.-Nov.	antique	1 231,41	4	6	16
Bélier	Aries	Ari	NE	Déc.	antique	441,40	39	7	5
Boussole	Pyxis	Pyx	S	Mars	Lacaille	220,83	65	8	79
Bouvier	Bootes	Boo	N	Juin	antique	906,83	13	9	7
Burin	Caelum	Cae	S	Jan.	Lacaille	124,87	81	10	53
Caméléon	Chamaeleon	Cha	CS	(Avr.)	Bayer	131,59	79	11	56
Cancer	Cancer	Cnc	NE	Mars	antique	505,87	31	12	8
Capricorne	Capricornus	Cap	SE	Sept.	antique	413,95	40	13	11
Carène	Carina	Car	CS	(Fév.-Mars)	antique	494,18	34	14	12
Cassiopée	Cassiopeia	Cas	CN	Nov.	antique	598,41	25	15	13
Centaure	Centaurus	Cen	S, CS	Mai	antique	1 060,42	9	16	14
Céphée	Cepheus	Cep	CN	Sept.-Oct.	antique	587,79	27	17	15
Chevalet du Peintre	Pictor	Pic	CS	Jan.	Lacaille	246,74	59	18	78
Chevelure de Bérénice	Coma Berenices	Com	N	Mai	antique	386,48	42	19	59
Chiens de chasse	Canes Venatici	CVn	N	Mai	Hevelius	465,19	38	20	55
Cocher	Auriga	Aur	N	Jan.	antique	657,44	21	21	6
Colombe	Columba	Col	S	Jan.	?	270,18	54	22	58
Compas	Circinus	Cir	CS	(Juin)	Lacaille	93,35	85	23	57
Corbeau	Corvus	Crv	S	Mai	antique	183,80	70	24	19
Coupe	Crater	Crt	S	Avr.	antique	282,40	53	25	20
Couronne australe	Corona Australis	CrA	S	Août	antique	127,70	80	26	17
Couronne boréale	Corona Borealis	CrB	N	Juin	antique	178,71	73	27	18
Croix du Sud	Crux	Cru	CS	(Mai)	Bayer ?	68,45	88	28	60
Cygne	Cygnus	Cyg	N	Sept.	antique	803,98	16	29	21
Dauphin	Delphinus	Del	N	Sept.	antique	188,55	69	30	22
Dorade	Dorado	Dor	CS	(Jan.)	Bayer	179,17	72	31	61
Dragon	Draco	Dra	CN	Avr. à Août	antique	1 082,95	8	32	23
Écu de Sobieski	Scutum	Sct	SE	Août	Hevelius	109,11	84	33	82
Équerre	Norma	Nor	S, CS	Juil.	Lacaille ?	165,29	74	34	74
Éridan	Eridanus	Eri	S, CS	Déc.	antique	1 137,92	6	35	25
Flèche	Sagitta	Sge	N	Août	antique	79,93	86	36	41
Fourneau	Fornax Chimica	For	S	Déc.	Lacaille	397,50	41	37	62
Gémeaux	Gemini	Gem	NE	Fév.	antique	513,76	30	38	26
Girafe	Camelopardalis	Cam	CN	Jan.	Plancius	756,83	18	39	54

Nom français	Nom latin	Abrév.	Situation	Visibilité	Origine	Superficie	S	F	L
Grand Chien	Canis Major	CMa	S	Fév.	antique	380,12	43	40	9
Grande Ourse	Ursa Major	UMa	CN	Avr.-Mai	antique	1 279,66	3	41	47
Grue	Grus	Gru	S	Oct.	Bayer	365,51	45	42	63
Hercule	Hercules	Her	N	Juil.	antique	1 225,15	5	43	27
Horloge	Horologium	Hor	S, CS	Déc.-Jan.	?	248,89	58	44	64
Hydre femelle	Hydra	Hya	E, S	Mars à Mai	antique	1 302,84	1	45	28
Hydre mâle	Hydrus	Hyi	CS	(Déc.)	Bayer	243,04	61	46	65
Indien	Indus	Ind	CS	(Sept.)	Bayer	294,01	49	47	66
Lézard	Lacerta	Lac	N	Oct.	Hevelius	200,69	68	48	67
Licorne	Monoceros	Mon	E	Fév.	Plancius ?	481,57	35	49	72
Lièvre	Lepus	Lep	S	Jan.	antique	290,29	51	50	30
Lion	Leo	Leo	NE	Avr.	antique	946,96	12	51	29
Loup	Lupus	Lup	S	Juin	antique	333,68	46	52	32
Lynx	Lynx	Lyn	CN, N	Fév.-Mars	Hevelius	545,39	28	53	69
Lyre	Lyra	Lyr	N	Août	antique	286,48	52	54	33
Machine pneumatique	Antlia	Ant	S	Avr.	Lacaille	238,90	62	55	51
Microscope	Microscopium	Mic	S	Sept.	Lacaille	209,51	66	56	71
Mouche	Musca	Mus	CS	(Mai)	Lacaille ?	138,36	77	57	73
Octant	Octans	Oct	CS	(Août-Sept.)	Lacaille	291,05	50	58	75
Oiseau du Paradis	Apus	Aps	CS	(Juil.)	Bayer	206,33	67	59	52
Ophiuchus	Ophiuchus	Oph	E	Juil.	antique	948,34	11	60	34
Orion	Orion	Ori	E	Jan.	antique	594,12	26	61	35
Paon	Pavo	Pav	CS	(Août)	Bayer	377,67	44	62	76
Pégase	Pegasus	Peg	N	Oct.	antique	1 120,79	7	63	36
Persée	Perseus	Per	N	Déc.	antique	615,00	24	64	37
Petit Cheval	Equuleus	Equ	N	Sept.	antique	71,64	87	65	24
Petit Chien	Canis Minor	CMi	E	Fév.	antique	183,37	71	66	10
Petit Lion	Leo Minor	LMi	N	Avr.	Hevelius	231,96	64	67	68
Petit Renard	Vulpecula	Vul	N	Août	Hevelius	268,17	55	68	88
Petite Ourse	Ursa Minor	UMi	CN	Juin-Juil.	antique	255,86	56	69	48
Phénix	Phoenix	Phe	S	Nov.	Bayer	469,32	37	70	77
Poisson austral	Piscis Austrinus	PsA	S	Oct.	antique	245,38	60	71	39
Poisson volant	Volans	Vol	CS	(Fév.)	Bayer	141,35	76	72	87
Poissons	Pisces	Psc	E	Nov.	antique	889,42	14	73	38
Poupe	Puppis	Pup	S	Fév.	antique	673,43	20	74	40
Réticule	Reticulum	Ret	CS	(Déc.)	Lacaille ?	113,94	82	75	80
Sagittaire	Sagittarius	Sgr	SE	Août	antique	867,43	15	76	42
Scorpion	Scorpius	Sco	SE	Juil.	antique	496,78	33	77	43
Serpent	Serpens	Ser	E	Juin et Août	antique	636,93	23	78	44
Sextant	Sextans	Sex	E	Avr.	Hevelius	313,52	47	79	83
Table	Mensa	Men	CS	(Jan.)	Lacaille	153,48	75	80	70
Taureau	Taurus	Tau	NE	Jan.	antique	797,25	17	81	45
Télescope	Telescopium	Tel	CS	Août	Lacaille	251,51	57	82	84
Toucan	Tucana	Tuc	CS	(Oct.)	Bayer	294,56	48	83	86
Triangle	Triangulum	Tri	N	Nov.-Déc.	antique	131,85	78	84	46
Triangle austral	Triangulum Australe	TrA	CS	(Juil.)	Bayer ?	109,98	83	85	85
Verseau	Aquarius	Aqr	SE	Oct.	antique	979,85	10	86	2
Vierge	Virgo	Vir	E	Mai	antique	1 294,43	2	87	50
Voiles	Vela	Vel	S, CS	Mars	antique	499,65	32	88	49

Situation : il s'agit de la situation sur la sphère céleste : CN = circumpolaire Nord (pour la latitude 40-45° nord) ; N = hémisphère Nord ; NE = côté nord de l'écliptique ; E = équateur ; SE = côté sud de l'écliptique ; S = hémisphère Sud ; CS = circumpolaire Sud (pour la latitude 40° sud).

Visibilité : période ou mois (selon la taille de la constellation) où la constellation se trouve au méridien entre 21 h et 22 h TU.
Les parenthèses indiquent que la constellation est trop au sud pour être observée à plus de 40° nord.

Origine : antique (listée par Ptolémée) ; Petrus Plancius (1552-1622) ; Johann Bayer (1572-1623) ; Johannes Hevelius ou Hoevelke (1611-1687) ; Nicolas Louis de Lacaille (1713-1762). C'est en 1603 que Bayer publia son atlas *Uranometria*, dans lequel douze constellations circumpolaires sud sont dessinées. Il n'avait jamais été lui-même dans l'hémisphère austral, mais avait représenté les figures d'après les descriptions qui lui en avaient été faites. C'est ainsi que nombre des constellations de Bayer sont vraisemblablement dues au navigateur allemand Pieter Theodor (début du XVIe siècle). Après l'atlas de Bayer, les inventeurs cherchèrent surtout à remplir les vides laissés entre les constellations. C'est le cas de Johannes Hevelius et, plus tard, de Nicolas de Lacaille, celui-ci projetant sur le ciel les merveilleuses machines de son époque.

Superficie : en degrés carrés. La surface totale de la sphère céleste est de 41 252,98 degrés carrés.

S, F, L : ces colonnes donnent le classement en superficie (de la plus grande à la plus petite) et l'ordre alphabétique en français et en latin.

Corrections horaires pour le Soleil en fonction de votre latitude

	40°	42°	44°	46°	48°	50°	52°	
	(correction arrondie en minutes)							
17 déc.	- 17	- 11	- 4	2	10	19	29	24 déc.
25 déc.	- 17	- 11	- 4	3	11	20	30	16 déc.
2 janv.	- 16	- 10	- 3	4	12	21	30	8 déc.
10 janv.	- 15	- 9	- 3	4	11	19	28	30 nov.
18 janv.	- 14	- 9	- 3	3	10	18	26	22 nov.
26 janv.	- 13	- 8	- 3	3	9	15	22	14 nov.
3 févr.	- 11	- 7	- 2	3	8	13	20	6 nov.
11 févr.	- 8	- 5	- 1	3	7	12	17	29 oct.
19 févr.	- 7	- 4	- 1	2	6	9	13	21 oct.
27 févr.	- 5	- 3	- 1	2	4	7	9	13 oct.
7 mars	- 3	- 2	0	1	2	4	6	5 oct.
15 mars	0	0	0	1	1	2	3	27 sept.
23 mars	2	1	1	0	0	0	- 1	19 sept.
31 mars	4	3	1	0	- 1	- 3	- 4	11 sept.
8 avr.	6	4	2	0	- 2	- 5	- 8	3 sept.
16 avr.	8	5	2	- 1	- 4	- 8	- 12	26 août
24 avr.	9	6	2	- 2	- 6	- 11	- 16	18 août
2 mai	12	7	3	- 2	- 7	- 12	- 19	10 août
10 mai	13	9	3	- 2	- 8	- 15	- 22	2 août
18 mai	15	9	3	- 3	- 10	- 17	- 25	25 juil.
26 mai	16	10	3	- 4	- 11	- 19	- 29	17 juil.
3 juin	17	10	3	- 4	- 12	- 21	- 31	9 juil.
11 juin	18	11	4	- 4	- 13	- 22	- 33	1 juil.
19 juin	18	11	4	- 4	- 13	- 23	- 34	23 juin

Ce tableau vous donne la correction à apporter en fonction de votre latitude par rapport au lever et au coucher du Soleil à 45° nord.

Si vous vous trouvez sur une latitude intermédiaire, vous pouvez interpoler votre correction approchée à partir de celles des deux latitudes les plus proches.

Vous devez en outre tenir compte de votre différence en longitude (voir tableau suivant).

La démarche à suivre pour trouver l'heure de lever, de passage au méridien et de coucher du Soleil pour votre lieu d'observation est la suivante :

Heure de lever du Soleil personnelle =
(heure à 45° N) + (correction en longitude)
+ (correction en latitude)

Heure de passage au méridien personnelle =
(heure à 45° N) + (correction en longitude)

Heure de coucher du Soleil personnelle =
(heure à 45° N) + (correction longitude)
- (correction latitude)

La précision des horaires obtenus par cette méthode varie de 1 à 2 minutes selon votre latitude et la date.

Exemple

Le 4 juin 2020, le Soleil se lève à 4 h 15 m, passe au méridien à 11 h 58 m et se couche à 19 h 42 m à 45° nord et 0° de longitude. Si vous habitez à Quimper, vous devez chercher dans le tableau « Corrections horaires en fonction de votre longitude » la valeur correspondant à la longitude de Quimper, puis dans le tableau « Corrections horaires pour le Soleil en fonction de votre latitude » la valeur correspondant à la latitude de cette ville.

Correction en longitude de Quimper :
environ 16 m

Correction en latitude de Quimper :
environ - 12 m

Heure de lever du Soleil à Quimper =
(4 h 15 m) + (16 m) + (- 12 m) = 4 h 19 m
Heure de passage au méridien du Soleil à Quimper =
(11 h 58 m) + (16 m) = 12 h 14 m

Heure de coucher du Soleil à Quimper =
(19 h 42 m) + (16 m) - (- 12 m) = 20 h 10 m

Corrections horaires en fonction de votre longitude

	Latitude ° ′	Longitude ° ′	Correction m s
AGEN	44 11	- 0 39	- 2 32
AIX-EN-PROVENCE	43 32	- 5 26	- 21 48
AJACCIO	41 56	- 8 43	- 34 52
ALBI	43 56	- 2 09	- 8 32
ALENÇON	48 25	- 0 05	- 0 21
AMIENS	49 53	- 2 18	- 9 12
ANGERS	47 29	0 32	2 08
ANGOULÊME	45 50	0 10	0 40
ANNECY	45 54	- 6 07	- 24 28
ARLES	43 41	- 4 38	- 18 31
ARRAS	50 17	- 2 46	- 11 06
AURILLAC	44 56	- 2 26	- 9 45
AUXERRE	47 49	- 3 35	- 14 20
AVIGNON	43 56	- 4 48	- 19 12
BASTIA	42 41	- 9 27	- 37 44
BAYONNE	43 30	1 28	5 52
BELFORT	47 38	- 6 52	- 27 29
BESANÇON	47 14	- 6 02	- 24 08
BÉZIERS	43 21	- 3 13	- 12 52
BIARRITZ	43 29	1 33	6 12
BORDEAUX	44 50	0 34	2 16
BOULOGNE	50 43	- 1 37	- 6 30
BOURGES	47 05	- 2 23	- 9 32
BREST	48 24	4 30	18 00
BRIVE-LA-GAILLARDE	45 09	- 1 33	- 6 08
CAEN	49 11	0 22	1 28
CALAIS	50 57	- 1 52	- 7 28
CAMBRAI	50 10	- 3 14	- 12 56
CARCASSONNE	43 13	- 2 21	- 9 24
CHALON-SUR-SAÔNE	46 47	- 4 51	- 19 24
CANNES	43 33	- 7 00	- 28 00
CHAMBÉRY	45 33	- 5 55	- 23 40
CHARTRES	48 27	- 1 30	- 5 58
CHERBOURG	49 38	1 37	6 28
CLERMONT-FERRAND	45 47	- 3 05	- 12 20
COLMAR	48 05	- 7 21	- 29 25
DIEPPE	49 55	- 1 05	- 4 20
DIGNE	44 05	- 6 14	- 24 56
DIJON	47 19	- 5 01	- 20 08
DUNKERQUE	51 02	- 2 22	- 9 32
ÉPINAL	48 11	- 6 28	- 25 52
GAP	44 33	- 6 05	- 24 20
GRENOBLE	45 11	- 5 43	- 22 52
HAVRE (LE)	49 30	- 0 06	- 0 24
LAVAL	48 04	0 45	3 02
LENS	50 26	- 2 50	- 11 20
LILLE	50 38	- 3 04	- 12 20
LIMOGES	45 49	- 1 14	- 5 00
LORIENT	47 45	3 21	13 25
LYON	45 46	- 4 50	- 19 20
MÂCON	46 18	- 4 50	- 19 21
MANS (LE)	48 01	0 12	0 48
MARSEILLE	43 18	- 5 22	- 21 28

	Latitude ° ′	Longitude ° ′	Correction m s
METZ	49 07	- 6 11	- 24 44
MONACO	43 43	- 7 26	- 29 40
MONTAUBAN	44 01	- 1 20	- 5 20
MONTBÉLIARD	47 31	- 6 48	- 27 12
MONTÉLIMAR	44 33	- 4 45	- 19 00
MONTLUÇON	46 20	- 2 36	- 10 24
MONTPELLIER	43 36	- 3 52	- 15 32
MULHOUSE	47 45	- 7 21	- 29 24
NANCY	48 42	- 6 12	- 24 48
NANTES	47 14	1 35	6 20
NARBONNE	43 11	- 3 00	- 12 01
NEVERS	47 00	- 3 09	- 12 38
NICE	43 42	- 7 16	- 29 04
NîMES	43 50	- 4 21	- 17 24
ORLÉANS	47 54	- 1 54	- 7 36
PARIS	48 52	- 2 20	- 9 20
PAU	43 18	0 22	1 28
PÉRIGUEUX	45 12	- 0 44	- 2 55
PERPIGNAN	42 42	- 2 54	- 11 36
POITIERS	46 35	0 20	1 20
QUIMPER	48 00	4 06	16 24
REIMS	49 15	- 4 02	- 16 08
RENNES	48 05	1 41	6 40
ROANNE	46 02	- 4 05	- 16 18
ROCHELLE (LA)	46 10	1 09	4 40
RODEZ	44 21	- 2 34	- 10 16
ROUEN	49 26	- 1 05	- 4 20
SAINT-BRIEUC	48 31	2 45	11 00
SAINT-DIZIER	48 38	- 4 58	- 19 50
SAINT-ÉTIENNE	45 26	- 4 23	- 17 32
SAINT-NAZAIRE	47 17	2 12	8 48
SAINT-QUENTIN	49 51	- 3 17	- 13 10
SEDAN	49 42	- 4 57	- 19 49
SENS	48 18	- 3 18	- 13 12
STRASBOURG	48 35	- 7 45	- 31 60
TARBES	43 14	0 05	0 20
TOULON	43 07	- 5 56	- 23 40
TOULOUSE	43 37	- 1 27	- 5 48
TOURS	47 23	- 0 41	- 3 01
TROYES	48 18	- 4 05	- 16 12
VALENCE	44 56	- 4 54	- 19 36
VALENCIENNES	50 22	- 3 32	- 19 08
VANNES	47 40	2 44	10 58
BÂLE	47 33	- 7 36	- 30 32
BERNE	46 57	- 7 26	- 29 44
GENÈVE	46 13	- 6 09	- 24 36
LAUSANNE	46 32	- 6 39	- 26 20
ZURICH	47 23	- 8 32	- 34 12
CLERVAUX	50 04	- 6 03	- 24 08
LUXEMBOURG	49 36	- 6 09	- 24 36

	Latitude ° ′	Longitude ° ′	Correction m s
ANVERS	51 13	- 4 25	- 17 40
BASTOGNE	50 00	- 5 43	- 22 53
BRUGES	51 13	- 3 14	- 12 56
BRUXELLES	50 50	- 4 21	- 17 24
CHARLEROI	50 25	- 4 27	- 17 44
CHIMAY	50 04	- 4 21	- 17 26
DINANT	50 16	- 4 55	- 19 38
ENGHIEN	50 42	- 4 02	- 16 09
FURNES	51 04	- 2 40	- 10 39
GAND	51 02	- 3 42	- 14 56
HASSELT	50 55	- 5 22	- 21 20
LIÈGE	50 40	- 5 35	- 22 03
NAMUR	50 28	- 4 52	- 19 20
OSTENDE	51 14	- 2 55	- 11 41
SPA	50 30	- 5 51	- 23 28
TOURNAI	50 36	- 3 23	- 13 33
VIRTON	49 34	- 5 31	- 22 08

Trouvez la ville la plus proche de chez vous ou calculez votre correction exacte en comptant 4 minutes pour chaque degré de longitude (signe « - » vers l'est et « + » vers l'ouest).

Exemple

La longitude de l'observatoire astronomique des Pises, dans le Gard, est de 3° 30′ est, soit un décalage de :
- [(3 x 4) + (0,5 x 4)] = - 14 minutes.

Votre correction en longitude vous permet de connaître avec précision (moins de 1 minute d'erreur) l'heure de passage au méridien de la Lune, du Soleil et des planètes de la manière suivante :

Heure de passage au méridien pour votre site = (heure du passage au méridien à 45° N et 0° de longitude) + (correction en longitude)

Exemple

L'heure de passage au méridien de la Lune le 30 juin 2003 à 45°N et 0° de longitude est 12 h 43 m. Elle franchira donc 14 m plus tôt, soit à 12 h 29 m, le méridien de l'observatoire des Pises.

Données fondamentales sur les planètes et les planètes naines du Système solaire

	Distance moyenne au Soleil ua	Distance moyenne au Soleil millions de km	Excentricité	Inclinaison de l'orbite sur l'écliptique °	Longitude du nœud ascendant °	Longitude du périhélie °	Période de révolution sidérale Terre = 1	Période de révolution sidérale jours	Période de révolution synodique	Satellites
Mercure	0,387099	57,9	0,206	7,004	48,3020	77,4903	0,24	87,990	115,90	
Vénus	0,723326	108,2	0,007	3,394	76,6176	131,3960	0,62	224,706	583,90	
Terre	1,000001	149,6	0,167	0,003	173,9000	103,1675	1,00	365,256		1
Mars	1,523770	228,0	0,094	1,848	49,4892	336,1901	1,88	687,011	779,90	2
Cérès	2,766000	413,8	0,078	10,587	80,2680	153,8640	4,60	1 681,275	466,67	
Jupiter	5,202770	778,3	0,048	1,304	100,5168	13,9609	11,86	4 333,000	398,90	80
Saturne	9,571363	1 431,9	0,054	2,486	113,5970	89,5192	29,45	10 756,106	378,13	83
Uranus	19,22982	2 876,7	0,045	0,771	74,0877	170,1689	84,02	30 688,438	369,70	27
Neptune	30,22784	4 522,0	0,013	1,769	131,7402	21,8890	164,79	60 192,349	367,50	14
Pluton	39,63900	5 929,9	0,248	17,115	110,3020	225,1210	248,50	90 766,206	366,73	5
Haumea	43,1820	6 459,9	0,195	28,214	122,1630	238,7780	283,77	103 648,798		2
Makemake	45,4300	6 796,2	0,161	28,984	79,6200	294,8340	306,21	111 845,151		
Eris	68,0540	10 180,7	0,433	43,820	36,0460	187,3120	559,60	204 397,461	365,9	1

Ces éléments ont été calculés par l'Union astronomique internationale pour le 9 août 2022 (Mercure, Vénus, Terre, Mars, Jupiter, Saturne), le 21 janvier 2022 (Uranus et Neptune) et le 1er mai 2022 (Pluton, Cérès, Eris).

	Diamètre équatorial km	Aplatissement	Masse Terre = 1	Densité Eau = 1	Gravité Terre = 1	Vitesse de libération km/s	Période de rotation jour	Inclinaison °	Albédo
Soleil	1 392 530		332 946,0	1,41	27,90	617,5	25-35		
Mercure	4 879	0	0,0553	5,43	0,38	4,2	58,6462	0,0	0,11
Vénus	12 104	0	0,8150	5,24	0,90	10,4	243,0190	2,6	0,65
Terre	12 756	1/298	1,0000	5,52	1,00	11,2	0,9973	23,4	0,37
Lune	3 476	0	0,0123	3,35	0,17	2,4	27,3217	6,7	0,12
Mars	6 792	1/170	0,1074	3,93	0,38	5,0	1,0260	25,2	0,15
Cérès	952	1/14,7	0,00016	2,08	0,03	0,51	0,3781		0,07
Jupiter	142 980	1/15,4	317,833	1,33	2,53	59,5	0,4135	3,1	0,52
Saturne	120 540	1/10,2	95,163	0,69	1,06	35,5	0,4440	26,7	0,47
Uranus	51 120	1/43,6	14,536	1,27	0,90	21,3	0,7183	82,2	0,51
Neptune	49 530	1/58,5	17,149	1,64	1,14	23,5	0,6712	28,3	0,41
Pluton	2 377		0,0022	1,82	0,07	1,3	6,3872	60,4	0,30
Haumea	2 100 x 1 680 x 1 074		0,0007	2,02	0,04	0,81	0,1631	?	0,66 +/- 0,1
Makemake	1 420 +/- 30	0,01	0,0005	2	0,05	0,91	7,7710	?	0,81 +/- 0,1
Eris	2 400	?	0,0028	2,52	0,08	1,4	1,0800	44	0,86 +/- 0,07

* Diamètre des planètes gazeuses à la pression de 1 atmosphère, soit 101,325 kPa.

** La rotation de Jupiter est indiquée pour la région équatoriale, la plus rapide.

Ce tableau indique la densité moyenne, la gravité et la vitesse de libération au pôle, ainsi que l'inclinaison par rapport au plan de l'orbite de chaque planète.

Texte de la résolution 5A adoptée lors de la 26e assemblée générale de l'Union astronomique internationale, à Prague (République tchèque), le 28 août 2006

Une planète est un corps céleste qui :

- est en orbite autour du Soleil ;
- a une masse suffisante pour que sa gravité l'emporte sur les forces de cohésion du corps solide et le maintienne en équilibre hydrostatique, sous une forme pratiquement sphérique ;
- a éliminé tout corps susceptible de se déplacer sur une orbite proche.

Une planète naine est un corps céleste qui :

- est en orbite autour du Soleil ;
- a une masse suffisante pour que sa gravité l'emporte sur les forces de cohésion du corps solide et le maintienne en équilibre hydrostatique, sous une forme pratiquement sphérique ;
- n'a pas éliminé tout corps susceptible de se déplacer sur une orbite proche ;
- n'est pas un satellite.

Tous les autres objets en orbite autour du Soleil – comètes, astéroïdes, etc. – sont appelés des « petits corps du Système solaire ».

Données sur les satellites naturels observables dans les instruments d'amateur

	Diamètre équatorial km	Excentricité	Distance moyenne à la planète 10^3 km	Densité Eau = 1	Magnitude moyenne	Albédo	Période de rotation jour	Inclinaison de l'orbite °	Découverte
Satellite de la Terre									
Lune	3 476	0,0549	384,4	3,35	-12,7	0,12	27,322	5,16	
Satellites de Mars									
Phobos	22	0,0151	9,38	1,9	11,4	0,07	0,319	1,08	A. Hall, 1877
Deimos	12	0,0002	23,46	1,5	12,5	0,07	1,262	1,79	A. Hall, 1877
Satellites de Jupiter									
Amalthée	167	0,0031	181,2	0,85	14,1	0,09	0,498	0,39	E. Barnard, 1892
Io	3 643	0,0041	422,0	3,53	5,1	0,63	1,769	0,04	Galilée, 1610
Europe	3 124	0,0094	671,1	3,01	5,3	0,68	3,551	0,47	Galilée, 1610
Ganymède	5 262	0,0011	1 070,0	1,94	4,6	0,44	7,155	0,17	Galilée, 1610
Callisto	4 821	0,0074	1 883,0	1,93	5,7	0,19	16,689	0,31	Galilée, 1610
Himalia	170	0,1620	11 443,0	2,6	14,2	0,04	250,1	27,5	C. Perrine, 1904
Satellites de Saturne									
Mimas	396	0,0191	185,5	1,15	12,8	0,6	0,942	1,56	W. Herschel, 1789
Encelade	504	0,0049	238,2	1,61	11,8	1,0	1,370	0,03	W. Herschel, 1789
Téthys	1 066	0,0000	295,0	0,97	10,3	0,8	1,888	1,10	J. Cassini, 1684
Dionée	1 123	0,0022	377,7	1,48	10,4	0,6	2,737	0,01	J. Cassini, 1684
Rhéa	1 529	0,0003	527,4	1,23	9,7	0,6	4,518	0,35	J. Cassini, 1672
Titan	5 149	0,0291	1 221,8	1,88	8,4	0,2	15,945	0,30	C. Huygens, 1655
Hypérion	270	0,1035	1 481,1	0,54	14,4	0,3	21,277	0,64	Bond et Lassell, 1848
Japet	1 471	0,0283	3 561,9	1,08	10,2-11,6	0,05-0,5	79,330	18,50	J. Cassini, 1671
Satellites d'Uranus									
Ariel	1 158	0,0012	191,0	1,59	13,7	0,39	2,520	0,04	W. Lassell, 1851
Umbriel	1 169	0,0040	266,0	1,46	14,5	0,21	4,144	0,13	W. Lassell, 1851
Titania	1 578	0,0014	436,3	1,66	13,5	0,27	8,706	0,08	W. Herschel, 1787
Obéron	1 523	0,0016	583,5	1,56	13,7	0,23	13,463	0,07	W. Herschel, 1787
Satellite de Neptune									
Triton	2 706	0,0000	354,8	2,06	13,5	0,72	5,877	156,30	W. Lassell, 1846

La magnitude est indiquée pour la distance moyenne de la planète à l'opposition.

L'inclinaison est relative à l'équateur de la planète pour les satellites distants de moins de 100 fois le rayon de la planète, sinon elle est indiquée par rapport au plan de l'orbite de la planète, comme pour Himalia.

Le diamètre de Titan que l'on voit dans un télescope est, en fait, celui de son atmosphère, qui approche 5 550 km.

Sur la magnitude et l'albédo très variables de Japet, lisez le texte en page 293.

Longitude du terminateur au lever et au coucher du Soleil pour chaque formation numérotée sur la carte de la Lune

1 Peary (327°-147°)
2 Main et Challis (350°-170°)
3 Scoresby (346°-166°)
4 Barrow (352°-172°)
5 Meton (341°-161°)
6 Baillaud (323°-143°)
7 W. Bond (356°-176°)
8 Nelson (335°-155°)
9 Arnold (324°-144°)
10 Thales (310°-130°)
11 Strabo (306°-126°)
12 de la Rue (307°-127°)
13 Archytas (355°-175°)
14 Protagoras (353°-173°)
15 C. Mayer (343°-163°)
16 Sheepshanks (343°-163°)
17 Kane (334°-154°)
18 Democrite (325°-145°)
19 Gärtner (325°-145°)
20 Archytas, Rima (357°-177°)
21 Alpes, Montes (1°-181°)
22 Alpes, Vallis (356°-176°)
23 Egede (349°-169°)
24 Aristoteles (343°-163°)
25 Galle (338°-158°)
26 Baily (330°-150°)
27 Keldysh (316°-136°)
28 Endymion (304°-124°)
29 Blanc, Mons (360°-180°)
30 Cassini (355°-175°)
31 Eudoxus (344°-164°)
32 Bürg (332°-152°)
33 Hercules (321°-141°)
34 Atlas (316°-136°)
35 Mercurius (294°-114°)
36 Aristillus (359°-179°)
37 Theaetetus (354°-174°)
38 Calippus (349°-169°)
39 Plana (332°-152°)
40 Mason (330°-150°)
41 Grove (327°-147°)
42 Cepheus (314°-134°)
43 Franklin (312°-132°)
44 Messala (300°-120°)
45 Gauss (281°-101°)
46 Autolycus (359°-179°)
47 Daniell (329°-149°)
48 Posidonius (330°-150°)
49 Chacornac (328°-148°)
50 Maury (320°-140°)
51 Berzelius (309°-129°)
52 Geminus (303°-123°)
53 Berosus (290°-110°)
54 Hahn (286°-106°)
55 Hadley, Mons (356°-176°)
56 Sulpicius Gallus (348°-168°)
57 Bessel (342°-162°)
58 Menelaus (344°-164°)
59 Plinius (336°-156°)
60 Dawes (334°-154°)
61 le Monnier (329°-149°)
62 Römer (324°-144°)
63 Newcomb (316°-136°)
64 Burckhardt (304°-124°)
65 Cleomedes (305°-125°)
66 Eimmart (295°-115°)
67 Conon (358°-178°)
68 Doloris, Lacus (351°-171°)
69 Manilius (351°-171°)
70 Ross (338°-158°)
71 Maraldi (325°-145°)
72 Macrobius (314°-134°)
73 Tisserand (312°-132°)
74 Peirce (307°-127°)
75 Alhazen (288°-108°)
76 Ukert (359°-179°)
77 Hyginus (354°-174°)
78 Triesnecker (356°-176°)
79 Tempel (348°-168°)
80 Godin (350°-170°)
81 Whewell et Cayley (346°-166°)
82 Julius Caesar (345°-165°)
83 Arago (339°-159°)
84 Ritter (341°-161°)
85 Sabine (340°-160°)
86 Maskelyne (330°-150°)
87 Cauchy (321°-141°)
88 Lick (307°-127°)
89 Condorcet (290°-110°)
90 Taruntius (314°-134°)
91 Firmicus (297°-117°)
92 Apollonius (299°-119°)
93 Rhaeticus (355°-175°)
94 Secchi (317°-137°)
95 Hipparchus (355°-175°)
96 Horrocks (354°-174°)
97 Halley et Hind (354°-174°)
98 Lindsay (347°-167°)
99 Taylor (343°-163°)
100 Delambre (343°-163°)
101 Hypatia (337°-157°)
102 Torricelli (332°-152°)
103 Isidorus (327°-147°)
104 Capella (325°-145°)
105 Messier (312°-132°)
106 Lindbergh (307°-127°)
107 Bilharz et Atwood (304°-124°)
108 Kästner (281°-101°)
109 Albategnius (356°-176°)
110 Andel (348°-168°)
111 Abulfeda (346°-166°)
112 Kant (340°-160°)
113 Theophilus (334°-154°)
114 Cyrillus (336°-156°)
115 Mädler (330°-150°)
116 Gaudibert (322°-142°)
117 Gutenberg (319°-139°)
118 Goclenius (315°-135°)
119 Langrenus (299°-119°)
120 Kapteyn (289°-109°)
121 Argelander (354°-174°)
122 Airy (354°-174°)
123 Almanon (345°-165°)
124 Geber (346°-166°)
125 Catharina (336°-156°)
126 Beaumont (331°-151°)
127 Fracastorius (327°-147°)
128 Bohnenberger (320°-140°)
129 Santbech (316°-136°)
130 Colombo (314°-134°)
131 Cook (311°-131°)
132 Vendelinus (298°-118°)
133 Lamé (296°-116°)
134 Holden (298°-118°)
135 Hecataeus (280°-100°)
136 La Caille (359°-179°)
137 Blanchinus (358°-178°)
138 Werner (357°-177°)
139 Playfair (352°-172°)
140 Apianus (352°-172°)
141 Abenezra et Azophi (348°-168°)
142 Sacrobosco (343°-163°)
143 Pons (339°-159°)
144 Piccolomini (328°-148°)
145 Borda (313°-133°)
146 Snellius (304°-124°)
147 Wrottesley (303°-123°)
148 Petavius (300°-120°)
149 Allacensis (355°-175°)
150 Walter (359°-179°)
151 Fernelius (355°-175°)
152 Gemma Frisius (347°-167°)
153 Maurolycus (346°-166°)
154 Zagut (338°-158°)
155 Rabbi Levi (336°-156°)
156 Lindenau (335°-155°)
157 Riccius (334°-154°)
158 Stiborius (328°-148°)
159 Neander (320°-140°)
160 Rheita (313°-133°)
161 Reichenbach (312°-132°)
162 Stevinus (306°-126°)
163 Furnerius (300°-120°)
164 Adams (292°-112°)
165 Stöfler (354°-174°)
166 Licetus (353°-173°)
167 Clairaut (346°-166°)
168 Barocius (343°-163°)
169 Nicolai (334°-154°)
170 Spallanzani (334°-154°)
171 Lockyer (323°-143°)
172 Janssen (319°-139°)
173 Fabricius (318°-138°)
174 Metius (317°-137°)
175 Young (309°-129°)
176 Fraunhofer (301°-121°)
177 Cuvier (350°-170°)
178 Lilius (354°-174°)
179 Jacobi (349°-169°)
180 Baco (341°-161°)
181 Asclepi (335°-155°)
182 Pitiscus (329°-149°)
183 Hommel (327°-147°)
184 Vlacq (321°-141°)
185 Rosenberger (317°-137°)
186 Biela (309°-129°)
187 Steinheil (314°-134°)
188 Watt (311°-131°)
189 Lyot (276°-96°)
190 Zach (355°-175°)
191 Curtius (356°-176°)
192 Pentland (349°-169°)
193 Simpelius (345°-165°)
194 Manzinus (333°-153°)
195 Mutus (330°-150°)
196 Boguslawsky (317°-137°)
197 Boussingault (305°-125°)
198 Nearch (321°-141°)
199 Hagecius (313°-133°)
200 Pontécoulant (294°-114°)
201 Malapert (347°-167°)
202 Goldschmidt (3°-183°)
203 Anaxagoras (10°-190°)
204 Epigenes (5°-185°)

205 Birmingham (11°-191°)
206 Philolaus (32°-212°)
207 Anaximenes (45°-225°)
208 Carpenter (51°-231°)
209 Pythagoras (63°-243°)
210 Anaximander (51°-231°)
211 J. Herschel (33°-213°)
212 Fontenelle (19°-199°)
213 Babbage (57°-237°)
214 Markov (63°-243°)
215 Harpalus (43°-223°)
216 Foucault (40°-220°)
217 Bouguer (36°-216°)
218 la Condamine (28°-208°)
219 Plato (9°-189°)
220 Plato, Rimae (3°-183°)
221 Harding (72°-252°)
222 Bunsen (85°-265°)
223 Rümker, Mons (58°-238°)
224 Sharp (40°-220°)
225 Mairan (43°-223°)
226 Heraclides, Pro (34°-214°)
227 Laplace, Pro (26°-206°)
228 Bianchini (34°-214°)
229 Helicon et le Verrier (23°-203°)
230 Recti, Montes (20°-200°)
231 Teneriffe, Montes (13°-193°)
232 Pico, Mons (9°-189°)
233 Piton, Mons (1°-181°)
234 Spitzbergen, Mons (5°-185°)
235 Lichtenberg (68°-248°)
236 Nielsen (52°-232°)
237 Gruithuisen (40°-220°)
238 Delisle (35°-215°)
239 C. Herschel (31°-211°)
240 La Hire, Mons (26°-206°)
241 Lambert (21°-201°)
242 Timocharis (13°-193°)
243 Archimedes (4°-184°)
244 Putredinis, Palus (360°-180°)
245 Briggs (69°-249°)
246 Eddington (72°-252°)
247 Seleucus (67°-247°)
248 Schiaparelli (59°-239°)
249 Herodotus (50°-230°)
250 Aristarchus (47°-227°)
251 Schröteri, Vallis (52°-232°)
252 Vinogradov, Mons (33°-213°)
253 Euler (29°-209°)
254 Pytheas (21°-201°)
255 Wallace (9°-189°)
256 Apenninus, Montes (360°-180°)
257 Krafft (73°-253°)
258 Cardanus (72°-252°)
259 Marius (51°-231°)
260 Tobias Mayer (29°-209°)
261 Draper (22°-202°)
262 Carpatus, Montes (24°-204°)
263 Eratosthenes (11°-191°)
264 Olbers (76°-256°)
265 Cavalerius (67°-247°)
266 Reiner Gamma (59°-239°)
267 Kepler (38°-218°)
268 Encke (37°-217°)
269 Hortensius (28°-208°)
270 Copernicus (20°-200°)
271 Reinhold (23°-203°)
272 Stadius (14°-194°)
273 Gambart (15°-195°)
274 Schröter (7°-187°)
275 Pallas (2°-182°)
276 Hevelius (67°-247°)
277 Lansberg (27°-207°)
278 Riccioli (74°-254°)
279 Grimaldi (69°-249°)
280 Damoiseau (61°-241°)
281 Flamsteed (44°-224°)
282 Euclides (30°-210°)
283 Riphaeus, Montes (28°-208°)
284 Fra Mauro (17°-197°)
285 Mösting (6°-186°)
286 Lalande (9°-189°)
287 Herschel (2°-182°)
288 Rocca (73°-253°)
289 Sirsalis (60°-240°)
290 Crüger (67°-247°)
291 Cordillera, Montes (79°-259°)
292 de Vico (60°-240°)
293 Hansteen (52°-232°)
294 Billy (50°-230°)
295 Letronne (42°-222°)
296 Gassendi (40°-220°)
297 Herigonius (34°-214°)
298 Darney (24°-204°)
299 Bonpland (17°-197°)
300 Parry (16°-196°)
301 Guericke (14°-194°)
302 Davy (8°-188°)
303 Ptolemaeus (2°-182°)
304 Alphonsus (3°-183°)
305 Lassell (8°-188°)
306 Alpetragius (5°-185°)
307 Arzachel (2°-182°)
308 Byrgius (65°-245°)
309 Henry Frères (59°-239°)
310 Mersenius (49°-229°)
311 Cavendish (54°-234°)
312 Agatharchides (31°-211°)
313 Loewy (33°-213°)
314 Hippalus (30°-210°)
315 Lubiniezky (24°-204°)
316 Bullialdus (22°-202°)
317 König (25°-205°)
318 Kies (23°-203°)
319 Opelt (18°-198°)
320 Wolf (17°-197°)
321 Nicollet (13°-193°)
322 Recta, Rupes (8°-188°)
323 Thebit (4°-184°)
324 Purbach (2°-182°)
325 Vieta (56°-236°)
326 Fourier (53°-233°)
327 Lagrange (72°-252°)
328 Piazzi (68°-248°)
329 Lacroix (59°-239°)
330 Doppelmayer (41°-221°)
331 Vitello (38°-218°)
332 Campanus (28°-208°)
333 Mercator (26°-206°)
334 Pitatus (14°-194°)
335 Regiomontanus (1°-181°)
336 Lehmann (56°-236°)
337 Drebbel (49°-229°)
338 Schickard (55°-235°)
339 Ramsden (32°-212°)
340 Capuanus (27°-207°)
341 Timoris, Lacus (28°-208°)
342 Hainzel (34°-214°)
343 Cichus (21°-201°)
344 Wurzelbauer (16°-196°)
345 Gauricus (13°-193°)
346 Hell (8°-188°)
347 Heinsius (18°-198°)
348 Ball (8°-188°)
349 Lexell (4°-184°)
350 Orontius (4°-184°)
351 Tycho (11°-191°)
352 Saussure (4°-184°)
353 Street (11°-191°)
354 Wilhelm (21°-201°)
355 Wargentin (60°-240°)
356 Phocylides (57°-237°)
357 Schiller (40°-220°)
358 Longomontanus (22°-202°)
359 Maginus (6°-186°)
360 Segner (48°-228°)
361 Zucchius (50°-230°)
362 Rost (34°-214°)
363 Scheiner (28°-208°)
364 Porter (10°-190°)
365 Clavius (14°-194°)
366 Bettinus (45°-225°)
367 Bailly (69°-249°)
368 Kircher (45°-225°)
369 Blancanus (22°-202°)
370 Klaproth (26°-206°)
371 le Gentil (77°-257°)
372 Drygalski (87°-267°)
373 Casatus (31°-211°)
374 Moretus (6°-186°)
375 Cabeus (36°-216°)

Missions *Apollo*

Apollo 11 (337°-157°)
Apollo 12 (23°-203°)
Apollo 14 (17°-197°)
Apollo 15 (356°-176°)
Apollo 16 (345°-165°)
Apollo 17 (329°-149°)

Les cartes de la Lune sont disponibles pages 36 à 39 de cet ouvrage.

Différence d'éclat en fonction d'une différence de magnitude

Différence de magnitude	Différence d'éclat (multiplier par)
0,1	1,10
0,2	1,20
0,3	1,32
0,4	1,45
0,5	1,58
0,6	1,74
0,7	1,91
0,8	2,09
0,9	2,29
1	2,51
1,1	2,75
1,2	3,02
1,3	3,31
1,4	3,63
1,5	3,98
1,6	4,37
1,7	4,79
1,8	5,25
1,9	5,75
2	6,31
2,1	6,92
2,2	7,59
2,3	8,32
2,4	9,12
2,5	10,00
2,6	10,97
2,7	12,02
2,8	13,18
2,9	14,46
3	15,85
3,1	17,38
3,2	19,06
3,3	20,90
3,4	22,91
3,5	25,12
3,6	27,55
3,7	30,20
3,8	33,12
3,9	36,31
4	39,82
4,1	43,66
4,2	47,87
4,3	52,49
4,4	57,56
4,5	63,11
5	100,02
5,5	158,53
6	251,26
6,5	398,22
7	631,16
7,5	1 000
8	1 585
8,5	2 513
9	3 983
9,5	6 312
10	10 005
10,5	15 856
11	25 131
11,5	39 831
12	63 130
12,5	100 057
13	158 582
13,5	251 342
14	398 359
14,5	631 371
15	1 000 678
15,5	1 586 004
16	2 513 704
16,5	3 984 043
17	6 314 425
17,5	10 007 915

Vous pouvez multiplier les coefficients pour obtenir les différences qui ne seraient pas indiquées dans ce tableau.

Exemple

Si deux astres ont une différence de magnitude de 5,1, multipliez le coefficient de 5,0 par celui de 0,1 pour obtenir le résultat : 100 x 1,1 = 110.

Conversion des inches en centimètres

Ø en inches	Ø en cm
2	5,1
3	7,6
4	10,2
5	12,7
6	15,2
7	17,8
8	20,3
9	22,9
10	25,4
11	27,9
12	30,5
13	33,0
14	35,6
15	38,1
16	40,6
17	43,2
18	45,7
19	48,3
20	50,8
21	53,3
22	55,9
23	58,4
24	61,0
25	63,5
26	66,0
27	68,6
28	71,1
29	73,7
30	76,2
31	78,7
32	81,3
33	83,8
34	86,4
35	88,9
40	101,6
50	127,0
60	152,4
70	177,8
80	203,2
90	228,6
100	254,0
150	381,0
200	508,0
250	635,0
300	762,0
350	889,0
400	1016,0

Conversion des centimètres en inches

Ø en cm	Ø en inches
5	2,0
6	2,4
7	2,8
8	3,1
9	3,5
10	3,9
11	4,3
12	4,7
13	5,1
14	5,5
15	5,9
16	6,3
17	6,7
18	7,1
19	7,5
20	7,9
21	8,3
22	8,7
23	9,1
24	9,4
25	9,8
26	10,2
27	10,6
28	11,0
29	11,4
30	11,8
Ø en cm	Ø en inches
31	12,2
32	12,6
33	13,0
34	13,4
35	13,8
40	15,7
50	19,7
60	23,6
70	27,6
80	31,5
90	35,4
100	39,4
150	59,1
200	78,7
250	98,4
300	118,1
350	137,8
400	157,5
450	177,2
500	196,9
600	236,2
800	315,0
1000	393,7

Alphabet grec

lettre	capitale	minuscule
Alpha	Α	α
Bêta	Β	β
Gamma	Γ	γ
Delta	D	δ
Epsilon	Ε	ε
Dzéta	Ζ	ζ
Êta	Η	η
Thêta	Θ	θ
Iota	Ι	ι
Kappa	Κ	κ
Lambda	Λ	λ
Mu	Μ	μ
Nu	Ν	ν
Xi	Ξ	ξ
Omicron	Ο	ο
Pi	Π	π
Rhô	Ρ	ρ
Sigma	Σ	σ
Tau	Τ	τ
Upsilon	Υ	υ
Phi	Φ	φ
Khi	Χ	χ
Psi	Ψ	ψ
Oméga	Ω	ω

Corrigenda

Malgré notre vigilance, quelques erreurs ou coquilles se sont glissées dans l'édition 2021-2022 de ce guide. Merci de bien vouloir accepter nos excuses pour ces imperfections.

Page 41 : sur le schéma du bas, il faut lire « Uranus - Méridien » au lieu de « Uranus - Coucher » en février 2022.

Page 179 : les noms des lunes d'Uranus Obéron et Titania ont été inversés sur les orbites.

Page 201 : le Soleil entre dans la constellation d'Ophiuchus le 22 et non le 29.

Page 224 : les levers de Soleil les plus tardifs à 50° nord se produisent à 7 h 59 m et non 6 h 00 m.

Page 328 : Saturne rétrograde pendant 140 jours, et non 238.

Vous pouvez consulter les errata des éditions précédentes à l'adresse suivante : www.leguideduciel.net/guide/erratum.htm.

Vous pouvez également nous les demander par courrier :

amds édition
21, chemin des Oliviers
34730 Prades-le-Lez

Lexique

Absorption atmosphérique : fraction de la lumière émise par une source extérieure à l'atmosphère absorbée par cette dernière. L'absorption est d'autant plus forte que l'épaisseur d'atmosphère traversée est importante, elle est donc plus forte à l'abord de l'horizon.

Adaptation nocturne : période durant laquelle la vision diurne, qui privilégie les cellules rétiniennes appelées « cônes », laisse la place à la vision nocturne, qui privilégie les cellules rétiniennes baptisées « bâtonnets ». Les cônes sont sensibles aux couleurs, au contraire des bâtonnets, qui ont cependant l'avantage d'être extrêmement sensibles aux très faibles luminosités.

Albédo : fraction de la lumière incidente réfléchie par un corps ; la Lune, qui est assez sombre, ne réfléchit que 12 % de la lumière qu'elle reçoit, son albédo est donc de 0,12. La Terre est bien plus brillante, avec un albédo de 0,37, et Vénus atteint 0,65.

Almucantar : cercle parallèle à l'horizon qui relie les points de même hauteur.

Amas d'étoiles : concentration de quelques dizaines d'étoiles dispersées, pour les amas ouverts, à quelques centaines de milliers d'étoiles réunies dans un volume plus ou moins sphérique pour les amas globulaires.

Amas globulaire : concentration de plusieurs dizaines à plusieurs centaines de millions d'étoiles liées par la gravitation et formant une microgalaxie sphérique.

Amas ouvert : ensemble d'étoiles nées dans la même nébuleuse mais non liées par la gravitation et conduites à se disperser avec le temps.

Anneaux de Saturne : ils sont constitués de myriades de blocs de glace d'eau de toutes dimensions – de quelques microns à quelques mètres – qui orbitent comme autant de satellites autour de la planète.

Année-lumière : distance parcourue par la lumière dans le vide à raison de 299 792,458 km/s ; une année-lumière vaut 9 460 536 millions de kilomètres.

Annulaire : se dit d'une éclipse totale de Soleil lorsque le diamètre apparent de la Lune ne couvre pas complètement le disque de notre étoile et laisse visible un anneau lumineux.

Anticrépusculaire (arche) : ombre de la Terre sur son atmosphère, visible au-dessus de l'horizon ouest une vingtaine de minutes avant le lever du Soleil et au-dessus de l'horizon est après son coucher.

Apex : point situé sur la voûte céleste entre les constellations de la Lyre et d'Hercule qui indique la direction du déplacement du Soleil et de l'ensemble du Système solaire dans la Galaxie à près de 20 km/s.

Aphélie : point de l'orbite d'un corps autour du Soleil situé au plus loin de celui-ci.

APN : appareil photographique numérique.

Apogée : point de l'orbite d'un corps autour de la Terre situé au plus loin de celle-ci.

Apparition : période durant laquelle une planète est observable. Mercure, par exemple, fait une apparition dans le ciel du soir entre sa conjonction supérieure et sa conjonction inférieure suivante. Les apparitions peuvent être favorables ou non selon l'inclinaison de l'écliptique durant la période où elles se produisent.

Appulse : rapprochement apparent le plus serré entre deux astres. Les occultations rasantes indiquées dans le *Guide du Ciel* sont des appulses d'étoiles avec le limbe lunaire.

Ascension droite : c'est l'une des deux coordonnées, avec la déclinaison, qui permettent de repérer un astre sur la sphère céleste. L'ascension droite est comptée vers l'est en heures, minutes et secondes à partir du point vernal.

Astérisme : regroupement d'étoiles n'appartenant pas à la même constellation. Le Triangle de l'été, qui réunit Véga de la Lyre, Deneb du Cygne et Altaïr de l'Aigle, est un astérisme.

Astéroïde : petit corps du Système solaire de forme irrégulière, appelé aussi petite planète. La plupart des astéroïdes sont répartis dans une région annulaire située entre les orbites de Mars et de Jupiter et nommée la ceinture d'astéroïdes.

Astre : tous les objets naturels visibles dans le ciel et situés au-delà de l'atmosphère terrestre sont des astres.

Astrologie : croyance qui considère que la position des astres a une influence sur la destinée des êtres vivants.

Astronomie : du grec *aster*, étoile, et *nomos*, loi ; science qui s'occupe de la nature et des mouvements des astres ; l'astrophysique étudie plus particulièrement les propriétés physiques des astres.

Astrophysicien : scientifique spécialisé dans la recherche sur la nature physique des astres.

Aube : période crépusculaire qui s'étend avant le lever du Soleil.

Aurore polaire : phénomène lumineux, visible principalement dans les régions polaires boréales et australes, provoqué par l'arrivée de particules du vent solaire chargées électriquement dans le champ magnétique d'une planète. Sur Terre, des aurores boréales peuvent être observées en France lorsque l'activité solaire est maximale.

Axe : ligne droite passant par le centre d'un corps et autour de laquelle celui-ci est en rotation. Dans une monture équatoriale, l'axe polaire est celui qui doit être parallèle à l'axe de rotation de la Terre.

Azimut : distance angulaire autour de l'horizon ; dans cet ouvrage, l'azimut des astres est compté vers l'est à partir du nord : l'est est à 90°, le sud à 180°, l'ouest à 270° et le nord à 0°/360°.

Binaire à éclipse : se dit d'un système stellaire double dont l'une des étoiles passe régulièrement devant l'autre, provoquant une variation cyclique de son éclat.

Bolide : étoile filante dont l'éclat est supérieur à celui de la planète Vénus.

Centre galactique : centre de rotation de la Voie lactée, situé dans la constellation du Sagittaire (17 h 45 m 40 s ; - 29° 00′ 28″) ; un trou noir supermassif de près de 4 millions de masses solaires occupe le centre galactique, à quelque 26 000 années-lumière du Système solaire.

Céphéide : étoile dont l'éclat varie selon une période liée à sa luminosité intrinsèque ; les céphéides sont utilisées pour déterminer la distance des amas globulaires et des galaxies au sein desquels on parvient à les détecter.

Champ magnétique : le Soleil, la Terre, Jupiter et nombre d'astres se comportent comme des aimants, avec un pôle magnétique Nord et un pôle magnétique Sud ; ces deux pôles sont reliés par un champ magnétique.

Circumpolaire : se dit d'un astre qui ne disparaît pas sous l'horizon d'un lieu donné ; en France métropolitaine, les étoiles du W de Cassiopée et celles de la Casserole ou du Chariot de la Grande Ourse sont circumpolaires.

Classe spectrale : les étoiles sont réparties en différentes classes spectrales selon la nature de leur spectre ; les principales classes portent les lettres O (étoiles très chaudes, couleur blanc-bleu), B (chaudes, blanc-bleu), A (blanc), F (blanc-jaune), G (jaune), K (orange), M (rouge) – Oh Be A Fine Girl Kiss Me !

Comète : petit corps du Système solaire principalement constitué de glace d'eau et de poussières. Lorsqu'une comète s'approche du Soleil, une partie de sa glace se vaporise et donne naissance à une traînée en forme d'éventail.

Conjonction : rapprochement de deux astres sur la voûte céleste.

Conjonction inférieure : un corps du Système solaire est en conjonction inférieure lorsqu'il passe entre la Terre et le Soleil. Seules les planètes Mercure et Vénus, ainsi que certaines comètes et petites planètes, peuvent passer en conjonction inférieure.

Conjonction supérieure : un corps du Système solaire est en conjonction supérieure en cas d'alignement entre la Terre, le Soleil et cet astre.

Constellation : regroupement arbitraire d'étoiles se trouvant dans la même région de la voûte céleste pour dessiner une figure. Dans l'immense majorité des cas, les étoiles d'une même constellation ne sont pas du tout à la même distance de nous et n'ont donc aucun lien physique. Il existe 88 constellations officielles.

Crépuscule : période séparant le coucher du Soleil de la nuit noire. On en distingue habituellement trois : le crépuscule civil, qui s'étend du coucher du Soleil à l'instant où le centre du disque atteint 6° sous l'horizon ; le nautique, qui couvre le temps où le centre du disque solaire va jusqu'à 12° sous l'horizon ; le crépuscule astronomique, enfin, qui englobe le moment où le centre du disque va jusqu'à 18° sous l'horizon.

Culminer : se dit d'un astre qui passe au plus haut de sa trajectoire au-dessus de l'horizon sud dans l'hémisphère Nord et de l'horizon nord dans l'hémisphère Sud.

Déclinaison : distance angulaire qui sépare un astre de l'équateur céleste ; donnée en degrés, minutes et secondes d'arc de 0° à 90° vers le nord et de 0° à - 90° vers le sud.

Dernier Quartier : moment où la Lune se situe à 90° à l'ouest du Soleil et se présente sous l'aspect d'une demi-Lune inversée par rapport au Premier Quartier ou d'un D à l'envers (dans l'hémisphère Nord).

Diagramme HR : le diagramme Hertzsprung-Russell met en relation l'éclat et la couleur des étoiles.

Double optique (étoile) : se dit de deux étoiles très proches l'une de l'autre sur la sphère céleste, mais situées à des distances différentes du Système solaire et non liées gravitationnellement.

Éclipse : une éclipse de Soleil se produit lorsque la Nouvelle Lune passe devant l'astre du jour ; une éclipse de Lune se produit lorsque la Pleine Lune passe dans l'ombre de la Terre.

Écliptique : représentation sur la voûte céleste du plan de révolution de la Terre autour du Soleil.

Élongation : distance angulaire apparente entre un astre et le centre du disque solaire.

Équateur : ligne que relient les points situés à égale distance des pôles Nord et Sud d'un corps en rotation sur lui-même.

Équateur céleste : projection sur la sphère céleste de l'équateur terrestre.

Équateur galactique : plan de rotation de notre Galaxie, qui peut être représenté sur le ciel par une ligne passant approximativement au centre de la Voie lactée ; le pôle Nord galactique se situe dans la Chevelure de Bérénice et son pôle Sud dans le Sculpteur.

Équation du temps : différence entre le temps solaire vrai – l'instant où le Soleil coupe le méridien – et le temps solaire moyen – l'instant théorique où un Soleil se déplaçant à vitesse constante couperait le méridien – ; l'équation du temps varie tout au long de l'année et elle résulte essentiellement de la variation de la vitesse de la Terre sur son orbite et de l'obliquité de son axe de rotation.

Équinoxe : l'un des deux moments de l'année – en mars et en septembre – où le Soleil franchit l'équateur céleste. Aux équinoxes, l'orientation de la Terre par rapport au Soleil engendre une égalité de la durée du jour et de la nuit sur toute la planète.

ESA : sigle anglais de l'Agence spatiale européenne.

Étoile du Berger : la planète Vénus, qui est l'astre d'aspect ponctuel le plus brillant du ciel ; on peut même voir Vénus en plein jour.

Exoplanète : planète en orbite autour d'une autre étoile que le Soleil.

Externe : se dit d'une planète plus éloignée du Soleil que la Terre : Mars, Jupiter, Saturne, Uranus et Neptune sont les planètes externes du Système solaire.

Galaxie : regroupement de plusieurs centaines de milliards d'étoiles et d'immenses nuages de gaz interstellaires. La Voie lactée est notre galaxie vue par la tranche.

Géante bleue (étoile) : astre plus de 10 fois plus massif que le Soleil et très chaud, qui suit un cycle d'évolution extrêmement rapide – quelques millions à quelques dizaines de millions d'années seulement, contre près de 10 milliards d'années pour le Soleil –, se transforme en supergéante rouge, devient instable et explose en supernova.

Géante rouge (étoile) : l'un des derniers stades d'évolution des étoiles, caractérisé par un gonflement et un refroidissement des couches externes, qui émettent une lumière de plus en plus rouge.

Géocentrique : par rapport au centre de la Terre.

Gibbeuse : se dit de la Lune entre le Premier Quartier et le Dernier Quartier. La Lune est gibbeuse croissante entre le Premier Quartier et la Pleine Lune et gibbeuse décroissante entre la Pleine Lune et le Dernier Quartier.

Gravitation : tous les corps s'attirent en fonction de leur masse et de leur distance ; naturellement, les plus massifs ont une force d'attraction plus grande.

Greenwich : point, au sud-est de Londres, par lequel passe le méridien 0°.

Hauteur : distance angulaire entre l'horizon et un astre. La hauteur du zénith est de 90°.

Héliocentrique : par rapport au centre du Soleil.

Horizon vrai : cercle reliant les points situés à 0° de hauteur ; les heures de lever et de coucher sont données par rapport à l'horizon vrai, qui correspond rarement à l'horizon personnel, ce qui peut entraîner un décalage de plusieurs secondes à plusieurs minutes.

Inclinaison : angle fait par l'orbite d'un corps avec le plan de l'écliptique ; si cet angle est supérieur à 90°, on dit que l'orbite est rétrograde.

Inférieure : se dit d'une planète plus proche du Soleil que la Terre : Mercure et Vénus sont les deux planètes inférieures du Système solaire.

Interne : se dit d'une planète plus proche du Soleil que la Terre : Mercure et Vénus sont les deux planètes internes du système solaire.

Jeune Lune : expression désignant habituellement notre satellite au tout début de la lunaison.

Limbe : circonférence d'un corps céleste.

Lumière cendrée : reflet de la lumière solaire sur la Terre qui illumine faiblement la portion nocturne du globe lunaire ; la lumière cendrée n'est visible qu'au début et à la fin de la lunaison.

Lumière zodiacale : faible lueur diffuse visible dans un ciel noir en l'absence de la Lune et à certaines périodes de l'année ; la lumière zodiacale est le reflet de la lumière du Soleil sur les poussières microscopiques qui circulent entre les planètes dans le plan de l'écliptique.

Lunaison : ensemble des phases lunaires entre deux Nouvelles Lunes ; la lunaison complète dure 29,5 jours environ.

Lune : satellite naturel de la Terre ; les satellites naturels des autres planètes sont aussi appelés des lunes.

Magnitude : échelle de mesure de l'éclat d'un astre ; une différence d'une magnitude correspond à une différence d'éclat de 2,5 fois.

Magnitude absolue : pour une étoile, il s'agit de la magnitude apparente qu'elle aurait à une distance de 10 parsecs (32,616 années-lumière) ; pour une planète ou une comète, il s'agit de la magnitude apparente qu'elle aurait à une distance d'une unité astronomique (150 millions de kilomètres environ) lorsque sa fraction éclairée est maximale ; pour une étoile filante, il s'agit de la luminosité apparente qu'elle aurait au zénith à 100 kilomètres d'altitude.

Magnitude d'une éclipse : fraction du diamètre de la Lune ou du Soleil éclipsé au maximum ; cette valeur peut être supérieure à 1.

Marées : sur Terre, elles sont provoquées par la différence d'attraction de la Lune et du Soleil entre le côté faisant face à ces astres et le côté opposé ; l'attraction du Soleil est 180 fois plus forte que celle de la Lune, mais la grande proximité de celle-ci lui permet d'avoir une différence d'attraction 2,2 fois plus importante.

Méridien : ligne qui, en un lieu donné, réunit le Nord au Sud en passant par le zénith.

Météorite : particule solide en orbite autour du Soleil provenant généralement d'un noyau de comète ; lorsque la Terre percute une météorite, celle-ci se vaporise dans la haute atmosphère et engendre un phénomène lumineux pouvant être visible depuis le sol et appelé étoile filante.

Mouvement propre : outre leur déplacement apparent sur la voûte céleste, provoqué par la rotation et la révolution de la Terre, les étoiles sont animées d'un mouvement propre qui les fait se déplacer les unes par rapport aux autres ; dans l'immense majorité des cas, ce mouvement propre est infinitésimal.

Multiples (étoiles) : ensemble stellaire constitué d'au moins trois étoiles liées par la gravitation et en orbite autour du barycentre de leur système.

Naine blanche (étoile) : noyau extrêmement chaud d'une étoile de type solaire qui s'est débarrassée de ses couches externes en créant une nébuleuse planétaire.

Naine brune (étoile) : corps plus massif qu'une planète géante, mais dont la masse n'est cependant pas suffisante pour que des réactions de fusion thermonucléaire de l'hydrogène puissent démarrer en son sein.

Naine rouge (étoile) : très petite étoile dont la masse est comprise entre 0,08 et 0,8 fois celle du Soleil.

NASA : sigle anglais de l'Agence spatiale américaine.

Nébuleuse : dans une galaxie, il y a des étoiles et d'immenses nuages de gaz – principalement de l'hydrogène – et de poussières, les nébuleuses, à partir desquels se forment de nouvelles générations stellaires.

Nébuleuse planétaire : reste d'une étoile de type solaire dont les couches externes ont été expulsées sous forme de coquilles de gaz en expansion ou de grands panaches, généralement symétriques ; au cœur de la nébuleuse planétaire se trouve le noyau brûlant de l'étoile, une naine blanche.

Neutrons (étoile à) : astre résiduel de l'explosion d'une étoile dont la matière extrêmement dense est constituée essentiellement de neutrons.

Nœud : sur la sphère céleste, il s'agit du point d'intersection entre l'orbite d'un corps et l'écliptique ; lorsque l'astre franchit l'intersection du sud vers le nord, il passe au nœud ascendant, et au nœud descendant dans le cas contraire.

Nouvelle Lune : moment où la Lune est en conjonction inférieure avec notre étoile et n'est pas visible, sauf lorsqu'elle provoque une éclipse de Soleil.

Obliquité : inclinaison entre l'axe de rotation d'un corps et la droite perpendiculaire au plan de son orbite ; l'obliquité de la Terre est de 23,44°, mais elle varie selon une très longue période (elle diminue actuellement de 0,013° environ par siècle).

Occultation : se dit lorsqu'un astre est caché par un autre ; une étoile ou une planète par la Lune, par exemple.

Occultation rasante : se dit lorsqu'un astre transite au ras du limbe lunaire et qu'il peut apparaître et disparaître plusieurs fois au gré de ses passages derrière les irrégularités du pourtour de notre satellite.

Opposition : se dit d'un astre se situant à l'opposé du Soleil par rapport à la Terre ; cela signifie qu'il y a un alignement Soleil-Terre-astre et que ce dernier se lève lorsque le Soleil se couche et qu'il se couche lorsque le Soleil se lève ; il s'agit donc de la meilleure période pour observer ce corps tout au long de la nuit.

Orbite : la trajectoire d'une planète autour d'une étoile, ou d'un satellite naturel ou artificiel autour d'une planète, est son orbite.

Parallaxe : déplacement apparent d'un objet quand on l'observe depuis différentes positions, ce qui donne un moyen de mesurer sa distance ; en astronomie, la parallaxe d'une étoile est équivalente à la moitié de son déplacement apparent sur la sphère céleste mesuré à six mois de distance.

Parsec : abréviation pour parallaxe-seconde ; distance à laquelle une étoile aurait une parallaxe annuelle d'une seconde d'arc exactement ; 1 parsec vaut 3,261 631 années-lumière.

Pénombre : zone qui entoure l'ombre d'un corps éclairé par une source lumineuse.

Périgée : point de l'orbite d'un corps autour de la Terre situé au plus près de celle-ci.

Périhélie : point de l'orbite d'un corps autour du Soleil situé au plus près de celui-ci.

Périodique : se dit d'une comète qui revient périodiquement à proximité du Soleil.

Phases : ce sont les différents aspects – croissant, Premier Quartier, etc. – de la Lune ou des planètes Mercure et Vénus en fonction de leur position par rapport au Soleil et à la Terre.

Planète : corps céleste massif et pratiquement sphérique en orbite autour du Soleil. Les huit planètes du système solaire sont, par ordre d'éloignement au Soleil : Mercure, Vénus, la Terre, Mars, Jupiter, Saturne, Uranus et Neptune.

Pléiades (les) : petit amas ouvert constitué de plusieurs centaines d'étoiles nées dans la même nébuleuse, visible à l'œil nu dans la constellation du Taureau.

Pleine Lune : moment où la Lune se situe à 180° du Soleil et se présente sous l'aspect d'un disque complet.

Pôle : point d'intersection de l'axe de rotation d'un corps avec sa surface.

Pollution lumineuse : ensemble des dégradations nocturnes provoquées par un éclairage public et privé, anarchique et souvent excessif. L'impact négatif de la pollution lumineuse se fait également sentir sur la faune et la flore et pourrait ne pas être négligeable sur les rythmes biologiques humains.

Précession : mouvement d'oscillation de l'axe de rotation de la Terre.

Premier Quartier : moment où la Lune se situe à 90° à l'est du Soleil et se présente sous l'aspect d'une demi-Lune ou d'un D (dans l'hémisphère Nord).

Quadrature : position d'un corps se situant à 90° à l'est ou à l'ouest du Soleil vu du centre de la Terre.

Radiant : point de la sphère céleste autour duquel semblent rayonner les trajectoires des étoiles filantes d'un même essaim, qui sont en fait parallèles les unes aux autres.

Rayons gamma : le rayonnement électromagnétique s'étend des infrarouges aux rayons gamma en passant par la lumière visible, les ultraviolets et les rayons X.

Rémanent de supernova : restes de la matière d'une étoile ayant explosé en supernova ; ces résidus de gaz et de poussières se dispersent à très grande vitesse.

Rétrogradation : mouvement apparent d'est en ouest sur la sphère céleste, c'est-à-dire à l'inverse du mouvement normal d'ouest en est engendré par la rotation de la Terre.

Révolution : d'une planète autour du Soleil ou d'un satellite autour d'une planète.

Rotation : d'un corps sur lui-même.

Satellite : corps en orbite autour d'une planète ; on parle de satellite naturel ou artificiel.

Seeing : indice de la qualité optique du ciel d'un site d'observation.

Séléné : personnification de la Lune, sœur du dieu Hélios dans la mythologie grecque.

SOHO : sigle de la mission spatiale américano-européenne qui observe le Soleil 24 heures sur 24.

Solstice : l'un des deux moments de l'année – en juin et en décembre – où le Soleil passe respectivement le plus au nord et le plus au sud de l'équateur céleste.

Sonde : engin inhabité envoyé dans le Système solaire pour réaliser des observations d'une ou d'une série de cibles (Soleil, planètes, comètes, etc.).

Station spatiale internationale : ensemble de modules d'habitation et de recherche scientifique placés progressivement en orbite par les États-Unis avec la collaboration de pays du monde entier.

Stationnaire : se dit d'une planète lorsque son mouvement apparent vers l'est de la sphère céleste s'annule et qu'elle entame sa rétrogradation vers l'ouest ; même chose à la fin de sa rétrogradation, lorsqu'elle reprend son mouvement vers l'est.

Supergéante : désigne une étoile dont l'enveloppe externe gonfle démesurément.

Supérieure : se dit d'une planète plus éloignée du Soleil que la Terre : Mars, Jupiter, Saturne, Uranus et Neptune sont les planètes supérieures du système solaire.

Supernova : dans certaines conditions, le cœur des étoiles les plus massives peut s'effondrer sur lui-même et donner naissance à une étoile à neutrons, voire à un trou noir. Par contrecoup, les couches externes sont violemment éjectées dans toutes les directions.

Synodique (rotation) : période au bout de laquelle un astre revient à la même place dans le ciel vu depuis la Terre.

Système planétaire : ensemble des corps en orbite autour d'une étoile ; le système solaire est l'ensemble des planètes, comètes, astéroïdes, etc., tournant autour du Soleil. On connaît aujourd'hui (février 2009) plus de 260 systèmes planétaires, certains avec plusieurs planètes cataloguées.

Taux horaire au zénith (ZHR) : nombre d'étoiles filantes d'un même essaim visibles en moyenne en une heure si l'on considère que le radiant est idéalement placé au zénith du point d'observation en pleine nuit, sans Lune ni pollution lumineuse.

Telluriques : se dit des planètes de type terrestre, de petite dimension, avec une croûte solide et d'une densité élevée ; dans le Système solaire, les planètes telluriques sont Mercure, Vénus, la Terre et Mars, mais plusieurs lunes des planètes géantes sont également telluriques.

Temps universel : temps de référence pour les phénomènes astronomiques équivalent à l'heure du méridien de Greenwich.

Terminateur : ligne séparant le jour et la nuit sur la Lune ou sur un corps du système solaire.

Topocentrique : par rapport à un point donné à la surface de la Terre ou d'un autre corps.

Transit : passage d'un corps devant un autre dans le système solaire ; Mercure et Vénus peuvent transiter devant le disque solaire.

Trou noir : résultat possible de l'implosion du cœur d'une étoile massive dont la matière est écrasée sur elle-même et dont la densité devient telle que rien, pas même la lumière, ne possède une vitesse suffisante pour s'en échapper.

Turbulence : micromouvements de l'atmosphère qui font trembloter les astres ; plus on grossit l'image d'un astre avec un instrument, plus la turbulence devient gênante.

Unité astronomique : distance moyenne entre la Terre et le Soleil : 1 unité astronomique (ua) vaut à peine moins de 150 millions de kilomètres.

Variable (étoile) : étoile dont la luminosité varie pour des causes internes – pulsations, éruptions – ou externes – éclipse par un autre corps.

Vernal (point) : point d'intersection de l'équateur céleste et de l'écliptique situé dans la constellation des Poissons ; le Soleil passe au point vernal, du sud vers le nord, lors de l'équinoxe de printemps.

Vieille Lune : expression désignant habituellement notre satellite à la fin de la lunaison.

Vision décalée : technique consistant à regarder légèrement à côté d'un objet céleste peu lumineux pour mieux le voir ; on projette ainsi son image sur la périphérie de la rétine, où sont concentrées les cellules les plus sensibles aux très faibles luminosités, les bâtonnets.

VLT : sigle du *Very Large Telescope*, un ensemble de quatre télescopes équipés chacun d'un miroir de 8,20 m de diamètre, construit et installé par un groupe de pays européens sur le Cerro Paranal, dans la cordillère des Andes chilienne.

Voie lactée : bande lumineuse irrégulière visible dans un ciel bien noir, formée par l'accumulation des étoiles de notre Galaxie vues en enfilade.

Zénith : point situé au sommet de la voûte céleste, soit à 90° de hauteur au-dessus de l'horizon.

Zodiaque : ensemble des constellations qui bordent l'écliptique et dans lesquelles peuvent se déplacer le Soleil et les planètes.

Sources et remerciements

Les sources des informations publiées dans ce guide sont citées dans les différents chapitres.
En voici néanmoins un récapitulatif accompagné de la liste des principaux logiciels et ouvrages de référence utilisés pour la rédaction du *Guide du Ciel 2022-2023*.

ALPO ; Patrick Chevalley ; Fred Espenak ; Éric Frappa ; Fabrice Grassler ; Institut de mécanique céleste et de calcul des éphémérides ; Peter Jenniskens ; Xavier Jubier ; Kazuo Kinoshita ; Gary Kronk ; Christian Legrand ; Alastair McBeath ; Guy Ottewell ; Solar Influences Data Center ; Jean Vallières ; Seiichi Yoshida ; AAVSO.

Livres et documents de référence

Atlas of Solar Eclipses, Michael Zeiler, Michael E. Bakich (Great American Eclipse)
Astronomical Calendar, Guy Ottewell
Astronomical Tables of the Sun, Moon and Planets, Jean Meeus (Willmann-Bell)
Astronomie générale, André Danjon (Albert Blanchard)
Éléments d'astronomie de position, Maurice Danloux-Dumesnils (Albert Blanchard)
Éphémérides astronomiques, IMCCE (EDP Sciences)
JPL/SSD Horizons
Mathematical Astronomy, Jean Meeus (Willmann-Bell)
Observer's Handbook, The Royal Astronomical Society of Canada
Sky & Telescope
The Astronomical Almanac, US Naval Observatory
Meteor Showers and their Parent Comets, Peter Jenniskens (Cambridge University Press)

Logiciels

Accurate Times (Mohammad Odeh) ; Atlas virtuel de la Lune (Patrick Chevalley et Christian Legrand) ; CŒLIX APEX (Jean Vallières) ; Solar Eclipse Maestro et Lunar Eclipse Maestro (Xavier Jubier) ; MICA 2 (USNO) ; TheSky (Software Bisque) ; JPL HORIZONS.

Remerciements

Une pensée amicale à Francine et Michel, qui participent à la création de cet ouvrage depuis sa première édition, et à Sandra, qui a rejoint le groupe il y a déjà pas mal d'années.

Avec toute mon affection à Marie-Hélène et à nos enfants éparpillés sous les étoiles.

Légende de la couverture :

Un mince croissant de Lune voilé par une banderole nuageuse éclaire légèrement le paysage sans parvenir à gommer la Voie lactée. En souvenir de sa splendeur estivale, celle-ci se dédouble dans l'eau calme du lac des Pises (Réserve internationale de ciel étoilé du parc national des Cévennes). Quelques heures plus tard, après une longue nuit chargée d'étoiles, le lac s'éveille sous les couleurs de l'aube.
© Guillaume Cannat

question@leguideduciel.net
www.leguideduciel.net

ISBN : 979-10-90238-36-7
Dépôt légal : juin 2022
Imprimé en Italie par Bona en mai 2022